# Mathematik

## Sachsen-Anhalt

### Qualifikationsphase

### 11

Herausgegeben von
**Dr. Anton Bigalke    Dr. Norbert Köhler**

Erarbeitet von
**Dr. Anton Bigalke, Dr. Wolfram Eid,
Dr. Norbert Köhler, Dr. Horst Kuschnerow,
Dr. Gabriele Ledworuski**
unter Mitarbeit der Verlagsredaktion

Redaktion: Felix Arndt, Dr. Jürgen Wolff
Layout: Klein und Halm Grafikdesign, Berlin
Bildrecherche: Stephanie Charlotte Benner, Dieter Ruhmke

Grafik: Dr. Anton Bigalke, Waldmichelbach; Christian Böhning, Berlin
Illustration: Detlev Schüler †, Berlin; Gudrun Lenz, Berlin
Umschlaggestaltung: Klein und Halm Grafikdesign, Hans Herschelmann, Berlin
Technische Umsetzung: CMS – Cross Media Solutions GmbH, Würzburg

Autor des Aufgabenpraktikums I: Dr. Manfred Pruzina

www.cornelsen.de

Die Webseiten Dritter, deren Internetadressen in diesem Lehrwerk angegeben sind, wurden vor Drucklegung sorgfältig geprüft. Der Verlag übernimmt keine Gewähr für die Aktualität und den Inhalt dieser Seiten oder solcher, die mit ihnen verlinkt sind.

1. Auflage, 5. Druck 2023

Alle Drucke dieser Auflage sind inhaltlich unverändert
und können im Unterricht nebeneinander verwendet werden.

© 2015 Cornelsen Schulverlage GmbH, Berlin
© 2017 Cornelsen Verlag GmbH, Berlin

Das Werk und seine Teile sind urheberrechtlich geschützt.
Jede Nutzung in anderen als den gesetzlich zugelassenen Fällen
bedarf der vorherigen schriftlichen Einwilligung des Verlages.
Hinweis zu §§ 60a, 60b UrhG: Weder das Werk noch seine Teile dürfen ohne
eine solche Einwilligung an Schulen oder in Unterrichts- und Lehrmedien
(§ 60b Abs. 3 UrhG) vervielfältigt, insbesondere kopiert oder eingescannt,
verbreitet oder in ein Netzwerk eingestellt oder sonst öffentlich zugänglich
gemacht oder wiedergegeben werden.
Dies gilt auch für Intranets von Schulen.

Druck: GZH d.o.o., Zagreb

ISBN 978-3-464-57361-7

Inhalt gedruckt auf säurefreiem Papier aus nachhaltiger Forstwirtschaft.

# Inhalt

☐ Wiederholung
■ Basis
◪ Basis/Erweiterung
☐ Vertiefung

**Vorwort** .................... 4

## I. Grundlagen der Infinitesimalrechnung
- ■ 1. Grenzwerte von Funktionen... 10
- ■ 2. Mittlere Änderungsrate ...... 20
- ■ 3. Lokale Änderungsrate ....... 28
- ■ 4. Ableitungsfunktion ......... 41

## II. Differentialrechnung
- ■ 1. Elementare Ableitungsregeln.. 50
- ◪ 2. Weitere Ableitungsregeln..... 58
- ◪ 3. Ableitung von Exponential- und Logarithmusfunktionen... 65
- ☐ 4. Exkurs: Ableitung trigonometrischer Funktionen ....... 74
- ■ 5. Monotonie und erste Ableitung ................ 77
- ☐ 6. Krümmung und zweite Ableitung ................ 81
- ■ 7. Extrem- und Wendepunkte.... 83

## III. Anwendungen der Differentialrechnung
- ◪ 1. Newton-Verfahren .......... 98
- ■ 2. Untersuchung von Funktionen. 106
- ◪ 3. Funktionenscharen.......... 121
- ■ 4. Bestimmung von Funktionsgleichungen ....... 132
- ■ 5. Extremalprobleme .......... 142
- ☐ 6. Weitere Anwendungen....... 158

☐ **Aufgabenpraktikum I** ......... 177

## IV. Geraden
- ■ 1. Geraden in der Ebene und im Raum ............ 188
- ■ 2. Lagebeziehungen........... 194
- ◪ 3. Spurpunkte von Geraden ..... 204

## V. Ebenen
- ■ 1. Ebenengleichungen ......... 218
- ■ 2. Lagebeziehungen........... 228

## VI. Winkel und Abstände
- ■ 1. Schnittwinkel ............. 262
- ■ 2. Abstandsberechnungen ...... 268
- ◪ 3. Untersuchung geometrischer Objekte im Raum.......... 283

☐ **Aufgabenpraktikum II** ......... 303

## VII. Bedingte Wahrscheinlichkeiten
- ☐ 1. Verknüpfung von Ereignissen und deren Wahrscheinlichkeit . 314
- ■ 2. Bedingte Wahrscheinlichkeiten und Unabhängigkeit......... 325
- ■ 3. Vierfeldertafeln ............ 332

**Testlösungen** .................. 341
**Stichwortverzeichnis**............. 349
**Bildnachweis** ................. 352

# Vorwort

## Fachlehrplan
In diesem Buch wird der Fachlehrplan Mathematik konsequent umgesetzt und eine intensive Vorbereitung der Schüler auf das Abitur gewährleistet. Der modulare Aufbau des Buches und der einzelnen Kapitel ermöglichen dem Lehrer individuelle Schwerpunktsetzungen. Die Schüler können sich aufgrund des beispielbezogenen und selbsterklärenden Konzeptes problemlos orientieren und zielgerichtet vorbereiten.

## Druckformat
Das Buch besitzt ein weitgehend zweispaltiges Druckformat, was die Übersichtlichkeit deutlich erhöht und die Lesbarkeit erleichtert.
Lehrtexte und Lösungsstrukturen sind auf der linken Seitenhälfte angeordnet, während Beweisdetails, Rechnungen und Skizzen in der Regel rechts platziert sind.

## Beispiele
Wichtige Methoden und Begriffe werden auf der Basis anwendungsnaher, vollständig durchgerechneter Beispiele eingeführt, die das Verständnis des klar strukturierten Lehrtextes instruktiv unterstützen. Diese Beispiele können auf vielfältige Weise als Grundlage des Unterrichtsgesprächs eingesetzt werden. Im Folgenden werden einige Möglichkeiten skizziert:

- Die Aufgabenstellung eines Beispiels wird problemorientiert vorgetragen. Die Lösung wird im Unterrichtsgespräch oder in Stillarbeit entwickelt, wobei die Schülerbücher geschlossen bleiben. Im Anschluss kann die erarbeitete Lösung mit der im Buch dargestellten Lösung verglichen werden.

- Die Schüler lesen ein Beispiel und die zugehörige Musterlösung. Anschließend bearbeiten sie eine an das Beispiel anschließende Übung in Einzel- oder Partnerarbeit. Diese Vorgehensweise ist auch für Hausaufgaben gut geeignet.

- Ein Schüler wird beauftragt, ein Beispiel zu Hause durchzuarbeiten und als Kurzreferat zur Einführung eines neuen Begriffs oder Rechenverfahrens im Unterricht vorzutragen.

## Übungen
Im Anschluss an die durchgerechneten Beispiele werden exakt passende Übungen angeboten.

- Diese Übungsaufgaben können mit Vorrang in Stillarbeitsphasen eingesetzt werden. Dabei können die Schüler sich am vorangegangenen Unterrichtsgespräch orientieren.

- Eine weitere Möglichkeit: Die Schüler erhalten den Auftrag, eine Übung zu lösen, wobei sie mit dem Lehrbuch arbeiten sollen, indem sie sich am Lehrtext oder an den Musterlösungen der Beispiele orientieren, die vor der Übung angeordnet sind.

- Weitere Übungsaufgaben auf zusammenfassenden Übungsseiten finden sich am Ende der meisten Abschnitte. Sie sind für Hausaufgaben, Wiederholungen und Vertiefungen geeignet.

- In erheblichem Umfang sind die Formate des Zentralabiturs berücksichtigt, vor allem auch solche mit einfachen Anwendungsbezügen und mit Modellierungen. Allerdings muss man sich die ohnehin knappe Zeit gut einteilen, da Anwendungsaufgaben zeitaufwendig sind.

## Mathematische Streifzüge, Überblick und Test

An jedem Kapitelende sind in einem Überblick die wichtigsten mathematischen Regeln, Formeln und Verfahren des Kapitels in knapper Form zusammengefasst.
Auf der letzten Kapitelseite findet man einen Test, der Aufgaben zum Standardstoff des Kapitels beinhaltet. So kann der Lernerfolg überprüft oder vertieft werden. Der Test kann auch zur Selbstkontrolle verwendet werden. Die Lösungen findet man im Buch ab Seite 341.
Zur Vertiefung dienen die gelegentlich eingestreuten „Mathematischen Streifzüge".

## Inhalte und Kapitelfolge

Für das 11. Schuljahr wurden entsprechend dem Fachlehrplan Inhalte ausgewählt und auf sieben Kapitel verteilt: I. Grundlagen der Infinitesimalrechnung, II. Differentialrechnung, III. Anwendungen der Differentialrechnung, IV. Geraden; V. Ebenen, VI. Winkel und Abstände, VII. Bedingte Wahrscheinlichkeiten.
Damit werden bereits im 11. Schuljahr Themen aus allen drei Gebieten Analysis, Analytische Geometrie und Stochastik aufgegriffen, die dann im 12. Schuljahr fortgesetzt werden. Diese Aufteilung ist mit dem Ziel erfolgt, bei der Bearbeitung neuer Themen im 12. Schuljahr, immanente Konsolidierungsprozesse zu ermöglichen. Dem Fachlehrplan entsprechend enthält das Lehrbuch Anregungen für Aufgabenpraktika. Ein erstes Aufgabenpraktikum wird nach der Analysis (Abschnitt im Anschluss an Kapitel III) und ein zweites Aufgabenpraktikum nach der Analytischen Geometrie (Abschnitt im Anschluss an Kapitel VI) empfohlen.

## Zur Verwendung digitaler Mathematikwerkzeuge (DMW)

Der Fachlehrplan fordert die zieladäquate Nutzung digitaler Mathematikwerkzeuge. Dazu gehören neben dem „klassischen" wissenschaftlichen Taschenrechner (TR) die Tabellenkalkulation (TK), dynamische Geometriesoftware (DGS) und Computeralgebrasysteme (CAS).
Im Lehrbuch wird an geeigneten Stellen mit dem Zeichen [DMW] explizit auf eine mögliche Verwendung von DMW hingewiesen. Je nach Unterrichtsbezug und verfügbarer Technologie bietet sich an diesen Stellen eine Nutzung von DMW didaktisch an.
Die zieladäquate Nutzung von DMW soll Erarbeitungsprozesse ebenso wie die Entwicklung allgemeiner mathematischer Kompetenzen unterstützen. Zugleich sollen die inhaltsbezogenen mathematischen Kompetenzen prinzipiell auch ohne DMW ausgeprägt sein.

## Kompetenzschwerpunkte

Alle Lehrbuchabschnitte orientieren sich an den allgemeinen und inhaltsbezogenen mathematischen Kompetenzen der Bildungsstandards für die Allgemeine Hochschulreife.

| inhaltsbezogene (mathemat.) Kompetenzen | allgemeine (mathemat.) Kompetenzen |
|---|---|
|  Zahlen und Größen |  Probleme mathematisch lösen |
|  Raum und Form |  Mathematisch modellieren |
|  Zuordnungen und Funktionen |  Mathematisch argumentieren und kommunizieren |
|  Daten und Zufall |  Mathematische Darstellungen und Symbole verwenden |

## Teilkompetenzen der allgemeinen mathematischen Kompetenzen

### Probleme mathematisch lösen

| | |
|---|---|
| Aufgabentexte inhaltlich erschließen, diese analysieren und aufgabenrelevante Informationen entnehmen | P1 |
| Heuristische Regeln, Strategien oder Prinzipien (vor allem Vorwärts- und Rückwärtsarbeiten, Probleme in Teilprobleme zerlegen und Zurückführen auf Bekanntes, systematisches Probieren) nutzen | P2 |
| Lösungsverfahren auswählen und unter den Aufgabenbedingungen anwenden | P3 |
| Ergebnisse kontrollieren und interpretieren | P4 |
| Lösungswege reflektieren und ggf. alternative Lösungswege angeben | P5 |
| Hilfsmittel (wie Lineal, Geodreieck, Zirkel, Kurvenschablonen, Formel- und Tabellensammlungen, digitale Mathematikwerkzeuge) angemessen nutzen | P6 |

### Mathematisch modellieren

| | |
|---|---|
| Strukturen und Beziehungen in inner- und außermathematischen Kontexten erkennen und diese mithilfe mathematischer Begriffe und Relationen (Modellieren im engeren Sinne) beschreiben | M1 |
| Fachsprachliche und umgangssprachliche Formulierungen sachgerecht in Terme, Gleichungen und Ungleichungen übersetzen bzw. umgekehrt Terme, Gleichungen und Ungleichungen verbalisieren | M2 |
| Ergebnisse im Kontext prüfen und interpretieren | M3 |
| Mathematischen Modellen Anwendungssituationen zuordnen | M4 |

### Mathematisch argumentieren und kommunizieren

| | |
|---|---|
| Begriffe, Sätze und Verfahren erläutern | A1 |
| Logische Bestandteile der Sprache sachgerecht gebrauchen | A2 |
| Lösungswege begründen | A3 |
| Aussagen umgangssprachlich oder beispielgebunden begründen und unter Verwendung der mathematischen Fachsprache argumentieren | A4 |
| Wahrheit von Existenzaussagen, „Wenn …, so …"-Aussagen und Allaussagen (über schulmathematisch relevante Sachverhalte) nachweisen | A5 |
| Aussagen zu mathematischen Inhalten verstehen und überprüfen | A6 |

### Mathematische Darstellungen und Symbole verwenden

| | |
|---|---|
| Verfahren zur Darstellung geometrischer Objekte des Raumes anwenden und umgekehrt aus derartigen Darstellungen Vorstellungen von diesen Objekten gewinnen | D1 |
| Informationen aus grafischen Darstellungen entnehmen und interpretieren sowie Informationen in grafischer Form darstellen | D2 |
| Symbolsprachliche Darstellungen verstehen und verwenden | D3 |
| Überlegungen und Lösungswege darstellen | D4 |
| Unterschiedliche Darstellungsformen auswählen | D5 |

# Vorschlag für eine Planung von Zeitrichtwerten (ZRW)

Zugrunde gelegt werden 30 Unterrichtswochen à 4 Wochenstunden.

| Kapitel/Abschnitt | ZRW | Kompetenzschwerpunkte | Seiten |
|---|---|---|---|
| **Grundlagen der Infinitesimalrechnung** | 20 | P M A D | 9–48 |
| Grenzwerte von Funktionen | 6 | $P_3, A_1, D_{2/3}$ | 10–19 |
| Mittlere Änderungsrate | 3 | $M_1, D_5$ | 20–27 |
| Lokale Änderungsrate | 7 | $P_5, M_1, A_{1/6}, D_3$ | 28–40 |
| Ableitungsfunktion | 4 | $P_3, A_6, D_5$ | 41–45 |
| **Differentialrechnung** | 20 | P M A D | 50–96 |
| Elementare Ableitungsregeln | 4 | $P_2, A_3$ | 50–57 |
| Weitere Ableitungsregeln | 3 | $P_2, A_6$ | 58–64 |
| Ableitung von Exponential- und Logarithmusfunktionen | 4 | $P_3, D_4$ | 65–73 |
| Monotonie und erste Ableitung | 3 | $P_1, M_1, D_2$ | 77–80 |
| Krümmung und zweite Ableitung | 3 | $P_6, M_4, A_2, D_5$ | 81–82 |
| Extrem- und Wendepunkte | 4 | $M_1, A_2, D_2$ | 83–92 |
| **Anwendungen der Differentialrechnung** | 20 | P M A D | 97–176 |
| Newton-Verfahren | 3 | $P_{2/6}, D_6$ | 98–105 |
| Untersuchung von Funktionen | 4 | $P_3, M_1, D_4$ | 106–120 |
| Funktionenscharen | 3 | $P_{1/6}, A_2, D_3$ | 121–131 |
| Bestimmung von Funktionsgleichungen | 3 | $M_{1/2}, D_3$ | 132–141 |
| Extremalprobleme | 4 | $M_{2/3}, D_4$ | 142–157 |
| Weitere Anwendungen | 3 | $P_{1/2}, M_1$ | 158–174 |
| **Aufgabenpraktikum I** | 5 | $P_{1/3/6}, M_{1/2}, A_{1/2/6}, D_4$ | 177–186 |
| **Geraden und Ebenen** | 35 | P M A D | 187–302 |
| Geraden in der Ebene und im Raum | 7 | $P_{1/2}, A_{2/6}$ | 188–193 |
| Lagebeziehungen und Spurpunkte von Geraden | 4 | $P_3, D_4$ | 194–210 |
| Ebenengleichungen | 6 | $P_4, M_1, D_5$ | 218–227 |
| Lagebeziehungen | 6 | $P_3, D_4$ | 228–255 |
| Schnittwinkel | 6 | $M_2$ | 262–267 |
| Abstandsberechnungen | 6 | $P_{3/5}, A_3$ | 268–302 |
| **Aufgabenpraktikum II** | 5 | $P_2, M_2, A_{3/4}, D_4$ | 303–312 |
| **Bedingte Wahrscheinlichkeit** | 15 | P M A D | 313–340 |
| Verknüpfungen von Ereignissen und deren Wahrscheinlichkeit | 4 | $P_3, D_2$ | 314–324 |
| Bedingte Wahrscheinlichkeit und Unabhängigkeit | 7 | $P_1, A_1, D_3$ | 325–331 |
| Vierfeldertafeln | 4 | $P_{1/2}, M_1$ | 332–335 |

## Beispiel für eine Konkretisierung für den Schwerpunkt Lokale Änderungsrate

| inhaltsbezogene mathematische Kompetenzen | allgemeine mathematische Kompetenzen | Differenzierung bezüglich Kompetenzentwicklung | Bemerkungen |
|---|---|---|---|
| → Begriff der lokalen Änderungsrate an Beispielen erklären und geometrisch interpretieren<br><br>→ Begriff „Anstieg einer Kurve in einem Punkt" erklären und Tangentenanstiege ermitteln<br><br>→ Begriff der lokalen Änderungsrate in Sachzusammenhängen deuten<br><br>→ lokale Änderungsraten (Ableitung einer Funktion an einer Stelle; Differentialquotient) mithilfe von Grenzwerten berechnen | **P 5:** Lösungswege reflektieren<br><br>**M 1:** Strukturen in inner- und außermathematischen Kontexten erkennen und beschreiben<br><br>**A 1:** Begriffe und Verfahren erläutern<br><br>**A 6:** Aussagen zu mathematischen Inhalten verstehen und erläutern<br><br>**D 3:** Symbolsprachliche Darstellungen verstehen und verwenden | *basal*[1]*:* Anstieg eines Funktionsgraphen an einer Stelle als Grenzwert des Differenzenquotienten ermitteln und diesen im Zusammenhang mit mittlerer Änderungsrate als lokale Änderungsrate deuten<br>*LB., S. 28f; S.36–38*<br><br>*erweitert*[1]*:* lokale Änderungsraten von Funktionen auch in Sachzusammenhängen ermitteln und deuten<br>*LB., S. 30–33*<br>den Grundgedanken der linearen Approximation einer Funktion an einer Stelle beispielgebunden beschreiben<br>*LB., S. 28*<br><br>*vertieft*[1]*:* Differenzierbarkeit einer Funktion an einer Stelle und lineare<br>*LB., S. 40*<br><br>in einfachen Fällen Funktionen an einer Stelle linear approximieren<br>*LB., S. 32* | Einbeziehung digitaler Mathematikwerkzeuge zum Veranschaulichen von Annäherungsprozessen:<br>– Übergang Sekante → Tangente<br>– lineares Approximieren |

---

[1] Bei der Interpretation der Anspruchsdifferenzierung „basal", „erweitert" und „vertieft" sind die Anforderungen aufsteigend zu kumulieren.

# I. Grundlagen der Infinitesimalrechnung

# 1. Grenzwerte von Funktionen

Bei der Untersuchung von Funktionen an den Grenzen ihres Definitionsbereichs oder an bestimmten kritischen Stellen werden oft Grenzwertbetrachtungen erforderlich. Dabei kommt es zu zwei unterschiedlichen Arten von Grenzprozessen, zum einen $x \to \infty$ bzw. $x \to -\infty$ und zum anderen $x \to x_0$.

## A. Grenzwerte von Funktionen für $x \to \infty$ und $x \to -\infty$

> **Beispiel: Grenzwertbestimmung mit Testeinsetzungen**
> Die Funktion $f(x) = \frac{2x+1}{x}$, $x > 0$, soll an ihrer rechten Definitionsgrenze untersucht werden.
> a) Wie entwickeln sich die Funktionswerte von f, wenn x beliebig groß wird?
> b) Zeichnen und kommentieren Sie den Graphen von f.

**Lösung zu a:**
Wir fertigen eine Wertetabelle an mit zunehmend größer werdenden x-Werten. Wir lassen die x-Werte in Gedanken gegen unendlich streben. Wir erkennen, dass die zugehörigen Funktionswerte sich immer mehr der Zahl 2 annähern, die man als Grenzwert bezeichnet.

Die Funktion $f(x) = \frac{2x+1}{x}$ strebt für x gegen unendlich gegen den *Grenzwert* 2.

| x | 1 | 10 | 100 | 1000 | $\to \infty$ |
|---|---|---|---|---|---|
| y | 3 | 2,1 | 2,01 | 2,001 | $\to 2$ |

Zur Beschreibung dieses Verhaltens verwendet man die rechts dargestellte symbolische *Limesschreibweise*.

$$\lim_{x \to \infty} \frac{2x+1}{x} = 2$$

Gelesen: Der Limes von $\frac{2x+1}{x}$ für $x \to \infty$ ist gleich 2.

**Lösung zu b:**
Graphisch ist dieses Grenzwertverhalten daran zu erkennen, dass sich der Graph von f für $x \to \infty$ von oben an die horizontale Gerade $y = 2$ anschmiegt. Man bezeichnet diese Schmiegegerade auch als *Asymptote* von f für $x \to \infty$.

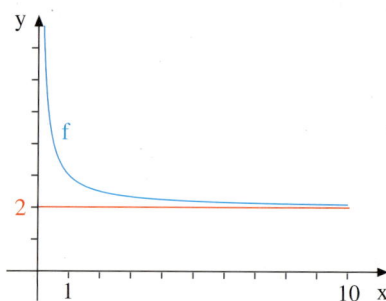

## Übung 1
Untersuchen Sie das Verhalten der Funktion f, wenn der angegebene Grenzprozess durchgeführt wird. Verwenden Sie als Methode Testeinsetzungen. Skizzieren Sie den Graphen von f.

a) $f(x) = \frac{2x+1}{x}$, $x < 0$, Grenzprozess: $x \to -\infty$

b) $f(x) = \frac{x+1}{x^2}$, $x > 0$, Grenzprozess: $x \to \infty$

# 1. Grenzwerte von Funktionen

Das Arbeiten mit Testeinsetzungen ist zwar sehr praktisch und wird daher häufig verwendet, aber es ist nicht sicher. Möglicherweise hätte sich im letzten Beispiel als Grenzwert auch 2,000007 ergeben können anstelle von 2. Unsere dort verwendeten Testeinsetzungen hätten dies nicht erkennen lassen. Will man also sichergehen, so muss man allgemeiner argumentieren.

▶ **Beispiel: Grenzwertbestimmung mittels Termvereinfachung**
Beweisen Sie durch eine allgemeingültige Argumentation: $\lim_{x \to \infty} \frac{2x+1}{x} = 2$. Vereinfachen Sie hierzu den zu untersuchenden Term so, dass einfacher zu beurteilende Teilterme entstehen.

**Lösung:**
Wir bringen den Term $\frac{2x+1}{x}$ durch Division in die Gestalt $2 + \frac{1}{x}$.
Die beiden summativen Teilterme sind einfacher zu beurteilen, was ihr Verhalten für $x \to \infty$ angeht.
Der erste Summand 2 verändert seinen Wert bei diesem Grenzprozess nicht.
Der zweite Summand $\frac{1}{x}$ strebt gegen 0, da der Zähler sich nicht verändert, während sein Nenner über alle Grenzen wächst.
Die Summe der beiden Terme strebt also gegen $2 + 0 = 2$.

**Grenzwertrechnung:**

$\lim_{x \to \infty} \frac{2x+1}{x}$

$= \lim_{x \to \infty} \left(2 + \frac{1}{x}\right)$    Termvereinfachung durch Division

$= \lim_{x \to \infty} 2 + \lim_{x \to \infty} \frac{1}{x}$    Aufteilung in zwei Grenzwerte

$= 2 + 0 = 2$    Bestimmung der Einzelgrenzwerte

## Übung 2
Untersuchen Sie das Verhalten von f für $x \to \infty$ und $x \to -\infty$ mithilfe der Methode der Termvereinfachung. Kontrollieren Sie das Resultat graphisch mit einem digitalen Mathematik-Werkzeug (DMW).

a) $f(x) = \frac{4x-1}{x}$    b) $f(x) = \frac{3x^2-4}{x^2}$    c) $f(x) = \frac{2x+x^2}{x^2}$

d) $f(x) = \frac{x^2-x}{3x^2}$    e) $f(x) = \frac{3-x^3}{x^3}$    f) $f(x) = \frac{x^2-1}{x(x-1)}$

Es gibt auch Funktionen, die für $x \to +\infty$ ($x \to -\infty$) keinen Grenzwert haben. Die Funktionen f und g haben für $x \to +\infty$ (bzw. $x \to -\infty$) keinen Grenzwert. Bei der Sinusfunktion gibt es für größer werdende x-Werte gar keine „Tendenz" der y-Werte.
Bei der Funktion g werden die Funktionswerte für $x \to +\infty$ immer größer; sie streben gegen $+\infty$ (bzw. für $x \to -\infty$ gilt $y \to -\infty$).
In diesem Fall spricht man von einem „**uneigentlichen**" **Grenzwert** und schreibt:

$\lim_{x \to \infty} \left(x + \frac{1}{x}\right) = +\infty$ bzw. $\lim_{x \to -\infty} \left(x + \frac{1}{x}\right) = -\infty$

## B. Grenzwerte von Funktionen für $x \to x_0$

Gelegentlich kommt es vor, dass eine Funktion f an einer bestimmten Stelle $x_0$ nicht definiert ist, wohl aber in der Umgebung der Stelle $x_0$. Man untersucht dann, wie sich die Funktionswerte $f(x)$ verhalten, wenn man die Variable x gegen den Wert $x_0$ streben lässt. Kurz: Man interessiert sich für den Grenzwert $\lim_{x \to x_0} f(x)$. Es gibt mehrere Methoden zur Grenzwertbestimmung.

> **Beispiel: Grenzwertbestimmung mit Testeinsetzungen**
> Die Funktion $f(x) = \frac{x^2 - 4}{x - 2}$ ist an der Stelle $x_0 = 2$ nicht definiert. Bestimmen Sie den Grenzwert $\lim_{x \to 2} \frac{x^2 - 4}{x - 2}$, sofern dieser Grenzwert existiert. Arbeiten Sie mit Testeinsetzungen.

**Lösung**
Wir nähern uns der kritischen Stelle $x_0 = 2$ einmal von links und ein zweites mal von rechts. Wir erhalten in beiden Fällen das gleiche Ergebnis 4.

| x | 1,5 | 1,9 | 1,99 | 1,999 | $\to 2$ |
|---|-----|-----|------|-------|---------|
| y | 3,5 | 3,9 | 3,99 | 3,999 | $\to 4$ |

Linksseitiger Grenzwert: $\lim_{\substack{x \to 2 \\ x < 2}} \frac{x^2 - 4}{x - 2} = 4$

Da links- und rechtsseitiger Grenzwert übereinstimmen, billigt man der Funktion insgesamt den Grenzwert 4 zu:

| x | 2,5 | 2,1 | 2,01 | 2,001 | $\to 2$ |
|---|-----|-----|------|-------|---------|
| y | 4,5 | 4,1 | 4,01 | 4,001 | $\to 4$ |

Rechtsseitiger Grenzwert: $\lim_{\substack{x \to 2 \\ x > 2}} \frac{x^2 - 4}{x - 2} = 4$

$$\lim_{x \to 2} \frac{x^2 - 4}{x - 2} = 4.$$

Die Methode der Testeinsetzungen ist wieder mit einer gewissen Unsicherheit behaftet. Daher behandeln wir zwei weitere Methoden, die Grenzwertbestimmung durch Termumformung und die Grenzwertbestimmung mit der sogenannten h-Methode.

> **Beispiel: Grenzwertbestimmung mittels Termumformung**
> Bestimmen Sie den Grenzwert $\lim_{x \to 2} \frac{x^2 - 4}{x - 2}$. Vereinfachen Sie hierzu den Term $\frac{x^2 - 4}{x - 2}$.

**Lösung:**
Wir vereinfachen den Term $\frac{x^2 - 4}{x - 2}$ mit der dritten binomischen Formel.

Es verbleibt der Term $x + 2$, dessen Grenzwert sich auf die elementaren Grenzwerte der Summanden x und 2 zurückführen lässt. Insgesamt gilt:

$$\lim_{x \to 2} \frac{x^2 - 4}{x - 2} = 4$$

**Grenzwertrechnung:**

$$\lim_{x \to 2} \frac{x^2 - 4}{x - 2}$$
$$= \lim_{x \to 2} \frac{(x - 2) \cdot (x + 2)}{x - 2}$$
$$= \lim_{x \to 2} (x + 2)$$
$$= \lim_{x \to 2} x + \lim_{x \to 2} 2$$
$$= 2 + 2 = 4$$

## 1. Grenzwerte von Funktionen

▶ **Beispiel: Grenzwertbestimmung mit der h-Methode**

Es soll festgestellt werden, ob der Grenzwert $\lim\limits_{x \to 2} \frac{x^2 - 4}{x - 2}$ existiert. Setzen Sie hierzu $x = 2 + h$ und führen Sie den Grenzübergang $h \to 0$ durch.

**Lösung:**

Der Term $\frac{x^2 - 4}{x - 2}$ ist an der Stelle $x = 2$ nicht definiert. Um sein Verhalten für $x \to 2$ zu untersuchen, setzen wir $x = 2 + h$ mit einer kleinen Größe $h \neq 0$.
Dadurch entsteht ein Term, der sich mithilfe der ersten binomischen Formel stark vereinfachen lässt.
Anschließend wird der Grenzübergang $h \to 0$ durchgeführt, der zum Resultat 4
▶ für den gesuchten Grenzwert führt.

*Grenzwertrechnung:*

$$\lim_{x \to 2} \frac{x^2 - 4}{x - 2}$$

$$= \lim_{h \to 0} \frac{(2+h)^2 - 4}{(2+h) - 2}$$

$$= \lim_{h \to 0} \frac{(4 + 4h + h^2) - 4}{h}$$

$$= \lim_{h \to 0} \frac{4h + h^2}{h}$$

$$= \lim_{h \to 0} (4 + h) = 4$$

Ein komplizierteres Beispiel macht den Vorteil der h-Methode noch wesentlich deutlicher.

$$\lim_{x \to 1} \frac{x^3 - 2x + 1}{x - 1} = \lim_{h \to 0} \frac{(1+h)^3 - 2(1+h) + 1}{(1+h) - 1} = \lim_{h \to 0} \frac{1 + 3h + 3h^2 + h^3 - 2 - 2h + 1}{h}$$

$$= \lim_{h \to 0} \frac{h^3 + 3h^2 + h}{h} = \lim_{h \to 0} (h^2 + 3h + 1) = 0 + 0 + 1 = 1$$

Das folgende Beispiel zeigt, dass nicht immer ein Grenzwert existiert.

▶ **Beispiel:** Gegeben ist die Funktion $f(x) = \frac{x}{2 \cdot |x|}$, $x \neq 0$. Untersuchen Sie das Verhalten der Funktion für $x \to 0$.

**Lösung:**

*Linksseitiger Grenzwert:*

Für $x < 0$ gilt $|x| = -x$. Damit folgt:

$$\lim_{\substack{x \to 0 \\ x < 0}} \frac{x}{2|x|} = \lim_{\substack{x \to 0 \\ x < 0}} \frac{x}{2(-x)} = \lim_{\substack{x \to 0 \\ x < 0}} \frac{1}{-2} = -\frac{1}{2}$$

*Rechtsseitiger Grenzwert:*

Für $x > 0$ gilt $|x| = x$. Damit folgt:

$$\lim_{\substack{x \to 0 \\ x > 0}} \frac{x}{2|x|} = \lim_{\substack{x \to 0 \\ x > 0}} \frac{x}{2x} = \lim_{\substack{x \to 0 \\ x > 0}} \frac{1}{2} = \frac{1}{2}$$

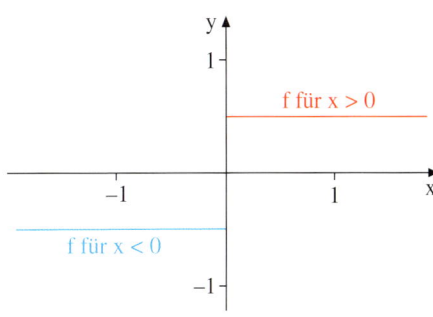

Die Funktion besitzt für $x \to 0$ keinen Grenzwert, da linksseitiger und rechtsseitiger Grenzwert nicht identisch sind. Die Abbildung veranschaulicht, wie sich die Funktion bei Annäherung an
▶ die kritische Stelle $x_0 = 0$ verhält. Sie hat dort eine sog. *Sprungstelle*.

## C. Grenzwertsätze für Funktionen

Grenzwertberechnungen können bei Funktionen mithilfe von sog. Grenzwertsätzen vereinfacht werden.

> **Grenzwertsätze für Funktionen**
> f und g seien Funktionen mit den Grenzwerten $\lim_{x \to x_0} f(x) = A$ und $\lim_{x \to x_0} g(x) = B$ ($A, B \in \mathbb{R}$). Dann gelten die folgenden Aussagen:
>
> (1) $\lim_{x \to x_0} (f(x) + g(x)) = \lim_{x \to x_0} f(x) + \lim_{x \to x_0} g(x) = A + B$
>
> (2) $\lim_{x \to x_0} (f(x) - g(x)) = \lim_{x \to x_0} f(x) - \lim_{x \to x_0} g(x) = A - B$
>
> (3) $\lim_{x \to x_0} (f(x) \cdot g(x)) = \lim_{x \to x_0} f(x) \cdot \lim_{x \to x_0} g(x) = A \cdot B$
>
> (4) $\lim_{x \to x_0} \frac{f(x)}{g(x)} = \frac{\lim_{x \to x_0} f(x)}{\lim_{x \to x_0} g(x)} = \frac{A}{B}$, falls $B \neq 0$ und $g(x) \neq 0$ in einer Umgebung von $x_0$ gilt.

Die Grenzwertsätze gelten auch für das Grenzverhalten bei unbegrenzt wachsenden bzw. fallenden x-Werten. Dazu ersetzt man in den obigen Sätzen $x \to x_0$ durch $x \to \infty$ bzw. $x \to -\infty$.

▶ **Beispiel: Anwendung der Grenzwertsätze**
Bestimmen Sie die beiden Grenzwerte.
Sie müssen die Terme zunächst so umformen, dass die Grenzwertsätze anwendbar sind.

$\lim_{x \to \infty} \frac{2x - 4x^2}{2x^2 + 2}$    $\lim_{x \to 2} \frac{3x^2 - 5x - 2}{x - 2}$

**Lösung:**

$\lim_{x \to \infty} \frac{2x - 4x^2}{2x^2 + 2} = \lim_{x \to \infty} \frac{\frac{2}{x} - 4}{2 + \frac{2}{x^2}} = \frac{\lim_{x \to \infty} \frac{2}{x} - \lim_{x \to \infty} 4}{\lim_{x \to \infty} 2 + \lim_{x \to \infty} \frac{2}{x^2}} = \frac{0 - 4}{2 + 0} = -2$

↑ Wir dividieren Zähler und Nenner durch $x^2$, sonst besitzen sie keine Grenzwerte

↑ Grenzwertsätze sind nun anwendbar

$\lim_{x \to 2} \frac{3x^2 - 5x - 2}{x - 2} = \lim_{h \to 0} \frac{3(2+h)^2 - 5(2+h) - 2}{2 + h - 2} = \lim_{h \to 0} \frac{3h^2 + 7h}{h} = \lim_{h \to 0} (3h + 7) = \lim_{h \to 0} 3 \cdot \lim_{h \to 0} h + \lim_{h \to 0} 7 = 7$

↑ Wir setzen $x = 2 + h$
▶ $x \to 2$ bedeutet $h \to 0$

↑ Wir können nun den Faktor h kürzen

↑ Grenzwertsätze sind nun anwendbar

## Übung 4
Bestimmen Sie den Grenzwert.
a) $\lim_{x \to \infty} \frac{1}{1 - \frac{1}{x}}$
b) $\lim_{x \to \infty} \frac{2x - 3}{2 - x}$
c) $\lim_{x \to \infty} \left( \frac{x}{2 - x} \cdot \frac{5x^2}{2 + x^2} \right)$

# 1. Grenzwerte von Funktionen

## Übungen

**4.** Bestimmen Sie den Grenzwert mithilfe von Testeinsetzungen.

a) $\lim\limits_{x \to 5} \frac{x^2 - 25}{x - 5}$  b) $\lim\limits_{x \to 3} \frac{3x^2 - 27}{x - 3}$

c) $\lim\limits_{x \to 1} \frac{x^3 - x}{x - 1}$  d) $\lim\limits_{x \to -2} \frac{x^4 - 16}{x + 2}$

**Binomische Formeln:**

$(x - a) \cdot (x + a) = x^2 - a^2$
$(x + a)^2 = x^2 + 2ax + a^2$
$(x + a)^3 = x^3 + 3ax^2 + 3a^2x + a^3$

**5.** Die Funktion f hat an der Stelle $x_0$ eine Definitionslücke. Untersuchen Sie mit Testeinsetzungen, wie sich die Funktion verhält, wenn man sich dieser Stelle von links bzw. von rechts nähert.

a) $f(x) = \frac{x^2 - 9}{2x - 6}$, $x_0 = 3$  b) $f(x) = \frac{x + 1}{x}$, $x_0 = 0$  c) $f(x) = \frac{x + 1}{x^2}$, $x_0 = 0$

**6.** Bestimmen Sie den Grenzwert durch Termumformung.

a) $\lim\limits_{x \to 4} \frac{x^2 - 16}{x - 4}$  b) $\lim\limits_{x \to -1} \frac{x^3 - x}{x + 1}$  c) $\lim\limits_{x \to 3} \frac{3 - x}{2x^2 - 6x}$  d) $\lim\limits_{x \to 2} \frac{x^4 - 16}{x - 2}$

**7.** Bestimmen Sie den Grenzwert mithilfe der h-Methode.

a) $\lim\limits_{x \to -3} \frac{2x^2 - 18}{x + 3}$  b) $\lim\limits_{x \to 5} \frac{x^2 - 7x + 10}{x - 5}$  c) $\lim\limits_{x \to 1} \frac{x^2 - x}{x - 1}$  d) $\lim\limits_{x \to x_0} \frac{x^2 - x_0^2}{x - x_0}$

**8.** Gesucht sind die folgenden Grenzwerte. Verwenden Sie Testeinsetzungen.

a) $\lim\limits_{x \to 0} \frac{1}{x^2}$  b) $\lim\limits_{x \to -\infty} 2^x$  c) $\lim\limits_{\substack{x \to 0 \\ x > 0}} \frac{1}{\sqrt{x}}$

**9.** Die Stufen einer Treppe haben einen quadratischen Querschnitt.

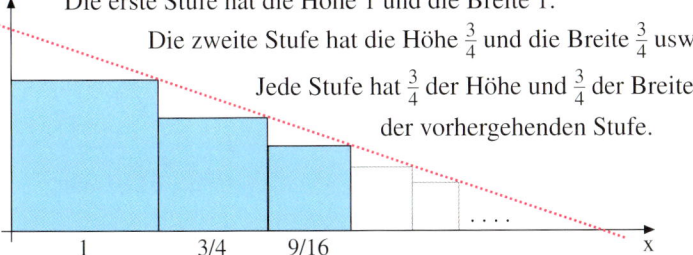

Die erste Stufe hat die Höhe 1 und die Breite 1.
Die zweite Stufe hat die Höhe $\frac{3}{4}$ und die Breite $\frac{3}{4}$ usw.
Jede Stufe hat $\frac{3}{4}$ der Höhe und $\frac{3}{4}$ der Breite der vorhergehenden Stufe.

Wie lang ist diese Treppe mit unendlich vielen Stufen? Hinweis: Verwenden Sie die Gerade, welche durch die oberen Ecken der Stufen gelegt werden kann.

**10.** Wenden sie Grenzwertsätze an.

a) $\lim\limits_{x \to \infty} \frac{2 + 3x}{x^2 + 4}$  b) $\lim\limits_{x \to \infty} \frac{10x^2 - x^3}{x^3 + 2x}$  c) $\lim\limits_{x \to -\infty} \frac{1 - 6x}{2x + 2}$

d) $\lim\limits_{x \to -1} \frac{2 + \frac{1}{x}}{3 - x}$  e) $\lim\limits_{x \to 2} \left( \frac{x^2}{x - 2} + \frac{4 - 4x}{x - 2} \right)$  f) $\lim\limits_{x \to 0} \left( x \cdot \left( x^2 + \frac{2}{x} \right) \right)$

**11.** Bestimmen sie den Grenzwert.

a) $\lim\limits_{x \to \infty} \left( \sqrt{x^2 + x} - x \right)$  b) $\lim\limits_{x \to 0} x^x$  c) $\lim\limits_{n \to \infty} a_n$ wobei $(a_n)^2 = 4a_n + \frac{1}{n^2} - 4$ gilt für $n \geq 1$ und $a_n > 0$

## D. Anwendungen

Grenzwerte werden in der Regel innermathematisch oder im technischen Bereich angewendet. Sie kommen aber beispielsweise auch bei Abkühlungsprozessen vor.

▶ **Beispiel: Grenztemperatur**
Familie Stein ist im Ferienhaus eingeschneit. In der Nacht fällt auch noch die Heizung aus. Als die Steins um 8.00 Uhr aufwachen, ist es nur noch 20 °C warm statt der üblichen 24 °C. Herr Stein kalkuliert, dass die Temperatur durch $\vartheta(t) = \frac{52}{t+2} - 6$ beschrieben werden kann (t: Zeit in Stunden seit 8.00 Uhr, $\vartheta$: °C).
a) Wie tief könnte die Temperatur fallen?
b) Wann wird der Gefrierpunkt erreicht?
c) Wann fiel die Heizung aus?

**Lösung zu a:**
Wir verwenden eine Wertetabelle mit Testeinsetzungen mit wachsenden Werten für t. Es zeigt sich, dass die Temperatur langfristig gegen −6 °C strebt, keine sehr angenehme Aussicht.

*Testeinsetzungen:*

| t | 0 | 1 | 10 | 100 | t → ∞ |
|---|---|---|---|---|---|
| $\vartheta(t)$ | 20 | 11,33 | −1,67 | −5,49 | → −6 |

$$\lim_{t \to \infty}\left(\frac{52}{t+2} - 6\right) = -6$$

**Lösung zu b:**
Der Ansatz $\vartheta(t) = 0$ führt nach nebenstehender Rechnung auf $t = 6\frac{2}{3}$ Stunden d. h. 6 Stunden und 40 Minuten. Addiert man dies zu 8.00 Uhr, so erhält man 14.40 Uhr als Beginn der Eiszeit.

*Gefrierpunkt:*
$\vartheta(t) = 0$ (Ansatz)
$\frac{52}{t+2} - 6 = 0 \quad | \cdot (t+2)$
$52 - 6t - 12 = 0$
$t = 6\frac{2}{3} h = 6 h\, 40 \min$

**Lösung zu c:**
Der Ansatz $\vartheta(t) = 24$ führt nach einer zur Lösung zu b analogen Rechnung auf $t = -\frac{4}{15}$ d. h. −16 min. Es war also 7.44 Uhr, als die Heizung ausfiel.

*Heizungsausfall:*
$\vartheta(t) = 24$ (Ansatz)
$\frac{52}{t+2} - 6 = 24 \quad | \cdot (t+2)$
$t = -\frac{4}{15} h = -16 \min$

### Übung 12
Die Höhe eines schnell wachsenden Bambusrohres wird durch die Funktion $h(t) = \frac{360t + 90}{2t + 3}$ beschrieben (t in Wochen, h(t) in cm).
a) Welche maximale Höhe erreicht das Bambusrohr?
b) Wie hoch war das Rohr am Beginn der Messung?
c) Wann erreicht der Bambus eine Höhe von 150 cm?

# Übungen

**13.** Bestimmen Sie den Grenzwert durch Testeinsetzungen
a) $\lim\limits_{x \to \infty} \frac{2x+1}{x}$
b) $\lim\limits_{x \to \infty} \frac{1-2x}{x+1}$
c) $\lim\limits_{x \to -\infty} \frac{x^2-x}{1-x^2}$

**14.** Bestimmen Sie den Grenzwert aus Übung 13 mithilfe von Termumformungen bzw. mit der h-Methode.

**15.** Untersuchen Sie, ob der Grenzwert existiert, indem Sie sich der kritischen Stelle $x_0$ einmal von links und einmal von rechts annähern.
Zeichnen Sie zur Kontrolle den Graphen von f mit einem DMW.
a) $f(x) = \frac{1}{x}$, $x_0 = 0$
b) $f(x) = \begin{cases} x-1, & x \leq 0 \\ x^2, & x > 0 \end{cases}$, $x_0 = 0$
c) $f(x) = \begin{cases} x^2+1, & x \leq 1 \\ 3-x, & x > 1 \end{cases}$, $x_0 = 1$

**16.** Ordnen Sie jedem Grenzwertterm den zugehörigen Grenzwert zu.

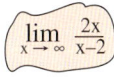
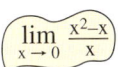

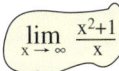

**17.** Ein Thermopack enthält eine Flüssigkeit, die bei Erschütterung zu Kristallen erstarrt und dabei die zuvor beim Erhitzen gespeicherte Schmelzwärme wieder freigibt.
Die Temperatur steigt dann nach der Funktion $T(t) = \frac{40t+20}{t+1}$ (t in min).
a) Welche Temperatur liegt zu Beginn vor?
b) Welche Temperatur liegt nach vier Minuten vor?
c) Welche Temperatur kann langfristig erreicht werden?
d) Wann erreicht die Temperatur 35 °C?

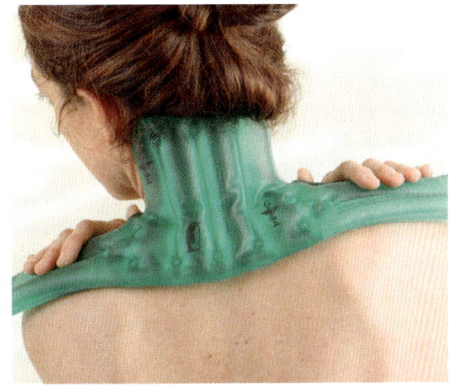

## E. Stetigkeit von Funktionen

Die abgebildete Funktion lässt sich kontinuierlich mit einem Zug an der Stelle $x_0$ durchzeichnen, ohne dass der Stift abgesetzt werden muss. Man bezeichnet diese Eigenschaft als *Stetigkeit* der Funktion f an der Stelle $x_0$. An der Stelle $x_1$ des Definitionsbereichs ist die kontinuierliche Durchzeichenbarkeit nicht gegeben. Die Funktion ist dort *unstetig*.

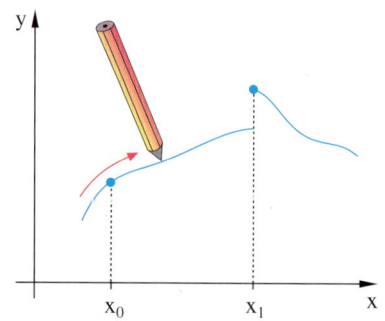

Die meisten Funktionen, die wir bisher kennengelernt haben, sind an jeder Stelle ihres Definitionsbereiches *stetig*, z. B. lineare Funktionen, quadratische Funktionen, Sinusfunktionen.

Wir betrachten nun zwei Funktionen f und h.

| Betragsfunktion f: <br> $f(x) = |x|$, $x \in \mathbb{R}$ <br> 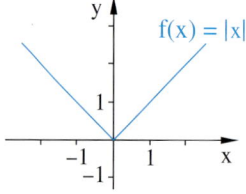 | Die Betragsfunktion f ist für alle reellen Zahlen definiert. <br><br> Ihr Graph kann mit einem Zug, also ohne den Stift abzusetzen gezeichnet werden, auch an der Stelle 0 (Graph mit Knick). <br><br> Die Betragsfunktion ist an jeder Stelle ihres Definitionsbereiches stetig. |
|---|---|
| Preisfunktion h: Kosten für einen Kurzzeitparkplatz (max. 3 Stunden) in € <br> $h(t) = \begin{cases} 1{,}50 \text{ für } 0 < t \leq 1 \\ 2{,}50 \text{ für } 1 < t \leq 2 \\ 3{,}50 \text{ für } 2 < t \leq 3 \end{cases}$ <br> 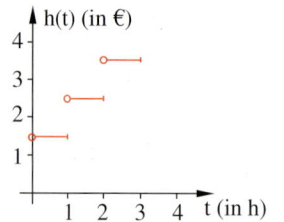 | Diese Preisfunktion ist für alle reellen Zahlen im Intervall $0 < t \leq 3$ definiert. <br><br> Ihr Graph kann nicht mit einem Zug gezeichnet werden. An den Stellen 1 und 2 muss man den Stift absetzen. <br><br> Diese Funktion ist an diesen Stellen ihres Definitionsbereiches **nicht stetig**. |

### Übung 18
Prüfen Sie, ob die oben betrachtete Funktion f an der Stelle 0 bzw. die Funktion h an den Stellen 1 und 2 einen Grenzwert haben und geben Sie diese ggf. an.

## Übung 19
Gegeben ist jeweils der Graph einer Funktion f. Prüfen Sie, ob diese Funktion f stetig ist.

a) $f(x) = \text{sgn}(x) = \begin{cases} -1 & \text{für } x < 0 \\ 0 & \text{für } x = 0 \\ 1 & \text{für } x > 0 \end{cases}$

b) $f(x) = \begin{cases} -x + 3 & \text{für } x \leq 1 \\ -2x + 3 & \text{für } x > 1 \end{cases}$

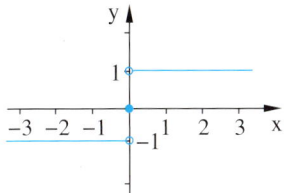
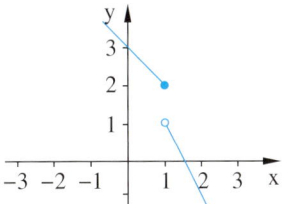

c) $f(x) = \sqrt{x}$, $x \geq 0$

d) $f(x) = \lfloor x \rfloor = g$ und $g \leq x < g + 1$, $x \in \mathbb{R}, g \in \mathbb{Z}$

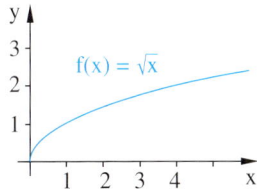
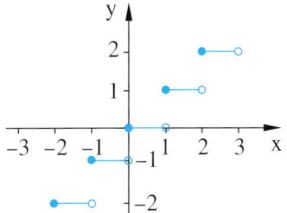

Beim Zeichnen des Graphen der Potenzfunktion g mit $g(x) = \frac{1}{x}$, $x \in \mathbb{R}$ und $x \neq 0$, muss man an der Stelle 0 den Stift absetzen. Diese Stelle 0 gehört aber nicht zum Definitionsbereich von g.
An allen anderen Stellen kann der Graph durchgehend gezeichnet werden.
Die Funktion g ist wie jede andere Potenzfunktion eine stetige Funktion.

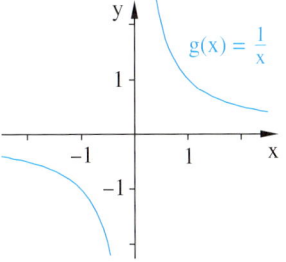

## Übung 20
Stellen Sie die Funktionen f mit $f(x) = \frac{x^2 - 9}{x - 3}$ und g mit $g(x) = \begin{cases} x + 3 & \text{für } x \neq 3 \\ -3 & \text{für } x = 3 \end{cases}$ graphisch dar.
Begründen Sie anhand der Graphen: f ist eine stetige Funktion, g ist eine unstetige Funktion.

## Übung 21
Geben Sie eine Zuordnungsvorschrift für eine Funktion f an.
a) f ist an der Stelle $-2$ unstetig.
b) Der Graph von f kann an der Stelle $\frac{\pi}{2}$ nicht durchgezeichnet werden; f ist aber stetig.
c) f ist an den Stellen $-1$ und $+1$ unstetig.
d) f ist im ganzen Definitionsbereich stetig; es gibt aber unendlich viele Sprungstellen.

## 2. Mittlere Änderungsrate

Mit Funktionen kann man die Abhängigkeit einer Größe y von einer Größe x erfassen. Beispielsweise kann der Weg s eines Läufers als Funktion der Zeit t dargestellt werden, die seit dem Start vergangen ist.

Dabei kann zur Analyse des Laufes die mittlere Geschwindigkeit in verschiedenen Laufphasen errechnet werden. Die mittlere Geschwindigkeit ist der Quotient aus zurückgelegtem Weg s und benötigter Zeit t, d. h. die Änderungsrate $\frac{\Delta s}{\Delta t}$ des Weges nach der Zeit.

### A. Der Begriff der mittleren Änderungsrate in einem Intervall

▶ **Beispiel: Die mittlere Geschwindigkeit**
Der Rekordlauf über 100 m des jamaikanischen Sprinters Usain Bolt bei der Weltmeisterschaft 2009 in Deutschland wurde zur Analyse in fünf Zeitintervalle aufgeteilt. Die jeweils erreichte Wegstrecke s wurde per Videoaufzeichnung registriert.

| Zeit t in sec | 0 | 1 | 3 | 6 | 8 | 9,58 |
|---|---|---|---|---|---|---|
| Weg s in m | 0 | 5,4 | 21 | 56 | 81 | 100 |

a) Skizzieren Sie den Graphen der Weg-Zeit-Funktion s(t) angenähert.
b) Bestimmen Sie die mittlere Geschwindigkeit in jedem der fünf Beobachtungsintervalle. In welchem der fünf Intervalle war der Sprinter am schnellsten?

**Lösung zu a:**
Wir kennen nur sechs Punkte des Graphen von s. Wenn wir sie durch Strecken verbinden, erhalten wir zwar nicht den exakten Graphen von s, aber dennoch eine ungefähre Vorstellung von seinem Verlauf.

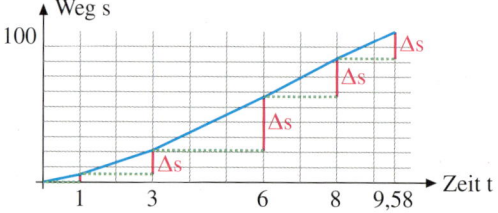

**Lösung zu b:**
Die *Änderung* des Weges bezeichnen wir mit dem Symbol Δs. Dieses Symbol steht für eine Differenz. Als Beispiel betrachten wir das Zeitintervall [3; 6]. Für die Änderung von s in diesem Intervall gilt:

Δs = s(6) − s(3) = 56 m − 21 m = 35 m.

**Die Änderung Δs in den Einzelintervallen:**

[0; 1]:   Δs = s(1) − s(0) = 5,4 − 0       =   5,4 m
[1; 3]:   Δs = s(3) − s(1) = 21 − 5,4      = 15,6 m
[3; 6]:   Δs = s(6) − s(3) = 56 − 21       =  35 m
[6; 8]:   Δs = s(8) − s(6) = 81 − 56       =  25 m
[8; 9,58]: Δs = s(9,58) − s(8) = 100 − 81  =  19 m

## 2. Mittlere Änderungsrate

Um beurteilen zu können, wie schnell sich die Funktion s in einem Intervall ändert, muss man die Wegänderung errechnen, die in diesem Intervall pro Sekunde erzielt wird. Man muss also die gesamte Wegänderung $\Delta s$ im Intervall durch die Intervalllänge $\Delta t$ dividieren.

Dazu wird der *Differenzenquotient* $\frac{\Delta s}{\Delta t}$ berechnet. Für das Intervall [3; 6] ergibt sich:
$\frac{\Delta s}{\Delta t} = \frac{s(6) - s(3)}{6 - 3} = \frac{56 - 21}{3} = \frac{35}{3} \approx 11{,}67\,\frac{m}{s}$.

Das Resultat dieser Rechnung bezeichnet man als *mittlere Änderungsrate* der Funktion s im Intervall [3; 6].
Man spricht hier auch von der *mittleren Geschwindigkeit* im Intervall [3; 6].
Rechts sind alle fünf Änderungsraten aufgeführt. Die höchste Änderungsrate liegt im Intervall [6; 8] vor. Dort läuft der Sprinter am schnellsten, nämlich mit $12{,}5\,\frac{m}{s}$ oder mit
▶ $45{,}0\,\frac{km}{h}$. (1 m/s = 3,6 km/h)

**Die Änderungsrate $\frac{\Delta s}{\Delta t}$ des Weges s:**

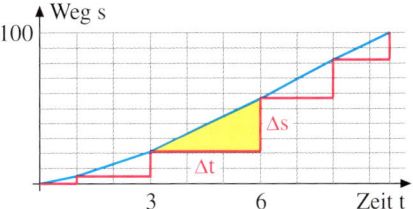

[0; 1]: $\frac{\Delta s}{\Delta t} = \frac{s(1) - s(0)}{1 - 0} = \frac{5{,}4 - 0}{1} = 5{,}4\,\frac{m}{s}$

[1; 3]: $\frac{\Delta s}{\Delta t} = \frac{s(3) - s(1)}{3 - 1} = \frac{21 - 5{,}4}{2} = \frac{15{,}6}{2} = 7{,}8\,\frac{m}{s}$

[3; 6]: $\frac{\Delta s}{\Delta t} = \frac{s(6) - s(3)}{6 - 3} = \frac{56 - 21}{3} = \frac{35}{3} \approx 11{,}67\,\frac{m}{s}$

[6; 8]: $\frac{\Delta s}{\Delta t} = \frac{s(8) - s(6)}{8 - 6} = \frac{81 - 56}{2} = \frac{25}{2} = 12{,}5\,\frac{m}{s}$

[8; 9,58]: $\frac{\Delta s}{\Delta t} = \frac{s(9{,}58) - s(8)}{9{,}58 - 8} = \frac{100 - 81}{1{,}58} \approx 12{,}02\,\frac{m}{s}$

Den Begriff der mittleren Änderungsrate kann man auf beliebige Funktionen verallgemeinern. Sie ist ein Maß dafür, wie schnell sich die Funktion in einem Intervall im Mittel ändert.

### Definition: Differenzenquotient und mittlere Änderungsrate

Die Funktion f sei auf dem Intervall [a; b] definiert. Dann bezeichnet man den Quotienten

$$\frac{\Delta f}{\Delta x} = \frac{f(b) - f(a)}{b - a}$$

als *Differenzenquotienten* von f im Intervall [a; b] bzw.
als *mittlere Änderungsrate* von f im Intervall [a; b].
Die mittlere Änderungsrate entspricht der Steigung bzw. dem Anstieg der Sekante durch $P(a|f(a))$ und $Q(b|f(b))$.

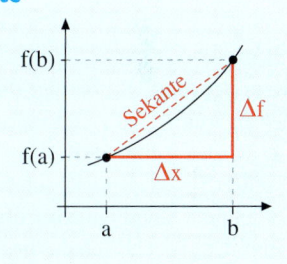

### Übung 1
Die Tabelle gibt die Entwicklung der Bevölkerungszahl eines Landes an.

| Jahr | 1870 | 1890 | 1920 | 1930 | 1950 | 1990 | 2000 |
|---|---|---|---|---|---|---|---|
| Bevölkerungszzahl in Mio | 10 | 20 | 55 | 65 | 70 | 65 | 70 |

a) Fertigen Sie eine Graphik des Bevölkerungsverlaufs an. Berechnen Sie für alle sechs Messabschnitte die mittleren Wachstumsraten. Setzen Sie die Zeit t = 0 für das Jahr 1870.
b) Wie groß ist die Wachstumsrate im Intervall [1930,1990]? Kommentieren Sie das Resultat.

Die folgende anschauliche Überlegung soll den Begriff der mittleren Änderungsrate weiter verdeutlichen.

Eine lineare Funktion hat in jedem Intervall die gleiche *konstante Änderungsrate*, denn sie steigt immer gleich schnell an.

Im Gegensatz hierzu haben Funktionen mit gekrümmten Graphen *wechselnde Änderungsraten*.

Betrachtet man eine solche Kurve über einem größeren Intervall, so kann man dort nur die *mittlere Änderungsrate* bestimmen. Diese entspricht der Änderungsrate der Sekante, welche den Kurvenpunkt P am Intervallanfang mit dem Kurvenpunkt Q am Intervallende verbindet.

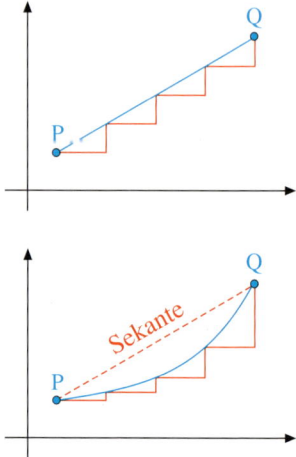

Sind nicht nur punktuelle Wertepaare einer Funktion bekannt, sondern ist die Funktionsgleichung gegeben, so kann man für beliebige Intervalle die mittlere Änderungsrate berechnen.

> **Beispiel: Mittlere Änderungsrate bei gegebener Funktionsgleichung**
> Bestimmen Sie die mittleren Änderungsraten der Funktion $f(x) = x^2$ in den Intervallen [0; 1] und [1; 2]. Interpretieren Sie die Resultate.

Lösung:
Im ersten Intervall beträgt die mittlere Änderungsrate 1, im zweiten Intervall beträgt sie 3. Das heißt, dass die Funktion f im zweiten Intervall durchschnittlich dreimal so schnell steigt wie im ersten Intervall. Graphisch macht sich das in einem steileren Verlauf des Graphen bemerkbar.

**Berechnung der Änderungsraten:**

[0; 1]: $\frac{\Delta f}{\Delta x} = \frac{f(1) - f(0)}{1 - 0} = \frac{1 - 0}{1 - 0} = \frac{1}{1} = 1$

[1; 2]: $\frac{\Delta f}{\Delta x} = \frac{f(2) - f(1)}{2 - 1} = \frac{4 - 1}{2 - 1} = \frac{3}{1} = 3$

## Übung 2
Berechnen Sie die mittlere Änderungsrate von f im angegebenen Intervall.
a) $f(x) = 2x$, $I = [0; 1]$     b) $f(x) = 0{,}5x^2$, $I = [1; 4]$     c) $f(x) = 1 - x^2$, $I = [1; 3]$

## Übung 3
a) Gegeben ist die Funktion $f(x) = ax^2$. Wie muss der Parameter a gewählt werden, wenn die mittlere Änderungsrate der Funktion auf dem Intervall [1; 4] den Wert 15 annehmen soll?
b) Die Funktion $f(x) = x^3$ hat im Intervall [0; a] (mit a > 0) die mittlere Änderungsrate 9. Bestimmen Sie a.

## B. Mittlere Steigung einer Kurve

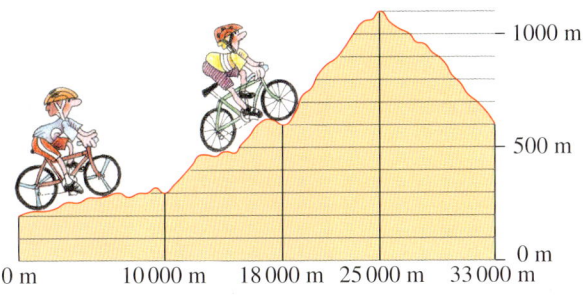

In unserem ersten Beispiel in Abschnitt A wurde ein 100-m-Sprint analysiert. Die Änderungsrate hatte die Bedeutung der Laufgeschwindigkeit.

Links ist das Höhenprofil einer Route der Tour de France abgebildet. Hier hat die Änderungsrate eine ganz andere Bedeutung, nämlich die einer Kurvensteigung.

▶ **Beispiel: Bestimmung der mittleren Steigung einer Kurve in einem Intervall**
Bestimmen Sie die mittleren Steigungen der vier oben dargestellten Streckenabschnitte der Tour-de-France-Route. Beurteilen Sie die Brauchbarkeit der Ergebnisse für die Fahrer.

Lösung:
Im ersten Streckenabschnitt werden in der Horizontalen 10 000 m zurückgelegt. Folglich gilt $\Delta x = 10000$. In der Vertikalen werden 100 Höhenmeter gewonnen. Daher ist $\Delta y = 100$. Der Differenzenquotient $\frac{\Delta y}{\Delta x} = 0{,}01 = 1\%$ ist die Steigung der Sekante, welche den Anfangspunkt des Abschnitts mit dem Endpunkt verbindet. Dies ist gleichzeitig die mittlere Steigung auf diesem Streckenabschnitt. Die Fahrer müssen also hier auf 100 m in der Horizontalen nur 1 m Höhe überwinden.

Im zweiten Streckenabschnitt ergibt sich die mittlere Steigung $\frac{\Delta y}{\Delta x} = \frac{300}{8000} = 0{,}0375 = 3{,}75\%$.

Im dritten Streckenabschnitt gilt $\frac{\Delta y}{\Delta x} = \frac{500}{7000} \approx 0{,}071 = 7{,}1\%$.

Im vierten Streckenabschnitt ist $\frac{\Delta y}{\Delta x} = \frac{-500}{8000} \approx -0{,}063 = -6{,}3\%$.

Im ersten, dritten und vierten Streckenabschnitt verläuft die Profilkurve relativ geradlinig. Hier trifft die mittlere Steigung die realen Steigungsverhältnisse gut. Im zweiten Streckenabschnitt ist das anders. Hier muss der Fahrer teilweise wesentlich steilere Anstiege bewältigen, als die mittlere Steigung dies vermuten lässt. Eigentlich müsste man diesen Abschnitt noch einmal unterteilen, um eine bessere Anpassung an den
▶ realen Verlauf zu erreichen.

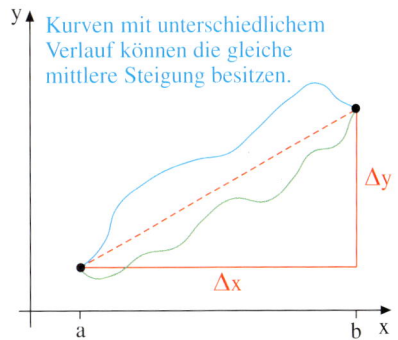

Kurven mit unterschiedlichem Verlauf können die gleiche mittlere Steigung besitzen.

### Übung 4
Gegeben sei die Funktion $f(x) = x^2 - 2x$.
a) Zeichnen Sie den Graphen von f für $-2 \leq x \leq 3$.
b) Berechnen Sie die mittlere Steigung von f in den Intervallen $[-2; 0]$ und $[0; 3]$.
c) Wie groß ist die mittlere Steigung von f im Intervall $[-1; 3]$? Erklären Sie das Resultat.

## C. Die mittlere Geschwindigkeit in einem Zeitintervall

Die amerikanische Raumfähre Space-Shuttle wird beim Start stark beschleunigt und steigert ihre Geschwindigkeit beständig bis auf einen Maximalwert von 8 km/s, der benötigt wird, um eine Umlaufbahn zu erreichen. Mittels Radar kann zu jedem Zeitpunkt die Höhe der Fähre festgestellt werden. Mit den so gewonnenen Daten kann die Durchschnittsgeschwindigkeit in den verschiedenen Phasen des Aufstiegs errechnet werden. Bei einem Start wurden die folgenden Daten aufgenommen.

| | Start | Beginn Rollmanöver | Ende Rollmanöver | Drosselung des Triebwerks | Abwurf der Booster |
|---|---|---|---|---|---|
| Startphasen | | 1 | 2 | 3 | 4 |
| Zeit t in sec | 0 | 9 | 17 | 30 | 125 |
| Höhe h in m | 0 | 250 | 850 | 2850 | 47 000 |

> **Beispiel: Berechnung der mittleren Geschwindigkeit**
> Bestimmen Sie die mittlere Geschwindigkeit in den vier Startphasen der Raumfähre.

Lösung:
Legt ein Körper in der Zeit $\Delta t$ den Weg $\Delta s$ zurück, so errechnet sich seine mittlere Geschwindigkeit v nach der Formel $\frac{\Delta s}{\Delta t}$.
Die mittlere Geschwindigkeit ist also die mittlere Änderungsrate des Weges in einem Zeitintervall.
Wir erhalten die rechts aufgeführten Resultate. In Phase 4 des Starts ist die Durchschnittsgeschwindigkeit schon sehr hoch, nämlich ca. 0,5 Kilometer pro Sekunde.

Mittlere Geschwindigkeiten:

Phase 1: $\frac{\Delta s}{\Delta t} = \frac{s(9) - s(0)}{9 - 0} = \frac{250}{9} \approx 28 \,\text{m/s}$

Phase 2: $\frac{\Delta s}{\Delta t} = \frac{s(17) - s(9)}{17 - 9} = \frac{600}{8} \approx 75 \,\text{m/s}$

Phase 3: $\frac{\Delta s}{\Delta t} = \frac{s(30) - s(17)}{30 - 17} = \frac{2\,000}{13} \approx 154 \,\text{m/s}$

Phase 4: $\frac{\Delta s}{\Delta t} = \frac{s(125) - s(30)}{125 - 30} = \frac{44\,150}{95} \approx 465 \,\text{m/s}$

### Übung 5
Ein Schlitten fährt den Hang hinab. Nach einer Sekunde hat er 0,4 m zurückgelegt. Nach 4 Sekunden Fahrzeit sind es 10 m und nach 15 *weiteren* Sekunden sogar 160 m. Berechnen Sie in allen drei Zeitintervallen die mittlere Geschwindigkeit. Wie groß ist die Durchschnittsgeschwindigkeit der gesamten Fahrt?

### Übung 6
Ein Schienenfahrzeug bewegt sich nach dem Weg-Zeit-Gesetz $s(t) = 0,9 t^2$.
a) Welchen Weg legt das Fahrzeug in den ersten drei Sekunden zurück?
b) Wie groß ist die mittlere Geschwindigkeit des Fahrzeugs in den ersten 3 Sekunden?
c) Berechnen Sie die mittlere Geschwindigkeit in der Zehntelsekunde, die auf die ersten drei Sekunden folgt. Vergleichen Sie mit dem Ergebnis von b).

## Übungen

**7.** Helmbasilisken, auch Jesusechsen genannt, können über das Wasser rennen. Eine Kolonie vermehrt sich gemäß der Funktion
$N(t) = \frac{8}{1 + 3 \cdot 2^{-0,4t}}$ (t in Jahren, N(t) in Hundert).
a) Zeichnen und interpretieren Sie den Graphen.
b) Vergleichen Sie die mittlere Wachstumsrate in den ersten beiden Jahren mit der im 3. Jahr, im 4. Jahr und im 10. Jahr.

**8.** Berechnen Sie die mittlere Änderungsrate von f im angegebenen Intervall.
a) $f(x) = \frac{1}{2}x$, $I = [0; 1]$    b) $f(x) = \frac{1}{2}x^3$, $I = [1; 3]$    c) $f(x) = x^2 - 4x$, $I = [0; 2]$

**9.** Gegeben ist die Funktion $f(x) = x^2$.
a) Bestimmen Sie die mittlere Änderungsrate der Funktion auf dem Intervall $[2; a]$ für $a > 2$.
b) Wie muss der Parameter $a > 2$ gewählt werden, wenn die mittlere Änderungsrate der Funktion auf dem Intervall $[2; a]$ den Wert 6 annehmen soll?

**10.** Die Sehne eines Bogens beschleunigt den Pfeil auf einer Strecke von 0,6 m angenähert nach dem Weg-Zeit-Gesetz $s(t) = 1500 t^2$ (t: Zeit in s; s: Strecke in m).
a) Wie lange dauert der Vorgang?
b) Welche mittlere Geschwindigkeit erreicht der Pfeil? Die Endgeschwindigkeit ist übrigens doppelt so groß.

**11.** Berechnen Sie die mittlere Steigung der Funktion f in jedem der drei Intervalle.

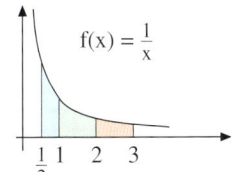 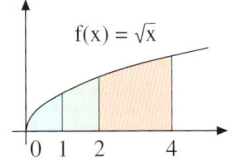 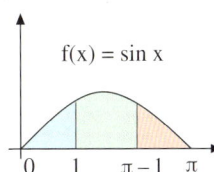

**12.** Ein Flugkörper gewinnt an Höhe nach der Formel $h(t) = 80 - \frac{80}{1,5t + 1}$. Dabei ist t die Zeit in Sekunden und h die Höhe in Metern.
a) Skizzieren Sie den Graphen von h für $0 \leq t \leq 4$. Nach welcher Zeit hat der Flugkörper eine Höhe von 60 m erreicht? Welche Höhe kann er maximal erreichen?
b) Wie groß ist die mittlere Steiggeschwindigkeit in der 1. Sekunde des Fluges bzw. in der 4. Sekunde? Wie groß ist die mittlere Steiggeschwindigkeit auf den ersten 30 Metern?

**13.** Die Tabelle zeigt die Bevölkerungsentwicklung der Vereinigten Staaten von Nordamerika sowie die Bevölkerungsentwicklung von Indien.

a) Zeichnen Sie die zugehörigen Graphen in ein gemeinsames Koordinatensystem ein.
Maßstab x-Achse: 1 cm = 10 Jahre
Maßstab y-Achse: 1 cm = 200 Mio.

b) Berechnen Sie für jedes Zeitintervall die mittleren Änderungsraten und stellen Sie einen Vergleich an.

| Jahr | 1950 | 1960 | 1970 | 1980 | 1990 | 2000 | 2050 | rot: Prognose |
|---|---|---|---|---|---|---|---|---|
| USA in Mio. | 152 | 181 | 205 | 227 | 250 | 282 | 420 | |
| Indien in Mio. | 370 | 446 | 555 | 687 | 842 | 1003 | 1600 | |

**14.** Ein Tunnel ist in vier Abschnitte mit unterschiedlichen Geschwindigkeitsbegrenzungen eingeteilt. Bei der Ein- und Ausfahrt in eine solche Sektion wird die Zeit gemessen und ein Photo des Fahrzeugs mit Fahrer aufgenommen. Die Polizei erfasst einen Fahrer mit den rechts dargestellten Messdaten. Sie stellt eine Durchschnittsgeschwindigkeit von 89,03 km/h fest und wirft ihm daher gleich zwei Geschwindigkeitsüberschreitungen vor.
Überprüfen Sie den Vorwurf durch Rechnungen.

| Segment | I | II | III | IV |
|---|---|---|---|---|
| Fahrzeit | 30 s | 20 s | 25 s | 18 s |

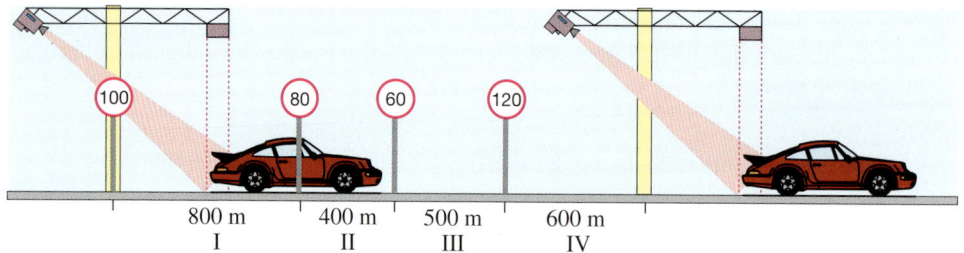

**15.** Die beiden Standorte A und B eines Herstellers von Omnibussen erreichten in einem Jahr die aufgeführten Stückzahlen pro Monat.
Der Leiter von Standort A wird von der Geschäftsführung aufgefordert, rationeller zu arbeiten. Ist das gerechtfertigt?

| | Zeitraum | | | |
|---|---|---|---|---|
| Werk | Jan–Feb | Mär–Mai | Jun | Jul–Dez |
| A | 400/Mon | 380/Mon | 400/Mon | 600/Mon |
| B | 480/Mon | 400/Mon | 600/Mon | 500/Mon |

## 2. Mittlere Änderungsrate

**16.** Das Profil einer Skischanze wird durch
$f(x) = \frac{1}{120}x^2 - x + 60$ $(0 \leq x \leq 30)$
beschrieben. Zeichnen sie den Graphen.
a) Wie groß ist die mittlere Steigung der Schanze?
b) Wie groß ist die mittlere Steigung auf dem ersten bzw. auf dem letzten Meter der Schanze?

**17.** Ein LKW-Fahrer wird von der Polizei beschuldigt, auf einer 5 km langen Strecke die Geschwindigkeitsbegrenzung von 80 km/h überschritten zu haben.
Der Fahrer bestreitet dies und verweist auf ein Computerprotokoll seiner Fahrt, aus dem hervorgeht, dass er die 5 km in 4 Minuten durchfahren hat, was nur einer Geschwindigkeit von 75 km/h entspreche.
Bestätigt das Diagramm die Polizei oder den Fahrer?

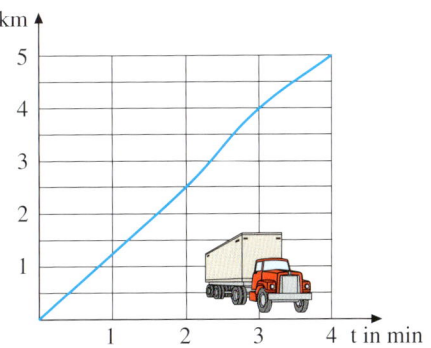

**18.** Eine Gruppe von Paddlern zeichnet die Fahrt mithilfe eines Navigationsgerätes auf. Sie erhalten folgendes Streckenprotokoll:

| Zeit in Std. | 0 | 1 | 2 | 3 | 4 | 5 | 6 | 7 | 8 |
|---|---|---|---|---|---|---|---|---|---|
| Weg in km | 0 | 10 | 18 | 24 | 24 | 32 | 38 | 46 | 56 |

Eine zweite Paddlergruppe erhält auf der gleichen Strecke folgendes Protokoll:

| Zeit in Std. | 0 | 1 | 2 | 3 | 4 | 5 | 6 | 7 | 8 |
|---|---|---|---|---|---|---|---|---|---|
| Weg in km | 0 | 5 | 9 | 15 | 30 | 35 | 40 | 45 | 56 |

a) Zeichnen Sie jeweils das Weg-Zeit-Diagramm (1 Std. = 1 cm, 10 km = 1 cm).
b) Berechnen Sie jeweils die Durchschnittsgeschwindigkeit für die Gesamtstrecke.
c) Welche Gruppe hatte die schnelleren Paddler?
d) Interpretieren Sie Besonderheiten der beiden Routen.

# 3. Lokale Änderungsrate

## A. Lineare Approximation einer Funktion an einer Stelle

Eine nichtlineare Funktion f kann in einer kleinen Umgebung einer bestimmten Stelle $x_0$ durch eine lineare Funktion g „mehr oder weniger gut" angenähert werden.
Man kann die sog. *lineare Approximation* mit einem digitalen Mathematikwerkzeug zur Funktionsdarstellung untersuchen, wobei man die Steigung m der Geraden g zu

$$g(x) = f(x_0) + m \cdot (x - x_0)$$

mit einem Schieberegler variiert.

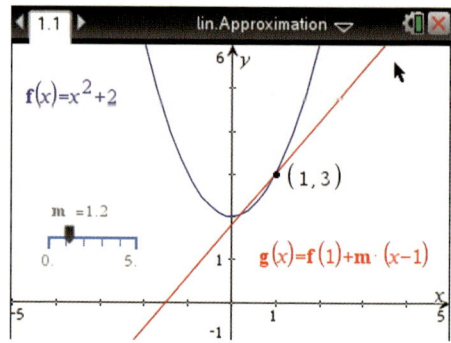

Für die lineare Funktion g gilt: $g(x_0) = f(x_0)$. Die Steigung m soll nun so gewählt werden, dass sich die Funktionswerte $g(x)$ in einer näheren Umgebung von $x_0$ von den Funktionswerten $f(x)$ der nichtlinearen Funktion f möglichst wenig unterscheiden.

Wir bilden die Differenz der Funktionswerte $f(x) - g(x) = f(x) - f(x_0) - m \cdot (x - x_0)$ und erweitern den Term $f(x) - f(x_0)$ auf der rechten Seite mit $x - x_0$:

$$f(x) - g(x) = f(x) - f(x_0) - m \cdot (x - x_0) = \frac{f(x) - f(x_0)}{x - x_0} \cdot (x - x_0) - m \cdot (x - x_0)$$

$$= \left(\frac{f(x) - f(x_0)}{x - x_0} - m\right) \cdot (x - x_0)$$

Für $x \to x_0$ geht der Term $x - x_0$ gegen 0. Der Grenzwert $\lim\limits_{x \to x_0} \frac{f(x) - f(x_0)}{x - x_0}$ heißt *lokale Änderungsrate* von f an der Stelle $x_0$. Ist die Steigung m gleich diesem Grenzwert, dann ist auch der Term $\frac{f(x) - f(x_0)}{x - x_0} - m$ klein, falls x in der näheren Umgebung von $x_0$ liegt. Die Funktion g mit $m = \lim\limits_{x \to x_0} \frac{f(x) - f(x_0)}{x - x_0}$ bildet damit **eine lineare Approximation der Funktion f an der Stelle $x_0$**.

Als Beispiel wurde die quadratische Funktion $f(x) = x^2 + 2$ und die Stelle $x_0 = 1$ gewählt. Wegen $f(1) = 3$ hat g die Gleichung $g(x) = 3 + m \cdot (x - 1)$. Es gilt:

$$f(x) - g(x) = x^2 + 2 - 3 - m \cdot (x - 1)$$
$$= x^2 - 1 - m \cdot (x - 1)$$
$$= \frac{x^2 - 1}{x - 1} \cdot (x - 1) - m \cdot (x - 1)$$
$$= \left(\frac{x^2 - 1}{x - 1} - m\right) \cdot (x - 1)$$
$$= ((x + 1) - m) \cdot (x - 1)$$

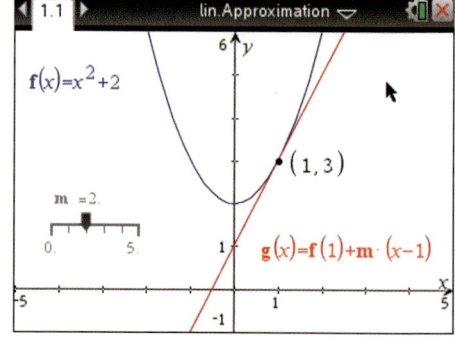

Nähert sich x der Zahl 1 so nähert sich der Term $x - 1$ der Zahl 0 und $x + 1$ der Zahl 2. Somit nähert sich $(x + 1) - m$ dem Term $2 - m$. Nur für $m = 2$ nähert sich damit auch der zweite Faktor dem Wert 0.

Somit erhalten wir für $m = 2$ eine nicht weiter zu verbessernde lineare Näherung oder Approximation von f in der Nähe der Stelle $x_0 = 1$.

## 3. Lokale Änderungsrate

**Definition: Lokale Änderungsrate**
Der Grenzwert

$$f'(x_0) = \lim_{x \to x_0} \frac{f(x) - f(x_0)}{x - x_0}$$

des Differenzenquotienten $\frac{f(x) - f(x_0)}{x - x_0}$

heißt *lokale Änderungsrate* der Funktion f an der Stelle $x_0$.

**Definition: Tangente**
Die Gerade mit der Gleichung

$$t(x) = f(x_0) + m \cdot (x - x_0)$$

mit $m = f'(x_0) = \lim_{x \to x_0} \frac{f(x) - f(x_0)}{x - x_0}$

heißt **Tangente** des Graphen von f im Punkt $P(x_0 | f(x_0))$.

Es gibt zwei Möglichkeiten, lokale Änderungsraten praktisch zu berechnen.

▶ **Beispiel: Näherungstabelle**
Gesucht ist die lokale Änderungsrate von $f(x) = x^2$ an der Stelle $x_0 = 1$.

Lösung:
Wir berechnen die mittlere Änderungsrate von f im Intervall [1; x], wobei wir x schrittweise an $x_0 = 1$ heranschieben. Zunächst wählen wir $x = 2$, dann $x = 1,1$, dann $x = 1,01$ usw.
Die Ergebnisse sind rechts tabellarisch dargestellt.
Die Tabelle ergibt, dass die lokale Änderungsrate gegen 2 strebt, wenn x gegen 1 strebt.
f hat also bei $x_0 = 1$ die Steigung 2: $f'(1) = 2$.

| $x > 2$ | Mittlere Änderungsrate von f im Intervall [1; x] |
|---|---|
| 2 | $\frac{f(2) - f(1)}{2 - 1} = \frac{4 - 1}{2 - 1} = 3$ |
| 1,1 | $\frac{f(1,1) - f(1)}{1,1 - 1} = \frac{1,21 - 1}{1,1 - 1} = 2,1$ |
| 1,01 | $\frac{f(1,01) - f(1)}{1,01 - 1} = \frac{1,0201 - 1}{1,01 - 1} = 2,01$ |
| 1,001 | $\frac{f(1,001) - f(1)}{1,001 - 1} = \frac{1,002001 - 1}{1,001 - 1} = 2,001$ |
| ↓ | ↓ |
| 1 | 2 |

▶ **Beispiel: Grenzwertrechnung**
Bestimmen Sie die lokale Änderungsrate von $f(x) = x^2$ an der Stelle $x_0 = 1$ durch eine Grenzwertberechnung nach der Formel $f'(x_0) = \lim_{x \to x_0} \frac{f(x) - f(x_0)}{x - x_0}$.

Lösung:
Wir berechnen die lokale Änderungsrate bei $x_0 = 1$ nach der Formel
$f'(x_0) = \lim_{x \to x_0} \frac{f(x) - f(x_0)}{x - x_0}$.
Die Berechnung des Grenzwertes gelingt nach einer Termumformung mit der 3. Binomischen Formel.
Wir erhalten das alte Resultat $f'(1) = 2$.

*Grenzwertrechnung:*

$$f'(1) = \lim_{x \to 1} \frac{f(x) - f(1)}{x - 1} = \lim_{x \to 1} \frac{x^2 - 1}{x - 1}$$
$$= \lim_{x \to 1} \frac{(x + 1) \cdot (x - 1)}{x - 1}$$
$$= \lim_{x \to 1} (x + 1)$$
$$= 2$$

### Übung 1
Bestimmen Sie die lokale Änderungsrate von f an der Stelle $x_0$ näherungsweise.
a) $f(x) = x^2$, $x_0 = 2$
b) $f(x) = 2x$, $x_0 = 1$
c) $f(x) = 1 - x^2$, $x_0 = 1$

### Übung 2
Bestimmen Sie die lokale Änderungsrate von f an der Stelle $x_0$ exakt.
a) $f(x) = 0,5 x^2$, $x_0 = 1$
b) $f(x) = 4x$, $x_0 = 2$
c) $f(x) = 4 - x^2$, $x_0 = 2$

## B. Die Momentangeschwindigkeit

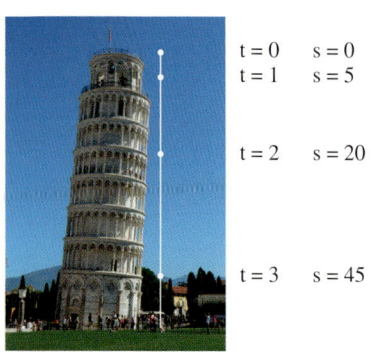

| | |
|---|---|
| t = 0 | s = 0 |
| t = 1 | s = 5 |
| t = 2 | s = 20 |
| t = 3 | s = 45 |

Der italienische Mathematiker Galileo Galilei (1564–1642) untersuchte die *Gesetze des freien Falls*. Er führte seine Versuche an einer schiefen Ebene durch. Am schiefen Turm von Pisa soll er ebenfalls Fallversuche unternommen haben, aber das ist nicht belegt.
Seine Versuche haben gezeigt, dass der Fallweg s quadratisch mit der Fallzeit t zunimmt.
Das Weg-Zeit-Gesetz des freien Falls lautet angenähert $s(t) = 5t^2$. Dabei ist t die Fallzeit in Sekunden und s der Fallweg in Metern.

Nun stellt sich eine interessante Frage: Welche *Momentangeschwindigkeit* $v(t_0)$ hat der fallende Körper nach einer bestimmten Fallzeit $t_0$?

▶ **Beispiel: Bestimmung der Momentangeschwindigkeit beim freien Fall**
Das Weg-Zeit-Gesetz des freien Falls lautet angenähert $s(t) = 5t^2$. Bestimmen Sie die Momentangeschwindigkeit eines frei fallenden Körpers zur Zeit $t_0 = 2$.

Lösung:
Wir errechnen die mittlere Geschwindigkeit für mehrere Intervalle der Gestalt [2; t]. Beginnend mit t = 3 nähern wir uns über t = 2,1 und t = 2,01 immer mehr dem Zeitpunkt $t_0 = 2$.
Die berechneten mittleren Geschwindigkeiten nähern sich zunehmend einem Grenzwert. Dieser ist die gesuchte Momentangeschwindigkeit zur Zeit $t_0 = 2$.
Sie beträgt ca. 20 $\frac{m}{s}$, also etwa 72 $\frac{km}{h}$.

| Zeit t > 2 | Mittlere Geschwindigkeit im Intervall [2; t] |
|---|---|
| 3 | $\frac{s(3) - s(2)}{3 - 2} = 25$ |
| 2,1 | $\frac{s(2,1) - s(2)}{2,1 - 2} = 20,5$ |
| 2,01 | $\frac{s(2,01) - s(2)}{2,01 - 2} = 20,05$ |
| 2,001 | $\frac{s(2,001) - s(2)}{2,001 - 2} = 20,005$ |
| ↓ | ↓ |
| 2 | 20 |

Eine weitere Möglichkeit zur Lösung der Aufgabe besteht darin, anstelle der Näherungstabelle eine exakte Grenzwertrechnung durchzuführen.
Diese Rechnung ist rechts dargestellt. Sie führt auf mathematisch eleganterem Weg
▶ zum Endergebnis.

Grenzwertrechnung:
$$v(2) = \lim_{t \to 2} \frac{s(t) - s(2)}{t - 2} = \lim_{t \to 2} \frac{5t^2 - 5 \cdot 2^2}{t - 2}$$
$$= \lim_{t \to 2} \frac{5(t - 2)(t + 2)}{t - 2} = \lim_{t \to 2} 5(t + 2)$$
$$= 5 \cdot 4 = 20$$

### Übung 3
Ein anfahrendes Fahrzeug bewegt sich in den ersten drei Sekunden näherungsweise nach dem Weg-Zeit-Gesetz $s = 4t^2$. Bestimmen Sie die Momentangeschwindigkeit nach der ersten, der zweiten und der dritten Sekunde.

## C. Weitere Anwendungen

Änderungsraten können in Anwendungen unterschiedliche Bedeutungen besitzen. Man kann z. B. Fallgeschwindigkeiten, Wachstumsgeschwindigkeiten und Kostensteigerung erfassen.

> **Beispiel: Landeanflug**
> Die Höhe eines Sportflugzeugs beim Landeanflug wird durch $h(t) = 40t^2 - 400t + 1000$ beschrieben. Dabei steht t für die Zeit in Minuten und h für die Flughöhe in Metern. Der Landeanflug beginnt zum Zeitpunkt t = 0.
> a) Welche Höhe hat das Flugzeug zu Beginn des Landeanflugs? Wie lange dauert es bis zur Landung?
> b) Bestimmen Sie die durchschnittliche vertikale Sinkgeschwindigkeit während der gesamten Landephase und in der letzten Minute vor der Landung.
> c) Wie groß ist die momentane Sinkgeschwindigkeit eine Minute vor der Landung angenähert?

**Lösung zu a:**
Zum Zeitpunkt t = 0 hat das Flugzeug die Höhe h(0) = 1000 m.

Die Landung erfolgt zu dem Zeitpunkt t, an dem h(t) = 0 ist. Das Flugzeug landet nach 5 Minuten.

*Höhe zu Beginn des Landeanflugs:*
h(0) = 1000

*Dauer der Landung:*
h(t) = 0: $\quad 40t^2 - 400t + 1000 = 0$
$\quad\quad\quad\quad\quad t^2 - 10t + 25 = 0$
$\quad\quad\quad\quad\quad (t-5)^2 = 0 \Leftrightarrow t = 5$

**Lösung zu b:**
Die mittlere Sinkgeschwindigkeit, d. h. die mittlere Änderung der Höhe h, wird mit dem Differenzenquotienten $\frac{\Delta h}{\Delta t}$ berechnet. Sie beträgt für den gesamten Landeanflug −200 m/min. In der letzten Flugminute ist sie auf −40 m/min gesunken.

*Mittlere Sinkgeschwindigkeit:*

[0; 5] $\quad \frac{\Delta h}{\Delta t} = \frac{0 - 1000}{5 - 0} = -200$

[4; 5] $\quad \frac{\Delta h}{\Delta t} = \frac{0 - 40}{5 - 4} = -40$

**Lösung zu c:**
Die momentane Sinkgeschwindigkeit eine Minute vor der Landung, d. h. zum Zeitpunkt t = 4, bestimmen wir angenähert, indem wir ersatzweise die mittlere Änderungsrate im Intervall [3,99; 4,01] bestimmen. Da Momentangeschwindigkeiten nur für kleine Zeiträume gelten, rechnen wir sie auf m/s um. Es sind ca. −1,33 m/s.

*Momentane Sinkgeschwindigkeit:*

$h'(4) \approx \frac{\Delta h}{\Delta t} = \frac{h(4,01) - h(3,99)}{4,01 - 3,99}$
$\quad\quad\quad\quad = \frac{39,20 - 40,80}{4,01 - 3,99}$
$\quad\quad\quad\quad = \frac{-1,60}{0,02} = -80$

$-80 \, \frac{m}{min} \approx -1,33 \, \frac{m}{s}$

### Übung 4
Während einer Trainingseinheit wird der Puls eines Sportlers über 5 Minuten gemessen. Die Funktion $p(t) = -2t^3 + 9t^2 + 15t + 75$ beschreibt die Pulsfrequenz (t in Minuten).
a) Berechnen Sie den mittleren Anstieg der Pulsfrequenz während des Trainings.
b) Wie hoch ist der Puls zur Zeit t = 3? Mit welcher momentanen Rate steigt er an?

## Übungen

**5.** Gegeben sei die reelle Funktion f mit der Gleichung $f(x) = 4 - x^2$ sowie lineare Funktionen $l_m$ mit Anstiegen $m \in \{-3; -2; -1; 0; 1; 2; 3\}$.
   a) Geben Sie die Anstiege geeigneter Funktionen $l_m$ für eine lineare Approximation von f an den Stellen $x_{1,2} = \pm 1$ an. Begründen Sie Ihre Auswahl und geben Sie die dementsprechenden Gleichungen der linearen Funktionen an, deren Funktionswert an der jeweiligen Stelle gleich dem Funktionswert von f ist.
   b) Berechnen Sie $f(x) - l_m(x)$ für $x \in \{-2,5; -2; -1,5; -1,25; -1; -0,75; -0,5; 0\}$ bzw. $x \in \{0; 0,5; 0,75; 1; 1,25; 1,5; 2; 2,5\}$

**6.** Die reelle Funktion mit der Gleichung $f(x) = 4 - x^2$ soll an der Stelle $x_a = 2$ linear angenähert werden. Geben Sie hierfür zwei lineare Funktionen an und bewerten Sie, welche der ausgewählten Funktionen die Funktion f besser annähert.

**7.** Gegeben seien reelle Funktionen $f_i$ durch ihre Gleichungen
   $f_1(x) = \frac{1}{2}x^2 \qquad f_2(x) = 4x^2 - 6x + 1 \qquad f_3(x) = x^4 \qquad f_4(x) = ax^2 + bx + c$
   a) Prüfen und begründen Sie, ob $l(x) = f(4) + 2(x - 4)$ Gleichung der Tangente an den Graphen der Funktion $f_1$ an der Stelle $x_a = 4$ ist. Geben Sie ggf. die optimale lineare Approximation an.
   b) Approximieren Sie die Funktionen $f_i$ (i = 2, 3, 4) jeweils durch lineare Funktionen an den Stellen $x = 1$, $x = -2$ bzw. allgemein für eine beliebige Stelle.

**8.** Ein Snowboarder gleitet einen relativ flachen, aber spiegelglatten Hang hinab.
Das Weg-Zeit-Gesetz der Bewegung wird durch die Formel $s(t) = 1,5 \, t^2$ beschrieben.
Dabei ist t die Zeit in Sekunden und s der zurückgelegte Weg in Metern.
   a) Welchen Weg hat das Snowboard nach 1 Sekunde bzw. nach 5 Sekunden zurückgelegt?
   b) Wie groß ist die mittlere Geschwindigkeit in den ersten fünf Sekunden der Fahrt?
   c) Wie groß ist die Momentangeschwindigkeit exakt fünf Sekunden nach Fahrtbeginn? Verwenden Sie eine Näherungstabelle oder eine Grenzwertrechnung.

**9.** Auf dem Mond lautet das Weg-Zeit-Gesetz des freien Falles $s(t) = 0,8 \, t^2$.

   a) Welche Fallstrecke durchläuft ein fallender Körper dort in der ersten Fallsekunde? Wie groß ist die Durchschnittsgeschwindigkeit des Körpers in der ersten Fallsekunde?
   b) Welche Momentangeschwindigkeit erreicht der Körper nach einer Sekunde im freien Fall? Verwenden Sie eine Näherungstabelle.
   c) Wie groß ist die Momentangeschwindigkeit nach 10 Sekunden im freien Fall? Verwenden Sie eine Grenzwertrechnung.
   d) Mit welcher Geschwindigkeit würde ein Astronaut auf den Boden treffen, wenn er von der ca. 4 m hohen Mondfähre abstürzen würde?

### 3. Lokale Änderungsrate

**10.** Ein Forschungs-U-Boot hat mit einem Echolot den Meeresboden abgetastet.
Die Funktion
$f(x) = -0{,}05\,(3x^4 - 28x^3 + 84x^2 - 96x)$
beschreibt die Profilkurve des Bodens.
(1 LE = 100 m)
a) Zeichnen Sie den Graphen von f für $0 < x < 5$.
b) Lesen Sie die Koordinaten der Gipfelpunkte und des Talpunktes ab.
c) Begründen Sie, dass der Talpunkt bei $P(2\,|\,1{,}6)$ liegt, indem Sie mit einer Näherungstabelle nachweisen, dass die lokale Steigung dort 0 beträgt.
d) Das U-Boot möchte auf Grund gehen. Der Boden am Landepunkt darf aber nicht steiler als 45° geneigt sein. Ist dies im Punkt $L(3\,|\,2{,}25)$ der Fall? Verwenden Sie auch hier eine Näherungstabelle, um die lokale Steigung bei $x = 3$ zu bestimmen.

**11.** Bei der Explosion eines Öltanks betrug die Hitze im Zentrum über 1000 °C. Die weglaufenden Menschen wurden von der Strahlungshitze erfasst und erlitten z.T. schwere Verbrennungen, wenn sie nicht schnell genug Deckung fanden. Die Temperatur kann angenähert erfasst werden durch die Funktion $T(x) = 10x^3 - 90x^2 + 1100$, $0 < x < 6$, wobei x die Entfernung vom Zentrum in 100 m und T die Temperatur in °C ist.
a) Zeichnen Sie den Graphen von T.
b) Welche Temperatur herrschte in 300 m Entfernung vom Zentrum?
c) Wie groß ist die mittlere Temperaturänderung auf den ersten 300 m?
(Angabe in °C/m oder in °C/100 m)
Wie groß ist sie zwischen 400 m und 500 m?
d) Wie groß ist die momentane Temperaturänderung 300 m vom Zentrum entfernt? Ermitteln Sie diese zeichnerisch.

**12.** Ein Wetterballon funkt beim Aufsteigen unter anderem seine Positionsdaten.
Seine Steighöhe wird durch die Funktion $h(t) = -2t^2 + 16t$ erfasst (t: Std., h: km)
a) Zeichnen Sie den Graphen von h für $0 \le t \le 3$ und interpretieren Sie ihn.
b) Wie groß ist die mittlere Steiggeschwindigkeit des Ballons in den ersten 30 Minuten?
c) Wie groß ist die momentane Steiggeschwindigkeit beim Start? (Verwenden Sie eine Näherungstab.)
d) Wie groß ist die momentane Steiggeschwindigkeit in 24 km Höhe? (Berechnen Sie zunächst die Zeit t für 24 km Aufstieg).

## D. Tangente und Kurvensteigung

*Eine Gerade hat eine konstante Steigung. Eine gekrümmte Kurve ändert ihre Steigung laufend. Im Folgenden wird der Begriff der Steigung einer Kurve näher untersucht.*
*Auf den Seiten 28 und 29 wurde bei der linearen Approximation der Begriff der Tangente des Graphen einer Funktion f im Punkt $P(x_0|f(x_0))$ definiert. Die Tangente ist diejenige Gerade, die sich in der unmittelbaren Umgebung des Punktes P am besten an den Graphen von f anschmiegt.*
*Es liegt nahe, den Anstieg des Graphen im Punkt $P(x_0|f(x_0))$ mit dem Anstieg der Tangente zu identifizieren.*

### Definition: Steigung von f an der Stelle $x_0$

Die Steigung der Funktion f an der Stelle $x_0$ ist die Steigung der Tangente an den Graphen von f durch den Punkt $P(x_0|f(x_0))$. Diese Steigung heißt Ableitung von f an der Stelle $x_0$.
Sie wird mit $f'(x_0)$ bezeichnet.

Man kann $f'(x_0)$ mithilfe eines Steigungsdreiecks der Tangente bestimmen.

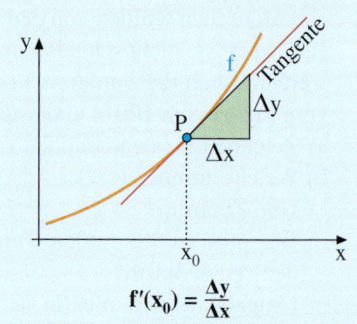

$$f'(x_0) = \frac{\Delta y}{\Delta x}$$

▶ **Beispiel: Steigung an einer Stelle graphisch bestimmen**
Bestimmen Sie die Steigung der Funktion $f(x) = 1 - x^2$ an den Stellen $x_0 = -0{,}5$ und $x_0 = 1$.

Lösung:
Wir zeichnen den Graphen von f auf mm-Papier oder auf Karopapier. Dann zeichnen wir, z. B. mithilfe eines Geodreiecks, in den Punkten $P(-0{,}5|0{,}75)$ und im Punkt $Q(1|0)$ die Tangenten von f ein.
Diese versehen wir mit Steigungsdreiecken. Wir messen in den Steigungsdreiecken $\Delta y$ und $\Delta x$ aus und bilden den Quotienten $\frac{\Delta y}{\Delta x}$. So erhalten wir:

Tangenten und Steigungsdreiecke:

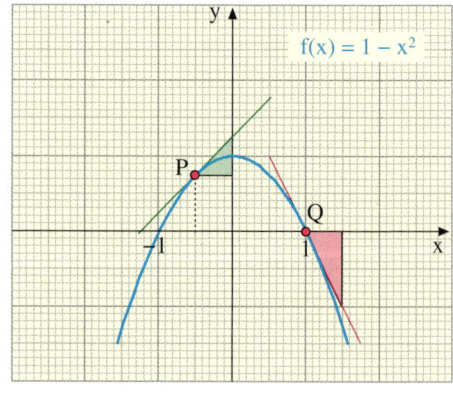

$$f'(-0{,}5) = \frac{\Delta y}{\Delta x} = \frac{0{,}5}{0{,}5} = 1$$

$$f'(1) = \frac{\Delta y}{\Delta x} = \frac{-1}{0{,}5} = -2$$

Bei $x = -0{,}5$ steigt die Kurve moderat an,
▶ bei $x = 1$ fällt sie relativ stark ab.

## Übungen

**13.** Bestimmen Sie näherungsweise die Steigung der Funktion in den Punkten A bis E durch Anlegen einer Tangente.
Gibt es eine Stelle, an der die Steigung ungefähr gleich 0,5 ist?
Sollte dies der Fall sein, geben Sie die Lage der Stelle an.
In welchen Intervallen ist die Steigung von f positiv bzw. negativ?

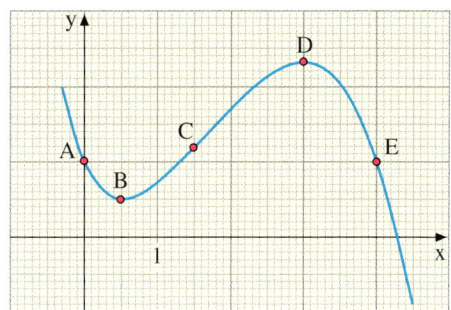

**14.** Welches der drei dargestellten Steigungsdreiecke ist richtig, welche sind falsch? Begründen Sie.
Wie groß ist die Steigung der Funktion f an der Stelle $x_0$ angenähert?

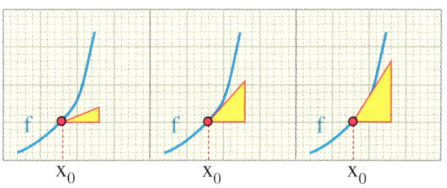

**15.** Die Abbildung zeigt den Graphen der Funktion $f(x) = \sqrt{x}$.
Wie groß ist die Steigung an der Stelle $x_0 = 1$ und $x_0 = 4$ angenähert?
Beschreiben Sie, bei $x = 0$ beginnend, wie sich die Steigung verändert, wenn x immer größer wird.

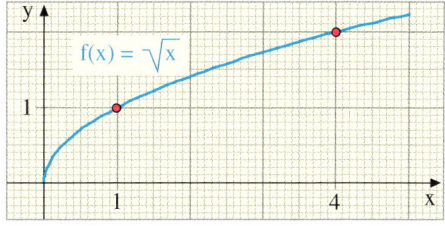

**16.** Man kann die Steigung einer Funktion f an der Stelle $x_0$ angenähert bestimmen, indem man sie in einer kleinen Umgebung der Stelle $x_0$ *stark vergrößert* zeichnet, so dass der Graph von f dort fast geradlinig verläuft.
Bestimmen Sie auf diese Weise die Steigung von f an der Stelle $x_0$.

a) $f(x) = \frac{1}{2}x^2$ an der Stelle $x_0 = 2$. Zeichnen Sie f im Intervall [1,9; 2,1].
Versuchen Sie es dann mit [1,99; 2,01].

b) $f(x) = \frac{1}{x}$ an der Stelle $x_0 = 0,5$. Zeichnen Sie f im Intervall [0,49; 0,51].

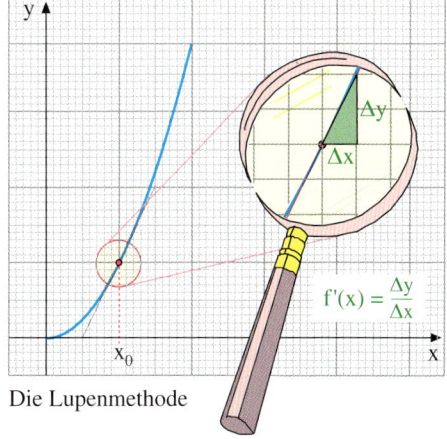

Die Lupenmethode

## E. Die Steigung einer Kurve in einem Punkt

▶ **Beispiel:** Ein Raupenfahrzeug mit einer Steigfähigkeit von 78 %* fährt einen Hang mit parabelförmigem Profil hinauf. Die Profilkurve lässt sich näherungsweise durch die Funktion $f(x) = \frac{1}{50}x^2$ beschreiben.
Kann das Fahrzeug die Markierungsstange erreichen?

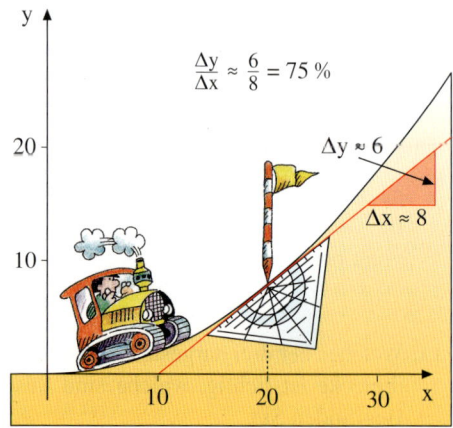

Lösung:
Um festzustellen, wie steil der Hang bei der Markierungsstange ist, legen wir dort das Geodreieck – so gut es geht – tangential an die Kurve an. Wir erhalten auf diese Weise eine Tangente an die Profilkurve, deren Steigung wir nun mithilfe eines Steigungsdreiecks ablesen können.

Sie beträgt ungefähr 75 %. Etwa die gleiche Steigung hat der Hang in der Nähe der Stange. Danach dürfte die Raupe also bis zu der Markierungsstange kommen. Allerdings können wir nicht ganz sicher sein, denn die zur Steigungsmessung verwendete Tangente haben wir durch Anlegen des
▶ Geodreiecks nach „Augenmaß" gewonnen.

Es ist jedoch möglich ein Verfahren zu entwickeln, das die rechnerische Bestimmung der Tangente an eine Kurve in einem beliebigen Kurvenpunkt gestattet.
Wir erläutern das Verfahren zunächst allgemein, wobei wir uns an der Abbildung orientieren.

$P(x_0|y_0)$ sei ein fester Punkt auf dem Graphen einer gegebenen Funktion f.
$Q(x|y)$ sei ein weiterer, von P verschiedener Punkt des Graphen. Die durch P und Q eindeutig festgelegte Gerade bezeichnet man als *Sekante*. Lassen wir nun den Punkt $Q(x|y)$ auf der Kurve zum Punkt $P(x_0|y_0)$ „hinwandern", so dreht sich die zugehörige Sekante um den Punkt P. Je näher Q an P heranrückt, umso mehr nähert sich die zugehörige Sekante einer bestimmten „Grenzgeraden", die mit dem Graphen nur den Punkt $P(x_0|y_0)$ gemeinsam hat. Diese Grenzgerade nennen wir *Tangente* an die Kurve im Punkt $P(x_0|y_0)$.

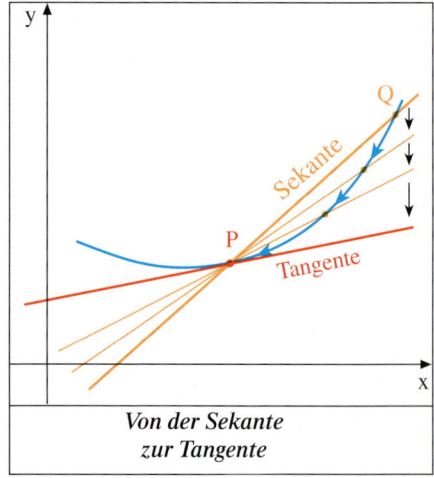

*Von der Sekante zur Tangente*

---

* 78 %: 78 m Höhenunterschied auf 100 m in der Horizontalen

## 3. Lokale Änderungsrate

Es ist nun naheliegend, unter der Steigung einer Funktion in einem Punkt $P(x_0|y_0)$ ihres Graphen die Steigung der Tangente t zu verstehen, die den Graphen in P berührt. Uns interessiert daher vor allem die Berechnung der Tangentensteigung.

Da sich die Tangente t als Grenzgerade von Sekanten ergibt, ist ihre Steigung der Grenzwert der zugehörigen Sekantensteigungen.

Das abgebildete Steigungsdreieck zeigt: Die Sekante durch $P(x_0|y_0)$ und $Q(x|y)$ hat die Steigung

$$\frac{f(x)-f(x_0)}{x-x_0} \text{ (Differenzenquotient).}$$

Daher hat die Tangente durch $P(x_0|y_0)$ die Steigung

$$\lim_{x \to x_0} \frac{f(x)-f(x_0)}{x-x_0} \text{ (Differentialquotient).}$$

Die Bestimmung der Tangentensteigung als Grenzwert des Differenzenquotienten bezeichnet man als *Differenzieren* der Funktion.

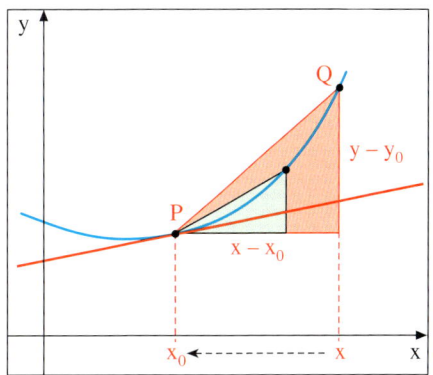

Wir wenden das Verfahren nun auf unser Einstiegsbeispiel an.

In diesem Beispiel gilt $f(x) = \frac{1}{50}x^2$.

Zur rechnerischen Bestimmung der Steigung der Tangente durch den Punkt $P(20|f(20))$ müssen wir den Grenzwert

$$\lim_{x \to 20} \frac{f(x)-f(20)}{x-20} \text{ untersuchen.}$$

Direktes Einsetzen von $x = 20$ liefert nur den *unbestimmten Ausdruck* $\frac{0}{0}$.

Durch Ausklammern von $\frac{1}{50}$ und Anwenden der dritten binomischen Formel gelingt es, den störenden Nennerterm $x - 20$ zu kürzen. Anschließend ist die Grenzwertbildung problemlos möglich.
Wir erhalten so den Wert 0,8 bzw. 80% für die Tangentensteigung bei $x = 20$.

Das bedeutet: Das Raupenfahrzeug erreicht die Markierungsstange nicht ganz.

**Berechnung der Tangentensteigung:**

$$\lim_{x \to 20} \frac{f(x)-f(20)}{x-20} = \lim_{x \to 20} \frac{\frac{1}{50}x^2 - 8}{x-20}$$

$$= \lim_{x \to 20} \frac{\frac{1}{50}(x^2 - 400)}{x-20}$$

$$= \lim_{x \to 20} \frac{\frac{1}{50}(x-20)(x+20)}{x-20}$$

$$= \lim_{x \to 20} \frac{1}{50}(x+20)$$

$$= \frac{40}{50}$$

$$= 0{,}8$$

**Resultat:**
Die Steigung des Hanges an der Stelle $x_0 = 20$ beträgt 80%.
Die Raupe schafft aber nur 78%.

Wir fassen nun unsere Überlegung in der folgenden Definition zusammen.

> **Definition: Differenzierbarkeit**
> Die Funktion f heißt *differenzierbar* an der Stelle $x_0 \in D$, wenn der Grenzwert
> $$\lim_{x \to x_0} \frac{f(x) - f(x_0)}{x - x_0}$$
> existiert:
>
> Dieser Grenzwert wird mit $f'(x_0)$ bezeichnet und *Ableitung von f an der Stelle $x_0$* genannt (gelesen: f-Strich).
> $f'(x_0)$ gibt die Steigung der Tangente von f an der Stelle $x_0$ an.

> **Formeln zur Berechnung von $f'(x_0)$**
>
> **Methode I: $x \to x_0$**
>
> (I) $\quad f'(x_0) = \lim\limits_{x \to x_0} \dfrac{f(x) - f(x_0)}{x - x_0}$
>
> **Methode II: $h \to 0$**
>
> (II) $\quad f'(x_0) = \lim\limits_{h \to 0} \dfrac{f(x_0 + h) - f(x_0)}{h}$
>
> Bemerkung: Setzt man in der ersten Formel $x = x_0 + h$, so erhält man die zweite Formel.

Wir zeigen nun anhand von Beispielen, wie die obigen beiden Formeln im konkreten Fall zur Steigungsberechnungen eingesetzt werden.

> ▶ **Beispiel: Steigungsberechnung**
> Berechnen Sie die Steigung der Funktion $f(x) = x^2$ an der Stelle $x_0 = 2$.
> Verwenden Sie einmal Formel I ($x \to x_0$) und zum Vergleich auch Formel II ($h \to 0$).

**Lösung mit Formel I:**
Bei Verwendung von Formel I muss der störende Nennerterm $x - x_0$ gekürzt werden. Um das zu ermöglichen, muss zuvor der Zählerterm mit der dritten binomischen Formel umgeformt werden.

$$f'(2) = \lim_{x \to 2} \frac{f(x) - f(2)}{x - 2}$$

*Aufstellen des Differenzenquotienten*

$$= \lim_{x \to 2} \frac{x^2 - 4}{x - 2}$$

*Umformen des Differenzenquotienten*

$$= \lim_{x \to 2} \frac{(x + 2) \cdot (x - 2)}{x - 2}$$

*Kürzen von $x - x_0$ bzw. h*

$$= \lim_{x \to 2} (x + 2)$$

*Bestimmen des Grenzwertes*

$$= 2 + 2$$

$$= 4$$

**Lösung mit Formel II:**
Bei Verwendung von Formel II muss der störende Nennerterm h gekürzt werden. Dies erfordert die vorherige Umformung des Zählerterms mit der ersten binomischen Formel.

$$f'(2) = \lim_{h \to 0} \frac{f(2 + h) - f(2)}{h}$$

$$= \lim_{h \to 0} \frac{(2 + h)^2 - 4}{h}$$

$$= \lim_{h \to 0} \frac{4 + 4h + h^2 - 4}{h}$$

$$= \lim_{h \to 0} \frac{4h + h^2}{h}$$

$$= \lim_{h \to 0} (4 + h)$$

$$= 4$$

### Übung 17
Berechnen Sie die Steigung der Funktion f an der Stelle $x_0$.
a) $f(x) = x^2$, $x_0 = -1$
b) $f(x) = 0{,}5\, x^2$, $x_0 = 2$
c) $f(x) = a\, x^2$, $x_0 = 1$

## 3. Lokale Änderungsrate

Leider funktioniert die Bestimmung der Ableitung von f an einer Stelle $x_0$ mithilfe der Formeln I und II nur bei quadratischen Funktionen so einfach wie im vorigen Beispiel. Schon bei Polynomen dritten Grades wird die Technik deutlich komplizierter.

▶ **Beispiel: h-Methode bei kubischer Funktion**
Berechnen Sie die Steigung von $f(x) = x^3$ an der Stelle $x_0 = 1$ mit der h-Methode (Formel II).

Lösung:
Wir benötigen die binomische Formel der Ordnung 3, um den Differenzenquotienten so umzuformen, dass der Faktor h gekürzt werden kann:
$(a + b)^3 = a^3 + 3a^2b + 3ab^2 + b^3$
Für $a = 1$ und $b = h$ folgt:
$(1 + h)^3 = 1 + 3h + 3h^2 + h^3$
Damit können wir die h-Methode – wie rechts dargestellt – anwenden.
▶ Resultat: $f'(1) = 3$

**Ableitung bei $x_0 = 1$:**
$$f'(1) = \lim_{h \to 0} \frac{f(1+h) - f(1)}{h}$$
$$= \lim_{h \to 0} \frac{(1+h)^3 - 1^3}{h}$$
$$= \lim_{h \to 0} \frac{1 + 3h + 3h^2 + h^3 - 1}{h}$$
$$= \lim_{h \to 0} \frac{3h + 3h^2 + h^3}{h}$$
$$= \lim_{h \to 0} (3 + 3h + h^2)$$
$$= 3$$

▶ **Beispiel: $(x - x_0)$-Methode bei kubischer Funktion**
Berechnen Sie die Steigung von $f(x) = x^3$ bei $x_0 = 1$ mit der $(x - x_0)$-Methode (Formel I).
Hilfestellung: Zeigen Sie zunächst, dass die Darstellung $x^3 - 1 = (x^2 + x + 1) \cdot (x - 1)$ gilt.

Lösung:
Wir weisen zunächst die Gültigkeit der als Hilfe vorgegebenen Faktorisierung nach:

$(x^2 + x + 1) \cdot (x - 1)$
$= x^3 + x^2 + x - x^2 - x - 1$
$= x^3 - 1$

Damit können wir die nebenstehende Rechnung durchführen und erhalten $f'(1) = 3$.
Ohne die vorgegebene Faktorisierung wäre
▶ es allerdings schwierig geworden*.

**Ableitung bei $x_0 = 1$:**
$$f'(1) = \lim_{x \to 1} \frac{f(x) - f(1)}{x - 1}$$
$$= \lim_{x \to 1} \frac{x^3 - 1}{x - 1}$$
$$= \lim_{x \to 1} \frac{(x^2 + x + 1) \cdot (x - 1)}{x - 1}$$
$$= \lim_{x \to 1} (x^2 + x + 1)$$
$$= 3$$

## Übung 18
Berechnen Sie die Steigung von f an der Stelle $x_0$ mithilfe der h-Methode.
a) $f(x) = x^2$, $x_0 = 1$   b) $f(x) = 2x^2$, $x_0 = -1$   c) $f(x) = x^3$, $x_0 = 2$   d) $f(x) = 2x$, $x_0 = 1$

## Übung 19
Gegeben ist $f(x) = x^4$. Berechnen Sie die Ableitung von f bei $x_0 = 2$ mit der h-Methode.
Hilfe: Verwenden Sie die Binomische Formel $(a + b)^4 = a^4 + 4a^3b + 6a^2b^2 + 4ab^3 + b^4$.

---
* Man kann eine solche Faktorisierung durch *Polynomdivision* gewinnen (hier nicht behandelt).

Auch bei zusammengesetzten Funktionstermen kann man die h-Methode anwenden.

▶ **Beispiel: Zusammengesetzter Funktionsterm**
Gesucht ist die Steigung von $f(x) = x^2 + 2x$ an der Stelle $x_0 = 3$.

Lösung:
Wegen des Vorkommens eines quadratischen Summanden im Funktionsterm von f wird wie im Beispiel auf Seite 38 (rechts) die erste binomische Formel benötigt.

Die Rechnung – rechts dargestellt – verläuft dann routinemäßig.

▶ Resultat: $f'(3) = 8$

*Ableitung bei $x_0 = 1$:*

$$f'(3) = \lim_{h \to 0} \frac{f(3+h) - f(3)}{h}$$
$$= \lim_{h \to 0} \frac{(3+h)^2 + 2 \cdot (3+h) - 15}{h}$$
$$= \lim_{h \to 0} \frac{9 + 6h + h^2 + 6 + 2h - 15}{h}$$
$$= \lim_{h \to 0} \frac{h^2 + 8h}{h}$$
$$= \lim_{h \to 0} (h + 8)$$
$$= 8$$

### Übung 20
Berechnen Sie die Steigung von f an der Stelle $x_0$ mit Hilfe der h-Methode.
a) $f(x) = x^2 - x$, $x_0 = 1$  b) $f(x) = 2x^2 + 1$, $x_0 = -2$  c) $f(x) = 3x + 2$, $x_0 = 2$

## F. Nicht differenzierbare Funktionen

Eine Funktion ist *differenzierbar* an der Stelle $x_0$, wenn sie an dieser Stelle eine eindeutig bestimmte Tangente besitzt (Bild 1).
In der näheren Umgebung von $x_0$ stimmen Funktion und Tangente nahezu überein (Vergrößerungslupe). Man sagt auch, dass differenzierbare Funktionen im lokalen Mikrobereich *linear approximierbar* sind.

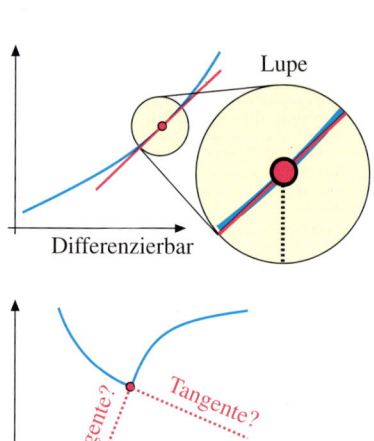

Eine Funktion ist in $x_0$ *nicht differenzierbar*, wenn sie dort keine eindeutige Tangente besitzt oder nur eine einseitige Tangente bzw. wenn sie in der unmittelbaren Nähe von $x_0$ nicht nahezu linear verläuft.

Dies ist der Fall, wenn f bei $x_0$ einen *Knick* (Bild 2) oder sogar einen *Sprung* (Bild 3) besitzt.

### Übung 21
Zeichnen Sie den Graphen von f. An welcher Stelle ist f nicht differenzierbar? Begründen Sie.
a) $f(x) = |x|$  b) $f(x) = \frac{|x|}{x}$  c) $f(x) = \sqrt{x}$

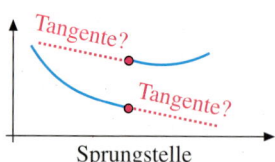

# 4. Ableitungsfunktion

## A. Zeichnerische Bestimmung

Unten ist eine Funktion f abgebildet. Sie besitzt in jedem Punkt ihres Graphen eine Steigung, die man mithilfe eines kleinen tangentialen Steigungsdreiecks angenähert bestimmen kann. Ordnet man *jeder* Stelle x die dort vorliegende Steigung f′(x) zu, so erhält man eine neue Funktion f′, die man als *Ableitungsfunktion von f* bezeichnet.

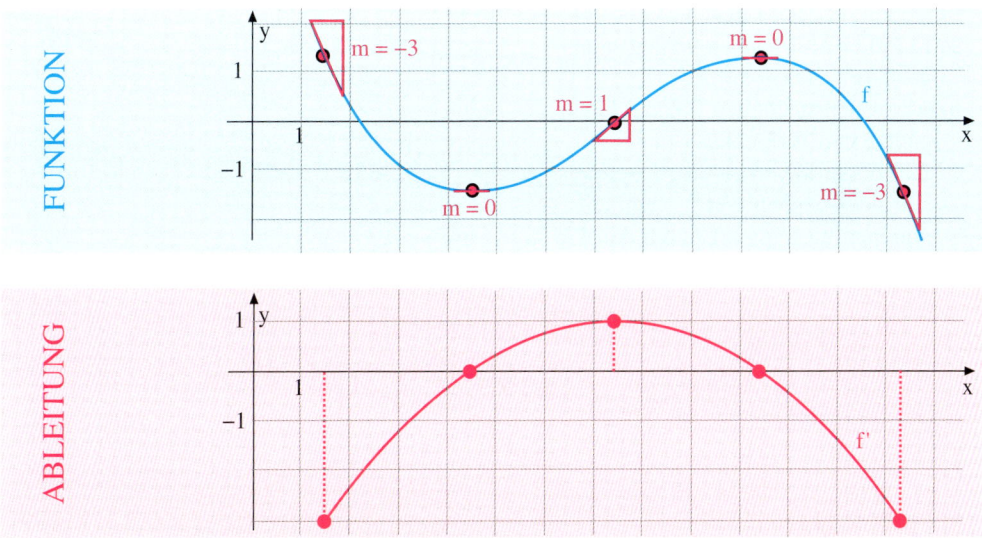

An der Ableitungsfunktion f′ kann man erkennen, in welchen Bereichen die Funktion f *steigt* bzw. *fällt*. Ist f′ positiv, so steigt f, und ist f′ negativ, so fällt f.
Außerdem kann man sehen, wo *Hochpunkte* und *Tiefpunkte* liegen, denn in diesen ist die Steigung f′ gleich null.

## Übung 1
Gegeben ist der Graph der Funktion f. Lesen sie an einigen Stellen die Steigung von f näherungsweise ab und skizzieren Sie damit den Graphen von f′ in einem geeigneten Koordinatensystem.

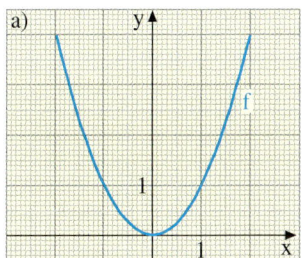
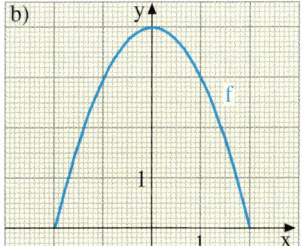
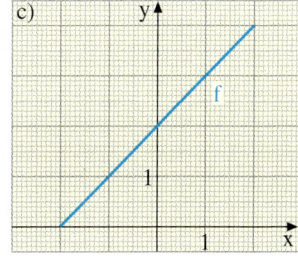

## Übungen

**2.** Gegeben ist der Graph der Funktion f.
Skizzieren Sie den Graphen von f′.
Stellen Sie zunächst fest, wo die Nullstellen der Ableitung f′ liegen müssen.

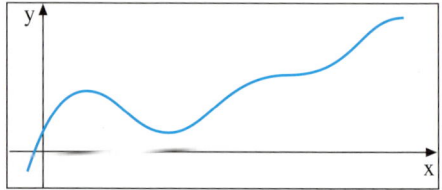

**3.** Gegeben ist der Graph einer Ableitungsfunktion f′ (s. Bild I bzw. II).
a) In welchen Bereichen verläuft f steigend, in welchen fallend?
b) An welchen Stellen liegen Hochpunkte und Tiefpunkte von f?
c) Skizzieren Sie einen möglichen Verlauf des Graphen von f, wenn angenommen wird, dass f durch den Ursprung geht.

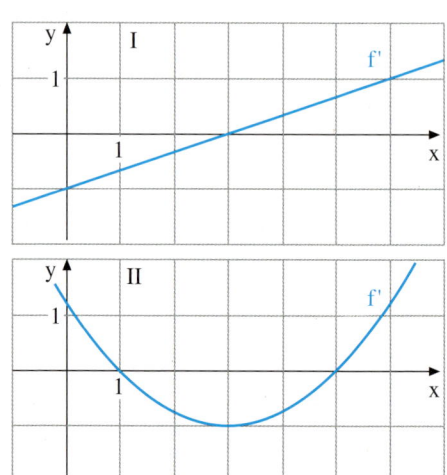

**4.** Die Graphik zeigt die Höhe h eines Drachenfliegers als Funktion der Zeit t.
(t in min, h in Metern).
a) Beschreiben Sie den Flugverlauf. Wie lange dauerte der Flug? Welche Gipfelhöhe wurde erreicht?
b) Skizzieren Sie den Graphen der Ableitungsfunktion h′. Welche Bedeutung hat h′ in diesem Anwendungszusammenhang?
c) Wie groß war die mittlere Steiggeschwindigkeit während des Aufstiegs, wie groß die mittlere Fallgeschwindigkeit während des Abstiegs? Bestimmen Sie angenähert, wann die Aufstiegsgeschwindigkeit maximal war. Wie groß war sie?

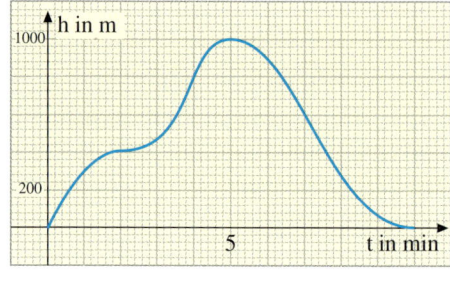

**5.** Ordnen Sie Funktion und Ableitung zu.

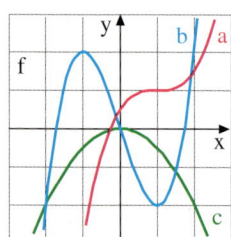 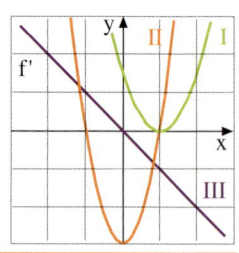

## B. Die rechnerische Bestimmung der Ableitungsfunktion

In den vorigen Abschnitten wurde die Ableitungsfunktion f′ einer Funktion f zeichnerisch bestimmt.

Nun geht es um die Bestimmung einer Funktionsgleichung der Ableitungsfunktion f′. Diese erhält man, indem man den Differentialquotienten für eine beliebige, nicht konkret festgelegte Stelle $x_0$ allgemein berechnet.

Dabei kann man sowohl Formel I (Grenzprozess $x \to x_0$) als auch Formel II (Grenzprozess $h \to 0$) anwenden.

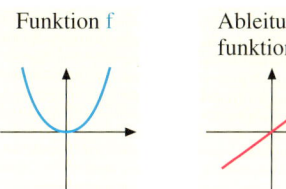

Funktion f    Ableitungsfunktion f′

**Differentialquotient**

I: $f'(x_0) = \lim\limits_{x \to x_0} \dfrac{f(x) - f(x_0)}{x - x_0}$

II: $f'(x_0) = \lim\limits_{h \to 0} \dfrac{f(x_0 + h) - f(x_0)}{h}$

▶ **Beispiel: Ableitungsfunktion von $y = x^2$**
Bestimmen Sie die Ableitungsfunktion von $f(x) = x^2$.

Lösung mit Formel I ($x \to x_0$):
Bei Anwendung von Formel I kommt die 3. binomische Formel zum Einsatz:

$f'(x_0) = \lim\limits_{x \to x_0} \dfrac{f(x) - f(x_0)}{x - x_0}$

$= \lim\limits_{x \to x_0} \dfrac{x^2 - x_0^2}{x - x_0}$

$= \lim\limits_{x \to x_0} \dfrac{(x + x_0) \cdot (x - x_0)}{x - x_0}$

$= \lim\limits_{x \to x_0} (x + x_0)$

$= 2x_0$

**Aufstellen des Differenzenquotienten**

**Umformen des Differenzenquotienten**

**Kürzen von $x - x_0$ bzw. h**

**Bestimmen des Grenzwertes**

Lösung mit Formel II ($h \to 0$):
Bei Anwendung von Formel II muss die 1. binomische Formel verwendet werden:

$f'(x_0) = \lim\limits_{h \to 0} \dfrac{f(x_0 + h) - f(x_0)}{h}$

$= \lim\limits_{h \to 0} \dfrac{(x_0 + h)^2 - x_0^2}{h}$

$= \lim\limits_{h \to 0} \dfrac{x_0^2 + 2x_0 h + h^2 - x_0^2}{h}$

$= \lim\limits_{h \to 0} \dfrac{2x_0 h + h^2}{h}$

$= \lim\limits_{h \to 0} (2x_0 + h)$

$= 2x_0$

Also ist $f'(x_0) = 2x_0$ für beliebiges $x_0$.
Daher gilt: $f(x) = x^2$ hat die Ableitungsfunktion $f'(x) = 2x$.

$f(x) = x^2 \qquad f'(x) = 2x$
Kurzschreibweise: $(x^2)' = 2x$

### Übung 6
Bestimmen Sie die Ableitung der Funktion f rechnerisch.
a) $f(x) = 2x^2$ 
b) $f(x) = x$ 
c) $f(x) = 2x$
d) $f(x) = 5$ 
e) $f(x) = -x^2$ 
f) $f(x) = 2x + 2$
g) $f(x) = ax + b$ 
h) $f(x) = ax^2$ 
i) $f(x) = ax^2 + bx + c$

Wir behandeln nun noch ein etwas komplizierteres Beispiel.
Dabei verwenden wir den Grenzprozess h → 0, also Formel II, die sogenannte *h-Methode*.

> **Beispiel: Bestimmung der Ableitung mit der h-Methode.**
> Bestimmen Sie die Ableitung von $f(x) = x^3$.

Lösung:
Wir erhalten nach der rechts aufgeführten Rechnung $f'(x_0) = 3x_0^2$.

Also ist $f'(x) = 3x^2$ die Ableitung von $f(x) = x^3$. Kurzschreibweise: $(x^3)' = 3x^2$.

Hierbei haben wir die binomische Formel
$(a+b)^3 = a^3 + 3a^2b + 3ab^2 + b^3$
angewendet mit $a = x_0$ und $b = h$.

$$f'(x_0) = \lim_{h \to 0} \frac{f(x_0 + h) - f(x_0)}{h}$$
$$= \lim_{h \to 0} \frac{(x_0 + h)^3 - x_0^3}{h} \quad \text{Binom. Formel}$$
$$= \lim_{h \to 0} \frac{x_0^3 + 3x_0^2 h + 3x_0 h^2 + h^3 - x_0^3}{h}$$
$$= \lim_{h \to 0} \frac{3x_0^2 h + 3x_0 h^2 + h^3}{h} \quad \text{Kürzen}$$
$$= \lim_{h \to 0} (3x_0^2 + 3x_0 h + h^2)$$
$$= 3x_0^2$$

Auch Funktionsterme, die komplexer als $f(x) = x^2$ bzw. $f(x) = x^3$ aufgebaut sind, können mit der h-Methode *abgeleitet* oder *differenziert* werden, wie man die Tätigkeit der rechnerischen Bestimmung der Ableitungsfunktion bezeichnet.

> **Beispiel: Ableitung einer zusammengesetzten Funktion**
> Bestimmen Sie die Ableitung von $f(x) = x^2 + 2x$.

Lösung:
Wir erhalten nach der rechts aufgeführten Rechnung:
$$f'(x_0) = 2x_0 + 2$$
Also ist $f'(x) = 2x + 2$ die Ableitung von $f(x) = x^2 + 2x$.
Kurzschreibweise: $(x^2 + 2x)' = 2x + 2$

Die Terme wurden zwar etwas umfangreicher als oben, aber das Prinzip des Vorgehens blieb gleich.

$$f'(x_0) = \lim_{h \to 0} \frac{f(x_0 + h) - f(x_0)}{h}$$
$$= \lim_{h \to 0} \frac{(x_0 + h)^2 + 2(x_0 + h) - (x_0^2 + 2x_0)}{h}$$
$$= \lim_{h \to 0} \frac{x_0^2 + 2x_0 h + h^2 + 2x_0 + 2h - x_0^2 - 2x_0}{h}$$
$$= \lim_{h \to 0} \frac{2x_0 h + h^2 + 2h}{h}$$
$$= \lim_{h \to 0} (2x_0 + h + 2)$$
$$= 2x_0 + 2$$

## Übung 7
Bestimmen Sie die Ableitung der Funktion f rechnerisch.
a) $f(x) = 2x + 1$
b) $f(x) = x^2 - x$
c) $f(x) = x - 2x^2$
d) $f(x) = (x - 1)^2$

## Übung 8
Berechnen Sie die Ableitung von $f(x) = x^4$.
Verwenden Sie die binomische Formel
$(a+b)^4 = a^4 + 4a^3b + 6a^2b^2 + 4ab^3 + b^4$,
um den auftretenden Term $(x_0 + h)^4$ aufzulösen.

I. Grundlagen der Infinitesimalrechnung

## Überblick

**Grenzwert einer Funktion**

Nähern sich die Funktionswerte $f(x)$ einer Funktion $f$ für $x \to x_0$ einer festen reellen Zahl $g$ „beliebig dicht", so heißt diese Zahl Grenzwert von $f$ für $x \to x_0$.

Symbolische Schreibweise: $\lim\limits_{x \to x_0} f(x) = g$

Analog: $\lim\limits_{x \to \infty} f(x) = g$ bzw. $\lim\limits_{x \to -\infty} f(x) = g$

**Methoden zur Grenzwertberechnung**

1. Testeinsetzungen (angenähert)
2. Termumformung (exakt)
3. h-Methode (exakt)

**Mittlere Änderungsrate von f im Intervall [a; b] (Sekantensteigung)**

$$\frac{\Delta f}{\Delta x} = \frac{f(b) - f(a)}{b - a}$$

**Lokale Änderungsrate/Ableitung von f an der Stelle $x_0$ (Tangentensteigung)**

$$f'(x_0) = \lim_{x \to x_0} \frac{f(x) - f(x_0)}{x - x_0} = \lim_{h \to 0} \frac{f(x_0 + h) - f(x_0)}{h}$$

**Methoden zur Bestimmung von $f'(x_0)$**

1. Näherungsbestimmung
$f'(x_0) \approx \dfrac{f(x) - f(x_0)}{x - x_0}$, wenn $x$ nahe bei $x_0$.
Berechnung durch Testeinsetzungen

2. Exakte Bestimmung
Termumformung
h-Methode

**Mittlere Geschwindigkeit $\bar{v}$ im Intervall [a; b]**

$$\bar{v} = \frac{\Delta s}{\Delta t} = \frac{s(b) - s(a)}{b - a}$$

(s ist hierbei die Weg-Zeit-Funktion des Bewegungsvorgangs)

**Momentangeschwindigkeit v zur Zeit $t_0$**

$$v(t_0) = s'(t_0) = \lim_{t \to t_0} \frac{s(t) - s(t_0)}{t - t_0}$$

# Das Intervallhalbierungsverfahren

Bisher können wir – abgesehen von ganz speziellen Fällen – nur solche Gleichungen lösen, die sich auf lineare und quadratische Gleichungen zurückführen lassen. Im Folgenden entwickeln wir ein Verfahren, mit dem wir für eine Funktion f, die gewisse Voraussetzungen erfüllt, die Gleichung $f(x) = 0$ näherungsweise lösen können. Wir betrachten zunächst ein Beispiel, bei dem eine wichtige Voraussetzung nicht erfüllt ist.

## Beispiel

Untersuchen Sie $f(x) = \begin{cases} -x^2 - 1, & -1 \leq x < 0 \\ x^2 + 1, & 0 \leq x \leq 1 \end{cases}$ auf Nullstellen.

**Lösung:**
Man könnte annehmen, dass eine Funktion, die sowohl negative als auch positive Funktionswerte hat, eine Nullstelle besitzt.

Die Funktion

$$f(x) = \begin{cases} -x^2 - 1, & -1 \leq x < 0 \\ x^2 + 1, & 0 \leq x \leq 1 \end{cases}$$

zeigt jedoch, dass dies nicht der Fall sein muss. Sie hat negative und positive Funktionswerte, aber keine Nullstelle.

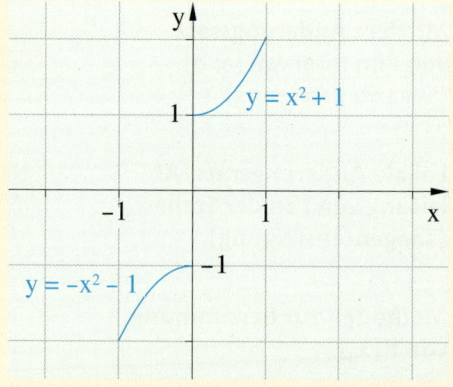

Die Funktion f ist nämlich nicht in einem Rutsch durchzeichenbar. Man muss den Stift beim Zeichnen einmal absetzen und neu ansetzen, da der Graph eine *Sprungstelle* hat. Dies ist der Grund, weshalb man ohne Achsenschnittpunkt vom negativen in den positiven Bereich gelangen kann.
Für durchzeichenbare Funktionen (allgemein für sogenannte *stetige* Funktionen) ist das nicht möglich. Für solche Funktionen gilt der sogenannte Nullstellensatz.

### Nullstellensatz
Ist die Funktion f durchzeichenbar (*stetig*) über dem Intervall [a; b] und gilt $f(a) < 0$ sowie $f(b) > 0$, so existiert eine reelle Zahl $x_0 \in [a, b]$ mit $f(x_0) = 0$.

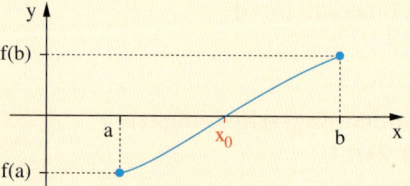

Der Nullstellensatz bildet die theoretische Grundlage für ein Näherungsverfahren zur Berechnung der Nullstellen beliebiger durchzeichenbarer Funktionen. Es handelt sich um das so genannte *Intervallhalbierungsverfahren* oder *Bisektionsverfahren*.

## Das Intervallhalbierungsverfahren

Die Lösung der Gleichung $\frac{1}{2}x^3 = 1 + x$ soll durch ein Verfahren der schrittweisen Näherung auf eine Nachkommastelle genau berechnet werden.

**Lösung:**
Gleichwertig zur Aufgabenstellung ist die Bestimmung der Nullstelle der Funktion
$f(x) = \frac{1}{2}x^3 - x - 1$.

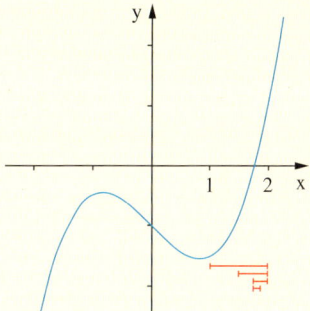

*Das Startintervall:*
Durch Einsetzen einiger Werte oder anhand einer Skizze des Graphen erkennen wir, dass $f(1) = -1{,}5$ und $f(2) = 1$ gilt. Nach dem Nullstellensatz gibt es also eine Nullstelle $x_0$ im Intervall $[1; 2]$.

*Intervallhalbierung:*
Wir überprüfen durch Einsetzen das Vorzeichen von f in der Intervallmitte. Weil die Funktion f stetig ist, $f(1{,}5) = -0{,}81 < 0$ und $f(2) > 0$ gilt, wissen wir, dass die Nullstelle $x_0$ im Intervall $[1{,}5; 2]$ liegt.

*Wiederholung:*
Wir wiederholen die Intervallhalbierung so lange, bis die gewünschte Genauigkeit erreicht ist. Die Schritte sind rechts dargestellt. Wir erhalten schließlich
$x_0 \approx \frac{1{,}75 + 1{,}78125}{2} \approx 1{,}766$, wobei die erste Nachkommastelle sicher ist.
Zum Vergleich das genaue Ergebnis:
$x_0 = 1{,}769292354\ldots$

| a<br>$f(a) < 0$ | b<br>$f(b) > 0$ |
|---|---|
| 1 | 2 |
| 1,5 | 2 |
| 1,75 | 2 |
| 1,75 | 1,875 |
| 1,75 | 1,8125 |
| 1,75 | 1,78125 |

$\Rightarrow x_0 \in [1{,}75; 1{,}78125]$

$\Rightarrow x_0 \approx 1{,}766$

**Empfehlung:** Oft führt man das Intervallhalbierungsverfahren abgewandelt durch. Ist z. B. $f(1) = -1{,}5$ und $f(2) = 1$, so wird man nicht in der Intervallmitte, sondern näher bei 2, also z. B. bei $x = 1{,}7$ testen. Auf diese Weise kommt man schneller voran, da man die Funktionswerte gezielt berücksichtigt und nicht einfach nur stur die Intervallmitten verwendet.

## Übungen

Begründen Sie mithilfe des Nullstellensatzes, dass die Funktion f mindestens eine Nullstelle besitzt. Geben Sie ein Intervall an, welches die Nullstelle enthält.
a) $f(x) = x^3 + x$  
b) $f(x) = 2 - \frac{1}{4}x^2$  
c) $f(x) = \sqrt{x} - 2x + 5$  
d) $f(x) = \log x + x$  
e) $f(x) = x^2 + ax - a$, $a > 0$  
f) $f(x) = x + ax^3 + a$, $a > 0$

Bestimmen Sie die einzige Nullstelle der Funktion f bzw. die einzige Lösung der gegebenen Gleichung mit dem Intervallhalbierungsverfahren.
a) $f(x) = x^3 - 2$  
b) $f(x) = x^3 + x - 5$  
c) $2^x = 4 - x$  
d) $f(x) = x^2 - \frac{1}{x} - 4$, $x > 0$  
e) $\log x = 5 - x$  
f) $x^x = 2$

## Test

### Grundlagen der Infinitesimalrechnung

1. Bestimmen Sie den Grenzwert von $f(x) = \frac{1-2x}{x+2}$ für $x \to \infty$ und $x \to -\infty$ durch Testeinsetzungen.

2. Bestimmen Sie den Grenzwert $\lim\limits_{x \to 4} \frac{2x^2 - 32}{x-4}$ durch Termumformung oder mit der h-Methode.

3. Ordnen Sie jedem Term zu, wohin dieser für $x \to \infty$ strebt.

4. Das Höhenwachstum einer Tulpe wurde protokolliert.
   a) Skizzieren Sie den Graphen der Höhenfunktion h(t).
   b) Wie groß ist die mittlere Zuwachsrate der Höhe der Blume während des Beobachtungszeitraums?
   c) In welchem der vier Zeitintervalle wuchs die Tulpe am schnellsten?

| Zeit t (Tage) | 0 | 3 | 5 | 9 | 14 |
|---|---|---|---|---|---|
| Höhe h (cm) | 0 | 1 | 3 | 6 | 7 |

2. Abgebildet ist der Graph der Funktion $f(x) = \frac{3}{2}x - \frac{1}{2}x^2$.
   a) Ermitteln Sie die Steigung von f an der Stelle $x_0 = 1$.
   b) Wie lautet die Gleichung der Tangente von f an der Stelle $x_0 = 1$?

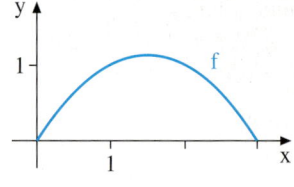

6. Gegeben ist die Funktion $f(x) = \frac{1}{2}x^2$.
   a) Bestimmen Sie die mittlere Änderungsrate von f auf dem Intervall [0; 2].
   b) Bestimmen Sie die lokale Änderungsrate von f bei $x_0 = -1$ zeichnerisch.
   c) Bestimmen Sie die lokale Änderungsrate von f bei $x_0 = 2$ rechnerisch.

7. Ein Auto bremst ab. Der zur Zeit t zurückgelegte Weg ist $s(t) = 40t - 4t^2$ (Zeit t in s, Weg s in m).
   a) Skizzieren Sie den Graphen von s für $0 \leq t \leq 6$.
   b) Wann steht das Auto?
   c) Wie groß ist die mittlere Geschwindigkeit des Autos?
   d) Bestimmen Sie die Momentangeschwindigkeit des Autos zu Beginn des Bremsmanövers (t = 0) angenähert.

Lösungen: S. 341

# II. Differentialrechnung

# 1. Elementare Ableitungsregeln

## A. Ableitung von $f(x) = x^n$ (Potenzregel)

Wenn man rechnerisch die Ableitungen der Potenzfunktionen $f(x) = x^2$, $f(x) = x^3$ und $f(x) = x^4$ bildet, so erhält man die rechts dargestellten Resultate.

Welche Vermutung ergibt sich hieraus für die Ableitung der allgemeinen Potenzfunktion $f(x) = x^n$?

**Potenzregel**
Für jede natürliche Zahl $n \in \mathbb{N}$ gilt:
$$(x^n)' = n \cdot x^{n-1}$$

Man differenziert eine Potenz, indem man den Exponenten der Potenz um 1 verringert und die Potenz mit dem alten Exponenten multipliziert.

**Beweis:**
Wir führen den Beweis exemplarisch für $f(x) = x^4$, d. h. für $n = 4$. Er lässt sich wörtlich auf beliebiges n übertragen.

Entwickelt man den Term $(x + h)^4$ nach der binomischen Formel, so ergibt sich
$(x + h)^4 = x^4 + 4hx^3 + h^2 \cdot P$
Dabei ist P ein Polynom, welches die Variablen x und h enthält.

Nun wenden wir die h-Methode an, um die Ableitung f' zu berechnen (vgl. rechts). Wir erhalten $f'(x) = 4x^3$.

$(x + h)^4 = x^4 + 4x^3h + 6x^2h^2 + 4xh^3 + h^4$
$\phantom{(x + h)^4} = x^4 + 4x^3h + h^2 \cdot (6x^2 + 4xh + h^2)$
$\phantom{(x + h)^4} = x^4 + 4x^3h + h^2 \cdot \text{Polynom}$

$f'(x) = \lim_{h \to 0} \frac{f(x + h) - f(x)}{h} = \lim_{h \to 0} \frac{(x + h)^4 - x^4}{h}$
$\phantom{f'(x)} = \lim_{h \to 0} \frac{x^4 + 4x^3h + h^2 \cdot P - x^4}{h} = \lim_{h \to 0} \frac{4x^3h + h^2 \cdot P}{h}$
$\phantom{f'(x)} = \lim_{h \to 0} (4x^3 + h \cdot P)$
$\phantom{f'(x)} = 4x^3$

### Übung 1
Bilden Sie die Ableitungsfunktion von f.
a) $f(x) = x^3$   b) $f(x) = x^5$
c) $f(x) = x^{2n}$   d) $f(x) = x$
e) $f(x) = x^{n+4}$   f) $f(x) = x^{2009}$

### Übung 2
a) Beweisen Sie die Potenzregel für $n = 5$.
b) Beweisen Sie die Potenzregel für beliebiges $n \in \mathbb{N}$.
Verallgemeinern Sie hierzu den oben für $n = 4$ geführten Beweis.

### Übung 3
Zwei der folgenden vier Aussagen sind falsch. Welche sind es?
(1) $f(x) = x^3 \Rightarrow f'(x) = 3 \cdot x^2$
(2) $f(x) = x^x \Rightarrow f'(x) = x \cdot x^{x-1}$
(3) $f(x) = x^{2a} \Rightarrow f'(x) = 2 \cdot x^a$
(4) $f(x) = x^{a+1} \Rightarrow f'(x) = (a + 1) \cdot x^a$

## 1. Elementare Ableitungsregeln

### B. Ableitung von f(x) = C (Konstantenregel)

Eine konstante Funktion $f(x) = C$ hat überall die Steigung null. Folglich ist ihre Ableitungsfunktion $f'(x) = 0$.

Konstante Funktion
Steigung 0

**Konstantenregel**
Für jede reelle Konstante C gilt:
$$(C)' = 0.$$

Beweis:
$$f'(x) = \lim_{h \to 0} \frac{f(x+h) - f(x)}{h} = \lim_{h \to 0} \frac{C - C}{h} = \lim_{h \to 0} 0 = 0$$

### C. Ableitung von f(x) + g(x) (Summenregel)

Berechnet man die Ableitungsfunktion von $s(x) = x^2 + x^3$ mithilfe der Definition der Ableitung, also z. B. mit der h-Methode, so wird das Ganze aufwendig (s. rechts). Das Ergebnis zeigt, dass man sich die ganze Mühe sparen kann, wenn man die Summanden einzeln nach der Potenzregel differenziert.

*Berechnung der Ableitung einer Summe*

$s(x) = x^2 + x^3$

$s'(x) = \lim_{h \to 0} \frac{s(x+h) - s(x)}{h}$

$= \lim_{h \to 0} \frac{[(x+h)^2 + (x+h)^3] - [x^2 + x^3]}{h}$

$= \lim_{h \to 0} \frac{x^2 + 2xh + h^2 + x^3 + 3x^2h + 3xh^2 + h^3 - x^2 - x^3}{h}$

$= \lim_{h \to 0} \frac{2xh + h^2 + 3x^2h + 3xh^2 + h^3}{h}$

$= \lim_{h \to 0} (2x + h + 3x^2 + 3xh + h^2)$

$= 2x + 3x^2$

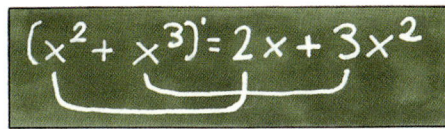

**Summenregel**
Sind die Funktionen f und g auf dem Intervall I differenzierbar, so ist auch ihre Summenfunktion f + g dort differenzierbar und es gilt
$$(f(x) + g(x))' = f'(x) + g'(x).$$

*Beweis der Summenregel*

$s(x) = f(x) + g(x)$

$s'(x) = \lim_{h \to 0} \frac{s(x+h) - s(x)}{h}$

$= \lim_{h \to 0} \frac{[f(x+h) + g(x+h)] - [f(x) + g(x)]}{h}$

$= \lim_{h \to 0} \frac{f(x+h) - f(x) + g(x+h) - g(x)}{h}$

$= \lim_{h \to 0} \frac{f(x+h) - f(x)}{h} + \lim_{h \to 0} \frac{g(x+h) - g(x)}{h}$

$= f'(x) + g'(x)$

**Übung 4**
Bilden Sie die Ableitungsfunktion von f.
a) $f(x) = x^3 + x^2$
b) $f(x) = 1 - x^4$
c) $f(x) = x^3 + x^5 + x + 2$

## D. Faktorregel

Eine weitere Erleichterung beim Differenzieren bringt die folgende Regel:

**Faktorregel**
f sei eine differenzierbare Funktion und a eine beliebige Konstante. Dann gilt:
$$(a \cdot f(x))' = a \cdot f'(x).$$
In Worten: Konstante Faktoren bleiben beim Differenzieren erhalten.

Beispiele zur Faktorregel:
$$(3 \cdot x^2)' = (x^2 + x^2 + x^2)'$$
$$= 2x + 2x + 2x$$
$$= 3 \cdot 2x$$
$$= 6x$$

$$(8 \cdot x^5)' = 8 \cdot (x^5)' = 8 \cdot 5x^4 = 40x^4$$

$$\left(\tfrac{1}{2}x^6\right)' = \tfrac{1}{2} \cdot 6x^5 = 3x^5$$

Beweis:
Sei $g(x) = a \cdot f(x)$. Dann gilt:
$$g'(x) = \lim_{h \to 0} \frac{g(x+h) - g(x)}{h} = \lim_{h \to 0} \frac{a \cdot f(x+h) - a \cdot f(x)}{h} = a \cdot \lim_{h \to 0} \frac{f(x+h) - f(x)}{h} = a \cdot f'(x)$$

## E. Ableitung von Polynomen

Mit der Summen-, der Konstanten-, der Potenz- und der Faktorregel sind wir nun in der Lage, jede beliebige Polynomfunktion abzuleiten und ihre Steigung zu untersuchen.

▶ **Beispiel:** Berechnen Sie die Ableitung von f.
  a) $f(x) = 4x^2 + \tfrac{1}{3}x^6$
  b) $f(x) = ax^n + bx^3$, $n \in \mathbb{N}$

Lösung zu a:
$$f'(x) = \left(4x^2 + \tfrac{1}{3}x^6\right)' = (4x^2)' + \left(\tfrac{1}{3}x^6\right)' = 4 \cdot (x^2)' + \tfrac{1}{3} \cdot (x^6)' = 4 \cdot 2x + \tfrac{1}{3} \cdot 6x^5 = 8x + 2x^5$$
  ↑ Summenregel   ↑ Faktorregel   ↑ Potenzregel

Lösung zu b:
▶ $f'(x) = (ax^n + bx^3)' = a \cdot nx^{n-1} + b \cdot 3x^2 = anx^{n-1} + 3bx^2$

### Übung 5
Bilden Sie die Ableitungsfunktion von f.
a) $f(x) = 2x + x^3$   b) $f(x) = 5x$   c) $f(x) = ax^2$   d) $f(x) = ax^n$
e) $f(x) = 2x^2 + 4x$   f) $f(x) = \tfrac{1}{2}x^2 + 5$   g) $f(x) = 2x^3 - 3x^2 + 2$   h) $f(x) = ax^3 + bx + c$

### Übung 6
Bilden Sie f' und zeichnen Sie die Graphen von f und f'.
a) $f(x) = \tfrac{1}{2}x^2 - 2x + 2$   b) $f(x) = 4 - x^2$   c) $f(x) = \tfrac{1}{2}x^3 - 2x$   d) $f(x) = 3x - \tfrac{1}{3}x^3$

## 1. Elementare Ableitungsregeln

### Übungen

**7.** Bilden Sie die Ableitungsfunktion f′ von f mithilfe der Ableitungsregeln.
  a) $f(x) = \frac{1}{4}x^4 - 2x^2$
  b) $f(x) = -3x^2 + 4$
  c) $f(x) = 3(x-2)^2 + x$
  d) $f(x) = ax^3 + bx^2 + cx + d$

**8.** Erklären Sie, mithilfe welcher Ableitungsregeln die folgenden Funktionen differenziert werden können, und geben Sie jeweils die Ableitungsfunktion an.
  a) $f(x) = 8x^2 - \pi$
  b) $f(x) = \frac{1}{3}x^6 + \frac{1}{3}x^3 + a$
  c) $f(x) = n \cdot x^{n+2}$
  d) $f(x) = 3(x^3 + 2x^2 - 5x)$

**9.** Differenzieren Sie folgende Funktionen. Achten Sie auf die unabhängige Variable der jeweiligen Funktion.
  a) $f(a) = 5a^5 + x$
  b) $f(t) = \frac{1}{2}t^4 + 2bt$
  c) $u(a) = 4a$
  d) $A(r) = \pi r^2$
  e) $A(a) = a \cdot b$
  f) $V(r) = \frac{4}{3}\pi r^3$
  g) $V(h) = \frac{1}{3}\pi r^2 h$
  h) $V(r) = \frac{1}{3}\pi r^2 h$

**10.** Gegeben ist die Ableitungsfunktion f′ einer Funktion f.
Geben Sie jeweils eine Gleichung für eine solche Funktion f an.
  a) $f'(x) = 3x^2$
  b) $f'(x) = 9x^8$
  c) $f'(x) = 2x$
  d) $f'(x) = x$
  e) $f'(x) = a$
  f) $f(x) = 0$
  g) $f'(a) = 3$
  h) $f'(b) = b$
  i) $f'(h) = 3 + 2h$
  j) $f'(x) = x^5$
  k) $f'(x) = 3x^6$
  l) $f(x) = x^n$

**11.** Gegeben sind die Funktionen $f(x) = \frac{1}{2}x$ und $g(x) = -\frac{1}{4}x^2 + x$.
  a) Skizzieren Sie die Graphen von f und g für $0 \leq x \leq 2$.
  b) Wie groß sind die lokalen Steigungen von f und g an der Stelle $x = 1$?
  c) Wie groß sind die mittleren Steigungen von f und g im Intervall $[0; 2]$?

**12.** Welche Steigung hat der Graph von f an der Stelle $x_0$?
  a) $f(x) = \frac{1}{2}x^2 - 2$, $x_0 = 2$
  b) $f(x) = 4 - 2x$, $x_0 = 3$
  c) $f(x) = 2x^2 - 2x$, $x_0 = 0$

**13.** An welchen Stellen hat f die Steigung m?
  a) $f(x) = \frac{1}{4}x^4 - 6x$, $m = 2$
  b) $f(x) = -\frac{1}{6}x^3 + x^2$, $m = -2{,}5$

**14.** An welcher Stelle haben die Graphen von f und g den gleichen Anstieg?
  a) $f(x) = \frac{1}{2}x^2$, $g(x) = 2x$
  b) $f(x) = 2x^3 - 1$, $g(x) = 3 + 6x$

**15.** Die Ableitung wurde falsch gebildet. Wo steckt der Fehler?
  a) $f(x) = 2x^3 - 4x^2 + 5$
     $f'(x) = 6x^2 + 8x + 5$
  b) $f(x) = x^2 + c^3 + 2x + 3$
     $f'(x) = 2x + 3c^2 + 2$

## F. Umkehrung des Ableitens

Von einer gegebenen Ableitungsfunktion kann man auf die Ausgangsfunktion zurückschließen, indem man den Prozess des Ableitens umkehrt. Ist beispielsweise die Ableitungsfunktion mit dem Term $x^6$ gegeben, so wird man vermuten, dass die Ausgangsfunktion den Term $x^7$ enthält. Da $(x^7)' = 7 \cdot x^6$ gilt, muss man mit dem Faktor $\frac{1}{7}$ korrigieren. Die Ausgangsfunktion hat damit den Funktionsterm $\frac{1}{7} \cdot x^7$.

Aber auch die Funktionen mit den Funktionstermen $\frac{1}{7} \cdot x^7 + 1$, $\frac{1}{7} \cdot x^7 + 2$ und $\frac{1}{7} \cdot x^7 - 3$ haben die Ableitung $x^6$. Alle diese „Originalfunktionen" unterscheiden sich um einen konstanten Summanden, der beim Ableiten null wird.

Jede Funktion F, deren Ableitung die Funktion f ist, heißt *Stammfunktion* von f. Das Problem, zu einer gegebenen Funktion f eine Stammfunktion F zu finden, ist also zu lösen über die Umkehrung des *Differenzierens*, das sog. *Integrieren*.

> **Definition: Stammfunktion**
> Jede differenzierbare Funktion F, für die $F'(x) = f(x)$ gilt, wird als **Stammfunktion von f** bezeichnet.

▶ **Beispiel: Stammfunktion ermitteln**
Bestimmen Sie eine Stammfunktion zur gegebenen Funktion f.
a) $f(x) = 4x$  b) $f(x) = 1 + 3x^2$
c) $f(x) = 1 + x$  d) $f(x) = x^2$
e) $f(x) = 8x^5$  f) $f(x) = x^n$ ($n \in \mathbb{N}$)

Lösung zu a:
$x^2$ hat die Ableitung $2x$.
Daher hat $2x^2$ die Ableitung $4x$.
Hieraus folgt: $F(x) = 2x^2$ ist *eine* Stammfunktion von $f(x) = 4x$. ◀

Lösung:

a) $F(x) = 2x^2$

b) $F(x) = x + x^3$

c) $F(x) = x + \frac{1}{2} \cdot x^2$

d) $F(x) = \frac{1}{3} \cdot x^3$

e) $F(x) = \frac{4}{3} \cdot x^6$

f) $F(x) = \frac{1}{n+1} \cdot x^{n+1}$

Beispiel f notieren wir als Regel:

> **Stammfunktion einer Potenzfunktion**
> Die Potenzfunktion $f(x) = x^n$ ($n \in \mathbb{N}$) besitzt eine Stammfunktion $F(x) = \frac{1}{n+1} \cdot x^{n+1}$.

### Übung 16
Bestimmen Sie eine Stammfunktion F von f.
a) $f(x) = 10x^3$  b) $f(x) = 6x^2 + 8x^3$  c) $f(x) = x^9 - 5x^5$

### Übung 17
Bestimmen Sie eine Stammfunktion F von f, deren Graph durch den angegebenen Punkt P verläuft.
a) $f(x) = 2x$, $P(1|3)$  b) $f(x) = 6x^2$, $P(-1|-1)$  c) $f(x) = x^2 + 6x + 2$, $P(0|3)$

## Übungen

**18.** Gegeben ist der Graph der Funktion f. Skizzieren Sie den Graphen von f′. Stellen Sie zunächst fest, wo die Nullstellen der Ableitung f′ liegen müssen.

**19.** Gegeben ist der Graph einer Funktion f (s. Bild I und II).
a) In welchen Bereichen verläuft jede Stammfunktion F von f steigend, in welchen fallend?
b) An welchen Stellen liegen Hochpunkte und Tiefpunkte der Stammfunktionen von f?
c) Es gelte $F(0) = 0$. Skizzieren Sie den Verlauf des Graphen dieser Stammfunktion F.

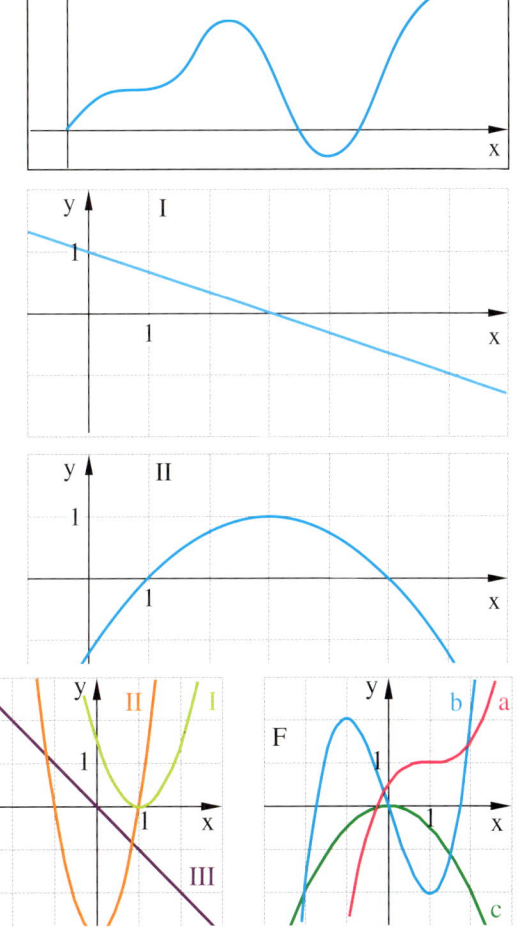

**20.** Ordnen Sie Funktion und Stammfunktion zu.

**21.** Übertragen Sie den Graphen f in Ihr Heft auf kariertes Papier und skizzieren Sie dann den ungefähren Verlauf der Graphen der Ableitungsfunktion f′ und einer Stammfunktion F von f.

a)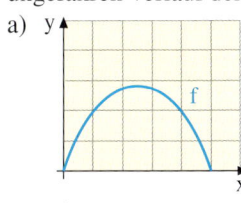
b)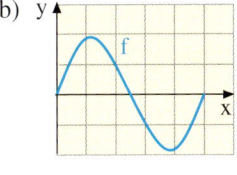
c)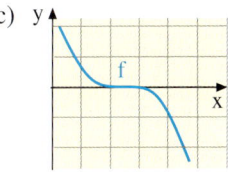
d)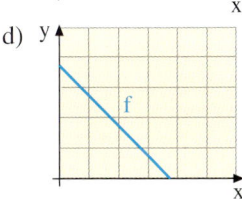
e)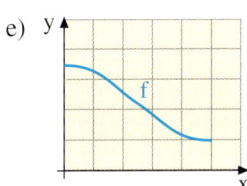
f)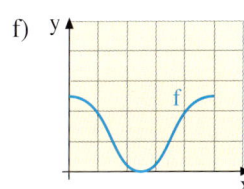

## G. Exkurs: Ableitung von Potenzfunktionen mit nicht-natürlichen Exponenten

### Potenzregel für negative Exponenten

Wir werden nun zeigen, dass die Ableitungsfunktion der einfachen gebrochen-rationalen Funktion $f(x) = \frac{1}{x^n}$ ($n \in \mathbb{N}$) sich auf nahezu die gleiche Weise gewinnen lässt wie die Ableitungsfunktion der Potenzfunktion $f(x) = x^n$ ($n \in \mathbb{N}$). Besonders deutlich wird die Analogie, wenn man für den Term $\frac{1}{x^n}$ die äquivalente Schreibweise $x^{-n}$ verwendet, sodass $\frac{1}{x^n}$ als Potenz mit negativem Exponenten interpretiert wird.

**Potenzregel für negative Exponenten**
Für $n \in \mathbb{N}$ und $x \neq 0$ gilt:
$$(x^{-n})' = -n \cdot x^{-n-1},$$
$$\left(\frac{1}{x^n}\right)' = -\frac{n}{x^{n+1}}.$$

Beispiele:
$$\left(\frac{1}{x}\right)' = -1 \cdot x^{-2} = -\frac{1}{x^2}$$
$$\left(\frac{1}{x^2}\right)' = -2 \cdot x^{-3} = -\frac{2}{x^3}$$
$$\left(\frac{1}{x^7}\right)' = -7 \cdot x^{-8} = -\frac{7}{x^8}$$

**Beweis:**
Der Beweis stellt eine Mischung des Beweises zu $(x^n)' = n \cdot x^{n-1}$ (Potenzregel) und des Beweises zu $\left(\frac{1}{x}\right)' = -\frac{1}{x^2}$ dar. Man lese zur Erinnerung dort noch einmal nach.

$$\left(\frac{1}{x}\right)' = \lim_{h \to 0} \frac{\frac{1}{(x+h)^n} - \frac{1}{x^n}}{h} = \lim_{h \to 0} \frac{x^n - (x+h)^n}{(x+h)^n \cdot x^n \cdot h} = \lim_{h \to 0} \frac{x^n - (x^n + nhx^{n-1} + h^2 R)}{(x+h)^n \cdot x^n \cdot h}$$
$$= \lim_{h \to 0} \frac{-nhx^{n-1} - h^2 R}{(x+h)^n \cdot x^n \cdot h} = \lim_{h \to 0} \frac{-nx^{n-1} - hR}{(x+h)^n \cdot x^n} = \frac{-nx^{n-1}}{x^{2n}} = -n \cdot x^{-n-1}$$

### Übung 22
Berechnen Sie die Steigung der Funktion f im Punkt P.

a) $f(x) = \frac{1}{x^3}$, $P(2|\frac{1}{8})$ 
b) $f(x) = 2x + \frac{1}{x^2}$, $P(-1|-1)$ 
c) $f(x) = x + \frac{2}{x}$, $P(2|3)$

### Übung 23
a) Bestimmen Sie die Gleichung der Tangente an die Funktion $f(x) = \frac{1}{x^4}$ im Punkt $P(\frac{1}{2}|16)$.

b) Welche Gerade schneidet die Tangente an dem Graphen der Funktion $f(x) = x^{-3}$ im Punkt $P(1|1)$ unter einem rechten Winkel?

c) In welchem Punkt $P(x_0|y_0)$ des Graphen von $f(x) = \frac{1}{x^2}$ muss die Tangente angelegt werden, damit diese die x-Achse bei $x = 3$ schneidet?

## 1. Elementare Ableitungsregeln

**Potenzregel für rationale und reelle Exponenten**

Wir wollen nun die Potenzregel auch auf rationale Exponenten erweitern. Wenn man für den Term $\sqrt{x}$ die äquivalente Schreibweise $x^{\frac{1}{2}}$ verwendet, so folgt für die Ableitung der Wurzelfunktion $f(x) = \sqrt{x}$, $x > 0$: $f'(x) = \frac{1}{2\sqrt{x}} = \frac{1}{2}x^{-\frac{1}{2}}$. Auch für rationale Exponenten gilt offenbar die Potenzregel. Dies soll im Folgenden schrittweise bewiesen werden.

▶ **Beispiel:** Bestimmen Sie die Ableitungsfunktion von $f(x) = \sqrt[3]{x}$ $(x > 0)$ mithilfe des Differentialquotienten.

Lösung:
Wir berechnen den Differentialquotienten an einer beliebigen Stelle $x_0$ ($x_0 \neq x$). Hierzu verwenden wir die Substitution $x = u^3$ und $x_0 = u_0^3$. Durch die folgende Polynomdivision lässt sich der Quotient, wie nebenstehend dargestellt, umformen: $(u^3 - u_0^3) : (u - u_0) = u^2 + u \cdot u_0 + u_0^2$. Resubstitution und Anwendung der Grenzwertsätze ergibt dann die Ableitungsfunk-
▶ tion f.

$$\lim_{x \to x_0} \frac{\sqrt[3]{x} - \sqrt[3]{x_0}}{x - x_0} = \lim_{u \to u_0} \frac{u - u_0}{u^3 - u_0^3}$$

$$= \lim_{u \to u_0} \frac{1}{u^2 + u \cdot u_0 + u_0^2}$$

$$= \lim_{x \to x_0} \frac{1}{(\sqrt[3]{x})^2 + (\sqrt[3]{x}) \cdot (\sqrt[3]{x_0}) + (\sqrt[3]{x_0})^2}$$

$$= \frac{1}{3 \cdot (\sqrt[3]{x_0})^2}$$

$$= \frac{1}{3} x_0^{-\frac{2}{3}}$$

Analog können wir nun mithilfe des Differentialquotienten in einer Verallgemeinerung die Ableitungsfunktion von $f(x) = \sqrt[n]{x}$ ($n \in \mathbb{N}$, $x > 0$) bestimmen.

**Wurzelregel:** Es gilt für $x > 0$ und $n \in \mathbb{N}$: $\qquad (\sqrt[n]{x})' = \left(x^{\frac{1}{n}}\right)' = \frac{1}{n} \cdot x^{\frac{1}{n} - 1}$.

Beweis:
Der Beweis erfolgt analog zu dem vorstehenden Beispiel. Hierbei verwenden wir die Substitution $x = u^n$ und $x_0 = u_0^n$ und erhalten dann:

$$\lim_{x \to x_0} \frac{\sqrt[n]{x} - \sqrt[n]{x_0}}{x - x_0} = \lim_{u \to u_0} \frac{u - u_0}{u^n - u_0^n} = \lim_{u \to u_0} \frac{1}{u^{n-1} + u^{n-2} u_0 + u^{n-3} u_0^2 + \ldots + u u_0^{n-2} + u_0^{n-1}}$$

$$= \lim_{x \to x_0} \frac{1}{(\sqrt[n]{x})^{n-1} + (\sqrt[n]{x})^{n-2}(\sqrt[n]{x_0}) + \ldots + (\sqrt[n]{x_0})^{n-1}} = \frac{1}{n(\sqrt[n]{x_0})^{n-1}} = \frac{1}{n x_0^{1-\frac{1}{n}}} = \frac{1}{n} \cdot x_0^{\frac{1}{n} - 1}.$$

Das obige Resultat lässt sich nun auch auf rationale Exponenten ausdehnen. Allgemein gilt sogar die *Potenzregel für reelle Exponenten*:

**Potenzregel für reelle Exponenten**
Es gilt für $x > 0$ und $r \in \mathbb{R}$: $\qquad (x^r)' = r \cdot x^{r-1}$.

## Übung 24
Berechnen Sie die Ableitungsfunktion von f mithilfe der Ableitungsregeln.

a) $f(x) = x^2 + x^{-2}$ \qquad b) $f(x) = \sqrt{x^5} + \sqrt[5]{x^2}$ \qquad c) $f(x) = x^{1,41} + x^{-\frac{22}{7}}$ \qquad d) $f(x) = x^{\sqrt{2}} + x^{-\pi}$

# 2. Weitere Ableitungsregeln

## A. Produktregel

Die Summenregel der Differentialrechnung lautet: Ist $f(x) = u(x) + v(x)$, so gilt für die Ableitung $f'(x) = u'(x) + v'(x)$. Summen können gliedweise differenziert werden.

Es stellt sich die Frage, ob in Analogie hierzu ein Produkt faktorweise differenziert werden kann, ob also $f(x) = u(x) \cdot v(x)$ die Ableitung $f'(x) = u'(x) \cdot v'(x)$ besitzt.

▶ **Beispiel:** Untersuchen Sie anhand der Funktion $f(x) = x^2 \cdot x^3 = u(x) \cdot v(x)$, ob die Ableitung von Produkten durch faktorweises Differenzieren gewonnen werden kann.

*Gegebene Funktion f:*
$f(x) = x^2 \cdot x^3 = u(x) \cdot v(x)$

*Vermutete Regel:*
$f'(x) = u'(x) \cdot v'(x)$
$f'(x) = 2x \cdot 3x^2 = 6x^3$

Lösung:
Faktorweises Differenzieren führt auf das Ergebnis $f'(x) = 2x \cdot 3x^2 = 6x^3$.
Dieses Resultat kann nicht richtig sein, denn $f(x) = x^2 \cdot x^3 = x^5$ besitzt nach der Potenzregel zweifelsfrei die Ableitung
▶ $f'(x) = 5x^4$.

*Kontrollrechnung mit der Potenzregel:*
$f(x) = x^2 \cdot x^3 = x^5 \Rightarrow f'(x) = 5x^4$

*Folgerung:*
$f'(x) \neq u'(x) \cdot v'(x)$

▶ **Beispiel:** Gegeben sei wiederum die Funktion $f(x) = x^2 \cdot x^3 = u(x) \cdot v(x)$. Versuchen Sie nun, das richtige Ableitungsergebnis $f'(x) = 5x^4$ aus den Termen u, u', v und v' zu kombinieren. Stellen Sie eine Regel für das Ableiten von Produkten auf.

*Zielterm:*
$f(x) = x^2 \cdot x^3 = x^5 \Rightarrow f'(x) = 5x^4$

*Faktoren und ihre Ableitungen:*
$u = x^2 \qquad v = x^3$
$u' = 2x \qquad v' = 3x^2$

Lösung:
$f(x) = x^2 \cdot x^3 = x^5$ hat nach der Potenzregel die Ableitung $f'(x) = 5x^4$. Aus den Termen u, u', v und v' lassen sich Potenzen vierten Grades, die wir benötigen, nur durch Multiplikation erzielen. Die Produkte u'v und uv' führen auf solche Potenzen. Man erkennt, dass die Addition dieser Terme den Zielterm $5x^4$ liefert. Dies legt die Regel
▶ $(u \cdot v)' = u' \cdot v + u \cdot v'$ nahe.

*Kombination zu Potenzen 4. Grades:*
$u' \cdot v = 2x \cdot x^3 = 2x^4$
$u \cdot v' = x^2 \cdot 3x^2 = 3x^4$
―――――――――――――
$u' \cdot v + u \cdot v' = 5x^4$

*Regel:*

$(u \cdot v)' = u' \cdot v + u \cdot v'$

## 2. Weitere Ableitungsregeln

Wir formulieren nun die oben vermutete *Produktregel* in mathematisch exakter Form:

> **Produktregel**
>
> Die Funktion f sei das Produkt der beiden differenzierbaren Faktoren u und v.
>
> $$f(x) = u(x) \cdot v(x)$$
>
> **Kurzform**
> $$(u \cdot v)' = u' \cdot v + u \cdot v'$$
>
> Dann ist auch die Funktion f differenzierbar und für ihre Ableitung f' gilt die Formel:
>
> $$f'(x) = u'(x) \cdot v(x) + u(x) \cdot v'(x).$$

### Beweis der Produktregel:

Wir versuchen, im Differenzenquotienten von f die Differenzenquotienten von u und v durch Umformungen zu erzeugen. Das gelingt durch die künstliche Hinzufügung geeigneter Terme, was aber im Gegenzug durch deren Gegenterme wieder ausgeglichen werden muss.

$$f'(x) = \lim_{h \to 0} \frac{f(x+h) - f(x)}{h} = \lim_{h \to 0} \frac{u(x+h) \cdot v(x+h) - u(x) \cdot v(x)}{h}$$
  *Definition der Ableitung f'*

$$= \lim_{h \to 0} \frac{u(x+h) \cdot v(x+h) - u(x) \cdot v(x+h) + u(x) \cdot v(x+h) - u(x) \cdot v(x)}{h}$$
  *Ergänzung von Term und Gegenterm*

$$= \lim_{h \to 0} \frac{[u(x+h) - u(x)] \cdot v(x+h) + u(x) \cdot [v(x+h) - v(x)]}{h}$$
  *Ausklammern, Grenzwertsätze für Funktionen*

$$= \underbrace{\lim_{h \to 0} \frac{u(x+h) - u(x)}{h}}_{u'(x)} \cdot \underbrace{\lim_{h \to 0} v(x+h)}_{v(x)} + \underbrace{\lim_{h \to 0} u(x)}_{u(x)} \cdot \underbrace{\lim_{h \to 0} \frac{v(x+h) - v(x)}{h}}_{v'(x)}$$
  *Definitionen von u' und v'*

$$= u'(x) \cdot v(x) + u(x) \cdot v'(x)$$

Hinweis: Die hier aufgeführten Beispiele und Übungen könnten durch Termzusammenfassungen auch ohne die Produktregel gelöst werden. Die Regel wird erst beim Auftreten weiterer Funktionsklassen wie Exponential- und Logarithmusfunktionen unverzichtbar.

### Übung 1
Berechnen Sie f' mithilfe der Produktregel. Berechnen Sie anschließend f' auf eine zweite Art ohne Anwendung der Produktregel. Formen Sie hierzu den Funktionsterm jeweils um.

a) $f(x) = x^4 \cdot x^5$  b) $f(x) = (2x^2) \cdot (3x^4)$  c) $f(x) = (x^3 + x^2) \cdot (x^2 + x)$

### Übung 2
Erklären Sie den Unterschied zwischen der Produktregel und der Faktorregel. Leiten Sie die Faktorregel durch Anwendung der Produktregel her.

### Übung 3
Die Produktregel lässt sich auch auf Produkte aus drei und mehr Faktoren ausweiten. Beispielsweise gilt bei drei Faktoren: $(u \cdot v \cdot w)' = u' \cdot v \cdot w + u \cdot v' \cdot w + u \cdot v \cdot w'$
Überprüfen Sie dies an der Funktion $f(x) = x^2 \cdot x^3 \cdot x^4$.

## B. Kettenregel

Das Problem auf der Tafel scheint eine einfache Lösung zu haben. Die Ableitung von $k(x) = (2x + 1)^{40}$ dürfte doch nach Potenzregel $k'(x) = 40(2x + 1)^{39}$ sein, oder? Darf man die Potenzregel wirklich auf eine Klammer anwenden? Um dies überprüfen zu können, betrachten wir zunächst die einfacheren Funktionen $k(x) = (2x + 1)^3$ und $k(x) = (5x + 1)^3$

Hier liegen *verkettete Funktionen* vor. Beispielsweise lässt sich die betrachtete Funktion $k(x) = (2x + 1)^3$ als Verkettung der beiden einfacheren Funktionen $f(x) = x^3$ und $g(x) = 2x + 1$ darstellen.
Mit diesen Bezeichnungen gilt nämlich $k(x) = f(g(x))$. f heißt *äußere* Funktion und g *innere* Funktion der Verkettung k.

**Die Verkettung von f und g**

$f(x) = x^3$      *äußere Funktion*
$g(x) = 2x + 1$      *innere Funktion*

$k(x) = f(g(x))$
$\phantom{k(x)} = f(2x + 1)$
$\phantom{k(x)} = (2x + 1)^3$      *Verkettung*

▶ **Beispiel:** Die Funktion $k(x) = (2x + 1)^3$ ist die Verkettung von $f(x) = x^3$ und $g(x) = 2x + 1$. Gesucht ist die Ableitung von k. Versuchen Sie, k auf zwei unterschiedliche Arten zu differenzieren. Wiederholen Sie anschließend das Vorgehen am Beispiel $k(x) = (5x + 1)^3$.

Lösung für $(2x + 1)^3$:

**Weg 1:**
Wir wenden die Potenzregel direkt an, denn der Funktionsterm ist die dritte Potenz einer Klammer.

$$k(x) = (2x + 1)^3$$
$$k'(x) = 3 \cdot (2x + 1)^2$$

Um den Vergleich zum Resultat von Weg 2 ziehen zu können, lösen wir die Klammern auf.

$$k'(x) = 3 \cdot (4x^2 + 4x + 1)$$
$$k'(x) = 12x^2 + 12x + 3$$

**Weg 2:**
Wir gehen strikt nach bereits bekannten Regeln vor. Da wir keine Regel für das Differenzieren einer Klammerpotenz kennen, lösen wir zunächst die Klammer auf.

$$k(x) = (2x + 1)^3$$
$$\phantom{k(x)} = (2x)^3 + 3 \cdot (2x)^2 + 3 \cdot (2x) + 1$$
$$\phantom{k(x)} = 8x^3 + 12x^2 + 6x + 1$$

Nun differenzieren wir das Polynom und erhalten

$$k'(x) = 24x^2 + 24x + 6.$$

Lösung für $(5x + 1)^3$:

**Weg 1:**
$$k'(x) = 75x^2 + 30x + 3$$

**Weg 2:**
$$k'(x) = 375x^2 + 150x + 15$$

## 2. Weitere Ableitungsregeln

Für $k(x) = (2x + 1)^3$ erhalten wir zwei unterschiedliche Ergebnisse. Eines der beiden Ergebnisse muss falsch sein. Da wir uns bei Weg 2 strikt an bekannte Regeln gehalten haben, muss Weg 1 falsch sein. Er ist aber nicht völlig falsch, da das Ergebnis ja nur mit dem Faktor 2 multipliziert werden muss, um das korrekte Resultat zu ergeben.

Wiederholt man das Vorgehen mit $k(x) = (5x + 1)^3$, so fehlt der Faktor 5. Offenbar stellt der fehlende Faktor in beiden Fällen die Ableitung der linearen inneren Funktion g dar.

Die richtigen Ergebnisse liefert also das rechts dargestellte korrigierte Vorgehen:

$k(x) = (2x + 1)^3 \Rightarrow k'(x) = 3 \cdot (2x + 1)^2 \cdot 2$
$k(x) = (5x + 1)^3 \Rightarrow k'(x) = 3 \cdot (5x + 1)^2 \cdot 5$

Wir können also wie vermutet mit der Potenzregel vorgehen, müssen allerdings zusätzlich im Nachgang mit der Ableitung der inneren Funktion multiplizieren.

Nun können wir auch unser Einstiegsproblem lösen. Ohne die neue Regel – also mithilfe von Weg 2 – wäre dies wahrlich ein mühseliger Prozess geworden, denn wer möchte schon $(2x + 1)^{40}$ freiwillig ausmultiplizieren?

$$k(x) = (2x+1)^{40}$$
$$k'(x) = 40 \cdot (2x+1)^{39} \cdot 2$$

Wir fassen nun die gefundene Regel in einem Satz zusammen:

**Lineare Kettenregel**
Ist f eine differenzierbare Funktion, so hat die Funktion $k(x) = f(ax + b)$ die Ableitung $k'(x) = f'(ax + b) \cdot a$

**Kurzform**
$[f(ax + b)]' = f'(ax + b) \cdot a$

▶ **Beispiel: Lineare Kettenregel**
Differenzieren Sie die Funktion k.   a) $k(x) = \sqrt{3x - 6}$   b) $k(x) = \frac{1}{4x + 2}$

Lösung zu a):
$k(x) = \sqrt{3x - 6}$
▶ $k'(x) = \frac{1}{2\sqrt{3x - 6}} \cdot 3$

Lösung zu b):
$k(x) = \frac{1}{4x + 2}$
$k'(x) = -\frac{1}{(4x + 2)^2} \cdot 4$

**Übung 4**
Differenzieren Sie die verkettete Funktion k.

a) $k(x) = (1 - 2x)^4$   b) $k(x) = -\frac{1}{2 + 3x}$   c) $k(x) = (ax + b)^2$   d) $k(x) = \sqrt{4 - 2x}$

Die lineare Kettenregel lässt sich verallgemeinern, wenn man für die innere Funktion der Verkettung nicht nur lineare Terme, sondern beliebige Terme zulässt. Auf diese Weise erhält man die *allgemeine Kettenregel*, die in der Mathematik als eine sehr mächtige Regel gilt. Auf den Beweis der allgemeinen Kettenregel mithilfe des Differentialquotienten müssen wir hier verzichten. In Übung 12 wird die Beweisidee aber vermittelt.

### Kettenregel

f und g seien differenzierbare Funktionen.
Dann ist auch ihre Verkettung $k(x) = f(g(x))$ differenzierbar.
Die Ableitung von k lautet:
$k'(x) = f'(g(x)) \cdot g'(x)$

**Kurzform**
$[f(g(x))]' = f'(g(x)) \cdot g'(x)$

| Ableitung der Verkettung k an der Stelle x | = | Ableitung der äußeren Funktion f an der Stelle g(x) | · | Ableitung der inneren Funktion g an der Stelle x |
|---|---|---|---|---|

▶ **Beispiel: Kettenregel**
Differenzieren Sie mit der Kettenregel: a) $k(x) = (x + x^2)^3$   b) $k(x) = (1 + \sqrt{x})^2$

Lösung zu a):
$k(x) = (x + x^2)^3$
$k'(x) = 3(x + x^2)^2 \cdot (1 + 2x)$
            äußere        innere
           Ableitung    Ableitung

Lösung zu b):
$k(x) = (1 + \sqrt{x})^2$
$k'(x) = 2(1 + \sqrt{x})^1 \cdot \frac{1}{2\sqrt{x}}$
            äußere        innere
           Ableitung    Ableitung

▶ Auf den theoretisch exakten Beweis der Kettenregel mithilfe des Differentialquotienten müssen wir verzichten. Er ist zu schwierig, um hier dargestellt zu werden.

### Übung 5
Bestimmen Sie die Ableitung von k mithilfe der Kettenregel.

a) $k(x) = (1 - x^3)^2$   b) $k(x) = 4(3x^3 - x^2)^2$   c) $k(x) = (ax^2 + bx)^2$   d) $k(x) = \frac{1}{x^2 + 1}$

e) $k(x) = \left(x + \frac{1}{x}\right)^2$   f) $k(x) = \frac{1}{\sqrt{x}}$   g) $k(x) = \sqrt{x^2 + x}$   h) $k(x) = \sqrt{\frac{1}{x}}$

### Übung 6
a) Welche Steigung hat $f(x) = \frac{1}{2x + 1}$ an der Stelle $x = \frac{1}{2}$?
b) Wie lautet die Gleichung der Tangente von $f(x) = \sqrt{3x + 1}$ an der Stelle $x = 1$?

## C. Exkurs: Quotientenregel

Häufig werden Prozesse durch Funktionen beschrieben, deren Funktionsterm die Gestalt eines Quotienten hat, wie beispielsweise $f(x) = \frac{x^2}{x+1}$.

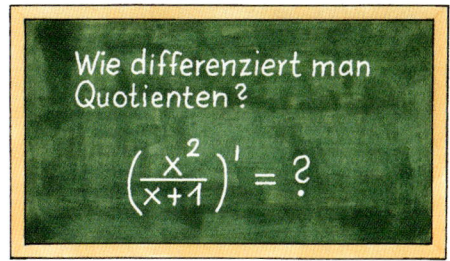

Für das Differenzieren eines solchen Quotienten gibt es – wie für das Differenzieren einer Summe oder eines Produktes – eine Regel, die *Quotientenregel*. Man kann diese Regel aus der Produktregel herleiten.

### Quotientenregel
Die Funktion f sei der Quotient der beiden differenzierbaren Funktionen u und v, wobei $v(x) \neq 0$:

$$f(x) = \frac{u(x)}{v(x)}.$$

Dann ist auch die Funktion f differenzierbar und für ihre Ableitung f' gilt:

$$f'(x) = \frac{u'(x) \cdot v(x) - u(x) \cdot v'(x)}{v^2(x)}.$$

**Kurzform**

$$\left(\frac{u}{v}\right)' = \frac{u' \cdot v - u \cdot v'}{v^2}$$

**Spezialfall:**

$$\left(\frac{1}{v}\right)' = -\frac{v'}{v^2}$$

**Beweis:**
Wir zeigen zunächst, dass der Kehrwert von v, d. h. $\frac{1}{v}$, die Ableitung $\left(\frac{1}{v}\right)' = -\frac{v'}{v^2}$ besitzt.

Anschließend schreiben wir $\frac{u}{v}$ als Produkt $u \cdot \frac{1}{v}$ und wenden hierauf die Produktregel an. Nach einer abschließenden Umformung des Ergebnisses durch Hauptnennerbildung ergibt sich die Quotientenregel.

*Spezialfall der Quotientenregel:*

$$\left(\frac{1}{v(x)}\right)' = \underset{\uparrow}{-\frac{1}{v^2(x)}} \cdot v'(x) = -\frac{v'(x)}{v^2(x)}$$

Reziprokenregel
Kettenregel

*Quotientenregel:*

$$\left(\frac{u(x)}{v(x)}\right)' = \left(u(x) \cdot \frac{1}{v(x)}\right)'$$
$$= u'(x) \cdot \frac{1}{v(x)} + u(x) \cdot \left(\frac{1}{v(x)}\right)'$$
$$= u'(x) \cdot \frac{v(x)}{v^2(x)} + u(x) \cdot \left(-\frac{v'(x)}{v^2(x)}\right)$$
$$= \frac{u'(x) \cdot v(x) - u(x) \cdot v'(x)}{v^2(x)}$$

▶ **Beispiel: Quotientenregel**
Gegeben ist die Funktion $f(x) = \frac{x^2}{x+1}$, $x \neq -1$.
Bestimmen Sie die Ableitungsfunktion f'.

**Lösung:**
Wir wenden die Quotientenregel an:

▶ $f'(x) = \left(\frac{x^2}{x+1}\right)' = \left(\frac{u}{v}\right)' = \frac{u' \cdot v - u \cdot v'}{v^2} = \frac{2x \cdot (x+1) - x^2 \cdot 1}{(x+1)^2} = \frac{x^2 + 2x}{(x+1)^2}$

### Übung 7
Differenzieren Sie die Funktion f:
a) $f(x) = \frac{x+2}{x^2}$
b) $f(x) = \frac{x}{x+1}$
c) $f(x) = \frac{x+1}{x}$
d) $f(x) = x^2 + \frac{x^2}{x-2}$

## Übungen

**8.** Differenzieren Sie f mit der Produktregel. Kontrollieren Sie das Ergebnis mit einer weiteren Methode.

a) $f(x) = x(1 + x^2)$     b) $f(x) = \sqrt{x} \cdot \sqrt{x}$     c) $f(x) = (x^2 - 1)(2x^2 + 5)$

d) $f(x) = ax(ax^2 + b)$     e) $f(x) = (x^2 + 1) \cdot \frac{1}{x}$     f) $f(x) = \sqrt{x} \cdot x$

**9.** Differenzieren Sie f mit der Quotientenregel.

a) $f(x) = \frac{x}{x-1}$     b) $f(x) = \frac{1+2x}{1+x}$     c) $f(x) = \frac{1-5x}{1+10x}$

d) $f(x) = \frac{x+1}{x^2}$     e) $f(x) = \frac{a\sqrt{x}}{x}$     f) $f(x) = \frac{a+bx}{a-bx}$

**10.** Differenzieren Sie f mit der Kettenregel.

a) $f(x) = (4x + 2)^3$     b) $f(x) = (ax + b)^2$     c) $f(x) = 3 \cdot \sqrt{4x - 8}$

d) $f(x) = x^2 \cdot \sqrt{2 - x}$     e) $f(x) = \frac{4}{2x+4}$     f) $f(x) = \frac{1}{ax+b}$

**11.** Bilden Sie Paare aus Funktionsterm (A–H) und zugehörigem Ableitungsterm (I–VIII).

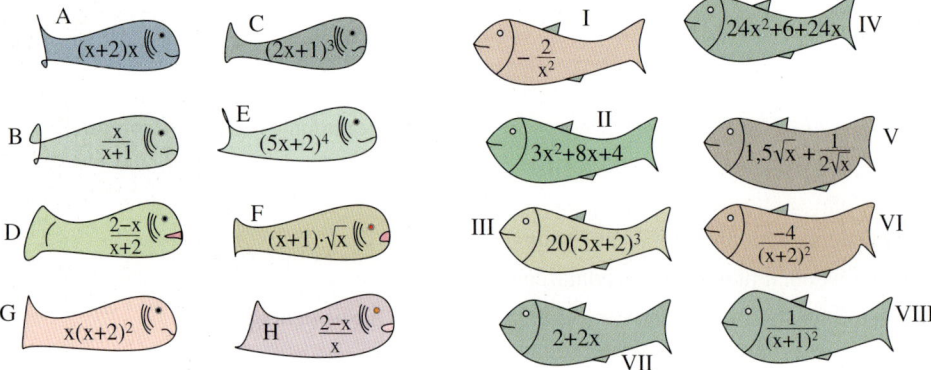

**12. Beweis der Kettenregel**

$k(x) = f(g(x))$ sei die Verkettung der äußeren Funktion f mit der inneren Funktion g.
Die Funktion g wird dabei als streng monoton vorausgesetzt.
Dann gilt die Rechnung:

$$\frac{k(x+h) - k(x)}{h} = \frac{f(g(x+h)) - f(g(x))}{h} = \frac{f(g(x+h)) - f(g(x))}{g(x+h) - g(x)} \cdot \frac{g(x+h) - g(x)}{h}$$

Für $h \to 0$ ergibt sich dann: $k'(x) = f'(g(x)) \cdot g'(x)$.

a) Erläutern Sie den Beweis näher.
b) An welcher Stelle wird bei diesem Beweis die Bedingung benötigt, dass die innere Funktion streng monoton ist?

# 3. Ableitung von Exponential- und Logarithmusfunktionen

## A. Näherungsweise Differentiation von $f(x) = 2^x$

In diesem Abschnitt wenden wir uns zunächst der Aufgabe zu, die Ableitung der Exponentialfunktion $f(x) = a^x$ zu bestimmen, die wir später häufig benötigen.

> **Beispiel:** Gegeben sei die Exponentialfunktion $f(x) = 2^x$. Bestimmen Sie zeichnerisch und rechnerisch die Ableitung von f.

Lösung:
*Graphisches Differenzieren:*
Wir zeichnen den Graphen von f mittels einer Wertetabelle und lesen näherungsweise die Steigungen des Graphen an einigen Stellen ab, indem wir dort die Tangenten einzeichnen.

| x | −1  | 0   | 1   | 2   |
|---|-----|-----|-----|-----|
| m | 0,4 | 0,7 | 1,4 | 2,8 |

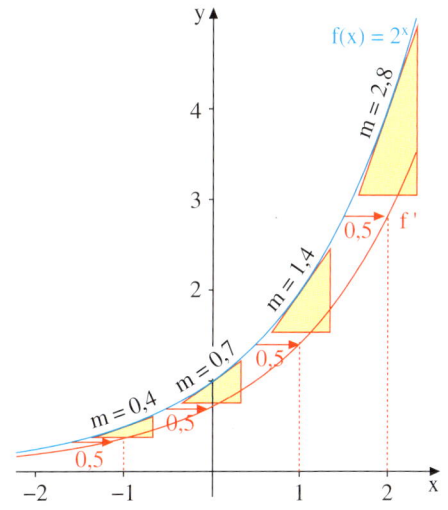

Auf dieser Grundlage skizzieren wir die Ableitungsfunktion f', deren Funktionswerte die Steigungen von f sind. Aufgrund des Verlaufs der skizzierten Ableitungsfunktion f' liegt die Vermutung nahe, dass es sich ebenfalls um eine Exponentialfunktion handelt. Da die Ableitungsfunktion nicht durch den Punkt P(0|1) geht, müssen wir den Ansatz $f'(x) = c \cdot a^x$ verwenden. Ablesen der Steigung von f an der Stelle x = 0 ergibt die Näherung c ≈ 0,7.

Vermutung: $f'(x) = c \cdot a^x$

$f'(0) \approx 0{,}7 \quad \Rightarrow \quad c \approx 0{,}7$

Offensichtlich kann man den Graphen von f' auch durch Verschiebung* von f in x- Richtung erhalten (durch Pfeile angedeutet). Am Graphen lässt sich eine Verschiebung um ca. 0,5 in x-Richtung feststellen. Die nebenstehende Anwendung eines Potenzgesetzes führt auf die Näherungsfunktion $f'(x) \approx 0{,}7 \cdot 2^x$.

Verschiebung des Graphen von f um ca. 0,5 in x-Richtung:

$f'(x) = 2^{x-0{,}5} = 2^x \cdot 2^{-0{,}5} \approx 0{,}7 \cdot 2^x$

▼ Vermutung: $(2^x)' \approx 0{,}7 \cdot 2^x$

---

\* Diese Verschiebung lässt sich durch Verwendung zweier übereinander liegender OH-Folien gut zeigen.

## Rechnerisches Differenzieren:

Um unsere Vermutung zu bestätigen und eine bessere Näherung zu erhalten, bestimmen wir die Ableitung von f rechnerisch mithilfe des Differentialquotienten.

Hierbei tritt der Grenzwert $\lim\limits_{h \to 0} \frac{2^h - 1}{h}$ auf.

Diesen können wir allerdings mit unseren Mitteln nur näherungsweise ermitteln.*

Wir tasten uns an den Grenzwert mithilfe eines Taschenrechners heran, indem wir für h kleine Testwerte einsetzen, die wir an null heranrücken lassen.

| h | 0,1 | 0,01 | 0,001 | 0,0001 |
|---|---|---|---|---|
| $\frac{2^h - 1}{h}$ | 0,718 | 0,696 | 0,6934 | 0,6932 |

Die nebenstehende Rechnung bestätigt die graphisch gewonnene Vermutung und liefert das Resultat: $(2^x)' \approx 0{,}693 \cdot 2^x$.

$$f'(x) = \lim_{h \to 0} \frac{f(x+h) - f(x)}{h}$$
$$= \lim_{h \to 0} \frac{2^{x+h} - 2^x}{h}$$
$$= \lim_{h \to 0} \left( \frac{2^h - 1}{h} \cdot 2^x \right)$$
$$= \left( \lim_{h \to 0} \frac{2^h - 1}{h} \right) \cdot 2^x$$
$$\approx 0{,}693 \cdot 2^x$$

Resultat:
$$(2^x)' \approx 0{,}693 \cdot 2^x$$

### Übung 1
Gegeben sei die Funktion $f(x) = 3^x$.
a) Skizzieren Sie den Graphen von f über dem Intervall [−1; 1].
b) Bestimmen Sie die Ableitungsfunktion f' näherungsweise graphisch.
c) Bestimmen Sie die Ableitungsfunktion f' näherungsweise rechnerisch.
d) Berechnen Sie f'(0,5) näherungsweise auf 3 Nachkommastellen.
e) Ermitteln Sie näherungsweise die Gleichung der Tangente an den Graphen von f bei x = 1.

### Übung 2
Gegeben sei die Funktion $f(x) = 1{,}5^x$.
a) Skizzieren Sie den Graphen von f über dem Intervall [−3; 3].
b) Bestimmen Sie die Ableitungsfunktion f' näherungsweise graphisch.
c) Bestimmen Sie die Ableitungsfunktion f' näherungsweise rechnerisch.

### Übung 3
Ermitteln Sie den Differentialquotienten der Funktion $f(x) = a^x$ in Abhängigkeit von a. Gehen Sie dabei wie im obigen Beispiel für $f(x) = 2^x$ vor.

---

* Man kann zeigen, dass $\lim\limits_{h \to 0} \frac{2^h - 1}{h} = \ln 2$ gilt ($\ln 2 \approx 0{,}693$).

## B. Die natürliche Exponentialfunktion $f(x) = e^x$

Berechnen wir die Ableitung von $f(x) = a^x$ für verschiedene Basen a zwischen 1 und 3 näherungsweise, so lassen die nebenstehend aufgeführten Resultate die Vermutung plausibel erscheinen, dass es eine ganz bestimmte Basis e gibt, für die der Grenzwert $\lim_{h \to 0} \frac{e^h - 1}{h}$ den Wert 1 hat.

$(1{,}5^x)' = \left( \lim_{h \to 0} \frac{1{,}5^h - 1}{h} \right) \cdot 1{,}5^x \approx 0{,}405 \cdot 1{,}5^x$

$(2^x)' = \left( \lim_{h \to 0} \frac{2^h - 1}{h} \right) \cdot 2^x \approx 0{,}693 \cdot 2^x$

$(3^x)' = \left( \lim_{h \to 0} \frac{3^h - 1}{h} \right) \cdot 3^x \approx 1{,}099 \cdot 3^x$

$(e^x)' = \left( \lim_{h \to 0} \frac{e^h - 1}{h} \right) \cdot e^x = 1 \cdot e^x$

Diese Zahl e existiert tatsächlich. Sie liegt offensichtlich zwischen 2 und 3 und man nennt sie die *Euler'sche Zahl*.

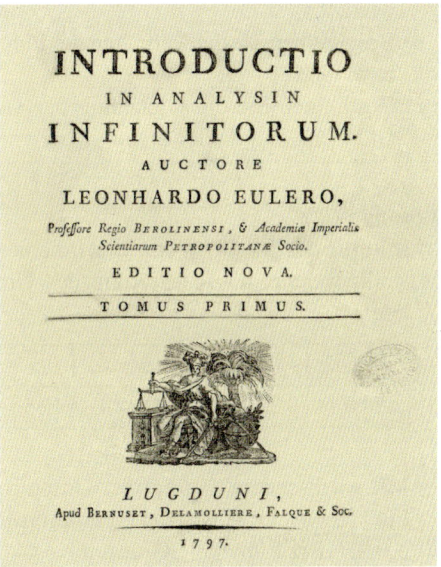

Der bedeutende Mathematiker Leonhard EULER (1707–1783) stellte in seinem Werk „Introductio in Analysin Infinitorum", das 1748 in lateinischer Sprache erschien, Exponentialgrößen und Logarithmen durch konvergente unendliche Reihen dar. Ebendort führte er die Abkürzung e für eine der von ihm untersuchten Reihen ein, die gegen den Zahlenwert e konvergiert.

Leonhard Euler hat die Bezeichnung e vermutlich nicht aufgrund seines Familiennamens, sondern möglicherweise für den Zusammenhang mit „Exponentialgrößen" gewählt.

Die Zahl e ist deshalb so interessant, weil die Exponentialfunktion mit der Basis e nach den obigen Überlegungen bemerkenswerterweise zugleich ihre eigene Ableitung darstellt. Sie ist praktisch* die einzige Funktion mit dieser Eigenschaft. Die Exponentialfunktion zur Basis e wird auch *natürliche Exponentialfunktion* genannt.

**Satz:** Es gibt eine reelle Zahl e, so dass gilt:
$(e^x)' = e^x.$

Die Zahl e ist definiert durch
$$\lim_{h \to 0} \left( \frac{e^h - 1}{h} \right) = 1.$$

Auf den Nachweis der Existenz dieses Grenzwertes verzichten wir und wenden uns nun der näherungsweisen Berechnung der Euler'schen Zahl e zu.

---

\* Nur die Funktionen $f(x) = a \cdot e^x$ mit $a \in \mathbb{R}$ besitzen diese Eigenschaft.

Man kann die Euler'sche Zahl e wie rechts angegeben auch als Folgengrenzwert definieren. Wegen ihrer großen Bedeutung ist die Funktion $f(x) = e^x$ auf jedem Taschenrechner zu finden. Taste $\boxed{e^x}$.

> Die Euler'sche Zahl e ist als Folgengrenzwert darstellbar:
> $$e = \lim_{n \to \infty} \left(1 + \frac{1}{n}\right)^n.$$
> Es gilt: $e = 2{,}718\ldots$

▶ **Beispiel:** Gegeben ist die Funktion $f(x) = e^x$, $x \in \mathbb{R}$.

a) Zeichnen Sie den Graphen der Funktion f für $-2 \leq x \leq 2$ mithilfe einer Wertetabelle mit der Schrittweite 0,5.
b) Beschreiben Sie das Verhalten der Funktion für $x \to \infty$ bzw. für $x \to -\infty$.
c) Bestimmen Sie die Gleichung der Tangente an den Graphen von f an der Stelle $x = 0$.

Lösung:

a) Mithilfe des Taschenrechners wird eine Wertetabelle erstellt, welche der Skizzierung des Graphen zugrunde liegt.

| x | −2 | −1,5 | −1 | −0,5 | 0 | 0,5 | 1 | 1,5 | 2 |
|---|---|---|---|---|---|---|---|---|---|
| $e^x$ | 0,14 | 0,22 | 0,37 | 0,61 | 1 | 1,65 | 2,72 | 4,48 | 7,39 |

b) Mit wachsendem x steigt der Graph immer steiler an. Für $x \to \infty$ wächst der Funktionsterm $e^x$ wegen $e \approx 2{,}718 > 1$ über alle Grenzen.
Für $x \to -\infty$ schmiegt sich der Graph immer dichter an die x-Achse, der Funktionsterm strebt dem Grenzwert 0 zu.

c) Wir wählen $y(x) = mx + n$ als Ansatz für die Tangentengleichung. Aus $f(x) = e^x$ und $f'(x) = e^x$ folgt $n = f(0) = 1$ und $m = f'(0) = 1$. Also ist $y(x) = x + 1$ die Gleichung der Tangente an den Graphen von f an der Stelle $x = 0$.

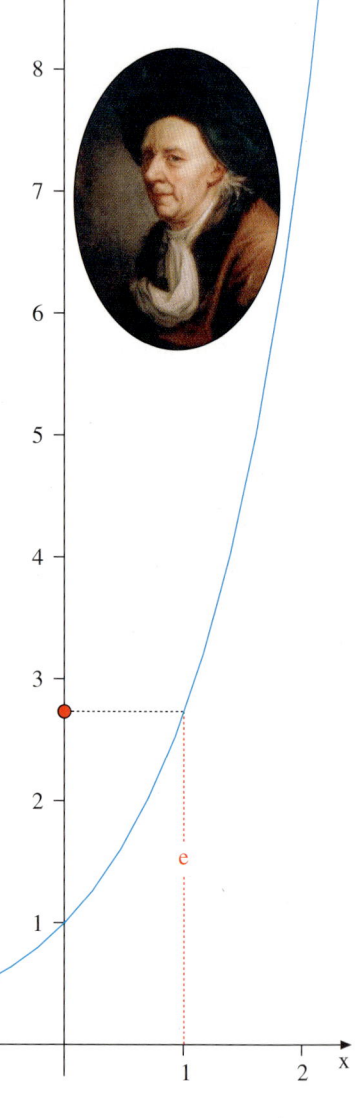

## 3. Ableitung von Exponential- und Logarithmusfunktionen

### C. Ableitungsübungen

Im Folgenden üben wir das Differenzieren von zusammengesetzten Funktionstermen, die Exponentialterme enthalten. Die Regeln $(e^x)' = e^x$ und $(e^{-x})' = -e^{-x}$ sowie Summen-, Produkt- und Kettenregel kommen zur Anwendung.

▶ **Beispiel:** Bestimmen Sie die Ableitungsfunktion von f.
a) $f(x) = e^{3x}$     b) $f(x) = x + e^{-x}$     c) $f(x) = x \cdot e^{2x}$     d) $f(x) = (x + 1) \cdot e^{-x}$

Lösung:

a) $f'(x) = 3 \cdot e^{3x}$                             (Kettenregel)

b) $f'(x) = 1 - e^{-x}$                           (Summenregel, Kettenregel)

c) $f'(x) = 1 \cdot e^{2x} + x \cdot 2e^{2x} = (1 + 2x) \cdot e^{2x}$     (Produktregel, Kettenregel)

▶ d) $f'(x) = 1 \cdot e^{-x} + (x + 1) \cdot (-e^{-x}) = -x \cdot e^{-x}$     (Produktregel, Kettenregel)

### Übungen

**4.** Bestimmen Sie die Ableitungsfunktion von f.

a) $f(x) = e^{-4x}$     b) $f(x) = e^{x^2}$     c) $f(x) = e^{2x+1}$     d) $f(x) = e^{-\sqrt{x}}$

e) $f(x) = 2 \cdot e^{0,5x}$     f) $f(x) = x - e^{x^3}$     g) $f(x) = (1 - x) \cdot e^x$     h) $f(x) = x^2 \cdot e^{-x}$

i) $f(x) = \sqrt{x} \cdot e^x$     j) $f(x) = \frac{1}{e^{2x}}$     k) $f(x) = e^{e^x}$     l) $f(x) = (x^3 + 3x^2) \cdot e^{-x}$

m) $f(x) = \frac{x^2}{e^x}$     n) $f(x) = \sqrt{e^x}$     o) $f(x) = (x^2 + 1) \cdot e^{-x}$     p) $f(x) = (x^2 - e^{-2x})^2$

**5.** Suchen Sie den Fehler in den folgenden Rechnungen. Wie lauten die richtigen Resultate?

a) $[(x^2 + 2) \cdot e^{4x}]' = 2x \cdot e^{4x} + (x^2 + 2) \cdot e^{4x} = (x^2 + 2x + 2) \cdot e^{4x}$

b) $[(e^x - 1)^2]' = [(e^x)^2 - 2e^x + 1]' = 2e^x - 2e^x = 0$

c) $[(2e^x + 4)^2]' = 2(2e^{2x} + 4) = 4e^{2x} + 8$

**6.** Die Funktion F hat die Ableitung f, d.h. F′ = f. Ordnen Sie jeder Funktion F die passende Funktion f zu.

a) $f(x) = x \cdot e^x + 6e^{2x}$

b) $f(x) = 3x^2 + e^{2x}$

c) $f(x) = x^2 \cdot e^{2x}$

d) $f(x) = -2x \cdot e^{2x}$

I   $F(x) = x^3 + \frac{1}{2}e^{2x} + 1$

II   $F(x) = \left(\frac{1}{2}x^2 - \frac{1}{2}x + \frac{1}{4}\right) \cdot e^{2x} + 2$

III   $F(x) = (0,5 - x) \cdot e^{2x}$

IV   $F(x) = (x - 1 + 3 \cdot e^x) \cdot e^x$

## D. Die natürliche Logarithmusfunktion f(x) = ln x

Die Funktion $f(x) = e^x$ ist streng monoton steigend, da $f'(x) = e^x > 0$ für alle $x \in \mathbb{R}$ gilt.

Aus dem Unterricht der Klasse 10 ist uns bekannt, dass die Umkehrfunktion einer Exponentialfunktion die Logarithmusfunktion zur gleichen Basis ist, deren Graphen man durch Spiegelung an der Winkelhalbierenden des 1. Quadranten erhält.

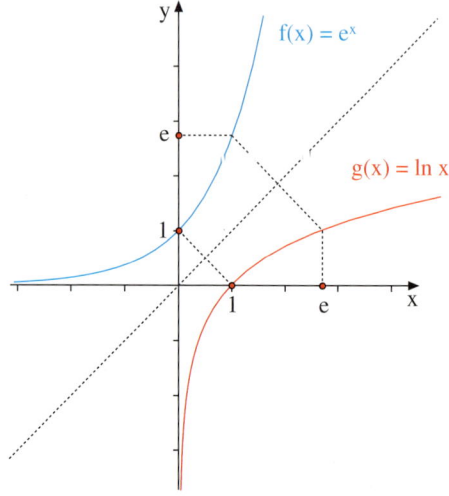

Die Funktion zu $f(x) = e^x$ hat also die Logarithmusfunktion zur Basis e als Umkehrfunktion. Diese wird als *natürliche Logarithmusfunktion* $g(x) = \ln x$ bezeichnet ($\ln x = \log_e x$, **l**ogarithmus **n**aturalis).

Wir können daher insbesondere die folgenden Rechengesetze verwenden:

$\ln(e^x) = x, \quad e^{\ln x} = x.$

Logarithmusfunktionen werden hier nicht näher untersucht. Wir verwenden sie lediglich zur Berechnung von Funktionswerten.*

▶ **Beispiel:** Gegeben sei die Funktion $f(x) = e^x$. Berechnen Sie, für welches x die Funktion f den Funktionswert 1,5 annimmt.

Lösung:
Wir lösen die Exponentialgleichung durch Logarithmieren, wobei wir hier den natürlichen Logarithmus verwenden. Wenden wir die obigen Rechenregeln an,
▶ erhalten wir als Resultat $x = \ln 1{,}5 \approx 0{,}41$.

*Ansatz:* $\quad e^x = 1{,}5$
*Logarithmieren:* $\ln(e^x) = \ln 1{,}5$
*Resultat:* $\quad x = \ln 1{,}5 \approx 0{,}41$

### Übung 7
Gegeben sei die Funktion $f(x) = e^{-x}$.
a) Zeichnen Sie den Graphen von f für $-2 \leq x \leq 2$.
b) Zeichnen Sie den Graphen der Umkehrfunktion g durch Spiegelung des Graphen von f an der Winkelhalbierenden des 1. Quadranten.
c) Berechnen Sie, für welches x die Funktion f den Funktionswert 5 annimmt.

---

* Taschenrechner besitzen eine LN -Taste (oder man muss die Tastenkombination INV $e^x$ betätigen).

## 3. Ableitung von Exponential- und Logarithmusfunktionen

### E. Die Ableitung von $f(x) = a^x$

In diesem Abschnitt wird die Ableitung von $f(x) = a^x$ behandelt, der allgemeinen Exponentialfunktion zur Basis a. Dazu stellen wir den Term $a^x$ als Potenz mit der Basis e dar.

**Satz:** Für $a > 0$ gilt:
$$a^x = e^{x \cdot \ln a}.$$

Beweis:
$$a^x \underset{\substack{\uparrow \\ \text{Da ln x die} \\ \text{Umkehrfunktion} \\ \text{von } e^x \text{ ist}}}{=} e^{\ln(a^x)} \underset{\substack{\uparrow \\ \text{Log. Rechengesetz} \\ \text{für Potenzen}}}{=} e^{x \cdot \ln a}$$

Nun können wir die Ableitung von $a^x = e^{x \cdot \ln a}$ mithilfe der Kettenregel bestimmen.

**Satz:** Für $a > 0$ gilt:
$$(a^x)' = a^x \cdot \ln a.$$

Beweis:
$$(a^x)' = (e^{x \cdot \ln a})' \underset{\substack{\uparrow \\ \text{Kettenregel}}}{=} e^{x \ln a} \cdot \ln a = a^x \cdot \ln a$$

Die Ableitung der Funktion $f(x) = a^x$ stimmt also bis auf einen Faktor $\ln a$ mit der Funktion selbst überein. Für $a < e$ ist der Faktor kleiner als 1, für $a > e$ ist der Faktor größer als 1.

▶ **Beispiel: Ableitung von $a^x$**
Bestimmen Sie die Ableitungsfunktion von f.
a) $f(x) = 2^x$  b) $f(x) = e^x$  c) $f(x) = 3^x$  d) $f(x) = \frac{1}{4^x}$  e) $f(x) = 2^{x^2}$

Lösung:
a) $(2^x)' = 2^x \cdot \ln 2 \approx 0{,}693 \cdot 2^x$

b) $(e^x)' = e^x \cdot \ln e = e^x$

c) $(3^x)' = 3^x \cdot \ln 3 \approx 1{,}099 \cdot 3^x$

d) $\left(\frac{1}{4^x}\right)' = \left[\left(\frac{1}{4}\right)^x\right]' = \left(\frac{1}{4}\right)^x \cdot \ln \frac{1}{4} \approx \frac{1}{4^x} \cdot (-1{,}386)$

e) $(2^{x^2})' = (2^{g(x)})' = (2^{g(x)}) \cdot \ln 2 \cdot g'(x) = (2^{x^2}) \cdot \ln 2 \cdot 2x$ ⎫
  $(2^{x^2})' = (e^{\ln 2^{x^2}})' = (e^{x^2 \cdot \ln 2})' = (e^{x^2 \cdot \ln 2}) \cdot 2x \cdot \ln 2 = (2^{x^2}) \cdot 2x \cdot \ln 2$ ⎬ Zwei verschiedene Möglichkeiten des Vorgehens ⎭

### Übung 8
Bestimmen Sie die Ableitung von f.
a) $f(x) = 1{,}5^x$  b) $f(x) = 0{,}5 \cdot 3^{2x}$  c) $f(x) = 2^{-x}$  d) $f(x) = 3^{x^2}$
e) $f(x) = 2^{1-2x}$  f) $f(x) = (1 + 2^x)^2$  g) $f(x) = x^2 \cdot 2^x$  h) $f(x) = 3^{\sqrt{x}}$

## F. Die Ableitung von f(x) = ln x

### Graphische Differentiation von f(x) = ln x

Mithilfe des Differentialquotienten kann man Ableitungsregeln gewinnen. Bei der Logarithmusfunktion gelingt dies nicht, da der im Differenzenquotienten auftretende Term $\ln(x + h)$ nicht weiter umformbar ist.

$$f'(x) = \lim_{h \to 0} \frac{f(x+h) - f(x)}{h}$$
$$= \lim_{h \to 0} \frac{\ln(x+h) - \ln(x)}{h} = ?$$

Aus diesem Grund versuchen wir, die Ableitung der Funktion zeichnerisch zu gewinnen.

▶ **Beispiel:** Gegeben sei die natürliche Logarithmusfunktion $f(x) = \ln x$. Bestimmen Sie zeichnerisch die Ableitungsfunktion von f.

Lösung:
Wir zeichnen den Graphen von f und tragen in einigen Punkten die Tangenten an, deren Steigungen wir angenähert ablesen und tabellieren. Falls die Ablesungen zu ungenau erscheinen, können wir die Steigungen auch rechnerisch mithilfe des Differenzenquotienten ermitteln, wie rechts für das Beispiel $f'(2)$ dargestellt.

$$f'(2) = \lim_{h \to 0} \frac{\ln(2+h) - \ln(2)}{h}$$
$$\approx \frac{\ln(2 + 0{,}01) - \ln(2)}{0{,}01}$$
$$\approx \frac{0{,}6981 - 0{,}6931}{0{,}01}$$
$$\approx 0{,}5$$

| x | 0,5 | 1 | 2 | 3 |
|---|-----|---|---|---|
| f'(x) | 2 | 1 | 0,5 | 0,3 |

Mithilfe dieser Wertetabelle skizzieren wir die Ableitungsfunktion f', deren Funktionswerte die Steigungen von f sind.
Aufgrund des Verlaufs des Graphen von f' liegt die Vermutung nahe, dass es sich hierbei um die Reziprokenfunktion handelt.

Die Tabellenwerte bekräftigen diese Vermutung, denn offenbar gilt stets angenähert der Zusammenhang $f'(x) = \frac{1}{x}$.

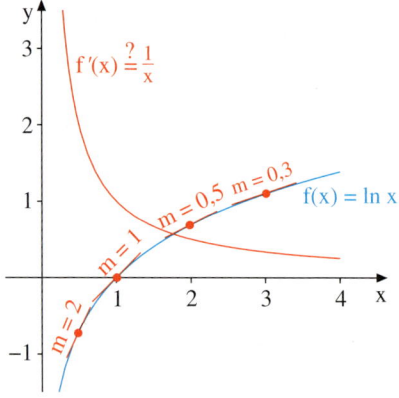

▶ Dies verträgt sich auch mit der Beobachtung, dass die Logarithmusfunktion immer steiler wird, so dass ihre Steigung über alle Grenzen wächst, wenn man sich von rechts der Stelle x = 0 nähert, und dass ihre Steigung für $x \to \infty$ gegen null tendiert.

### Logarithmische Ableitung

Die natürliche Logarithmusfunktion $f(x) = \ln x$ ist für $x > 0$ differenzierbar. Es gilt die sog. *logarithmische* Ableitungsregel:

$$(\ln x)' = \frac{1}{x}.$$

## 3. Ableitung von Exponential- und Logarithmusfunktionen

**Rechnerische Differentiation von f(x) = ln x**

Den rechnerischen Nachweis der Gültigkeit der Regel für die Ableitung der Funktion f(x) = ln x kann mithilfe der Formel $e^{\ln x} = x$ geführt werden:
Man bildet auf beiden Seiten dieser Gleichung die Ableitung, wobei links die Kettenregel angewendet wird. Das gesuchte Ergebnis ergibt sich schließlich durch Auflösen nach (ln x)'.

*Beweis der logarithmischen Ableitungsregel:*

$$e^{\ln x} = x$$
$$(e^{\ln x})' = (x)'$$
$$e^{\ln x} \cdot (\ln x)' = 1$$
$$x \cdot (\ln x)' = 1$$
$$(\ln x)' = \frac{1}{x}$$

### Übung 9
a) Welche Steigung m und welchen Steigungswinkel α hat der Graph der Funktion f(x) = ln x an den Stellen x = 1 und x = 2?
b) An welcher Stelle x steigt der Graph der Funktion f(x) = ln x unter einem Winkel von 30° gegen die Horizontale an?

### Ableitungsübungen

Wir üben nun das Differenzieren von Funktionen, deren Gleichungen logarithmische Terme enthalten. Dabei wenden wir bereits bekannte Regeln wie Produkt- und Kettenregel an.

▶ **Beispiel:** Bestimmen Sie die Ableitungsfunktion f' von f. Dabei gelte stets x > 0.
a) f(x) = ln(2x)  b) f(x) = ln(x³)  c) f(x) = x · ln(2x)

Lösung zu a und zu b:
Wir verwenden hierbei die Kettenregel.

a) $f'(x) = [\ln(2x)]' = \frac{1}{2x} \cdot 2 = \frac{1}{x}$

b) $f'(x) = [\ln(x^3)]' = \frac{1}{x^3} \cdot 3x^2 = \frac{3}{x}$

Lösung zu c:
Wir verwenden Produkt- und Kettenregel.

c) $f'(x) = [x \cdot \ln(2x)]'$
$= 1 \cdot \ln(2x) + x \cdot \frac{1}{2x} \cdot 2$
$= \ln(2x) + 1$

### Übung 10
Bestimmen Sie die Ableitungsfunktionen f' und leiten Sie danach f' noch einmal ab. Nennen Sie jeweils die Definitionsmenge.

a) f(x) = ln(5x)  b) f(x) = ln(x²)  c) f(x) = x + ln(2x)
d) f(x) = x² · ln(x)  e) $f(x) = \frac{\ln x}{x}$  f) f(x) = ln(√x)
g) f(x) = ln(2 e^{2x})  h) f(x) = (ln x)³  i) f(x) = √(ln x)

### Übung 11
Berechnen Sie $[\ln(x^n)]'$, $\left[\ln\left(\frac{1}{x}\right)\right]'$ und $[\ln(ax)]'$ auf zwei verschiedene Arten (x > 0, a > 0, n ∈ ℕ).
*Beispiel:* Für x > 0 gilt $[\ln(x^2)]' = \frac{1}{x^2} \cdot 2x = \frac{2}{x}$, aber auch $[\ln(x^2)]' = [2 \cdot \ln x]' = 2 \cdot \frac{1}{x} = \frac{2}{x}$.

# 4. Exkurs: Ableitung trigonometrischer Funktionen

## A. Ableitung von sin x und cos x

Viele periodische Vorgänge können mithilfe trigonometrischer Funktionen modelliert werden. Im Folgenden untersuchen wir auf graphischem Weg, welche Ableitungen die Funktionen $f(x) = \sin x$ und $g(x) = \cos x$ besitzen.

> **Beispiel:** Zeichnen Sie den Graphen von $f(x) = \sin x$ für $0 \leq x \leq 2\pi$. Tragen Sie einige Tangenten ein und ermitteln Sie deren Steigung aus der Graphik. Skizzieren Sie mit den so gewonnenen Daten die Ableitungsfunktion $f'$. Welche Vermutung ergibt sich?

Lösung:
An den Stellen $x = \frac{1}{2}\pi$ und $x = \frac{3}{2}\pi$ beträgt die Steigung der Sinusfunktion 0, da dort Extremalpunkte liegen.
Die Stellen $x = 0$ und $x = 2\pi$ durchläuft die Sinusfunktion mit einem Winkel von 45°, sodass dort die Steigung 1 ist. Bei $x = \pi$ beträgt sie −1.
Bei $x = \frac{1}{4}\pi$ sowie $x = \frac{7}{4}\pi$ können wir näherungsweise eine Steigung von ca. 0,7 ablesen. Bei $x = \frac{3}{4}\pi$ sowie $x = \frac{5}{4}\pi$ beträgt die Steigung ca. −0,7.

Die Funktion $f(x) = \sin x$:

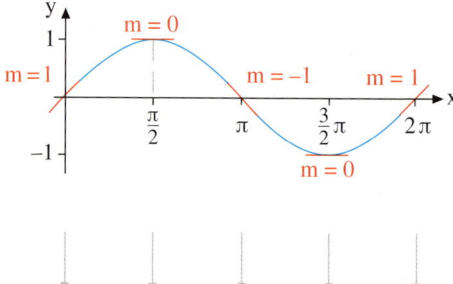

Tragen wir diese Steigungen über den entsprechenden x-Werten in einem zweiten Koordinatensystem auf, so ergibt sich grob der Graph der Ableitungsfunktion $f'$ der Sinusfunktion.

Wir erkennen, dass es sich um den Graphen der Kosinusfunktion handelt.

Die Ableitung von $f(x) = \sin x$:

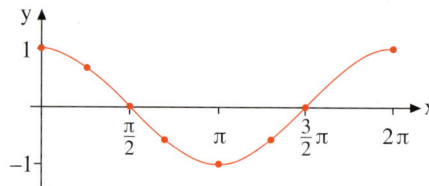

Diese Vermutung kann man auch rechnerisch herleiten, allerdings verzichten wir an dieser Stelle auf den nicht ganz leichten Beweis.

### Sinusregel und Kosinusregel

| Die Ableitung der Sinusfunktion ist die Kosinusfunktion. | Die Ableitung der Kosinusfunktion ist die negierte Sinusfunktion. |
|---|---|
| $(\sin x)' = \cos x$ | $(\cos x)' = -\sin x$ |

### Übung 1
Zeichnen Sie $f(x) = \cos x$ ($0 \leq x \leq 2\pi$) und konstruieren Sie die Ableitung $f'$ zeichnerisch.

## 4. Exkurs: Ableitung trigonometrischer Funktionen

Mithilfe der Kettenregel kann man nun Funktionen der Form $h(x) = \sin(ax + b)$ bzw. $h(x) = \cos(ax + b)$ differenzieren.

**Satz:** Für $a, b \in \mathbb{R}$ gilt:
$(\sin(ax+b))' = a \cdot \cos(ax+b)$ und $(\cos(ax+b))' = -a \cdot \sin(ax+b)$.

Beweis:
Setzen wir $f(x) = \sin x$ und $g(x) = \sin(ax+b)$, so ist $g(x) = f(ax+b)$.
Nach der Kettenregel erhlt man mit $f'(x) = \cos x$ für die Ableitungsfunktion von g dann:
$g'(x) = (\sin(ax+b))' = a \cdot \sin'(ax+b) = a \cdot \cos(ax+b)$.

Analog folgt nach der Kettenregel für die Funktion $g(x) = \cos(ax+b)$:
$g'(x) = (\cos(ax+b))' = a \cdot \cos'(ax+b) = a \cdot (-\sin(ax+b)) = -a \cdot \sin(ax+b)$.

### Übung 2
Bestimmen Sie mithilfe der Ableitungsregeln aus dem obigen Satz die Ableitung von h.

a) $h(x) = \sin(2x+4)$   b) $h(x) = \cos(\pi x - \pi)$   c) $h(x) = \sin(kx), k \in \mathbb{R} \setminus \{0\}$

### Übung 3
Beweisen Sie die Kosinusregel $(\cos x)' = -\sin x$ mithilfe der Kettenregel, indem Sie die Gleichung $\cos x = \sin\left(x + \frac{\pi}{2}\right)$ verwenden sowie das Additionstheorem für Kosinus.

## B. Ableitung von tan x

Der Tangens eines Winkels x ergibt sich als Quotient aus dem Sinus des Winkels x und dem Kosinus des Winkels x:

$\tan x = \frac{\sin x}{\cos x}, \quad x \neq (2k+1) \cdot \frac{\pi}{2}, k \in \mathbb{Z}$

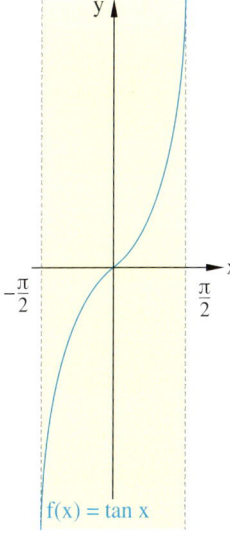

Das nebenstehende Bild zeigt den Graphen von $f(x) = \tan(x)$ für $-\frac{\pi}{2} < x < \frac{\pi}{2}$.

Die Ableitung erhält man mithilfe der Quotientenregel:
$(\tan x)' = \left(\frac{\sin x}{\cos x}\right)' = \frac{\cos x \cdot \cos x - \sin x \cdot (-\sin x)}{\cos^2 x} = \frac{\cos^2 x + \sin^2 x}{\cos^2 x}$.

Den letzten Term kann man auf zwei Arten vereinfachen. Man kann ihn als Summe von zwei Brüchen schreiben, dann ergibt sich $(\tan x) = \frac{\cos^2 x}{\cos^2 x} + \frac{\sin^2 x}{\cos^2 x} = 1 + \tan^2 x$.
Oder man „sieht" im Zähler die Identität $\cos^2 x + \sin^2 x = 1$ erhält also $(\tan x)' = \frac{1}{\cos^2 x}$.
Wir halten fest:

$(\tan x)' = 1 + \tan^2 x = \frac{1}{\cos^2 x}, \quad x \neq (2k+1) \cdot \frac{\pi}{2}, k \in \mathbb{Z}$

### Übung 4
Zeichnen Sie den Graphen der Ableitung der Tangensfunktion mithilfe eines DMW.

## Test

**Ableitungsregeln**

1. Bilden Sie die Ableitung der gegebenen Funktionen (ohne CAS).
   a) $f(x) = 3x^4 - \frac{2}{3}x^3 + \pi x$
   b) $f(a) = a^5$
   c) $f(x) = ax^n - bx^{n-2}$
   d) $f(x) = x^2(1 - x^2)$
   e) $f(m) = (4m - 3)^6$
   f) $f(x) = \ln(1 - x)$
   g) $g(x) = a^x \cdot (x^2 - 3)$
   h) $h(x) = \frac{1}{2a} e^{ax+2}$
   i) $A(a) = \frac{1}{2} ah$

2. Überprüfen Sie, ob folgende Ableitungen richtig gebildet wurden. Korrigieren Sie ggf.
   a) $f(x) = (4x + 5)^3$
      $f'(x) = 3(4x + 5)^2$
      $f'(x) = 3(16x^2 + 40x + 25)$
      $f'(x) = 48x^2 + 120x + 75$
   b) $f(x) = x^2 (\ln(2x + 1))$
      $f'(x) = 2x \cdot \ln(2x + 1) + x^2 \cdot \frac{1}{2x+1} \cdot 2$
      $f'(x) = 2x [\ln(2x + 1) + \frac{x^2}{2x+1}]$

3. Geben Sie jeweils eine Stammfunktion von f an.
   a) $f(x) = 4x$
   b) $f(x) = \frac{1}{x}$
   c) $f(x) = e^{3x}$
   d) $f(x) = x^3 + e^x$

4. Nebenstehend ist der Graph einer Funktion f gegeben.
   a) Geben Sie die Nullstellen der Ableitungsfunktion f' an.
   b) Ermitteln Sie aus dem Graphen näherungsweise Funktionswerte der Ableitungsfunktion f' für die Stellen −3, −1 und 1.
   c) Geben Sie eine begründete Vermutung an, um welchen Funktionstyp es sich bei der Ableitungsfunktion f' handeln kann.

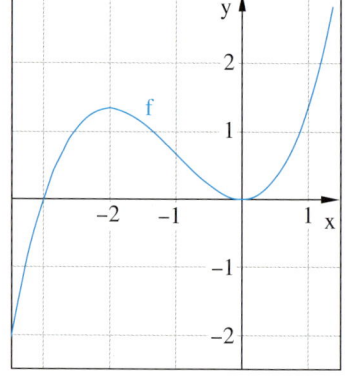

5. Beweisen Sie die Faktorregel $(a \cdot f(x))' = a \cdot f'(x)$ mithilfe der Produktregel. Begründen Sie jeden Beweisschritt.

6. Gegeben ist die Funktion f mit $f(x) = 3x \cdot 2^x$.
   a) Ermitteln Sie die Anstiege des Graphen der Funktion f an den Stellen −3; −2; −1,5; −1; 0 und 0,18.
   b) Skizzieren Sie den Graph der Ableitungsfunktion (ohne Verwendung von DMW).
   c) Kontrollieren Sie die Ergebnisse von a) und b) mithilfe eines DMW.

Lösungen: S. 342

# 5. Monotonie und erste Ableitung

Das Steigungsverhalten einer Funktion, in der Fachsprache als *Monotonieverhalten* bezeichnet, prägt den Kurvenverlauf besonders. Man unterscheidet zwei Arten des Steigens und Fallens.

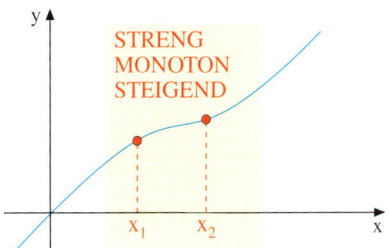
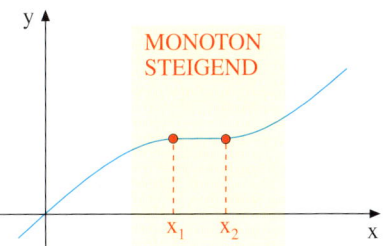

**Definition: Strenge Monotonie**
Gilt für zwei beliebige Stellen $x_1$ und $x_2$ des Intervalls I mit $x_1 < x_2$ stets $f(x_1) < f(x_2)$, so wird die Funktion f als *streng monoton steigend* auf dem Intervall I bezeichnet.

Gilt für zwei beliebige Stellen $x_1$ und $x_2$ des Intervalls I mit $x_1 < x_2$ stets $f(x_1) > f(x_2)$, so wird die Funktion f als *streng monoton fallend* auf dem Intervall I bezeichnet.

**Definition: Monotonie**
Gilt für zwei beliebige Stellen $x_1$ und $x_2$ des Intervalls I mit $x_1 < x_2$ stets $f(x_1) \leq f(x_2)$, so wird die Funktion f als *monoton steigend* auf dem Intervall I bezeichnet.

Gilt für zwei beliebige Stellen $x_1$ und $x_2$ des Intervalls I mit $x_1 < x_2$ stets $f(x_1) \geq f(x_2)$, so wird die Funktion f als *monoton fallend* auf dem Intervall I bezeichnet.

Mithilfe dieser Definitionen lassen sich Monotonieuntersuchungen nur schwer direkt vornehmen. Man verwendet daher meistens das graphische Verfahren des folgenden Beispiels oder das so genannte Monotoniekriterium, welches auf der folgenden Seite steht.

▶ **Beispiel: Graphische Monotonieuntersuchung**
Untersuchen Sie das Monotonieverhalten von $f(x) = x^2 - 2x$ und $g(x) = x^2(x - 2)$.

Lösung:
Wir zeichnen den Graphen (Wertetabelle) und lesen die Monotoniebereiche direkt ab.

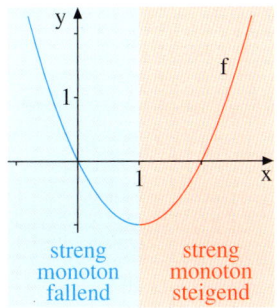
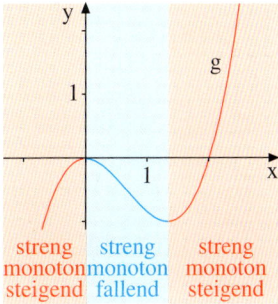

Wesentlich einfacher lassen sich Monotonieuntersuchungen an differenzierbaren Funktionen mithilfe der Ableitung durchführen, wie die folgende Betrachtung zeigt.

Die schon im vorigen Beispiel betrachtete Funktion $f(x) = x^2 - 2x$ besitzt die Ableitung $f'(x) = 2x - 2$. $f'$ hat bei $x = 1$ eine Nullstelle. Dort ist die Steigung von f gleich null.
Links davon, für $x < 1$, gilt $f'(x) < 0$. Dort also ist die Steigung von f negativ. f fällt dort streng monoton.
Rechts davon, für $x > 1$, gilt $f'(x) > 0$. Dort ist die Steigung von f positiv. f steigt dort streng monoton.

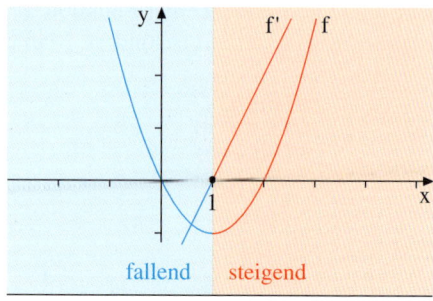

MONOTONIEBEREICHE

Die genauen Zusammenhänge zwischen Monotonie und Ableitung stellen wir im folgenden anschaulich klaren Monotoniekriterium zusammen. Der Beweis dieses hinreichenden Kriteriums für Monotonie ist allerdings recht technisch, sodass wir hier auf ihn verzichten.

### Das Monotoniekriterium

Die Funktion f sei auf dem Intervall I differenzierbar. Dann gelten folgende Aussagen:

Ist **f'(x) > 0** für alle $x \in I$, so ist **f(x) streng monoton steigend** auf I.

Ist **f'(x) < 0** für alle $x \in I$, so ist **f(x) streng monoton fallend** auf I.

Ist **f'(x) ≥ 0** für alle $x \in I$, so ist **f(x) monoton steigend** auf I.

Ist **f'(x) ≤ 0** für alle $x \in I$, so ist **f(x) monoton fallend** auf I.

▶ **Beispiel:** Untersuchen Sie die Funktion $f(x) = \frac{1}{3}x^3 - x^2 + 4$ mithilfe des Monotoniekriteriums auf strenge Monotonie.

Lösung:
$f(x) = \frac{1}{3}x^3 - x^2 + 4$ besitzt die Ableitung
$f'(x) = x^2 - 2x$.
f' hat Nullstellen bei $x = 0$ und $x = 2$.
Für $x < 0$ ist $f'(x) > 0$, also ist f nach dem Monotoniekriterium in diesem Bereich streng monoton steigend.
Für $0 < x < 2$ ist $f'(x) < 0$. f ist dort streng monoton fallend.
Für $x > 2$ ist $f'(x) > 0$. f ist dort also streng monoton steigend.

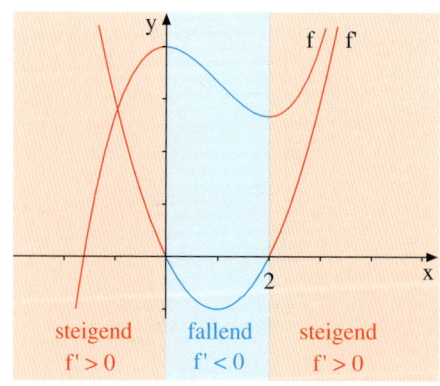

## Übungen

**1.** Entscheiden Sie für jeden der abgebildeten Graphen, welche der folgenden Monotonieeigenschaften auf dem schattierten, offenen Intervall vorliegt.
A: streng monotones Fallen/Steigen,  B: monotones Fallen/Steigen,  C: keine Monotonie

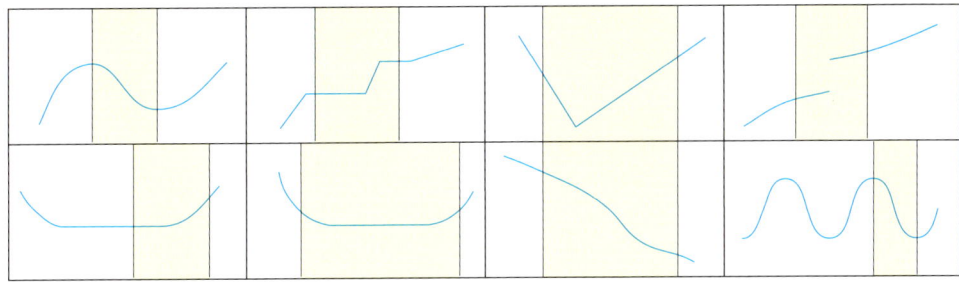

**2.** Untersuchen Sie zeichnerisch, wo f streng monoton steigt bzw. fällt.
a) $f(x) = x^2 - 6x + 9$  
b) $f(x) = x^2 - 8x$

**3.** Bestimmen Sie das Monotonieverhalten der Funktion f mithilfe des Monotoniekriteriums und skizzieren Sie anschließend den Graphen von f.
a) $f(x) = x^2 - 4x$  
b) $f(x) = \frac{1}{3}x^3 - x$  
c) $f(x) = \frac{1}{3}x^3 + x^2 + x$

**4.** Die Abbildungen zeigen den Graphen von f' sowie einen Punkt des Graphen von f. Skizzieren Sie, wie der weitere Verlauf des Graphen von f aussehen könnte.

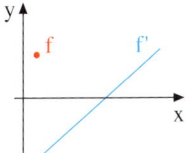 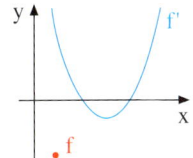 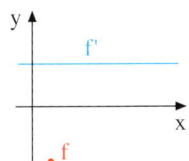 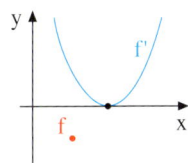

**5.** Untersuchen Sie die Funktion f auf Monotonie.
a) $f(x) = x^3 + x$  
b) $f(x) = x^4 + x^2$  
c) $f(x) = x + \frac{1}{x}, x > 0$

**6.** Gegeben ist die Ableitungsfunktion $f'(x) = (x - 2) \cdot (x^2 + 1)$ auf dem Intervall $I = [0; 3]$. Bestimmen Sie das Monotonieverhalten der Funktion f auf dem Intervall I.

**7.** Untersuchen Sie die Funktion f (zeichnerisch oder rechnerisch) auf Monotonie.
a) $f(x) = x \cdot |x| + x^2$  
b) $f(x) = \frac{1}{x} + \sqrt{x}, x > 0$

## Höhere Ableitungen

Differenziert man die Ableitungsfunktion f' (kurz: 1. Ableitung) einer Funktion f, so erhält man die so genannte zweite Ableitungsfunktion (kurz: 2. Ableitung) von f, die man mit f'' (f-zwei-Strich) bezeichnet. Analog ist die dritte Ableitung von f definiert. Man schreibt f'''.
Ab der vierten Ableitung verwendet man an Stelle der hochgestellten Striche hochgestellte, eingeklammerte Zahlen: $f^{(4)}$, $f^{(5)}$, ..., $f^{(n)}$.*

**Beispiel:**
$f(x) = x^6 + 2x^4$
$f'(x) = 6x^5 + 8x^3$ (1. Ableitung)
$f''(x) = 30x^4 + 24x^2$ (2. Ableitung)
$f'''(x) = 120x^3 + 48x$ (3. Ableitung)
$f^{(4)}(x) = 360x^2 + 48$ (4. Ableitung)
$f^{(5)}(x) = 720x$ (5. Ableitung)

▶ **Beispiel:**
Berechnen Sie die dritte Ableitung von $f(x) = x^4 - 8x^3 + x$ sowie die zweite Ableitung von $g(x) = \frac{1}{5}x^5 - ax^4$.

**Lösung:**
Unter Verwendung der Ableitungsregeln berechnen wir der Reihe nach f', f'' und f'''.
Resultat: $f'''(x) = 24x - 48$.
▶ Analog erhalten wir: $g''(x) = 4x^3 - 12ax^2$.

**Rechnung:**

$f(x) = x^4 - 8x^3 + x$
$f'(x) = 4x^3 - 24x^2 + 1$
$f''(x) = 12x^2 - 48x$
$f'''(x) = 24x - 48$

$g(x) = \frac{1}{5}x^5 - ax^4$
$g'(x) = x^4 - 4ax^3$
$g''(x) = 4x^3 - 12ax^2$

## Übung 8
Berechnen Sie die jeweils angegebene höhere Ableitung von f.
a) $f(x) = x^8$
   $f'''(x) = ?$
b) $f(x) = 4(x^3 - 3x^2 + 1) - 2$
   $f''(x) = ?$
c) $f(x) = x^n + x^2$ ($n \in \mathbb{N}; n \geq 5$)
   $f^{(5)}(x) = ?$

## Übung 9
Geben Sie jeweils zwei Funktionen f an, für die gilt:
a) $f''(x) = x^2$
b) $f'''(x) = 6$
c) $f''(x) = 6ax + 2$
d) $f^{(4)}(x) = 0$

## Übung 10
a) Wie lautet die sechste Ableitung von $f(x) = x^3 - 5x^2 + 4x^5$?
b) Wie lautet die zehnte Ableitung von $f(x) = x^{10}$?
c) Wie viele Ableitungsfunktionen von $f(x) = x^n$ sind verschieden von null?

---

* $f^{(n)}$ heißt n-te Ableitung von f oder Ableitung n-ter Ordnung von f.
Eine Funktion, deren erste n Ableitungen f', f'', ..., $f^{(n)}$ existieren, heißt n-mal differenzierbar.

# 6. Krümmung und zweite Ableitung

Ein weiteres wichtiges Merkmal eines Funktionsgraphen ist sein Krümmungsverhalten. Bewegt man sich auf dem unten abgebildeten Graphen in Richtung der positiven x-Achse, so durchfährt man zunächst eine Rechtskurve, dann eine Linkskurve. Denjenigen Punkt, in dem sich die Krümmungsart ändert, nennt man *Wendepunkt*.

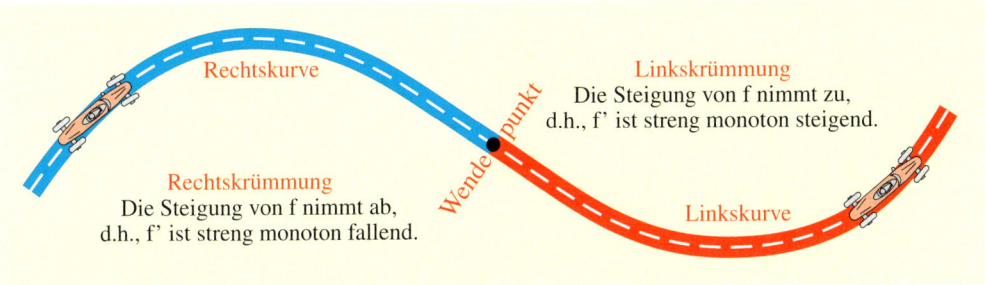

Der Abbildung kann man entnehmen, dass die Steigung von f, also f′, im Bereich der Rechtskrümmung abnimmt, beim Wendepunkt minimal ist und im Bereich der Linkskrümmung zunimmt. Diese Beobachtungen bilden die Grundlage der exakten Definition des Krümmungsbegriffs.

**Definition:** Die Funktion f sei auf dem Intervall I ⊆ D differenzierbar.

| f heißt *rechtsgekrümmt* auf I genau dann, wenn f′ auf I streng monoton fällt. | f heißt *linksgekrümmt* auf I genau dann, wenn f′ auf I streng monoton steigt. |

▶ **Beispiel:** Untersuchen Sie das Krümmungsverhalten von $f(x) = \frac{1}{3}x^3 - x^2 + 4$. Skizzieren Sie dazu die Graphen von f, f′ und f″ in einem gemeinsamen Koordinatensystem. Welcher Zusammenhang besteht zwischen Krümmungsverhalten und zweiter Ableitung?

Lösung:
Man erkennt, dass für x < 1 die zweite Ableitung f″(x) = 2x − 2 negativ ist.
Daher ist nach dem Monotoniekriterium die erste Ableitung f′ in diesem Bereich streng monoton fallend.
Nach obiger Definition folgt daraus eine Rechtskrümmung von f für x < 1.
Analog ergibt sich, dass f für x > 1 linksgekrümmt ist.
Die zweite Ableitung bestimmt also das
▶ Krümmungsverhalten einer Funktion.

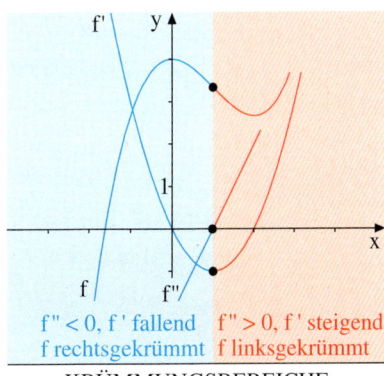

f″ < 0, f′ fallend    f″ > 0, f′ steigend
f rechtsgekrümmt    f linksgekrümmt
KRÜMMUNGSBEREICHE

Die auf dem Monotoniekriterium beruhende Überlegung aus dem vorhergehenden Beispiel liefert das folgende hinreichende Kriterium für das Krümmungsverhalten von Funktionen.

> **Das Krümmungskriterium**
> Die Funktion f sei auf dem Intervall I zweimal differenzierbar. Dann gilt:
>
> Gilt **f″(x) < 0** für alle x ∈ I,           Gilt **f″(x) > 0** für alle x ∈ I,
> so ist f auf I **rechtsgekrümmt**.       so ist f auf I **linksgekrümmt**.

Die Art der Krümmung einer Funktion f wird also durch das Vorzeichen der zweiten Ableitung f″ bestimmt, allerdings nicht die *Stärke* der Krümmung. Wir zeigen nun, wie man das Kriterium rechnerisch anwendet.

▶ **Beispiel:** Untersuchen Sie das Krümmungsverhalten der Funktion $f(x) = \frac{1}{6}x^3 - \frac{1}{2}x^2 + 3$ rechnerisch. Kontrollieren Sie Ihr Resultat anschließend durch Skizzen von f und f″.

Lösung:
Wir suchen zunächst die Nullstellen der zweiten Ableitung f″(x) = x − 1.
Es gibt nur eine einzige, die bei x = 1 liegt.
Dort wechselt das Vorzeichen von f″ von Minus nach Plus.
Folglich verläuft der Graph von f für x < 1 rechtsgekrümmt und anschließend für x > 1 linksgekrümmt.
Im Punkt $P\left(1 \big| 2\frac{2}{3}\right)$ wechselt die Krümmungsart von f. Man spricht von einem Wendepunkt des Graphen von f.
▶ Die Zeichnung bestätigt diese Resultate.

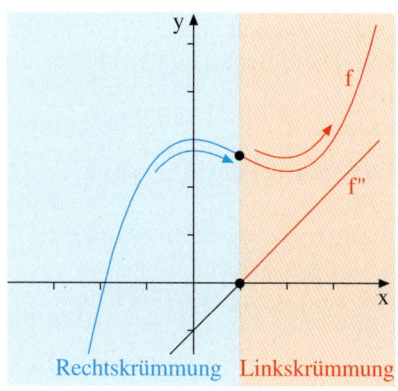

## Übung 1
Bestimmen Sie die Ableitungen f′ und f″ und zeichnen Sie deren Graphen in ein gemeinsames Koordinatensystem. Lesen Sie aus diesen Graphen das Monotonie- sowie das Krümmungsverhalten von f ab. Wo liegen Wendepunkte? Zeichnen Sie nun f.

a) $f(x) = x^2 - 4x$      b) $f(x) = \frac{1}{6}x^3 - 2x$      c) $f(x) = -\frac{1}{6}x^3 + \frac{3}{4}x^2$

## Übung 2
Bestimmen Sie wie im letzten Beispiel das Krümmungsverhalten der Funktion f rechnerisch. Geben Sie an, wo Wendepunkte liegen.

a) $f(x) = x^3 + 3x^2 + 2$     b) $f(x) = \frac{1}{2}x^3 - \frac{3}{2}x$     c) $f(x) = 1 - x^2$     d) $f(x) = \frac{1}{8}x^4 - \frac{1}{4}x^3$

# 7. Extrem- und Wendepunkte

Bei differenzierbaren Funktionen werden die Bereiche monotonen Steigens bzw. Fallens durch lokale Hoch- und Tiefpunkte begrenzt, während links- bzw. rechtsgekrümmte Kurventeile durch die Wendepunkte begrenzt sind.
Kennt man die Lage dieser charakteristischen Punkte eines Graphen, ist es meistens leicht, den Graphen zu zeichnen.
Im Folgenden zeigen wir, wie man Hoch-, Tief- und Wendepunkte berechnen kann.

▶ **Beispiel:** Mit einem Funktionsplotprogramm wurde der Graph einer Funktion erstellt. Durch einen Defekt des Druckers wurde ein wichtiger Teil des Funktionsgraphen nicht dargestellt. Insbesondere ist nicht mehr erkennbar, wo der Hochpunkt der Funktion liegt. Versuchen Sie die exakte Lage des Hochpunktes festzustellen.

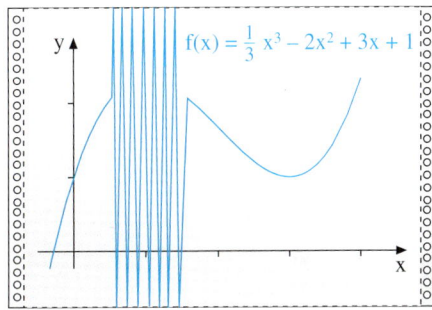

Lösung:
Im Hochpunkt $H(x_E|y_E)$ besitzt der Graph offensichtlich eine waagerechte Tangente. Die Steigung des Funktionsgraphen ist dort also null. Die Ableitung hat dort den Wert null: $f'(x_E) = 0$.
Wegen $f'(x) = x^2 - 4x + 3$ führt dies auf die Gleichung $x^2 - 4x + 3 = 0$, die nach nebenstehender Rechnung die beiden Lösungen $x = 1$ und $x = 3$ besitzt. Das sind die einzigen Stellen mit waagerechten Tangenten. Betrachten wir die verbliebenen Reste des Graphen, so kommen wir zu dem Schluss, dass der verdeckte Hochpunkt bei $x = 1$ liegt: $H\left(1\big|\frac{7}{3}\right)$.
Die zweite Stelle mit waagerechter Tangente bei $x = 3$ muss dann der x-Wert des in der Zeichnung ebenfalls zu erkennenden Tiefpunkts sein: $T(3|1)$.

Extremalpunkte differenzierbarer Funktionen haben waagerechte Tangenten.

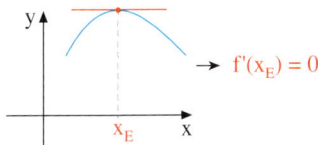

**Berechnung der Ableitung:**
$$f(x) = \tfrac{1}{3}x^3 - 2x^2 + 3x + 1$$
$$f'(x) = x^2 - 4x + 3$$

**Berechnung der Stellen mit $f'(x) = 0$:**
$f'(x) = 0$
$x^2 - 4x + 3 = 0$
$x = 2 \pm \sqrt{1}$
$x_1 = 1 \quad x_2 = 3$

Das Beispiel zeigt, dass man die Lage der lokalen Hoch- und Tiefpunkte offensichtlich mithilfe der ersten Ableitung berechnen kann. Diese Punkte sind nämlich durch eine *waagerechte Tangente* gekennzeichnet, was wiederum äquivalent ist zum Verschwinden (nullwerden) der ersten Ableitung der Funktion an der betreffenden Stelle ($f'(x) = 0$).

Nach dieser anschaulich geprägten Einführung müssen wir die intuitiv verwendeten Begriffe mathematisch exakt definieren.

### Definition: Lokale Extremalpunkte

Ein Graphenpunkt $H(x_H | f(x_H))$ heißt *Hochpunkt* von f, wenn es eine Umgebung U von $x_H$ gibt, sodass für alle $x \in U$ gilt: $f(x) \leq f(x_H)$.

Ein Graphenpunkt $T(x_T | f(x_T))$ heißt *Tiefpunkt* von f, wenn es eine Umgebung U von $x_T$ gibt, sodass für alle $x \in U$ gilt: $f(x) \geq f(x_T)$.

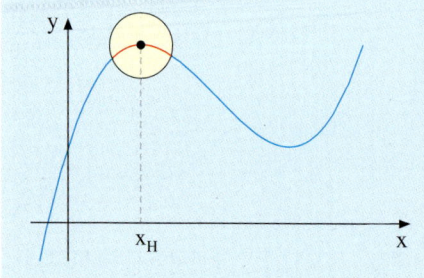
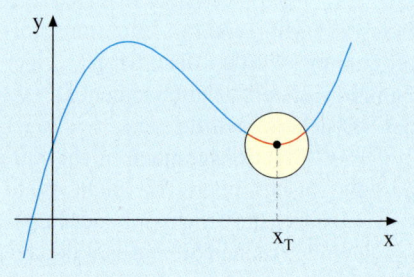

Ein lokaler Hochpunkt ist also ein Graphenpunkt, in dessen unmittelbarer Nachbarschaft es keine höher liegende Graphenpunkte gibt. Der Funktionswert im Hochpunkt wird als *lokales Maximum* der Funktion bezeichnet. Analoges gilt für Tiefpunkte.

In einem Hoch- bzw. in einem Tiefpunkt einer *differenzierbaren* Funktion verläuft die Tangente an den Funktionsgraphen waagerecht. Die Steigung der Funktion dort ist daher notwendigerweise null. Diese Tatsache ist so wichtig, dass sie als „Kriterium" formuliert wird.

### Notwendiges Kriterium für lokale Extrema

Die Funktion f sei an der Stelle $x_E$ differenzierbar. Dann gilt:
Wenn bei $x_E$ ein lokales Extremum von f liegt, dann ist $f'(x_E) = 0$.

Die Punkte mit waagerechter Tangente – also mit $f'(x) = 0$ – sind die einzigen Kandidaten für lokale Hoch- und Tiefpunkte. Man bezeichnet sie daher als *potentielle Extremalpunkte*.

### Übung 1
Untersuchen Sie, ob die Funktion f Stellen mit waagerechten Tangenten besitzt, d.h. potentielle Extrempunkte. Prüfen Sie durch Zeichnen des Graphen, ob es sich tatsächlich um Extrempunkte handelt.
a) $f(x) = x^2 - 4x + 2$
b) $f(x) = (x - 2)^2 + x$
c) $f(x) = x^3 + 3x$

### Übung 2
Die Funktion f hat zwei Stellen mit waagerechten Tangenten. Erläutern Sie den Unterschied. Wie verhält sich die Ableitung f' an diesen Stellen?

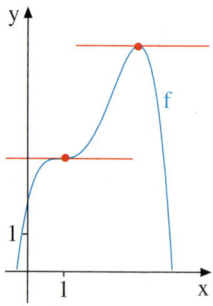

# 7. Extrem- und Wendepunkte

Man kann anhand der Kurvenkrümmung entscheiden, ob es sich bei einem Punkt mit waagerechter Tangente um einen Hochpunkt, einen Tiefpunkt oder um einen Sattelpunkt handelt.
In der folgenden Abbildung sind die verschiedenen Möglichkeiten aufgelistet.
Verläuft der Funktionsgraph in der Umgebung des Punktes mit waagerechter Tangente rechtsgekrümmt, so handelt es sich um einen Hochpunkt. Verläuft der Graph dort linksgekrümmt, so ist es ein Tiefpunkt. Wechselt die Krümmungsart in dem Punkt mit waagerechter Tangente, so liegt ein sogenannter *Sattelpunkt* vor. Sattelpunkte werden alternativ auch als **Horizontalwendepunkte** bezeichnet.

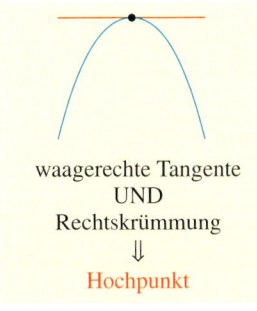

waagerechte Tangente
UND
Rechtskrümmung
⇓
Hochpunkt

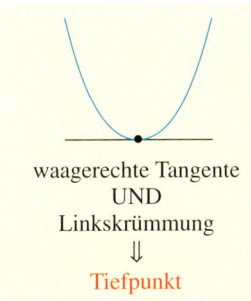

waagerechte Tangente
UND
Linkskrümmung
⇓
Tiefpunkt

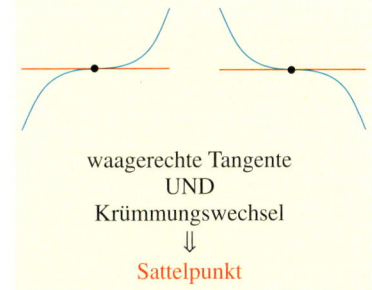

waagerechte Tangente
UND
Krümmungswechsel
⇓
Sattelpunkt

Da man die Krümmungsart mithilfe des Vorzeichens von f″ feststellen kann, erhalten wir folgendes Ergebnis, das sehr oft gebraucht wird.

> **Hinreichendes Kriterium für lokale Extrema (f″-Kriterium)**
>
> Die Funktion f sei in einer Umgebung von x zweimal differenzierbar. Dann gilt:
>
> Gilt **f′($x_E$) = 0 und f″($x_E$) < 0,** so liegt an der Stelle $x_E$ ein **lokales Maximum** von f.
> Gilt **f′($x_E$) = 0 und f″($x_E$) > 0,** so liegt an der Stelle $x_E$ ein **lokales Minimum** von f.

Das folgende Beispiel zeigt, wie notwendiges und hinreichendes Kriterium im Verbund zur Berechnung der Extremalpunkte von Funktionen eingesetzt werden können.

▶ **Beispiel:** Untersuchen Sie die Funktion $f(x) = \frac{1}{3}x^3 + \frac{1}{2}x^2$ auf Extrema.

Lösung:
Mithilfe des notwendigen Kriteriums errechnen wir die Stellen mit waagerechten Tangenten bei x = −1 und x = 0.
Diese Stellen untersuchen wir mithilfe des hinreichenden Kriteriums weiter.
An der Stelle x = −1 gilt f″(−1) = −1 < 0. Daher liegt Rechtskrümmung vor, sodass wir hier ein Maximum erhalten. Analog liefert f″(0) = 1 > 0 ein Minimum bei x = 0.

Hochpunkt $H\left(-1 \big| \frac{1}{6}\right)$, Tiefpunkt T(0|0).

1. **Ableitungen:**
   $f'(x) = x^2 + x \qquad f''(x) = 2x + 1$

2. **Stellen mit waagerechten Tangenten:**
   $f'(x) = 0$ \qquad *notwendige*
   $x^2 + x = 0$ \qquad *Bedingung*
   x = −1 sowie x = 0

3. **Überprüfung mittels f″:**
   f″(−1) = −1 < 0 ⇒ Maximum bei x = −1
   f″(0) \; = \; 1 > 0 ⇒ Minimum bei x = 0

Das hinreichende Kriterium für lokale Extrema ist in seiner Anwendbarkeit begrenzt.

▶ **Beispiel:** Untersuchen Sie die Funktionen $f(x) = x^3$ und $g(x) = x^4$ auf Extrema.

Lösung:
Die Funktion $f(x) = x^3$ hat nur eine Stelle mit waagerechter Tangente, nämlich $x = 0$. Die Überprüfung mittels $f''$ nach dem hinreichenden Kriterium bringt keine Entscheidung, da $f''(0)$ weder positiv noch negativ, sondern gleich null ist.

Genau das Gleiche ergibt sich für die Funktion $g(x) = x^4$. Auch hier gilt sowohl $g'(0) = 0$ als auch $g''(0) = 0$, sodass keine
▶ Entscheidung möglich ist.

1. **Ableitungen:**
$f'(x) = 3x^2 \qquad f''(x) = 6x$

2. **Stellen mit waagerechten Tangenten:**
$f'(x) = 0$    notwendige
$3x^2 = 0$    Bedingung
$x = 0$

3. **Überprüfung mittels $f''$:**
$f''(0) = 0$    **keine Entscheidung möglich**

Skizzieren wir allerdings die Graphen dieser einfachen Funktionen, so sehen wir, dass an der Stelle $x = 0$ im Falle von $f(x) = x^3$ ein Sattelpunkt und im Falle von $g(x) = x^4$ ein Tiefpunkt liegt. Man hätte dies auch am Steigungsverhalten der Funktionen und damit am Vorzeichen der ersten Ableitung erkennen können, was die folgende Bildserie zeigt. Damit erhalten wir ein zweites hinreichendes Kriterium für Extremalpunkte und auch Sattelpunkte, das eingesetzt werden kann, wenn das Kriterium wie im obigen Beispiel versagt.

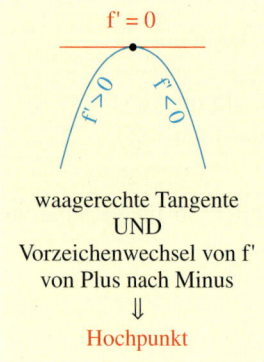

waagerechte Tangente
UND
Vorzeichenwechsel von f'
von Plus nach Minus
⇓
**Hochpunkt**

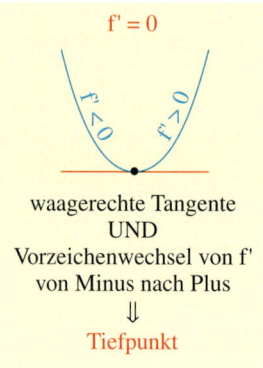

waagerechte Tangente
UND
Vorzeichenwechsel von f'
von Minus nach Plus
⇓
**Tiefpunkt**

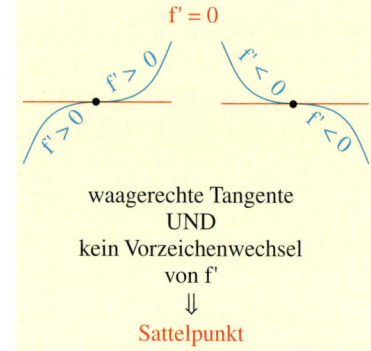

waagerechte Tangente
UND
kein Vorzeichenwechsel
von f'
⇓
**Sattelpunkt**

**Hinreichendes Kriterium für lokale Extrema (Vorzeichenwechsel-Kriterium)**

Die Funktion f sei in einer Umgebung von $x_E$ differenzierbar und es sei $f'(x_E) = 0$.

Wenn dann die Ableitung f' an der Stelle $x_E$
einen **Vorzeichenwechsel** von + nach − hat, so liegt bei $x_E$ ein **lokales Maximum** von f,
einen **Vorzeichenwechsel** von − nach + hat, so liegt bei $x_E$ ein **lokales Minimum** von f.

Wenn die Ableitung f' bei $x_E$ **keinen Vorzeichenwechsel** hat, so liegt bei $x_E$ **kein Extremum** von f. Für jede ganzrationale Funktion f liegt in diesem Fall bei $x_E$ ein **Sattelpunkt** von f.

# 7. Extrem- und Wendepunkte

Wir zeigen nun abschließend, wie die Kriterien im Verbund angewandt werden können.

▶ **Beispiel:** Untersuchen Sie die Funktion $f(x) = x^4 - 4x^3$ auf Extremalpunkte.

Lösung:
Wir berechnen zunächst, wo die Stellen mit waagerechter Tangente ($f' = 0$) liegen. Die nebenstehende Rechnung zeigt, dass bei $x = 0$ und bei $x = 3$ waagerechte Tangenten liegen.

Nun überprüfen wir diese Stellen mithilfe des hinreichenden Kriteriums:
Die Untersuchung der Stelle $x = 3$ gelingt problemlos: Wegen $f''(3) > 0$ liegt dort ein Minimum.
$T(3|-27)$ ist also ein Tiefpunkt.

Die Untersuchung der Stelle $x = 0$ ist problematischer, da wegen $f''(0) = 0$ eine Entscheidung nach $f''$-Kriterium nicht möglich ist.
Wir wenden daher im Nachgang das Vorzeichenwechsel-Kriterium an und überprüfen das Vorzeichen von $f'$ links und rechts der kritischen Stelle $x = 0$.
An Stelle einer allgemeinen Vorzeichenbetrachtung reicht es aus, das Vorzeichen von $f'$ an jeweils einer Stelle links und rechts von $x = 0$ zu testen. Wir stellen fest, dass $f'$ bei $x = 0$ keinen Vorzeichenwechsel besitzt, also einen Sattelpunkt, der monoton fallend durchlaufen wird.

Berechnen wir nun noch die Nullstellen der Funktion ($x = 0$ und $x = 4$), so ist es ein Leichtes, den ungefähren Verlauf des Funktionsgraphen zu skizzieren.

1. **Ableitungen:**
$f'(x) = 4x^3 - 12x^2 \quad f''(x) = 12x^2 - 24x$

2. **Stellen mit waagerechten Tangenten:**
$f'(x) = 0$ \hspace{1cm} notwendige
$4x^3 - 12x^2 = 0$ \hspace{0.5cm} Bedingung
$4x^2 \cdot (x - 3) = 0$
$x = 0$ sowie $x = 3$

3. **Überprüfung mittels $f''$-Kriterium:**
$f''(3) = 36 > 0 \Rightarrow$ Minimum
$\hspace{2cm} \Rightarrow$ Tiefpunkt $T(3|-27)$

$f''(0) = 0 \hspace{0.5cm} \Rightarrow$ *keine Entscheidung*

4. **Überprüfung mittels Vorzeichenwechsel-Kriterium:**
Vorzeichen von $f'$ links von $x = 0$:
Teststelle $x = -1$: $f'(-1) = -16 < 0$

Vorzeichen von $f'$ rechts von $x = 0$:
Teststelle $x = 1$: $f'(1) = -8 < 0$

$\Rightarrow$ kein Vorzeichenwechsel von $f'$

$\Rightarrow$ Sattelpunkt bei $x = 0$: $S(0|0)$

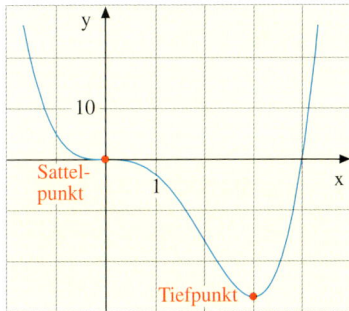

## Übung 3

Untersuchen Sie die Funktion f auf lokale Extremalpunkte.
Skizzieren Sie den Graphen von f.
a) $f(x) = 2x^2 + 3x - 5$
b) $f(x) = \frac{1}{3}x^3 + \frac{1}{2}x^2 - 3x$
c) $f(x) = \frac{1}{4}x^3 - 2$

## Übung 4

Wie muss der Parameter a gewählt werden, wenn die Funktion $f(x) = ax^3 - 3x^2$ an der Stelle $x = 2$ ein Extremum besitzen soll? Ist es ein Maximum oder ein Minimum?

Wir beschäftigen uns nun mit *Wendepunkten*. Das sind diejenigen Punkte des Graphen einer differenzierbaren Funktion, in denen die Krümmungsart wechselt (vgl. S. 81).
Es gibt zwei Arten von Wendepunkten: *Links-Rechts-Wendepunkte* und *Rechts-Links-Wendepunkte*. Betrachten wir den Kurvenanstieg in der Umgebung eines Wendepunktes, so können wir Folgendes beobachten:

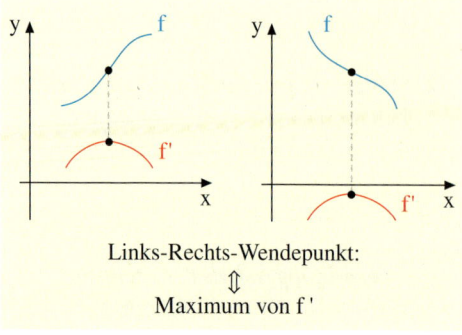

Links-Rechts-Wendepunkt:
⇕
Maximum von f '

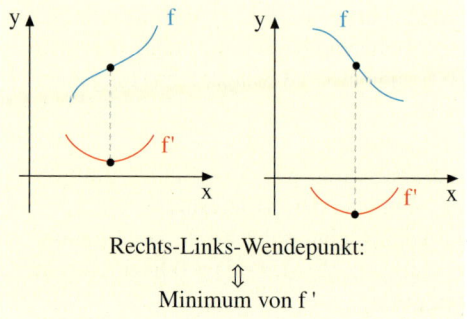

Rechts-Links-Wendepunkt:
⇕
Minimum von f '

Charakteristisches Erkennungszeichen eines Wendepunktes ist also, dass dort die Steigung f' der Kurve relativ zur Umgebung ein Extremum annimmt, nämlich ein Maximum im Links- Rechts-Wendepunkt und ein Minimum im Rechts-Links-Wendepunkt.
Wendepunkte zu suchen bedeutet also, lokale Extrempunkte von f' zu suchen. Wir erhalten daher Wendepunktkriterien für f, indem wir die Kriterien für lokale Extrema auf f' anwenden:

### Notwendiges Kriterium für Wendepunkte

Die Funktion f sei an der Stelle $x_W$ zweimal differenzierbar. Dann gilt:
Wenn bei $x_W$ ein Wendepunkt von f liegt, dann ist **$f''(x_W) = 0$**.

Die hier auftretende Bedingung $f''(x_W) = 0$ kann man auch folgendermaßen interpretieren: An der Wendestelle ist die Kurvenkrümmung f'' gleich null. Anschaulich ist dies klar: Beim Übergang von einer Links- in eine Rechtskurve muss ein Punkt krümmungsfrei sein.

### Hinreichendes Kriterium für Wendepunkte (f'''-Kriterium)

Die Funktion f sei in einer Umgebung von x dreimal differenzierbar.

Gilt **$f''(x_W) = 0$ und $f'''(x_W) \neq 0$**, so liegt an der Stelle $x_W$ ein **Wendepunkt** von f.

Genauer:  $f'''(x_W) < 0$ ⇒ Links-Rechts-Wendepunkt
$f'''(x_W) > 0$ ⇒ Rechts-Links-Wendepunkt

Dieses Kriterium versagt dann seinen Dienst, wenn an einer potentiellen Wendestelle mit $f''(x_W) = 0$ auch $f'''(x_W) = 0$ ist. Dann aber hilft das folgende allgemeinere Kriterium.

## 7. Extrem- und Wendepunkte

> **Hinreichendes Kriterium für Wendepunkte (Vorzeichenwechsel-Kriterium)**
>
> f sei in einer Umgebung von $x_W$ zweimal differenzierbar und es sei $f''(x_W) = 0$.
> Wenn dann die zweite Ableitung $f''$ an der Stelle $x_W$ einen **Vorzeichenwechsel** hat, so liegt dort eine Wendestelle von f.
>
> Genauer:      **Vorzeichenwechsel** von + nach −   ⇒   **Links-Rechts-Wendepunkt**
>                **Vorzeichenwechsel** von − nach +   ⇒   **Rechts-Links-Wendepunkt**

▶ **Beispiel:** Untersuchen Sie die Funktion $f(x) = \frac{1}{24}x^4 - \frac{1}{6}x^3$ auf Wendepunkte.

**Lösung:**

Wir berechnen die Nullstellen von $f''$, denn nur dort können Wendestellen von f liegen. Resultat: $x = 0$ sowie $x = 2$.
Nun wenden wir das hinreichende Kriterium für Wendepunkte an, indem wir die gefundenen Stellen mittels $f'''$ überprüfen. In beiden Fällen ist $f'''(x) \neq 0$. Daher handelt es sich um Wendestellen.
Die Art des Wendepunktes können wir am Vorzeichen von $f'''$ erkennen.
Es handelt sich um einen Links-Rechts-Wendepunkt $W_1(0|0)$ und um einen Rechts-Links-Wendepunkt $W_2\left(2 \middle| -\frac{2}{3}\right)$.
Berechnen wir nun noch die Nullstellen und die Extremalpunkte von f, so können wir eine Übersichtsskizze des Graphen der Funktion anfertigen.
Die Nullstellen liegen bei $x = 0$ und $x = 4$.
Des Weiteren finden wir mithilfe des notwendigen und der hinreichenden Kriterien für Extrema einen Sattelpunkt bei $S(0|0)$
▶ und den Tiefpunkt $T\left(3 \middle| -\frac{9}{8}\right)$.

1. **Ableitungen $f''$ und $f'''$:**
   $f''(x) = \frac{1}{2}x^2 - x$,    $f'''(x) = x - 1$

2. **Stellen ohne Krümmung:**
   $f''(x) = 0$         notwendige
   $\frac{1}{2}x^2 - x = 0$      Bedingung
   $x = 0$ sowie $x = 2$

3. **Überprüfung mittels $f'''$-Kriterium:**
   $f'''(0) = -1 < 0$  ⇒  Wendestelle (L-R)
   $f'''(2) = \phantom{-}1 > 0$  ⇒  Wendestelle (R-L)

4. **Graph:**

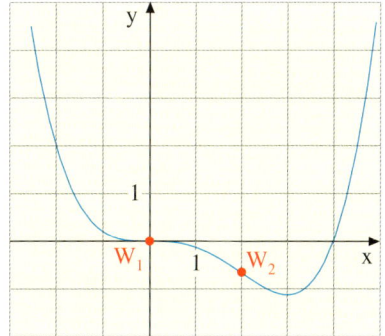

## Übung 5

Untersuchen Sie die Funktion f auf Wendepunkte. Skizzieren Sie den Graphen.

a) $f(x) = \frac{1}{2}x^3 - \frac{3}{2}x^2$;   $-1{,}5 \leq x \leq 3{,}5$

b) $f(x) = \frac{1}{8}x^5 - 4$;   $-2 \leq x \leq 2$

## Übung 6

Gegeben sei $f(x) = a^2 x^3 + 2ax^2$.
Wie muss der Parameter a gewählt werden, damit die Funktion f einen Wendepunkt bei $x = 2$ besitzt?
Um welche Art des Wendepunktes handelt es sich?

> **Beispiel: Verschuldung einer Stadt**
> Der Haushalt einer Stadt ist leider nicht ausgeglichen. Die Schulden zum Jahresende können angenähert durch die Funktion $f(t) = \frac{1}{100}(-t^3 + 12t^2 + 60t + 200)$ beschrieben werden. Dabei ist t die Zeit in Jahren seit dem Jahr 2000 und f(t) der Schuldenstand in Millionen Euro.
> a) Erstellen Sie eine Schuldentabelle der Jahre 2000 bis 2008 (Jahresende).
> b) Zu welchem Zeitpunkt ist der Schuldenanstieg am größten?
> c) In welchem Jahr führen die Sparanstrengungen dazu, dass keine neuen Schulden mehr gemacht werden? Wie hoch sind dann die Schulden?

**Lösung zu a:**
Wir erstellen eine Wertetabelle für die Jahre 2000 (t = 0) bis 2008 (t = 8). In dieser Zeit steigen die Schulden von 2 Mio. Euro auf über 9 Mio. Euro.

| t    | 0 | 1    | 2    | 3    | 4    | 5    | 6    | 7    | 8    |
|------|---|------|------|------|------|------|------|------|------|
| f(t) | 2 | 2,71 | 3,60 | 4,61 | 5,68 | 6,75 | 7,76 | 8,65 | 9,36 |

**Lösung zu b:**
Die Änderungen der Schulden werden durch die Ableitungsfunktion f'(t) beschrieben. Die größte Zuwachsrate der Schulden erfolgt am Wendepunkt der Funktion f.
Die nebenstehende Rechnung zeigt, dass am Ende des Jahres 2004 die Schulden am stärksten zunahmen. Danach wuchsen die Schulden weiter, allerdings nicht mehr so schnell wie zuvor.

*Maximum des Schuldenanstiegs:*
$f(t) = \frac{1}{100}(-t^3 + 12t^2 + 60t + 200)$
$f'(t) = \frac{1}{100}(-3t^2 + 24t + 60)$
$f''(t) = \frac{1}{100}(-6t + 24)$
$f''(t) = 0 \Leftrightarrow t = 4$

Wendepunkt W (4 | 5,68)

**Lösung zu c:**
Werden keine neuen Schulden mehr gemacht, so ist das Maximum der Schulden erreicht. Also gilt f'(t) = 0. Diese Gleichung hat die Lösung t = 10, d. h. am Ende des Jahres 2010 wird der höchste Schuldenstand erreicht. Er beträgt 10 Mio. Euro. Danach beginnt der Abbau der Schulden.

*Nullstelle des Schuldenanstiegs:*
f'(t) = 0: $\quad -3t^2 + 24t + 60 = 0$
$\qquad\qquad\quad t^2 - 8t - 20 = 0$
$\qquad\qquad\quad t = 4 \pm 6$
$\qquad\qquad\quad t_1 = -2, t_2 = 10$
$f''(-2) = \frac{1}{100} \cdot 36 > 0$
$f''(10) = \frac{1}{100} \cdot (-36) < 0$

Hochpunkt H (10 | 10)

## Übung 7

Die Funktion $G(t) = t^3 + 3t^2 - 105t + 300$ beschreibt den Gewinn eines Herstellers mit einem Navigationsgerät (t in Monaten, G in 1000 E).
a) Wann beginnt der Gewinn zu sinken?
b) Wann wird er einen Tiefststand erreichen?
c) Wie groß ist die mittlere Änderungsrate in den ersten drei Monaten?

# 7. Extrem- und Wendepunkte

## Übungen

**8.** Weisen Sie nach, dass der Graph von f an der Stelle x einen Extremwert hat.
Liegt dort ein Maximum oder ein Minimum von f?
a) $f(x) = x^4$, $x = 0$
b) $f(x) = 2x^3 + 6x^2 - 18x + 1$, $x = 1$ und $x = -3$

**9.** Untersuchen Sie, welche Punktart an der Stelle x vorliegt, Hochpunkt, Tiefpunkt, Wendepunkt oder Sattelpunkt.
a) $f(x) = 2x^3 - 6x^2$, $x = 1$ und $x = 2$
b) $f(x) = \frac{1}{6}x^6 - \frac{1}{3}x^3$, $x = 0$ und $x = 1$

**10.** Rechts dargestellt sind die Graphen einer Funktion f und ihrer Ableitungsfunktion f'.
Geben Sie an, welcher Graph zu f bzw. f' gehört. Kommentieren Sie den Verlauf des Graphen von f anhand der Eigenschaften des Graphen von f'.

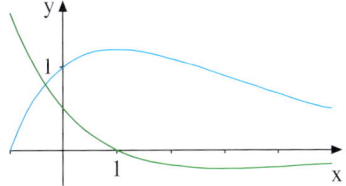

**11.** Zeichnen Sie den Graphen einer Funktion f, welche die abgebildeten Ableitungsfunktionen f' und f'' besitzt. f soll durch den Ursprung gehen.

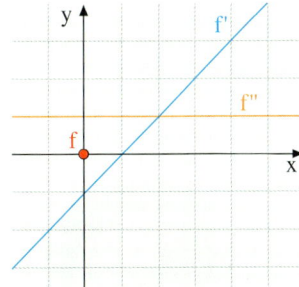 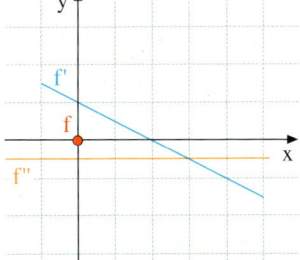 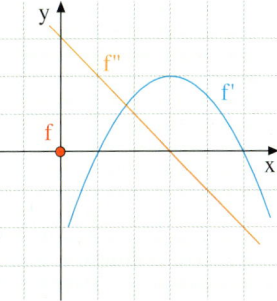

**12.** Untersuchen Sie f auf Extrema und Sattelpunkte. Fertigen Sie eine Skizze an.
a) $f(x) = \frac{1}{2}x^2 - 2x + 3$
   $-1 \leq x \leq 5$
b) $f(x) = \frac{1}{3}x^3 + \frac{1}{2}x^2 - 2x$
   $-3{,}5 \leq x \leq 2{,}5$
c) $f(x) = \frac{1}{3}x^3 + x^2 + x$
   $-3 \leq x \leq 2$

**13.** Untersuchen Sie f auf Extrema.
a) $f(x) = \left(\frac{1}{2}x - 1\right)^2$
b) $f(x) = x - 2\sqrt{x}$
c) $f(x) = ax^2 + 2x$

**14.** Beweisen Sie die folgenden Aussagen rechnerisch.
a) Eine quadratische ganzrationale Funktion kann keine Wendepunkte haben.
b) Eine ganzrationale Funktion vierten Grades hat maximal zwei Wendestellen.
c) Eine ganzrationale Funktion dritten Grades hat stets genau eine Wendestelle.

**15.** Untersuchen Sie die Funktion f auf Hoch-, Tief- und Sattelpunkte.
   a) $f(x) = -\frac{1}{2}x^2 - 4x$
   b) $f(x) = \frac{1}{50}x^3 - 1,5x$
   c) $f(x) = 0,5x^4 - x^3$
   d) $f(x) = x^2(x-2)$
   e) $f(x) = x^5 + 2,5x^4$
   f) $f(x) = \frac{1}{5}x^5 - \frac{2}{3}x^3 + x$

**16.** Untersuchen Sie die Funktion f auf Wendestellen.
   a) $f(x) = x^3 + 6x^2 - 1$
   b) $f(x) = 0,5x^4 - 12x^2$
   c) $f(x) = x^4 + 4x^2$
   d) $f(x) = x^5 + 5x^2$
   e) $f(x) = 4 - 4x - x^2$
   f) $f(x) = \frac{1}{3}x^6 - \frac{1}{8}x^4$

**17.** Untersuchen Sie die Funktion f auf Nullstellen, Extrema und Wendepunkte. Skizzieren Sie anschließend den Verlauf des Graphen.
   a) $f(x) = -\frac{1}{6}x^3 + 2x$
   b) $f(x) = x^3 - 3x^2 + 3x$
   c) $f(x) = x^4 - 2x^3$

**18.** Das neue Strandbad am Fluss soll durch einen senkrecht vom Wendepunkt der Flussbiegung wegführenden Weg mit der Straße verbunden werden. Der Flussverlauf wird durch die Funktion
$f(x) = \frac{1}{2}(x^3 - 3x^2 + 4x + 2)$
(1 LE = 100 m) modelliert.
   a) Was kostet der Bau des Weges, wenn pro Meter 500 Euro kalkuliert werden?
   b) Unter welchem Winkel α mündet der Weg in die Straße ein?

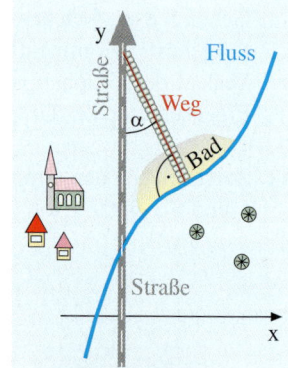

**19.** In den ersten Monaten der Markteinführung beschreibt $a(t) = 100 \cdot (15t^2 - t^3)$ die Absatzrate eines neuen Handys. (t in Monaten, a(t) in Handys/Monat)
   a) Wann ist die Absatzrate maximal?
   b) Wann ändert sich die Absatzrate am stärksten?
   c) Wann beträgt die Absatzrate 17 600 Handys/Monat?
   d) Wie groß ist die mittlere Absatzrate in den ersten fünf Monaten?

**20.** Beurteilen Sie, ob die abgebildete Konfiguration aus Funktion f, erster Ableitung f′ und zweiter Ableitung f″ theoretisch möglich ist oder nicht.

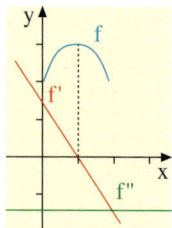 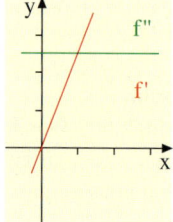 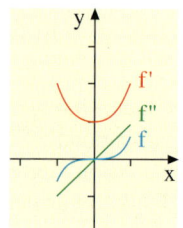 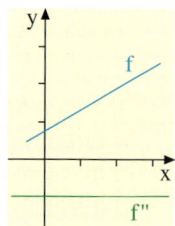

# Ein Stauproblem

Auf unseren Autobahnen kommt es regelmäßig, vor allem in der Urlaubszeit, zu kilometerlangen Staus. Diese Staus entstehen teils ohne ersichtlichen Grund, meist jedoch vor Engpässen, wie Baustellen, wenn der Verkehrsfluss von mehreren Fahrspuren auf zwei oder nur eine gelenkt werden muss. Um einen Stau zu vermeiden, wird von der Verkehrslenkstelle in manchen Fällen eine Richtgeschwindigkleit festgelegt, bei der möglichst viele Fahrzeuge pro Zeiteinheit die betroffene Stelle passieren können. Bei zu niedriger Richtgeschwindigkeit passieren natürlicherweise nur wenige Fahrzeuge pro Zeiteinheit die Engstelle. Bei zu hoher Richtgeschwindigkeit wird der vorgeschriebene Sicherheitsabstand zwischen den Fahrzeugen so groß, dass hierdurch nur wenige Fahrzeuge pro Zeiteinheit die Engstelle passieren können. Dazwischen liegt offenbar die optimale Geschwindigkeit. Im Folgenden wird diese Geschwindigkeit in einer vereinfachten Modellrechnung ermittelt.

## Beispiel

Ein Fahrzeug soll zu einem vorausfahrenden Fahrzeug stets einen Sicherheitsabstand $s_a$ einhalten, der nach der rechts aufgeführten Formel berechnet wird. Außerdem wird angenommen, dass ein Fahrzeug im Mittel a = 5 m lang ist.
t sei die Zeitspanne, die zwischen dem Eintreffen eines Fahrzeugs und des folgenden Fahrzeugs an der Engstelle verstreicht. Wie muss die Richtgeschwindigkeit v gewählt werden, damit t möglichst klein wird?

$$s_a = \left(\frac{v}{10}\right)^2$$

$s_a$: Sicherheitsabstand in m

v: Tachogeschwindigkeit in km/h

### In der Zeit t zurückgelegte Fahrstrecke s:

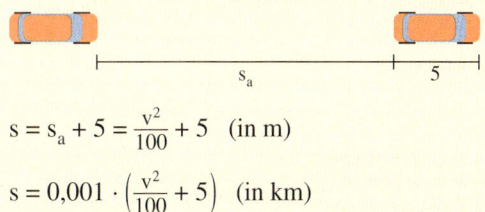

$s = s_a + 5 = \frac{v^2}{100} + 5$ (in m)

$s = 0{,}001 \cdot \left(\frac{v^2}{100} + 5\right)$ (in km)

**Lösung:**
Befindet sich ein Fahrzeug am Beginn der Engstelle, so muss das folgende Fahrzeug noch den Sicherheitsabstand $s_a$ und eine Fahrzeuglänge 5 zurücklegen, bis es an der gleichen Stelle eintrifft, also insgesamt den Weg $s = s_a + 5$. Setzt man dies und die oben angegebene Faustformel für $s_a$ in die physikalische Formel $t = \frac{s}{v}$ ein, so erhält man wie rechts aufgeführt die Zeit t als Funktion von v. Eine einfache Extremaluntersuchung ergibt, dass t für $v = \sqrt{500} \approx 22{,}36 \frac{km}{h}$ minimal wird.
Dies wäre die optimale Richtgeschwindigkeit, wenn die vorgeschriebenen Sicherheitsabstände eingehalten würden, was aber in der Praxis aus unterschiedlichen Gründen nicht ganz realistisch wäre.

### Zeit als Funktion von v:

$t = \frac{s}{v}$

$t(v) = 0{,}001 \cdot \frac{\frac{v^2}{100} + 5}{v} = 0{,}001 \cdot \left(\frac{v}{100} + \frac{5}{v}\right)$

### Berechnung des Minimums von t:

$t'(v) = 0{,}001 \cdot \left(\frac{1}{100} - \frac{5}{v^2}\right) = 0$

$v = \sqrt{500} \approx 22{,}36$ km/h

## Überblick

### Allgemeine Ableitungsregeln

| Name der Regel | Kurzform der Regel |
|---|---|
| *Summenregel* | $(u + v)' = u' + v'$ |
| *Faktorregel* | $(c\,u)' = c\,u'$ |
| *Produktregel* | $(u\,v)' = u' \cdot v + u \cdot v'$ |
| *Quotientenregel* | $\left(\frac{u}{v}\right)' = \frac{u' \cdot v - u \cdot v'}{v^2}$ |
| *Kettenregel* | $f(g(x))' = f'(g(x)) \cdot g'(x)$ |
| *lineare Kettenregel* | $(f(a\,x + b))' = f'(a\,x + b) \cdot a$ |

### Spezielle Ableitungsregeln

| Name der Regel | Kurzform der Regel |
|---|---|
| *Konstantenregel* | $(c)' = 0$     (c konstant) |
| *Potenzregel* | $(x^n)' = n\,x^{n-1}$     $(n \in \mathbb{N})$ |
| *allg. Potenzregel* | $(x^r)' = r\,x^{r-1}$     $(r \in \mathbb{R}, r \neq 0)$ |
| *Reziprokenregel* | $\left(\frac{1}{x}\right)' = -\frac{1}{x^2}$ |
| *Quadratwurzelregel* | $(\sqrt{x})' = \frac{1}{2\sqrt{x}}$ |
| *allgemeine Wurzelregel* | $(\sqrt[n]{x})' = \left(x^{\frac{1}{n}}\right)' = \frac{1}{n}\,x^{\frac{1}{n}-1}$ |

### Weitere spezielle Ableitungsregeln

| Anwendungsproblem | Kurzform der Regel |
|---|---|
| *Sinusregel* | $(\sin x)' = \cos x$ |
| *Kosinusregel* | $(\cos x)' = -\sin x$ |
| *Tangensregel* | $(\tan x)' = 1 + \tan^2 x = \frac{1}{\cos^2 x}$ |
| *Exponentialregel* | $(e^x)' = e^x$ |
| *allg. Exponentialregel* | $(a^x)' = a^x \cdot \ln a$ |
| *Logarithmusregel* | $(\ln x)' = \frac{1}{x}$ |

## II. Differentialrechnung

**Monotoniekriterium:**
Die Funktion f sei auf dem Intervall I differenzierbar. Dann gilt:
Ist $f'(x) > 0$ für alle $x \in I$, so ist $f(x)$ streng monoton steigend auf I.
Ist $f'(x) < 0$ für alle $x \in I$, so ist $f(x)$ streng monoton fallend auf I.
Ist $f'(x) \geq 0$ für alle $x \in I$, so ist $f(x)$ monoton steigend auf I.
Ist $f'(x) \leq 0$ für alle $x \in I$, so ist $f(x)$ monoton fallend auf I.

**Krümmungskriterium:**
Die Funktion f sei auf dem Intervall I zweimal differenzierbar. Dann gilt:
Gilt $f''(x) < 0$ für alle $x \in I$, so ist f auf I rechtsgekrümmt.
Gilt $f''(x) > 0$ für alle $x \in I$, so ist f auf I linksgekrümmt.

**Notwendiges Kriterium für lokale Extrema:**
Die Funktion f sei an der Stelle $x_E$ differenzierbar. Dann gilt:
Wenn bei $x_E$ ein lokales Extremum von f liegt, dann ist $f'(x_E) = 0$.

**Hinreichendes Kriterium für lokale Extrema (f''-Kriterium):**
Die Funktion f sei in einer Umgebung von $x_E$ zweimal differenzierbar. Dann gilt:
Gilt $f'(x_E) = 0$ und $f''(x_E) < 0$, so liegt an der Stelle $x_E$ ein lokales Maximum von f.
Gilt $f'(x_E) = 0$ und $f''(x_E) > 0$, so liegt an der Stelle $x_E$ ein lokales Minimum von f.

**Hinreichendes Kriterium für lokale Extrema (Vorzeichenwechselkriterium):**
Die Funktion f sei in einer Umgebung von $x_E$ differenzierbar und es sei $f'(x_E) = 0$.
Wenn dann die Ableitung f' an der Stelle $x_E$ einen Vorzeichenwechsel von + nach − hat, so liegt an der Stelle $x_E$ ein lokales Maximum von f.
Hat f' an der Stelle $x_E$ einen Vorzeichenwechsel von − nach +, so liegt an der Stelle $x_E$ ein lokales Minimum von f.
Hat f' an der Stelle $x_E$ keinen Vorzeichenwechsel, so liegt an der Stelle $x_E$ ein Sattelpunkt von f.

**Notwendiges Kriterium für Wendepunkte:**
Die Funktion f sei an der Stelle $x_W$ zweimal differenzierbar. Dann gilt:
Wenn bei $x_W$ ein Wendepunkt von f liegt, dann ist $f''(x_W) = 0$.

**Hinreichendes Kriterium für Wendepunkte (f'''-Kriterium):**
Die Funktion f sei in einer Umgebung von $x_W$ dreimal differenzierbar. Dann gilt:
Gilt $f''(x_W) = 0$ und $f'''(x_W) \neq 0$, so liegt an der Stelle $x_W$ ein Wendepunkt von f.

**Hinreichendes Kriterium für Wendepunkte (Vorzeichenwechselkriterium):**
Die Funktion f sei in einer Umgebung von $x_W$ zweimal differenzierbar und es sei $f''(x_W) = 0$.
Wenn dann die zweite Ableitung f'' an der Stelle $x_W$ einen Vorzeichenwechsel hat, so liegt dort eine Wendestelle von f.

**Sekante an f durch $P(x_0 | f(x_0))$ und $Q(x_1 | f(x_1))$:** $\quad s(x) = \dfrac{f(x_1) - f(x_1)}{x_1 - x_0} \cdot (x - x_0) + f(x_0)$

**Tangente an f in $P(x_0 | f(x_0))$:** $\quad t(x) = f'(x_0) \cdot (x - x_0) + f(x_0)$

**Normale an f in $P(x_0 | f(x_0))$:** $\quad n(x) = -\dfrac{1}{f'(x_0)} \cdot (x - x_0) + f(x_0)$

## Test

### Differentialrechnung

1. Gegeben ist die Funktion $f(x) = -x^3 + 3x^2$.
   a) In welchen Bereichen ist f streng monoton steigend bzw. streng monoton fallend?
   b) In welchem Bereich ist f linksgekrümmt?

2. a) Wie lautet das notwendige Kriterium für die Existenz eines Hochpunktes?
   b) Formulieren Sie ein hinreichendes Kriterium für die Existenz eines Hochpunktes.

3. Gegeben ist die Funktion $f(x) = \frac{1}{2}x^3 - 3x^2 + \frac{9}{2}x$.
   a) Untersuchen Sie f auf Symmetrie, Nullstellen, Extrema und Wendepunkte.
      Zeichnen Sie auf der Basis dieser Ergebnisse den Graphen von f für $-0{,}5 \leq x \leq 4$.
   b) Welche Steigung hat f an der Stelle $x = 0$. Wie groß ist der Schnittwinkel des Graphen von f mit der x-Achse an dieser Stelle?

4. Gegeben ist die Funktion $f(x) = \frac{x}{2} + \frac{2}{x}$.
   a) Zeichnen Sie den Graphen von f mithilfe eines DMW für $-6 \leq x \leq 6$.
      Bestimmen Sie mit einem DMW die Extrempunkte von f.
   b) Wie lautet die Gleichung der Tangente an den Graphen von f im Punkt $P(1|2{,}5)$?
      Wo schneidet diese Tangente die Koordinatenachsen?

5. Die Durchflussmenge d eines Flusses wird in den ersten 16 Minuten nach Beginn eines Unwetters erfasst durch $d(t) = -\frac{2}{5}t^3 + 6t^2 + 200$ (t: Zeit in min; d(t): Durchfluss in m³/min).
   a) Skizzieren Sie den Graphen anhand einer Wertetabelle für $0 \leq t \leq 16$, Schrittweite 2.
   b) Wann ist die Durchflussmenge maximal? Wie groß ist sie zu diesem Zeitpunkt?
   c) Wann ändert sich die Durchflussmenge am stärksten?
   d) Wann erreicht die Durchflussmenge die Alarmgröße 250 m³/min? Wie lange dauert der Alarm? Zu welcher Zeit beginnt der Alarm? Lösen Sie dies angenähert mit einem DMW.

6. Gegeben ist die Funktionenschar $f(x) = \frac{1}{4}x^3 - \frac{3}{4}ax^2$, $a > 0$.
   a) Untersuchen Sie f in Abhängigkeit von a auf Nullstellen, Extrema und Wendepunkte.
   b) Für welchen Wert von a liegt der Tiefpunkt von $f_a$ bei $x = 3$?
   c) Für welches a hat $f_a$ einen Wendepunkt mit dem y-Wert $-4$?
   d) Skizzieren Sie die Graphen von $f_{0{,}5}$, $f_1$ und $f_{1{,}5}$, $-1 \leq x \leq 5$ (DMW ist erlaubt).
   e) Alle Tiefpunkte von $f_a$ liegen auf einer Kurve y. Wie lautet die Gleichung von y?

Lösungen: S. 343

# III. Anwendungen der Differentialrechnung

# 1. Newton-Verfahren

Bei der Lösung mathematischer Probleme wird man besonders häufig mit der Aufgabe konfrontiert, Nullstellen bestimmen zu müssen. Die elementaren Standardverfahren wie p-q-Formel und Polynomdivision reichen oft nicht mehr aus. In solchen Fällen werden Näherungsverfahren eingesetzt. Beispielsweise kann man eine Skizze erstellen, um die Lage der gesuchten Nullstelle wenigstens ungefähr bestimmen zu können.

Genauere Ergebnisse liefern rechnerische Verfahren der schrittweisen Näherung, wie z. B. das bekannte Intervallhalbierungsverfahren (Seite 30). Eines der leistungsfähigsten Verfahren ist das so genannte *Tangentenverfahren*, das man nach seinem Entdecker (Isaak Newton, 1643–1727) auch *Newton-Verfahren* nennt.

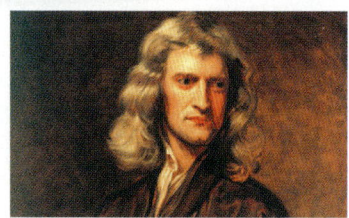

## A. Prinzip des Newton-Verfahrens

Die Funktionsweise des Newton-Verfahrens ist recht einfach zu erklären. Wir beschreiben das Verfahren zunächst anschaulich und entwickeln erst später eine Formel für die rechenpraktische Durchführung.

Die Nullstelle $\bar{x}$ der Funktion f soll näherungsweise bestimmt werden.

1. Man schachtelt die Nullstelle zunächst grob ein, z. B. mithilfe einer Wertetabelle.

2. Nun wählt man eine Startstelle $x_0$, von der man annimmt, dass sie in der Nähe der Nullstelle $\bar{x}$ liegt.
   $x_0$ dient als erste Näherung für $\bar{x}$.

3. In dem zu $x_0$ gehörenden Kurvenpunkt $P_0(x_0|y_0)$ wird die Tangente an die Kurve f gelegt. Deren Schnittstelle $x_1$ mit der x-Achse liegt in der Regel näher bei $\bar{x}$ als $x_0$ und ist daher als verbesserte Näherung anzusehen (oberes Bild).

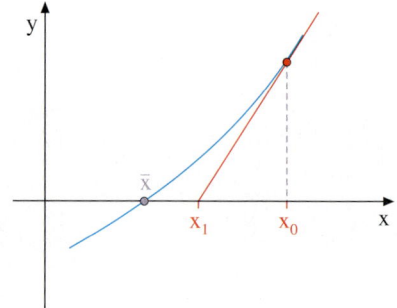

4. Nun wiederholt man das Verfahren, indem man bei $x_1$ die Tangente an die Kurve legt usw. (unteres Bild).
   Auf diese Weise erhält man eine Folge $x_0$, $x_1$, $x_2$, … von Näherungen, deren Grenzwert die Nullstelle $\bar{x}$ ist.

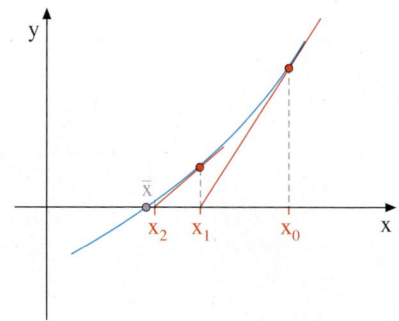

## B. Newton'sche Näherungsformel

Zur praktisch-rechnerischen Umsetzung des Newton-Verfahrens benötigen wir eine Formel, mit deren Hilfe wir aus einer schon bekannten Näherung $x_n$ die verbesserte Näherung $x_{n+1}$ berechnen können.

Diese Formel ergibt sich unmittelbar aus dem abgebildeten Steigungsdreieck.
Die Tangente an die Kurve f an der Stelle $x_n$ hat definitionsgemäß die Steigung $f'(x_n)$. Man kann diese Steigung aber auch als Quotient der Kathetenlängen des abgebildeten Steigungsdreiecks darstellen. Sie beträgt dann $\frac{f(x_n)}{x_n - x_{n+1}}$.

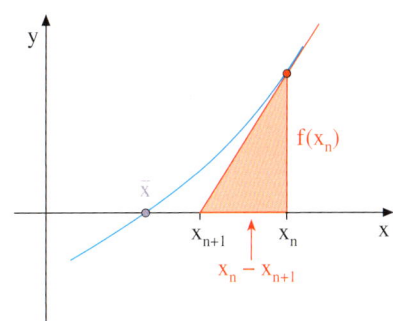

Durch Gleichsetzen ergibt sich daher:
$$f'(x_n) = \frac{f(x_n)}{x_n - x_{n+1}}.$$
Löst man diese Gleichung nach $x_{n+1}$ auf, so ergibt sich die Newton'sche Näherungsformel:

### Die Newton'sche Näherungsformel

$\bar{x}$ sei eine Nullstelle der Funktion f.
$x_n$ sei ein Näherungswert für $\bar{x}$.
Dann kann man mit der nebenstehenden Formel eine neue Näherung $x_{n+1}$ errechnen, die in der Regel besser ist als $x_n$.

$$x_{n+1} = x_n - \frac{f(x_n)}{f'(x_n)}$$

## C. Praktische Anwendung des Newton-Verfahrens

▶ **Beispiel:** Bestimmen Sie die Nullstelle x der Funktion $f(x) = x^3 - x - 2$ näherungsweise auf vier Kommastellen genau.

**Lösung:**
**1. Bestimmen eines Startwertes $x_0$:**
Wir legen eine Wertetabelle an und skizzieren den Graphen von f ganz grob.
Es zeigt sich, dass die Nullstelle $\bar{x}$ im Intervall [1; 2] liegen muss, da dort ein Vorzeichenwechsel von f vorliegt und die Funktion f dort stetig ist. Aus diesem Intervall wählen wir als erste Näherung für $\bar{x}$:
$x_0 = 1{,}5$.

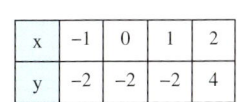

| x | -1 | 0 | 1 | 2 |
|---|---|---|---|---|
| y | -2 | -2 | -2 | 4 |

$\Rightarrow \bar{x} \in [1; 2]$

$\Rightarrow$ Startwert: $x_0 = 1{,}5$

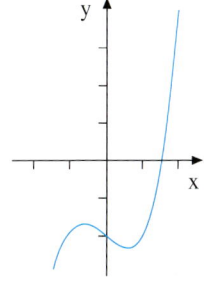

## 2. Benötigte Formeln:

Wir notieren uns noch einmal die Formeln, die wir verwenden wollen, d.h. die Funktionsgleichungen von f und f' sowie die Newton'sche Näherungsformel.

$$f(x) = x^3 - x - 2 \qquad f'(x) = 3x^2 - 1$$

$$x_{n+1} = x_n - \frac{f(x_n)}{f'(x_n)}$$

## 3. Näherungsrechnungen:

Wir führen nun mehrere Näherungsrechnungen aus, bis die gewünschte Genauigkeit erreicht ist. Obwohl es sachlich nicht nötig ist, rechnen wir von Anfang an mit der vollen Taschenrechnergenauigkeit von 7 Nachkommastellen, damit der Leser mit seinen Rechnungen vergleichen kann.

$x_0 = 1{,}5$

$x_1 = 1{,}5 - \frac{f(1{,}5)}{f'(1{,}5)} = 1{,}5 - \frac{-0{,}125}{5{,}75} = 1{,}5 + 0{,}0217391 = \mathbf{1{,}521}7391$

$x_2 = 1{,}5217391 - \frac{f(1{,}5217391)}{f'(1{,}5217391)} = 1{,}5217391 - \frac{0{,}0021367}{5{,}9470697} = 1{,}5217391 - 0{,}0003593 = \mathbf{1{,}521379}8$

$x_3 = 1{,}5213798 - \frac{f(1{,}5213798)}{f'(1{,}5213798)} = 1{,}5213798 - \frac{0{,}0000006}{5{,}9437894} = 1{,}5213798 - 0{,}0000001 = \mathbf{1{,}5213797}$

## 4. Resultat:

Die gesuchte Nullstelle liegt bei $x \approx 1{,}5213797$. Beim Übergang von der ersten zur zweiten Näherung bleiben schon drei Nachkommastellen stabil, beim Übergang von der zweiten zur dritten Näherung bleiben sogar 6 Nachkommastellen stabil und können daher als exakt angesehen werden. Das Newton-Verfahren liefert also sehr schnell gute Näherungen.

## Übung 1
Berechnen Sie die einzige Nullstelle der Funktion f so genau, wie es Ihr Taschenrechner vermag.
a) $f(x) = x^3 + x + 1$     b) $f(x) = x^3 - 2x^2 + 2$     c) $f(x) = x^5 - 3x^3 - 4$

## Übung 2
Lösen Sie die Gleichung $x^3 = 1 - 2x$ näherungsweise.
Hinweis: Das Lösen der Gleichung kann auf eine Nullstellenbestimmung zurückgeführt werden, indem man die Nullstellen von $f(x) = x^3 - 1 + 2x$ ermittelt.

## Übung 3
Berechnen Sie die eingezeichneten Schnittstellen näherungsweise mit dem Newton-Verfahren.

a)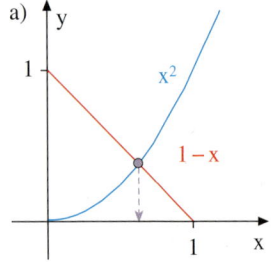
b)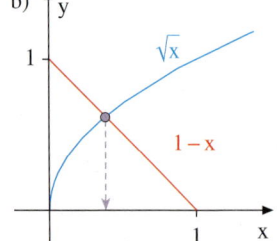
c)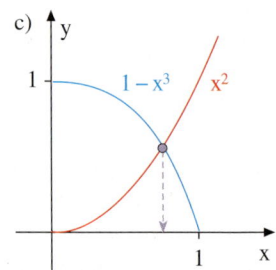

# 1. Newton-Verfahren

Häufig ist man bei praktischen Anwendungen der Mathematik auf die näherungsweise Lösung von Gleichungen angewiesen, wie auch im folgenden Beispiel.

▶ **Beispiel:** Auf einem Stahlgerüst steht ein kugelförmiger Wassertank mit einem Innendurchmesser von 10 m.
Aus statischen Gründen dürfen höchstens 471 000 Liter Wasser eingefüllt werden. Berechnen Sie, bis zu welcher Höhe h über dem Tankgrund das Wasser stehen darf.

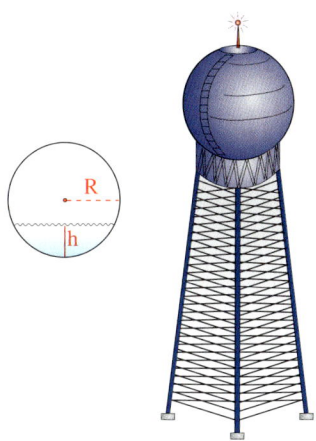

Lösung:
Die Wasserfüllung hat die Gestalt eines Kugelabschnittes.
Laut Formelsammlung ist das Volumen eines solchen Abschnittes gegeben durch
$$V = \frac{\pi}{3} \cdot h^2 \cdot (3R - h).$$
Dabei ist R der Kugelradius und h die Höhe des Kugelabschnittes.

Im vorliegenden Fall sind der Radius R = 5 m und das Volumen V = 471 m³ gegeben. Damit ergibt sich die Gleichung
$$471 = \frac{\pi}{3} \cdot h^2 \cdot (15 - h).$$
Setzen wir π = 3,14 und formen um, so erhalten wir folgende Bestimmungsgleichung für h:
$$h^3 - 15 h^2 + 450 = 0.$$
Diese Gleichung lösen wir näherungsweise, indem wir die Nullstelle der Funktion $f(x) = x^3 - 15x^2 + 450$ mit dem Newton-Verfahren berechnen, wie nebenstehend ausgeführt.

Resultat: Der Tank darf maximal bis zur Höhe h = 8,04 m über Grund gefüllt werden. ◀

**Nullstelle von $f(x) = x^3 - 15x^2 + 450$:**

1. Startwert

| x | 0 | 5 | 10 |
|---|---|---|---|
| y | 450 | 200 | −50 |

$\Rightarrow x_0 = 9$

2. Funktionsgleichungen:

$f(x) = x^3 - 15x^2 + 450$

$f'(x) = 3x^2 - 30x$

3. Näherungsrechnung:

$x_0 = 9$

$x_1 = 9 - \frac{-36}{-27} \approx 7{,}667$

$x_2 = 7{,}667 - \frac{18{,}95}{-53{,}7} \approx 8{,}020$

$x_3 = 8{,}020 - \frac{1{,}044}{-47{,}64} \approx 8{,}0419$

$x_4 = 8{,}0419 - \frac{0{,}0047}{-47{,}24} \approx 8{,}04199$

## Übung 4

Der Tank eines Gasfeuerzeugs hat die Gestalt eines 6 cm langen Zylinders mit einer aufgesetzten Halbkugel.
Welchen Innendurchmesser sollte der Tank erhalten, damit er ca. 7 cm³ Gas fasst?

Das Newton-Verfahren kann zur Berechnung von Wurzeln verwendet werden. Auf diese Weise funktionieren die Wurzeltasten eines Taschenrechners.

▶ **Beispiel: Quadratwurzelberechnung**
Berechnen Sie $\sqrt{7}$ mithilfe des Newton-Verfahrens.

Lösung:
$x = \sqrt{7}$ ist definiert als die positive Lösung der Gleichung $x^2 = 7$. Wir können die Zahl auch als positive Nullstelle der Funktion $f(x) = x^2 - 7$ betrachten. Wenden wir auf diese Funktion das Newton-Verfahren an, so erhalten wir die Näherungsformel
$x_{n+1} = \frac{x_n}{2} + \frac{7}{2x_n}$.

Als Startwert wählen wir der Einfachheit halber $x_0 = 1$. Nach vier Wiederholungen erhal-
▶ ten wir den Näherungswert $\sqrt{7} \approx 2{,}6458$.

$f(x) = x^2 - 7, \quad f'(x) = 2x$

$x_{n+1} = x_n - \frac{x_n^2 - 7}{2 x_n}$

$x_{n+1} = \frac{x_n}{2} + \frac{7}{2 x_n}$

$x_0 = 1$
$x_1 = 4$
$x_2 = 2{,}875$
$x_3 = 2{,}6549$
$x_4 = 2{,}6458$

**Übung 5**
a) Bestimmen Sie die Quadratwurzel $x = \sqrt{5}$ mithilfe des Newton-Verfahrens.
b) Bestimmen Sie die Kubikwurzel $x = \sqrt[3]{5}$ mithilfe des Newton-Verfahrens.
   Hinweis: Lösen Sie die Gleichung $x^3 = 5$ näherungsweise.

## D. Weitere Informationen zum Newton-Verfahren

1. Die *Effizienz* des Verfahrens ist sehr hoch. Im Mittel verdoppelt sich die Anzahl der richtigen Dezimalstellen mit jedem Schritt. Grund: Die tangentiale Zielmethode des Newton-Verfahrens wirkt von Schritt zu Schritt besser, da eine differenzierbare Funktion umso „linearer" verläuft, je kleiner der betrachtete Bereich ist.

2. Das Verfahren besitzt sympathischerweise eine eingebaute *Selbstkorrektur*. Vereinzelte Rechenfehler werden in den folgenden Schritten schnell ausgeglichen.

3. Liegen *mehrere Nullstellen* vor, so muss das Verfahren mehrfach angewandt werden. Auf welche Nullstelle es sich einpendelt, hängt von der Wahl des Startwertes ab.

4. Ein *Versagen* des Verfahrens kann eintreten, wenn der Startwert ungünstig gewählt wird, wie die abgebildeten Fälle andeuten.
   Der Startwert sollte möglichst nahe bei der gesuchten Nullstelle liegen.

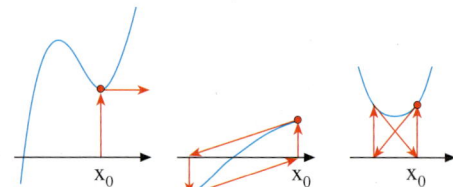

# 1. Newton-Verfahren

## Übungen

**6.** Bestimmen Sie die einzige Nullstelle der Funktion f mithilfe des Newton-Verfahrens. Brechen Sie ab, sobald die vierte Dezimale sich nicht mehr ändert.
a) $f(x) = x^3 + x - 1$
b) $f(x) = x^3 - 2x + 3$
c) $f(x) = x^5 - 5x + 5$
d) $f(x) = \sqrt{x} - x^2 + 10$

**7.** Lösen Sie die gegebene Gleichung auf drei Dezimalen genau. Fertigen Sie zunächst eine Skizze der Graphen der beiden involvierten Terme an.
a) $x^3 - 1 = -x^2$
b) $x^2 - 2 = \sqrt{x}$
c) $2 - 0{,}5 x^2 = \frac{1}{x} + 1$
d) $\frac{1}{x} + 2 = \sqrt{x}$

**8.** Berechnen Sie die Wurzeln näherungsweise durch Anwendung des Newton-Verfahrens.
a) $x = \sqrt{2}$
b) $x = \sqrt[3]{2}$
c) $x = \sqrt[5]{100}$
d) $x = \sqrt[10]{10}$

**9.** Berechnen Sie die Schnittstelle der beiden Kurven auf zwei Dezimalen genau.

a)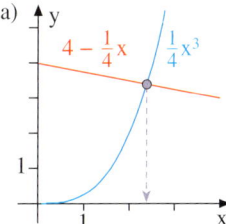
b)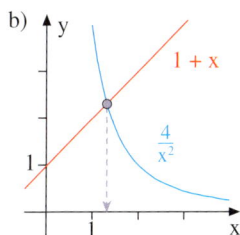
c)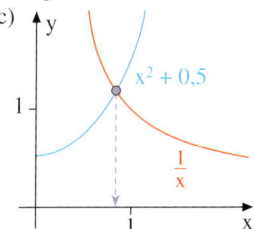

**10.** Berechnen Sie alle Lösungen der Gleichungen auf drei Dezimalen genau.
a) $x^3 = 12x - 1$
b) $3x^4 = 4 - x$
c) $x^3 - 10 = 3x^2 - 3x$

**11.** Die sechs rechteckigen Stahlblechbauteile eines quaderförmigen Containers mit den Außenmaßen $4\,\text{m} \times 2\,\text{m} \times 1\,\text{m}$ sind bereits hergestellt, als sich ein zusätzlicher Raumbedarf von 20% des ursprünglich geplanten Wertes herausstellt. Länge und Breite der vier senkrecht stehenden Bauteile sollen daher um das gleiche Maß x vergrößert werden. Anschließend werden der Boden und die Decke entsprechend angepasst.
Bestimmen Sie die Abmessungen des Containers. Die Wandstärke wird vernachlässigt.

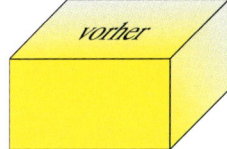

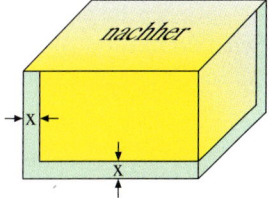

# Vereinfachtes Newton-Verfahren und regula falsi

Mit dem Intervallhalbierungsverfahren (Seite 44) und dem Newton-Verfahren haben wir zwei Näherungsverfahren zur numerischen Berechnung von Nullstellen von Funktionen kennengelernt. Beim Intervallhalbierungsverfahren wird die gesuchte Nullstelle durch eine Intervallschachtelung eingeschlossen, beim Newton-Verfahren wird ausgehend von einem Startwert iterativ eine Folge von Näherungswerten erzeugt, die gegen die gesuchte Nullstelle konvergiert. Dabei muss für jeden Näherungswert sowohl der Funktionswert als auch der Wert der Ableitungsfunktion berechnet werden.

Im Folgenden werden zwei weitere Iterationsverfahren vorgestellt, die dem Newton-Verfahren ähneln, aber ohne Berechnung von Ableitungswerten auskommen.

Das linke Bild kennen wir bereits vom Newton-Verfahren (vgl. Seite 98). Zu jedem Näherungswert $x_n$ wird im Punkt $P_n(x_n|f(x_n))$ die Tangente an den Funktionsgraphen gelegt. Die Schnittstelle der Tangente mit der x-Achse ergibt den nächsten Näherungswert. Die Bestimmung der Tangente erfordert die Berechnung sowohl des Funktionswertes $f(x_n)$ als auch des Ableitungswertes $f'(x_n)$.

**Iterationsvorschrift des Newton-Verfahrens:** $\quad x_{n+1} = x_n - \dfrac{f(x_n)}{f'(x_n)}, \quad n = 0, 1, 2, \ldots$

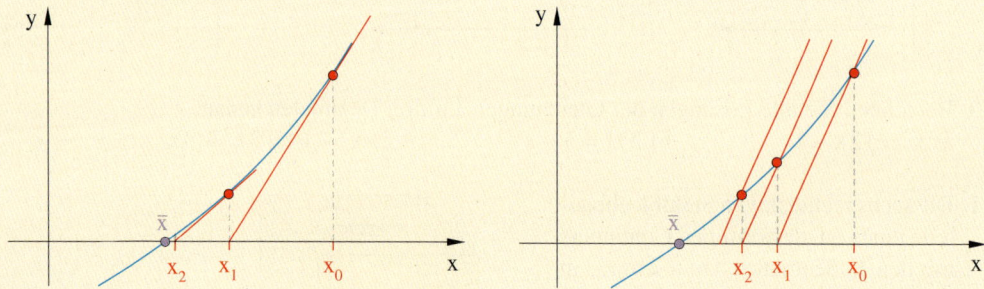

Im rechten Bild wird das *vereinfachte Newton-Verfahren* veranschaulicht. Die Vereinfachung besteht darin, dass nicht die Tangente im Startpunkt ermittelt wird, sondern man startet mit einer „geeigneten" Geraden, deren Steigung m ungefähr mit dem Ableitungswert $f'(x_0)$ übereinstimmt. Im nächsten Iterationsschritt verwendet man eine Parallele, also eine Gerade, die durch den Punkt $P_1(x_1|f(x_1))$ verläuft und ebenfalls die Steigung m besitzt. Das Verfahren wird in gleicher Weise fortgesetzt. Die Iterationsvorschrift erfährt damit nur eine kleine Modifikation.

**Iterationsvorschrift des vereinfachten Newton-Verfahrens:**
$$x_{n+1} = x_n - \frac{f(x_n)}{m}, \quad n = 0, 1, 2, \ldots$$

Offensichtlich konvergiert das vereinfachte Newton-Verfahren viel langsamer als sein echtes Vorbild. Dafür erspart man sich die Berechnung der Ableitungswerte.

Auf Seite 102 wird im Abschnitt D auf Gründe für ein mögliches Versagen des Newton-Verfahrens hingewiesen. Diese Probleme hat man natürlich auch beim vereinfachten Newton-Verfahren.

### Übung

Testen Sie das vereinfachte Newton-Verfahren, indem Sie damit Übungen von der Seite 100 bearbeiten, und vergleichen Sie die Konvergenzgeschwindigkeiten der beiden Verfahren. Untersuchen Sie dazu, nach wie vielen Iterationsschritten sich die Näherungswerte in der vierten Stelle nach dem Komma nicht mehr ändern.

Im Folgenden soll ein weiteres Verfahren untersucht werden, das ebenfalls Ähnlichkeiten mit dem Newton-Verfahren aufweist: die *regula falsi*.

Anstelle von Tangenten werden bei der regula falsi Sekanten verwendet, weshalb man auch vom **Sekantenverfahren** spricht. Dabei geht man von zwei Startwerten $x_0$ und $x_1$ aus, ermittelt die Sekante durch die Punkte $P_0(x_0|f(x_0))$ und $P_1(x_1|f(x_1))$ und deren Schnittstelle $x_2$ mit der x-Achse. Der Wert $x_2$ ist dann eine neue Näherung für die gesuchte Nullstelle $\bar{x}$. Nun bildet man eine neue Sekante durch $P_1(x_1|f(x_1))$ und $P_2(x_2|f(x_2))$ und bestimmt deren Schnittstelle $x_3$ mit der x-Achse, usw.

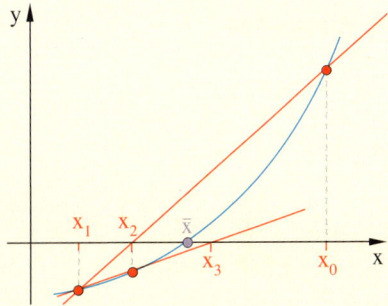

Die Gerade g durch die Punkte $P_0(x_0|f(x_0))$ und $P_1(x_1|f(x_1))$ hat die Steigung $m = \frac{f(x_1) - f(x_0)}{x_1 - x_0}$ und damit die Gleichung $g(x) = m(x - x_0) + f(x_0)$. Im Folgenden wird die Iterationsvorschrift der regula Falsi entwickelt.

Zweipunkteform der Geradengleichung:
$$g(x) = \frac{f(x_1) - f(x_0)}{x_1 - x_0} \cdot (x - x_0) + f(x_0)$$

$x_2$ ist die Nullstelle von $g(x)$.
$$g(x_2) = \frac{f(x_1) - f(x_0)}{x_1 - x_0} \cdot (x_2 - x_0) + f(x_0) = 0$$

Auflösen von $g(x_2) = 0$ nach $x_2$.
$$x_2 = \frac{x_0 f(x_1) - x_1 f(x_0)}{f(x_1) - f(x_0)}$$

Berechnung des nächste Näherungswerts:
$$x_3 = \frac{x_1 f(x_2) - x_2 f(x_1)}{f(x_2) - f(x_1)}$$

Man beginnt also mit zwei Startwerten $x_0$ und $x_1$ und berechnet daraus den Näherungswert $x_2$. Im nächsten Schritt berechnet man $x_3$ aus $x_1$ und $x_2$; allgemein: Aus $x_{n-1}$ und $x_n$ ergibt sich die neue Näherung $x_{n+1}$.

> **Iterationsvorschrift der regula falsi:** $\quad x_{n+1} = \frac{x_{n-1} f(x_n) - x_n f(x_{n-1})}{f(x_n) - f(x_{n-1})}, \quad n = 1, 2, 3 \ldots$

### Übung

Testen Sie die regula falsi, indem Sie damit Übungen von der Seite 100 bearbeiten, und vergleichen Sie die Konvergenzgeschwindigkeit mit der der beiden Newton-Verfahren. Untersuchen Sie dazu, nach wie vielen Iterationsschritten sich die Näherungswerte in der vierten Stelle nach dem Komma nicht mehr ändern.

## 2. Untersuchung von Funktionen

Bei einer Funktionsuntersuchung werden charakteristische Eigenschaften der gegebenen Funktion ermittelt. In der folgenden Tabelle sind die Standarduntersuchungen aufgelistet.

| | |
|---|---|
| **1. Symmetrie** | Der Term $f(-x)$ wird berechnet und mit $f(x)$ bzw. $-f(x)$ verglichen: <br><br> $f(-x) = +f(x)$  $\Rightarrow$  **Achsensymmetrie zur y-Achse** <br> $f(-x) = -f(x)$  $\Rightarrow$  **Punktsymmetrie zum Ursprung** |
| **2. Nullstellen** <br><br> 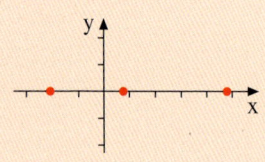 | Die Gleichung $f(x) = 0$ wird nach x aufgelöst. Ihre Lösungen sind die Nullstellen der Funktion f. <br><br> Lösungsmethoden:    p-q-Formel <br>          Faktorisierung, ggf. Polynomdivision <br>          DMW-Anwendung |
| **3. Lokale Extremalpunkte** <br><br> 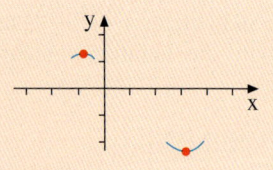 | Die notwendige Bedingung $f'(x) = 0$ wird nach x aufgelöst. Die Lösungen $x_E$ werden mit hinreichenden Kriterien getestet. <br><br> *f″-Kriterium* <br> $f''(x_E) < 0$  $\Rightarrow$  Maximum <br> $f''(x_E) > 0$  $\Rightarrow$  Minimum <br> $f''(x_E) = 0$  $\Rightarrow$  keine Aussage <br><br> *Vorzeichenwechsel-Kriterium* <br> **Vorzeichenwechsel von f′ bei $x_E$: +/−** $\Rightarrow$ **Maximum** <br> **Vorzeichenwechsel von f′ bei $x_E$: −/+** $\Rightarrow$ **Minimum** |
| **4. Wendepunkte** <br><br> 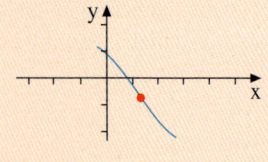 | Die notwendige Bedingung $f''(x) = 0$ wird nach x aufgelöst. Die Lösungen $x_W$ werden mit hinreichenden Kriterien getestet. <br><br> *f‴-Kriterium* <br> $f'''(x_W) < 0$  $\Rightarrow$  **Wendepunkt (L-R)** <br> $f'''(x_W) > 0$  $\Rightarrow$  **Wendepunkt (R-L)** <br> $f'''(x_W) = 0$  $\Rightarrow$  keine Aussage <br><br> *Vorzeichenwechsel-Kriterium* <br> **Vorzeichenwechsel von f″ bei $x_W$: +/−** $\Rightarrow$ **L-R-Wp** <br> **Vorzeichenwechsel von f″ bei $x_W$: −/+** $\Rightarrow$ **R-L-Wp** |
| **5. Graph** <br><br> 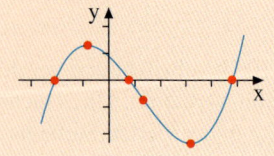 | Das Koordinatenkreuz wird gezeichnet und beschriftet. In manchen Fällen erhalten die Achsen unterschiedliche Maßstäbe. <br><br> Die charakteristischen Punkte aus 2. bis 4. werden eingezeichnet. Falls erforderlich, wird eine zusätzliche Wertetabelle erstellt. <br><br> Der Graph wird auf dieser Grundlage skizziert. |

## A. Ganzrationale Funktionen

▶ **Beispiel: Kugelstoßen**
Die Bahnkurve eines Kugelstoßes wird durch $h(x) = -0{,}04\,x^2 + 0{,}7\,x + 2{,}25$ beschrieben (x: Weite in m, h: Höhe in m). Untersuchen Sie den Kurvenverlauf und stellen Sie die maximale Stoßweite und die maximale Steighöhe fest. In welcher Höhe und unter welchem Winkel wurde die Kugel abgestoßen?

**Lösung:**
Wir berechnen zunächst die Nullstellen von h mithilfe der p-q-Formel. Sie liegen bei 20,27 m und −2,77 m. Die Stoßweite beträgt also 20,27 m.

Nun bestimmen wir die ersten beiden Ableitungen von h: $h'(x) = -0{,}08\,x + 0{,}7$ und $h''(x) = -0{,}08$. Die notwendige Bedingung für lokale Extrema $h'(x) = 0$ liefert uns einen Extrempunkt H(8,75|5,31). Durch Überprüfung mit der zweiten Ableitung bestätigen wir, dass dies ein Hochpunkt ist. Die maximale Steighöhe beträgt 5,31 m.

Abgestoßen wurde die Kugel in der Höhe $h(0) = 2{,}25$ m.
Der Abstoßwinkel α ist der Steigungswinkel beim Abwurf, also bei x = 0. Dieser ergibt sich aus der Formel $\tan\alpha = h'(0)$, d. h. $\tan\alpha = 0{,}7$.
▶ Hieraus folgt $\alpha = \arctan 0{,}7 \approx 35°$.

*Nullstellen:*
$h(x) = -0{,}04\,x^2 + 0{,}7\,x + 2{,}25 = 0$
$x^2 - 17{,}5\,x - 56{,}25 = 0$
$x = 8{,}75 \pm \sqrt{76{,}56 + 56{,}25}$
$x \approx 8{,}75 \pm 11{,}52$
$x \approx 20{,}27 \quad \text{bzw.} \quad x \approx -2{,}77$

*Extremum:*
$h'(x) = -0{,}08\,x + 0{,}7 = 0$ (notw. Bed.)
$0{,}08x = 0{,}7$
$x = 8{,}75 \quad y \approx 5{,}31$
Überprüfung mittels f″:
$f''(8{,}75) = -0{,}08$
$f''(8{,}75) = -0{,}08 < 0 \Rightarrow$ Maximum

*Abwurfhöhe und Abwurfwinkel:*
$h(0) = 2{,}25$

$\tan\alpha = h'(0)$
$\tan\alpha = 0{,}7$
$\alpha = \arctan 0{,}7 \approx 35°$

### Übung 1
Eine Silvesterrakete wird senkrecht nach oben abgeschossen.
Die erreichte Flughöhe in Metern nach t Sekunden wird durch die Funktion $h(t) = -5t^2 + 80\,t$ erfasst.
a) Wann erreicht die Rakete ihren höchsten Punkt? Welche Höhe hat sie dann erreicht?
b) Wie schnell ist sie beim Start bzw. auf halber Gipfelhöhe?

### Übung 2
Untersuchen Sie die Funktion f auf lokale Extremstellen. Verwenden Sie als hinreichende Bedingung das f″-Kriterium, sofern dies anwendbar ist.
a) $f(x) = 2x - \frac{1}{6}x^3$
b) $f(x) = \frac{2}{3}x - 3\sqrt{x}$
c) $f(x) = 3a^2 x^3 - \frac{1}{5}x^5, \quad a > 0$

Das folgende Beispiel bezieht sich auf eine ganzrationale Funktion dritten Grades. Außerdem wird die Kurvendiskussion durch Zusatzuntersuchungen (Symmetrie, Schnittwinkel) erweitert.

▶ **Beispiel: Polynomfunktion dritten Grades**
Untersuchen Sie die Funktion $f(x) = \frac{1}{3}x^3 - 3x$ und zeichnen Sie den Graphen von f für $-3,5 \leq x \leq 3,5$. Ist f achsensymmetrisch zur y-Achse oder punktsymmetrisch zum Ursprung? Unter welchem Winkel schneidet die Tangente am Graphen von f im Ursprung die x-Achse?

Lösung:
**1. Ableitungen**
$f(x) = \frac{1}{3}x^3 - 3x$
$f'(x) = x^2 - 3$
$f''(x) = 2x$
$f'''(x) = 2$

**5. Graph**

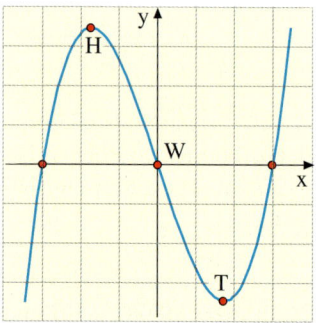

**2. Nullstellen**
$f(x) = 0$
$\frac{1}{3}x^3 - 3x = 0$
$x\left(\frac{1}{3}x^2 - 3\right) = 0$
$x = 0$ bzw. $\frac{1}{3}x^2 - 3 = 0$
$x = 0$ bzw. $x = 3$, $x = -3$

**3. Lokale Extrema**
$f'(x) = 0$
$x^2 - 3 = 0$
$x = \sqrt{3}$, $y = -2\sqrt{3}$
$x = -\sqrt{3}$, $y = 2\sqrt{3}$
$f''(\sqrt{3}) = 2\sqrt{3} > 0 \Rightarrow$ Minimum
$f''(-\sqrt{3}) = -2\sqrt{3} < 0 \Rightarrow$ Maximum
Tiefpunkt $T(\sqrt{3}\,|\,-2\sqrt{3}) = T(1,73\,|\,-3,46)$
Hochpunkt $H(-\sqrt{3}\,|\,2\sqrt{3}) = H(-1,73\,|\,3,46)$

**6. Symmetrie**
Die Symmetrieuntersuchung besteht aus einem Vergleich von $f(-x)$ mit $f(x)$.
$f(x) = \frac{1}{3}x^3 - 3x$
$f(-x) = \frac{1}{3}(-x)^3 - 3(-x) = -\frac{1}{3}x^3 + 3x$
Man erkennt, dass $f(-x) = -f(x)$ gilt. Dies bedeutet Punktsymmetrie zum Ursprung.

**4. Wendepunkte**
$f''(x) = 0$
$2x = 0 \Rightarrow x = 0$, $y = 0$
$f'''(0) = 2 > 0 \Rightarrow \begin{cases} W(0\,|\,0) \text{ ist ein Rechts-} \\ \text{Links-Wendepunkt} \end{cases}$

**7. Schnittwinkel mit der x-Achse**
Die x-Achse wird im Ursprung geschnitten. Dort ist die Steigung $f'(0) = -3$.
Also gilt $\tan\alpha = -3$.
Daraus folgt $\alpha \approx -71,57°$.

## Übung 3
Untersuchen Sie die quadratische Funktion $f(x) = -\frac{1}{2}x^2 + 3x - \frac{5}{2}$ (Symmetrie, Nullstellen, Extrema, Wendepunkte, Graph für $-1 \leq x \leq 8$).

## Übung 4
Untersuchen Sie die Funktion $f(x) = \frac{1}{4}x^4 - x^2$. Zeichnen Sie ihren Graphen für $-2,5 \leq x \leq 2,5$. Unter welchem Winkel schneidet f die Gerade $x = 3$? Ist f symmetrisch zur y-Achse oder zum Ursprung? Wie groß ist die mittlere Steigung von f zwischen linkem Minimum und Hochpunkt?

## Beispiel: Vulkanausbruch

Beim Ausbruch eines Vulkans wird durch Messungen festgestellt, dass die Auswurfleistung durch die Funktion $a(t) = 12{,}5 \cdot (6t^2 - t^3)$, $t \geq 0$, erfasst werden kann.
t: Zeit in min seit Beginn; a(t): Auswurfleistung zur Zeit t in Tonnen/min.
Untersuchen Sie die Funktion a. Zeichnen Sie die Graphen von a und a' für $0 \leq t \leq 6$. Interpretieren Sie die Ergebnisse unter Bezug auf den realen Prozess.

**Lösung:**

**Nullstellen:**
$a(t) = 12{,}5 \cdot (6t^2 - t^3) = 0$
$12{,}5 t^2 \cdot (6 - t) = 0$
$t = 0,\ t = 6$

**Lokale Extrema:**
$a'(t) = 12{,}5 \cdot (12t - 3t^2) = 0$
$37{,}5 t \cdot (4 - t) = 0$
$t = 0,\ a(0) = 0$    Minimum
$t = 4,\ a(4) = 400$ lokales Maximum

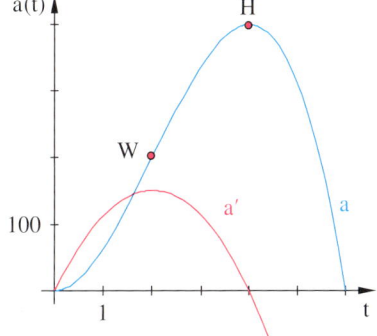

**Punkte mit maximaler Steigung:**
Der Punkt W der Funktion a mit dem steilsten Anstieg liegt ca. bei $t = 2$. Dort hat a' ein Maximum. Dessen Lage können wir bestimmen, indem wir die Ableitung von a', d. h. a'', gleich null setzen.
Wir erhalten den Punkt W(2|200).

**Maximum von a':**
$a''(t) = 12{,}5 \cdot (12 - 6t) = 0$
$75 \cdot (2 - t) = 0$
$t = 2,\ a(2) = 200$
W(2|200)

**Interpretation:**
Die Auswurfleistung a(t) des Vulkans steigt nach langsamem Beginn zunehmend schneller an. Im Wendepunkt W, d. h. nach nur zwei Minuten, ist die Zunahmerate a' am größten. Danach sinkt die Zunahmerate wieder. Die Auswurfleistung steigt nun also langsamer und hat nach vier Minuten ihr Maximum erreicht. Danach bricht der Ausbruch schnell zusammen. Die Zunahmerate a' wird negativ. Nach 6 Minuten ist der Ausbruch zu Ende.

## Übung 5

In einem afrikanischen Land kommt es zum Ausbruch von Ebola. Die ersten Monate legen nahe, dass die Anzahl der Erkrankten durch $e(t) = -\frac{1}{400} t^2 (t - 48)$ erfasst werden kann (t: Zeit in Monaten, e(t): Erkrankte in Tausend).
Nach welcher Zeit hat die Anzahl e der Kranken ein Maximum erreicht? Wann steigt e am schnellsten? Wie groß ist die Erkrankungsrate zu diesem Zeitpunkt? Wann ist mit dem Erlöschen der Epidemie zu rechnen? Zeichnen Sie e.

## B. Exponentialfunktionen

Mithilfe der bekannten notwendigen und hinreichenden Bedingungen untersuchen wir nun exemplarisch einfache Exponentialfunktionen auf Extrema und Wendepunkte.

▶ **Beispiel:** Skizzieren Sie den Graphen der Funktion $f(x) = e^x - 2x$ und errechnen Sie anschließend die genaue Lage des Extremums der Funktion.

▶ **Beispiel:** Skizzieren Sie den Graphen der Funktion $f(x) = x \cdot e^x$ für $-3 \leq x \leq 1$. Berechnen Sie die genaue Lage des Wendepunktes der Funktion.

*Lösung:*
Der mit einer Wertetabelle oder durch Überlagerung von $e^x$ und $-2x$ erstellte Graph zeigt ein Minimum bei $x \approx 0{,}5$.

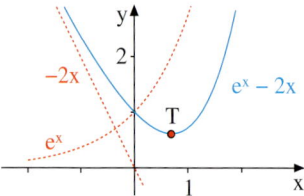

*Lösung:*
Mit einer Wertetabelle erhalten wir den Graphen, der im 3. Quadranten einen Rechts-links-Wendepunkt aufweist.

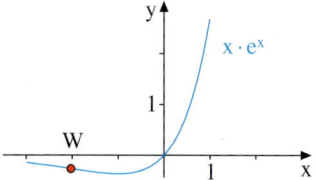

*Notwendige Bedingung:*
$f'(x) = 0$
$e^x - 2 = 0$
$e^x = 2$
$x = \ln 2 \approx 0{,}69$

*Notwendige Bedingung:*
$f''(x) = 0$
$(x + 2) \cdot e^x = 0$
$(x + 2) = 0$, da $e^x > 0$
$x = -2$

*Zugehöriger Funktionswert:*
$y = e^{\ln 2} - 2 \cdot \ln 2 \approx 0{,}61$

*Zugehöriger Funktionswert:*
$y = -2 \cdot e^{-2} \approx -0{,}27$

*Überprüfung mit $f''$:*
$f''(\ln 2) = e^{\ln 2} = 2 > 0 \Rightarrow$ Minimum

*Überprüfung mit $f'''$:*
$f'''(-2) = 1 \cdot e^{-2} > 0 \Rightarrow$ Rechts-links-Wp

*Resultat:*
▶ Tiefpunkt $T(0{,}69 | 0{,}61)$

*Resultat:*
▶ Wendepunkt $W(-2 | -0{,}27)$

### Übung 6
Untersuchen Sie die Funktion f auf lokale Extrempunkte und stellen Sie mit einem DMW den Graphen dar.
a) $f(x) = x - 2 + e^{-x}$
b) $f(x) = x^2 \cdot e^{x+1}$

### Übung 7
Untersuchen Sie die Funktion f auf Wendepunkte und stellen Sie mit einem DMW den Graphen dar.
a) $f(x) = 2 \cdot e^x - e^{-x}$
b) $f(x) = (x^2 - 1) \cdot e^{-0{,}5x}$

## 2. Untersuchung von Funktionen

**Extremalproblem**

▶ **Beispiel:**
Das Höhenwachstum eines Kirschbaumes wird durch die Funktion $f_1(x) = 200 - 160\,e^{-0,2x}$ erfasst. Das Wachstum eines Apfelbaumes wird modellhaft durch $f_2(x) = 60 + 10x$ erfasst. (x: Zeit in Jahren; $f_1, f_2$: Höhe in cm)
a) Wann haben beide Bäume die gleiche Höhe?
b) Zu welchem Zeitpunkt ist der Höhenunterschied maximal?
Lösen Sie die Aufgabe graphisch und alternativ auf rechnerischem Weg.

**Lösung zu a:**
Die Funktionsgleichungen werden eingegeben und mit einem DMW gezeichnet.
Nun können die beiden Schnittpunkte der Graphen näherungsweise bestimmt werden.
Resultat: $S_1(1{,}06\,|\,70{,}6)$ und $S_2(12{,}8\,|\,188)$.

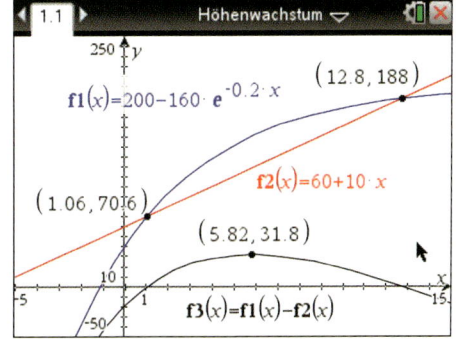

**Graphische Lösung zu b:**
Wir lösen das Problem, indem wir die Differenzfunktion $f_3(x) = f_1(x) - f_2(x)$ bilden, diese im mit dem DMW zeichnen und dort ihr Maximum bestimmen.
Das Maximum liegt ca. bei $M(5{,}82\,|\,31{,}8)$.

**Rechnerische Lösung zu b:**
Differenzfunktion $f_3 = f_1 - f_2$:
$f_3(x) = f_1(x) - f_2(x)$
$\phantom{f_3(x)} = 140 - 160\,e^{-0,2x} - 10x$

**Rechnerische Lösung zu b:**
Die Ableitung der Differenzfunktion $f_3(x)$ lautet $f_3'(x) = 32\,e^{-0,2x} - 10$.
Wir bestimmen die Nullstelle von $f_3$ mit Hilfe einer logarithmischen Rechnung.
Sie liegt bei $x = 5 \cdot \ln 3{,}2 \approx 5{,}82$.
Der maximale Höhenunterschied beträgt
▶ daher $f_3(5{,}82) \approx 31{,}8$ cm.

Ableitungen von $f_3$:
$f_3'(x) = 32\,e^{-0,2x} - 10$
$f_3''(x) = -6{,}4\,e^{-0,2x}$

Bestimmung des Maximums von $f_3$:
$f_3'(x) = 32\,e^{-0,2x} - 10 = 0$
$\phantom{f_3'(x) =}\ e^{0,2x} = 3{,}2$
$\phantom{f_3'(x) =}\ x = 5 \cdot \ln 3{,}2 \approx 5{,}82$
$\phantom{f_3'(x) =}\ y = f_3(5{,}82) \approx 31{,}8$

**Übung 8**
a) Für welchen Wert von x wird die Differenz der Funktionswerte von $f(x) = e^{-x}$ und $g(x) = -e^{x-1}$ minimal?
b) Im Berghang liegt eine Eislinse, die senkrecht durchbohrt werden soll. An welcher Stelle ist der Bohrweg durch die Linse am längsten?

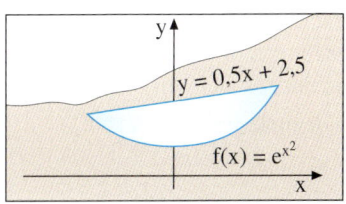

Im Folgenden werden Funktionen untersucht, deren Funktionsgleichungen Terme enthalten, die aber etwas komplizierter aufgebaut sind als die bisherigen elementaren Beispiele. Zu den Routineuntersuchungspunkten – Ableitungen, Nullstellen, Extrema, Wendepunkte, Verhalten für $x \to \infty$, Graph – werden zusätzlich individuelle Aufgabenstellungen angeboten, deren Lösungen Transferleistungen erfordern.

Das erste Beispiel dient als Musteraufgabe ohne Verwendung von Hilfsmitteln. Daher werden hier mehrere Zusatzaufgaben angeboten.

> **Beispiel: Kurvendiskussion**
> Gegeben ist die Funktion $f(x) = x \cdot e^{1-x}$. Untersuchen Sie f auf Nullstellen, Extrema und Wendepunkte. Prüfen Sie, wie sich die Funktionswerte für $x \to \infty$ bzw. $x \to -\infty$ verhalten. Zeichnen Sie den Graphen von f für $-1 \leq x \leq 3$.

**Lösung:**

**1. Ableitungen:**
Wir bestimmen die ersten drei Ableitungen, die wir zur Untersuchung auf Nullstellen, Extrema und Wendepunkte benötigen. Dabei wenden wir die Produktregel und die Kettenregel an.

*Ableitungen:*
$f(x) = x \cdot e^{1-x}$
$f'(x) = 1 \cdot e^{1-x} - x \cdot e^{1-x} = (1-x) \cdot e^{1-x}$
$f''(x) = -1 \cdot e^{1-x} + (1-x) \cdot (-e^{1-x})$
$\quad\quad = (x-2) \cdot e^{1-x}$
$f'''(x) = 1 \cdot e^{1-x} + (x-2) \cdot (-e^{1-x})$
$\quad\quad\; = (3-x) \cdot e^{1-x}$

**2. Nullstellen:**
Die notwendige und hinreichende Bedingung für Nullstellen lautet $f(x) = 0$.
Wir finden die Nullstelle bei $x = 0$.

*Nullstellen:*
$f(x) = 0$
$x \cdot e^{1-x} = 0$
$x = 0$, da $e^{1-x} > 0$

**3. Lokale Extrema:**
Die notwendige Bedingung lautet $f'(x) = 0$.
Dies führt auf ein mögliches Extremum bei $x = 1$ mit dem y-Wert $y = 1$.
Die Überprüfung mithilfe der zweiten Ableitung zeigt, dass es sich um ein Maximum handelt: Hochpunkt $H(1|1)$.

*Lokale Extrema:*
$f'(x) = 0$
$(1-x) \cdot e^{1-x} = 0$
$1 - x = 0$, da $e^{1-x} > 0$
$x = 1$, $y = 1$
Überprüfung mit $f''$:
$f''(1) = -1 < 0 \Rightarrow$ Maximum

**4. Wendepunkte:**
Die notwendige Bedingung lautet $f''(x) = 0$.
Damit ergibt sich ein möglicher Wendepunkt bei $x = 2$, $y = \frac{2}{e}$.
Die Überprüfung mithilfe der dritten Ableitung ergibt, dass es sich um einen Rechts-Links-Wendepunkt handelt: $W\left(2 \big| \frac{2}{e}\right)$.

*Wendepunkte:*
$f''(x) = 0$
$(x-2) \cdot e^{1-x} = 0$
$x - 2 = 0$, da $e^{1-x} > 0$
$x = 2$, $y = \frac{2}{e} \approx 0{,}74$
$f'''(2) = \frac{1}{e} > 0 \Rightarrow$ R-L-Wendepunkt

## 2. Untersuchung von Funktionen

**5. Verhalten für $x \to \pm\infty$:**
Wir verwenden Wertetabellen, um das Verhalten von f für $x \to \infty$ bzw. $x \to -\infty$ zu untersuchen. Wir erhalten folgende Resultate:
$\lim\limits_{x \to \infty} x \cdot e^{1-x} = 0$
$\lim\limits_{x \to -\infty} x \cdot e^{1-x} = -\infty$

**Verhalten für $x \to \infty$:**

| x | 1 | 5 | 10 | $\to \infty$ |
|---|---|---|---|---|
| f(x) | 1 | 0,09 | 0,0012 | $\to 0$ |

**Verhalten für $x \to -\infty$:**

| x | −1 | −5 | −10 | $\to -\infty$ |
|---|---|---|---|---|
| f(x) | −7,39 | $-2 \cdot 10^3$ | $-6 \cdot 10^5$ | $\to -\infty$ |

**6. Graph von f:**
Der Graph von f verläuft rechtsgekrümmt durch den Ursprung bis zum Hochpunkt H(1|1). Dann fällt er weiterhin rechtsgekrümmt bis zum Wendepunkt W(2|0,74). Anschließend fällt er linkgekrümmt weiter und schmiegt sich dabei von oben an die
▶ x-Achse, der er beliebig nahe kommt.

**Graph:**

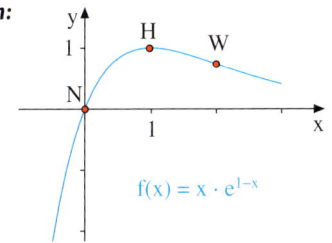

## Zusatzaufgaben zum vorhergehenden Beispiel

▶ **Beispiel: Tangente**
Die Funktion $f(x) = x \cdot e^{1-x}$ stellt eine Straße dar. Im Punkt $P\left(2 \mid \frac{2}{e}\right)$ soll tangential eine gerade Ausfahrt abgehen.
Wie lautet die Gleichung der Ausfahrt?
Wo überquert die Ausfahrt den Fluss?

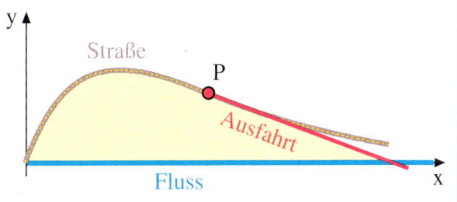

**Lösung:**
Wir verwenden als Ansatz die allgemeine Gleichung der Tangente von f im Punkt $P(x_0 | f(x_0))$.
Wir kennen $x_0 = 2$ und $f(x_0) = f(2) = \frac{2}{e}$.
Mithilfe der Produkt- und der Kettenregel berechnen wir $f'(x) = (1-x) \cdot e^{1-x}$.
Daher gilt $f'(x_0) = f'(2) = -\frac{1}{e}$.
Durch Einsetzen dieser Daten in die allgemeine Tangentengleichung erhalten wir die Gleichung der Tangente (Ausfahrt).
$t(x) = -\frac{1}{e}x + \frac{4}{e}$.
Sie schneidet die x-Achse, d.h. den Fluss
▶ an der Stelle x = 4.

**Allgemeine Tangentengleichung:**
$t(x) = f'(x_0) \cdot (x - x_0) + f(x_0)$

**Steigung der Tangente:**
$f(x) = x \cdot e^{1-x}$
$f'(x) = (1-x) \cdot e^{1-x}$
$f'(2) = -\frac{1}{e}$

**Gleichung der Tangente:**
$t(x) = -\frac{1}{e}(x-2) + \frac{2}{e}$
$t(x) = -\frac{1}{e}x + \frac{4}{e}$

**Schnittpunkt mit der x-Achse:**
$t(x) = -\frac{1}{e}x + \frac{4}{e} = 0, \ x = 4$

▶ **Beispiel: Kurvendiskussion** Untersuchen Sie die Funktion $f(x) = (x^2 - 2x) \cdot e^{0,5x}$ auf Nullstellen, Extrema und Wendepunkte. Wie verhält sich die Funktion für $x \to \infty$ bzw. $x \to -\infty$? Zeichnen Sie den Graphen von f für $-7 \leq x \leq 2,5$.

Lösung:

**1. Ableitungen:**
Die Ableitungen werden mit der Produktregel und der Kettenregel bestimmt.

$f'(x) = [(x^2 - 2x) \cdot e^{0,5x}]'$
$= (2x - 2) \cdot e^{0,5x} + (x^2 - 2x) \cdot (0,5 e^{0,5x})$
$= \left(\frac{1}{2}x^2 + x - 2\right) \cdot e^{0,5x}$

$f''(x) = \left(\frac{1}{4}x^2 + \frac{3}{2}x\right) \cdot e^{0,5x}$

$f'''(x) = \left(\frac{1}{8}x^2 + \frac{5}{4}x + \frac{3}{2}\right) \cdot e^{0,5x}$

**6. Graph:**

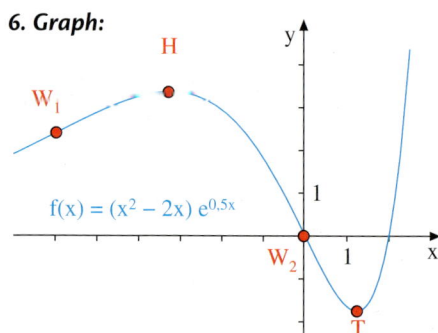

**2. Nullstellen:**
Die Funktion besitzt zwei Nullstellen, nämlich bei $x = 0$ und $x = 2$.

$f(x) = 0:$ $\quad (x^2 - 2x) \cdot e^{0,5x} = 0$
$x^2 - 2x = 0$
$x(x - 2) = 0$
$\mathbf{x = 0; \ x = 2}$

**3. Extrema:**
Die Ableitung $f'$ hat zwei Nullstellen, bei $x = -1 - \sqrt{5} \approx -3,24$ und $x = -1 + \sqrt{5} \approx 1,24$. Die Überprüfung mittels $f''$ ergibt ein Maximum im ersten Fall und ein Minimum im zweiten Fall. Nach Berechnung der zugehörigen y-Werte erhalten wir einen Hochpunkt H(−3,24|3,36) sowie einen Tiefpunkt T(1,24|−1,75).

$f'(x) = 0:$ $\quad \left(\frac{1}{2}x^2 + x - 2\right) \cdot e^{0,5x} = 0$
$\frac{1}{2}x^2 + x - 2 = 0$
$x^2 + 2x - 4 = 0$
$x = -1 \pm \sqrt{5} \approx -1 \pm 2,24$

| $x \approx -3,24$ | $x \approx 1,24$ |
|---|---|
| $y \approx 3,36$ | $y \approx -1,75$ |
| $f''(-3,24) < 0$ | $f''(1,24) > 0$ |
| Maximum | Minimum |

**4. Wendepunkte:**
Die Nullstellen von $f''$ liegen bei $x = 0$ und $x = -6$. Nach Überprüfung mithilfe von $f'''$ und nach Berechnung der zugehörigen y-Werte erhalten wir einen Links-rechts-Wendepunkt $W_1(-6|2,39)$ und einen Rechts-links-Wendepunkt $W_2(0|0)$.

$f''(x) = 0:$ $\quad \left(\frac{1}{4}x^2 + \frac{3}{2}x\right) \cdot e^{0,5x} = 0$
$\frac{1}{4}x^2 + \frac{3}{2}x = 0$
$x\left(\frac{1}{4}x + \frac{3}{2}\right) = 0$

| $x = 0$ | $x = -6$ |
|---|---|
| $y = 0$ | $y \approx 2,39$ |
| $f'''(0) > 0$ | $f'''(-6) < 0$ |
| R-L-WP | L-R-WP |

**5. Verhalten für $x \to \pm\infty$:**
Wir überprüfen das Grenzverhalten von f durch Testeinsetzungen. Ergebnis:
Für $x \to -\infty$ streben die Funktionswerte gegen 0. Der Graph von f schmiegt sich von oben an die negative x-Achse.
▶ Für $x \to \infty$ steigt der Graph von f steil an und wächst über alle Grenzen.

| x | −1 | −5 | −10 | $\to -\infty$ |
|---|---|---|---|---|
| f(x) | 1,82 | 2,9 | 0,81 | $\to 0$ |

| x | 1 | 5 | 10 | $\to \infty$ |
|---|---|---|---|---|
| f(x) | −1,65 | 182,7 | $1,2 \cdot 10^4$ | $\to \infty$ |

## C. Tangenten und Normalen

Kurvenuntersuchungen enthalten oft Tangenten- und Normalenprobleme. Tangenten und Normalen besitzen im Berührpunkt P den gleichen Funktionswert wie die Kurve. Die Tangente t hat dort die gleiche Steigung wie f. Die Normale, die in P senkrecht auf f steht, hat dort die negativ reziproke Steigung wie f.
Wir erhalten also:

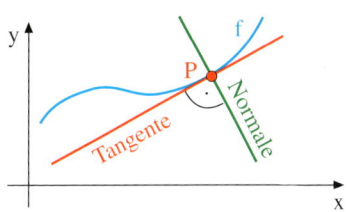

**Tangentenbedingung**
Ansatz: $t(x) = mx + n$
I. $m = f'(x_0)$
II. $mx_0 + n = f(x_0)$

**Normalenbedingung**
Ansatz: $q(x) = mx + n$
I. $m = -\frac{1}{f'(x_0)}$, $f'(x_0) \neq 0$
II. $mx_0 + n = f(x_0)$

▶ **Beispiel: Tangentengleichung**

Die Funktion $f(x) = -\frac{1}{8}x^2 + x$ beschreibt das Randprofil einer Sanddüne am Nordseestrand. Für eine neue Treppe soll eine Aufschüttung angelegt werden, die tangential im Punkt $P(2|1{,}5)$ enden soll. Wie lautet die Tangentengleichung?

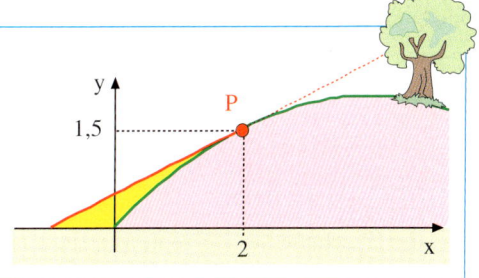

Lösung:
Die Ableitung von f ist $f'(x) = -\frac{1}{4}x + 1$.
Für die Tangentengleichung verwenden wir den Ansatz $t(x) = mx + n$.
Es gilt $m = f'(2) = 0{,}5$. Dies führt zum Zwischenergebnis $t(x) = 0{,}5x + n$.
Im Übergangspunkt P stimmen die Funktionswerte von f und von t überein. Es gilt also $f(2) = t(2)$, d.h. $1{,}5 = 1 + n$ bzw. $n = 0{,}5$.
▶ Resultat: $t(x) = 0{,}5x + 0{,}5$.

**Ableitung von f:**
$f'(x) = -\frac{1}{4}x + 1$

**Gleichung der Tangente in P:**
$t(x) = mx + n$ (Ansatz)
$m = f'(2) \Rightarrow m = 0{,}5$
$\Rightarrow t(x) = 0{,}5x + n$ (Zwischenergebnis)
$t(2) = f(2)$
$1 + n = 1{,}5 \Rightarrow n = 0{,}5$
$\Rightarrow t(x) = 0{,}5x + 0{,}5$ (Endergebnis)

### Übung 9
a) Ermitteln Sie den Schnittpunkt Q der im Beispiel berechneten Tangente mit der x-Achse.
b) Bestimmen Sie nun die Länge der im Beispiel beschriebenen Treppe.

### Übung 10
Gegeben ist die Funktion $f(x) = \frac{1}{2}x^2 - 2$. g sei die Tangente von f an der Stelle $x = 2$ und h sei die Normale von f an der Stelle $x = -2$.
a) Bestimmen Sie die Gleichungen von g und h. Zeichnen Sie f, g und h im Koordinatensystem.
b) Welchen Flächeninhalt hat das Dreieck, das von g und h und der x-Achse berandet wird?

Man kann die *Gleichungen von Tangente und Normale* in einem Kurvenpunkt auch durch jeweils eine allgemeine Formel darstellen, in die man nur noch einzusetzen braucht. Das spart gegenüber der eher „manuellen" Berechnung mit dem Ansatz $y(x) = mx + n$ Zeit. Die manuellen Ansätze fördern jedoch das Verständnis und die Rechenfertigkeiten stärker.

Eine Gerade durch den Punkt $P(x_0|y_0)$ hat bekanntlich ganz allgemein die Gleichung

$$y(x) = m(x - x_0) + y_0.$$

Setzen wir nun im Fall der Tangente hier $m = f'(x_0)$ und $y_0 = f(x_0)$ ein, so erhalten wir die rechts aufgeführte allgemeine Tangentengleichung.

> **Gleichung der Tangente**
> Die Gleichung der Tangente an den Graphen von f im Punkt $P(x_0|f(x_0))$ lautet:
> $$y(x) = f'(x_0)(x - x_0) + f(x_0)$$

Setzen wir analog im Fall der Normalen $m = -\frac{1}{f'(x_0)}$ und $y_0 = f(x_0)$ ein, so erhalten wir die rechts aufgeführte allgemeine Normalengleichung.

> **Gleichung der Normalen**
> Die Gleichung der Normalen an den Graphen von f im Punkt $P(x_0|f(x_0))$. lautet:
> $$y(x) = -\frac{1}{f'(x_0)} \cdot (x - x_0) + f(x_0)$$

---

▶ **Beispiel: Gleichungen von Tangente und Normale**
Gegeben ist die Funktion $f(x) = x^2 - x$ sowie der Punkt $P(1|0)$. Wie lautet

a) die Gleichung der Tangente von f in P?
b) die Gleichung der Normalen von f in P?

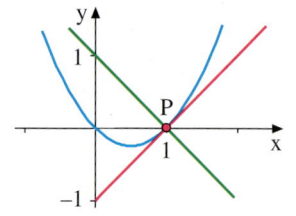

---

Lösung zu a:

**Ableitung von f:**
$f'(x) = 2x - 1$

**Gleichung der Tangente:**
$y(x) = f'(x_0) \cdot (x - x_0) + f(x_0)$
$\phantom{y(x)} = f'(1) \cdot (x - 1) + f(1)$
$\phantom{y(x)} = 1 \cdot (x - 1) + 0$
$\phantom{y(x)} = x - 1$

Lösung zu b:

**Ableitung von f:**
$f'(x) = 2x - 1$

**Gleichung der Normalen:**
$y(x) = -\frac{1}{f'(x_0)} \cdot (x - x_0) + f(x_0)$
$\phantom{y(x)} = -\frac{1}{f'(1)} \cdot (x - 1) + f(1)$
$\phantom{y(x)} = -\frac{1}{1} \cdot (x - 1) + 0$
$\phantom{y(x)} = -x + 1$

---

## Übung 11
Gegeben sind die Funktion $f(x) = 1 - x^2$ sowie die Punkte $P(1|0)$ und $Q(-1|0)$. Wie lautet die Gleichung
a) der Tangente von f in P?
b) der Normalen von f in Q?

## Übung 12
$y = 4x + 2$ ist Tangente der Funktion $f(x) = ax^3 + bx^2$ bei $x = 1$.
a) Wie lautet die Gleichung der Normalen von f bei $x = 1$?
b) Bestimmen Sie die Gleichung von f.

## 2. Untersuchung von Funktionen

Im Folgenden werden Tangentenprobleme bei Exponentialfunktionen untersucht.

▶ **Beispiel: Holzproduktion**
Der abgebildete Graph der Funktion $h(t) = \frac{1}{10}(50 - t) \cdot e^{\frac{1}{20}t}$ zeigt die Planung des monatlichen Holzeinschlags in einem Urwaldgebiet, $0 \le t \le 50$.

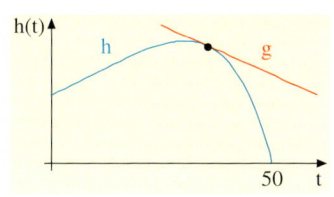

t: Zeit in Monaten; h(t): Holzeinschlag in Kubikmeter pro Hektar.
Nach 35 Monaten wird der Plan geändert: Der Holzeinschlag soll von nun an linear als Tangente von h zurückgeführt werden (Funktion g). Wie lange wird die Zeitdauer des Holzeinschlags durch diese Maßnahme verlängert?

**Lösung:**

Wir bestimmen durch Anwendung der Produktregel die Ableitung von h.

*Ableitung der Funktion h:*
$h(t) = (5 - 0{,}1\,t) \cdot e^{0{,}05\,t}$
$h'(t) = (-0{,}1) \cdot e^{0{,}05\,t} + (5 - 0{,}1\,t) \cdot (0{,}05 \cdot e^{0{,}05\,t})$
$\quad\;\; = (0{,}15 - 0{,}005\,t) \cdot e^{0{,}05\,t}$

Anschließend ermitteln wir die Gleichung der Tangente g bei $t_0 = 35$.
Dazu wenden wir die allgemeine Formel für die Tangente an. Sie lautet:
$g(t) = h'(t_0) \cdot (t - t_0) + h(t_0)$.
Wir erhalten angenähert das Resultat:
$g(t) \approx -0{,}144\,t + 13{,}67$

*Gleichung der Tangente g bei $t_0 = 35$:*
$g(t) = h'(t_0) \cdot (t - t_0) + h(t_0)$ (Ansatz)
$g(t) = h'(35) \cdot (t - 35) + h(35)$
$g(t) \approx -0{,}144 \cdot (t - 35) + 8{,}632$
$g(t) \approx -0{,}144\,t + 13{,}67$

Nun bestimmen wir die Nullstelle dieser Tangente. Sie liegt angenähert an der Stelle $t = 95$.

*Nullstelle der Tangente g:*
$g(t) = 0$
$-0{,}144\,t + 13{,}67 = 0$
$t \approx 95$

Insgesamt wird also die Dauer des Holzeinschlags von 50 auf 95 Monate ausgeweitet, d. h. um 45 Monate verlängert. ◀

### Übung 13
Bei einem Motorradrennen stürzt ein Fahrer unglücklich im Wendepunkt W der Kurve. Das Motorrad rutscht tangential weiter. Landet er in der Auffangbarriere aus Stroh, die zwischen den Positionen A(2|1) und B(2|2) aufgebaut ist?
Der Kurvenverlauf wird durch die Funktion $f(x) = (1 - x) \cdot e^x$ beschrieben.

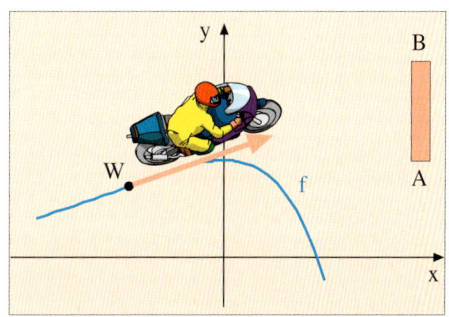

## Übungen

**14.** Untersuchen Sie die Funktion f auf Nullstellen, lokale Extrema und Wendepunkte.
a) $f(x) = \frac{1}{2}x^3 - \frac{3}{2}x^2$
b) $f(x) = -\frac{1}{2}x^3 + \frac{1}{8}x$
c) $f(x) = \frac{1}{2}x^4 + x^3$

**15.** Gegeben ist die Funktion $f(x) = \frac{1}{20}x^5 - \frac{2}{3}x^3 + 3x$.
a) Bestätigen Sie, dass die Funktion an der Stelle $x = \sqrt{2}$ ein lokales Maximum annimmt.
b) An welchen Stellen nimmt f ein lokales Minimum an?
c) Geben Sie ohne weitere Rechnung alle vier lokalen Extremstellen von f an.
d) Ermitteln Sie die Wendepunkte von f.

**16.** Ermitteln Sie die Nullstellen, lokale Extrempunkte und Wendepunkte von f.
a) $f(x) = \frac{1}{5}(x+2)^2(x-1)$
b) $f(x) = -\frac{1}{10}x^5 + 2x^4 - x^3 + 1$
c) $f(x) = x^4 - x^3 + x^2 - x$

**17.** a) Zeigen Sie, dass $f(x) = x - \sin x$, $0 \leq x \leq 2\pi$, nur in den Randpunkten waagerechte Tangenten hat.
b) Zeigen Sie, dass die Wendepunkte von f entweder die Steigung 0 besitzen und folglich Sattelpunkte sind oder die Steigung 2 besitzen.

**18.** Der Höhenmesser zeigt gemäß der Funktion $h(t) = 0{,}6t^3 - 9t^2 + 400$ die Flughöhe eines Heißluftballons während einer 15-minütigen Flugphase an (t in min, h in m), $0 \leq t \leq 15$.
a) Wie hoch fliegt der Ballon 3 Minuten nach Beginn der Messung?
b) Wann erreicht der Ballon seine geringste Flughöhe?
c) Zu welchem Zeitpunkt verringert sich die Flughöhe am stärksten? Wann steigt sie am stärksten an? Wie groß ist die Änderung zu diesen Zeitpunkten, gemessen in m/s?

**19.** Der Hersteller gibt die Produktionskosten bei der Herstellung einer innovativen Uhr an für $0 \leq x \leq 800$ mit
$K(x) = 0{,}001x^3 - 0{,}9x^2 + 150x + 72000$
(x: Anzahl der produzierten Uhren pro Tag, $0 \leq x \leq 1000$;
K(x): Produktionskosten pro Tag).

a) Zeichnen Sie den Graphen der Funktion K.
b) Wie hoch sind die Kosten für eine Uhr bei einer Produktion von 500 Uhren pro Tag?
c) Untersuchen Sie die Funktion K auf lokale Extrema.
d) Bestimmen Sie den Wendepunkt von K.
e) Der Verkaufspreis der Uhr wird auf 150 Euro festgelegt. Die mittleren täglichen Einnahmen der Firma betragen somit $E(x) = 150x$. Ermitteln Sie graphisch, ab welcher Tagesstückzahl x der Hersteller einen Gewinn erwirtschaftet.
f) Bei welcher Tagesstückzahl x ist der Gewinn am größten?

**20.** Gegeben ist die Funktion $f(x) = (x^2 + 3) \cdot (x^2 - 1)$.
  a) Begründen Sie, dass der Graph der Funktion f symmetrisch zur y-Achse ist.
  b) Bestimmen Sie die Nullstellen von f.
  c) In welchen Bereichen ist die Funktion monoton wachsend bzw. monoton fallend?
  d) Bestimmen Sie die Gleichung der Tangente an den Graphen von f bei x = 1.
  e) Eine quadratische Parabel $p(x) = ax^2 + c$ hat ihren Scheitelpunkt in S(0|−4) und besitzt die gleichen Nullstellen wie die Funktion f. Wie lautet die Funktionsgleichung von p?

**21.** Das Höhenprofil des ersten Abschnitts eines Ski-Cross-Parcours wird durch die ganzrationale Funktion $f(x) = -\frac{1}{100}x^3 + \frac{3}{4}x$ (−10 ≤ x ≤ 0) beschrieben (1 LE = 10 m).
  a) Ermitteln Sie den Höhenunterschied zwischen dem Punkt A(−10|y) und dem tiefsten Punkt B des ersten Abschnitts.
  b) Wie groß ist das durchschnittliche Gefälle zwischen den Punkten A und B?
  c) Wie groß ist der Winkel α, unter dem der Fahrer im Ursprung fährt?
  d) Das Profil wird auf dem zweiten Abschnittt 0 ≤ x ≤ 10 fortgesetzt durch die Funktion $g(x) = \frac{3}{400}x^3 - \frac{3}{20}x^2 + \frac{3}{4}x$.
  Zeigen Sie, dass f und g ohne Knick ineinander übergehen und dass g im Punkt C(10|0) in die Waagerechte übergeht.
  e) Wo ist die Steigung von g maximal?
  f) Ermitteln Sie den Wendepunkt von g.
  g) Beschreiben Sie das Krümmungsverhalten der gesamten Bahn.

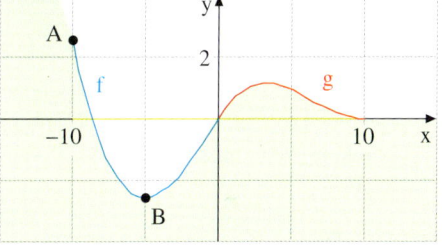

**22.** Gegeben sei die Funktion $f(x) = \frac{1}{8}(x^4 - 8x^2 - 9)$.
  a) Zeigen Sie, dass f zwei Nullstellen bei x = 3 und x = −3 hat.
  b) Untersuchen Sie f auf lokale Extrema.
  c) Errechnen Sie die Lage der beiden Wendepunkte von f.
  d) Zeichnen Sie den Graphen von f für −3,5 ≤ x ≤ 3,5.
  e) Wie groß ist die Steigung von f in den beiden Nullstellen?
  f) An welcher Stelle des Intervalls [−2; 2] hat f die größte Steigung?

**23.** a) Zeigen Sie, dass jedes Polynom dritten Grades genau einen Wendepunkt hat.
  b) Zeigen Sie, dass jedes Polynom zweiten Grades genau ein lokales Extremum hat.
  c) Begründen Sie, dass jedes Polynom dritten Grades mindestens eine Nullstelle hat.
  d) Kann eine Funktion dritten Grades keinen, einen oder zwei lokale Extremwerte besitzen?

**24.** Gegeben ist die Funktion $f(x) = (x - 1) \cdot e^{-0{,}5x}$.
  a) Wie lautet die Gleichung der Tangente g von f in der Nullstelle $x_0$ der Funktion?
  b) Zeigen Sie, dass die Tangente $h_b$ an den Graphen von f bei $x_1 = -1$ eine Ursprungsgerade ist.
  c) An welcher weiteren Stelle $x_2$ ist die Tangente $h_c$ an f ebenfalls eine Ursprungsgerade?
  d) Zeichnen Sie die Graphen von f, g, $h_c$ und $h_b$ mit einem DMW für $-1 \le x \le 6$.

**DMW** **25.** Zeichnen Sie den Graphen von f mithilfe eines DMW. Untersuchen Sie f anschließend rechnerisch auf lokale Extrema.
  a) $f(x) = 2x - 3 + e^{-x}$     b) $f(x) = (x + 1) \cdot e^{-0{,}5x}$     c) $f(x) = (x^2 - 1) \cdot e^{-x}$

**26.** Untersuchen Sie die Funktion f auf Wendepunkte.
  a) $f(x) = 0{,}5\,e^x - e^{-x}$     b) $f(x) = (x^2 - x) \cdot e^{-0{,}5x}$     c) $f(x) = e^x - x^2 - 2$

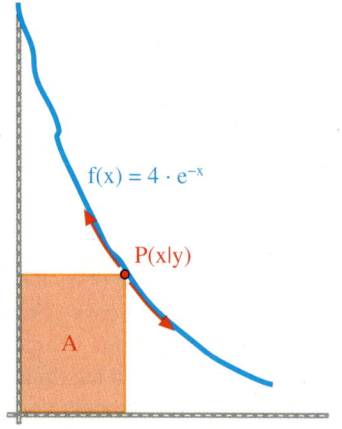

**27.** Zwischen den beiden Straßen und dem Fluss soll eine achsenparallele rechteckige Sandfläche so angeordnet werden, dass eine ihrer Ecken im Ursprung und die diagonal gegenüberliegende Ecke P auf dem südlichen Flussufer $f(x) = 4 \cdot e^{-x}$ liegt. Wo muss der Punkt P liegen, damit der Inhalt A des Rechtecks maximal wird?

**28.** Das in der vorigen Übung beschriebene Rechteck soll einen minimalen Umfang erhalten. Wo muss der Punkt P nun liegen?

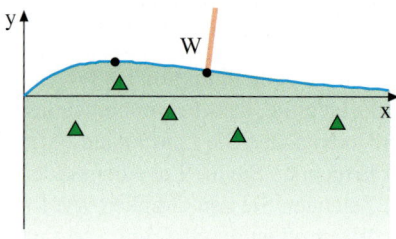

**29.** Ein Waldgebiet wird im Norden durch die Randkurve $f(x) = x \cdot e^{-0{,}5x}$ begrenzt.
  a) Bestimmen Sie f' und f''.
  b) Welche Koordinaten hat der am weitesten nördlich liegende Ort des Waldes?
  c) Ein Wanderweg trifft im Wendepunkt W orthogonal auf die nördliche Randkurve des Waldes. Wie lautet die Geradengleichung des Wanderweges?

# 3. Funktionenscharen

## A. Scharen von ganzrationalen Funktionen

Die Funktionsgleichung $f_a(x) = x^2 - ax$ ($a \in \mathbb{R}$) beschreibt nicht eine einzige Funktion, sondern gleich eine ganze *Funktionenschar*, denn für jeden Wert von a erhält man eine andere Funktion. a heißt *Scharparameter* der Funktionenschar $f_a$.

▶ **Beispiel: Parabelschar**
Führen Sie eine Kurvendiskussion der Funktionenschar $f_a(x) = x^2 - ax$ ($a \in \mathbb{R}$) durch. Berechnen Sie die Lage der Nullstellen und lokale Extrema von $f_a$ in Abhängigkeit vom Scharparameter a. Skizzieren Sie die Graphen der speziellen Scharfunktionen $f_1$, $f_3$ und $f_{-1,5}$.

Lösung:
**Ableitungen:**
$f_a(x) = x^2 - ax$, $f'_a(x) = 2x - a$, $f''_a(x) = 2$

**Nullstellen:**
$f_a(x) = x^2 - ax = x(x - a) = 0$
$\Rightarrow x = 0$ und $x = a$

**Lokale Extrema:**
$f'_a(x) = 2x - a = 0 \Rightarrow x = \frac{a}{2}$
$f''_a\left(\frac{a}{2}\right) = 2 > 0 \Rightarrow$ Minima
▶ Tiefpunkte: $T\left(\frac{a}{2} \mid -\frac{a^2}{4}\right)$

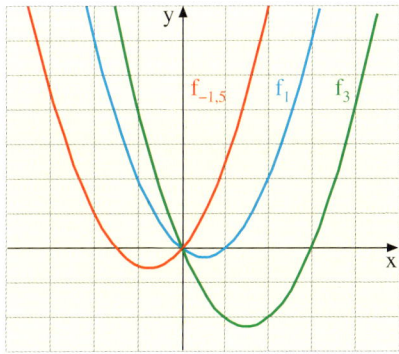

Häufig steht man vor der Aufgabe, aus einer Kurvenschar diejenige Kurve auszusortieren, die eine bestimmte, vorgegebene Eigenschaft hat.

▶ **Beispiel: Parameter gesucht**
a) Welcher Graph der Schar $f_a(x) = x^2 - ax$ hat an der Stelle $x = 3$ die Steigung 1?
b) Gibt es einen Graphen der Schar $f_a$, der genau eine Nullstelle besitzt?

Lösung zu a:
Ein Graph der Schar $f_a$ hat an der Stelle $x = 3$ die Steigung 1, wenn $f'_a(3) = 1$ gilt.
Daraus folgt:
$f'_a(3) = 6 - a = 1 \Rightarrow a = 5$.
▶ $f_5(x) = x^2 - 5x$ ist die gesuchte Funktion.

Lösung zu b:
Im obigen Beispiel wurde bereits gezeigt, dass die Nullstellen bei $x = 0$ und $x = a$ liegen. Für $a = 0$ gibt es also nur genau eine Nullstelle. Folglich besitzt die Funktion $f_0(x) = x^2$ genau eine Nullstelle.

## Übung 1

Gegeben sei die Funktionenschar $f_a(x) = x^2 - 2ax + 1$ ($a \in \mathbb{R}$, $a > 0$).
a) Führen Sie eine Funktionsuntersuchung von $f_a$ durch.
b) Skizzieren Sie die Graphen für $a = 1$, $a = 1,5$ und $a = 0,5$.
c) Welcher Graph der Schar $f_a$ hat an der Stelle $x = 4$ die Steigung 1?
d) Welche Graphen der Schar $f_a$ haben keine Nullstellen bzw. genau eine Nullstelle?

▶ **Beispiel: Schar kubischer Funktionen**
Gegeben sei die Funktionenschar $f_a(x) = x^3 - 3ax^2$ ($a \in \mathbb{R}$, $a > 0$).
Führen Sie eine Funktionsuntersuchung der Funktionenschar $f_a$ durch (Nullstellen, lokale Extrema und Wendepunkte). Skizzieren Sie die Graphen für $a = 1$, $a = 0{,}6$ und $a = 1{,}2$.

Lösung:
**Ableitungen:**
$f_a(x) = x^3 - 3ax^2 = x^2 \cdot (x - 3a)$
$f_a'(x) = 3x^2 - 6ax = 3x \cdot (x - 2a)$
$f_a''(x) = 6x - 6a = 6 \cdot (x - a)$
$f_a'''(x) = 6$

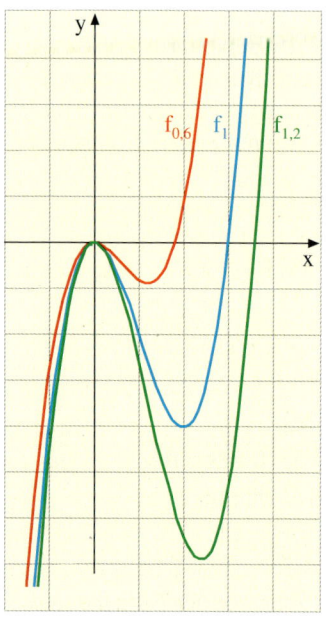

**Nullstellen:**
$f_a(x) = x^3 - 3ax^2 = x^2 \cdot (x - 3a) = 0$
$\Rightarrow x = 0$ und $x = 3a$

**Lokale Extrema:**
$f_a'(x) = 3x^2 - 6ax = 3x \cdot (x - 2a) = 0$
$\Rightarrow x = 0$ ⎫ Hochpunkt, denn
   $y = 0$ ⎭ $f_a''(0) = -6a < 0$;
$\Rightarrow x = 2a$ ⎫ Tiefpunkt, denn
   $y = -4a^3$ ⎭ $f_a''(2a) = 6a > 0$

**Wendepunkte:**
$f_a''(x) = 6x - 6a = 6(x - a) = 0$
$\Rightarrow x = a$ ⎫ Wendepunkt, denn
▶  $y = -2a^3$ ⎭ $f_a'''(a) = 6 \neq 0$

▶ **Beispiel: Wendetangente**
Welcher Graph der Schar $f_a(x) = x^3 - 3ax^2$ ($a \in \mathbb{R}$, $a > 0$) besitzt eine Wendetangente, die durch den Punkt $P(0|8)$ geht?

Lösung:
Im obigen Beispiel wurde bereits gezeigt, dass $W(a|-2a^3)$ Wendepunkt von $f_a$ ist. Dort liegt die Steigung $f_a'(a) = -3a^2$ vor.
Für die Wendetangente t kann daher der Ansatz $t(x) = -3a^2 x + n$ verwendet werden.
Setzen wir hier die Wendepunktkoordinaten ein, so erhalten wir $-3a^3 + n = -2a^3$, d.h. $n = a^3$.
Die Gleichung der Wendetangente von $f_a$ lautet daher $t(x) = -3a^2 x + a^3$.
▶ Die Forderung $t(0) = 8$ führt auf $a^3 = 8$, d.h. $a = 2$. Also ist $f_2(x) = x^3 - 6x^2$ der gesuchte Graph.

## Übung 2
Führen Sie eine Funktionsuntersuchung der Funktionenschar $f_a$ durch. Skizzieren Sie die zu den angegebenen Parametern gehörigen Graphen.
a) $f_a(x) = x^3 - ax$, $a > 0$
   Skizze: $a = 3$, $a = 1$, $a = 6$
b) $f_a(x) = -x^3 + 2ax^2$, $a > 0$
   $a = 1$, $a = 0{,}5$, $a = 1{,}5$
c) $f_a(x) = x^4 - ax^2$, $a > 0$
   $a = 2$, $a = 4$

# 3. Funktionenscharen

## Ortskurven

Im folgenden Beispiel geht es um die *Ortskurve* der Extrema einer Funktionenschar. Das ist diejenige Kurve, auf der alle lokalen Extrema der Schar liegen.

> **Beispiel: Ortskurve**
> Die Funktionenschar $f_a(x) = -\frac{1}{4}x^2 + ax$ ($a > 0$) soll untersucht werden. Zeichnen Sie die Graphen für $a = 1$, $a = 2$ und $a = 3$ in das gleiche Koordinatensystem. Bestimmen Sie außerdem diejenige Kurve y, auf der alle Hochpunkte von $f_a$ liegen, und zeichnen Sie deren Graphen ein.

**Lösung:**

**1. Nullstellen:**
$f_a(x) = -\frac{1}{4}x^2 + ax = 0$
$-\frac{1}{4}x \cdot (x - 4a) = 0$
$x = 0$ oder $x = 4a$

**2. Lokale Extrema:**
$f'_a(x) = -\frac{1}{2}x + a = 0$
$x = 2a$
$y = a^2$
$f''_a(a) = -\frac{1}{2} < 0 \Rightarrow$ Hochpunkt $H(2a | a^2)$

**3. Wendepunkte:**
$f''_a(x) = -\frac{1}{2} \neq 0$
$\Rightarrow$ keine Wendepunkte

**4. Ortskurve der Hochpunkte:**
Jeder der Hochpunkte hat die beiden Koordinaten $x = 2a$ und $y = a^2$.
Wir lösen die Gleichung für die x-Koordinate nach a auf, d.h. $a = \frac{x}{2}$. Wir setzen dieses Zwischenergebnis in die Gleichung für die y-Koordinate ein:
$y = a^2 = \left(\frac{x}{2}\right)^2 = \frac{1}{4}x^2$
Das Endergebnis $y = \frac{1}{4}x^2$ stellt die gesuchte Ortskurve der Hochpunkte dar.
▶ In der Graphik ist sie grün dargestellt.

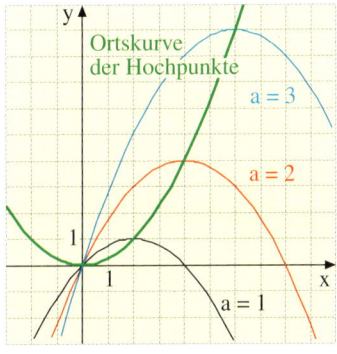

*Koordinaten des Hochpunktes:*
x-Koordinate: $x = 2a$
y-Koordinate: $y = a^2$

*Auflösen der x-Koordinate nach a:*
$x = 2a \Rightarrow a = \frac{x}{2}$

*Einsetzen in die y-Koordinate:*
$y = a^2 \Rightarrow y = \left(\frac{x}{2}\right)^2 \Rightarrow y = \frac{1}{4}x^2$

*Gleichung der Ortskurve:*
$y = \frac{1}{4}x^2$

> **Vorgehen zur Bestimmung der Ortskurve der lokalen Extrempunkte**
> 1. Bestimmen Sie die beiden Koordinaten des Extrempunktes in Abhängigkeit von a.
> 2. Lösen Sie die Gleichung für die x-Koordinate nach dem Parameter a auf.
> 3. Setzen Sie den so gewonnenen Term für a in die Gleichung für die y-Koordinate ein.

## Übung 3
Untersuchen Sie die Schar $f_a(x) = ax^2 - x$ ($a > 0$) auf Nullstellen und lokale Extrema. Skizzieren Sie $f_1$, $f_2$ und $f_3$. Bestimmen und zeichnen Sie die Ortskurve der Extrema.

## Übung 4
Untersuchen Sie $f_a(x) = \frac{1}{2}x^4 - ax^2$ ($a > 0$). Zeichnen Sie $f_1$, $f_2$ und $f_3$. Bestimmen Sie die Ortskurven der lokalen Extrema und Wendepunkte und zeichnen Sie diese ein.

## Übungen

**5.** Gegeben ist die Funktionenschar $f_a(x) = x^2 - (a + 1)x$.
   a) Untersuchen Sie die Schar für $a \in \mathbb{R}$ auf Nullstellen und Extrema.
   b) Skizzieren Sie die Graphen von $f_1$ und $f_2$ für $-1 \leq x \leq 4$.
   c) Welcher Graph der Schar $f_a$ hat ein lokales Extremum bei $x = 2$?
   d) Für welchen Wert von a hat $f_a$ genau eine Nullstelle?
   e) Zeigen Sie, dass alle lokalen Extrema von $f_a$ auf der Parabel $y = -x^2$ liegen.
   f) Welche Graphen zeigt die Abbildung?

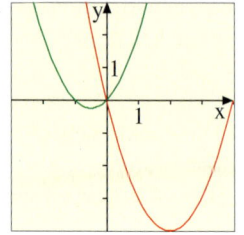

**6.** Gegeben ist die Funktionenschar $f_a(x) = x - a^2 x^3$, $a > 0$.
   a) Führen Sie eine Funktionsuntersuchung von $f_a$ durch (Symmetrie, Nullstellen, Extrempunkte, Wendepunkte).
   b) Zeichnen Sie die Graphen von $f_{\frac{1}{3}}$, $f_{\frac{1}{2}}$ und $f_1$ in ein Koordinatensystem.
   c) Zeigen Sie: Alle Graphen der Schar haben einen gemeinsamen Punkt P.
   d) Auf welcher Kurve liegen alle Hochpunkte der Funktionenschar?

**7.** Gegeben ist die Funktionenschar $f_a(x) = x^3 - 3a^2 x + 2a^3$.
   a) Untersuchen Sie $f_a$ auf lokale Extrema und Wendepunkte.
   b) Zeigen Sie, dass $x = -2a$ eine Nullstelle von $f_a$ ist.
   c) Skizzieren Sie die Graphen von $f_1$ und $f_{-1}$.
   d) Zeigen Sie, dass alle Graphen der Schar die x-Achse berühren.
   e) Zeigen Sie, dass $f_a$ und $f_{-a}$ symmetrisch zueinander sind.

**8.** Gegeben ist die Funktionenschar $f(x) = x - 2a + \frac{a}{x}$.
   a) Für welche a existieren zwei, eine bzw. keine Nullstellen?
   b) Untersuchen Sie $f_a$ auf lokale Extrema.
   c) Skizzieren Sie die Graphen von $f_1$ und $f_{-1}$.
   d) Zeigen Sie, dass keine Scharfunktion einen Wendepunkt hat.
   e) Zeichnen Sie den Graphen von $f_2$.
   f) Unter welchen Winkeln schneidet der Graph von $f_2$ die x-Achse?

**9.** Auf dem Parkhausdach stehen 6 Autos von jeweils 5 m Länge und 2 m Höhe. Ein Stuntman beschleunigt über die Rampe auf die Geschwindigkeit v (in m/s) und versucht, die Autos zu überspringen. Seine Flugbahn lautet $y_v(x) = \frac{1}{2}x - \frac{5}{v^2}x^2$.
   a) Welche Geschwindigkeit v muss er erreichen, um eine Maximalhöhe von 5 m zu erzielen?
   b) Wie groß ist dann die Sprungweite?
   c) Kann er so die Autos zu überspringen?
   d) Wie groß ist der Absprungwinkel?

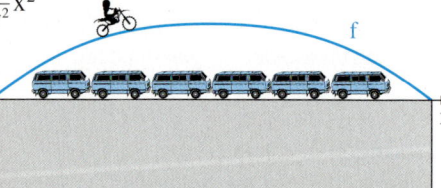

## 3. Funktionenscharen

**10.** Ein Golfspieler steht im Ursprung des Koordinatensystems und wird einen Ball schlagen, der im Punkt $P(x_0, 0)$ vor ihm liegt. Sein Ziel ist es, den Ball über die Sandfläche zu schlagen, die sich in einer Entfernung von 5 bis 21 m vom Spieler erstreckt.
Die Flugbahn des Golfballes wird durch $f_a(x) = -\frac{1}{a}(x^2 - (a+2)x + (a+1))$, $a > 0$ beschrieben, wobei a von der Geschwindigkeit abhängt, mit welcher der Ball getroffen wird (1 LE = 1 m).

a) Zeigen Sie, dass der Abschlagpunkt P die Abszisse $x_0 = 1$ hat.
b) Sei $a = 8$. An welcher Stelle landet der Ball in diesem Fall? Welche maximale Höhe erreicht er im Flug? Wie groß ist der Abschlagwinkel?
c) Zeigen Sie, dass die Schar $f_a$ den Hochpunkt $H\left(\frac{a+2}{2}, \frac{a}{4}\right)$ besitzt.
d) Zeigen Sie, dass der Ball für jedes a unter einem Winkel von 45° abgeschlagen wird.
e) Zeigen Sie, dass die Funktion $f_a$ die Nullstellen $x = 1$ und $x = a + 1$ besitzt.
f) Für welches a erreicht der Ball exakt das Ende der Sandfläche?

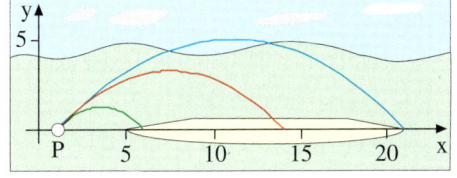

**11.** Eine Aktie hat einen Wert von 50 $. Ihr möglicher Kursverlauf wird beschrieben durch die Funktion $f_a(t) = -0{,}01\,a\,t^3 + 0{,}3\,a\,t^2 + 50$, $a \in \mathbb{R}$. t: Zeit in Monaten, f: Wert in $.

a) Untersuchen Sie den Kursverlauf für $a = 2$. Welcher maximale Kurs wird erreicht? Zu welchem Zeitpunkt setzt eine Trendwende ein? Mit welcher Geschwindigkeit (in $/Monat) steigt der Kurs zur Zeit der Trendwende?
b) Welcher ganzzahlige Wert von a entspricht der grünen Kurve? Begründen Sie stichhaltig.
c) Der Fall $a = -1$ entspricht dem roten Kursverlauf. Wann hat sich der Kurs halbiert? Lösen Sie dies angenähert.

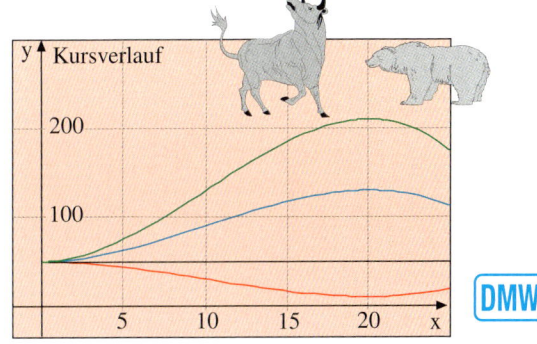

**12.** Eine Wellenmaschine erzeugt Wellen der Form $f_a(x) = -\frac{1}{a^2}x^3 + \frac{1}{a}x^2$ (s. Abb.).

a) Wie lang und hoch ist die Welle für $a = 15$?
Skizzieren Sie den Graphen.
b) Welche Wellen sind dargestellt?
c) Wo ist die Welle für $a = 15$ an ihrem linken Hang am steilsten?
d) Für welches a erhält man eine 4 m hohe Welle?

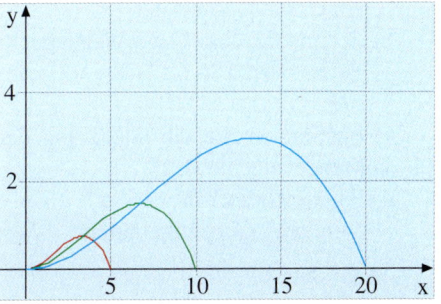

13. Gegeben sei die Funktionenschar
    $f_a(x) = 2ax^3 + (2 - 4a)x$, $a \in \mathbb{R}$, $a \neq 0$.
    a) Führen Sie für $a = -0{,}25$ eine Funktionsuntersuchung durch (Nullstellen, lokale Extrema, Wendepunkte) und skizzieren Sie anschließend den Graphen von $f_{-0{,}25}$ für $-3 \leq x \leq 3$.
    b) Zeigen Sie, dass alle Graphen zu $f_a$ durch den Hochpunkt H der Kurve $f_{-0{,}25}$ gehen (s. Abb.).

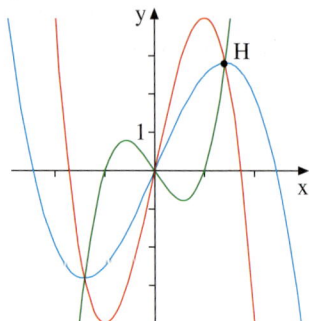

    c) Für welches a hat $f_a$ im Punkt H die Steigung 6?
    d) Für welches $a \in \mathbb{R}$ hat $f_a$ keine lokalen Extrema?
    e) Für welches a hat die Wendenormale von $f_a$ die Steigung 0,5?

14. Gegeben sei die Funktionenschar
    $f_a(x) = \frac{1}{12a}x^3 - x^2 + 3ax$, $a \in \mathbb{R}$, $a > 0$.
    a) Untersuchen Sie die Schar auf Nullstellen und Extrema.
    b) Der Punkt $P(z|f_1(z))$ bildet mit dem Ursprung und dem Punkt $Q(z|0)$ ein achsenparalleles Dreieck ($0 \leq z \leq 6$). Bestimmen Sie die Koordinaten von P so, dass das Dreieck maximalen Inhalt hat.

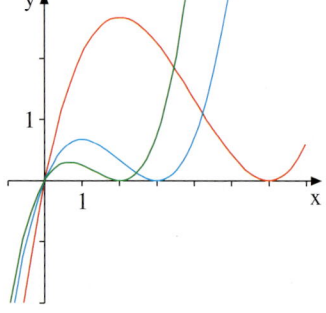

    c) Die Tangente durch $W\left(4a\left|\frac{4}{3}a^2\right.\right)$ schließt mit den Koordinatenachsen ein Dreieck ein. Für welches a hat das Dreieck den Inhalt 384?

15. Gegeben sei die Funktionenschar
    $f_a(x) = x^3 + (3 - 3a)x^2 - 12ax$, $a \in \mathbb{R}$, $a > 0$.
    a) Zeigen Sie, dass $f_a$ den Hochpunkt $H(-2|4 + 12a)$ besitzt.
    b) Zeigen Sie, dass $f_a$ den Wendepunkt $W(a - 1|-2a^3 - 6a^2 + 6a + 2)$ besitzt.

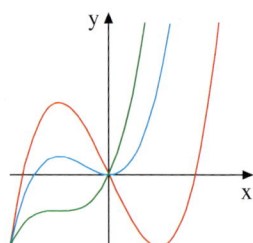

    c) Bestimmen Sie die Gleichung der Wendetangente von $f_1$.
    d) Für welches $a \in \mathbb{R}$ besitzt $f_a$ einen Sattelpunkt, d.h. einen Wendepunkt mit waagerechter Tangente? Geben Sie ihn an.

**16.** Für die Olympischen Spiele soll eine große metallische Fackel konstruiert werden.

Sie soll 7,5 m hoch sein. Oben beträgt ihre Breite 8 m, unten nur 2 m.

Die Profilkurve der symmetrischen Fackel kann durch eine Funktion der Gestalt $f(x) = a - \frac{b}{x^2}$ beschrieben werden.

a) Bestimmen Sie die Parameter a und b. Kontrollergebnis: a = 8, b = 8

b) In welcher Höhe über dem Erdboden beträgt die Neigung der Innenwand exakt 45°?

c) Der Hohlraum im Innern der Fackel ist – wie abgebildet – in seinem unteren Bereich kegelförmig ausgebildet.

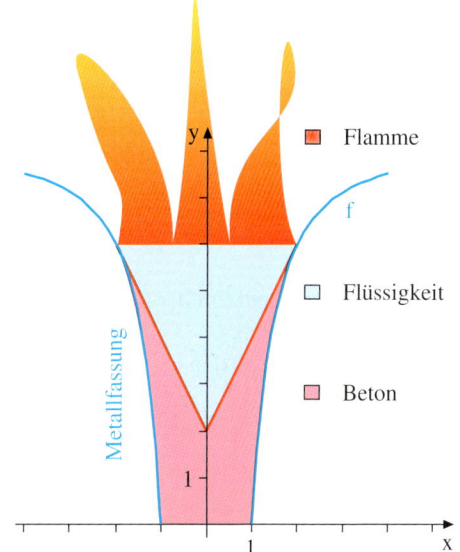

Die Mantellinien des Kegels schließen tangential an das äußere Randprofil der Fackel an. Der Kegel ist an seiner Basis 4 m breit.
Wie lauten die Gleichungen der beiden Mantellinien?
Welches Volumen hat der Kegel?

d) Wie steil fällt die Innenwand der Fackel an ihrem äußeren oberen Rand?
Wie groß ist die maximale Steilheit der Innenwand?

**17.** Abgebildet ist die Profilkurve $f(x) = a \cdot \sqrt{x}$ eines 18 m hohen Hanges.

a) Bestimmen Sie a.

b) Wie steil ist der Hügel am oberen Ende?
Wo ist die Steigung des Hügels gleich $\frac{3}{10}$?

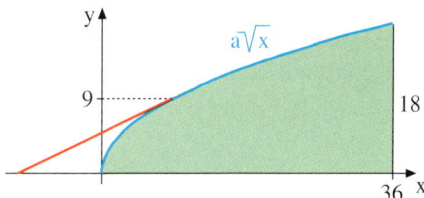

c) Eine tangential auf dem Hügel in 9 m Höhe endende Rampe wird geplant. Bestimmen Sie:
(1) die Steigung der Rampe,
(2) die Gleichung der Rampe,
(3) die Länge der Rampe.

## B. Scharen von Exponentialfunktionen

> **Beispiel: Schar mit exponentiellen Termen**
> Gegeben ist die Funktionenschar $f_a(x) = e^{2x} - a \cdot e^x$, $a > 0$.
> Untersuchen Sie $f_a$ auf Nullstellen, lokale Extrema, Wendepunkte, Verhalten für $x \to \pm\infty$.
> Zeichnen Sie die Graphen $f_2$ und $f_3$ für $-3 \leq x \leq 1{,}2$.

Lösung:

**1. Ableitungen:**
Die Ableitungen sind mit der linearen Kettenregel zu gewinnen.
Es ist günstig, jeweils den Faktor $e^x$ auszuklammern.

*Ableitungen:*
$$f_a(x) = e^{2x} - a \cdot e^x = e^x \cdot (e^x - a)$$
$$f_a'(x) = 2e^{2x} - a \cdot e^x = e^x \cdot (2e^x - a)$$
$$f_a''(x) = 4e^{2x} - a \cdot e^x = e^x \cdot (4e^x - a)$$
$$f_a'''(x) = 8e^{2x} - a \cdot e^x = e^x \cdot (8e^x - a)$$

**2. Nullstellen:**
Die Funktion $f_a$ hat genau eine Nullstelle bei $x = \ln a$.

*Nullstellen:*
$$f_a(x) = e^x \cdot (e^x - a) = 0$$
$$e^x - a = 0$$
$$x = \ln a$$

**3. Lokale Extrema:**
Bei $x = \ln \frac{a}{2}$ liegt eine Nullstelle von $f'$, d. h. eine Stelle mit waagerechter Tangente.

Der y-Wert beträgt $y = -\frac{a^2}{4}$. Die Überprüfung mittels $f_a''$ ergibt ein Minimum.

Resultat: Tiefpunkt $T\left(\ln \frac{a}{2} \mid -\frac{a^2}{4}\right)$

*Lokale Extrema:*
$$f_a'(x) = e^x \cdot (2e^x - a) = 0$$
$$2e^x - a = 0$$
$$x = \ln \frac{a}{2}$$
$$y = f\left(\ln \frac{a}{2}\right) = e^{\ln \frac{a}{2}} \cdot (e^{\ln \frac{a}{2}} - a) = \frac{a}{2}\left(\frac{a}{2} - a\right)$$
$$= -\frac{a^2}{4}$$
$$f''\left(\ln \frac{a}{2}\right) = \frac{a^2}{2} > 0 \Rightarrow \text{Minimum}$$

**4. Wendepunkte:**
Mithilfe der notwendigen Bedingung für Wendepunkte $f'' = 0$ errechnen wir einen Wendepunkt mit Rechts-Links-Krümmung.

Resultat: $W\left(\ln \frac{a}{4} \mid -\frac{3}{16}a^2\right)$

*Wendepunkte:*
$$f_a''(x) = e^x (4e^x - a) = 0$$
$$x = \ln \frac{a}{4}$$
$$y = -\frac{3}{16}a^2$$
$$f_a'''\left(\ln \frac{a}{4}\right) = \frac{a^2}{4} > 0 \Rightarrow \text{R-L-Wendepunkt}$$

**5. Verhalten für $x \to \pm\infty$:**
Für $x \to \infty$ überwiegt der Teilterm $e^{2x}$.
Er strebt gegen unendlich und damit auch der Gesamtterm von $f_a$.
Für $x \to -\infty$ streben beide Teilterme $e^{2x}$ und $e^x$ gegen null und damit auch die Funktion $f_a$.
Der Graph von $f_a(x) = e^x(e^x - a)$ schmiegt sich also für $x \to -\infty$ an die x-Achse.

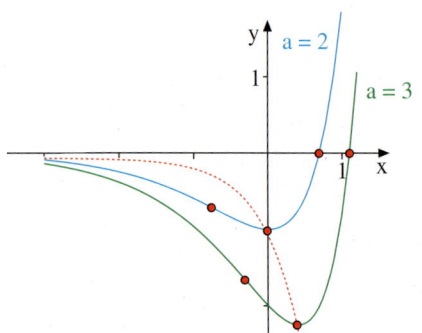

## Übung 18
Gegeben ist die Schar $f_a(x) = e^{2x} - a \cdot e^x$ aus dem vorhergehenden Beispiel.
a) Für welchen Wert von a liegt der lokale Extremwert von $f_a$ bei $x = 2$?
b) Für welches a liegt der Wendepunkt von f auf der y-Achse?
c) Bestimmen Sie eine Stammfunktion von $f_a$.
d) Für welchen Wert von a umschließen der Graph von $f_a$ und die beiden Koordinatenachsen im vierten Quadranten eine Fläche mit dem Inhalt 2?

### Beispiel: Untersuchung einer Schar zusammengesetzter Funktionen
Untersuchen Sie $f_a(x) = a^2 x \cdot e^{-ax}$, $a > 0$, auf Nullstellen, Extrema und Wendepunkte sowie das Verhalten für $x \to \pm\infty$. Zeichnen Sie die Graphen von $f_1$ und $f_2$ für $-0{,}5 \leq x \leq 4$.

**Lösung:**

**1. Ableitungen:**
Die Ableitungen bestimmen wir unter Verwendung der Produkt- und der Kettenregel. Es ist günstig, den Faktor $e^{-ax}$ jeweils auszuklammern.

*Ableitungen:*
$$f_a(x) = a^2 x \cdot e^{-ax}$$
$$f_a'(x) = (a^2 - a^3 x) \cdot e^{-ax}$$
$$f_a''(x) = (-2a^3 + a^4 x) \cdot e^{-ax}$$
$$f_a'''(x) = (3a^4 - a^5 x) \cdot e^{-ax}$$

**2. Nullstellen:**
Die Funktionen besitzt eine Nullstelle bei $x = 0$. Sie ist bei allen Funktionen der Schar gleich.

*Nullstellen:*
$$f_a(x) = a^2 x \cdot e^{-ax} = 0$$
$$a^2 x = 0$$
$$x = 0$$

**3. Lokale Extrema:**
Die Ableitungen $f_a'$ besitzen eine Nullstelle bei $x = \frac{1}{a}$. Die Überprüfung mit $f_a''$ zeigt, dass es sich um ein Maximum handelt.
Resultat: Hochpunkte $H\left(\frac{1}{a} \mid \frac{a}{e}\right)$

*Lokale Extrema:*
$$f_a'(x) = (a^2 - a^3 x) \cdot e^{-ax} = 0$$
$$a^2 - a^3 x = 0$$
$$x = \frac{1}{a}, \quad y = a \cdot e^{-1}$$
$$f_a''\left(\frac{1}{a}\right) = -a^3 \cdot e^{-1} < 0 \Rightarrow \text{Maxima}$$

**4. Wendepunkte:**
$f_a''$ besitzen eine Nullstelle bei $x = \frac{2}{a}$. Die Überprüfung mit $f_a'''$ zeigt, dass dort Rechts-Links-Wendepunkte liegen.
Resultat: $W\left(\frac{2}{a} \mid \frac{2a}{e^2}\right)$

*Wendepunkte:*
$$f_a''(x) = (-2a^3 + a^4 x) \cdot e^{-ax} = 0$$
$$-2a^3 + a^4 x = 0$$
$$x = \frac{2}{a}, \quad y = 2a \cdot e^{-2}$$
$$f_a'''\left(\frac{2}{a}\right) = a^4 \cdot e^{-2} > 0 \Rightarrow \text{RL-Wp.}$$

**5. Verhalten für $x \to \pm\infty$:**
Mithilfe eines Taschenrechners können Wertetabellen für verschiedene Parameterwerte bestimmt werden. Anhand dieser erkennt man, dass unabhängig von der Wahl des Parameters a
$$\lim_{x \to \infty} \frac{a^2 x}{e^{ax}} = 0 \quad \text{und} \quad \lim_{x \to -\infty} \frac{a^2 x}{e^x} = -\infty$$
gilt.

*Graphen:*

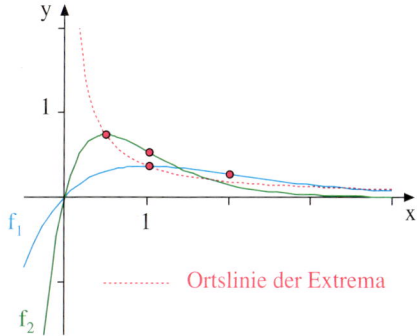

Ortslinie der Extrema

### Beispiel: Die Ortslinie der Extrema

Gegeben ist die Schar $f_a(x) = a^2 x \cdot e^{-ax}$ aus dem vorhergehenden Beispiel. Betrachtet man alle Extremalpunkte der Schar, so stellt man fest, dass diese alle auf ein- und derselben Kurve liegen. Diese Kurve nennt man *Ortskurve* oder *Ortslinie* der Extremalpunkte.
Bestimmen Sie die Gleichung dieser Ortslinie.

Lösung:
Die Hochpunkte H haben die Koordinaten $H\left(\frac{1}{a} \mid \frac{a}{e}\right)$, d.h. die Abszisse $x = \frac{1}{a}$ und die Ordinate $y = \frac{a}{e}$.
Die Ortslinie erhält man, indem man die Abszissengleichung nach a auflöst und das Ergebnis in die Ordinatengleichung einsetzt. Resultat:
$y = \frac{1}{ex}$ ist Ortslinie der Hochpunkte

Hochpunkte: $H\left(\frac{1}{a} \mid \frac{a}{e}\right)$

Abszisse: $x = \frac{1}{a}$

Auflösen nach a: $a = \frac{1}{x}$ (*)

Ordinate: $y = \frac{a}{e}$

Einsetzen von (*): $y = \frac{1}{ex}$

Diese Ortslinie ist auf der vorherigen Seite in der Zeichnung rot gepunktet eingezeichnet. Sie veranschaulicht, wie sich die Lage des Hochpunktes ändert, wenn man den Parameter a ändert. Eine Verkleinerung des Parameters a lässt den Hochpunkt auf der Ortslinie nach rechts/unten rutschen.

Die folgenden Übungen beziehen sich auf das gerade vorgestellte Beispiel. Sie enthalten zusätzliche Aufgabenstellungen.

### Übung 19
Zeigen Sie, dass $F_a(x) = (-ax - 1) \cdot e^{-ax}$ eine Stammfunktion der Funktion $f_a(x) = a^2 x \cdot e^{-ax}$ aus dem vorigen Beispiel ist.

### Übung 20
Die Funktionen $f_1$ und $f_2$ der Schar $f_a(x) = a^2 x \cdot e^{-ax}$ schneiden sich im Ursprung und an der Stelle $x_s > 0$ innerhalb des 1. Quadranten. Berechnen Sie $x_s$ und die Schnittwinkel zwischen den Tangenten an $f_1$ und $f_2$ in $x_s$.

### Übung 21
Wie lautet die Gleichung der Ursprungstangente von $f_a(x) = a^2 x \cdot e^{-ax}$?
Für welchen Wert von a hat $f_a(x) = a^2 x \cdot e^{-ax}$ im Ursprung einen Steigungswinkel von 45° bzw. von 60°?

### Übung 22
Bestimmen Sie die Ortslinie der Wendepunkte von $f_a(x) = a^2 x \cdot e^{-ax}$.

## Übungen

**23.** Gegeben ist die Funktionenschar $f_a(x) = e^{2x} - a \cdot e^x$, $a > 0$.
  a) Untersuchen Sie $f_a$ auf Nullstellen, lokale Extrema, Wendepunkte und das Verhalten für $x \to \pm\infty$. (Kontrollergebnis: $f''_a(x) = 4e^{2x} - a \cdot e^x$)
  b) Zeichnen Sie die Graphen $f_2$ und $f_3$ für $-3 \leq x \leq 1{,}2$ mit einem DMW.
  c) Bestimmen Sie die Gleichung der Ortslinie der lokalen Extrema.

**24.** Gegeben ist die Funktionenschar $f_a(x) = e^x - ax \cdot e^x$, $a > 0$.
  a) Führen Sie eine Kurvendiskussion durch (Ableitungen, Nullstelle, lokale Extrema, Wendepunkte, Verhalten für $x \to \pm\infty$). (Kontrollergebnis: $f''_a(x) = e^x - 2ae^x - ax \cdot e^x$)
  b) Zeichnen Sie die Graphen $f_1$ und $f_{0,5}$ für $-3 \leq x \leq 2{,}5$ mit einem DMW.
  c) Welche Scharfunktion $f_a$ hat einen Wendepunkt an der Stelle $x = 3$? Auf die Überprüfung mit der hinreichenden Bedingung wird verzichtet.
  d) Welche Scharfunktion schneidet die y-Achse unter einem Winkel von $30°$?
  e) Bestimmen Sie die Gleichung der Wendetangente von $f_a$.
  Für welchen Wert von a hat diese Tangente ihre Nullstelle bei $x = -2$?

**25.** Gegeben ist die Funktionenschar $f_a(x) = ax + e^{-x}$, $a > 0$.
  a) Führen Sie eine Kurvendiskussion durch (Ableitungen, lokale Extrema, Wendepunkte, Verhalten für $x \to \pm\infty$).
  b) Zeichnen Sie die Graphen $f_1$ und $f_2$ für $-2 \leq x \leq 3$ mit einem DMW.
  c) Wie lautet die Gleichung der Tangente an $f_a$ im Schnittpunkt mit der y-Achse?
  d) Bestimmen Sie die Gleichung der Ortslinie der lokalen Extrema von $f_a$.

**26.** Gegeben ist die Funktionenschar $f_a(x) = x + a \cdot e^{-x}$, $a \neq 0$.
  a) Untersuchen Sie die Funktion $f_a$ auf lokale Extrema und Wendepunkte. Begründen Sie, weshalb es nur für positive Werte von a Extremalpunkte gibt.
  b) Welche Scharkurve $f_a$ besitzt ein auf der x-Achse liegendes Extremum und welche Scharkurve hat ihr Extremum auf der y-Achse?
  c) Alle Extremalpunkte der Schar liegen auf ein und derselben Geraden g. Wie lautet die Gleichung dieser Geraden?
  d) Zeichnen Sie die Graphen der Scharkurven $f_1$, $f_{0,5}$ und $f_{-1}$ für $-2 \leq x \leq 3$ mit einem DMW.

# 4. Bestimmung von Funktionsgleichungen

## A. Steckbriefaufgaben

Im einfachsten Fall wird eine Funktion gesucht, die durch einige vorgegebene Eigenschaften gekennzeichnet ist. Man spricht dann von einer *Rekonstruktionsaufgabe* oder von einer *Steckbriefaufgabe*. Rechts ist ein solcher „Steckbrief" abgebildet.

▶ **Beispiel: Rekonstruktion**
Bestimmen Sie die Gleichung der Funktion f, die rechts im „Steckbrief" beschrieben wird.

**WANTED**

Gesucht wird die Funktion f, ihres Zeichens eine quadratische Parabel, die zu identifizieren ist anhand folgender unverwechselbarer Kennzeichen.

(1) Nullstelle bei x = 4
(2) Lokales Extremum bei x = 2
(3) Geht durch P(3|−1,5)

Lösung:
Es ist vorgegeben, dass es sich um eine Polynomfunktion zweiten Grades handelt: Wir verwenden daher die Ansatzgleichungen
$f(x) = ax^2 + bx + c$
$f'(x) = 2ax + b$

Nun übertragen wir die bekannten Eigenschaften von f in die symbolische Funktionsschreibweise.
Wir erhalten ein Gleichungssystem mit drei Variablen, dessen Auflösung $a = \frac{1}{2}$, $b = -2$, $c = 0$ ergibt. Die Funktion lautet also $f(x) = \frac{1}{2}x^2 - 2x$.

Skizze:

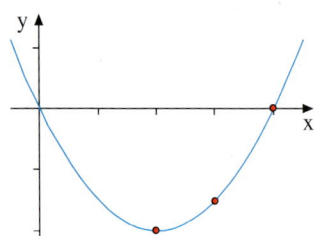

**1. Ansatz für die Gleichung von f**

$f(x) = ax^2 + bx + c$
$f'(x) = 2ax + b$

**2. Eigenschaften von f**

(1) Nullstelle bei x = 4
(2) Lokales Extremum bei x = 2
(3) Geht durch P(3|−1,5)

**3. Aufstellen eines Gleichungssystems**

(1) $f(4) = 0$ ⇒ I $\quad 16a + 4b + c = 0$
(2) $f'(2) = 0$ ⇒ II $\quad 4a + b = 0$
(3) $f(3) = -1{,}5$ ⇒ III $\quad 9a + 3b + c = -1{,}5$

**4. Lösung des Gleichungssystems**
IV = I − III: $7a + b = 1{,}5$
V = II − IV: $-3a = -1{,}5$

aus V: $\quad a = \frac{1}{2}$
in IV: $\quad b = -2$
in I: $\quad c = 0$

**5. Resultat:**

$f(x) = \frac{1}{2}x^2 - 2x$

# 4. Bestimmung von Funktionsgleichungen

▶ **Beispiel: Diagramm**
Ein wichtiges Diagramm wurde fotografisch gesichert. Leider stellt sich später heraus, dass das Foto beschädigt ist. Zum Glück sind charakteristische Teile der dargestellten Funktion noch erhalten. Auch der Typ des Funktionsterms ist noch erkennbar.
Wie lautet die Funktionsgleichung?

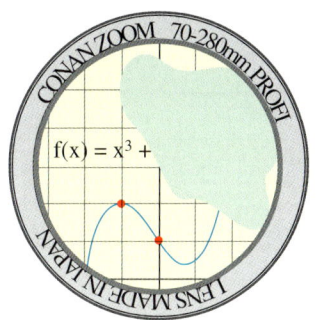

Lösung:
Es ist zu erkennen, dass es sich um eine Polynomfunktion dritten Grades handelt, deren Funktionsterm mit $x^3$ beginnt.
Wir verwenden daher für die Funktionsgleichung den Ansatz
$f(x) = ax^3 + bx^2 + cx + d$ mit $a = 1$.
Wir bestimmen zusätzlich $f'$, um auch Steigungseigenschaften von f erfassen zu können.
Aus dem Diagramm können wir einige charakteristische Eigenschaften der Funktion f ablesen (vgl. rechts).

Diese Eigenschaften können wir mittels f und $f'$ in Gleichungsform darstellen. So liefert der Graphenpunkt $P(-1|2)$ z.B. die Gleichung $f(-1) = 2$. Setzen wir dies in die Ansatzgleichung aus (1) ein, so erhalten wir ein lineares Gleichungssystem mit den Variablen b, c und d.

Lösen wir dieses System mit den üblichen Methoden oder mithilfe eines DMW, so erhalten wir
$d = 1$, $c = -1$, $b = 1$.

Durch Einsetzen in den Ansatz ergibt sich als Resultat:
▶ $f(x) = x^3 + x^2 - x + 1$.

**(1) Ansatz für die Funktionsgleichung**

$f(x) = x^3 + bx^2 + cx + d$
$f'(x) = 3x^2 + 2bx + c$

**(2) Eigenschaften der Funktion f**

1. f hat ein lokales Extremum bei $x = -1$.
2. $P(-1|2)$ liegt auf dem Graphen von f.
3. $P(0|1)$ liegt auf dem Graphen von f.

**(3) Umsetzen der Eigenschaften in Gleichungen**

1. $f'(-1) = 0$ $\Rightarrow$ $3 - 2b + c = 0$
2. $f(-1) = 2$ $\Rightarrow$ $-1 + b - c + d = 2$
3. $f(0) = 1$ $\Rightarrow$ $d = 1$

**(4) Lösen des Gleichungssystems**

$-2b + c = -3$     $b = 1$
$b - c = 2$ $\Rightarrow$ $c = -1$
$d = 1$          $d = 1$

**(5) Resultat**

$f(x) = x^3 + x^2 - x + 1$

## Übung 1

a) Gesucht ist eine Polynomfunktion zweiten Grades, welche die y-Achse bei $y = -2{,}5$ schneidet und einen Hochpunkt bei $H(3|2)$ besitzt.
b) Gesucht ist eine ganzrationale Funktion dritten Grades mit dem Wendepunkt $W(-2|6)$, die an der Stelle $x = -4$ ein lokales Maximum hat. Die Steigung der Wendetangente ist gleich $-12$.

Bevor wir weitere Beispiele rechnen, stellen wir oft auftretende Funktionseigenschaften in einer „Übersetzungstabelle" zusammen, die beim Lösen von Aufgaben hilft.

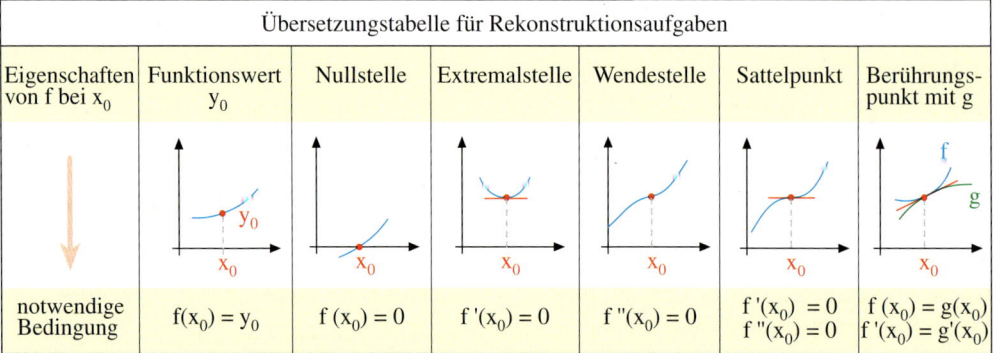

▶ **Beispiel:** Der Graph einer ganzrationalen Funktion dritten Grades berührt die Winkelhalbierende des ersten Quadranten bei x = 1 und ändert sein Krümmungsverhalten in P(0|0,5). Wie lautet die Funktionsgleichung?

Lösung:

**(1) Ansatz für die Funktionsgleichung**

Wir setzen die ganzrationale Funktion dritten Grades unter Verwendung der Parameter a, b, c und d allgemein an. Außerdem notieren wir die Funktionsterme von f' und f'', da das Krümmungsverhalten mit im Spiel ist.

$$f(x) = ax^3 + bx^2 + cx + d$$
$$f'(x) = 3ax^2 + 2bx + c$$
$$f''(x) = 6ax + 2b$$

**(2) Eigenschaften der Funktion f**      **(3) Umsetzen der Eigenschaften in Gleichungen**

1. Wendepunkt W(0|0,5)       1. $f''(0) = 0$      $b = 0$
   (Wendestelle x = 0, Funktionswert y = 0,5)    $f(0) = 0,5$    $\Rightarrow$    $d = 0,5$
2. Punkt P(1|1)      2. $f(1) = 1$      $a + b + c + d = 1$
3. Steigung bei x = 1: 1      3. $f'(1) = 1$      $3a + 2b + c = 1$

**(4) Lösen des Gleichungssystems**

$a + c = 0,5$    $\Rightarrow c = 0,5 - a$    $\Rightarrow 3a + 0,5 - a = 1$    $\Rightarrow 2a = 0,5$    $\Rightarrow a = 1/4$
$3a + c = 1$                                                                                                                                                                                               $c = 1/4$

**(5) Resultat**

▶   $f(x) = \frac{1}{4}x^3 + \frac{1}{4}x + 0,5$   hat die geforderten Eigenschaften.

## 4. Bestimmung von Funktionsgleichungen

### Übungen

**2.** Bestimmen Sie die Gleichung der abgebildeten Profilkurve.

*Hinweis: Es handelt sich um eine ganzrationale Funktion dritten Grades.*

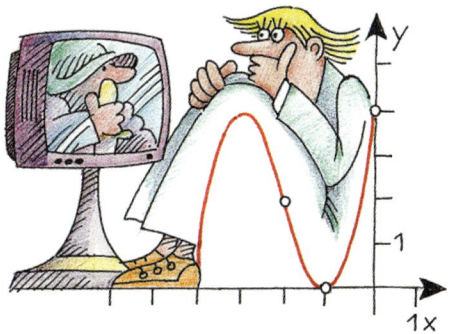

**3.** Eine ganzrationale Funktion zweiten Grades $f(x) = ax^2 + bx + c$ hat ein lokales Extremum bei $x = 1$ und schneidet die x-Achse bei $x = 4$ mit der Steigung 3. Wie lautet die Funktionsgleichung?

**4.** Der Graph einer ganzrationalen Funktion dritten Grades ist punktsymmetrisch zum Ursprung und schneidet den Graphen von $g(x) = \frac{1}{2}(4x^3 + x)$ im Ursprung senkrecht. Ein zweiter Schnittpunkt mit g liegt bei $x = 1$. Wie lautet die Funktionsgleichung?

**5.** Bestimmen Sie die Gleichung der Funktion f mit den beschriebenen Eigenschaften.
Der zur y-Achse symmetrische Graph einer ganzrationalen Funktion vierten Grades geht durch $P(0|2)$ und hat bei $x = 2$ ein lokales Extremum. Er berührt dort die x-Achse.

**6.** Der Graph einer ganzrationalen Funktion dritten Grades hat im Ursprung und im Punkt $P(2|4)$ jeweils ein lokales Extremum. Wie lautet die Funktionsgleichung?

**7.** Bestimmen Sie die ganzrationale Funktion f mit den angegebenen Eigenschaften.
a) Grad 2, lokales Extremum bei $x = 1$, Achsenschnittpunkte bei $P(0|-3)$ und $Q(5|0)$
b) Grad 4, Sattelpunkt im Ursprung, Tiefpunkt $P(-2|-6)$

**8.** Gegeben ist der Graph einer ganzrationalen Funktion f. Bestimmen Sie eine mögliche Funktionsgleichung.
a)

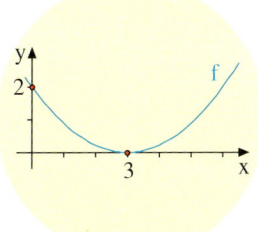

b)

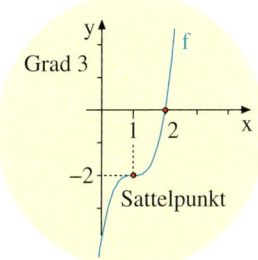

## B. Modellierungsprobleme

Eine Modellierung liegt vor, wenn man einen realen *Prozess* mathematisch beschreibt, um ihn rechnerisch kontrollieren zu können, oder wenn man die *Form* eines realen Objektes durch den Graphen einer Funktion erfasst wie im folgenden Beispiel.

▶ **Beispiel: Modellierung einer Skaterbahn**
Aus Beton soll eine Skateboard-Bahn für den Park so gebaut werden, wie es die Abbildung zeigt. Die gebogenen Teile sollen ohne Knick an die geraden Teile anschließen. Ermitteln Sie für die Konstruktion die Gleichung einer zum Ursprung punktsymmetrischen Polynomfunktion, deren Graph dem gebogenen Teil nahe kommt. Entnehmen Sie die Maße der Skizze.

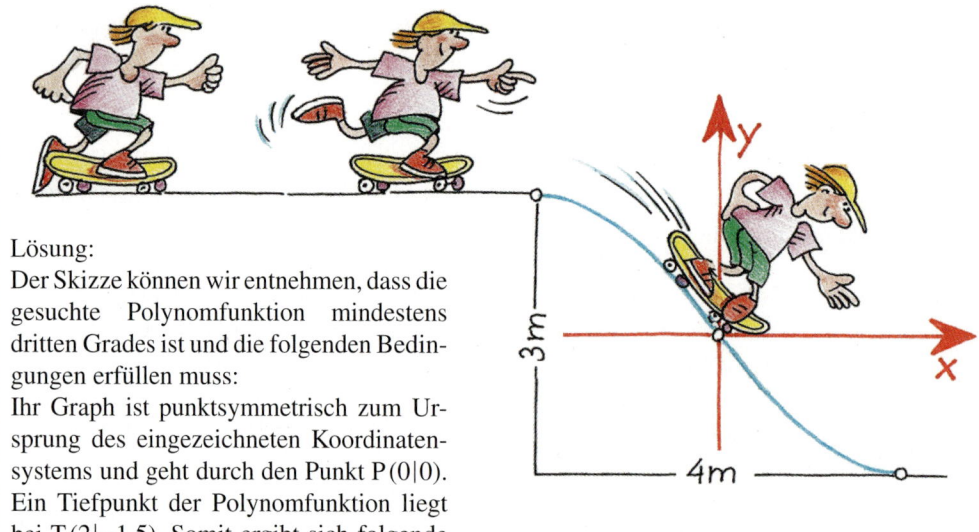

**Lösung:**
Der Skizze können wir entnehmen, dass die gesuchte Polynomfunktion mindestens dritten Grades ist und die folgenden Bedingungen erfüllen muss:
Ihr Graph ist punktsymmetrisch zum Ursprung des eingezeichneten Koordinatensystems und geht durch den Punkt $P(0|0)$. Ein Tiefpunkt der Polynomfunktion liegt bei $T(2|-1,5)$. Somit ergibt sich folgende Rechnung:

| *Ansatz für f:* | *Eigenschaften von f:* | *Gleichungssystem:* | *Lösung:* |
|---|---|---|---|
| $f(x) = ax^3 + bx^2 + cx + d$ | (1) symmetrisch zu O<br>(2) $f(0) = 0$ | $b = 0$<br>$d = 0$ | $b = 0$<br>$d = 0$ |
| $f'(x) = 3ax^2 + 2bx + c$ | (3) $f'(2) = 0$<br>(4) $f(2) = -1,5$ | $12a + 4b + c = 0$<br>$8a + 4b + 2c + d = -1,5$ | $a = 3/32$<br>$c = -9/8$ |

**Resultat:**
▶ Das Profil der Skateboard-Bahn wird durch die Funktion $f(x) = \frac{3}{32}x^3 - \frac{9}{8}x$ beschrieben.

## Übung 9
a) Gesucht ist eine ganzrationale Funktion dritten Grades mit dem Tiefpunkt $P(1|-2)$, deren Wendepunkt im Koordinatenursprung liegt.
b) Der Graph einer ganzrationalen Funktion dritten Grades hat im Ursprung und im Punkt $P(2|4)$ jeweils ein lokales Extremum.

## 4. Bestimmung von Funktionsgleichungen

▶ **Beispiel: Flugbahn beim Landeanflug**
Ein Flugzeug nähert sich im horizontalen Flug dem Punkt P(−4|1). Dort beginnt der Pilot mit dem Sinkflug, der auf der Landebahn an den Koordinaten Q(0|0) endet (Angaben in km).

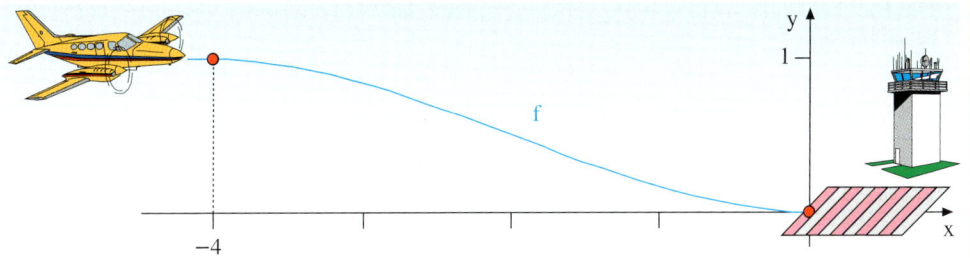

Seine Horizontalgeschwindigkeit beträgt durchgehend konstant 50 m/s.
a) Modellieren Sie die Sinkflugphase durch ein Polynom dritten Grades.
b) An welcher Stelle fällt die Flugbahn am steilsten ab? Wie groß ist dort der Abstiegswinkel α? Wie groß ist dort die vertikale Sinkgeschwindigkeit?

**Lösung zu a:**
**1. Ansatz für f**
$f(x) = ax^3 + bx^2 + cx + d$,
$f'(x) = 3ax^2 + 2bx + c$,
$f''(x) = 6ax + 2b$

**2. Eigenschaften von f**
(1) Q(0|0) liegt auf f
(2) Extremum bei $x = 0$
(3) P(−4|1) liegt auf f
(4) Extremum bei $x = -4$

**3. Gleichungssystem**
(1) $f(0) = 0 \Rightarrow$ I  $d = 0$
(2) $f'(0) = 0 \Rightarrow$ II  $c = 0$
(3) $f(-4) = 1 \Rightarrow$ III  $-64a + 16b = 1$
(4) $f'(-4) = 0 \Rightarrow$ IV  $48a - 8b = 0$

**4. Lösung des Gleichungssystems und Gleichung von f**
$a = \frac{1}{32}$, $b = \frac{6}{32}$, $c = 0$, $d = 0$
$f(x) = \frac{1}{32}(x^3 + 6x^2)$

**Lösung zu b:**
Die Flugbahn fällt im Wendepunkt von f am steilsten ab. Dieser liegt nach der rechts aufgeführten Rechnung bei W(−2|0,5). Dort beträgt die Steigung $f'(-2) = -0{,}375$. Also gilt $\tan\alpha = -0{,}375$, wir erhalten $\alpha = \arctan(-0{,}375) = -20{,}56°$.

Die vertikale Sinkgeschwindigkeit $v_y$ ergibt sich (siehe Abb. unten) aus der Horizontalgeschwindigkeit $v_x = 50$ m/s durch Multiplikation mit der Steigung $f'(-2) = -0{,}375$. $v_y$ beträgt 18,75 m/s.

**Berechnung des Wendepunktes:**
$f''(x) = \frac{1}{32}(6x + 12) = 0$
$x = -2$, $y = 0{,}5$  W(−2|0,5)

**Berechnung des Abstiegswinkels:**
$f'(x) = \frac{1}{32}(3x^2 + 12x)$
$f'(-2) = \frac{-12}{32} = -0{,}375$
$\alpha = \arctan(-0{,}375) \approx -20{,}56°$

**Berechnung der Sinkgeschwindigkeit:**
$\frac{v_y}{v_x} = \tan\alpha \Rightarrow v_y = v_x \cdot \tan\alpha$
$v_y = 50 \cdot (-0{,}375) = -18{,}75$ m/s
Das Minuszeichen gibt die Richtung an.

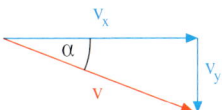

## Übungen

**10.** Beim Hallenfußball schießt ein Stürmer auf das Tor.
Der Ball landet nach einem Parabelflug genau auf der 50 m entfernten Torlinie. Seine Gipfelhöhe beträgt 12,5 m.

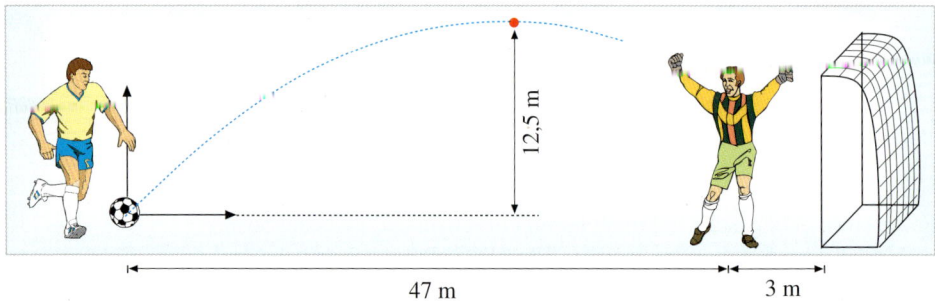

a) Wie lautet die Gleichung der Flugparabel?
b) Hat der 3 m vor dem Tor stehende Torwart eine Abwehrchance?
  Er kommt mit der Hand 2,70 m hoch.
c) Unter welchem Winkel α wurde der Ball abgeschossen?
d) Der Abschusswinkel soll vergrößert werden. Welches ist der maximal mögliche Wert für α? Der Ball soll wieder auf der Torlinie landen (Hallenhöhe 15 m).

**11.** Die Autobahn E 62 wurde in zwei geraden Teilstücken bei Eichet an den Chiemsee herangeführt. Diese Teile sollen durch eine Kurve glatt miteinander verbunden werden.
Modellieren Sie das neue Teil durch eine kubische Parabel.

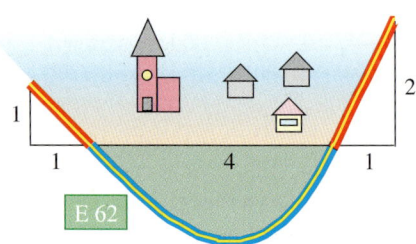

a) Wo liegt der südlichste Kurvenpunkt?
b) Wäre auch die Verwendung einer quadratischen Parabel möglich?

**12.** Eine Berg- und Talbahn hat einen geradlinigen Anstieg von 50% und einen geradlinigen Abstieg von −100%. Dazwischen liegt ein parabelförmiges Verbindungsprofil $f(x) = ax^2 + bx + c$.

a) Bestimmen Sie a, b und c so, dass bei A und B glatte Übergänge entstehen.
b) Wie groß ist der Höhenunterschied zwischen A und B?
c) Wo liegt der höchste Punkt der Bahn? Wie hoch liegt er über dem Punkt A?

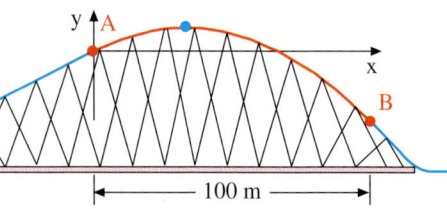

## 4. Bestimmung von Funktionsgleichungen

**13.** Der Benzinverbrauch B eines Autos hängt von der Fahrgeschwindigkeit v ab. Für ein Testfahrzeug wurden die in der Tabelle dargestellten Messdaten gewonnen.

| v = Geschwindigkeit in km/h | 10 | 30 | 100 |
|---|---|---|---|
| B = Benzinverbrauch in Litern/100 km | 9,1 | 7,9 | 10 |

a) Bestimmen Sie eine quadratische Funktion $B(v) = av^2 + bv + c$, $v \geq 0$, welche den Benzinverbrauch beschreibt.
b) Für welche Geschwindigkeit ist der Verbrauch minimal?
c) Ab welcher Geschwindigkeit steigt der Verbrauch auf 12,4 Liter an?
Kontrollergebnis: $B(v) = \frac{1}{1000}v^2 - \frac{1}{10}v + 10$

**14.** 200 m über der Talsohle liegen sowohl im Westen als auch im Osten Hochebenen mit den durch f und g beschriebenen Abhängen. f ist eine kubische Funktion, die ohne Knick horizontal von der Hochebene abfällt und auch horizontal ins Tal ausläuft. g ist eine quadratische Parabel, die ebenfalls horizontal von der Hochebene abfällt.

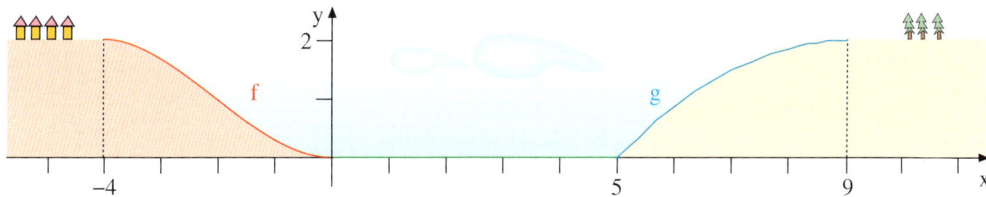

a) Stellen Sie die Gleichungen von f und g auf.
b) Wie steil ist der Abhang f maximal? Wo ist der Hang g am steilsten?
Kontrollergebnis: $f(x) = \frac{1}{16}x^3 + \frac{3}{8}x^2$, $g(x) = -\frac{1}{8}x^2 + \frac{18}{8}x - \frac{65}{8}$

**15.** Das Höhenwachstum einer Bambuspflanze kann durch eine kubische Funktion der Form $h(t) = at^3 + bt^2 + ct + d$ beschrieben werden (t: Zeit in Wochen, h(t): Höhe in Metern). Die Tabelle enthält Messdaten zur Höhe h und zur Wachstumsgeschwindigkeit h′.

| t = Zeit in Wochen | 0 | 4 |
|---|---|---|
| h = Höhe in m | 0 | 2 |
| h′ = Wachstumsgeschwindigkeit in m/Woche | 0 | 0,75 |

a) Wie lautet die Gleichung von h? Skizzieren Sie den Graphen von h für $0 \leq t \leq 8$.
b) Wann erreicht die Pflanze ihre maximale Höhe?
c) Wann ist die Wachstumsgeschwindigkeit maximal?
Kontrollergebnis: $h(t) = \frac{1}{64}(-t^3 + 12t^2)$

**16.** Die dargestellte Konzerthalle soll ein Dach erhalten, dessen Profilkurve durch eine kubische Funktion f und eine quadratische Funktion g modelliert werden kann. Die quadratische Funktion endet an der Dachspitze horizontal.

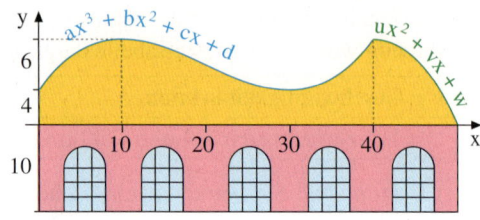

a) Wie lautet die Gleichung der kubischen Funktion?
b) Wie lautet die Gleichung der quadratischen Parabel?
c) Wie hoch ist der tiefste Punkt des Daches im Bereich der kubischen Dachhaut?
d) Wie steil ist das Dach am linken Rand, am rechten Rand und an der Dachspitze?
e) Ein Dach ist nur noch schwer begehbar, wenn der Neigungswinkel 40° oder mehr beträgt. Welche Bereiche des Daches sind schwer begehbar?

**17.** Die Eisenbahnbrücke wird von einem Parabelbogen getragen, der auf Hängen mit 45° Neigung steht.

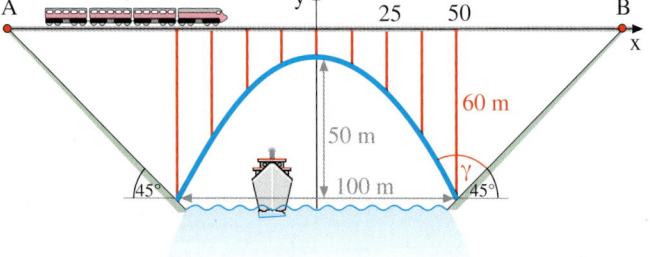

a) Wie lautet die Gleichung der quadratischen Parabel?
b) Wie hoch sind die Brückenpfeiler, welche die Fahrbahn tragen?
c) Wie lang ist die Fahrbahn zwischen A und B?
d) Unter welchem Winkel γ trifft der Brückenbogen die Böschungslinien?

**18.** Einem Kugelstoßer gelang der dargestellte Wurf über 20 m. Der Abstoß erfolgte in 2 m Höhe. Das Maximum der Flugbahn lag bei $x = 9$ m. Die Flugbahn kann durch eine quadratische Parabel beschrieben werden.

a) Wie lautet die Gleichung der Parabel?
b) Wie groß war der Abwurfwinkel? Wie groß war der Aufschlagwinkel?
c) Bei seinem nächsten Versuch wirft der Athlet unter einem Winkel von 45° ab. Die Abwurfhöhe beträgt wieder 2 m, und das Maximum der Flugkurve liegt ebenfalls wieder bei $x = 9$ m.
Wie groß ist die Wurfweite nun?
Wie groß ist der Aufschlagwinkel?
Welche Maximalhöhe erreicht die Kugel?

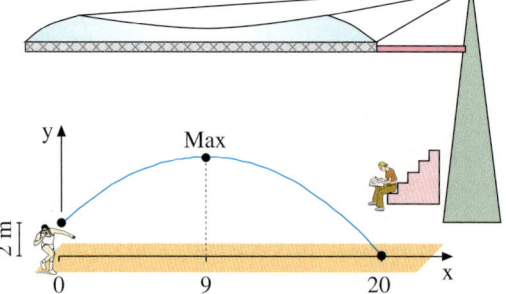

## 4. Bestimmung von Funktionsgleichungen

**19.** Eine historische Eisenbahn befährt eine Kurzstrecke. Dabei übernimmt zur Entlastung des Fahrers ein Computer die Geschwindigkeitssteuerung. Er ist so programmiert, dass der zurückgelegte Weg eine kubische Funktion $s(t) = at^3 + bt^2 + ct + d$ ist. (t: Zeit in min, s: Weg in km).
Ein Fahrgast stellt fest, dass die gesamte Fahrt 8 Minuten dauert. Außerdem beobachtet er, dass nach 4 Minuten Fahrzeit 4 km zurückgelegt werden. Am Anfang und am Ende der Fahrt steht der Zug. Hinweis: Die Geschwindigkeit v ist die Ableitung des Weges s.

a) Wie lautet die Gleichung der Weg-Zeit-Funktion $s(t)$ des Vorgangs?
b) Wie lang ist die gesamte Fahrstrecke?
c) Wie groß ist die Maximalgeschwindigkeit des Zuges?
d) Wann beträgt die Geschwindigkeit genau 67,5 km/h?

**20.** Vom See geht ein Stichkanal aus, dessen Verlauf für $2 \leq x \leq 8$ durch die Funktion $f(x) = \frac{6}{x}$ beschrieben werden kann. Der Stichkanal soll ohne Knick durch einen Bogen weitergeführt werden, der durch eine zur y-Achse symmetrische quadratische Parabel $g(x) = ax^2 + bx + c$ modelliert werden kann.

a) Wie lautet die Gleichung der Parabel?
b) Unter welchem Winkel unterquert der neue Kanal die von Westen nach Osten verlaufende Straße?
c) Südlich der Straße soll der Kanal geradlinig weitergeführt werden. Wie lautet die Gleichung des Kanals in diesem Bereich (Funktion h)?
d) Trifft die Weiterführung des Kanals auf die Stadt in $S(-6|-9)$?

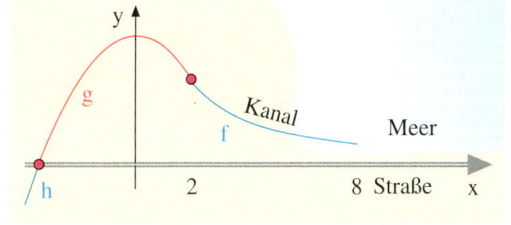

**21.** Nach dem Aufstieg eines Heißluftballons wird zur Zeit t (in min) die Höhe $h(t)$ (in m) bestimmt (rote Tabellenwerte).

| t | 0 | 20 | 50 | 70 | 100 | 120 |
|---|---|---|---|---|---|---|
| h(t) | 300 | (280) | 200 | (120) | 100 | (130) |

a) Die Höhenfunktion $h(t)$ lässt sich beschreiben durch eine ganzrationale Funktion der Form $h(t) = at^3 + bt^2 + c$.
Bestimmen Sie aus den roten Tabellenwerten die Funktionsgleichung.
b) Bei den schwarzen Tabellenwerten handelt es sich nur um Schätzwerte. Prüfen Sie, ob diese Schätzwerte mit der Flugkurve vereinbar sind.

# 5. Extremalprobleme

## A. Einführungsbeispiele

Die phönizische Prinzessin Dido wurde auf der Flucht vor ihrem Bruder Pygmalion an die nordafrikanische Küste verschlagen. Ihr Wunsch nach einem Stück Land für sich und ihre Getreuen wurde von den Einheimischen folgendermaßen beschieden: „Nur so viel Land, wie eine Ochsenhaut umfasst!"

Aber Dido war listig, sie schnitt die Haut in schmale Streifen, die sie zu einem etwa achthundert Meter langen Band zusammenknotete, womit sie sodann ein großes Stück Land abgrenzte.
So entstand die Festung Byrsa, aus der sich später die mächtige phönizische Handelsstadt Karthago entwickelte.

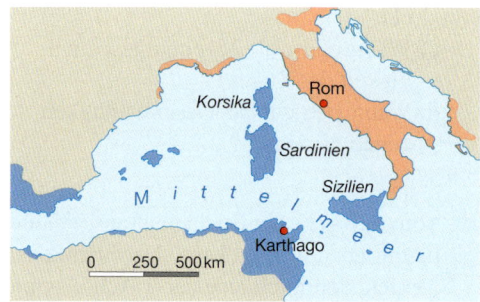

> **Beispiel:** Es ist nicht genau bekannt, welche Form Dido dem Landstück gab, das sie mit dem ca. 800 m langen Ochsenhautband abgrenzte. Nehmen wir einmal an, dass sie die Form eines Rechtecks am Meerufer wählte. Welche Länge und welche Breite hätte Dido dem Rechteck wohl geben müssen, wenn sie dessen Flächeninhalt möglichst groß gestalten wollte?

Lösung:
Es handelt sich hier um ein Optimierungs- oder *Extremalproblem*. Die Zielgröße – der Flächeninhalt A des Rechtecks – soll ein Optimum annehmen, d. h., diese Größe soll maximal werden.

Unsere *Zielgröße* A hängt von zwei Variablen ab, von der Länge x und der Breite y des Rechtecks: $A = x \cdot y$.
Diese funktionale Darstellung der zu optimierenden Größe bezeichnet man als *Hauptbedingung* des Extremalproblems.

Die Variablen x und y sind nicht unabhängig voneinander. Sie stehen durch die Bedingung, dass die Gesamtlänge der drei abgegrenzten Seiten 800 m beträgt, miteinander in Beziehung: $x + 2y = 800$.
Man bezeichnet diese Bedingungsgleichung als *Nebenbedingung* des Extremalproblems.

*Bezeichnungen/Skizze:*

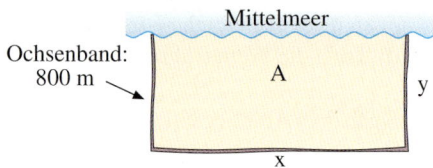

*Hauptbedingung:*

A = Fläche des Rechtecks

(1)   $A(x, y) = x \cdot y, \; x > 0; \; y > 0$

*Nebenbedingung:*

Länge des Bandes = 800 m

(2)   $x + 2y = 800, \; x < 800; \; y < 800$

# 5. Extremalprobleme

Wir lösen nun die Nebenbedingung (2) nach einer der Variablen auf, z. B. nach y. Das Ergebnis $y = 400 - \frac{1}{2}x$ setzen wir in die Hauptbedingung (1) ein. Diese Kombination liefert uns eine Darstellung der zu optimierenden Zielgröße A in Abhängigkeit von nur noch einer verbleibenden Variablen (Gleichung (3)). Hier ist A eine Funktion von x.
Man bezeichnet diese Funktion auch als *Zielfunktion* des Extremalproblems.

Es kommt nun darauf an, das Maximum von A zu bestimmen. Dies könnte mithilfe einer Zeichnung des Funktionsgraphen von A bewerkstelligt werden oder aber durch eine Extremwertbestimmung mithilfe der Differentialrechnung.
Letztere Methode liefert uns ein Maximum von A an der Stelle $x = 400$.

Durch Einsetzen dieses Resultats in (2) erhalten wir $y = 200$.

Durch Einsetzen in (3) erhalten wir den Maximalwert der Fläche $A_{max} = 80\,000$.

Fazit: Dido wird ein rechteckiges Landstück mit den Maßen 400 m × 200 m abgegrenzt haben.

*Zielfunktion:*

Auflösen von (2) nach y:
$y = 400 - \frac{1}{2}x$

Einsetzen in (1):
$A = x \cdot \left(400 - \frac{1}{2}x\right)$

(3) $A(x) = -\frac{1}{2}x^2 + 400x$, $0 < x < 800$

*Extremalrechnung:*

Lage des Extremums:
$A'(x) = -x + 400 = 0$
$x = 400$

Art des Extremums:
$A''(x) = -1$
$A''(400) = -1 < 0 \Rightarrow$ Maximum

*Ergebnisse:*

$x = 400\,\text{m}$
$y = 200\,\text{m}$
$A_{max} = 80\,000\,\text{m}^2$

## Übung 1
Die Zahl 60 soll so in zwei Summanden a und b zerlegt werden, dass das Produkt aus dem ersten Summanden und dem Quadrat des zweiten Summanden maximal wird.

## Übung 2
Der Eckpunkt P(x|y) des abgebildeten achsenparallelen Rechtecks liegt auf der Geraden $f(x) = 3 - \frac{x}{2}$.
Wie muss x gewählt werden, damit die Rechtecksfläche maximal wird?

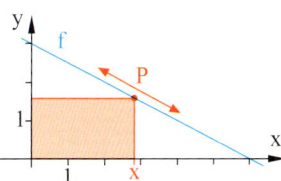

## Übung 3
Ein Tunnel soll die Form eines Rechtecks mit aufgesetztem Halbkreis erhalten. Wie groß ist die Querschnittsfläche maximal, wenn der Umfang des Tunnels 20 m betragen soll?

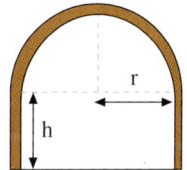

In innermathematischen Zusammenhängen kommen Extremalprobleme auch im Zusammenhang mit Funktionsgraphen vor. Die Funktionsgleichung ist dann die Nebenbedingung.

▶ **Beispiel: Das eingesperrte Rechteck**
Unter dem Graphen von $f(x) = 3 - x^2$ liegt wie abgebildet ein achsenparalleles Rechteck der Breite x und der Höhe y. Seine linke untere Ecke liegt im Ursprung, die rechte obere Ecke bewegt sich auf dem Funktionsgraph. Wie muss P gewählt werden, wenn die Fläche des Rechtecks maximal werden soll?

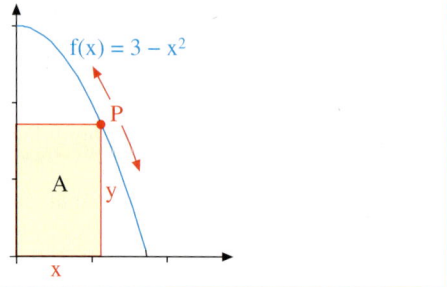

Lösung:
Wir stellen die Hauptbedingung für die gesuchte Größe auf, den Flächeninhalt A des Rechtecks. Sie lautet $A = x \cdot y$.

*Hauptbedingung:*
A = Fläche des Rechtecks
A = Länge × Breite
$A(x, y) = x \cdot y, x > 0; y > 0$

Die Variablen y und x in der Hauptbedingung sind über die Funktionsgleichung miteinander verbunden. Es gilt $y = f(x)$, d.h. $y = 3 - x^2$. Dieser Zusammenhang stellt die Nebenbedingung dar.

*Nebenbedingung:*
$y = f(x)$
$y = 3 - x^2, 0 \leq x \leq \sqrt{3}$

Setzen wir die Nebenbedingung in die Hauptbedingung ein, so erhalten wir die Zielfunktion $A(x) = -x^3 + 3x$.

*Zielfunktion:*
$A = x \cdot f(x)$
$A = x \cdot (3 - x^2)$
$A(x) = -x^3 + 3x$

Die rechts aufgeführte Extremalrechnung ergibt, dass A für $x = 1$ maximal wird.

*Ermittlung lokaler Extrema:*
$A'(x) = -3x^2 + 3 = 0$
$3x^2 = 3$
$x^2 = 1$
$x = 1$ oder $x = -1$ (irrelevant)

Das eingesperrte Rechteck nimmt also den maximalen Flächeninhalt A an, wenn seine obere rechte Ecke der Punkt $P(1|2)$ ist. Es
▶ gilt $A_{max} = 2$.

$A''(x) = -6x$
$A''(1) = -6 < 0 \rightarrow$ Maximum

## Übung 4
Zwischen Flugplatz, Wald und nördlichem Flußrand, der für $0 \leq x \leq 12$ durch die Funktion $f(x) = \frac{1}{12}x^2 - x + 5$ beschrieben wird, soll ein achsenparalleles, dreieckiges Gelände A für die Flughafenfeuerwehr angelegt werden.
Wie muß der Anschlusspunkt $P(x|f(x))$ am Fluss gewählt werden, damit der Platz A möglichst groß wird?

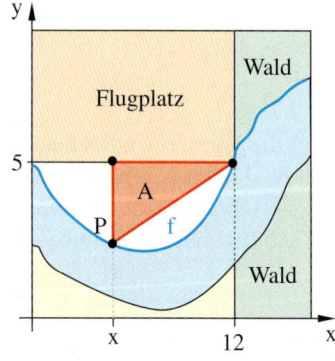

### Beispiel: Fußballfeld

Ein Sportplatz besteht aus der rechteckigen Spielfläche mit zwei angesetzten Halbkreisen. Der Gesamtumfang der Anlage beträgt 400 m. Wie müssen die Länge x und die Breite y des eigentlichen Spielfeldes gewählt werden, damit dessen Fläche maximal wird?

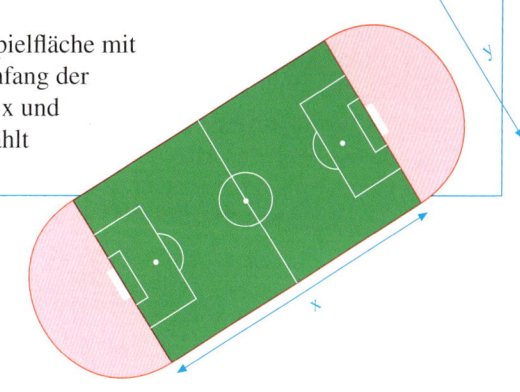

**Lösung:**
Das eigentliche Spielfeld ist ein Rechteck mit den Maßen x und y. Sein Flächeninhalt ist daher $A = x \cdot y$ (Hauptbedingung).

Der Umfang des gesamten Stadions besteht aus den beiden geradlinigen Laufstrecken (Länge $2 \cdot x$) sowie dem Umfang eines Kreises mit dem Durchmesser y (Länge $\pi \cdot y$).
Da für den Umfang des Stadions 400 m vorgegeben sind, gilt $2x + \pi \cdot y = 400$ (Nebenbedingung).

Wir lösen die Nebenbedingung (2) nach x auf und setzen das Resultat in die Hauptbedingung (1) ein.
Auf diese Weise erhalten wir die Zielfunktion $A(y) = 200y - \frac{\pi}{2} \cdot y^2$. Sie stellt den Flächeninhalt des Spielfelds als Funktion dar.

Mithilfe der Differentialrechnung können wir errechnen, dass die Spielfeldfläche A bei einer Breite $y \approx 63{,}66$ m ihr Maximum annimmt. Einsetzen in (2) liefert $x = 100$ m für die Länge des Spielfeldes.

Zum Vergleich: Die Normmaße eines Stadions betragen 68 m × 105 m bei einem Umfang von ca. 425 m.

*Hauptbedingung:*
Fläche des Spielfeldes $= x \cdot y$
(1) $A(x, y) = x \cdot y$

*Nebenbedingung:*
Umfang des Stadions $= 400$
(2) $2x + \pi \cdot y = 400$

*Zielfunktion:*
Auflösen von (2) nach x:
$x = 200 - \frac{\pi}{2} \cdot y$

Einsetzen in (1):
(3) $A(y) = 200y - \frac{\pi}{2} \cdot y^2$

*Extremalrechnung:*
$A'(y) = 200 - \pi \cdot y = 0$
$y = \frac{200}{\pi} \approx 63{,}66$ m
$x = 100$
$A_{max} \approx 6366$ m$^2$

### Übung 5

Ein Gärtner besitzt Umrandungssteine für eine Strecke von 10 m. Er möchte damit ein kreisförmiges Rosen- und ein quadratisches Tulpenbeet abgrenzen.
Welche Maße r und x sollten diese Beete erhalten, wenn die Gesamtfläche – und damit der Pflanzenbedarf – möglichst klein ausfallen soll?

Bei Getränkedosen und anderen Verbrauchsgütern haben die Verpackungskosten eine großen Anteil am Artikelpreis. Die Hersteller sind daher sehr bemüht, nicht nur das Aussehen der Verpackungen zu optimieren, sondern auch den Materialverbrauch möglichst klein zu halten.

► **Beispiel: Die optimale Dose**
Ein Erfrischungsgetränk wird in zylindrischen Dosen aus Weißblech angeboten. Das Volumen der Dose soll 330 ml betragen. Aus Kostengründen soll der Materialbedarf pro Dose durch eine günstige Formgebung minimiert werden.
Berechnen Sie den Radius r und die Höhe h einer so optimierten Dose.

Lösung:

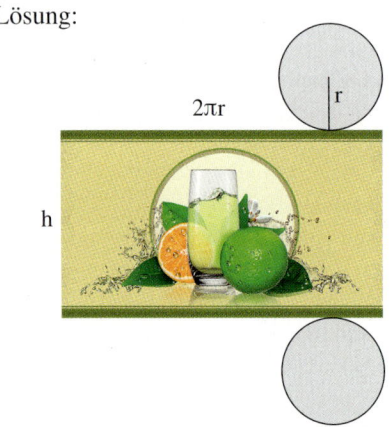

Aus dem Netz der Dose (Abb.) ergibt sich für die Oberfläche der Dose die Hauptbedingung (1) $A(r, h) = 2\pi r h + 2\pi r^2$.

Aus der Volumenvorgabe V = 330 und der Formel für das Zylindervolumen ergibt sich die Nebenbedingung (2) $\pi r^2 h = 330$.

Durch Einsetzen von (2) in (1) erhalten wir die Zielfunktion (3) $A(r) = 660 \cdot \frac{1}{r} + 2\pi r^2$.

Diese Funktion A hat ein Minimum bei r ≈ 3,74 und h ≈ 7,51.

Die optimale Dose hat also einen quadratischen Querschnitt: Durchmesser und Höhe sind gleich groß.

**Herstellung einer Weißblechdose**
Aus Eisenerz wird in einem sehr komplizierten Verfahren Stahl hergestellt, der zu Feinblech gewalzt wird. Dieses wird elektrolytisch verzinnt und dann lackiert. Anschließend werden der Dosenmantel, Boden und Deckel ausgestanzt, zur Dose geformt und verpresst.

*Zielfunktion:*

(1) $\quad A(r, h) = 2\pi r h + 2\pi r^2 \quad$ (HB)

(2) $\quad \pi r^2 h = 330 \quad$ (NB)

$$h = \frac{330}{\pi r^2}$$

(3) $\quad A(r) = 660 \cdot \frac{1}{r} + 2\pi r^2 \quad$ (ZF)

*Ermittlung lokaler Extrema:*

$$A'(r) = -660 \cdot \frac{1}{r^2} + 4\pi r \stackrel{!}{=} 0$$

Auflösen: $\quad r = \sqrt[3]{\frac{660}{4\pi}} \approx 3{,}745$

Einsetzen: h ≈ 7,51

## 5. Extremalprobleme

*Nachbetrachtung:*
Nun kann man die Frage stellen, weshalb die legendäre Cola-Dose in der Praxis etwas schmaler (Radius ca. 3,3 cm) gebaut wird.
Betrachtet man den Graphen der Zielfunktion, so löst sich das Rätsel:
Die Kurve verläuft in der Nähe des optimalen Wertes r = 3,74 sehr flach.
Für r = 3,2 bzw. für r = 4,3 ist der Materialverbrauch gegenüber dem optimalen Verbrauch $A_{min}$ = 264,36 cm² nur geringfügig erhöht, nämlich um ca. 2%.
Diese Tatsache eröffnet den Designern Spielraum, besonders handliche Dosen zu schaffen, ohne wesentlich vom Optimum ▶ abzuweichen.

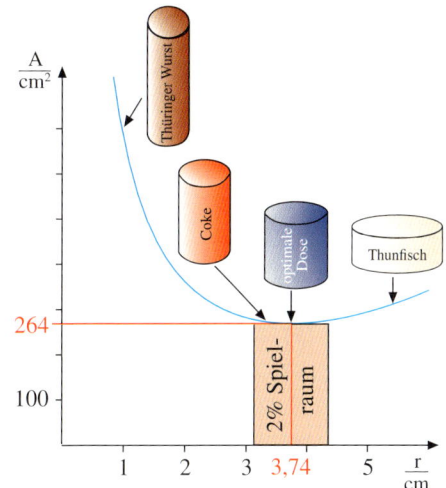

### Übung 6
Aus drei Blechplatten soll eine 2 m lange Regenrinne geformt werden (Abb.).
Die Rinne soll eine Querschnittsfläche von 250 cm² besitzen.
Wie müssen Höhe h und Breite b gewählt werden, wenn der Materialverbrauch möglichst niedrig sein soll?

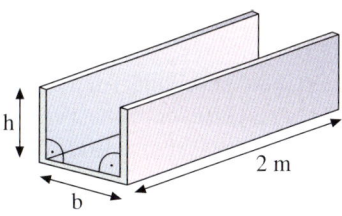

### Übung 7
In einer Fabrikhalle soll ein in zwei Kammern unterteilter Lüftungskanal eingebaut werden. Der Gesamtquerschnitt soll 3 m² betragen.
Wie müssen die Maße x und y gewählt werden, wenn der Blechverbrauch minimiert werden soll?

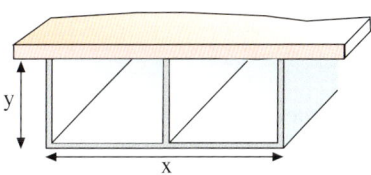

### Übung 8
Ein zylindrischer Behälter für 1000 cm³ Schmierfett hat einen Mantel aus Pappe, während Deckel und Boden aus Metall sind. Das Metall ist pro cm² viermal so teuer wie die Pappe.
Welche Maße muss der Behälter erhalten, wenn die Materialkosten minimiert werden sollen?

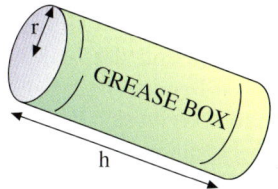

## B. Geometrische Nebenbedingungen

Der wichtigste Schritt bei der Lösung eines Extremalproblems ist das Aufstellen des Lösungsansatzes, d. h. der beschreibenden Hauptbedingung. Aber auch das Erschließen der Nebenbedingung bereitet oft Mühe, da es kein allgemein gültiges Schema gibt.

▶ **Beispiel:** Aus einem Stamm mit nahezu kreisförmigem Querschnitt soll ein rechteckiger Balken geschnitten werden. Die Tragfähigkeit eines Balkens ist proportional zur Breite sowie zum Quadrat der Höhe des Balkens.
Die von der Holzart abhängige Proportionalitätskonstante sei C. Der Durchmesser des Stamms betrage 40 cm.
Welche Höhe h und welche Breite b muss der Balken erhalten, damit seine Tragfähigkeit maximal wird?

Lösung:
Optimiert werden soll die Tragfähigkeit T, deren Abhängigkeit von Höhe h und Breite b des Balkens laut Aufgabenstellung durch Formel (1) gegeben ist.

*Hauptbedingung:*

(1)   $T(b, h) = C \cdot b \cdot h^2$   (HB)

Die Nebenbedingung (2), der Zusammenhang zwischen b und h, ergibt sich aus dem gegebenen Durchmesser des Stammes von 40 cm nach dem Satz des Pythagoras mittels obiger Skizze.

*Nebenbedingung:*

(2)   $h^2 + b^2 = 40^2$   (NB)

Auflösen der Nebenbedingung (2) nach $h^2$ und Einsetzen des Ergebnisses
$$h^2 = 1600 - b^2$$
in (1) liefert die Zielfunktion (3).

*Zielfunktion:*

(3)   $T(b) = -C \cdot b^3 + 1600\,C \cdot b$   (ZF)
   $0 \leq b \leq 40$

Die Zielfunktion besitzt – wie die Extremalrechnung zeigt – zwei lokale Extrema bei $b \approx -23{,}1$ (Min.) und bei $b \approx 23{,}1$ (Max.). Nur das Maximum liegt im zulässigen Bereich $0 \leq b \leq 40$. Die zugehörige Höhe ergibt sich durch Einsetzen in die Nebenbedingung: $h \approx 32{,}7$.

*Extremalrechnung:*

$T'(b) = -3\,C \cdot b^2 + 1600\,C \stackrel{!}{=} 0$

$b = \pm \sqrt{\frac{1600}{3}} \approx \pm 23{,}1 \text{ cm}$

$h = \pm \sqrt{1600 - b^2} \approx 32{,}7 \text{ cm}$

Die maximale Tragfähigkeit ergibt sich also unabhängig von der Holzart, wenn der rechteckige Balkenquerschnitt die Maße
▶ 23,1 cm × 32,7 cm erhält.

*Resultat:*

Balkenbreite: 23,1 cm
Balkenhöhe:  32,7 cm

# 5. Extremalprobleme

Im letzten Beispiel wurde die Beziehung zwischen den unabhängigen Variablen, d. h. die Nebenbedingung, mithilfe des Satzes von Pythagoras gewonnen.
Oft kommen auch Formeln für das Volumen, für den Umfang, die Mantelfläche, die Oberfläche von Figuren und Körpern oder weitere geometrische Sätze wie der Strahlensatz, der Höhensatz usw. zur Anwendung.
Bei manchen Extremalproblemen benutzt man sogar mehrere dieser Formeln um Hauptbedingung oder Nebenbedingungen aufstellen zu können.

## Übung 9

Eine Firma stellt oben offene Regentonnen für Hobbygärtner her. Diese sollen bei gegebenem Materialbedarf maximales Volumen besitzen.
a) Wie sind die Abmessungen zu wählen, wenn 2 m² Material je Regentonne zur Verfügung stehen?
b) Lösen Sie die Aufgabe allgemein.

## Übung 10

Daniela besitzt einen goldfarbenen Pappstreifen, der 50 cm lang und 10 cm breit ist. Sie möchte damit einen Geschenkkarton basteln, der die abgebildete Gestalt hat.
Seine Querschnittsfläche stellt ein Rechteck mit aufgesetzten gleichschenklig-rechtwinkligen Dreiecken dar.
Welche Maße muss sie wählen, wenn das Volumen des Kartons ein Maximum annehmen soll?
Deckel und Boden können vernachlässigt werden, da sie aus durchsichtigem Zellophanpapier gebildet werden.

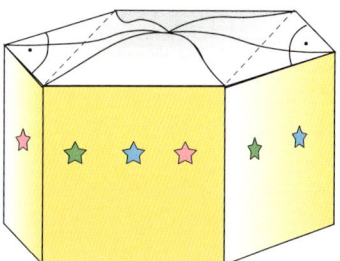

## Übung 11

Ein Stück Spiegelglas hat die Form eines rechtwinkligen Dreiecks, dessen Katheten 50 cm bzw. 80 cm lang sind. Durch zwei Schnitte mit einem Glasschneider soll ein rechteckiger Spiegel entstehen.
Wie lang sind die Schnittkanten x und y zu wählen, damit die Spiegelfläche maximal wird?

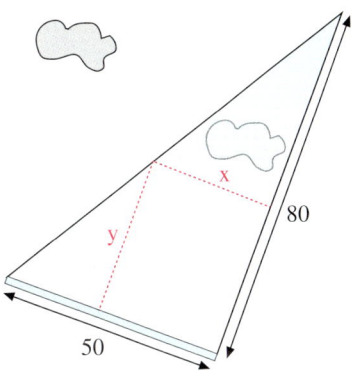

## C. Randwerte

▶ **Beispiel:** Ein Farmer besitzt eine Rolle mit 100 m Maschendraht, mit dem er ein rechteckiges Areal abstecken will. Dabei will er eine vorhandene Mauer von 40 m Länge als Abgrenzung mit benutzen. Welche Abmessungen muss er wählen, damit die eingegrenzte Fläche maximal wird?

Lösung:
Für den Flächeninhalt des eingegrenzten Rechtecks erhalten wir die nebenstehende quadratische Funktion, wobei x die Verlängerung der vorhandenen Mauerbegrenzung darstellt.

Breite: $40 + x$; Länge: $l$
$x + (40 + x) + 2l = 100 \Rightarrow l = 30 - x$

*Zielfunktion:*

$A(x) = (40 + x) \cdot (30 - x)$
$\phantom{A(x)} = -x^2 - 10x + 1200$

Die Extremalrechnung zeigt, dass A ein Maximum bei $x = -5$ besitzt.
Dieses Ergebnis bedeutet aber, dass die vorhandene Begrenzung um 5 m abgerissen und diese 5 m an einer anderen Stelle wieder aufgebaut werden müssten. Da es sich um eine feste Mauer handelt, ist dies nicht sinnvoll. Es gilt nun, diesem Optimum möglichst nahe zu kommen unter Berücksichtigung, dass $x \geq 0$ sein muss. Am abgebildeten Graphen der Zielfunktion erkennt man, dass der Flächeninhalt nun für den *Randwert* $x = 0$ am größten ist. Der Farmer kann mit den Seitenlängen 40 m bzw. 30 m ein Areal mit dem Flächeninhalt
▶ $A = 1200 \text{ m}^2$ eingrenzen.

*Extremalrechnung:*

$A'(x) = -2x - 10 = 0 \quad \Rightarrow \quad x = -5$
$A''(x) = -2 < 0 \quad \Rightarrow \quad$ Maximum

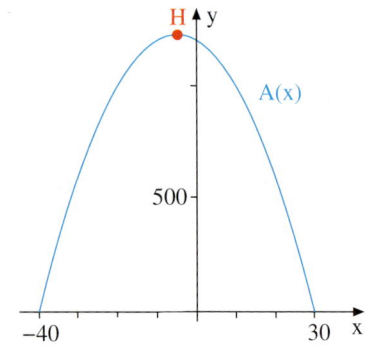

### Übung 12

Ein Marktforschungsinstitut hat festgestellt, dass der oberste zu realisierende Eintrittspreis für ein Erlebnis-Schwimmbad bei 12 € liegt. Eine Preissenkung um jeweils 1 € würde (in gewissen Grenzen) zu einer Zunahme von jeweils 10 Besuchern pro Tag führen.
Ein Erlebnisbad-Besitzer, der derzeit durchschnittlich 100 Besucher bei 12 € pro Karte hat, denkt über eine Preissenkung nach.
a) Bei welchem Eintrittspreis wäre sein Umsatz am größten?
b) Bei welchem Eintrittspreis wäre sein Gewinn am größten, wenn sich die Kosten pro Tag aus einem festen Betrag von 300 € (z. B. für Miete) und den variablen Kosten von 4 € pro Karte (z. B. für Wasserverbrauch) zusammensetzen?
*Hinweis:* Der Gewinn errechnet sich als Differenz aus Umsatz und Kosten.

## D. Absolute Maxima und Minima

Es kommt vor, dass die Zielfunktion eines Extremalproblems mehrere relative Extrema besitzt oder dass sie auch an den Rändern des zulässigen Bereichs betrachtet werden muss, wie im letzten Beispiel. In diesen Fällen berechnet man zunächst alle relativen Extrema sowie die so genannten *Randwerte* (Funktionswerte der Zielfunktion an den Randstellen des zulässigen Bereichs).

Unter diesen Werten gibt es in der Regel einen kleinsten, das *absolute Minimum* der Zielfunktion, sowie einen größten, das *absolute Maximum* der Zielfunktion. Einer dieser Werte ist das Optimum.

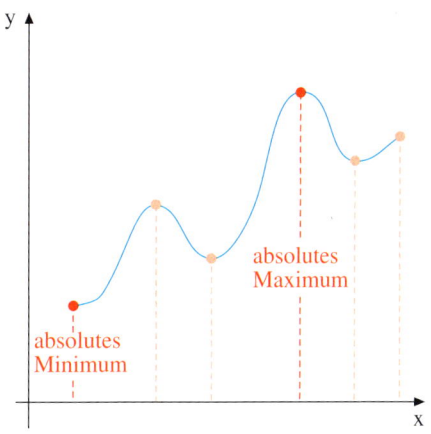

### Übung 12
Bestimmen Sie das absolute Minimum und das absolute Maximum der Funktion f auf dem Intervall I.
a) $f(x) = x^3 + 3x^2 - 9x + 1$
   $I = [-2; 6]$
b) $f(x) = 2x^3 - 13{,}5x$
   $I = [-2; 3]$
c) $f(x) = x^4 - 2x^3 + x^2$
   $I = [-2; 2]$

## E. Vereinfachen eines Extremalproblems: Quadrieren der Zielfunktion

Bei der Behandlung eines Extremalproblems ist es möglich und in vielen Fällen sinnvoll, an Stelle der originären Zielfunktion f die Funktion $f^2$ zu betrachten, die sich durch Quadrieren des Funktionsterms von f ergibt.

Die Legitimation für dieses Vorgehen ist aus der nebenstehenden Abbildung ersichtlich: Die Stellen relativer Extrema von f sind auch Stellen relativer Extrema von $f^2$. Man wendet diesen Quadrierungstrick natürlich nur dann an, wenn die Extremstellen von $f^2$ leichter zu bestimmen sind als die von f.

Zu beachten ist stets, dass $f^2$ zusätzliche Extremstellen aufweisen kann (z. B. Nullstellen von f) und dass „negative" Minima von f zu „positiven" Maxima von $f^2$ werden.

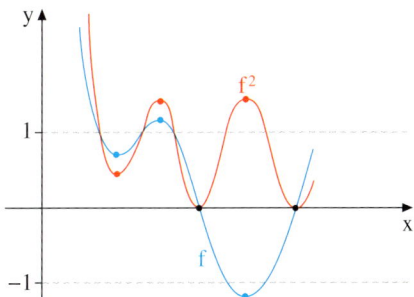

Die Menge der relativen Extremstellen von f ist eine Teilmenge der Menge der relativen Extremstellen von $f^2$.

**Beispiel:** Auf einem Monitor bewegt sich ein Leuchtpunkt P längs der Kurve

$$f(x) = \frac{1}{\sqrt{2} \cdot x^2}, \quad x > 0.$$

Wie nahe kommt er dem Ursprung?

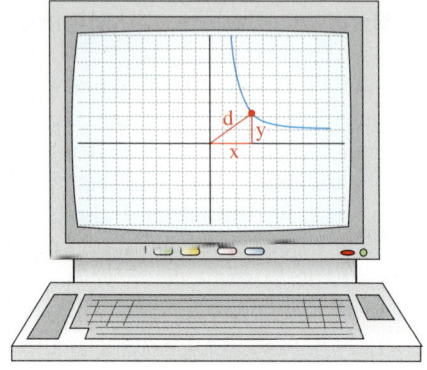

**Lösung:**
**1. Hauptbedingung:**
Wir bezeichnen die Koordinaten des Leuchtpunktes P mit x und y und den Abstand des Punktes zum Ursprung mit d. Dann gilt nach dem Satz von Pythagoras: $d = \sqrt{x^2 + y^2}$.

(1) $d = d(x, y) = \sqrt{x^2 + y^2}$

**2. Nebenbedingung:**
Der Zusammenhang zwischen den Variablen x und y ist durch $y = f(x) = \frac{1}{\sqrt{2} \cdot x^2}$ gegeben, da $P(x|y)$ ein Kurvenpunkt ist.

(2) $y = \frac{1}{\sqrt{2} \cdot x^2}$

**3. Zielfunktion:**
Durch Einsetzen von (2) in (1) erhalten wir die Zielfunktion d. Da die Ableitung schwierig zu berechnen ist, quadrieren wir die Zielfunktion (4) und bestimmen die Extrema dieser Funktion.

(3) $d = d(x) = \sqrt{x^2 + \frac{1}{2x^4}}$

(4) $d^2 = d^2(x) = x^2 + \frac{1}{2x^4}$

**4. Minimum der Zielfunktion:**
Die Ableitung der Zielfunktion $d^2$ hat genau eine positive Nullstelle bei $x = 1$. Dort liegt ein Minimum von $d^2$.
Offensichtlich hat auch die originäre Funktion d bei $x = 1$ ein Minimum.

$(d^2)'(x) = 2x - \frac{2}{x^5}$

$(d^2)'(x) = 0 \Leftrightarrow 2x - \frac{2}{x^5} = 0 \Leftrightarrow x = 1$

$(d^2)''(x) = 2 + \frac{10}{x^6}$

$(d^2)''(1) = 12 > 0 \Rightarrow$ Minimum

**5. Resultat:**
Der Punkt $P\left(1 \Big| \frac{1}{\sqrt{2}}\right)$ hat daher den geringsten Abstand zum Ursprung.
▶ Dieser Abstand ist gleich $\sqrt{1,5}$.

$x = 1$
$y = \frac{1}{\sqrt{2}}$
$d_{min} = \sqrt{1,5}$

# 5. Extremalprobleme

## F. Zusammenfassung des Lösungsprinzips

Abschließend fassen wir die einzelnen Schritte beim Lösen eines Extremalproblems in einer Tabelle zusammen, wobei wir sie an einem Beispiel konkretisieren.

| Arbeitsschritt | Beschreibung | Beispiel |
|---|---|---|
| **1. Problemstellung** | Verstehen der Problemstellung.<br><br>Anfertigung einer Planskizze.<br><br>Einführung von Bezeichnungen für die Variablen. | Mit einem 20 m langen Seil soll an einer bestehenden Mauer ein rechteckiges Areal mit maximaler Fläche abgegrenzt werden. |
| **2. Aufstellen einer Hauptbedingung** | Die zu optimierende Größe A wird in Abhängigkeit von einer oder mehreren Variablen dargestellt. Meistens sind es zwei Variable, z. B. x und y: $A = A(x, y)$ | *Hauptbedingung:*<br>Fläche = Länge × Breite<br>$A = A(x, y) = x \cdot y$ |
| **3. Aufstellen einer Nebenbedingung** | Zwischen den Variablen x und y, die in der Hauptbedingung vorkommen, wird eine Beziehung, d. h. eine Gleichung hergestellt.<br><br>Hilfsmittel hierbei sind: Planskizzen, Flächenformeln, Volumenformeln, geometrische Sätze wie Pythagoras und Strahlensatz usw. | *Nebenbedingung:*<br>Seillänge = 20 m<br>$y + 2x = 20$ |
| **4. Aufstellen der Zielfunktion** | Die Nebenbedingung wird nach einer der beiden Variablen x und y aufgelöst. Das Ergebnis wird in die Hauptbedingung eingesetzt. So erreicht man, dass die Zielgröße A als Funktion nur noch von einer Variablen abhängt, z. B. $A = A(x)$. | *Zielfunktion:*<br>$y + 2x = 20$<br>$y = 20 - 2x$<br>$A = x \cdot (20 - 2x)$<br>$A = -2x^2 + 20x$ |
| **5. Bestimmen des Optimums der Zielfunktion** | Nun errechnet man das Extremum von A durch Nullsetzen der ersten Ableitung $A'(x)$. Die Funktionswerte an den Randstellen des zulässigen Bereichs werden mit dem Extremum verglichen. | *Extremalrechnung:*<br>$A'(x) = -4x + 20 = 0$<br>Auflösen: $x = 5$<br>Einsetzen: $y = 10$<br>Einsetzen: $A_{MAX} = 50$ |
| **6. Formulierung des Resultats** | Die Ergebnisse werden zusammengefasst. x, y und $A_{OPT}$ werden angegeben und interpretiert. | Das optimale Rechteck mit maximaler Fläche hat die Maße $x = 5$ m und $y = 10$ m. Sein Flächeninhalt ist 50 m². |

## Übungen

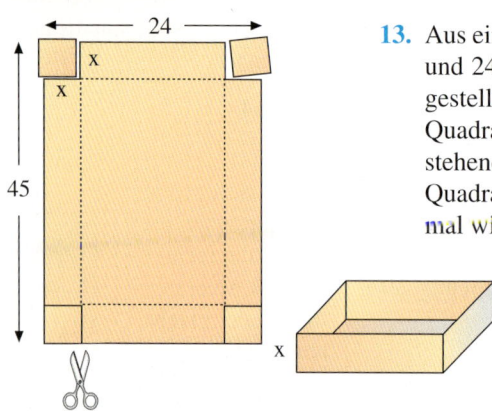

**13.** Aus einem rechteckigen Stück Pappe von 45 cm Länge und 24 cm Breite soll eine oben offene Schachtel hergestellt werden. Dazu wird an jeder der vier Ecken ein Quadrat abgeschnitten. Anschließend werden die überstehenden Streifen hochgeklappt. Wie groß müssen die Quadrate sein, damit das Volumen der Schachtel maximal wird?

**14.** Ein Gärtner plant den Bau eines Gewächshauses nach nebenstehendem Plan.

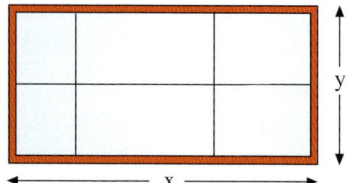

1 Meter Außenwand kostet 900 €, 1 Meter Innenwand dagegen nur 200 €. Der Gärtner hat 160 000 € für Wände zur Verfügung. Die Wandhöhe, die Wandstärke sowie das Dach bleiben unberücksichtigt. Welche Länge x und welche Breite y sollte das Gewächshaus erhalten, damit dessen Gesamtfläche maximal wird?

**15.** Die Summe zweier natürlicher Zahlen, deren Produkt 100 ist, soll so klein wie möglich sein. Wie heißen diese Zahlen?

$x \cdot y = 100$
$x + y \rightarrow \min$

**16.** Zwischen Autobahn, Stadtwald und Fluss soll, wie aus der Planungszeichnung ersichtlich, ein neues Gewerbegebiet erschlossen werden, dessen südwestliche Ecke exakt am Fluss $f(x) = \frac{1}{x}$ liegt und dessen Grundstücksgrenzen achsenparallel verlaufen. Welche Maße erhält das Gebiet, wenn
a) die Grundstücksfläche maximal sein soll,
b) die südliche und östliche Begrenzung eine möglichst lange Werbefläche bilden soll?

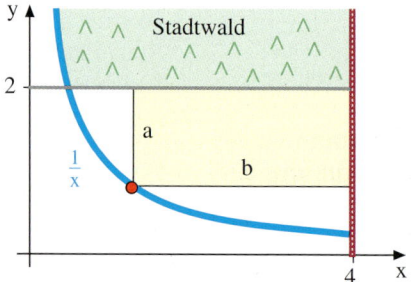

## 5. Extremalprobleme

**17. Aquarium**

Zoodirektor Dr. Brinkmann plant ein neues Aquarium. Es soll doppelt so lang wie breit werden. Oben ist es offen. Das Glas für die Bodenplatte kostet 300 €/m², das Glas für die Seitenscheiben ist mit nur 250 €/m² etwas preiswerter. Das Aquarium soll ein Fassungsvermögen von 200 m³ erhalten. Welche Maße muss Dr. Brinkmann wählen, damit sein neues Aquarium möglichst billig wird? Wie hoch ist der Preis?

**18. Medikamentenschachtel**

Für ein Vitaminpräparat soll eine neue Schachtel entworfen werden. Sie soll für die bunten Vitaminperlen 48 cm³ Raum bereithalten. Ihre Breite sei x, ihre Tiefe y und ihre Höhe $\frac{x}{4}$.

Die Schachtel funktioniert wie eine Streichholzschachtel. Sie besteht aus einem oben offenen ausziehbaren Behälter und einer umgebenden Schiebehülle.

Das Netz dieser beiden Teile ist rechts abgebildet. Wie müssen die Maße der Schachtel gewählt werden, damit der Materialverbrauch minimal wird?

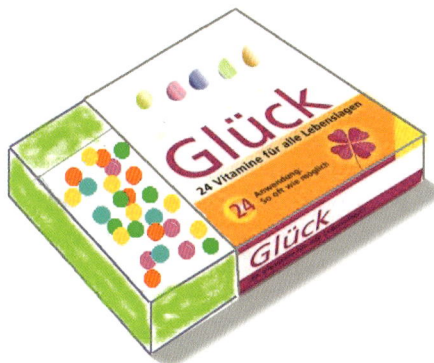

**19. Optimales Flugblatt**

Ein Flugblatt soll eine bedruckte Fläche von 288 cm² besitzen.
Oben und unten sollen jeweils 2 cm Rand frei bleiben, rechts und links jeweils 1 cm. x und y seien die Maße der bedruckten Fläche.

Welche Maße muss das Flugblatt erhalten, wenn der Materialaufwand möglichst klein sein soll?

Wie verändern sich die Ergebnisse, wenn alle Ränder 1 cm breit sein sollen?

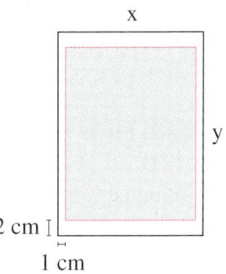

### 20. Pferdekoppel

Ein Farmer besitzt direkt am Fluss ein Landhaus. Durch einen dreiseitigen Zaun möchte er eine Pferdekoppel abgrenzen. Er hat 100 m Gitter zum Abzäunen erworben sowie ein 2 m breites Tor. Wie lang muss er die drei Zaunseiten wählen, um eine maximale Auslauffläche für sein Pferd zu erhalten?

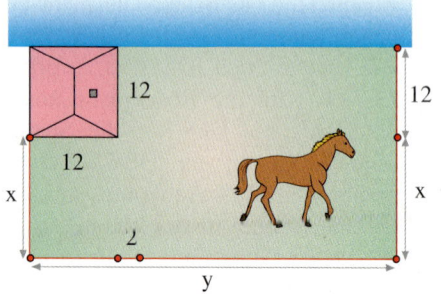

### 21. Optimaler Briefkasten

Fred möchte sich einen Zeitungskasten nach der abgebildeten Vorlage bauen. Er soll ein Volumen von 80 dm³ erhalten und aus Aluminium hergestellt werden. Das Material für die Seitenwände kostet 1 €/dm². Die quadratische Rückwand ist aus dickerem Material und kostet 2 €/dm². Der vordere quadratische, aufklappbare Deckel verursacht Kosten in Höhe von 3 €/dm².
Welche Maße x und y sollten gewählt werden, um die Materialkosten zu minimieren?

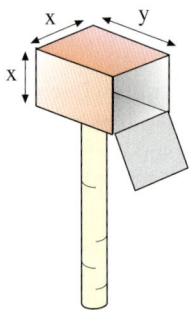

### 22. Quadrat im Quadrat

In ein Quadrat mit dem Maßen 20 × 20 soll wie abgebildet ein weiteres Quadrat eingepasst werden. Wie muss x gewählt werden, damit das innere Quadrat einen minimalen Flächeninhalt hat?

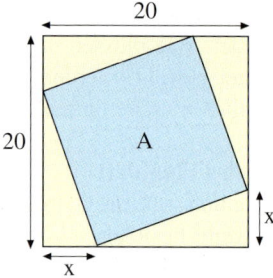

### 23. Parkplatz am Fluss

Vom Parkplatz an der Position $P\left(0 \Big| \frac{1}{2}\right)$ soll ein möglichst kurzer Zugangsweg zum Flussufer gebaut werden (1 LE = 100 m). Der Fluss kann beschrieben werden durch die Funktion $f(x) = 2 - \frac{1}{2}x^2$.
Wie lang wird der Weg mindestens?

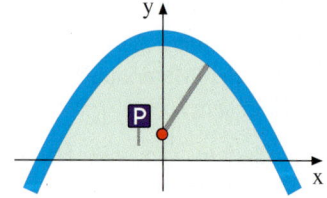

# 5. Extremalprobleme

**Klassische Extremalprobleme**

Im Folgenden geht es um einige klassische Extremalprobleme, an denen sich jede Schülergeneration schon einmal versucht hat.

**24. Das größte Rechteck in einem Dreieck**

Aus einem Spiegelrest, der die Form eines rechtwinkligen Dreiecks hat, soll ein Rechteck mit möglichst großer Fläche A herausgeschnitten werden.
a) Wie lautet die Hauptbedingung?
b) Wie lautet die Nebenbedingung?
   Hinweis: Strahlensatz
c) Welche Maße hat das maximale Rechteck?

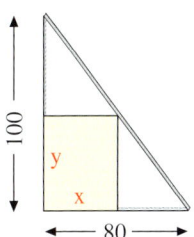

**25. Der größte Zylinder in einem geraden Kegel**

Ein gerader Kreiskegel hat den festen Radius R und die feste Höhe H. Im Kreiskegel soll ein Zylinder mit dem Radius r und der Höhe h, so wie abgebildet, einbeschrieben stehen. Wie müssen die Zylindermaße r und h gewählt werden damit das Zylindervolumen V maximal wird?
Hilfen: Zylindervolumen: $V_{ZYL} = \pi r^2 h$

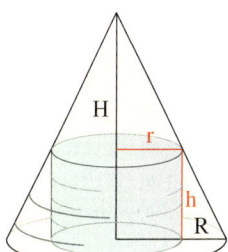

**26. Der größte Zylinder in einer Kugel**

In einer Kugel mit dem Radius R soll ein Zylinder (Radius r, Höhe h), so wie abgebildet, einbeschrieben stehen. Wie müssen r und h gewählt werden, damit der Zylinder ein maximales Volumen annimmt? Welchen Prozentsatz des Kugelvolumens füllt der Zylinder aus?

Hilfen:  Kugelvolumen:     $V_{KU} = \frac{4}{3}\pi R^3$

Zylindervolumen:   $V_{ZYL} = \pi r^2 h$

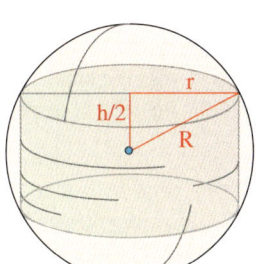

**27. Kegel mit minimaler Oberfläche**

Ein Kegel hat den Radius r und die Höhe h. Sein festes Volumen sei V. Wie müssen r und h gewählt werden, damit die Oberfläche des Kegels minimal wird? Diese Aufgabe erfordert zwingend den Einsatz des DMW.

Hilfen: Kegelvolumen:    $V = \frac{1}{3}\pi r^2 h$

Kegelmantel:     $M = \pi r s$

Kegelgrundfläche:  $G = \pi r^2$

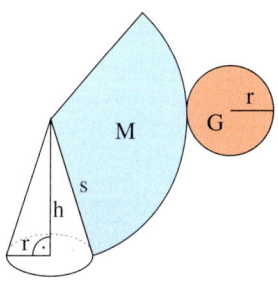

# 6. Weitere Anwendungen

## A. Unbegrenztes Wachstum und ungestörter Zerfall

Im Idealfall verläuft ein Wachstumsprozess völlig ungestört. Es gibt weder Mangel an Platz und Raum noch an Nahrung, Energie und Zeit. Dann ist meistens eine Wachstumsfunktion der Form $N(t) = c \cdot e^{kt}$ zur Beschreibung des Prozesses gut geeignet.

Man spricht in diesem Fall von einem *unbegrenzten Wachstum*. Die Größe c ist der Anfangsbestand zur Zeit $t = 0$. Der Faktor k im Exponenten beeinflusst die Wachstumsgeschwindigkeit.

Man kann die Eignung der Funktionsgleichung $N(t) = c \cdot e^{kt}$ gut begründen:
Es ist klar, dass eine Verdoppelung des Bestandes N auch zur Verdopplung der Wachstumsrate N' führt. Die Wachstumsrate N' ist also proportional zum Bestand N. Es gilt daher $N'(t) = k \cdot N(t)$.
Diese Wachstumsgleichung wird – wie man leicht durch Einsetzen von N und N' überprüfen kann – durch die Wachstumsfunktion $N(t) = c \cdot e^{kt}$ erfüllt.

Typisch für einen unbegrenzten Wachstumsprozess ist die *Verdopplungszeit*.
In einer festen Zeitspanne $T_2 = \frac{\ln 2}{k}$ verdoppelt sich der Bestand N jeweils.

Ganz analog verhalten sich ungestörte exponentielle *Zerfalls-* oder *Abnahmeprozesse* wie der radioaktive Zerfall oder die Abnahme einer Medikamentenkonzentration im Blut.
Sie beruhen auf der „negativen" Proportionalität $N'(t) = -k \cdot N(t)$ und werden durch $N(t) = c \cdot e^{-kt}$ beschrieben.
Vom Anfangsbestand $N(0) = c$ ausgehend fällt der Bestand und nähert sich asymptotisch dem Wert null.

Zerfallsprozesse besitzen eine typische *Halbwertszeit* $T_{1/2} = \frac{\ln 0{,}5}{-k}$, in welcher die Bestandsfunktion N sich halbiert.

**Modell des unbegrenzten Wachstums**

Unbegrenztes Wachstum wird durch folgende Wachstumsfunktion erfasst:

$$N(t) = c \cdot e^{kt}, \; k > 0.$$

c ist der Anfangsbestand zur Zeit $t = 0$.

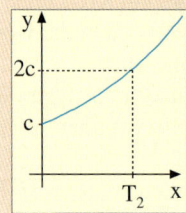

Verdopplungszeit

$$T_2 = \frac{\ln 2}{k}$$

**Modell des ungestörten Zerfalls**

Ein ungestörter Zerfalls- oder Abnahmeprozess wird durch folgende Bestandsfunktion erfasst:

$$N(t) = c \cdot e^{-kt}, \; k > 0.$$

c ist der Anfangsbestand zur Zeit $t = 0$.

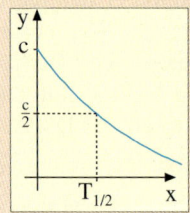

Halbwertszeit

$$T_{1/2} = \frac{\ln 0{,}5}{-k}$$

## B. Beispiele zum unbegrenzten Wachstum und Zerfall

▶ **Beispiel: Bevölkerungswachstum der USA**
Die Tabelle gibt die Bevölkerungsentwicklung der Vereinigten Staaten von Nordamerika in der ersten Hälfte des 19. Jahrhunderts wieder. Damals lag nahezu unbegrenztes Wachstum vor.
a) Stellen Sie die Wachstumsfunktion auf.
b) In welcher Zeitspanne verdoppelte sich die Bevölkerung?
c) Wie groß war die momentane Wachstumsrate 1790 bzw. 1850?
Wie groß war die mittlere Wachstumsrate?

| Jahr | 1790 | 1800 | 1810 | 1820 | 1830 | 1840 | 1850 |
|------|------|------|------|------|------|------|------|
| Mio. | 3,9 | 5,3 | 7,2 | 9,6 | 12,9 | 17,1 | 23,4 |

**Lösung zu a):**
Wir verwenden den Ansatz des unbegrenzten Wachstums $N(t) = N_0 \cdot e^{kt}$. Dabei ist t die Zeit in Jahren seit 1790.
$N_0 = N(0) = 3,9$ ist der Anfangsbestand.
Um k zu berechnen, verwenden wir eine zweite Information aus der Tabelle, z.B. $N(60) = 23,4$. Dies führt auf $k \approx 0,03$.
Resultat: $N(t) = 3,9 \cdot e^{0,03\,t}$

**Bestimmung von $N_0$:**
$N_0 = N(0) = 3,9\,\text{Mio.}$

**Bestimmung von k:**
Ansatz: $N(60) = 23,4$
$$3,9 \cdot e^{60k} = 23,4$$
$$e^{60k} = 6$$
$$60k = \ln 6$$
$$k \approx 0,03$$

**Lösung zu b):**
Wir verwenden den Ansatz $N(t) = 2N_0$, d.h. $N(t) = 7,8$. Dies führt auf eine Verdoppelungszeit von 23,1 Jahren.
Alle 23,1 Jahre verdoppelte sich die amerikanische Bevölkerung.

**Verdopplungszeit:**
Ansatz: $N(t) = 2N_0$
$$3,9 \cdot e^{0,03\,t} = 7,8$$
$$e^{0,03\,t} = 2$$
$$0,03\,t = \ln 2$$
$$t \approx 23,1 \text{ Jahre}$$

**Lösung zu c):**
Die momentanen Wachstumsgeschwindigkeiten (Zuwachsraten) berechnen wir mithilfe der Ableitung N'.
Die Dynamik ist deutlich zu erkennen.

Die mittlere Zuwachsrate berechnen wir mit dem Differenzenquotienten $\frac{\Delta N}{\Delta t}$.

Sie beträgt ca. 325 000 Personen/Jahr, das sind 27 083 Pers./Monat bzw. 890 Pers./Tag.
▶ Das ist also eine Kleinstadt pro Monat.

**Momentane Wachstumsraten:**
$N'(t) = 0,117 \cdot e^{0,03\,t}$
$N'(0) = 0,117\,\text{Mio./Jahr} = 321\,\text{Pers./Tag}$
$N'(60) = 0,708\,\text{Mio./Jahr} = 1939\,\text{Pers./Tag}$

**Mittlere Zuwachsrate von 1790–1850:**
$$\frac{\Delta N}{\Delta t} = \frac{N(60) - N(0)}{60 - 0} = \frac{23,4 - 3,9}{60}$$
$$= 0,325\,\text{Mio./Jahr} = 890\,\text{Pers./Tag}$$

## Beispiel: Radioaktiver Zerfall

Beim Reaktorunfall von Fukushima im März des Jahres 2011 in Japan wurden zahlreiche radioaktive Isotope freigesetzt, unter anderem das Cäsiumisotop $^{137}$Cs, durch das Pflanzen und Tiere und über die Nahrungskette auch der Mensch kontaminiert wurden.

Eine Probe mit 100 Mikrogramm des radioaktiven Isotops Cäsium, das eine Halbwertszeit von ca. 30 Jahren hat, soll untersucht werden.

a) Wie lautet die Zerfallsfunktion?
b) Wann ist die Aktivität auf 1% des Ausgangswertes abgesunken?

**Lösung zu a:**
Für die Zerfallsfunktion verwenden wir den Ansatz $N(t) = N_0 \cdot e^{-kt}$, $k > 0$.
$N_0 = 100\,\mu g$ ist vorgegeben.
k errechnen wir anhand der bekannten Halbwertszeit von 30 Jahren: $k \approx 0{,}0231$.
Resultat: $N(t) = 100 \cdot e^{-0{,}0231 \cdot t}$

*Zerfallsfunktion:*
$$N(0) = 100 \Rightarrow N_0 = 100\,\mu g$$
$$N(30) = \tfrac{1}{2} N_0 = 50$$
$$100 \cdot e^{-30k} = 50$$
$$e^{-30k} = 0{,}5$$
$$-30k = \ln 0{,}5$$
$$k \approx 0{,}0231$$
$$\Rightarrow N(t) = 100 \cdot e^{-0{,}0231 \cdot t}$$

**Lösung zu b:**
Der Ansatz $N(t) = \tfrac{1}{100} \cdot N_0$ führt auf eine Abklingzeit von knapp 200 Jahren. Nach dieser Zeit beträgt die Strahlung nur noch 1% des Anfangswertes. In der Praxis sinkt die Aktivität durch Verdunstungs- und Ausschwemmprozesse aber stärker.

*Abklingen (1%):*
$$N(t) = 0{,}01 \cdot N_0$$
$$100 \cdot e^{-0{,}0231 \cdot t} = 1$$
$$e^{-0{,}0231 \cdot t} = 0{,}01$$
$$-0{,}0231 \cdot t = \ln 0{,}01$$
$$t \approx 199{,}36 \text{ Jahre}$$

## Übung 1  Abnahmeprozess

Während einer Konjunkturflaute sinkt der Absatz eines Autoherstellers im Verlauf von 6 Monaten von 27 000 Autos pro Monat auf 20 000 Autos pro Monat.

a) Wie lautet die Abnahmefunktion, wenn der Rückgang dem exponentiellen Modell $f(t) = a \cdot e^{-kt}$ folgt?
(t: Zeit in Monaten; f(t): Anzahl der monatlich abgesetzten Autos).
b) Wann hat sich der Absatz halbiert?
c) Um wie viele Autos sinkt der Absatz im Verlauf des 6. Monats?

## 6. Weitere Anwendungen

**Übungen**

2. Eine Ameisenkolonie von 10 000 Tieren wächst jährlich um 10%. Wie lautet die Wachstumsfunktion? Wann ist eine Bevölkerung von 1 Million erreicht?

3. Eine Probe des radioaktiven Isotops Actinium 227 zerfällt gemäß dem Gesetz
   $N(t) = 1000 \cdot e^{-0,069\,t}$ (t: Zeit in Tagen; N(t): Rad. Substanz in mg).
   a) Wie groß ist der Anfangsbestand? Wie groß ist der Bestand nach einem Tag? Welcher prozentuale Anteil der Probe zerfällt täglich?
   b) Wie groß ist die Halbwertszeit? Eine Probe wird als ausgebrannt betrachtet, wenn die Strahlung auf 1% des Ausgangswerts gefallen ist. Schätzen Sie die Zeit hierfür mithilfe der Halbwertszeit ab.

4. Die Einwohnerzahl einer Stadt wird modellhaft beschrieben durch $N_1(t) = 30\,000 \cdot e^{-0,0513\,t}$. Dabei ist t die Zeit in Jahren und $N_1(t)$ die Einwohnerzahl zum Zeitpunkt t.
   a) Welche Einwohnerzahl liegt nach fünf Jahren vor?
   b) Wann fällt die Einwohnerzahl auf 20 000 Einwohner?
   c) Wie groß ist die momentane Abnahmerate zu Beginn des Prozesses bzw. nach 10 Jahren?
   d) Die Einwohnerzahl einer anderen Stadt wird beschrieben durch $N_2(t) = 10\,000 \cdot e^{0,09531\,t}$. Wann haben beide Städte gleich viele Einwohner? Wie viele sind es dann?
   e) Wann ist die Summe der Einwohnerzahlen beider Städte minimal?

5. Ein Zecher hat sich um $24^{00}$ Uhr einen Alkoholspiegel von 1,8 Promille angetrunken. Nach einer linearen Faustformel werden stündlich 0,2 Promille abgebaut. Ein anderes exponentielles Modell geht davon aus, dass stündlich ca. 20% des aktuellen Gehaltes abgebaut werden.
   a) Stellen Sie für das lineare Modell eine Abnahmefunktion $a(t)$ auf.
   b) Weisen Sie nach, dass das zweite exponentielle Modell durch die Funktion
      $b(t) = 1,8 \cdot e^{-0,2231\,t}$ erfasst wird. Zeichnen Sie beide Graphen in ein Koordinatensystem.
   c) Welchen Alkoholspiegel hat der Mann morgens um 6.00 Uhr nach dem linearen Modell? Darf er nun wieder fahren (Die erlaubte Grenze beträgt 0,5 Promille)?
   d) Wann wird die Grenze von 0,5 Promille nach dem exponentiellen Modell erreicht?
   e) Zu welchem Zeitpunkt ist der Unterschied zwischen den Modellen maximal?
   f) Bestimmen Sie näherungsweise, zu welchem Zeitpunkt beide Modelle den gleichen Alkoholspiegel anzeigen.

6. Auf Meereshöhe beträgt der Luftdruck p 1013 mbar. Die Funktion p erfüllt die Gleichung
   $p'(h) = -0,000\,13 \cdot p(h)$. h: Höhe in m, p: Luftdruck in mbar.
   a) Begründen Sie, dass $p(h) = 1013\,e^{-0,000\,13\,h}$ die Abnahmefunktion ist.
   b) Wie groß ist der Luftdruck in 2000 m Höhe bzw. auf dem Mount Everest?
   c) Untrainierte Menschen benötigen ab 500 mbar Luftdruck eine Sauerstoffzufuhr per Maske. Ab welcher Höhe ist dies erforderlich?

## C. Begrenztes exponentielles Wachstum

Reales Wachstum ist meistens begrenzt. Es gibt eine Obergrenze, die nicht überschritten werden kann. Eine Bevölkerung kann nicht endlos wachsen, ein Baum kann nur eine bestimmte Höhe erreichen, und die Ausbreitung einer Epidemie ist spätestens zu Ende, wenn alle Einwohner erfasst sind.

Rechts ist der typische Verlauf des sog. *begrenzten Wachstums* dargestellt. Ausgehend von einem gewissen Anfangsbestand zur Zeit t = 0 steigt der Bestand N an, wobei sich die Wachstumsgeschwindigkeit N′ zunehmend verkleinert. Schließlich nähert sich die Wachstumsfunktion einer Obergrenze a, die man als *Grenzbestand* oder auch als *Sättigungsgrenze* bezeichnet.

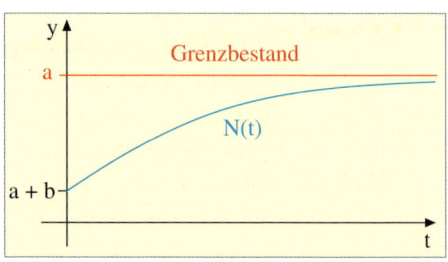

Das begrenzte Wachstum wird durch eine Bestandsfunktion der Gestalt $N(t) = a + b \cdot e^{-kt}$ beschrieben, wobei a positiv und b negativ ist.

a stellt dabei den Grenzbestand oder auch die Sättigungsgrenze dar.

Der Anfangsbestand ist $N(0) = a + b$.

> **Modell des begrenzten Wachstums**
> Begrenztes Wachstum kann durch folgende Funktion beschrieben werden.
>
> **Wachstumsfunktion:**
> $$N(t) = a + b \cdot e^{-kt}, \, k > 0$$
>
> Dabei ist a die Sättigungsgrenze und $N(0) = a + b$ der Anfangsbestand.

> **Beispiel:** Die Höhe eines Kaktus
> Ein kleiner Kaktus wird gepflanzt. Seine Höhe wird durch die Wachstumsfunktion $h(t) = 9{,}90 - 9{,}85 \cdot e^{-0{,}01t}$ beschrieben (t: Zeit in Jahren; h: Höhe in m).
> Wie groß war die Pflanzhöhe des Kaktus? Welche Größe kann er maximal erreichen? Nach welcher Zeit wird der Kaktus 2 m hoch sein?

Lösung:
Die Anfangshöhe ist:
$h(0) = 9{,}90 - 9{,}85 = 0{,}05$.

Die Grenzhöhe ergibt sich, wenn t immer weiter vergrößert wird und schließlich gegen unendlich strebt. Dabei strebt der Teilterm $e^{-0{,}01t}$ gegen 0. Die Funktion h strebt gegen die Grenzhöhe 9,90 m.

Der Kaktus erreicht ca. 22 Jahre nach der Pflanzung die Höhe von 2 Metern, wie die Rechnung rechts zeigt.

*Anfangshöhe:*
$h(0) = 9{,}90 - 9{,}85 \cdot e^{0} = 9{,}90 - 9{,}85 = 0{,}05$

*Grenzhöhe:*
$\lim_{t \to \infty} h(t) = \lim_{t \to \infty} (9{,}90 - 9{,}85 \cdot e^{-0{,}01t}) = 9{,}90$

*Berechnung der Zeit:*
$$h(t) = 2$$
$$9{,}90 - 9{,}85 \cdot e^{-0{,}01t} = 2$$
$$e^{-0{,}01t} = \frac{7{,}90}{9{,}85} \approx 0{,}802$$
$$-0{,}01\,t = \ln 0{,}802$$
$$t \approx 22{,}06$$

## 6. Weitere Anwendungen

▶ **Beispiel: Tropfinfusion**

Ein Medikament wird dem Patienten per Tropfinfusion zugeführt. Die Konzentration im Blut steigt gemäß der Funktion $k(t) = a - a e^{-0,04t}$ (t: Zeit in min; k(t): Konzentration zur Zeit t in µg/ml).
Nach 23 Minuten beträgt die Konzentration 30,07 µg/ml.

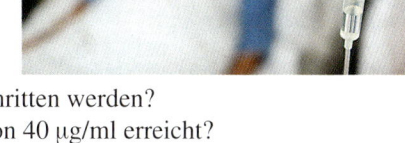

a) Wie lautet die Wachstumsfunktion?
b) Welche Grenzkonzentration kann nicht überschritten werden?
c) Wann wird die therapeutische Wirkschranke von 40 µg/ml erreicht?
d) Wie groß ist die Anstiegsgeschwindigkeit zu Beginn des Prozesses?

**Lösung zu a):**
Hier muss a bestimmt werden. Die Information $k(23) = 30,07$ führt nach nebenstehender Rechnung auf $a \approx 50$.
Die Gleichung der Wachstumsfunktion lautet daher $k(t) = 50 - 50 e^{-0,04t}$.

*Gleichung der Wachstumsfunktion:*
$k(23) = 30,07$
$a - a \cdot e^{-0,04 \cdot 23} = 30,07$
$a(1 - e^{-0,92}) = 30,07$
$a = \frac{30,07}{1 - e^{-0,92}} \approx 49,99$
$a \approx 50$

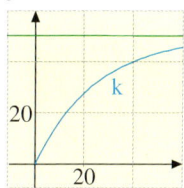

**Lösung zu b):**
Die Konzentration nähert sich langfristig, d. h. für $t \to \infty$, einer oberen Grenze an. Da der exponentielle Teilterm $e^{-0,04t}$ dabei gegen null strebt, nähert sich die Wachstumsfunktion k der Grenze 50 an.

*Grenzkonzentration:*
$\lim_{t \to \infty} k(t) = \lim_{t \to \infty} (50 - 50 e^{-0,04t}) = 50$

**Lösung zu c):**
Die Schranke, ab der die gewünschte therapeutische Wirkung einsetzt, liegt bei 40 mg/ml. Der Ansatz $k(t) = 40$ führt nach einer logarithmischen Rechnung auf die Zeit $t \approx 40,24$ Minuten.

*Therapeutische Schranke:*
$k(t) = 40$
$50 - 50 \cdot e^{-0,04 \cdot t} = 40$
$50 \cdot e^{-0,04 \cdot t} = 10$
$e^{-0,04 \cdot t} = 0,2$
$-0,04 t = \ln 0,2$
$t = \frac{\ln 0,2}{-0,04} \approx 40,24$

**Lösung zu d):**
Die Wachstumsgeschwindigkeit der Konzentration k ist deren Ableitung $k'$.
Mit der Kettenregel folgt $k'(t) = 2 \cdot e^{-0,04t}$.
▶ Hieraus ergibt sich $k'(0) = 2$ µg/ml.

*Anstiegsgeschwindigkeit zu Beginn:*
$k'(t) = (50 - 50 \cdot e^{-0,04 \cdot t})'$
$= 0 - (50 \cdot e^{-0,04 \cdot t}) \cdot (-0,04)$
$= 2 \cdot e^{-0,04 \cdot t}$
$k'(0) = 2$

### Übung 7

Die Masse eines Pilzes wächst nach der Formel $m(t) = 40 - 25 e^{-kt}$ (t: Tage, m: Gramm), wobei k vom Nährboden abhängt (Boden A: $k = 0,10$; Boden B: $k = 0,20$).
Skizzieren Sie beide Graphen im gleichen Koordinatensystem. Wann werden 30 Gramm erreicht?
Vergleichen Sie die Wachstumsgeschwindigkeiten zur Zeit $t = 0$ und $t = 10$.

## Das Newtonsche Abkühlungsgesetz

*Heiße Körper geben Wärme an die kältere Umgebung ab und kühlen so im Laufe der Zeit auf die Umgebungstemperatur ab. Der berühmte Physiker Isaac Newton (1643–1727) stellte auch ein Gesetz auf, das die exponentielle Abnahme der Temperatur bei Abkühlungsvorgängen erfasst.*

$T(t)$ sei die Temperatur eines sich abkühlenden Körpers zur Zeit t. Die Temperatur kann nicht niedriger werden als die Umgebungstemperatur.
Daher liegt auch hier das Modell der begrenzten Abnahme vor. Es kann also der Ansatz $T(t) = a + be^{-kt}$ verwendet werden.
Dabei ist $T(0) = a + b$ die Anfangstemperatur des Körpers zu Beginn des Abkühlungsprozesses.
Weiter strebt $T(t)$ mit zunehmender Zeitdauer, also für $t \to \infty$, offensichtlich gegen den Wert a. Also muss a die Umgebungstemperatur sein.
So erhalten wir das rechts dargestellte Newtonsche Abkühlungsmodell.

### Modell des Abkühlungsprozesses
Ein Abkühlungsprozess kann durch die folgende *Abkühlungsfunktion* beschrieben werden.

$$T(t) = a + b \cdot e^{-kt}, k > 0$$

Dabei gelten zwei Zusammenhänge:
**a + b** ist die Anfangstemperatur $T(0)$.
**a** ist die Umgebungstemperatur, der sich T langfristig annähert.

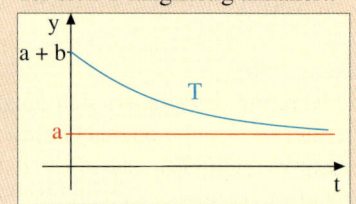

▶ **Beispiel: Teatime**
Mathelehrer Peter Pim hat 15 Minuten Pause. Die Temperatur in seiner Teekanne fällt in den ersten beiden Minuten von 98 °C auf 88 °C. Schnell errechnet Peter, wie heiß der Tee in der Kanne am Ende seiner Pause noch ist. Übrigens, im Raum ist es 20 °C warm.

Lösung:
Zunächst muss die Abkühlungsfunktion $T(t) = a + be^{-kt}$ bestimmt werden.
a ist die Umgebungstemperatur, also gilt a = 20. Wegen $T(0) = a + b = 98$ folgt damit b = 78.
Nun muss noch k bestimmt werden.
Der Ansatz $T(2) = 88$ führt laut der rechts aufgeführten logarithmischen Rechnung auf den Wert k = 0,069. Damit ist die Abkühlungsfunktion komplett:
▼ $T(t) = 20 + 78 \cdot e^{-0,069t}$

*Ansatz:*
$T(t) = a + be^{-kt}$
a = Umgebungstemperatur = 20
a + b = Anfangstemperatur = 98 ⇒ b = 78

*Zwischenergebnis:*
$T(2) = 88 \Rightarrow 20 + 78e^{-2k} = 88$
$e^{-2k} \approx 0{,}8718$
$-2k \approx \ln 0{,}8718$
$k \approx 0{,}069$

*Endergebnis:* $\quad T(t) = 20 + 78 \cdot e^{-0,069t}$

6. Weitere Anwendungen

Nun können wir die Temperatur nach 15 Minuten bestimmen. Sie beträgt ca. 48°.
▶ Der Tee ist also gut zu genießen.

**Temperatur nach 15 Minuten:**
$T(15) = 20 + 78 \cdot e^{-0{,}069 \cdot 15} \approx 47{,}71\,°C$

## Übungen

8. Der Bestand einer Population wird durch die Funktion $N(t) = 10 - 8 \cdot e^{-0{,}2t}$ erfasst. Dabei gibt t die Zeit in Stunden seit Beobachtungsbeginn an und $N(t)$ die Anzahl der Individuen in Tausend.
   a) Zeichnen Sie den Graphen von N mithilfe einer Wertetabelle ($0 \leq t \leq 20$, Schrittweite 5).
   b) Bestimmen Sie den Anfangsbestand und den Grenzbestand der Population.
   c) Welcher Bestand liegt zur Zeit $t = 3$ vor?
   d) Nach welcher Zeit hat sich der Anfangsbestand vervierfacht?
   e) Wie groß ist die Wachstumsgeschwindigkeit (gemessen in Tausend Individuen pro Stunde) zu Beginn des Wachstumsprozesses bzw. nach 10 Stunden?

9. Ein neuer natürlicher Stausee wird angelegt. Er wird durch einen konstanten Zufluss gefüllt, verliert aber mit zunehmender Füllung aufgrund des steigenden Wasserdrucks wieder Wasser durch den undichten Seeboden.
   Berechnungen ergaben, dass die Erstbefüllung durch die Funktion W erfasst werden kann:
   $W(t) = 1\,000\,000 \cdot (1 - e^{-0{,}025\,t})$
   (t: Zeit in Std., W: Wasservolumen in m³)

   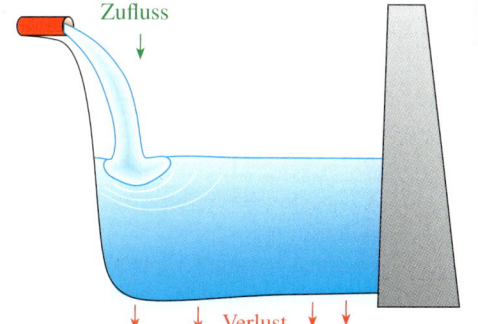 

   a) Fertigen Sie eine Wertetabelle für die Funktion W an ($0 \leq t \leq 100$, Schrittweite 20). Skizzieren Sie den Graphen von W.
   b) Wie groß wird das Wasservolumen nach 50 bzw. nach 200 Stunden sein? Welches Wasservolumen wäre maximal erreichbar?
   c) Der See hat ein Leervolumen von $1\,200\,000\,m^3$. Kann er völlig gefüllt werden? Nach welcher Zeit ist er zur Hälfte gefüllt?
   d) Mit welcher Geschwindigkeit (in m³/h) füllt sich der See zur Zeit $t = 20$? Wie stark ist der konstante Zufluss?

10. Eisen schmilzt bei 1538 °C. Eine glühende Eisenschmelze kühlt sich bei einer Umgebungstemperatur von 20 °C innerhalb von 10 Minuten von 2000 °C auf 1800 °C ab.
    a) Wie lautet die Abkühlungsfunktion?
    b) Wie lange dauert es bis zur Erstarrung des Eisens?
    c) Wie groß ist die Abkühlungsrate zu Beginn des Prozesses?

**11.** Anja möchte China besuchen. Daher nimmt sie an einem Chinesisch-Kurs teil. Erfahrungsgemäß beginnen die Teilnehmer ohne Vorkenntnisse und besitzen eine maximale Lernkapazität von 500 Vokabeln. Ein durchschnittlicher Teilnehmer beherrscht nach einer Stunde 40 Vokabeln.

a) Wie lautet die Lernkurve eines durchschnittlichen Teilnehmers?
(t: Stunden, L(t): Anzahl der Vokabeln)
b) Wie lange benötigt ein Teilnehmer für die Hälfte der maximalen Kapazität?
c) Anja beherrscht nach einer Stunde schon 50 Vokabeln, nach zwei Stunden sind es sogar 98 Vokabeln.
Wie lautet ihre persönliche Lernkurve? Wo liegt ihre Kapazitätsgrenze?
d) Wann sinkt die Lernrate eines durchschnittlichen Teilnehmers auf 10 Vokabeln/Stunde? Welche Lernrate hat Anja zur Zeit t = 10?

**12.** In einem Waldgebiet ist Revierplatz vorhanden für maximal 800 Wölfe. Zu Beobachtungsbeginn werden 500 Wölfe gezählt. Nach drei Jahren sind es schon 700 Tiere.

a) Wie lautet die Bestandsfunktion N(t)?
b) Wie viele Wölfe gibt es nach fünf Jahren?
c) Zeichnen Sie den Graphen von N.
d) Durch intensivere Beforstung beginnt die Wolfspopulation seit Beginn des zehnten Jahres um 10 % pro Jahr zu sinken.
Wann unterschreitet sie 100 Tiere?

**13.** Die Fanmeile zur Fußball-WM wurde 60 Minuten vor Spielbeginn geöffnet. Nach 5 Minuten wurden bereits 32 135 Personen eingelassen. Es wird angenommen, dass die Anzahl der eingelassenen Personen durch $P(t) = 300\,000(1 - e^{-kt})$ beschrieben werden kann (t: Zeit in Minuten, P(t): Personenzahl).

a) Bestimmen Sie den Koeffizienten k.
b) Wie viele Personen sind nach 30 Minuten auf der Fanmeile?
c) Wie groß ist die Maximalkapazität der Meile? Wann erreicht die Auslastung 90 %?
d) Wie groß ist die Einlassgeschwindigkeit zu Beginn bzw. nach 30 Minuten?

**14.** Das Höhenwachstum einer Pfingstrose wurde in einer Messreihe erfasst.

| t (in Tage) | 0 | 4 | 8 | 12 | 16 |
|---|---|---|---|---|---|
| h(t) (cm) | 2,0 | 3,5 | 6,13 | 10,73 | 18,79 |

a) Zeichnen Sie den Graphen der Funktion h.
b) Weisen Sie nach, dass unbegrenztes exponentielles Wachstum vorliegt.
c) Wie groß ist die mittlere Wachstumsgeschwindigkeit in den ersten 10 Tagen und die momentane zu Beginn des 10. Tages?
d) Wann erreicht die Pflanze eine Höhe von 40 cm?

**15.** Durch Zugabe eines Desinfektionsmittels soll die Anzahl der Keime (in Mio. pro ml) in einem Erlebnisbad verringert werden. Die danach vorhandene Keimanzahl wird nach Ansicht eines Experten beschrieben durch $h_1(t) = 5 + 10e^{-0,02t}$ (t in Stunden). Ein zweiter Experte vertritt die Meinung, dass die Funktion $h_2(t) = 15 - 0,12t$ die Anzahl der Keime zutreffend angibt.

a) Welche Anzahl von Keimen enthält 1 ml Wasser in beiden Modellen 10 Stunden nach der Desinfektion?
b) Wann ist in beiden Modellen die Keimzahl auf die Hälfte des Anfangsstandes gefallen?
c) Für welchen Zeitpunkt ist der Unterschied beider Prognosen am größten?

**16.** Ein Zoologe stellt fest, dass das Längenwachstum eines Krokodils durch $L(t) = 3 - ae^{-kt}$ (0 < t < 12, t in Monaten, L in Metern) erfasst wird. Zu Beginn (t = 0) war das Krokodil 1,8 m lang, ein Jahr später wurde seine Länge mit 2,48 m gemessen.

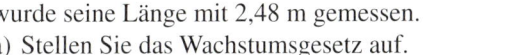

a) Stellen Sie das Wachstumsgesetz auf.
b) Welche maximale Länge erreicht das Krokodil?
c) Wann hat es 75 % seiner maximalen Länge erreicht? Wie groß ist zu diesem Zeitpunkt seine momentane Wachstumsgeschwindigkeit?
d) Das Längenwachstum eines zweiten Krokodils wird modelliert durch die Funktion $L_2(t) = 2,5 - 2e^{-0,2t}$. Zeichnen Sie beide Graphen in ein gemeinsames Koordinatensystem. Wann ist die Größendifferenz beider Krokodile am geringsten?

**17.** Im Labor wurde eine kleine Population der Fruchtfliege Drosophila angelegt, deren Bestand angenähert durch $N(t) = 40t^2 \cdot e^{1-0,4t}$ beschrieben wird (t in Tagen, t > 0).

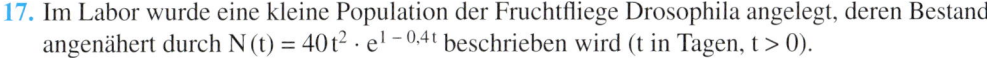

a) Bestimmen Sie für die Bestandsfunktion die Nullstellen, Extrema und Wendepunkte. Zeichnen Sie den Graphen für 0 < t < 20.
b) Zu welchem Zeitpunkt ist die Population am stärksten? Wie groß ist sie dann?
c) Zu welchem Zeitpunkt wächst bzw. verringert sich der Bestand besonders stark?

# Das Wachstumsmodell von Verhulst

Im Jahre 1845 gelang es dem belgischen Mathematiker P. F. Verhulst, die Entwicklung der Bevölkerungszahl der Vereinigten Staaten von Amerika mit erstaunlicher Genauigkeit vorherzusagen. Seine Prognose war so gut, dass selbst 1930, also 85 Jahre nach Prognosestellung, die Abweichung von der tatsächlichen Bevölkerungsentwicklung weniger als 1 % betrug.

Verhulst entwickelte ein verfeinertes exponentielles Modell, welches berücksichtigte, dass sich jedes natürliche Wachstum im Laufe der Zeit abschwächt, das so genannte **logistische Modell** mit einer nun S-förmigen Kurve. Als weitere Grundlage seiner Vorhersage verwendete er die Ergebnisse der seit 1790 in Amerika im Abstand von 10 Jahren durchgeführten allgemeinen Volkszählungen.

| Jahr | Tatsächliche Entwicklung | Prognose von Verhulst (1845) |
|---|---|---|
| 1790 | 3,9 Mio. | 3,9 Mio |
| 1800 | 5,3 | 5,3 |
| 1810 | 7,2 | 7,2 |
| 1820 | 9,6 | 9,7 |
| 1830 | 12,9 | 13,1 |
| 1840 | 17,1 | 17,5 |
| 1850 | 23,2 | 23,1 |
| 1860 | 31,4 | 30,4 |
| 1870 | 38,6 | 39,3 |
| 1880 | 50,2 | 50,2 |
| 1890 | 62,9 | 62,8 |
| 1900 | 76,0 | 76,9 |
| 1910 | 92,0 | 92,0 |
| 1920 | 106,5 | 107,5 |
| 1930 | 123,2 | 122,5 |

Zeitpunkt der Prognosestellung

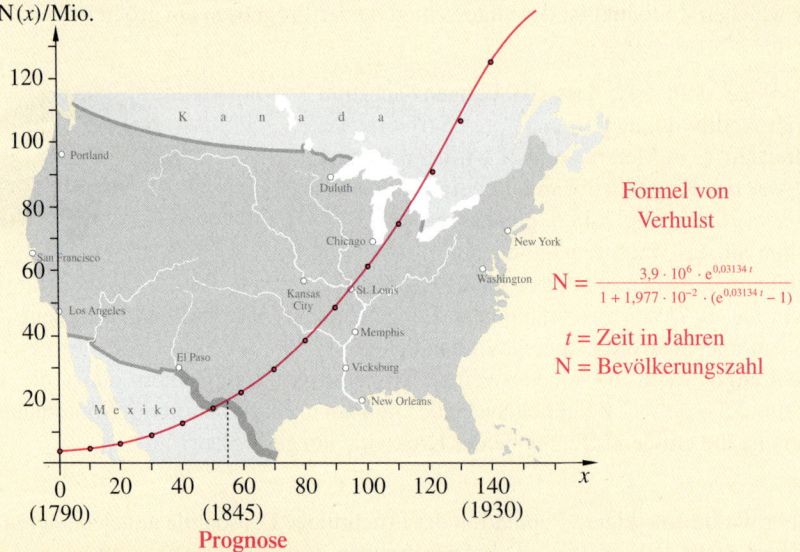

Formel von Verhulst

$$N = \frac{3{,}9 \cdot 10^6 \cdot e^{0{,}03134\,t}}{1 + 1{,}977 \cdot 10^{-2} \cdot (e^{0{,}03134\,t} - 1)}$$

$t$ = Zeit in Jahren
$N$ = Bevölkerungszahl

## Übung Bevölkerungswachtum

a) Überprüfen Sie durch Quotientenbildung $\frac{N(t+10)}{N(t)}$, dass das exponentielle Bevölkerungswachstum der amerikanischen Bevölkerung sich im Laufe der Zeit tatsächlich abschwächte.
b) Legen Sie nun nur die Daten von 1790 (3,9 Mio.) und 1830 (12,9 Mio.) zugrunde. Stellen Sie hieraus die rein exponentielle Wachstumsfunktion auf (Ansatz: $N(t) = N_0 \cdot e^{kt}$). In welchen zeitlichen Grenzen gilt dieses Modell in guter Näherung?
c) Welche Bevölkerungszahl für 1930 ergibt sich mit dem Modell aus b)?

# Das Wachstumsmodell von Verhulst

## Logistisches Wachstum einer Population

Eine Population von Erdmännchen besteht zu Beobachtungsbeginn aus 300 Tieren. Ein Jahr später ist sie auf 340 Tiere angewachsen. Die Population wächst entsprechend dem logistischen Modell und kann durch die Bestandsfunktion $N(t) = \frac{3000}{1 + b \cdot e^{-kt}}$ beschrieben werden.

a) Bestimmen Sie die Koeffizienten b und k.
   Zeichnen Sie den Graphen von f.
b) Welchen Grenzbestand kann die Population erreichen?
c) Wann erreicht der Bestand 1500 Tiere?

**Lösung zu a:**
Wir setzen die bekannten Funktionswerte $N(0) = 300$ und $N(1) = 340$ in die Bestandsfunktion ein. Dadurch erhalten wir zwei Gleichungen, aus denen die Koeffizienten b und k berechnet werden können.
Resultat: $N(t) = \frac{3000}{1 + 9 \cdot e^{-0,14t}}$.

*Bestimmung der Koeffizienten:*
$N(0) = 300 \Rightarrow \frac{3000}{1 + b} = 300 \Rightarrow b = 9$
$N(1) = 340 \Rightarrow \frac{3000}{1 + 9 \cdot e^{-k}} = 340 \Rightarrow k = 0,14$

Der Graph von f zeigt den typischen S-förmigen Verlauf einer logistischen Funktion.

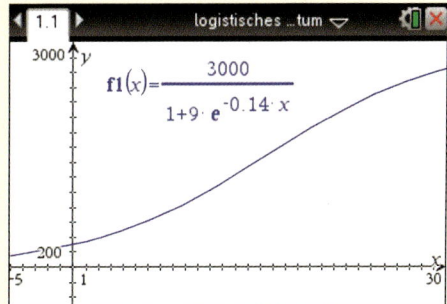

**Lösung zu b:**
Mit zunehmender Zeit t wird der Nenner von N kleiner und nähert sich immer mehr dem Wert 1. Daher ist der Grenzbestand der Population 3000 Tiere.

*Berechnung des Grenzbestands:*
$\lim\limits_{t \to \infty} N(t) = \lim\limits_{t \to \infty} \left( \frac{3000}{1 + 9 \cdot e^{-0,14t}} \right) = 3000$

**Lösung zu c:**
Die Gleichung $N(t) = 1500$ ist zu lösen.
Ergebnis: Nach knapp 16 Jahren wird die Population 1500 Tiere umfassen.

*Berechnung der Zeitdauer:*
$N(t) = \frac{3000}{1 + 9 \cdot e^{-0,14t}} = 1500$
$e^{-0,14t} = \frac{1}{9}$
$t \approx 15,69$

## Übung Sandfliegen

Im Süden Neuseelands treiben sich gefährliche Biester herum, Sandfliegen, die gerne kleine runde Löcher in die Haut stanzen. Eine Population besteht zu Beobachtungsbeginn aus 200 Sandfliegen. Einen Tag später sind es schon 240.
Man kann von logistischem Wachstum nach der Funktion $N(t) = \frac{5000}{1 + b \cdot e^{-kt}}$ ausgehen.
Bestimmen Sie aus den Anfangsdaten die Parameter b und k.
Berechnen Sie, wann die Zahl der Fliegen 4000 erreicht.
Kann die Population auf 8000 Fliegen ansteigen?

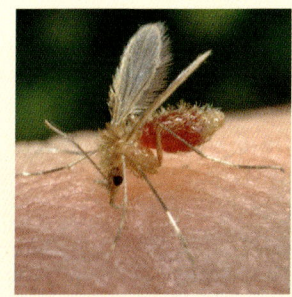

## D. Funktionsuntersuchungen bei realen Prozessen

Reale Problemstellungen technischer und wirtschaftlicher Art können in vielen Fällen durch Funktionen erfasst werden. Man spricht dann von einer mathematischen Modellierung. Die Modellfunktion wird dabei mathematisch-theoretisch untersucht, wobei auch die Differentialrechnung eingesetzt wird. Die theoretischen Ergebnisse werden schließlich auf das reale Problem zurücktransformiert, welches auf diese Weise gelöst werden kann.

> **Beispiel: Das Entleeren einer Regentonne**
> Eine 100 cm hohe und 60 cm breite Regentonne wird durch eine Ablassöffnung entleert. Die Höhe h des Wasserstandes kann durch die Funktion $h(t) = \frac{1}{16}t^2 - 5t + 100$ modelliert werden (t ist die Zeit in Minuten und h die Höhe in cm).
> a) In welchem Bereich ist die Modellierung sinnvoll?
> b) Nach welcher Zeit steht das Wasser nur noch 50 cm hoch, wann ist es ganz abgelaufen?

**Lösung zu a:**
Der Graph von h zeigt, dass die Modellierung nur für den Zeitraum $0 \leq t \leq 40$ sinnvoll ist, denn danach würde der Wasserstand entgegen der Realität wieder steigen.

**Lösung zu b:**
Man kann dem Graphen ziemlich genau entnehmen, dass die Tonne nach 40 Minuten leergelaufen ist. Nur ungenau ist zu entnehmen, wann der Wasserstand auf 50 cm gesunken ist.

Daher führen wir für diese Fragestellung eine Rechnung durch. Diese ist rechts dargestellt und liefert das Ergebnis: 11,7 Minuten.
Hierbei tritt die Scheinlösung t = 68,3 auf, die aber nicht im sinnvollen Bereich der Modellfunktion liegt.

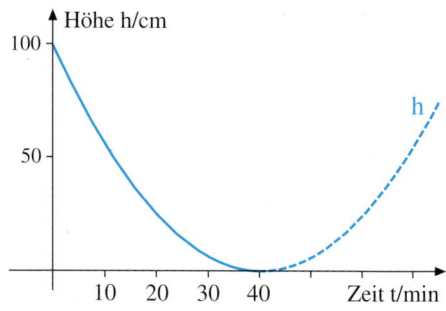

$h(t) = 50$ (Ansatz)
$\frac{1}{16}t^2 - 5t + 100 = 50$
$t^2 - 80t + 800 = 0$
$t = 40 \pm \sqrt{800}$
$t \approx 11{,}72 \text{ min}$
$t \approx 68{,}28 \text{ min}$ (Scheinlsg.)

### Übung 18
a) Wie hoch ist der Wasserstand in der Regentonne aus dem obigen Beispiel 10 Minuten nach Ablaufbeginn?
b) Wie viel Wasser läuft in den ersten 10 Minuten ab, wie viel in den letzten 10 Minuten?
c) Wie lange muss das Wasser bei voller Tonne laufen, um einen 10-Liter-Eimer zu füllen?

## Beispiel: Umsatzfunktion, Kostenfunktion und Gewinnfunktion

Ein Unternehmen produziert Bohrhämmer, die zu einem Stückpreis von 120 € verkauft werden. x sei die Stückzahl der pro Tag hergestellten Maschinen. Der Tagesumsatz wird durch die Funktion $U(x) = 120x$ erfasst. Die täglichen Kosten können durch die Funktion $K(x)$ angenähert beschrieben werden:
$K(x) = 0{,}0001 x^3 - 0{,}15 x^2 + 105 x + 15000$ $(0 \leq x \leq 1800)$.

a) Skizzieren Sie die Graphen der Kosten-, der Umsatz- und der Gewinnfunktion in einem gemeinsamen Koordinatensystem für $0 \leq x \leq 1800$.

b) In welchem Stückzahlbereich werden Gewinne gemacht? Für welche tägliche Stückzahl x wird der Gewinn maximal? Wie groß ist der maximale Gewinn?

**Lösung zu a:**
Umsatzfunktion und Kostenfunktion sind gegeben. Der Gewinn ist die Differenz von Umsatz und Kosten. Daher ist die Gewinnfunktion $G(x) = U(x) - K(x)$, d.h.:

$G(x) = -0{,}0001 x^3 + 0{,}15 x^2 + 15 x - 15000$

Wir skizzieren die Graphen mit Hilfe einer Wertetabelle mit der Schrittweite 200.

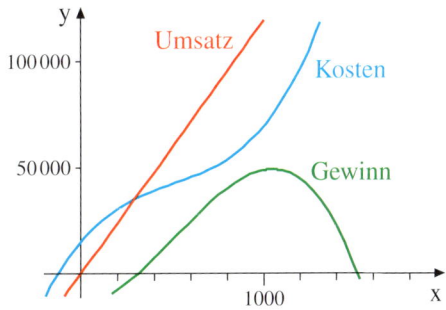

**Lösung zu b:**

*Der Gewinnbereich:*
Gewinn wird in dem Bereich gemacht, in welchem die Umsatzfunktion U über der Kostenfunktion K liegt bzw. in welchem die Gewinnfunktion G positiv ist.
Durch Ablesen aus dem Graphen erhalten wir den Gewinnbereich $300 \leq x \leq 1500$.

*Der maximale Gewinn:*
Der Gewinn wird für ca. 1050 Stück maximal. Er beträgt dann ca. 50000 €.
Die Rechnung hierzu lautet:
$G'(x) = -0{,}0003 x^2 + 0{,}3 x + 15 = 0$
$x^2 - 1000 x - 50000 = 0$
$x \approx 1047{,}72$ (bzw. $x \approx -47{,}72$)

## Übung 19

Eine Abteilung produziert Fernseher. Die Kosten können durch die Funktion
$K(x) = 0{,}01 x^3 - 1{,}8 x^2 + 165 x$ beschrieben werden, wobei x die tägliche Stückzahl ist. Die Maximalkapazität beträgt 160 Geräte pro Tag. Verkauft wird das Produkt für 120 € pro Gerät.

a) Gesucht ist die Gleichung der Gewinnfunktion G.
b) Zeichnen Sie mithilfe einer Wertetabelle den Graphen von G ($0 \leq x \leq 160$, Schrittweite 20).
c) Wie viele Geräte müssen produziert werden, um einen Gewinn zu erzielen?
d) Welches Produktionsniveau maximiert den Gewinn?
e) Wie groß müsste der Verkaufspreis sein, damit bei Vollauslastung kein Verlust entsteht?

## Übungen

**20.** Die Feinstaubmessungen in zwei Städten ergaben an einem Sommertag eine Staubbelastung, welche durch die Funktionen f und g beschrieben wird.
(t: Zeit in Stunden seit 6 Uhr morgens, f(t), g(t): Staublast in µg/m³).

Stadt 1: $f(t) = 0{,}01(0{,}25t^4 - 10t^3 + 100t^2) + 20$
Stadt 2: $g(t) = 0{,}01(0{,}25t^4 - 11t^3 + 125t^2) + 10$

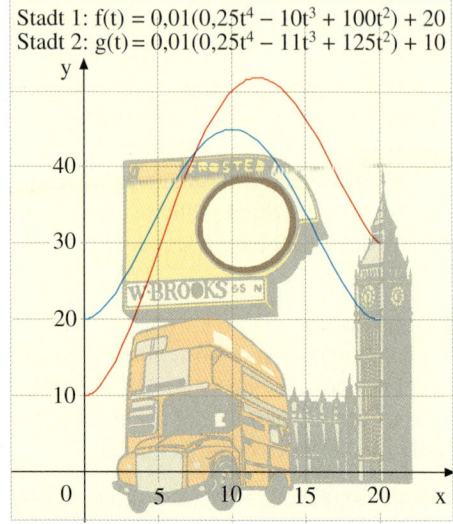

a) Erläutern Sie an den Graphen den Belastungsverlauf in beiden Städten.
b) Wie hoch ist die Feinstaubbelastung um 10 Uhr bzw. um 17 Uhr?
c) Prüfen Sie, ob die zulässige Obergrenze von 50 µg/m³ am betrachteten Tag überschritten wurde.
d) Zu welchen Zeitpunkten nahm die Feinstaubbelastung in den Städten am stärksten zu?

**21.** Wegen einer Brückensanierung kommt es im Berufsverkehr ab 7 Uhr morgens (t = 0) regelmäßig zu einem Stau. Die Änderungsrate der Länge des Staus wird durch die ganzrationale Funktion $f(t) = \frac{1}{4}(t^3 - 9t^2 + 18t)$ beschrieben.
(t in Stunden, f(t) in km/h).

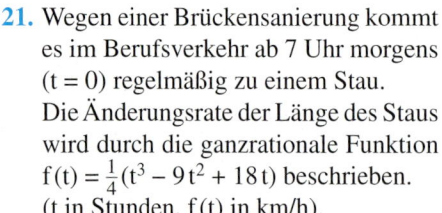

a) Zeichnen Sie den Graphen von f mithilfe einer Wertetabelle (0 ≤ t ≤ 6).
b) Berechnen Sie die Nullstellen von f und erläutern Sie, welche Bedeutung positive bzw. negative Funktionswerte von f haben.
c) Bestimmen Sie die Zeitpunkte, an denen die Staulänge am stärksten zu- bzw. abnimmt.
d) Weisen Sie nach, dass $F(t) = \frac{1}{16}t^4 - \frac{3}{4}t^3 + \frac{9}{4}t^2$ (0 ≤ t ≤ 6) die Länge des Staus zum Zeitpunkt t beschreibt. Hinweis: Zu zeigen ist, dass $F'(t) = f(t)$ gilt.
e) Wie stark wächst die Staulänge zwischen 8 Uhr und 9 Uhr? Zu welchem Zeitpunkt ist die Staulänge maximal? Wie lang ist der Stau dann? Wann hat sich der Stau aufgelöst?

**22.** Aufgrund eines technischen Fehlers schwankt der Druck p in der Pilotenkanzel nach der angegebenen Formel.
t: Zeit in min, p: Druck in mbar.

$p(t) = 40t^3 - 180t^2 + 1000$, $\quad 0 \leq t \leq 4{,}5$

a) Zeichnen Sie den Graphen von f.
b) Wann ist der Druck am niedrigsten?
c) Wann fällt der Druck am schnellsten?
d) Liegt der Druck länger als eine Minute unter 750 mbar?

## 6. Weitere Anwendungen

**23.** Die Raumsonde Rosetta hat sich in einer Simulation dem Kometen 67P/Tschurjumow-Gerasimenko bis auf 11 000 m genähert, als eine letzte Zündung der Bremstriebwerke einsetzt. Der Abstand s zum Kometen wird durch die Funktion

$$s(t) = 0{,}12\,t^2 - 72\,t + 11\,000$$

beschrieben (t: Sekunden; s(t): Meter).
a) Skizzieren Sie den Graphen von s für $0 \leq t \leq 600$. Legen Sie hierzu eine Wertetabelle an mit der Schrittweite 50.
b) Bestimmen Sie die Gleichung der Funktion v(t) für die Geschwindigkeit der Sonde.
c) Welche Geschwindigkeit hatte die Sonde zu Beginn des Bremsmanövers?
d) Wie groß sind Geschwindigkeit und Abstand nach vier Minuten?
e) Die Bremstriebwerke sollen im Augenblick der größten Annäherung abgestellt werden. Wann ist dies der Fall? Wie hoch steht die Sonde dann über dem Kometen?

**24.** Ein Hersteller produziert Fahrräder, welche zu einem Stückpreis von 120 € verkauft werden. Die täglichen Kosten können durch die Funktion $K(x) = 0{,}02\,x^3 - 3\,x^2 + 172\,x + 2400$ beschrieben werden, wobei x die Anzahl der täglich produzierten Fahrräder ist. Pro Tag können maximal 130 Fahrräder hergestellt werden.
a) Die Funktion U(x) beschreibt den täglichen Umsatz, die Funktion G(x) beschreibt den täglichen Gewinn. Stellen Sie die Gleichungen der Umsatz- und Gewinnfunktion auf.
b) Skizzieren Sie den Graphen von G(x) mithilfe einer Wertetabelle für $0 \leq x \leq 140$. Wählen Sie für die Wertetabelle die Schrittweite 20.
c) Lesen Sie aus dem Graphen von G ab, welche Tagesstückzahlen zu Gewinnen führen.
d) Welche Zahl von Fahrrädern würde den Tagesgewinn maximieren?
e) Die volle Produktionskapazität von 130 Fahrrädern soll ausgeschöpft werden. Wie hoch ist der Verkaufspreis nun zu wählen, wenn kein Verlust entstehen soll?

**25.** Nach der Einnahme eines Schmerzmittels steigt die Wirkstoffkonzentration im Blut zunächst auf ein Maximum an und wird dann durch den Stoffwechsel wieder abgebaut. Der Prozess wird urch die Funktion $c(t) = t^3 - 18\,t^2 + 81\,t$ beschrieben (t: Zeit in Std.; c: Konzentration im Blut in µg/ml).
a) Zeichnen Sie den Graphen von c für $0 \leq t \leq 10$.
b) Wie hoch ist die Konzentration 45 Minuten nach der Einnahme?
c) Wann ist das Medikament völlig abgebaut?
d) Wann wird die maximale Konzentration erreicht? Wie hoch ist diese?
e) In welchem Zeitraum steigt die Konzentration an, wann fällt sie ab?
f) Zu welchem Zeitpunkt nimmt die Konzentration am schnellsten ab?
g) Der Schmerz ist bei Konzentrationen ab 80 µg/ml völlig ausgeschaltet. Bestimmen Sie *angenähert*, wie lange dieser Zustand anhält. Ist der Patient vier Stunden schmerzfrei?

26. Ein Barrel Erdöl bzw. eine äquivalente Menge Erdgas kostet ca. 70–100 $. In einem Zeitraum von 12 Monaten kann der Ölpreis durch eine quadratische Funktion $f(x) = ax^2 + bx + c$ und der Gaspreis durch die kubische Funktion $g(x) = 0,01x^3 - 0,94x + 90$ beschrieben werden.

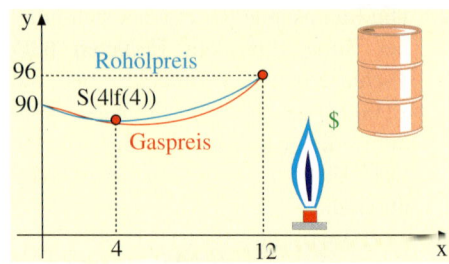

a) Bestimmen Sie den Funktionsterm des Erdölpreises aus den Angaben in der Skizze.
b) In welchem Monat überholt der Öl- den Gaspreis? In welchen Zeitintervallen fallen die Preise, wann steigen sie?
c) Wie hoch waren die minimalen Preise jeweils im Jahresvergleich?
d) Wie hoch war die mittlere jährliche Preissteigerungsrate jeweils?
e) Wann war die momentane Preissteigerungsrate beim Erdgas maximal, wie hoch war sie?
f) Zu welchem Zeitpunkt war die Preisdifferenz Öl/Gas am größten?

27. Die Höhe des Schwerpunktes eines Stabhochspringers kann angenähert durch die Funktion $h(t) = -5t^2 + 9t + 1$ erfasst werden (t in Sekunden, h in Metern). Die Matte ist 50 cm hoch.

a) Wie lange dauert der Flug?
b) Der Schwerpunkt muss mindestens 30 cm über die Latte geliftet werden, um deren Reißen zu vermeiden. Wie geht der beschriebene Sprung aus, wenn die Latte in 5 m Höhe liegt?
c) Mit welcher Geschwindigkeit prallt der Springer auf die Matte?
d) Wie lange befindet sich der Schwerpunkt des Springers über der Latte?

28. Der Wasserstand eines Stausees kann während einer 100-tägigen Trockenperiode durch die quadratische Funktion $h(t) = \frac{1}{120}t^2 - 2t + 120$ ($0 \leq t \leq 100$) beschrieben werden (t in Tagen, h in Metern).
a) Fertigen Sie die Skizze des Graphen an.
b) Mit welcher Geschwindigkeit ändert sich der Wasserstand im Tagesmittel?
c) Mit welcher Momentangeschwindigkeit ändert sich der Wasserstand zu Beginn bzw. in der Mitte der Trockenperiode?
d) Wann fällt der Wasserstand nur noch um 1 m/Tag?
e) Wann fällt der Wasserstand unter die kritische Marke von 7,5 m?
f) Wann würde der See bei anhaltender Trockenheit völlig leer sein?

III. Anwendungen der Differentialrechnung

## Überblick

**Newton-Verfahren**

Das Newton-Verfahren dient zur näherungsweisen Berechnung von Nullstellen einer Funktion. Es funktioniert folgendermaßen.
$\bar{x}$ sei die gesuchte Nullstelle von f.
Schritt 1: Startwert
Man wählt/schätzt einen Startwert $x_0$ als erste Näherung für die Nullstelle $\bar{x}$.
$x_0$ sollte möglichst nahe an $\bar{x}$ liegen.
Schritt 2: Verbesserung des Schätzwertes
Man verbessert den Schätzwert $x_0$, indem man mit der Formel $x_1 = x_0 - \frac{f(x_0)}{f'(x_0)}$ einen neuen Schätzwert berechnet.
Schritt 3: Wiederholung
Man wiederholt Schritt 2 so lange, bis die gewünschte Genauigkeit erreicht ist.


**Vorgehensweise bei Extremalproblemen**

*1. Hauptbedingung:* Die zu optimierende Zielgröße wird in der Regel als Funktion von zwei Variablen x und y dargestellt. Diese Darstellung heißt Hauptbedingung.

*2. Nebenbedingungen:* Die Größen x und y sind in der Regel nicht unabhängig voneinander, zwischen ihnen besteht eine Beziehung, die meistens in Form einer Gleichung erfasst werden kann (Nebenbedingung).

*3. Zielfunktion:* Die Beziehung zwischen x und y wird nach einer der beiden Größen aufgelöst, z. B. y. Durch Einsetzen dieser Auflösung in die Hauptbedingung lässt sich die Zielgröße als Funktion von nur noch einer Variablen darstellen.

*4. Extremalberechnung:* Die Zielfunktion wird mithilfe der Differentialrechnung auf ein lokales Extremum untersucht, welches die Lage des gesuchten Optimums liefert. Abschließend muss noch ein Vergleich mit den Randwerten der Funktion f durchgeführt werden, um das globale Extremum dieser zu ermitteln.


**Vorgehensweise bei Rekonstruktionen von Funktionen**

*1. Allgemeiner Ansatz:* Für die gesuchte Funktion wird als Ansatz eine allgemeine Funktionsgleichung verwendet, die variierbare Parameter enthält.

*2. Eigenschaften der Funktion:* Die in der Problemstellung geforderten Eigenschaften der gesuchten Funktion werden auf die allgemeine Ansatzgleichung angewendet. Auf diese Weise ergibt sich ein Gleichungssystem für die variierbaren Parameter.

*3. Lösen des Gleichungssystems:* Das entstandene Gleichungssystem wird gelöst. Die sich ergebenden Parameterwerte werden in die allgemeine Ansatzgleichung eingesetzt. Als Resultat ergibt sich die Gleichung der gesuchten Funktion.

# Test

## Anwendungen der Differentialrechnung

### 1. Minimale Summe
x und y sind zwei natürliche Zahlen. Ihr Produkt soll 225 betragen. Wie müssen x und y gewählt werden, wenn ihre Summe möglichst klein sein soll?

### 2. Regal
Ein Möbelhersteller kalkuliert für das abgebildete Regal Materialkosten von insgesamt 30 Euro. Das Material für die beiden waagerechten Glaseinlegeböden kostet 40 Euro/m², das Holz für die vier Außenbretter kostet nur 20 Euro/m². Wie hoch und wie breit muss das Regal gestaltet werden, damit sein Volumen maximal wird? Die Stärke der Bretter wird bei der Lösung des Extremalproblems nicht berücksichtigt.

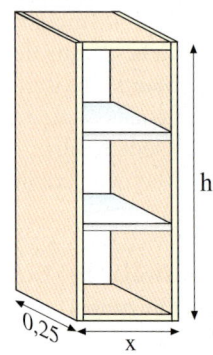

### 3. Eingesperrtes Rechteck
Unter dem Graphen von $f(x) = 4 - \frac{4}{3}x^2$ liegt ein achsenparalleles Rechteck. Wie muss dessen Eckpunkt P auf dem Graphen von f gewählt werden, damit sein Flächeninhalt maximal wird?

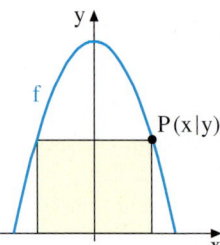

### 4. Brücke
Eine Brücke hat einen Tragebogen mit dem Profil einer quadratischen Funktion $f(x) = ax^2 + bx + c$.
In 10 m Entfernung vom Brückenanfang ist der Bogen 7,5 m hoch. Er verläuft dort

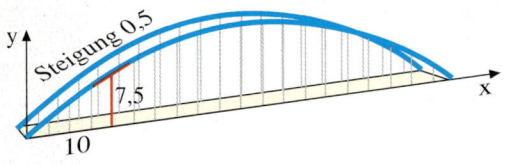

mit einem Winkel von ca. 26,6°, d. h. die Steigung ist dort 0,5.
a) Bestimmen Sie die Koeffizienten a, b und c, bezogen auf das eingezeichnete Koordinatensystem.
b) Wie hoch ist der Brückenbogen?
c) Unter welchem Winkel α trifft der Tragebogen auf den Erdboden?

### 5. Funktion dritten Grades
Eine ganzrationale Funktion dritten Grades hat folgende Eigenschaften:
(1) Ein Extremum im Punkt P(1|6),
(2) Einen Wendepunkt bei x = 4,
(3) Den Funktionswert 2 an der Stelle x = −1.

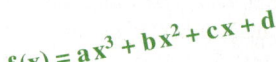

a) Bestimmen Sie die Funktionsgleichung von f. Die Verwendung des GTR ist erlaubt.
b) Wie lautet die Gleichung der Tangente an den Graphen von f im Wendepunkt.

Lösungen: S. 344

# Aufgabenpraktikum I

# Aufgabenpraktikum I

Die inhaltliche Grundlage für das Aufgabenangebot in diesem Aufgabenpraktikum sind die Begriffe, Sätze und Verfahren der Differentialrechnung. Dabei werden stets auch Anforderungen einbezogen, die das **mathematische Modellieren** besonders berücksichtigen. Wichtige Hinweise für das mathematische Modellieren werden daher vorab zusammengestellt und an einem Beispiel verdeutlicht.

Die Aufgaben werden auf zwei Anspruchsebenen angeboten. In der Aufgabengruppe *Grundlegendes* wird der Schwerpunkt auf die Sicherung grundlegender Kenntnisse und basaler Kompetenzen gelegt. In der Aufgabengruppe *Vielfältiges und Komplexes* werden Anforderungen gestellt, die umfassende Kenntnisse und flexible Fähigkeiten erfordern bzw. deren Weiterentwicklung dienen.

## Mathematisch Modellieren

Beim Anwenden von Mathematik, egal ob auf Sachverhalte innerhalb oder außerhalb der Mathematik, müssen diese Sachverhalte in die mathematische Sprache übersetzt werden. Dieser Prozess des Übersetzens des Sachproblems in ein dazu passendes mathematisches Modell wird als „mathematisches Modellieren" bezeichnet.

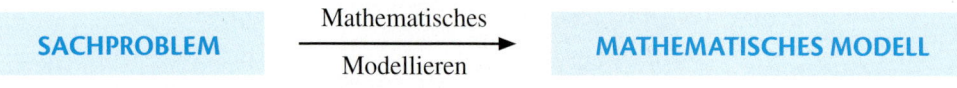

Ein mathematisches Modell zu einem Sachproblem beschreibt die für die Lösungen wichtigen Eigenschaften mithilfe der mathematischen Sprache, also mit dazu passenden mathematischen Begriffen, Relationen, Symbolen und Darstellungsformen wie Gleichungen, Ungleichungen, Gleichungssystemen, Funktionen, geometrischen Objekten. Anhand des folgenden Beispiels wird der Prozess vom Sachproblem zum mathematischen Modell verdeutlicht.

### Sachproblem:
Ein gerades Stück einer Straße führt über eine sanierungsbedürftige Brücke. Es ist eine Umgehungsstraße mit einer Behelfsbrücke zu planen, etwa so, wie in dem Bild dargestellt. Die Straße soll jeweils 100 m vor und nach der alten Brücke unterbrochen werden und der weiteste Abstand zwischen Umgehungsstraße und zu sanierender Brücke soll 50 m sein.

## Mathematische Modellierung:

Grundidee: Der Verlauf der Straße kann durch Funktionsgraphen dargestellt werden. Eine idealisierte Darstellung der wesentlichen Informationen im Koordinatensystem zeigt die nebenstehende Zeichnung.

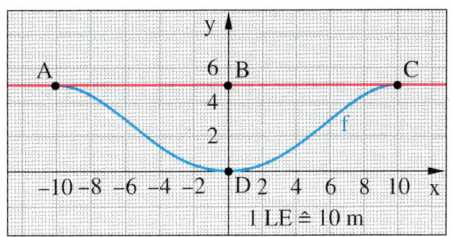

Die Lage der Straße im Koordinatensystem kann gedreht erfolgen, wenn alle sonstigen Relationen gewahrt bleiben. An den Punkten A und C soll die Umgehungsstraße ohne Knick in die bestehende Straße münden. Der Punkt B bezeichnet die zu sanierende Brücke und der Punkt D den entferntesten senkrechten Abstand der Umgehungsstraße von der zu sanierenden Brücke.

Gesucht ist eine Funktion mit folgenden Eigenschaften:

- Funktionswerte an den Punkten A, C, D  $\qquad f(-10) = f(10) = 5,\ f(0) = 0$

- Einmünden ohne Knick erfordert Anstieg gleich null an den Punkten A und C  $\qquad f'(-10) = f'(10) = 0$

- Der Graph von f kann achsensymmetrisch sein  $\qquad f(x) = f(-x)$

- Definitionsbereich von f  $\qquad -10 \leq x \leq 10$

## Mathematisches Modell:

Vorauswahl einer Funktionsklasse:
Es bieten sich ganzrationale Funktionen an. Wegen der Achsensymmetrie muss der Grad n gerade sein. Eine ganzrationale Funktion vierten Grades kann alle Bedingungen erfüllen.

$$f(x) = ax^4 + bx^2$$
$$f(10) = 10\,000a + 100b = 5$$
$$f'(10) = 4000a + 20b = 0$$
$$\Rightarrow a = -\frac{1}{2000};\ b = \frac{1}{10}$$
$$\mathbf{f(x) = -\frac{1}{2000}x^4 + \frac{1}{10}x^2}$$

In diesem Beispiel ist also eine ganzrationale Funktion vierten Grades ein mögliches mathematisches Modell für den gegebenen Sachverhalt.
Je nach Anforderung oder Interpretation des Sachverhaltes können auch andere mathematische Modelle eine Lösung für das Sachproblem sein, hier z. B. eine ganzrationale Funktion sechsten Grades oder auch eine Funktion aus einer anderen Funktionsklasse.

Für den Modellierungsprozess ist es wichtig, die im Sachverhalt beschriebenen Eigenschaften in die mathematische Sprache zu übersetzen. Mithilfe der Differentialrechnung können z. B. folgende Eigenschaften präzise beschrieben werden.

| Eigenschaft (verbal) | Eigenschaft (mathematische Sprache) |
|---|---|
| Die Graphen zweier linearer Funktionen sind parallel. | $f_1(x) = m_1 x + n_1$; $f_2(x) = m_2 x + n_2$ <br> $\mathbf{m_1 = m_2}$ |
| Die Graphen zweier linearer Funktionen stehen senkrecht aufeinander. | $f_1(x) = m_1 x + n_1$; $f_2(x) = m_2 x + n_2$ <br> $\mathbf{m_1 = -\dfrac{1}{m_2}}$ |
| Die Gerade g berührt den Graphen einer Funktion f im Punkt A an der Stelle a. | g: $y = mx + n$, <br> $f(a) = m \cdot a + n$ und $f'(a) = m$ |
| Eine Stelle, an der die Graphen der Funktionen f mit $f(x) = x^3 + 3$ und g mit $g(x) = -x^2 + 4x + 3$ den geringsten Abstand haben. | Differenzfunktion d bilden: <br> $d(x) = \|f(x) - g(x)\|$ <br> Die Funktion d auf globale Minimumstellen untersuchen. |
| Eine zylinderförmige Regentonne der Höhe h und Radius r soll 200 Liter fassen. Bei welchen Abmessungen wird am wenigsten Material verbraucht. | $A = \pi r^2 + 2\pi r h$ mit $200 = \pi r^2 h$ <br> $A(r) = \pi r^2 + \dfrac{400}{r}$, mit $r > 0$ <br> $A'(r) = 0$ und $A''(r) > 0$ <br> → lokale Maximumstellen ermitteln <br> → globale Maximumstelle ermitteln |
| Die Kosten bei der Produktion von x Stück einer Ware werden durch die Funktion $k = k(x)$ und der Erlös beim Verkauf der Ware durch $e = e(x)$ beschrieben. Bei wie viel Stück gibt es den größten Gewinn? | Gewinn g: $g(x) = e(x) - k(x)$; $x > 0$ <br> An welcher Stelle hat g ein globales Maximum? <br> → lokale Maximumstellen ermitteln <br> → globale Maximumstelle ermitteln |

## A. Grundlegendes

**Aufgaben zu Grenzwerten**

1. Ermitteln Sie für die gegebenen Funktionen eine Vermutung für $\lim\limits_{x \to \infty} f(x)$ und $\lim\limits_{x \to -\infty} f(x)$, indem Sie den Grenzprozess mithilfe von Testeinsetzungen exemplarisch durchführen.

    a) $f(x) = \dfrac{3^x}{x^3}$    b) $f(x) = 2^{\frac{1}{x}}$    c) $f(x) = \dfrac{\cos x}{x}$    d) $f(x) = \dfrac{x}{\tan x}$

2. Untersuchen Sie das Verhalten der Funktion für $x \to \infty$ und $x \to -\infty$.

    a) $f(x) = \dfrac{5}{x^3}$    b) $f(x) = -\dfrac{3x}{2x^4}$    c) $f(x) = 7 - x^3$    d) $f(x) = \dfrac{5x}{2x-1}$

    e) $f(x) = \dfrac{x^2 - 3}{x + 2}$    f) $f(x) = \dfrac{x+2}{x^2 - 3}$    g) $f(x) = \dfrac{ax^2 - 2}{x^2}$    h) $f(x) = \dfrac{|x| + 2}{x}$

3. Ermitteln Sie – sofern sie existieren – folgende Grenzwerte.

    a) $\lim\limits_{x \to 0} (x - 2^x)$    b) $\lim\limits_{x \to -1} \dfrac{3x^2 - 3}{x + 1}$    c) $\lim\limits_{x \to 0} \dfrac{x^2 + x}{x}$    d) $\lim\limits_{x \to -2} \ln(x + 2)$

4. Beurteilen Sie folgende Aussagen.
   a) Die Funktion f mit $f(x) = x^2$ hat an der Stelle $-0{,}3$ den Grenzwert $0{,}09$.
   b) Die Funktion f mit $f(x) = \frac{2}{x^2}$ hat an der Stelle $0$ den Grenzwert $\infty$.
   c) Jede an einer Stelle $x_0$ definierte Funktion hat dort einen Grenzwert.
   d) Die Funktion f mit $f(x) = \frac{|x+1|}{x+1}$ hat an der Stelle $-1$ zwei Grenzwerte.

5. Die Funktion $\vartheta$ mit $\vartheta(t) = 22 - 40\,e^{-0{,}25\,t}$ ($\vartheta$ – Temperatur in °C; t – Zeit in Stunden; $t \geq 0$) gibt die Temperatur beim Auftauen von tiefgekühlten Waren in Abhängigkeit von der Zeit an. Beschreiben Sie die Temperaturentwicklung im gegebenen Intervall.

## Aufgaben zu Änderungsraten und Differentialquotient

1. Gegeben sind die Funktionen $f_1$ und $f_2$ durch $f_1(x) = -x^2 + 9$ und $f_2(x) = (x-3)^2$.
   a) Begründen Sie, dass die beiden Funktionen im Intervall $[0; 3]$ die gleichen mittleren Änderungsraten haben.
   b) Ermitteln Sie die lokalen Änderungsraten beider Funktionen an der Stelle $x_0 = 2$.
   c) Deuten Sie die in a) und b) ermittelten Änderungsraten geometrisch.
   d) Der Graph der Funktion t mit $t(x) = -2x + 10$ ist eine Tangente an den Graphen der Funktion $f_1$ an der Stelle $x_0 = 1$. Erklären Sie die folgende Aussage: Die Funktion $f_1$ wird an der Stelle $x_0$ durch die Funktion t linear approximiert.
   e) Bestimmen Sie zur Funktion $f_1$ die Ableitungsfunktion $f_1'$ und erklären Sie den Zusammenhang zwischen diesen Funktionen mithilfe ihrer Graphen.

2. Die Funktion $f_3$ mit $s(t) = f_3(t) = \frac{1}{2} g \cdot t^2$ ist das Weg-Zeit-Gesetz für den freien Fall (Gravitationskonstante mit $g = 9{,}81\,\frac{m}{s^2}$; s – Weg in Meter; t – Zeit in Sekunden).
   a) Berechnen Sie die mittleren Änderungsraten der Funktion $f_3$ in den Intervallen $[0; 1]$, $[1; 2]$ und $[1; 3]$.
   b) Berechnen Sie die lokale Änderungsrate zum Zeitpunkt $t_0 = 3$.
   c) Interpretieren Sie mittlere und lokale Änderungsrate im Sachzusammenhang.

3. Geben Sie je ein Beispiel für eine an der Stelle $x_0 = 3$ differenzierbare und eine nicht differenzierbare Funktion an und erklären Sie daran den Begriff Differenzierbarkeit einer Funktion.

## Aufgaben zu Ableitungen

1. Begründen Sie mithilfe des CAS, dass die Potenzregel auch für Wurzelfunktionen mit der Gleichung $f(x) = \sqrt[n]{x^m}$ ($n, m \in \mathbb{N}$; $n \geq 2$) gilt.

2. Bestimmen Sie die Ableitung von f (ohne CAS). Geben Sie jeweils an, welche Ableitungsregel Sie angewendet haben.
   a) $f(x) = x^7$
   b) $f(a) = b \cdot a^4$
   c) $f(z) = 2z - z^2 + x$
   d) $f(c) = 5c + 3e^c$
   e) $f(x) = (3x + 7)^5$
   f) $f(x) = x^2 \cdot \ln x$
   g) $f(x) = 4x^3 - \frac{1}{2}x^2 + \pi$
   h) $f(x) = \ln x \cdot e^3 x$

3. a) Skizzieren Sie zu den gegebenen Funktionsgraphen von $g_1$ und $g_2$ auf Millimeterpapier die Graphen der zugehörigen Ableitungsfunktionen.
   b) Von einer Funktion h mit $h \geq 0$ ist bekannt:
   Der Graph ihrer Ableitungsfunktion (siehe Abb.) sowie $h(0) = 1$.
   Ermitteln Sie die Anstiegswinkel des Graphen von h an den Stellen $x = 1{,}5$; 2; 2,5 und skizzieren Sie den Graphen der Funktion h auf Millimeterpapier.

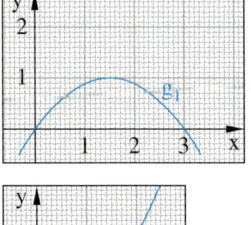
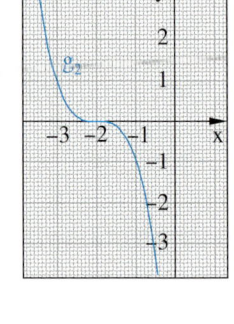

4. Zur Sekante durch die Punkte $P_1(1|f(1))$ und $P_2(4|f(4))$ des Graphen der Funktion f mit $f(x) = x^3$ wird eine parallele Tangente gezeichnet. Begründen Sie, dass es mindestens eine solche Tangente gibt und ermitteln Sie eine mögliche Gleichung dieser.

## Aufgaben zu Funktionsuntersuchungen

1. Gegeben ist die Funktion f mit $f(x) = x \cdot (\ln x - 1)$ mit maximalem Definitionsbereich.
   a) Geben Sie den maximalen Definitionsbereich an und berechnen Sie die Nullstellen.
   b) Untersuchen Sie f auf Monotonie und geben Sie die Monotonieintervalle an. Schlussfolgern Sie daraus auf die Existenz von lokalen Extrema und geben Sie ggf. Art und Lage an.
   c) Weisen Sie nach, dass f keine Wendestellen hat.

2. Gegeben ist die Funktionsschar $g_a$ durch $g_a(x) = x^4 - ax$ mit $x, a \in \mathbb{R}$ und $a \geq 0$.
   a) Berechnen Sie die Nullstellen der Funktionen $g_a$ und bestimmen Sie die Gleichungen der Tangenten an die Graphen von $g_a$ in den Nullstellen.
   b) Untersuchen Sie $g_a$ auf lokale Extrema und geben Sie die Koordinaten und die Art der lokalen Extrempunkte der Graphen von $g_a$ an.
   c) Beschreiben Sie den Einfluss des Parameters a auf die Graphenschar und skizzieren Sie den Graphen von $g_1$ im Intervall $-1{,}5 \leq x \leq 1{,}5$.
   d) Die beiden Tangenten und die x-Achse bilden für jedes $a > 0$ ein Dreieck. Berechnen Sie den Flächeninhalt des Dreiecks für $a = 1$.

## Aufgaben zu Anwendungen der Differentialrechnung

1. Berechnen Sie die Koordinaten der Schnittpunkte des Graphen der Funktion f mit $f(x) = x^3 - 3^x$ mit den Koordinatenachsen. Verwenden Sie ggf. das Newtonverfahren und geben Sie die Koordinaten ggf. auf Tausendstel genau an.

2. Es ist der Radius r einer Kugel mit folgenden Eigenschaften gesucht: Das Volumen der Kugel soll einen um 10 größeren Zahlenwert haben als der Oberflächeninhalt der selben Kugel (Zahlenwert des Volumens in $cm^3$ und Zahlenwert des Oberflächeninhalts in $cm^2$). Untersuchen Sie, ob es eine solche Kugel gibt und bestimmen Sie ggf. ihren Radius (auf Tausendstel genau).

3. Eine Firma stellt Alarmanlagen her. Die Kosten (in €) für die Herstellung von x Anlagen werden durch die Gleichung $K(x) = 0{,}002\,x^3 - 1{,}25\,x^2 + 300\,x + 10\,000$ beschrieben. Pro Alarmanlage hat die Firma 250 € Einnahmen. Der Gewinn G ist die Differenz aus Einnahmen und Kosten.
   a) Stellen Sie die Gleichung für die Gewinnfunktion G in Abhängigkeit von x auf.
   b) Begründen Sie, dass $x_1 = 129$ und $x_2 = 565$ Näherungswerte für die Nullstellen der Gewinnfunktion sind.
   c) Die Funktion G hat lokale Extremstellen bei $x_{E1} = 21{,}1$ und $x_{E2} = 395{,}6$.
      Begründen Sie, dass $x_{E2}$ eine lokale Maximumstelle ist.
   d) Skizzieren Sie den Graphen von G im Intervall $0 \leq x \leq 600$ und interpretieren Sie den Graphen G hinsichtlich Gewinn und Verlust und geben Sie den maximal möglichen Gewinn an.

## B. Vielfältiges und Komplexes

### Differentialrechnung ohne zu rechnen

1. Untersuchen Sie, ob folgende Aussagen wahr sind. Begründen Sie die Entscheidung und geben Sie für falsche Aussagen ein Gegenbeispiel an.
   a) Eine Funktion, deren Graph symmetrisch zur y-Achse ist, kann nicht streng monoton wachsend sein.
   b) Eine Funktion, deren Graph symmetrisch zur y-Achse ist, kann nicht monoton wachsend sein.
   c) $f''(x) < 0$ ist eine hinreichende Bedingung dafür, dass x eine lokale Maximumstelle von f ist.
   d) Die Funktionen g mit $g(x) = a \cdot f(x)$ mit $a \neq 0$ haben die gleichen lokalen Minimumstellen wie die Funktion f.
   e) Die Funktionen h mit $h(x) = f(x) + a$; $a \neq 0$ und f haben die gleichen lokalen Maxima.

2. Von der Funktion f mit $f(x) = x(x-2)(x-4)$ sind deren lokale Extremstellen $x_{E1} \approx 0{,}85$ und $x_{E2} \approx 3{,}15$ sowie nebenstehende Wertetabelle gegeben.

| x | −1  | 0 | 0,85 | 3,15  | 5  |
|---|-----|---|------|-------|----|
| y | −15 | 0 | 3,08 | −3,08 | 15 |

Geben Sie das globale Minimum und das globale Maximum von f sowie die zugehörigen Stellen in den folgenden Intervallen an.

a) $0 \leq x \leq 5$     b) $0 < x < 5$     c) $-1 < x < 4$     d) $-1 \leq x \leq 4$

## Funktionsvielfalt

1. Untersuchen Sie die Funktion f auf Nullstellen, lokale Extrem- und Wendestellen (ohne CAS). Bestimmen Sie ggf. die Koordinaten der lokalen Extrempunkte, der Wendepunkte und der Schnittpunkte mit den Koordinatenachsen. Skizzieren Sie den Graphen der Funktion f und beschreiben Sie das Monotonie- und das Symmetrieverhalten sowie das Verhalten im Unendlichen.
   a) $f(x) = x^5 - 5x^3$     b) $f(x) = x - e^x$

2. Berechnen Sie vom Graphen der Funktion f die Koordinaten der lokalen Extrempunkte sowie der Wendepunkte und ermitteln Sie die Gleichungen der Wendetangenten.
   a) $f(x) = -x^3 + 3x + 4$     b) $f(x) = x^2 \cdot \ln x$     c) $f(x) = x - \ln(x^2)$

3. Welche Bedingungen müssen der Parameter a bzw. die Parameter a und b erfüllen, damit die Graphen von f (1) genau zwei Wendepunkte, (2) genau einen Wendepunkt und (3) keinen Wendepunkt haben.
   a) $f(x) = x^4 + ax^3$     b) $f(x) = x^4 + ax^2$     c) $f(x) = (ax + b)^3$

4. Der Graph einer ganzrationalen Funktion dritten Grades berührt die x-Achse im Punkt $P_1(0|0)$. Die Tangente an den Graphen im Punkt $P_2(-3|0)$ ist parallel zur Geraden mit der Gleichung $y = 6x$. Ermitteln Sie die zugehörige Funktionsgleichung.

5. Gegeben ist die Funktionenschar $f_a$ mit $f_a(x) = ax + \frac{1}{x}$ mit $a, x \in \mathbb{R}$ sowie $x > 0$ und $a > 0$. Weisen Sie nach, dass jede Funktion $f_a$ genau eine lokale Minimumstelle hat und ermitteln Sie die Gleichung der Ortskurve der Tiefpunkte. Veranschaulichen Sie sich die Funktionenschar und die Ortskurve mit Geogebra (oder einem anderen digitalen Mathematikwerkzeug).

## Kurven ohne Knick

Die Strecken $\overline{AB}$ und $\overline{CD}$ sollen in den Punkten A und D so durch eine Kurve (Graph einer ganzrationalen Funktion f) verbunden werden, dass in den Punkten A und D kein „Knick" entsteht. Die Punkte sind in einem kartesischen Koordinatensystem beschrieben: $A(1|4)$; $B(5|0)$; $C(-4|0)$; $D(-3|2)$.

1. Geben Sie alle Bedingungen an, die die Kurve bzw. die ganzrationale Funktion f erfüllen muss, und leiten Sie daraus den Grad der ganzrationalen Funktion f ab.

2. Ermitteln Sie die Gleichung der ganzrationalen Funktion aus Aufgabe 1. (Das Nutzen von digitalen Mathematikwerkzeugen erleichtert das Finden und Kontrollieren der gefundenen Lösung.)

3. Weisen Sie nach, dass g mit $g(x) = \frac{3}{128}x^4 + \frac{3}{32}x^3 - \frac{27}{64}x^2 - \frac{17}{36}x + \frac{169}{128}$ ebenfalls eine Lösung der Aufgabe ist.

4. Vergleichen Sie das Verhalten der Graphen von f und g an den „Verbindungspunkten" A und D mithilfe der 2. Ableitungen von f und g an diesen Stellen.
Ziehen Sie eine Schlussfolgerung für das Planen von Kurven z. B. beim Bau neuer Eisenbahntrassen.

## Ableitung hin, Funktion her

1. Die nebenstehende Abbildung zeigt den Graphen f' der Ableitungsfunktion einer Funktion f.
   a) Begründen Sie mithilfe des Graphen von f' folgende Aussagen:
      (1) f hat keine lokalen Extrema.
      (2) f ist im gesamten Definitionsbereich streng monoton wachsend.
      (3) Der Graph von f hat genau einen Wendepunkt an der Stelle $x_W = -2$.
   b) Der Graph von f' ist eine Parabel mit dem Scheitelpunkt $(-2|1)$ und $f'(0) = 5$.
      Bestimmen Sie die Funktionsgleichung von f'.
   c) Der Funktionswert von f an der Stelle 0 sei null. Ermitteln Sie die Funktionsgleichung von f, bestimmen Sie die Nullstellen sowie die Wendetangente.
   d) Beschreiben Sie, wie man unmittelbar aus dem Graphen der Ableitungsfunktion f' den ungefähren Verlauf des Graphen von f ermitteln (skizzieren) könnte.

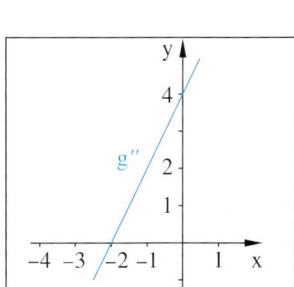

2. Nebenstehend ist der Graph der zweiten Ableitungsfunktion g'' einer Funktion g dargestellt. Ferner sei bekannt: $g(0) = 0$ und $g'(-2) = 0$
   a) Ziehen Sie daraus Schlussfolgerungen und formulieren Sie Aussagen über …
      … (1) lokale Extrempunkte der 1. Ableitungsfunktion von g.
      … (2) Wendestellen der Funktion g.
      … (3) die Monotonie von g.
   b) Ermitteln Sie die Funktionsgleichung der Funktion g.

## Mit Optimismus ans Optimieren

1. Untersuchen Sie, ob es eine Stelle x gibt, an der die Funktionswerte der Funktionen $f_1$ mit $f_1(x) = e^x$ und $f_2$ mit $f_2(x) = -(x-3)^2 - 1$ sich am wenigsten unterscheiden. Geben Sie ggf. diese Stelle und den Unterschied der Funktionswerte an.

2. Handelsübliche Streichholzschachteln sind oft 5,2 cm lang, 3,5 cm breit und 1,3 cm hoch. Untersuchen Sie, ob diese Abmessungen für eine solche Schachtel unter dem Aspekt des Materialbedarfs für die Schachtel optimal sind, wenn die Länge der Schachtel durch die Länge der Streichhölzer festgelegt ist. Ermitteln Sie gegebenenfalls die Abmessungen für eine in diesem Sinne optimale Schachtel. Das für notwendige Überlappungen benötigt Material kann dabei unberücksichtigt bleiben.

3. Bei Experimenten werden bestimmte Größen oft mehrmals nacheinander gemessen und dann wird davon ein Mittelwert gebildet, um fehlerhafte Abweichungen zu minimieren. Es seien nun n Messwerte $x_1$, $x_2$, $x_3$, ..., $x_n$ gegeben.
Begründen Sie, dass die Summe der „Fehlerquadrate" $(m - x_i)^2$ für das arithmetische Mittel m minimal ist.

## Komplexe, abiturähnliche Anforderungen

Von einer ganzrationalen Funktion f mit $f(x) = -x^3 + a x^2 + b x + c$ und $D_f = \mathbb{R}$ ist bekannt, dass f genau drei Nullstellen hat, wobei zwei der Nullstellen 1 und 4 sind, und dass der Graph G von f an der Stelle 1 den Anstieg 3 hat.

1. Ermitteln Sie eine Gleichung für die Funktion f.
   Berechnen Sie die Koordinaten der lokalen Extrempunkte des Graphen G und bestimmen Sie deren Art. Zeichnen Sie den Graphen G im Intervall $-1 \leq x \leq 4,5$.
   [Mögliches Ergebnis zur Kontrolle: $f(x) = -x^3 + 5x^2 - 4x$]

2. G' sei der Graph der Ableitungsfunktion der Funktion f. Beschreiben Sie die Zusammenhänge zwischen der Lage von Extrempunkten bzw. Wendepunkten des Graphen G und dem Verlauf des Graphen G'.

3. Die Tangente an den Graphen G an der Stelle 1 und die dazugehörige Normale begrenzen gemeinsam mit der y-Achse ein Dreieck.
   Ermitteln Sie jeweils eine Gleichung der Tangente und der Normale.
   Berechnen Sie die Maßzahl des Inhalts dieser Dreiecksfläche.

4. Die Gerade mit der Gleichung $x = p$, $1 \leq p \leq 2$, schneidet die x-Achse im Punkt A und den Graphen G im Punkt D.
   Die Gerade mit der Gleichung $x = 2p$, $1 \leq p \leq 2$, schneidet die x-Achse im Punkt B und den Graphen G im Punkt C.
   Begründen Sie, dass das Viereck ABCD ein Trapez ist.
   Ermitteln Sie eine Gleichung zur Berechnung der Maßzahl des Flächeninhaltes dieses Trapezes in Abhängigkeit vom Parameter p.
   Zusatzaufgabe (sofern CAS verwendet werden darf):
   Berechnen Sie den Parameterwert p, für den der Flächeninhalt maximal ist.

# IV. Geraden

# IV. Geraden

## 1. Geraden in der Ebene und im Raum

Die **analytische Geometrie** befasst sich mit der Beschreibung und Berechnung von Körpern mithilfe von **Punkten**, **Geraden** (bzw. Strecken) und **Ebenen** (bzw. geradlinig begrenzten ebenen Flächen). Im dreidimensionalen Anschauungsraum können Punkte durch ihre drei Koordinaten oder ihren Ortsvektor beschrieben werden. Geraden können besonders einfach mithilfe von Vektoren dargestellt werden. Diese Darstellung ist auch in der zweidimensionalen Zeichenebene möglich. Bisher wurden Geraden in der Ebene durch lineare Funktionsgleichungen erfasst.

### A. Geraden in der Ebene

Geraden im zweidimensionalen Anschauungsraum können zunächst mit einer vektorfreien *Koordinatengleichung* erfasst werden.

> **Beispiel: Koordinatengleichung einer Geraden im $\mathbb{R}^2$**
> Die Gerade g durch die Punkte A(2|4) und B(4|3) soll durch eine vektorfreie Koordinatengleichung der Gestalt $y = mx + n$ bzw. $ax + by = c$ erfasst werden.
> Stellen Sie diese Gleichung auf.

Lösung:
Wir setzen die Koordinaten der Punkte A(2|4) und B(4|3) in den Ansatz $y = mx + n$ ein und erhalten folgende Gleichungen:
I: $2m + n = 4$
II: $4m + n = 3$
Durch die Subtraktion I − II eliminieren wir n und erhalten $-2m = 1$, d.h. $m = -\frac{1}{2}$.
Durch Rückeinsetzung in I folgt $n = 5$.
Die Geradengleichung lautet daher:
▶ $y = -\frac{1}{2}x + 5$ bzw. $x + 2y = 10$.

> **Koordinatengleichung einer Geraden im $\mathbb{R}^2$**
>
> Eine Gerade im zweidimensionalen Anschauungsraum kann durch folgende Gleichungen erfasst werden:
>
> **Funktionsgleichung:** $\quad y = mx + n$
> **Koordinatengleichung:** $\quad ax + by = c$

### Übung 1
Bestimmen Sie eine Koordinatengleichung der Geraden g durch die Punkte A und B und skizzieren Sie die Gerade in einem Koordinatensystem.
a) A(−1|2), B(5|5)      b) A(4|−5), B(−2|5)      c) A(2|3), B(6|3)

Die Koordinatengleichung einer Geraden im $\mathbb{R}^2$ kann man in einer speziellen Form darstellen, bei welcher die rechte Seite auf den Wert 1 normiert ist (vgl. rechts).
Die Nennerzahlen der linken Seite geben dann exakt die beiden Achsenabschnitte der Geraden an. Daher spricht man von der *Achsenabschnittsgleichung* der Geraden.
Mit ihrer Hilfe kann man eine sehr übersichtliche Skizze der Geraden anfertigen.

> **Achsenabschnittsgleichung einer Geraden im $\mathbb{R}^2$**
>
> Eine Gerade im $\mathbb{R}^2$, die nicht achsenparallel verläuft, kann durch die sog. **Achsenabschnittsgleichung** $\frac{x}{a} + \frac{y}{b} = 1$ dargestellt werden. Dabei gilt:
>
> a ist der x-Achsenabschnitt von g,
> b ist der y-Achsenabschnitt von g.

# 1. Geraden in der Ebene und im Raum

▶ **Beispiel: Achsenabschnittsgleichung einer Geraden im $\mathbb{R}^2$**
Stellen Sie die Achsenabschnittsgleichung der Geraden durch die Punkte A(2|2) und B(8|−1) auf und skizzieren Sie die Gerade.

Lösung:
Wir verwenden den Ansatz y = m x + n. Er führt analog zum Beispiel auf Seite 188 zu der Geradengleichung $y = -\frac{1}{2}x + 3$.
Diese formen wir um zur Koordinatenform x + 2y = 6 und normieren schließlich zur Achsenabschnittsform $\frac{x}{6} + \frac{y}{3} = 1$.
Dieser können wir sofort die Achsenab-
▶ schnitte a = 6 und b = 3 entnehmen.

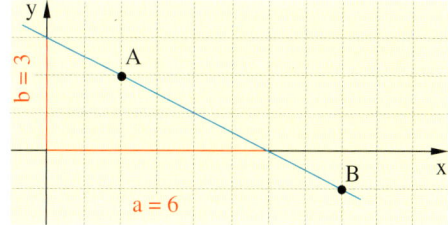

## Übung 2
Bestimmen Sie die Achsenabschnittsgleichung der Geraden g mit der Funktionsgleichung $y = -\frac{2}{5}x + 2$ und fertigen Sie eine Skizze an.

Die Lage einer Geraden g in der Ebene kann durch die Angabe eines Geradenpunktes A sowie durch die Richtung der Geraden eindeutig erfasst werden.
Wird der Punkt A durch seinen Ortsvektor, den sog. *Stützvektor* $\vec{a}$, beschrieben und die Richtung der Geraden durch den *Richtungsvektor* $\vec{m}$, so ist $\vec{x} = \vec{a} + r \cdot \vec{m}$ für jedes r ∈ ℝ Ortvektor eines Punktes X von g.

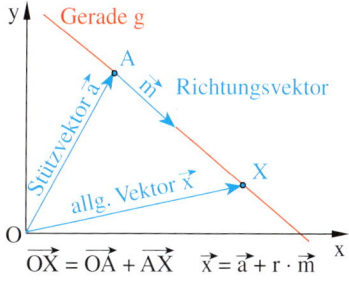

$\overrightarrow{OX} = \overrightarrow{OA} + \overrightarrow{AX}$   $\vec{x} = \vec{a} + r \cdot \vec{m}$

▶ **Beispiel: Vektorielle Parametergleichung einer Geraden im $\mathbb{R}^2$**
Die Gerade g durch die Punkte A(2|4) und B(4|3) soll durch eine vektorielle Parametergleichung dargestellt werden. Stellen Sie diese auf.

Lösung:
Ein Stützvektor von g ist der Ortsvektor des Punktes A, also $\vec{a} = \binom{2}{4}$.
Ein Richtunsvektor von g ergibt sich als Differenz der Ortsvektoren von B und A:
$\vec{m} = \vec{b} - \vec{a} = \binom{4}{3} - \binom{2}{4} = \binom{2}{-1}$.
Als *Punktrichtungsgleichung* ergibt sich:
g: $\vec{x} = \binom{2}{4} + r \cdot \binom{2}{-1}$.
Als *Zweipunktegleichung* sei notiert:
▶ g: $\vec{x} = \binom{2}{4} + r \cdot \left(\binom{4}{3} - \binom{2}{4}\right)$.

**Vektorielle Parametergleichung einer Geraden im $\mathbb{R}^2$**

g: $\vec{x} = \vec{a} + r \cdot \vec{m}$   (r ∈ ℝ)
g: $\vec{x} = \vec{a} + r \cdot (\vec{b} - \vec{a})$   (r ∈ ℝ)

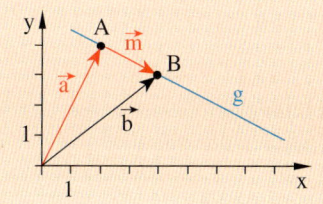

## Übung 3
Bestimmen Sie eine vektorielle Parametergleichung der Geraden g durch die Punkte A und B.
a) A(−1|2), B(5|5)  b) A(4|−5), B(−2|5)  c) A(2|3), B(6|3)

Abschließend soll die Aufgabe betrachtet werden, wie aus einer gegebenen vektoriellen Parametergleichung einer Geraden g des $\mathbb{R}^2$ eine Koordinatengleichung von g bestimmt werden kann.

▶ **Beispiel: Umrechnung Parametergleichung → Koordinatengleichung**
Bestimmen Sie eine Koordinatengleichung der Geraden g: $\vec{x} = \binom{2}{8} + r \cdot \binom{2}{6}$.

Lösung:
Wir setzen die Geradengleichung in der Form y = mx + n an. Da die Gerade mit dem Richtungsvektor $\vec{m} = \binom{m_1}{m_2}$ offenbar die Steigung $m = \frac{m_2}{m_1}$ hat, erhalten wir:

$m = \frac{6}{2} = 3$.

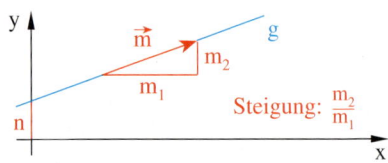

Da der Stützvektor einen Punkt der Geraden beschreibt, setzen wir dessen Koordinaten in den vereinfachten Ansatz ein und errechnen daraus n.

**Vereinfachter Ansatz:**
y = 3x + n

**Einsetzen des Punktes P(2|8):**
8 = 3 · 2 + n ⇒ n = 2

**Koordinatengleichung:**
y = 3x + 2 bzw. 3x − y = −2

▶ Als Resultat erhalten wir 3x − y = −2.

Der umgekehrte Weg, nämlich die Gewinnung einer Parameter- aus einer Koordinatengleichung, ist noch einfacher: Für die Gerade g(x) = mx + n gilt offensichtlich:
$\vec{m} = \binom{1}{m}$ ist ein Richtungsvektor und $\vec{p} = \binom{0}{n}$ ist der Ortsvektor eines Geradenpunktes.
Damit ist durch $\vec{x} = \binom{0}{n} + r \cdot \binom{1}{m}$ (r ∈ ℝ) eine Parametergleichung von g bestimmt.

## B. Die vektorielle Parametergleichung einer Geraden

Die Lage einer Geraden im dreidimensionalen Anschauungsraum kann wie in der Ebene durch die Angabe eines Geradenpunktes A sowie der Richtung der Geraden eindeutig erfasst werden.

Die Lage des Punktes A kann durch seinen Ortsvektor $\vec{a} = \overrightarrow{OA}$ festgelegt werden, den man als *Stützvektor* der Geraden bezeichnet.
Die Richtung der Geraden lässt sich durch einen zur Geraden parallelen Vektor $\vec{m}$ erfassen, den man als *Richtungsvektor* der Geraden bezeichnet.

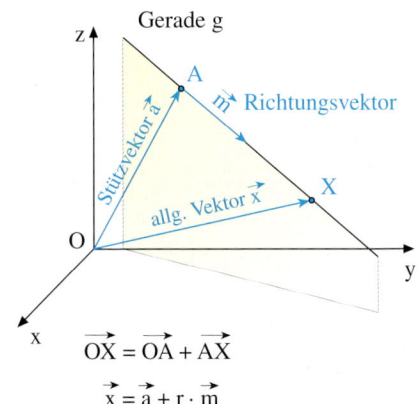

# 1. Geraden in der Ebene und im Raum

Jeder beliebige Geradenpunkt X lässt sich mithilfe des Stützvektors $\vec{a}$ und des Richtungsvektors $\vec{m}$ erfassen.
Für den Ortsvektor $\vec{x}$ von X gilt nämlich:

$$\vec{x} = \overrightarrow{OX}$$
$$= \overrightarrow{OA} + \overrightarrow{AX}$$
$$= \vec{a} + r \cdot \vec{m} \quad (r \in \mathbb{R}),$$

denn $\overrightarrow{AX}$ ist ein reelles Vielfaches von $\vec{m}$.
Jedem Geradenpunkt X entspricht eindeutig ein Parameterwert r.

> **Die vektorielle Parametergleichung einer Geraden**
>
> Eine Gerade mit dem Stützvektor $\vec{a}$ und dem Richtungsvektor $\vec{m} \neq \vec{0}$ hat die Gleichung
>
> g: $\vec{x} = \vec{a} + r \cdot \vec{m}$ $(r \in \mathbb{R})$.
>
> r heißt *Geradenparameter*.

Mithilfe der Parametergleichung einer Geraden kann man zahlreiche Problemstellungen relativ einfach lösen.

▶ **Beispiel: Schrägbild**

Gegeben ist die Gerade g: $\vec{x} = \begin{pmatrix} 1 \\ 2 \\ 3 \end{pmatrix} + r \begin{pmatrix} 2 \\ 3 \\ -1 \end{pmatrix}$.

Zeichnen Sie die Gerade als Schrägbild. Stellen Sie fest, welche Geradenpunkte den Parameterwerten $r = 0$, $r = -0,5$ und $r = 1$ entsprechen.

Lösung:
Wir zeichnen den Stützpunkt A(1|2|3) oder den Stützvektor $\vec{a}$ ein. Im Stützpunkt legen wir den Richtungsvektor $\vec{m}$ an.

Für $r = 0$ erhalten wir den Stützpunkt A(1|2|3). Für $r = -0,5$ erhalten wir den Geradenpunkt B(0|0,5|3,5), der „vor" dem Stützpunkt liegt. Für $r = 1$ erhalten wir den Punkt C(3|5|2), der am Ende des eingezeichneten Richtungspfeils liegt.

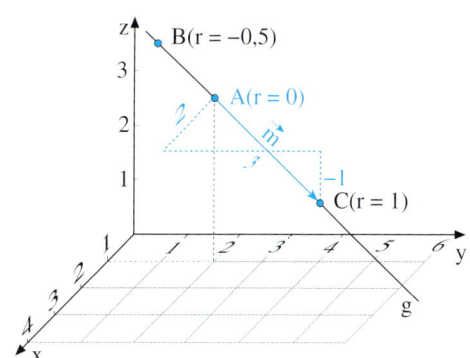

▶ **Beispiel: Geradenparameter**

Gegeben ist die Gerade g: $\vec{x} = \begin{pmatrix} 1 \\ 2 \\ 3 \end{pmatrix} + r \begin{pmatrix} 2 \\ 3 \\ -1 \end{pmatrix}$.

a) Welche Werte des Parameters r gehören zu den Geradenpunkten P(2|3,5|2,5) und Q(5|8|1)?
b) Begründen Sie, weshalb der Punkt R(3|5|1) nicht auf der Geraden liegt.

Lösung zu a:
Für $r = 0,5$ ergibt sich der Geradenpunkt P(2|3,5|2,5).
Für $r = 2$ ergibt sich der Geradenpunkt Q(5|8|1).

Lösung zu b:
Die x-Koordinate des Punktes R erfordert $r = 1$, ebenso die y-Koordinate.
Die z-Koordinate erfordert $r = 2$. Beides ist nicht vereinbar. Der Punkt R liegt nicht auf der Geraden g.

## Übung 1
Zeichnen Sie die Gerade g: $\vec{x} = \begin{pmatrix} -2 \\ 3 \\ 1 \end{pmatrix} + r \begin{pmatrix} 3 \\ 3 \\ 1 \end{pmatrix}$ im Schrägbild.

Überprüfen Sie, ob die Punkte P(4|9|3), Q(1|6|4) und R(-5|0|0) auf der Geraden g liegen. Beschreiben Sie ggf. ihre Lage auf der Geraden anschaulich.

## Übung 2
Zeichnen Sie die Gerade und beschreiben Sie die spezielle Lage dieser im kartesischen Koordinatensystem.

a) $g_1: \vec{x} = \begin{pmatrix} 1 \\ 1 \\ 2 \end{pmatrix} + r \begin{pmatrix} 0 \\ 1 \\ 0 \end{pmatrix}$ 
b) $g_2: \vec{x} = \begin{pmatrix} 0 \\ 2 \\ 0 \end{pmatrix} + r \begin{pmatrix} 0 \\ 0 \\ 1 \end{pmatrix}$ 
c) $g_3: \vec{x} = \begin{pmatrix} 0 \\ 0 \\ 0 \end{pmatrix} + r \begin{pmatrix} 1 \\ 1 \end{pmatrix}$ 
d) $g_4: \vec{x} = \begin{pmatrix} 3 \\ 0 \end{pmatrix} + r \begin{pmatrix} -1 \\ 0 \end{pmatrix}$

## C. Die Zweipunktegleichung einer Geraden

In der Praxis ist eine Gerade meistens durch zwei feste Punkte A und B gegeben, deren Ortsvektoren $\vec{a}$ bzw. $\vec{b}$ sind.

In diesem Fall kann man die vektorielle Geradengleichung sehr einfach aufstellen. Als Stützvektor verwendet man den Ortsvektor eines der beiden Punkte, also z. B. $\vec{a}$. Der Verbindungsvektor $\vec{m} = \overrightarrow{AB}$ der beiden Punkte dient als Richtungsvektor.

Da $\vec{m} = \overrightarrow{AB}$ sich als Differenz $\vec{b} - \vec{a}$ der beiden Ortsvektoren von B und A darstellen lässt, erhält man die rechts aufgeführte vektorielle *Zweipunktegleichung* der Geraden.

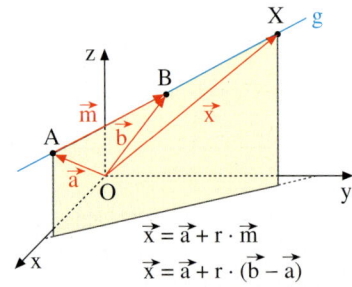

**Die Zweipunktegleichung**

Die Gerade g durch die Punkte A und B mit den Ortsvektoren $\vec{a}$ und $\vec{b}$ hat die Gleichung
g: $\vec{x} = \vec{a} + r \cdot (\vec{b} - \vec{a})$ $(r \in \mathbb{R})$.

Beispielsweise hat die Gerade g durch die Punkte A(1|2|1) und B(3|4|3) die Zweipunktegleichung g: $\vec{x} = \begin{pmatrix} 1 \\ 2 \\ 1 \end{pmatrix} + r \left( \begin{pmatrix} 3 \\ 4 \\ 3 \end{pmatrix} - \begin{pmatrix} 1 \\ 2 \\ 1 \end{pmatrix} \right)$, die zur Parametergleichung g: $\vec{x} = \begin{pmatrix} 1 \\ 2 \\ 1 \end{pmatrix} + r \begin{pmatrix} 2 \\ 2 \\ 2 \end{pmatrix}$ vereinfacht werden kann.

## Übung 3
Bestimmen Sie die Gleichung der Geraden g durch die Punkte A und B.

a) A(3|3), B(2|1) 
b) A(-3|1|0), B(4|0|2) 
c) A(-3|2|1), B(4|1|7)

## Übung 4
a) Bestimmen Sie die Gleichung der Parallelen zur y-Achse durch den Punkt P(3|2|0).
b) Bestimmen Sie die Gleichung einer Ursprungsgeraden durch den Punkt P(a|2a|-a).

## Übungen

**5.** Zeichnen Sie die Gerade g durch den Punkt A(2|6|4) mit dem Richtungsvektor $\vec{m} = \begin{pmatrix} 3 \\ -2 \\ 2 \end{pmatrix}$ in ein räumliches Koordinatensystem ein.

**6.** Gesucht ist eine vektorielle Gleichung der Geraden durch die Punkte A und B.
   a) A(1|2|0)   b) A(−3|2|1)   c) A(3|3|−4)   d) A($a_1$|$a_2$|$a_3$)
      B(3|−4|0)     B(3|1|2)       B(2|1|3)       B($b_1$|$b_2$|$b_3$)

**7.** Untersuchen Sie, ob der Punkt P auf der Geraden liegt, die durch A und B geht.
   a) A(3|2|0)   b) A(2|7|0)   c) A(1|4|3)   d) A(1|1|1)
      B(−1|4|0)    B(5|4|0)      B(3|2|4)      B(3|4|1)
      P(1|3|0)     P(8|3|0)      P(7|−2|6)     P(0|0|0)

**8.** Ordnen Sie den abgebildeten Geraden die zugehörigen vektoriellen Gleichungen zu.

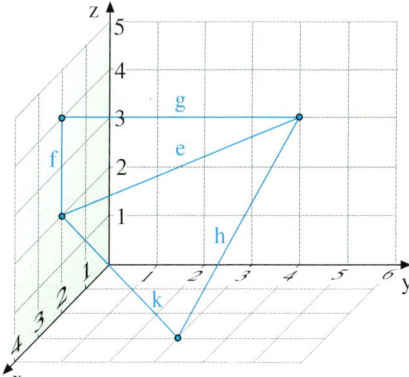
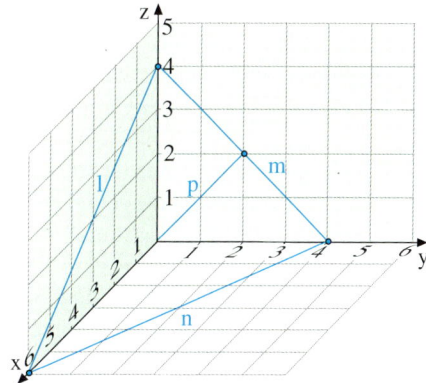

I:   $\vec{x} = \begin{pmatrix} 0 \\ 0 \\ 4 \end{pmatrix} + r \begin{pmatrix} 6 \\ 0 \\ -4 \end{pmatrix}$  
II:  $\vec{x} = \begin{pmatrix} 2 \\ 0 \\ 2 \end{pmatrix} + r \begin{pmatrix} 1 \\ 3 \\ -2 \end{pmatrix}$  
III: $\vec{x} = \begin{pmatrix} 6 \\ 0 \\ 0 \end{pmatrix} + r \begin{pmatrix} -6 \\ 4 \\ 0 \end{pmatrix}$  

IV:  $\vec{x} = \begin{pmatrix} 2 \\ 0 \\ 4 \end{pmatrix} + r \begin{pmatrix} -2 \\ 4 \\ -1 \end{pmatrix}$  
V:   $\vec{x} = \begin{pmatrix} 0 \\ 0 \\ 0 \end{pmatrix} + r \begin{pmatrix} 0 \\ 1 \\ 1 \end{pmatrix}$  
VI:  $\vec{x} = \begin{pmatrix} 3 \\ 3 \\ 0 \end{pmatrix} + r \begin{pmatrix} -3 \\ 1 \\ 3 \end{pmatrix}$  

VII: $\vec{x} = \begin{pmatrix} 2 \\ 0 \\ 2 \end{pmatrix} + r \begin{pmatrix} 0 \\ 0 \\ 2 \end{pmatrix}$  
VIII:$\vec{x} = \begin{pmatrix} 2 \\ 0 \\ 2 \end{pmatrix} + r \begin{pmatrix} -2 \\ 4 \\ 1 \end{pmatrix}$  
IX:  $\vec{x} = \begin{pmatrix} 0 \\ 4 \\ 0 \end{pmatrix} + r \begin{pmatrix} 0 \\ -4 \\ 4 \end{pmatrix}$  

**9.** a) Gesucht ist die Gleichung einer zur y-Achse parallelen Geraden g, die durch den Punkt A(3|2|0) geht.
   b) Gesucht ist die Gleichung einer Ursprungsgeraden durch den Punkt P(2|4|−2).
   c) Gesucht ist die vektorielle Gleichung der Winkelhalbierenden der x-z-Ebene.

## 2. Lagebeziehungen

### A. Gegenseitige Lage Punkt/Gerade und Punkt/Strecke

Mithilfe der Parametergleichung einer Geraden lässt sich einfach überprüfen, ob ein gegebener Punkt auf der Geraden liegt und an welcher Stelle der Geraden er gegebenenfalls liegt.

> **Beispiel:** Gegeben sei die Gerade g durch A(3|2|3) und B(1|6|5). Weisen Sie nach, dass der Punkt P(2|4|4) auf der Geraden g liegt.
>
> Prüfen Sie außerdem, ob der Punkt P auf der Strecke $\overline{AB}$ liegt.

Lösung:

Mit der Zweipunkteform erhalten wir die Parametergleichung von g.

*Parametergleichung von g:*

$$g: \vec{x} = \begin{pmatrix} 3 \\ 2 \\ 3 \end{pmatrix} + r \begin{pmatrix} -2 \\ 4 \\ 2 \end{pmatrix}, r \in \mathbb{R}$$

Wir führen die Punktprobe für den Punkt P durch, indem wir seinen Ortsvektor in die Geradengleichung einsetzen.
Sie ist erfüllt für den Parameterwert r = 0,5. Also liegt der Punkt P auf der Geraden g.

*Punktprobe für P:*

$$\begin{pmatrix} 2 \\ 4 \\ 4 \end{pmatrix} = \begin{pmatrix} 3 \\ 2 \\ 3 \end{pmatrix} + r \begin{pmatrix} -2 \\ 4 \\ 2 \end{pmatrix} \text{ gilt für } r = 0,5$$

⇒ P liegt auf g.

Nun führen wir einen Parametervergleich durch. Die Streckenendpunkte A und B besitzen die Parameterwerte r = 0 und r = 1. Der Parameterwert von P (r = 0,5) liegt zwischen diesen Werten. Also liegt der Punkt P auf der Strecke $\overline{AB}$, und zwar genau auf der Mitte der Strecke.

*Parametervergleich:*
A: r = 0
B: r = 1
P: r = 0,5

⇒ P liegt auf $\overline{AB}$.

Rechts sind die Ergebnisse zeichnerisch dargestellt.
Das Bild macht deutlich, dass durch den Geradenparameter auf der Geraden ein *internes Koordinatensystem* festgelegt wird, anhand dessen man sich orientieren kann.

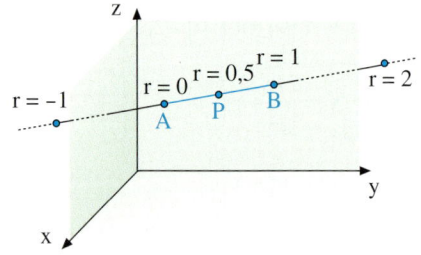

### Übung 1
a) Prüfen Sie, ob die Punkte P(0|0|6), Q(3|3|3), R(3|4|3) auf der Geraden g durch A(2|2|4) und B(4|4|2) oder sogar auf der Strecke $\overline{AB}$ liegen.
b) Für welchen Wert von t liegt P(4+t|5t|t) auf der Geraden g durch A(2|2|4) und B(4|4|2)?

## B. Gegenseitige Lage von zwei Geraden im Raum

Zwischen zwei Geraden im Raum sind drei charakteristische Lagebeziehungen möglich. Sie können parallel sein (Unterfälle echt parallel bzw. identisch), sie können sich in einem Punkt schneiden oder sie sind windschief. Als *windschief* bezeichnet man zwei Geraden, die weder parallel sind noch sich schneiden.

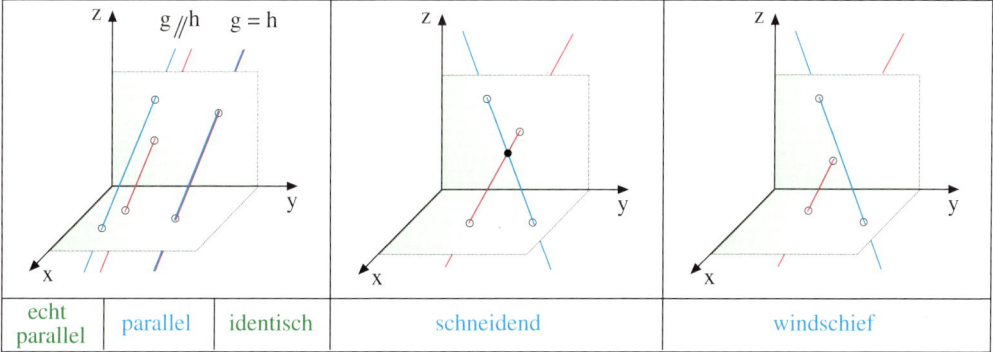

Zeichnerisch lässt sich die gegenseitige Lage von zwei Geraden im Raum oft nur schwer einschätzen, aber mithilfe der Geradengleichungen ist die rechnerische Überprüfung möglich.

**Untersuchungsschema für die Lage von zwei Raumgeraden:**
g: $\vec{x}_g = \vec{a} + r \cdot \vec{m}_g$ und h: $\vec{x}_h = \vec{b} + s \cdot \vec{m}_h$ seien die Gleichungen von zwei Raumgeraden. Anhand der beiden Richtungsvektoren kann man überprüfen, ob g und h parallel sind. Dann sind ihre Richtungsvektoren nämlich linear abhängig. Ist dies nicht der Fall, dann setzt man die beiden Geradenvektoren $\vec{x}_g$ und $\vec{x}_h$ gleich. Ist das zugehörige Gleichungssystem eindeutig lösbar, schneiden sich g und h in einem Punkt S. Andernfalls sind g und h windschief.

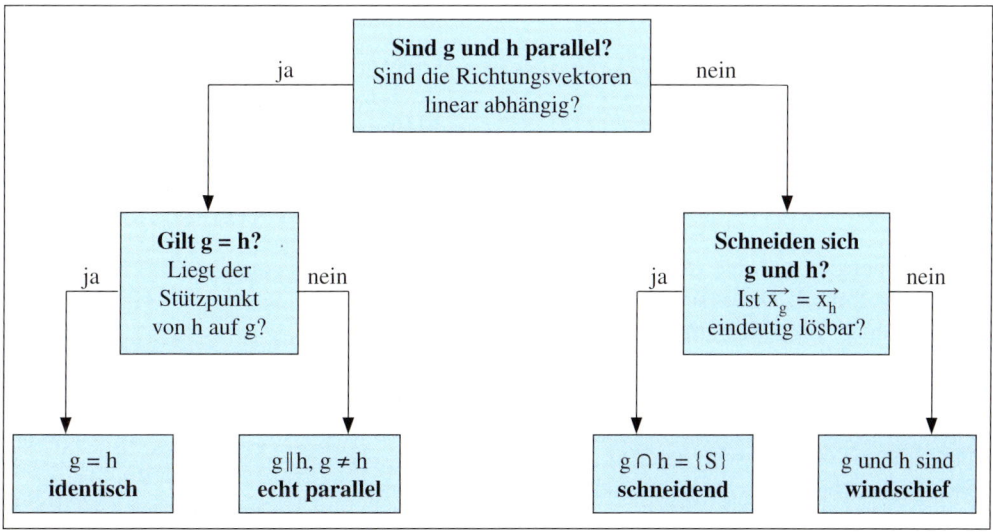

▶ **Beispiel: Parallele Geraden**

Gegeben sind die Geraden g: $\vec{x} = \begin{pmatrix} 3 \\ 0 \\ 1 \end{pmatrix} + r \begin{pmatrix} -3 \\ 6 \\ 3 \end{pmatrix}$ und h: $\vec{x} = \begin{pmatrix} 0 \\ 12 \\ 4 \end{pmatrix} + s \begin{pmatrix} 4 \\ -8 \\ -4 \end{pmatrix}$.

Welche relative Lage zueinander nehmen die Geraden g und h ein?

**Lösung:**
Die Richtungsvektoren $\vec{m}_g$ und $\vec{m}_h$ der Geraden sind kollinear. $\vec{m}_h$ ist ein Vielfaches von $\vec{m}_g$. Es gilt nämlich $\vec{m}_h = -\frac{4}{3} \cdot \vec{m}_g$. Die Geraden sind also parallel.
Eine Punktprobe zeigt, dass der Stützpunkt P(0|12|4) von h nicht auf g liegt. Also sind die Geraden nicht identisch, sondern echt
▶ parallel.

*Parallelitätsuntersuchung:*

$\vec{m}_h = \begin{pmatrix} 4 \\ -8 \\ -4 \end{pmatrix} = -\frac{4}{3} \cdot \begin{pmatrix} -3 \\ 6 \\ 3 \end{pmatrix} = -\frac{4}{3} \cdot \vec{m}_g$

*Punktprobe:*
$\begin{array}{ll} 0 = 3 - 3r & r = 1 \\ 12 = 0 + 6r \Rightarrow r = 2 & \Rightarrow \text{Wid.} \\ 4 = 1 + 3r & r = 1 \end{array}$

▶ **Beispiel: Schneidende Geraden**
Die Gerade g verläuft durch die Punkte P(0|0|6) und Q(8|12|2). Die Gerade h geht durch A(4|0|2) und B(4|12|6). Untersuchen Sie die relative Lage von g und h. Skizzieren Sie die Situation.

**Lösung:**
Wir stellen zunächst die vektoriellen Parametergleichungen von g und h auf, indem wir die Zweipunkteform anwenden.

Nun betrachten wir die Richtungsvektoren. Man erkennt auf den ersten Blick ohne Rechnung, dass sie nicht kollinear sind. Daher sind g und h weder parallel noch identisch.

Wir setzen nun die allgemeinen Geradenvektoren von g und h gleich, d. h. $\vec{x}_g = \vec{x}_h$. Daraus ergibt sich ein Gleichungssystem mit drei Gleichungen und zwei Variablen r und s.

Das Gleichungssystem hat die eindeutige Lösung $r = \frac{1}{2}$, $s = \frac{1}{2}$. Daher schneiden sich die Geraden. Der Schnittpunkt lautet S(4|6|4).

Durch die Verwendung von stützenden Ebenen für die Geraden wird deren graphischer Verlauf besonders deutlich und die
▶ räumliche Übersicht erhöht.

*1. Winkel:*

g: $\vec{x}_g = \begin{pmatrix} 0 \\ 0 \\ 6 \end{pmatrix} + r \begin{pmatrix} 8 \\ 12 \\ -4 \end{pmatrix}$

h: $\vec{x}_h = \begin{pmatrix} 4 \\ 0 \\ 2 \end{pmatrix} + s \begin{pmatrix} 0 \\ 12 \\ 4 \end{pmatrix}$

*Schnittuntersuchung:*

$\begin{pmatrix} 0 \\ 0 \\ 6 \end{pmatrix} + r \begin{pmatrix} 8 \\ 12 \\ -4 \end{pmatrix} = \begin{pmatrix} 4 \\ 0 \\ 2 \end{pmatrix} + s \begin{pmatrix} 0 \\ 12 \\ 4 \end{pmatrix}$

I   $8r \phantom{{}={}12s} = 4$
II  $12r = 12s$
III $6 - 4r = 2 + 4s$

aus I: $r = \frac{1}{2}$

in II: $s = \frac{1}{2}$ $\Rightarrow$ S(4|6|4)

in III: $4 = 4$

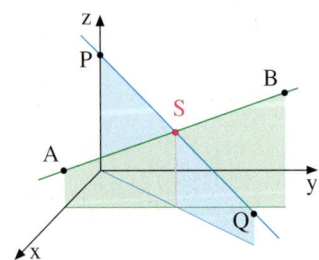

## 2. Lagebeziehungen

▶ **Beispiel: Windschiefe Geraden**
Untersuchen Sie die relative Lage von g: $\vec{x} = \begin{pmatrix} 2 \\ 0 \\ 0 \end{pmatrix} + r \begin{pmatrix} 1 \\ 1 \\ -2 \end{pmatrix}$ und h: $\vec{x} = \begin{pmatrix} 1 \\ 0 \\ 0 \end{pmatrix} + s \begin{pmatrix} 2 \\ 2 \\ -3 \end{pmatrix}$.

**Lösung:**
g und h sind nicht parallel, da ihre Richtungsvektoren nicht kollinear sind, was man durch einfaches Hinsehen erkennen kann.

Wir führen durch Gleichsetzen der rechten Seiten der beiden Geradengleichungen eine Schnittuntersuchung durch, die auf einen Widerspruch führt. Das zugeordnete Gleichungssystem ist unlösbar. Die Geraden schneiden sich also nicht, es verbleibt nur noch eine Möglichkeit:
▶ Die Geraden g und h sind windschief.

*Schnittuntersuchung:*

$\begin{pmatrix} 2 \\ 0 \\ 0 \end{pmatrix} + r \begin{pmatrix} 1 \\ 1 \\ -2 \end{pmatrix} = \begin{pmatrix} 1 \\ 0 \\ 0 \end{pmatrix} + s \begin{pmatrix} 2 \\ 2 \\ -3 \end{pmatrix}$

I   $2 + r = 1 + 2s$
II       $r = 2s$
III  $-2r = -3s$

I–II: $2 = 1$ Widerspruch

$\Rightarrow$ g und h sind windschief

### Übung 2
Gesucht ist die relative Lage von g und h.

a) g: $\vec{x} = \begin{pmatrix} 0 \\ 1 \\ 2 \end{pmatrix} + r \begin{pmatrix} 2 \\ 1 \\ -3 \end{pmatrix}$, h: $\vec{x} = \begin{pmatrix} -2 \\ -2 \\ 7 \end{pmatrix} + s \begin{pmatrix} -2 \\ 1 \\ 1 \end{pmatrix}$

b) g: $\vec{x} = \begin{pmatrix} 1 \\ 1 \\ 2 \end{pmatrix} + r \begin{pmatrix} 1 \\ -2 \\ 2 \end{pmatrix}$, h: $\vec{x} = \begin{pmatrix} -1 \\ 2 \\ 1 \end{pmatrix} + s \begin{pmatrix} -2 \\ 4 \\ -4 \end{pmatrix}$

c) g: $\vec{x} = \begin{pmatrix} 3 \\ 0 \\ 1 \end{pmatrix} + r \begin{pmatrix} 1 \\ 1 \\ -2 \end{pmatrix}$, h: $\vec{x} = \begin{pmatrix} 0 \\ 2 \\ 0 \end{pmatrix} + s \begin{pmatrix} 2 \\ 1 \\ 1 \end{pmatrix}$

d) g: $\vec{x} = \begin{pmatrix} 2 \\ 0 \\ 1 \end{pmatrix} + r \begin{pmatrix} 2 \\ 1 \\ -1 \end{pmatrix}$, h: $\vec{x} = \begin{pmatrix} 0 \\ 2 \\ -4 \end{pmatrix} + s \begin{pmatrix} 2 \\ 0 \\ 1 \end{pmatrix}$

### Übung 3   Parallele Geraden
Welche der Geraden sind parallel, welche schneiden sich?

g: $\vec{x} = \begin{pmatrix} 1 \\ 0 \\ 2 \end{pmatrix} + r \begin{pmatrix} 2 \\ -1 \\ 1 \end{pmatrix}$

h: $\vec{x} = \begin{pmatrix} 5 \\ -3 \\ 2 \end{pmatrix} + s \begin{pmatrix} -2 \\ 3 \\ 3 \end{pmatrix}$

Gerade u durch C(2|−2|3) und D(−2|0|1),

Gerade v durch E(2|0|0) und F(0|3|3).

### Übung 4
Ein Raum ist 8 m tief, 6 m breit und 4 m hoch.
a) Wie lauten die vektoriellen Geradengleichungen der Raumdiagonalen $g_{AG}$ und $g_{BH}$?
b) Untersuchen Sie, welche relative Lage $g_{AG}$ und $g_{BH}$ zueinander einnehmen.
c) M ist der Mittelpunkt der rechten Wand BCGF.
Welche Lage nehmen die Geraden $h_{AM}$ und $g_{BH}$ zueinander ein?

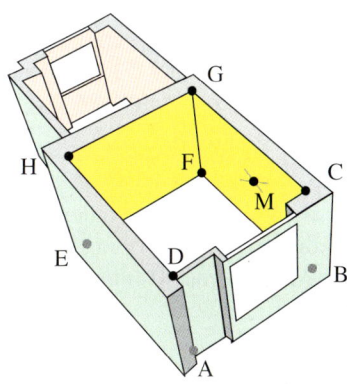

## Übungen

**5.** Ein Bogenschütze zielt vom Punkt P(0|0|15) in Richtung des Vektors $\vec{v}$, um eine der drei im Bergland aufgestellten Scheiben zu treffen.
1 LE = 1 dm
a) Welche Scheibe trifft er? Wie lang ist die Flugbahn? Welche Geschwindigkeit hat der Pfeil, wenn der Flug eine Sekunde dauert?
b) In welche Richtung $\vec{w}$ muss der Schütze zielen, um die Elchscheibe zu treffen?

**B**är(−155|465|85)
**W**olf(−155|465|92,5)    $\vec{v} = \begin{pmatrix} -1 \\ 3 \\ 0,5 \end{pmatrix}$
**E**lch(−160|640|95)

**6.** Ein Drahtseilartist plant, mit einem Motorrad vom Startpunkt A(20|20|0) auf den Turm der Stadtkirche zum Punkt B(220|420|80) zu fahren (1 LE = 1 m). Das Fahrseil soll durch drei senkrechte Masten mit den Spitzen $S_1$(70|120|20), $S_2$(120|220|30) und $S_3$(170|300|60) gestützt werden.
a) Sind die Masten als Stützen geeignet? Können Sie ggf. durch Kürzen oder Verlängern passend gemacht werden?

b) Wie lange dauert der Stunt, wenn das Motorrad mit 20 km/h fährt?
c) Unter welchem Winkel steigt das Fahrseil an?

**7.** An den Positionen M und N befinden sich zwei Wasserspeicher. Ein Überlaufkanal k führt von M nach A. Vom Oberflächenpunkt T wird eine Belüftungsbohrung b in Richtung des Vektors $\vec{v}$ vorgetrieben. Außerdem ist eine Versorgungsleitung g vom Oberflächenpunkt E, der senkrecht über M liegt, zum Speicher N geplant.
1 LE = 100 m

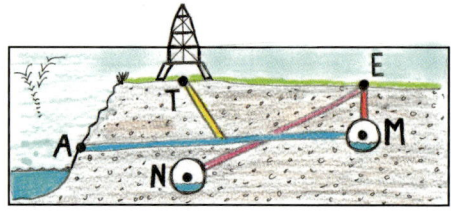

M(8|12|−6), N(14|2|−10)
A(11|0|−9), T(8|2|0)    $\vec{v} = \begin{pmatrix} 1 \\ 1 \\ -4 \end{pmatrix}$

Trifft die Belüftungsbohrung b den Überlaufkanal k? Wie lang muss der Bohrer sein? Zeigen Sie, dass die Versorgungsleitung g weder k noch b trifft. Wie lange dauert das Bohren von g bei einem Vortrieb von 20 cm/min?

## 2. Lagebeziehungen

Mithilfe der Lagebeziehungsuntersuchung für Geraden im Raum können einfache Anwendungsprobleme modellhaft gelöst werden, z. B. Flugbahnprobleme.

▶ **Beispiel: Flugbahnen**
Der Rettungshubschrauber Alpha startet um 10:00 Uhr vom Stützpunkt Adlerhorst A(10|6|0). Er fliegt geradlinig mit einer Geschwindigkeit von 300 km/h zum Gipfel des Mount Devil D(4|−3|3), wo sich der Unfall ereignet hat. Die Koordinaten sind in Kilometern angegeben. Zeitgleich hebt der Hubschrauber Beta von der Spitze des Tempelbergs T(7|−8|3) ab, um Touristen nach B(4|16|0) zurückzubringen. Seine Geschwindigkeit beträgt 350 km/h.

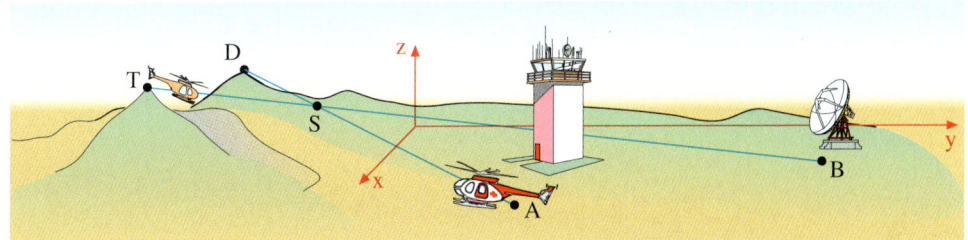

a) Zeigen Sie, dass die beiden Hubschrauber sich auf Kollisionskurs befinden.
b) Untersuchen Sie, ob die Hubschrauber tatsächlich kollidieren.

**Lösung zu a:**
Wir stellen die Flugbahngleichungen mithilfe der Zweipunkteform auf.
Anschließend untersuchen wir, ob die beiden Bahnen sich schneiden.
Wir erhalten einen Schnittpunkt S(6|0|2).
Die Hubschrauber befinden sich also auf Kollisionskurs.

*Gleichungen der Flugbahnen:*

$\alpha: \vec{x} = \begin{pmatrix} 10 \\ 6 \\ 0 \end{pmatrix} + r \begin{pmatrix} -6 \\ -9 \\ 3 \end{pmatrix}$

$\beta: \vec{x} = \begin{pmatrix} 7 \\ -8 \\ 3 \end{pmatrix} + s \begin{pmatrix} -3 \\ 24 \\ -3 \end{pmatrix}$

*Schnittpunkt der Flugbahnen:*
Für $r = \frac{2}{3}$ und $s = \frac{1}{3}$ ergibt sich der Schnittpunkt S(6|0|2).

**Lösung zu b:**
Wir errechnen zunächst die Länge der Flugstrecken der Hubschrauber bis zum Schnittpunkt, d. h. die Beträge der beiden Vektoren $\vec{AS}$ und $\vec{TS}$.
Dividieren wir diese Strecken durch die zugehörigen Hubschraubergeschwindigkeiten, so erhalten wir die Flugzeiten bis zum Schnittpunkt in Stunden, die wir in Minuten umrechnen.
Hubschrauber Alpha ist 0,11 Minuten später am möglichen Kollisionspunkt als Hubschrauber Beta. Dieser ist dann schon ca. 640 m weitergeflogen. Es kommt daher nicht zu einer Kollision. ▶

*Flugstrecken bis zum Schnittpunkt:*

$|\vec{AS}| = \left| \begin{pmatrix} -4 \\ -6 \\ 2 \end{pmatrix} \right| = \sqrt{56} \approx 7{,}48 \text{ km}$

$|\vec{TS}| = \left| \begin{pmatrix} -1 \\ 8 \\ -1 \end{pmatrix} \right| = \sqrt{66} \approx 8{,}12 \text{ km}$

*Flugzeiten bis zum Schnittpunkt:*

$t_{Alpha} = \frac{7{,}48}{300} \text{ h} \approx 0{,}025 \text{ h} \approx 1{,}50 \text{ min}$

$t_{Beta} = \frac{8{,}12}{350} \text{ h} \approx 0{,}023 \text{ h} \approx 1{,}39 \text{ min}$

## Übungen

**8.** Prüfen Sie, ob die Punkte P und Q auf der Geraden g durch A und B liegen.
 a) A(0|0|5)  P(3|6|2)
    B(1|2|4)  Q(4|8|0)
 b) A(6|3|0)  P(2|5|4)
    B(0|6|6)  Q(4|2|4)

**9.** Das Schrägbild zeigt eine Gerade g durch die Punkte A und B sowie zwei weitere Punkte P und Q, die auf g zu liegen scheinen. Ist dies tatsächlich der Fall?

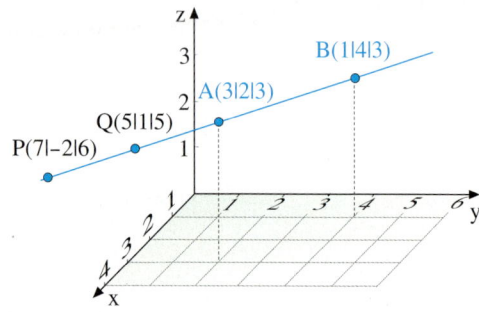

**10.** Untersuchen Sie, ob der Punkt P auf der Strecke $\overline{AB}$ liegt.
 a) A(2|1|4)
    B(5|7|1)
    P(3|3|3)
 b) A(−2|4|5)
    B(2|8|9)
    P(0|6|7)
 c) A(3|0|7)
    B(4|1|6)
    P(7|4|3)
 d) A(2|1|3)
    B(6|7|1)
    P(4|3|1)

**11.** Gegeben sei ein Dreieck ABC mit den Eckpunkten A(0|6|6), B(0|6|3) und C(3|3|0) sowie die Punkte P(2|2|2), Q(2|4|1) und R(2|5,5|4,5).
Fertigen Sie ein Schrägbild an und überprüfen Sie rechnerisch, welche der Punkte P, Q und R auf den Seiten des Dreiecks liegen.

**12.** Welche der folgenden sechs Geraden sind parallel zueinander, welche sind sogar identisch?

g: $\vec{x} = \begin{pmatrix} 1 \\ 2 \\ -4 \end{pmatrix} + r \begin{pmatrix} 8 \\ -4 \\ 2 \end{pmatrix}$
h: $\vec{x} = \begin{pmatrix} 1 \\ 2 \\ -4 \end{pmatrix} + r \begin{pmatrix} 2 \\ -1 \\ 1 \end{pmatrix}$
k: $\vec{x} = \begin{pmatrix} 5 \\ 0 \\ -5 \end{pmatrix} + r \begin{pmatrix} 4 \\ -2 \\ 1 \end{pmatrix}$

u: Gerade durch A(1|2|−6) und B(9|−2|−4)
v: $\vec{x} = \begin{pmatrix} -3 \\ 4 \\ -5 \end{pmatrix} + r \begin{pmatrix} -2 \\ 1 \\ -0,5 \end{pmatrix}$
w: Gerade durch A(6|−1|−1) und B(2|1|−3)

**13.** Gegeben sind die Gerade g durch A und B sowie die Gerade h durch C und D.
Zeigen Sie, dass die Geraden sich schneiden, und berechnen Sie den Schnittpunkt S.
 a) A(3|1|2), B(5|3|4)
    C(2|1|1), D(3|3|2)
 b) A(1|0|0), B(1|1|1)
    C(2|4|5), D(3|6|8)
 c) A(4|1|5), B(6|0|6)
    C(1|2|3), D(−2|5|3)

**14.** Zeigen Sie, dass die Geraden g und h windschief sind.
 a) g: $\vec{x} = \begin{pmatrix} 1 \\ 0 \\ 1 \end{pmatrix} + r \begin{pmatrix} 1 \\ -1 \\ 0 \end{pmatrix}$
    h: $\vec{x} = \begin{pmatrix} 0 \\ 1 \\ 0 \end{pmatrix} + s \begin{pmatrix} 0 \\ 1 \\ 1 \end{pmatrix}$
 b) g: $\vec{x} = \begin{pmatrix} 1 \\ 1 \\ -1 \end{pmatrix} + r \begin{pmatrix} 1 \\ 2 \\ 1 \end{pmatrix}$
    h: $\vec{x} = \begin{pmatrix} 0 \\ 1 \\ 1 \end{pmatrix} + s \begin{pmatrix} 1 \\ 1 \\ 1 \end{pmatrix}$
 c) g: $\vec{x} = \begin{pmatrix} 1 \\ -1 \\ 2 \end{pmatrix} + r \begin{pmatrix} 2 \\ 2 \\ 1 \end{pmatrix}$
    h: $\vec{x} = \begin{pmatrix} 3 \\ -3 \\ 0 \end{pmatrix} + s \begin{pmatrix} 0 \\ 3 \\ 1 \end{pmatrix}$

**15.** Die Geraden g, h und k schneiden sich in den Eckpunkten eines Dreiecks ABC.
Bestimmen Sie die Eckpunkte A, B und C.

g: $\vec{x} = \begin{pmatrix} 0 \\ -3 \\ 3 \end{pmatrix} + r \begin{pmatrix} 1 \\ 3 \\ -1 \end{pmatrix}$ 
h: $\vec{x} = \begin{pmatrix} -1 \\ 6 \\ 10 \end{pmatrix} + s \begin{pmatrix} -1 \\ 3 \\ 4 \end{pmatrix}$ 
k: $\vec{x} = \begin{pmatrix} 3 \\ 6 \\ 0 \end{pmatrix} + t \begin{pmatrix} 1 \\ 1 \\ -2 \end{pmatrix}$

**16.** Untersuchen Sie, welche Lagebeziehung zwischen der Geraden g durch A und B und der Geraden h durch C und D besteht. Berechnen Sie gegebenenfalls den Schnittpunkt.
a) A(−1|1|1), B(1|1|−1)   b) A(4|2|1), B(0|4|3)   c) A(2|0|4), B(4|2|3)
   C(1|1|1), D(0|1|2)         C(1|2|1), D(3|4|3)      C(6|4|2), D(10|8|0)

**17.** Überprüfen Sie, ob die eingezeichneten Geraden sich schneiden, und berechnen Sie gegebenenfalls den Schnittpunkt.

a)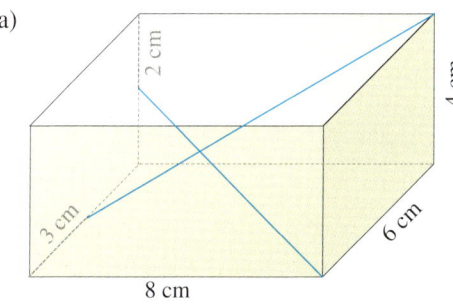

b)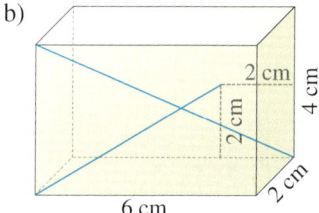

**18.** Vier Punkte bilden ein Viereck, wenn die Diagonalen AC und BD sich schneiden. Prüfen Sie, ob die Punkte A, B, C, D ein Viereck bilden.
a) A(3|1|2), B(6|2|2), C(5|9|4), D(1|4|3)
b) A(4|0|0), B(4|3|1), C(0|3|4), D(4|0|3)
c) A(5|2|0), B(1|2|6), C(1|6|0), D(6|7|−2)

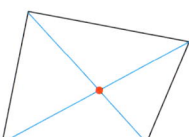 Die Diagonalen schneiden sich.

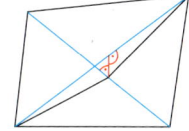 Die Diagonalen sind windschief.

**19.** Gegeben ist eine 6 m hohe gerade quadratische Pyramide, deren Grundflächenseiten 6 m lang sind.
Der Punkt M liegt in der Mitte der Seite $\overline{SC}$. Die Strecke $\overline{SA}$ ist dreimal so lang wie die Strecke $\overline{SN}$.
Wo schneiden sich die eingezeichneten Geraden?

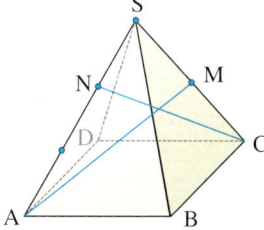

## D. Exkurs: Geradenscharen

Enthält die Geradengleichung innerhalb des Stützvektors oder des Richtungsvektors eine Variable, so beschreibt die Gleichung eine ganze Schar von Geraden.

### Beispiel: Parallele Geraden

Die Gleichung $g_a: \vec{x} = \begin{pmatrix} 2 \\ a \\ 0 \end{pmatrix} + r \begin{pmatrix} -1 \\ 0 \\ 2 \end{pmatrix}$ beschreibt eine Schar paralleler Geraden, denn alle Geraden $g_a$ haben den gleichen Richtungsvektor. Sie unterscheiden sich nur in der y-Koordinate ihres Stützpunktes.

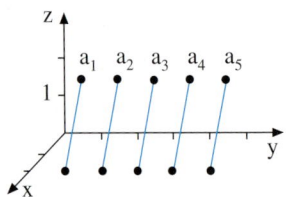

### Beispiel: Gemeinsamer Stützpunkt

Die Gleichung $g_a: \vec{x} = \begin{pmatrix} 2 \\ 4 \\ 3 \end{pmatrix} + r \begin{pmatrix} -1 \\ 1 \\ 2+a \end{pmatrix}$ beschreibt eine Schar von Geraden, die alle den gleichen Stützpunkt $P(2|4|3)$ haben, um den sie sich aufgrund der veränderlichen z-Koordinate ihres Richtungsvektors drehen.

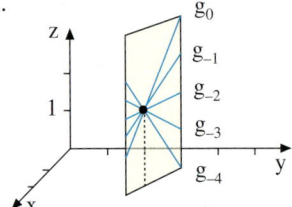

### ▶ Beispiel: Kollisionskurs

Die Flugbahnen einer Formation von Sportflugzeugen können durch die Geradenschar $g_a$ (a = 1, 2, ..., 8) beschrieben werden. Ist eines der Flugzeuge auf direktem Kollisionskurs mit dem Segelflugzeug, dessen Flug durch die Gerade h beschrieben wird?

$g_a: \vec{x} = \begin{pmatrix} 9 \\ 2+a \\ 6 \end{pmatrix} + r \begin{pmatrix} -1 \\ 1 \\ 1 \end{pmatrix}$     $h: \vec{x} = \begin{pmatrix} 1 \\ 3 \\ 11 \end{pmatrix} + s \begin{pmatrix} 2 \\ 1 \\ -1 \end{pmatrix}$

Lösung:
Wir führen eine Schnittuntersuchung durch. Dazu setzen wir die Koordinaten von $g_a$ und h gleich. Wir erhalten ein Gleichungssystem (drei Gleichungen, drei Variablen). Die Lösung lautet: r = 2, s = 3, a = 2. Das bedeutet: Der Flieger auf $g_2$ droht mit dem Flieger auf h im Punkt $S(7|6|8)$ zu kollidieren.

*Schnittuntersuchung:*
I     $9 - r = 1 + 2s$
II    $2 + a + r = 3 + s$
III   $6 + r = 11 - s$
aus I und III: r = 2, s = 3
aus II: a = 2
⇒ $g_2$ schneidet h in $S(7|6|8)$.

### Übung 20

Gegeben sind die Geraden $g_a$ und h.       $g_a: \vec{x} = \begin{pmatrix} 1 \\ 3 \\ 2 \end{pmatrix} + r \begin{pmatrix} -a \\ a \\ 2 \end{pmatrix}$     $h: \vec{x} = \begin{pmatrix} 0 \\ 10 \\ 6 \end{pmatrix} + s \begin{pmatrix} 1 \\ 2 \\ -1 \end{pmatrix}$.

a) Für welchen Wert von a liegt der Punkt $P(-1|5|4)$ auf $g_a$? Liegt $Q(11|-6|4)$ auf $g_a$?
b) Für welchen Wert von a schneiden sich $g_a$ und h? Wo liegt der Schnittpunkt?
c) Für welchen Wert von a liegt $g_a$ parallel zur z-Achse?
d) Für welchen Wert von a schneidet $g_a$ die x-Achse? Wo liegt der Schnittpunkt?

## Übungen

**21.** Dargestellt ist die Schar paralleler Geraden.
 a) Wie lauten die Gleichungen von $g_0$ und $g_1$?
 b) Wie lautet die allgemeine Gleichung von $g_a$?
 c) Welche Gerade $g_a$ schneidet h: $\vec{x} = \begin{pmatrix} 0 \\ 6 \\ 4 \end{pmatrix} + r \begin{pmatrix} 1 \\ 6 \\ -3 \end{pmatrix}$?

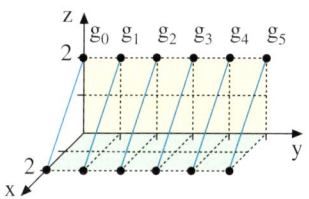

**22.** Bei einem Grubenunglück wird versucht, die im Schacht AB und den Hohlräumen $H_1$ und $H_2$ verschütteten Bergleute durch sechs vom Turm T(4|6|0) ausgehenden Rettungsbohrungen $g_a$ zu erreichen.
 Daten: A(8|2|−2); B(15|16|−9)
 $H_1$(22|6|−14); $H_2$(12|16|−4)
 $g_a$: $\vec{x} = \begin{pmatrix} 4 \\ 6 \\ 0 \end{pmatrix} + r \begin{pmatrix} 13-a \\ a-4 \\ a-11 \end{pmatrix}$
 a = 0, 2, 4, 6, 8, 10

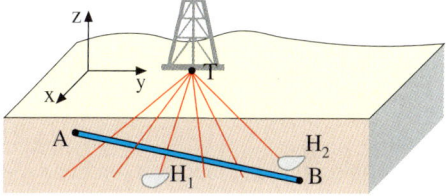

 a) Wird der Schacht AB von einer der Bohrungen getroffen? Wenn ja, wo?
 b) Werden die Hohlräume $H_1$ und $H_2$ gefunden?
 c) Führt eine der Bohrungen senkrecht nach unten?

**23.** Die Pyramide ABCDS hat die Koordinaten A(20|4|0), B(20|20|0), C(4|20|0), D(4|4|0) und S(12|12|16). Ihr Eingang liegt bei E(11|14|12). Eine Treppe führt von P(13|20|0) nach Q(7|17|6). Von der Turmspitze T(20|40|2) werden fünf Scheinwerfer auf die Pyramide gerichtet. Die Lichtstrahlen werden durch $g_a$: $\vec{x} = \begin{pmatrix} 20 \\ 40 \\ 2 \end{pmatrix} + r \begin{pmatrix} a-12 \\ -2a-20 \\ 4a-2 \end{pmatrix}$ beschrieben, (a = 0, 1, 2, 3, 4).
 a) Trifft einer der Lichtstrahlen den Eingang E?
 b) Trifft einer der Lichtstrahlen die Treppe?
 c) Ist einer der Strahlen parallel zur Seitenkante $\overline{BS}$ der Pyramide?

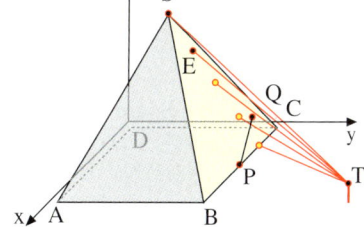

**24.** Gegeben sind die Punkte A(−2|−1|−1), B(2|−1|3), C(0|3|1) sowie die Geraden $g_a$ mit der Gleichung $\vec{x} = \begin{pmatrix} 3 \\ 4 \\ a \end{pmatrix} + r \begin{pmatrix} 2 \\ -1 \\ 2 \end{pmatrix}$, $a \in \mathbb{R}$.
 a) Zeigen Sie, dass der Punkt C auf keiner der Geraden $g_a$ liegt.
 b) Die Gerade h verläuft durch die Punkte A und C. Für welches a schneidet $g_a$ die Gerade h in genau einem Punkt? Bestimmen Sie den Schnittpunkt S.
 c) Begründen Sie, dass die Geraden $g_2$ und h windschief sind.

## 3. Spurpunkte mit Anwendungen

In diesem Abschnitt werden als exemplarische Anwendungsbeispiele für Geraden Spurpunktprobleme behandelt.

Die Schnittpunkte einer Geraden mit den Koordinatenebenen bezeichnet man als *Spurpunkte* der Geraden.

▶ **Beispiel: Spurpunkte**

Gegeben sei g: $\vec{x} = \begin{pmatrix} 2 \\ 4 \\ 2 \end{pmatrix} + r \begin{pmatrix} 1 \\ 1 \\ -1 \end{pmatrix}$.

Bestimmen Sie die Spurpunkte der Geraden und fertigen Sie eine Skizze an.

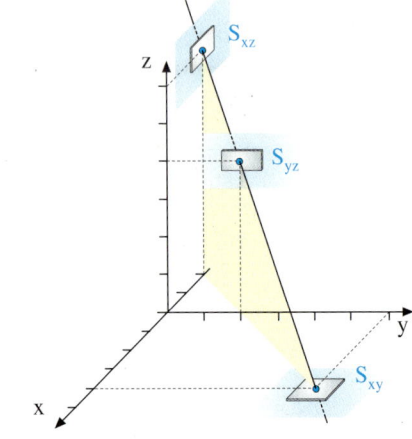

Lösung:
Der Schnittpunkt der Geraden mit der x-y-Ebene wird als Spurpunkt $S_{xy}$ bezeichnet. Er hat die z-Koordinate $z = 0$.
Die z-Koordinate des allgemeinen Geradenpunktes beträgt $z = 2 - r$.
Setzen wir diese 0, so erhalten wir $r = 2$, was auf den Spurpunkt $S_{xy}(4|6|0)$ führt.

$z = 0 \Leftrightarrow 2 - r = 0 \Leftrightarrow r = 2$

$\vec{x} = \begin{pmatrix} 2 \\ 4 \\ 2 \end{pmatrix} + 2 \cdot \begin{pmatrix} 1 \\ 1 \\ -1 \end{pmatrix} = \begin{pmatrix} 4 \\ 6 \\ 0 \end{pmatrix}$

$S_{xy}(4|6|0)$

Analog errechnen wir die weiteren Spurpunkte, indem wir die x-Koordinate bzw. die y-Koordinate des allgemeinen Geradenpunktes null setzen.
▶ Ergebnisse: $S_{yz}(0|2|4)$, $S_{xz}(-2|0|6)$

### Übung 1
Berechnen Sie die Spurpunkte der Geraden g durch A und B. Fertigen Sie eine Skizze an.
a) $A(10|6|-1)$, $B(4|2|1)$
b) $A(-2|4|9)$, $B(4|-2|3)$
c) $A(4|1|1)$, $B(-2|1|7)$
d) $A(2|4|-2)$, $B(-1|-2|4)$

### Übung 2
Geben Sie die Gleichung einer Geraden g an, die nur zwei Spurpunkte bzw. nur einen Spurpunkt besitzt.

### Übung 3
In welchen Punkten durchdringen die Kanten der skizzierten Pyramide den 2 m hohen Wasserspiegel?

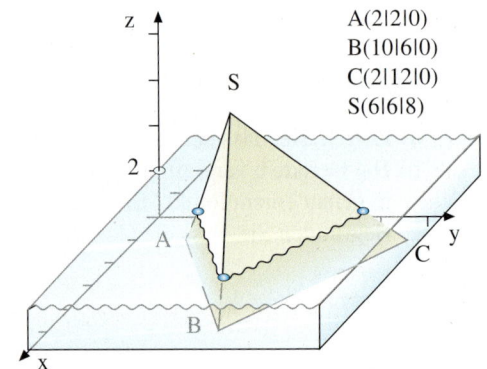

A(2|2|0)
B(10|6|0)
C(2|12|0)
S(6|6|8)

## 3. Spurpunkte mit Anwendungen

Im Folgenden werden Spurpunktberechnungen zur Lösung von Anwendungsaufgaben zur Lichtreflexion und zum Schattenwurf eingesetzt.

▶ **Beispiel: Lichtreflexion**
Der Verlauf eines Lichtstrahls soll verfolgt werden. Der Strahl geht vom Punkt $A(0|6|6)$ aus und läuft in Richtung des Vektors $\begin{pmatrix} 1 \\ -1 \\ -2 \end{pmatrix}$ auf die x-y-Ebene zu, an der er reflektiert wird.
Wo trifft der Strahl auf die x-y-Ebene? Wie lautet die Geradengleichung des dort reflektierten Strahles und wo trifft dieser auf die x-z-Ebene?

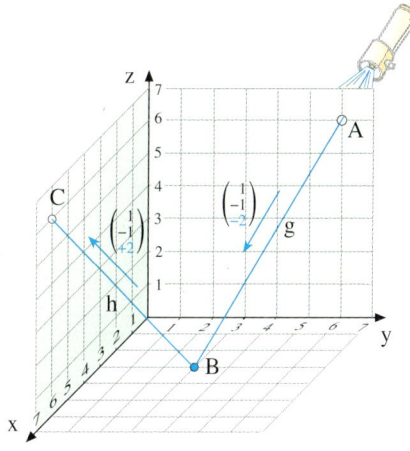

Lösung:
Wir bestimmen zunächst die Geradengleichung des von A ausgehenden Strahls g. Dessen Schnittpunkt B mit der x-y-Ebene erhalten wir durch Nullsetzen der z-Koordinate des allgemeinen Geradenpunktes von g.
Der reflektierte Strahl h geht von diesem Punkt $B(3|3|0)$ aus. Bei der Reflexion ändert sich nur diejenige Koordinate des Richtungsvektors, die senkrecht auf der Reflexionsebene steht. Diese Koordinate wechselt ihr Vorzeichen, hier also die z-Koordinate. Der Richtungsvektor von h ist daher $\begin{pmatrix} 1 \\ -1 \\ +2 \end{pmatrix}$. Nun können wir die Geradengleichung des reflektierten Strahls h aufstellen und dessen Schnittpunkt mit der x-z-Ebene berechnen. Es ist der Punkt
▶ $C(6|0|6)$.

*Gleichung des Strahls g:*

$$g: \vec{x} = \begin{pmatrix} 0 \\ 6 \\ 6 \end{pmatrix} + r \begin{pmatrix} 1 \\ -1 \\ -2 \end{pmatrix}$$

*Schnittpunkt mit der x-y-Ebene:*

$z = 0 \Leftrightarrow 6 - 2r = 0 \Leftrightarrow r = 3 \Rightarrow B(3|3|0)$

*Gleichung des reflektierten Strahls h:*

$$h: \vec{x} = \begin{pmatrix} 3 \\ 3 \\ 0 \end{pmatrix} + s \begin{pmatrix} 1 \\ -1 \\ +2 \end{pmatrix}$$

*Schnittpunkt mit der x-z-Ebene:*

$y = 0 \Leftrightarrow 3 - s = 0 \Leftrightarrow s = 3 \Rightarrow C(6|0|6)$

### Übung 4
Auch beim Billardspiel kommt es zu Reflexionen der Kugel an der Bande. Auf dem abgebildeten Tisch liegt die Kugel in der Position $P(6|4)$. Sie wird geradlinig in Richtung des Vektors $\begin{pmatrix} 2 \\ 3 \end{pmatrix}$ gestoßen.
Trifft sie das Loch bei $L(14|0)$?
Lösen Sie die Aufgabe zeichnerisch und rechnerisch.

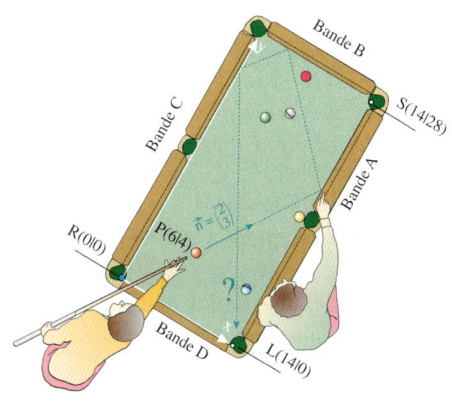

Spurpunktberechnungen können auch zur Konstruktion der Schattenbilder von Gegenständen im Raum auf die Koordinatenebenen verwendet werden.

> **Beispiel: Schattenwurf**
> Im 1. Oktanden des Koordinatensystems steht die senkrechte Strecke $\overline{PQ}$ mit $P(4|3|0)$ und $Q(4|3|6)$.
> In Richtung des Vektors $\begin{pmatrix}-2\\1\\-2\end{pmatrix}$ fällt paralleles Licht auf die Strecke.
> Konstruieren Sie rechnerisch ein Schattenbild der Strecke auf den Randflächen des 1. Oktanden.

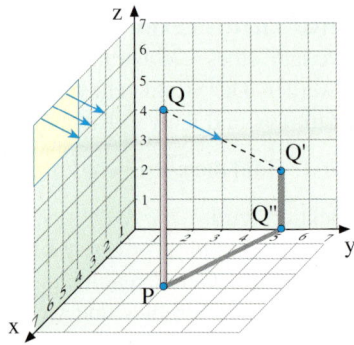

Lösung:
Das Ergebnis ist rechts abgebildet, ein abknickender Schatten. Es wurde durch Verfolgung desjenigen Lichtstrahls g konstruiert, der durch den Punkt Q führt.

Nach dem Aufstellen der Geradengleichung von g errechnen wir den Spurpunkt Q' von g in der y-z-Ebene, denn wir vermuten, dass der Strahl g diese Ebene zuerst trifft.

*Gleichung des Strahls g durch Q:*

$$g: \vec{x} = \begin{pmatrix}4\\3\\6\end{pmatrix} + r\begin{pmatrix}-2\\1\\-2\end{pmatrix}$$

Durch Nullsetzen der x-Koordinate des allgemeinen Geradenpunktes erhalten wir $r = 2$, d.h. $Q'(0|5|2)$.

*Schnittpunkt von g mit der y-z-Ebene:*

$x = 0 \Leftrightarrow 4 - 2r = 0 \Leftrightarrow r = 2 \Rightarrow Q'(0|5|2)$

Der Fußpunkt des senkrechten Lotes von Q' auf die y-Achse ist $Q''(0|5|0)$.

*Fußpunkt des Lotes von Q' auf die y-Achse:*

$Q''(0|5|0)$

Der Schatten der Strecke $\overline{PQ}$ ist der Streckenzug PQ''Q', wie oben eingezeichnet. Es handelt sich um einen abknickenden Schatten.

### Übung 5

Im mathematischen Klassenraum steht ein Schrank für die Aufbewahrung von Punkten, Strecken und Flächen. Er hat die Höhe 4 und die Breite 2. Für seine Tiefe reicht bekanntlich 0 aus.
In Richtung des Vektors $\begin{pmatrix}-1\\1\\-1\end{pmatrix}$ fällt paralleles Licht auf den Schrank.
Konstruieren Sie das Schattenbild des Schrankes auf dem Boden und den Wänden rechnerisch und zeichnen Sie es auf.

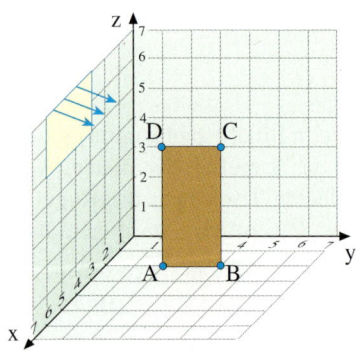

## Übungen

**6.** Gegeben sind die Geraden g durch A(1|3|6) und B(2|4|3) sowie h: $\vec{x} = \begin{pmatrix} -1 \\ 4 \\ 6 \end{pmatrix} + s \begin{pmatrix} 2 \\ -2 \\ -2 \end{pmatrix}$

Bestimmen Sie die Spurpunkte der Geraden und zeichnen Sie ein Schrägbild.

**7.** Geraden können 1, 2, 3 oder unendlich viele unterschiedliche Spurpunkte besitzen. Erläutern Sie diese Tatsache und überprüfen Sie, welcher Fall bei den folgenden Geraden jeweils eintritt.

a) g: $\vec{x} = \begin{pmatrix} 3 \\ 2 \\ 2 \end{pmatrix} + r \begin{pmatrix} -1 \\ 0 \\ 2 \end{pmatrix}$ 
b) g: $\vec{x} = \begin{pmatrix} 1 \\ 1 \\ 4 \end{pmatrix} + r \begin{pmatrix} -1 \\ 1 \\ 2 \end{pmatrix}$ 
c) g: $\vec{x} = \begin{pmatrix} -3 \\ -2 \\ 2 \end{pmatrix} + r \begin{pmatrix} 1 \\ 2 \\ -2 \end{pmatrix}$

d) g: $\vec{x} = \begin{pmatrix} 2 \\ 0 \\ 1 \end{pmatrix} + r \begin{pmatrix} 1 \\ 0 \\ 2 \end{pmatrix}$ 
e) g: $\vec{x} = \begin{pmatrix} 2 \\ 2 \\ 3 \end{pmatrix} + r \begin{pmatrix} 0 \\ 0 \\ 2 \end{pmatrix}$ 
f) g: $\vec{x} = r \begin{pmatrix} 2 \\ 2 \\ 3 \end{pmatrix}$

**8.** In welchem Punkt trifft die vom Punkt P(2|4) in Richtung des Vektors $\begin{pmatrix} 3 \\ -1 \end{pmatrix}$ geradlinig gestoßene Billardkugel die Bande C erstmals?
Lösen Sie zeichnerisch und rechnerisch.

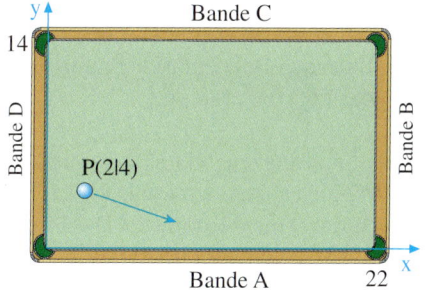

**9.** In Richtung des Vektors $\begin{pmatrix} -1 \\ -3 \\ 1 \end{pmatrix}$ fällt paralleles Licht.

a) Im 1. Oktanden des Koordinatensystems steht die zur x-y-Ebene senkrechte Strecke PQ mit P(4|6|0) und Q(4|6|3). Konstruieren Sie das Schattenbild der Strecke in der x-y-Ebene (zeichnerisch und rechnerisch).

b) Gegeben ist ein Rechteck ABCD mit A(4|3|0), B(2|3|0), C(2|3|3), D(4|3|3). Konstruieren Sie das Schattenbild des Rechtecks auf dem Boden und den Randflächen des 1. Oktanden (zeichnerisch und rechnerisch).

**10.** Im Koordinatenraum steht ein schräg nach oben geneigtes Dreieck ABC mit A(3|2|0), B(3|6|0), C(2|3|4). In Richtung des Vektors $\begin{pmatrix} -1 \\ -3 \\ -1 \end{pmatrix}$ fällt paralleles Licht auf dieses Dreieck.
Zeichnen Sie das Schattenbild des Dreiecks, wobei Sie sich an der (nicht maßstäblichen) Skizze orientieren. Berechnen Sie dann die Eckpunkte des Dreiecksschattens auf dem Boden und den Wänden des Raums.

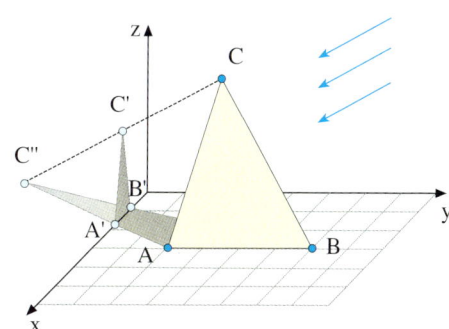

**11.** Flugzeug Alpha fliegt geradlinig durch die Punkte A(−8|3|2) und B(−4|−1|4). Eine Einheit im Koordinatensystem entspricht einem Kilometer. Der Flughafen F befindet sich in der x-y-Ebene.

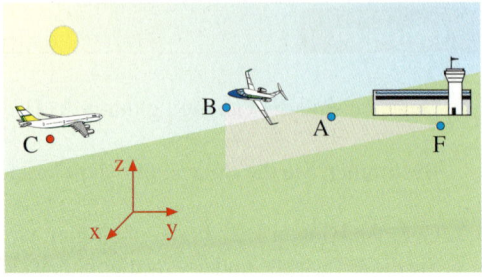

a) In welchem Punkt F ist das Flugzeug gestartet? In welchem Punkt T erreicht es seine Reiseflughöhe von 10 000 m?

b) Flugzeug Beta steuert Punkt C(10|−10|5) aus Richtung $\vec{v} = \begin{pmatrix} -2 \\ 2 \\ -1 \end{pmatrix}$ an. Zeigen Sie, dass die beiden Flugzeuge keinesfalls kollidieren können.

c) In dem Moment, an dem Flugzeug Alpha den Punkt B passiert, erreicht Flugzeug Beta den Punkt C. Wie groß ist die Entfernung der Flugzeuge zu diesem Zeitpunkt?

d) Beim Passieren von Punkt C wird Flugzeug Beta vom Tower aufgefordert, in Richtung $\vec{v} = \begin{pmatrix} -5 \\ 4 \\ -1 \end{pmatrix}$ weiterzufliegen. In 1000 m Höhe soll eine weitere Kursänderung erfolgen, die Flugzeug Beta zum Flughafen F bringt. In welche Richtung muss diese letzte Korrektur das Flugzeug führen?

**12.** Ein Sportflugzeug Gamma passiert um 10 Uhr den Punkt A(10|1|0,8) und 2 Minuten später den Punkt B(15|7|1). Eine Einheit im Koordinatensystem entspricht einem Kilometer. Das Flugzeug fliegt mit konstanter Geschwindigkeit.

a) Stellen Sie die Gleichung der Geraden g auf, auf der das Flugzeug Gamma fliegt. Erläutern Sie für Ihre Geradengleichung den Zusammenhang zwischen dem Geradenparameter und dem zugehörigen Zeitintervall.

b) Wo befindet sich das Flugzeug Gamma um 10:10 Uhr? Mit welcher Geschwindigkeit fliegt es? Wann erreicht das Flugzeug die Höhe von 4000 m?

c) Ein zweites Flugzeug Delta passiert um 10 Uhr den Punkt P(100|130|3,7) und eine Minute später den Punkt Q(95|121|3,6). Prüfen Sie, ob sich die beiden Flugbahnen schneiden, und untersuchen Sie, ob tatsächlich die Gefahr einer Kollision besteht.

**13.** Ein U-Boot beginnt eine Tauchfahrt in P(100|200|0) mit 11,1 Knoten in Richtung des Peilziels Z(500|600|−80), bis es eine Tiefe von 80 m erreicht hat.

$\left( 1 \text{ Knoten} = 1 \dfrac{\text{Seemeile}}{\text{Stunde}} \approx 1{,}852 \dfrac{\text{km}}{\text{h}} \right)$

Anschließend wechselt es ohne Kursveränderung in eine horizontale Schleichfahrt von 11 Knoten.

Könnte es zu einer Kollision mit der Tauchkugel T kommen, die zeitgleich vom Forschungsschiff S(700|800|0) mit einer Geschwindigkeit von 0,5 m/s senkrecht sinkt?

**14.** Vom Punkt A(−7|−3|−8) ausgehend soll durch den Punkt B(−2|0|−9) ein geradliniger Stollen namens Kuckucksloch in einen Berg getrieben werden. Ebenso soll ein Stollen namens Morgenstern von Punkt C(4|−6|−6) ausgehend über den Punkt D(7|−1|−8) geradlinig gebaut werden. Eine Einheit entspricht 100 m. Die Erdoberfläche liegt in der x-y-Ebene.

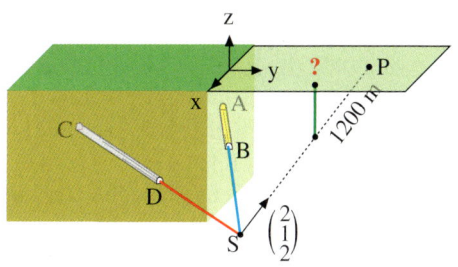

a) Prüfen Sie, ob die Ingenieure richtig gerechnet haben und die Stollen sich wie geplant in einem Punkt S treffen.
b) Im Stollen Kuckucksloch kann die Bohrung um 5 m pro Tag vorangetrieben werden. Wie hoch muss die Bohrleistung im Stollen Morgenstern durch C und D sein, damit beide Stollen am selben Tag den Vereinigungspunkt S erreichen?
c) Von Punkt S aus wird der Stollen Kuckucksloch weiter in Richtung $\begin{pmatrix}2\\1\\2\end{pmatrix}$ fortgesetzt. In welchem Punkt P erreicht der Stollen die Erdoberfläche?
d) In 1 200 m Entfernung von Punkt P auf der Strecke $\overline{SP}$ soll ein senkrechter Notausstieg gebohrt werden. An welchem Punkt der Erdoberfläche muss die Bohrung beginnen? Wie tief wird die Bohrung sein?

**15.** Gegeben sei eine gerade quadratische Pyramide, die 100 m breit und 50 m hoch ist.

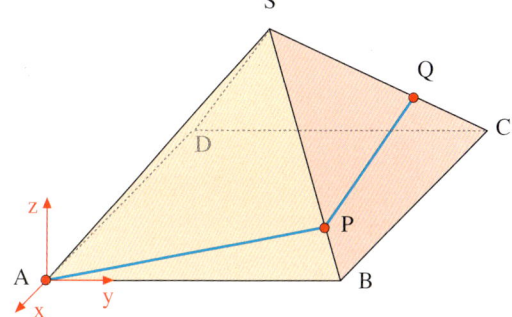

a) Bestimmen Sie die Gleichungen der Geraden, in denen die vier Pyramidenkanten verlaufen.
b) Forscher vermuten, dass das Baumaterial über riesige Rampen, die sich längs der eingezeichneten blauen Strecken an die Pyramide lehnten, transportiert wurde.
Die erste Rampe hat im Punkt P 10 m Höhen erreicht. Bestimmen Sie P.
c) Die anschließende Rampe soll den gleichen Steigungswinkel besitzen. Bestimmen Sie die Gleichung der entsprechenden Geraden.
In welchem Punkt Q endet diese Rampe?
In welchem Punkt erreicht die Rampe die Höhe von 15 m?
d) In welchen Punkten durchstoßen die Pyramidenkanten eine Höhe von 20 m? In welcher Höhe beträgt der horizontale Querschnitt der Pyramide 25 m²?

Vom Punkt T(50|−50|100) fällt Licht in Richtung $\begin{pmatrix}-1-a\\3-a\\a-2\end{pmatrix}$.

e) Zeigen Sie, dass vom Punkt T je ein Lichtstrahl auf die Punkte B und S fällt.
f) Zeigen Sie: Jeder Punkt der Kante $\overline{BS}$ wird angestrahlt.
g) Bestimmen Sie den Schattenwurf der Kante $\overline{BS}$ in der x-y-Ebene.

16. Ein Kletterturm ist in der Form eines Pyramidenstumpfes geplant. Hierbei bilden die Ecken A(0|0|0), B(4|6|0), C(0|12|0) und D(−8|0|0) das Grundflächenviereck, während E(2|0|12), F(4|3|12), G(2|6|12) und H(−2|0|12) das Deckflächenviereck bilden.

a) Zeichnen Sie ein Schrägbild des Pyramidenstumpfes.
b) Zeichnen Sie die Grundfläche in der x-y-Ebene. Tragen Sie hierin auch die Projektion der Oberfläche ein. Klassifizieren Sie nun die vier Kletterflächen nach ihrem Schwierigkeitsgrad.
c) Zeigen Sie, dass es sich tatsächlich um eine Pyramide handelt. Überprüfen Sie hierzu die Pyramidenspitze S. Treffen sich die vier Kanten in S?
d) Bestimmen Sie zunächst das Volumen der Pyramide und dann das des Stumpfes.
e) Welche Koordinaten haben die Eckpunkte des Querschnittsvierecks in halber Höhe des Stumpfes?
f) Zeigen Sie: Die Geradenschar durch S in Richtung $\begin{pmatrix} -2-2a \\ 3a \\ 12 \end{pmatrix}$ enthält die Geraden durch die Kanten $\overline{BF}$ und $\overline{CG}$.
g) Begründen Sie, dass die Richtungsvektoren der Schar aus f komplanar sind.

17. Ein Zelt hat die Form einer geraden quadratischen Pyramide mit 8 m Breite und 3 m Höhe. Den Eingang bildet das Trapez EFGH mit $\overline{EF} = 4$ m und G bzw. H als Mitten der Strecken $\overline{ES}$ bzw. $\overline{FS}$.

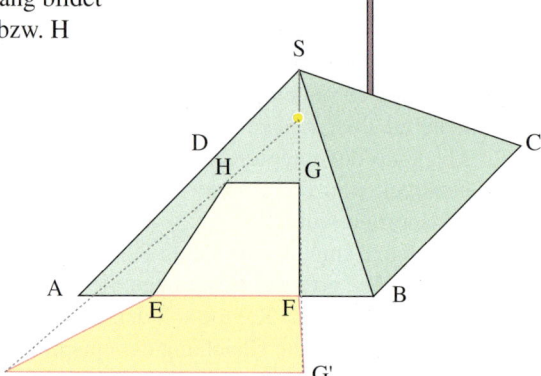

a) Wie groß ist der Eingang EFGH?
b) Ein Meter unter der Zeltspitze S befindet sich eine Lichtquelle. Durch den Eingang fällt Licht nach außen und begrenzt so eine beleuchtete Fläche. Wie groß ist sie?
c) Wie ändert sich die beleuchtete Fläche, wenn die Lichtquelle weiter nach oben bzw. weiter nach unten gebracht wird?
Welche Grenzflächen ergeben sich, wenn sich die Lichtquelle in S bzw. in 1,5 m Höhe befindet?
d) In der Mitte der hinteren Zeltkante $\overline{CD}$ ist auf einer senkrechten Stange eine Kamera angebracht. In welcher Höhe muss sie sich befinden, wenn sie die gesamte beleuchtete Fläche überwachen soll?

# IV. Geraden

## Überblick

**Koordinaten im Raum**

Das dreidimensionale Koordinatensystem gestattet die Darstellung im räumlichen Schrägbild.
y-Achse und z-Achse werden rechtwinklig zueinander dargestellt. Die x-Achse wird im Winkel von 135° zur y- und z-Achse dargestellt.
Auf der x-Achse werden die Einheiten verkürzt dargestellt.
Der Verkürzungsfaktor beträgt $\frac{1}{\sqrt{2}}$.

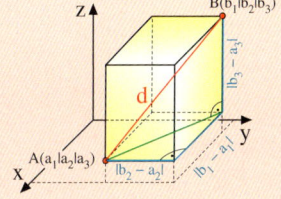

**Abstand von Punkten im Raum**

Der Abstand von zwei Punkten $A(a_1|a_2|a_3)$ und $B(b_1|b_2|b_3)$ im Raum kann nach der folgenden Abstandsformel berechnet werden.

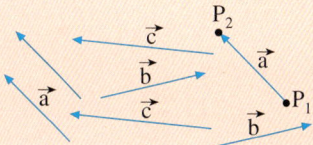

**Die Punktabstandsformel im Raum**

$$d(A;B) = \sqrt{(b_1 - a_1)^2 + (b_2 - a_2)^2 + (b_3 - a_3)^2}$$

**Vektoren als Pfeilklassen**

Ein Vektor kann als die Menge aller Pfeile gleicher Richtung und gleicher Länge verstanden werden.

**Addition und Subtraktion von Vektoren mittels Parallelogramm**

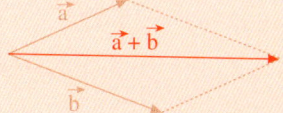
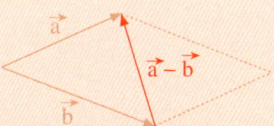

**Rechnen mit Vektoren**

Vektoren in der Ebene

$\vec{v} = \begin{pmatrix} v_1 \\ v_2 \end{pmatrix}$

Vektoren im Raum

$\vec{v} = \begin{pmatrix} v_1 \\ v_2 \\ v_3 \end{pmatrix}$

$v_1$ und $v_2$ bzw. $v_1$, $v_2$ und $v_3$ heißen Koordinaten von $\vec{v}$.
Sie stellen die Verschiebungsanteile des Vektors $\vec{v}$ in Richtung der Koordinatenachsen dar.

**Rechnen mit Vektoren**

Für Vektoren gibt es zwei Rechenoperationen:

**Addition/Subtraktion**

$$\begin{pmatrix} a_1 \\ a_2 \\ a_3 \end{pmatrix} \pm \begin{pmatrix} b_1 \\ b_2 \\ b_3 \end{pmatrix} = \begin{pmatrix} a_1 \pm b_1 \\ a_2 \pm b_2 \\ a_3 \pm b_3 \end{pmatrix}$$

**Multiplikation mit einem Skalar**

$$r \cdot \begin{pmatrix} a_1 \\ a_2 \\ a_3 \end{pmatrix} = \begin{pmatrix} r \cdot a_1 \\ r \cdot a_2 \\ r \cdot a_3 \end{pmatrix}, r \in \mathbb{R}$$

**Ortsvektor eines Punktes**

Der Ortsvektor $\vec{p} = \overrightarrow{OP}$ des Punktes $P(p_1|p_2|p_3)$ zeigt vom Ursprung O des Koordinatensystems zum Punkt P.
Seine Koordinaten entsprechen exakt den Punktkoordinaten.

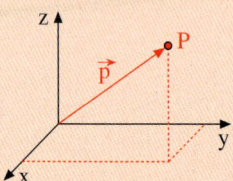

$$\vec{p} = \overrightarrow{OP} = \begin{pmatrix} p_1 \\ p_2 \\ p_3 \end{pmatrix}$$

**Verbindungsvektor $\overrightarrow{PQ}$**

$P(p_1|p_2|p_3)$ und $Q(q_1|q_2|q_3)$ seien zwei Punkte. $\overrightarrow{PQ}$ sei der Vektor, der den Punkt P in den Punkt Q verschiebt.
Es ist der Verbindungsvektor von P und Q. Es gilt:

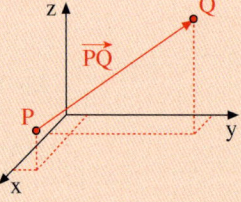

$$\overrightarrow{PQ} = \begin{pmatrix} q_1 \\ q_2 \\ q_3 \end{pmatrix} - \begin{pmatrix} p_1 \\ p_2 \\ p_3 \end{pmatrix} = \begin{pmatrix} q_1 - p_1 \\ q_2 - p_2 \\ q_3 - p_3 \end{pmatrix}$$

**Betrag eines Vektors**

Der Betrag $|\vec{v}|$ eines Vektors $\vec{v}$ entspricht seiner Länge.

Betrag eines Vektors im Raum:
$$\vec{a} = \begin{pmatrix} a_1 \\ a_2 \\ a_3 \end{pmatrix} \Rightarrow |\vec{a}| = \sqrt{a_1^2 + a_2^2 + a_3^2}$$

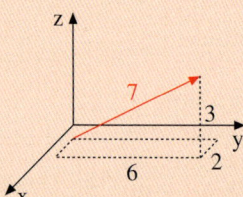

Betrag eines Vektors in der Ebene:
$$\vec{a} = \begin{pmatrix} a_1 \\ a_2 \end{pmatrix} \Rightarrow |\vec{a}| = \sqrt{a_1^2 + a_2^2}$$

# IV. Geraden

**Parametergleichung einer Geraden:**

g: $\vec{x} = \vec{a} + r \cdot \vec{m}$  $(r \in \mathbb{R})$

Stützvektor — Richtungsvektor

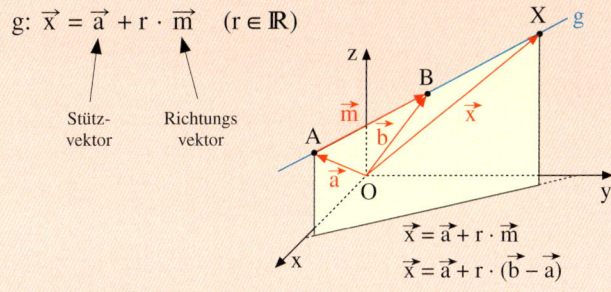

$\vec{x} = \vec{a} + r \cdot \vec{m}$
$\vec{x} = \vec{a} + r \cdot (\vec{b} - \vec{a})$

**Zweipunktegleichung:**

g: $\vec{x} = \vec{a} + r \cdot (\vec{b} - \vec{a})$  $(r \in \mathbb{R})$
$\vec{a}, \vec{b}$ sind die Ortsvektoren zweier Geradenpunkte A und B.

**Lagebeziehung von zwei Geraden im Raum:**

Die Geraden sind entweder parallel (oder sogar identisch) oder sie schneiden sich in genau einem Punkt oder sie sind windschief.

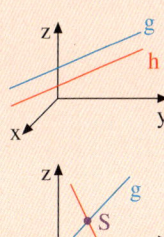

*1. Fall: parallel (im Sonderfall: identisch)*
Die Richtungsvektoren beider Geraden sind linear abhängig.
Liegt der Stützpunkt einer Geraden auch auf der anderen Geraden, sind die Geraden sogar identisch.

*2. Fall: schneidend*
Die Richtungsvektoren der Geraden sind linear unabhängig.
Man setzt die rechten Seiten der Parametergleichungen gleich und löst das entstehende eindeutig lösbare LGS.
Die Geraden schneiden sich in genau einem Punkt, wenn das LGS eindeutig lösbar ist.

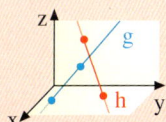

*3. Fall: windschief*
Die Richtungsvektoren der Geraden sind linear unabhängig.
Man setzt die rechten Seiten der Parametergleichungen gleich. Wenn das LGS nicht lösbar ist, dann sind die Geraden windschief.

**Spurpunkte einer Geraden:**

Schnittpunkte der Geraden mit den Koordinatenebenen.
Bedingungen:
$S_{xy}$: z = 0
$S_{xz}$: y = 0
$S_{yz}$: x = 0

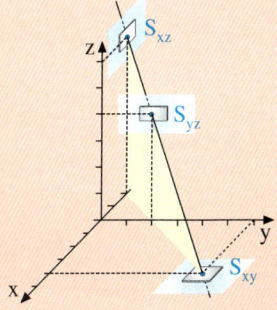

## 3-D-Darstellung von Geraden

Die Lagebeziehung von zwei Geraden wurde im zweiten Abschnitt rechnerisch untersucht. Im zweidimensionalen Raum kann diese Fragestellung zeichnerisch untersucht werden, im dreidimensionalen Raum ist dies mit Schwierigkeiten verbunden. Dort leisten aber 3-D-Darstellungen mit Computerprogrammen gute Dienste.

Das folgende Bild zeigt die 3-D-Darstellung einer Geraden mit einem Computerprogramm, welches im Internet als Medienelement zur Verfügung steht. Um es zu verwenden, öffnet man die Internetseite http://www.cornelsen.de/webcodes und gibt dort den Webcode MBK041914-326-1 ein.

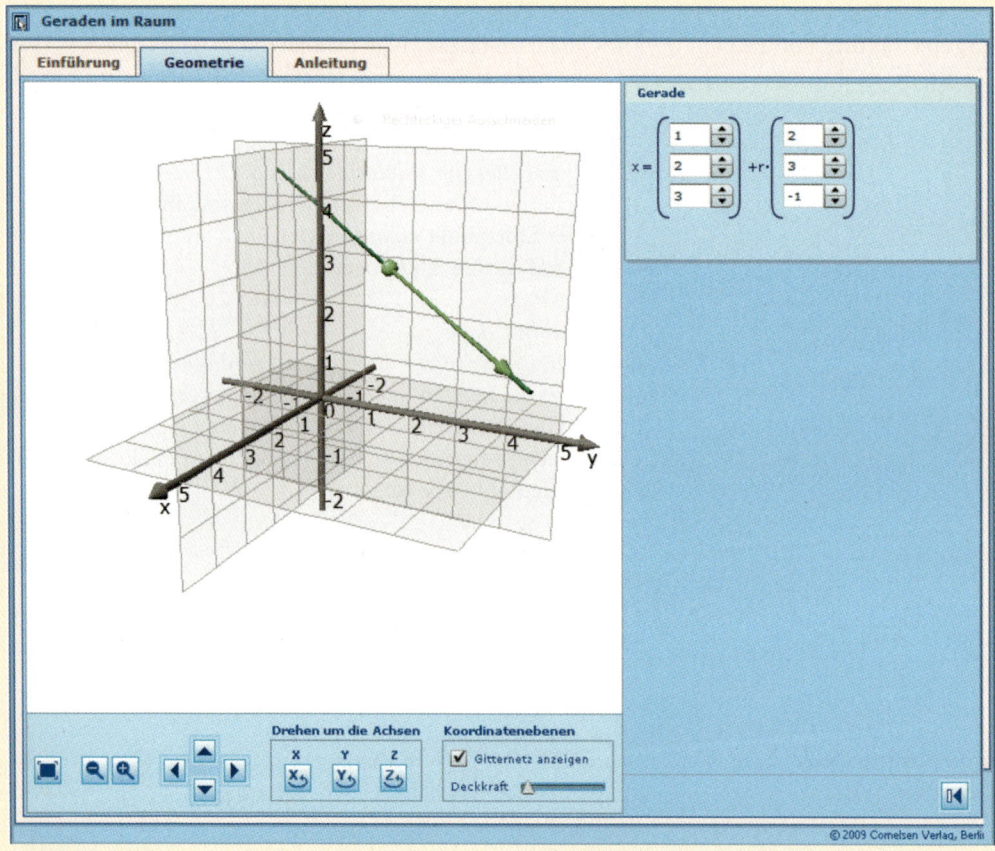

Im Fenster auf der rechten Seite erfolgt die Eingabe bzw. Änderung der Geradengleichung in Parameterform. Im linken Fenster wird die Gerade und der Punkt im räumlichen Koordinatensystem dargestellt.

Die Darstellung kann mithilfe der Schaltflächen unterhalb des Koordinatensystems verändert werden: Das Bild kann vergrößert und verkleinert, verschoben und gedreht werden. Auch die Darstellung der Koordinatenebenen lässt sich ändern.

# Mathematische Streifzüge

Das folgende Bild zeigt die 3-D-Darstellung zweier sich schneidender Geraden mithilfe eines weiteren Medienelements. Dieses steht auf www.cornelsen.de/webcodes unter dem Webcode MBK041914-326-2 zur Verfügung.
Die Eingabe beider Gleichungen erfolgt wieder in der vektoriellen Parameterform. Das Programm stellt die beiden Geraden im dreidimensionalen Koordinatensystem dar und gibt ihre Lagebeziehung aus. Im vorliegenden Fall schneiden sich die beiden Geraden.

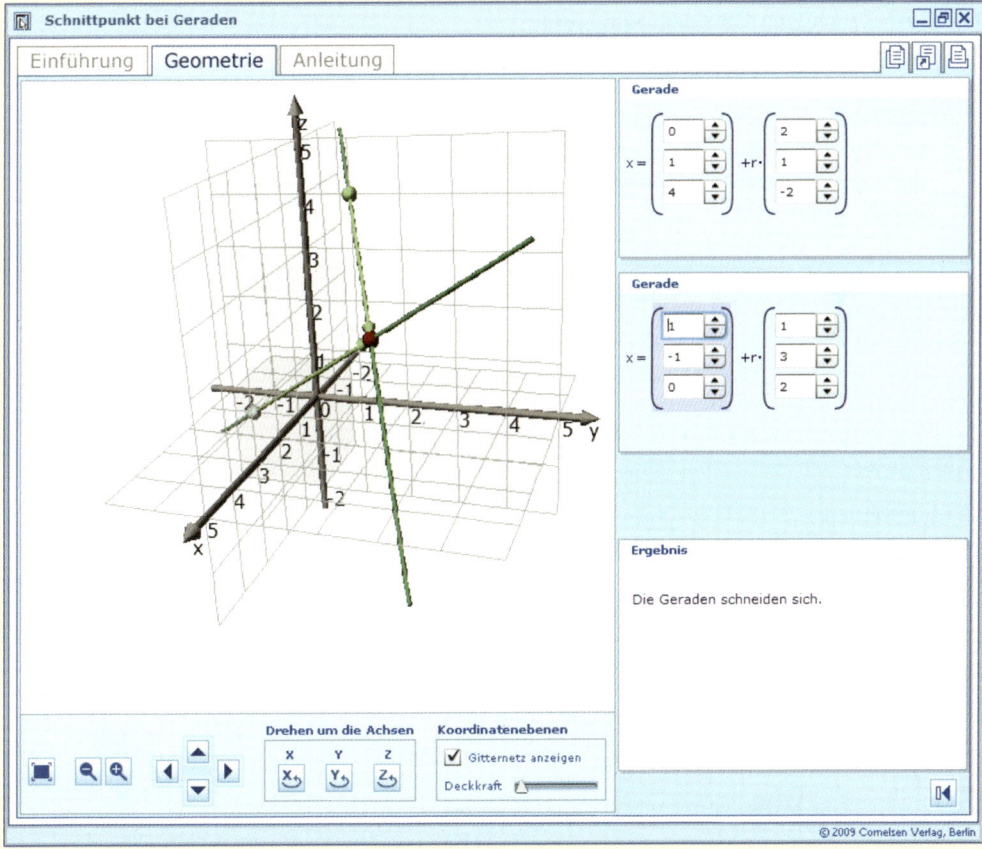

Bei Änderung der Vektoren verändert sich natürlich die Lagebeziehung, d.h., man erhält windschiefe oder parallele oder identische Geraden. Bei einer Drehung um die z-Achse wird die Lagebeziehung unmittelbar optisch deutlich.

## Übungen

a) Experimentieren Sie mit dem Medienelement zur Darstellung einer Geraden im dreidimensionalen Raum.
b) Bearbeiten Sie die Übungen 2–4 von Seite 197 zur Lagebeziehung zweier Geraden im Raum mit dem entsprechenden Medienelement.

## Test

**Geraden**

**1. Geradengleichung, Punkt und Strecke**
Gegeben sind die Punkte P(1|4|3), A(3|0|1) und B(0|6|4).
a) Stellen Sie eine Parametergleichung der Geraden g durch A und B auf.
b) Überprüfen Sie, ob der Punkt P auf der Strecke $\overline{AB}$ liegt.

**2. Relative Lage von Geraden, Spurpunkte**
Gegeben sind die Geraden g und h.
a) Bestimmen Sie den Schnittpunkt der beiden Geraden.
b) Stellen Sie die Geraden räumlich dar.
c) Gesucht sind diejenigen Punkte, in denen die Gerade h die drei Grundebenen des Koordinatensystems durchdringt (Spurpunkte von h).

$g: \vec{x} = \begin{pmatrix} 2 \\ 2 \\ 3 \end{pmatrix} + r \begin{pmatrix} 3 \\ 6 \\ 3 \end{pmatrix}$

$h: \vec{x} = \begin{pmatrix} 1 \\ 2 \\ 6 \end{pmatrix} + s \begin{pmatrix} -1 \\ -1 \\ 1 \end{pmatrix}$

**3. Geradenschar**
Gegeben sind die Geradenschar $g_a: \vec{x} = \begin{pmatrix} 0 \\ 0 \\ 2 \end{pmatrix} + r \begin{pmatrix} a \\ 2 \\ 2a \end{pmatrix}$ und die Gerade $h: \vec{x} = \begin{pmatrix} -1 \\ 1 \\ -2 \end{pmatrix} + s \begin{pmatrix} 2 \\ 1 \\ 3 \end{pmatrix}$.
a) Beschreiben Sie die Lage der Geraden der Schar $g_a$.
   Zeichnen Sie die Geraden für a = –1, a = 0, a = 1 und a = 2 als Schrägbild.
b) Welche Gerade der Schar enthält den Punkt P(3|1|8)?
c) Für welchen Wert von a sind die Geraden $g_a$ und h parallel?
d) Für welchen Wert von a schneiden sich die Geraden $g_a$ und h? Berechnen Sie ggf. S.

**4. Flugbahnen**
Ein Flugzeug befindet sich mit konstanter Geschwindigkeit im Anflug auf die Landebahn. Um 16.00 Uhr hat es die Position A(4|0|6) erreicht, eine Minute später ist es an der Position B(5|3|4,5) angelangt. (Längen- und Positionsangaben in der Einheit km).

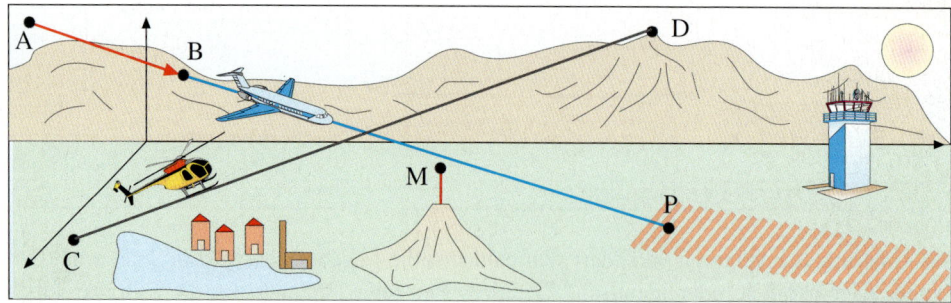

a) Wo liegt der theoretische Aufsetzpunkt P auf der Landebahn, die sich in Meereshöhe z = 0 befindet? Wie lange dauert der gesamte Anflug des Flugzeugs?
b) Das Flugzeug überfliegt den im Anflugbereich schwebenden Fesselballon mit dem Mittelpunkt M(6|6|2,9) und dem Durchmesser 20 m. Wieviel Sicherheitsabstand nach unten ist beim Überflug der Ballonposition noch vorhanden?
c) Zeitgleich mit dem Beginn des Landeanflugs in A startet ein Hubschrauber von der Ölplattform C(12|0|0) in Richtung der Bergstation D(–2|14|7). Für diesen Flug ist eine Flugzeit von exakt 5 Minuten vorgesehen. Befindet sich der Hubschrauber auf Kollisionskurs zur Bahn des Flugzeugs? Kommt es tatsächlich zur Kollision?   Lösungen: S. 345

# V. Ebenen

# 1. Ebenengleichungen

## A. Die vektorielle Parametergleichung einer Ebene

Ähnlich wie Geraden lassen sich auch Ebenen im Raum durch Vektoren rechnerisch erfassen und bearbeiten. Eine Ebene wird durch einen Punkt und zwei nicht parallele Vektoren eindeutig festgelegt.

Ist A ein bekannter Punkt der Ebene, ein sogenannter *Stützpunkt*, und sind $\vec{u}$ und $\vec{v}$ zwei nicht parallele, in der Ebene verlaufende Vektoren, sogenannte *Spannvektoren*, so lässt sich der Ortsvektor $\vec{x} = \overrightarrow{OX}$ eines beliebigen Ebenenpunktes als Summe aus dem Stützvektor $\vec{a} = \overrightarrow{OA}$ und einer Linearkombination der beiden Spannvektoren darstellen:

$$\vec{x} = \vec{a} + r \cdot \vec{u} + s \cdot \vec{v} \quad (r, s \in \mathbb{R}).$$

In der Abbildung wird dies für die durch den Rechteckausschnitt angedeutete Ebene veranschaulicht.

Man bezeichnet diese Gleichung als *Punktrichtungsgleichung* der Ebene (1 Punkt, 2 Spannvektoren) oder als *vektorielle Parametergleichung* der Ebene und verwendet eine zu vektoriellen Geradengleichungen analoge Schreibweise.

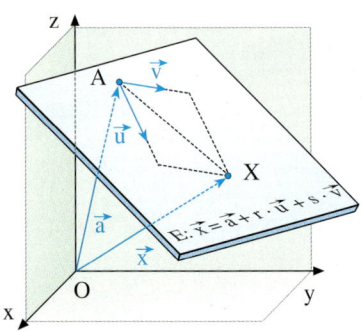

$$\overrightarrow{OX} = \overrightarrow{OA} + \overrightarrow{AX}$$
$$\vec{x} = \vec{a} + r \cdot \vec{u} + s \cdot \vec{v}$$

**Vektorielle Parametergleichung einer Ebene**

E: $\vec{x} = \vec{a} + r \cdot \vec{u} + s \cdot \vec{v} \quad (r, s \in \mathbb{R})$
$\vec{x}$: allgemeiner Ebenenvektor
$\vec{a}$: Stützvektor
$\vec{u}, \vec{v}$: Spannvektoren
r, s: Ebenenparameter

**Beispiel:** Für die rechts ausschnittsweise dargestellte Ebene E können wir den Punkt $A(3|6|1)$ als Stützpunkt und $\vec{u} = \begin{pmatrix} 0 \\ -4 \\ 0 \end{pmatrix}$ sowie $\vec{v} = \begin{pmatrix} -3 \\ 0 \\ 5 \end{pmatrix}$ als Spannvektoren wählen. Eine Parametergleichung der Ebene lautet dann:

E: $\vec{x} = \begin{pmatrix} 3 \\ 6 \\ 1 \end{pmatrix} + r \cdot \begin{pmatrix} 0 \\ -4 \\ 0 \end{pmatrix} + s \cdot \begin{pmatrix} -3 \\ 0 \\ 5 \end{pmatrix} \quad (r, s \in \mathbb{R}).$

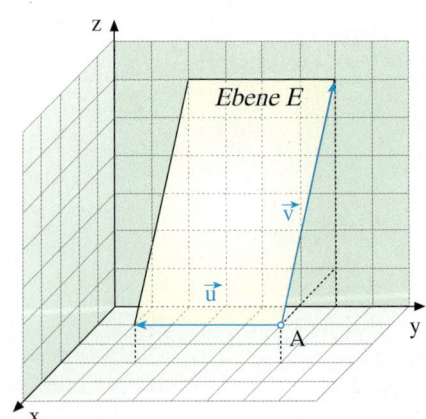

## B. Die Dreipunktegleichung einer Ebene

Besonders einfach lässt sich eine Ebenengleichung aufstellen, wenn die Ebene durch drei Punkte gegeben ist, die natürlich nicht auf einer Geraden liegen dürfen.

▶ **Beispiel:** Zeichnen Sie einen Ausschnitt derjenigen Ebene E, welche die drei Punkte A(2|0|3), B(3|4|0) und C(0|3|3) enthält. Stellen Sie außerdem eine vektorielle Parametergleichung dieser Ebene auf.

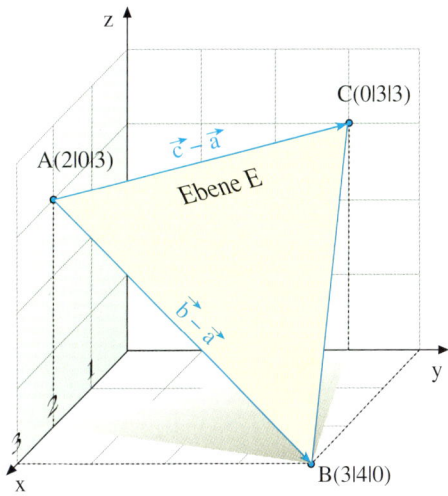

**Lösung:**
Der dreieckige Ebenenausschnitt ist rechts als Schrägbild dargestellt. Als Stützvektor verwenden wir den Ortsvektor des Ebenenpunktes A(2|0|3).
Als Spannvektoren verwenden wir die Differenzvektoren $\vec{b} - \vec{a}$ und $\vec{c} - \vec{a}$. Damit ergibt sich die Gleichung

E: $\vec{x} = \vec{a} + r \cdot (\vec{b} - \vec{a}) + s \cdot (\vec{c} - \vec{a})$
(r, s ∈ ℝ),

die man als *Dreipunktegleichung* der Ebene bezeichnet.

In unserem Beispiel ergibt sich hiermit als zugehörige Parametergleichung:

E: $\vec{x} = \begin{pmatrix} 2 \\ 0 \\ 3 \end{pmatrix} + r \cdot \begin{pmatrix} 3-2 \\ 4-0 \\ 0-3 \end{pmatrix} + s \cdot \begin{pmatrix} 0-2 \\ 3-0 \\ 3-3 \end{pmatrix}$ (r, s ∈ ℝ),

▶ E: $\vec{x} = \begin{pmatrix} 2 \\ 0 \\ 3 \end{pmatrix} + r \cdot \begin{pmatrix} 1 \\ 4 \\ -3 \end{pmatrix} + s \cdot \begin{pmatrix} -2 \\ 3 \\ 0 \end{pmatrix}$ (r, s ∈ ℝ).

> **Dreipunktegleichung der Ebene**
>
> A, B, C seien drei nicht auf einer Geraden liegende Punkte mit den Ortsvektoren $\vec{a}$, $\vec{b}$ und $\vec{c}$.
> Dann hat die A, B und C enthaltende Ebene eine Gleichung:
>
> E: $\vec{x} = \vec{a} + r \cdot (\vec{b} - \vec{a}) + s \cdot (\vec{c} - \vec{a})$.

### Übung 1
Wie lautet die Gleichung der Ebene E, welche die Punkte A, B und C enthält?
Fertigen Sie ein Schrägbild der Ebene an.
a) A(3|0|0)   b) A(2|0|1)   c) A(4|2|1)
 B(0|4|0)    B(3|2|0)    B(3|5|1)
 C(0|0|2)    C(0|3|2)    C(0|0|4)

### Übung 2
Eine Pyramide hat als Grundfläche ein Dreieck ABC mit den Eckpunkten A(1|1|0), B(6|6|1) und C(3|6|1). Ihre Spitze ist S(2|4|4).
Zeichnen Sie ein Schrägbild der Pyramide und stellen Sie die Gleichungen der Ebenen $E_1$, $E_2$, $E_3$ auf, welche jeweils eine der drei Seitenflächen der Pyramide enthalten.

## Übungen

**3.** Gesucht ist eine vektorielle Parametergleichung der abgebildeten Ebene.

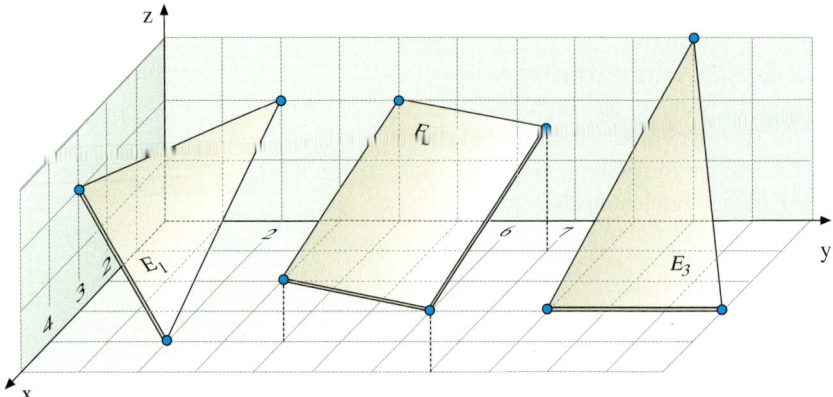

**4.** Geben Sie eine vektorielle Parametergleichung folgender Ebenen im Raum an.
a) $E_1$ ist die x-y-Ebene, $E_2$ die y-z-Ebene und $E_3$ die x-z-Ebene.
b) $E_4$ enthält den Punkt P(2|3|0) und verläuft parallel zur x-z-Ebene.
c) $E_5$ enthält den Punkt P(−1|0|−1) und verläuft parallel zur x-y-Ebene.
d) $E_6$ enthält die Ursprungsgerade durch B(3|1|0) und steht senkrecht auf der x-y-Ebene.
e) $E_7$ enthält die Winkelhalbierende des 1. Quadranten der y-z-Ebene und steht senkrecht zur y-z-Ebene.
f) $E_8$ enthält die Gerade g: $\vec{x} = \begin{pmatrix} 1 \\ -1 \\ 1 \end{pmatrix} + r \cdot \begin{pmatrix} 3 \\ 2 \\ 1 \end{pmatrix}$ sowie die Gerade h durch die Punkte A(3|2|2) und B(4|1|2).

**5.** Wie lautet eine Parametergleichung einer Ebene E, die die Punkte A, B und C enthält?
a) A(1|0|1)         b) A(1|0|0)         c) A(0|0|0)         d) A(2|−1|4)
   B(2|−1|2)           B(0|1|0)            B(3|2|1)            B(6|5|12)
   C(1|1|1)            C(0|0|1)            C(1|2|1)            C(8|8|16)

**6.** Gegeben ist ein Würfel mit der Kantenlänge 5 in einem kartesischen Koordinatensystem.
a) Jede Seitenfläche des Würfels liegt in einer Ebene. Geben Sie für jede dieser Ebenen eine Parametergleichung an.
b) Die Ecken D, B, G, E bilden ein Tetraeder, dessen Seitendreiecke Ebenen aufspannen. Geben Sie für jede dieser Ebenen eine Parametergleichung an.

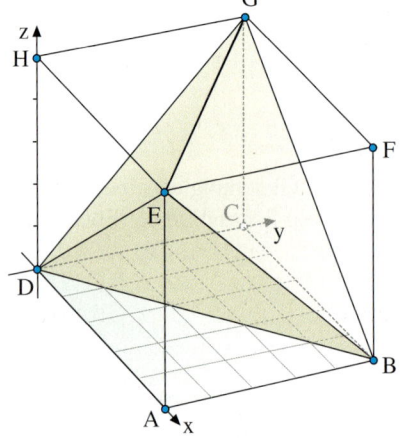

**7.** Durch die Punkte A, B und C sei eine Ebene mit E: $\vec{x} = \vec{a} + r(\vec{b} - \vec{a}) + s(\vec{c} - \vec{a})$ gegeben. Beschreiben Sie mithilfe einer Skizze die Lage der Punkte der Ebene E, für die
a) $0 \leq r \leq 1$ und $0 \leq s \leq 1$,        b) $r + s = 1$, $r \geq 0$, $s \geq 0$,        c) $r - s = 0$ gilt.

## C. Die Normalengleichung einer Ebene

Eine besonders einfache und zugleich vorteilhafte Möglichkeit zur Darstellung von Ebenen im Anschauungsraum lässt sich unter Verwendung des Skalarproduktes gewinnen.

Die Lage einer Ebene E im Raum ist durch die Angabe eines Ebenenpunktes A und eines zur Ebene senkrechten Vektors $\vec{n} \neq \vec{0}$, den man als *Normalenvektor der Ebene* bezeichnet, eindeutig festgelegt.

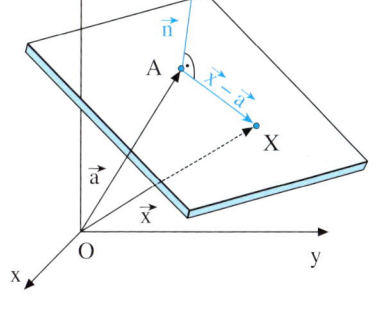

Unter diesen Voraussetzungen liegt ein Punkt X (Ortsvektor: $\vec{x}$) genau dann in der Ebene E, wenn der Vektor $\overrightarrow{AX}$ senkrecht auf dem Normalenvektor $\vec{n}$ steht, d.h., wenn die Gleichung $\overrightarrow{AX} \cdot \vec{n} = 0$ bzw. $(\vec{x} - \vec{a}) \cdot \vec{n} = 0$ gilt.

Man bezeichnet diese Art der parameterfreien Darstellung einer Ebene E unter Verwendung eines Stützvektors $\vec{a}$ und eines Normalenvektors $\vec{n}$ als *Normalenform* der Ebenengleichung oder kürzer als *Normalengleichung* der Ebene.[1]

**Normalengleichung der Ebene E**
$$E: (\vec{x} - \vec{a}) \cdot \vec{n} = 0 \ (\vec{n} \neq \vec{0})$$
↑ ↑
Stützvektor  Normalenvektor

Jede Ebene E kann auf beliebig viele Arten in Normalenform dargestellt werden, da der Ortsvektor eines jeden Ebenenpunktes als Stützvektor dienen kann und da außerdem ein Normalenvektor nur bezüglich seiner Richtung, nicht jedoch bezüglich seines Betrages eindeutig festgelegt ist.

$$E: \left[\vec{x} - \begin{pmatrix} 1 \\ 3 \\ 2 \end{pmatrix}\right] \cdot \begin{pmatrix} 1 \\ 2 \\ 1 \end{pmatrix} = 0 \qquad \textit{Normalenform}$$

Abschließend sei noch bemerkt, dass die Normalengleichung einer Ebene E durch Ausmultiplikation der Klammer in eine äquivalente Darstellung umgeformt werden kann, wie dies nebenstehend exemplarisch dargestellt ist. Man spricht dann von einer *vereinfachten Normalengleichung*.

$$E: \vec{x} \cdot \begin{pmatrix} 1 \\ 2 \\ 1 \end{pmatrix} - \begin{pmatrix} 1 \\ 3 \\ 2 \end{pmatrix} \cdot \begin{pmatrix} 1 \\ 2 \\ 1 \end{pmatrix} = 0$$

$$E: \vec{x} \cdot \begin{pmatrix} 1 \\ 2 \\ 1 \end{pmatrix} = 9 \qquad \textit{vereinfachte Normalenform}$$

---
[1] Beide Begriffe werden im Folgenden synonym verwendet.

Wir wenden uns nun der Frage zu, wie man die Normalengleichung einer Ebene bestimmt. Wir gehen davon aus, dass wir entweder drei Punkte der Ebene kennen oder – was nahezu gleichbedeutend ist – dass ihre Parametergleichung gegeben ist.

> **Beispiel: Parametergleichung (drei Punkte) → Normalengleichung**
> Gesucht ist eine Normalengleichung der Ebene E durch die Punkte A(3|2|4), B(5|1|6) und C(1|4|3).

**Lösung:**

Wir stellen zunächst die Parametergleichung der Ebene auf.

*Parametergleichung von E:*
$$E: \vec{x} = \begin{pmatrix} 3 \\ 2 \\ 4 \end{pmatrix} + r \begin{pmatrix} 2 \\ -1 \\ 2 \end{pmatrix} + s \begin{pmatrix} -2 \\ 2 \\ -1 \end{pmatrix}$$
Stütz-   Richtungs-   Richtungs-
vektor   vektor       vektor

Den Stützvektor für die Normalengleichung können wir aus der Parametergleichung direkt übernehmen.

Die beiden Spannvektoren ermöglichen uns die Bestimmung eines Normalenvektors $\vec{n}$. Dieser muss zu beiden Richtungsvektoren senkrecht stehen.

*Bestimmung eines Normalenvektors $\vec{n}$:*
$$\vec{n} = \begin{pmatrix} x \\ y \\ z \end{pmatrix}, \quad \vec{n} \perp \begin{pmatrix} 2 \\ -1 \\ 2 \end{pmatrix}, \quad \vec{n} \perp \begin{pmatrix} -2 \\ 2 \\ -1 \end{pmatrix}$$

also $\begin{pmatrix} x \\ y \\ z \end{pmatrix} \cdot \begin{pmatrix} 2 \\ -1 \\ 2 \end{pmatrix} = 0, \quad \begin{pmatrix} x \\ y \\ z \end{pmatrix} \cdot \begin{pmatrix} -2 \\ 2 \\ -1 \end{pmatrix} = 0.$

Dies führt auf ein Gleichungssystem mit zwei Gleichungen für die drei Unbekannten x, y und z.

I:   $2x - y + 2z = 0$
II:  $-2x + 2y - z = 0$
III = I + II:   $y + z = 0$

Eine Variable kann frei gewählt werden, da das System unterbestimmt ist. Wir wählen z = c. Die allgemeine Lösung des Systems lautet dann: x = −1,5 c, y = −c und z = c. Da wir nur eine Lösung benötigen, können wir c frei festlegen.
Für c = 2 erhalten wir $\vec{n} = \begin{pmatrix} -3 \\ -2 \\ 2 \end{pmatrix}$.

z wird frei gewählt:   z = c
Aus III folgt dann:    y = −c
Aus I folgt dann:      x = −1,5 c
Setzen wir c = 2, so folgt $\vec{n} = \begin{pmatrix} -3 \\ -2 \\ 2 \end{pmatrix}$.

Nun können wir eine Normalengleichung der Ebene aufstellen.

▶ Resultat: $E: \left[ \vec{x} - \begin{pmatrix} 3 \\ 2 \\ 4 \end{pmatrix} \right] \cdot \begin{pmatrix} -3 \\ -2 \\ 2 \end{pmatrix} = 0$

*Normalengleichung von E:*
$$E: \left[ \vec{x} - \begin{pmatrix} 3 \\ 2 \\ 4 \end{pmatrix} \right] \cdot \begin{pmatrix} -3 \\ -2 \\ 2 \end{pmatrix} = 0$$
Stütz-   Normalen-
vektor   vektor

## Übung 8
Stellen Sie eine Normalengleichung der Ebene E auf.
a) E geht durch die Punkte A(1|1|−3), B(0|2|2) und C(2|1|−5).
b) E hat die Parameterdarstellung $E: \vec{x} = \begin{pmatrix} 1 \\ 1 \\ 1 \end{pmatrix} + r \begin{pmatrix} -1 \\ 1 \\ 2 \end{pmatrix} + s \begin{pmatrix} 2 \\ 2 \\ 0 \end{pmatrix}$.

# 1. Ebenengleichungen

Wir behandeln nun die umgekehrte Fragestellung. Aus der Normalengleichung soll eine Parametergleichung gewonnen werden.

> **Beispiel: Normalengleichung → Parametergleichung**
> 
> Gesucht ist eine Parametergleichung der Ebene E: $\left[\vec{x} - \begin{pmatrix} 1 \\ 2 \\ 5 \end{pmatrix}\right] \cdot \begin{pmatrix} 2 \\ 3 \\ 5 \end{pmatrix} = 0$.

**Lösung:**
Den Stützvektor für die Parametergleichung können wir auch hier direkt aus der Normalengleichung übernehmen.

Der Normalenvektor gestattet uns in einfacher Weise – wie rechts dargestellt – die Bestimmung von zwei linear unabhängigen Spannvektoren $\vec{u}$ und $\vec{v}$.

Wir setzen eine der drei gesuchten Richtungskoordinaten gleich 0 und bestimmen die beiden anderen – wie rechts farbig dargestellt – aus zwei Koordinaten des Normalenvektors.

*Bestimmung der Spannvektoren:*

$$\begin{pmatrix} 2 \\ 3 \\ 5 \end{pmatrix} \cdot \begin{pmatrix} \\ \\ \end{pmatrix} = 0, \quad \begin{pmatrix} 2 \\ 3 \\ 5 \end{pmatrix} \cdot \begin{pmatrix} \\ \\ \end{pmatrix} = 0$$

$$\vec{n} \cdot \vec{u} \qquad \vec{n} \cdot \vec{v}$$

$$\begin{pmatrix} 2 \\ 3 \\ 5 \end{pmatrix} \cdot \begin{pmatrix} 3 \\ -2 \\ 0 \end{pmatrix} = 0, \quad \begin{pmatrix} 2 \\ 3 \\ 5 \end{pmatrix} \cdot \begin{pmatrix} 0 \\ 5 \\ -3 \end{pmatrix} = 0$$

*Parametergleichung:*

$$E: \vec{x} = \begin{pmatrix} 1 \\ 2 \\ 5 \end{pmatrix} + r \begin{pmatrix} 3 \\ -2 \\ 0 \end{pmatrix} + s \begin{pmatrix} 0 \\ 5 \\ -3 \end{pmatrix}$$

Stütz-  Spann-  Spann-
vektor  vektor  vektor

## Übung 9

Jeweils zwei der folgenden Gleichungen stellen die gleiche Ebene dar. Stellen Sie die zueinander gehörenden Paare fest.

$E_1: \vec{x} = \begin{pmatrix} 0 \\ 0 \\ 3 \end{pmatrix} + r \begin{pmatrix} 1 \\ 0 \\ -2 \end{pmatrix} + s \begin{pmatrix} -1 \\ 2 \\ 6 \end{pmatrix}$ 

$E_4: \left[\vec{x} - \begin{pmatrix} 5 \\ 2 \\ 0 \end{pmatrix}\right] \cdot \begin{pmatrix} 1 \\ -1 \\ 0 \end{pmatrix} = 0$

$E_2: \vec{x} = \begin{pmatrix} 1 \\ 1 \\ 3 \end{pmatrix} + r \begin{pmatrix} 1 \\ 1 \\ 5 \end{pmatrix} + s \begin{pmatrix} -2 \\ -1 \\ -6 \end{pmatrix}$

$E_5: \left[\vec{x} - \begin{pmatrix} 1 \\ 1 \\ 3 \end{pmatrix}\right] \cdot \begin{pmatrix} 2 \\ -2 \\ 1 \end{pmatrix} = 0$

$E_3: \vec{x} = \begin{pmatrix} 4 \\ 1 \\ 1 \end{pmatrix} + r \begin{pmatrix} -1 \\ -1 \\ 1 \end{pmatrix} + s \begin{pmatrix} 7 \\ 7 \\ -1 \end{pmatrix}$

$E_6: \left[\vec{x} - \begin{pmatrix} 2 \\ 2 \\ 8 \end{pmatrix}\right] \cdot \begin{pmatrix} 1 \\ 4 \\ -1 \end{pmatrix} = 0$

Oft treten Ebenen in Körpern auf, z. B. als Seitenflächen. Dann stellt sich das Problem, aus der Zeichnung eine Parametergleichung oder eine Normalengleichung zu gewinnen (Übung 10).

## Übung 10

Stellen Sie die Ebene durch eine geeignete Gleichung dar.

a)

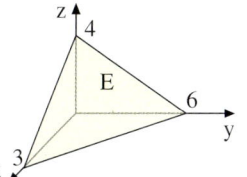

b)

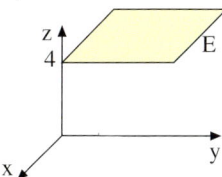

c)

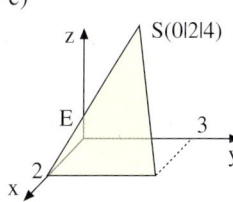

## D. Die Koordinatengleichung einer Ebene

$ax + by + cz = d$

Eine Ebene im dreidimensionalen Anschauungsraum lässt sich stets durch eine lineare Gleichung der Form $ax + by + cz = d$ darstellen, die man als *Koordinatengleichung* bezeichnet. Dabei sind die Koeffizienten a, b und c nicht gleichzeitig null, d. h. es gilt $a^2 + b^2 + c^2 > 0$. Diese Darstellung hat einige Vorteile, was wir im Verlauf des Kurses sehen werden.

Die Koordinatengleichung ist eng verwandt mit der Normalengleichung. Daher zeigen wir zunächst, wie man diese Gleichungen rechnerisch ineinander überführt.

▶ **Beispiel: Normalengleichung → Koordinatengleichung**

Bestimmen Sie eine Koordinatengleichung der Ebene E: $\left[\vec{x} - \begin{pmatrix} 1 \\ 3 \\ 2 \end{pmatrix}\right] \cdot \begin{pmatrix} 2 \\ 3 \\ 4 \end{pmatrix} = 0$.

**Lösung:**
Wir überführen die Normalengleichung zunächst in ihre vereinfachte Form:

$\left[\vec{x} - \begin{pmatrix} 1 \\ 3 \\ 2 \end{pmatrix}\right] \cdot \begin{pmatrix} 2 \\ 3 \\ 4 \end{pmatrix} = 0 \Rightarrow \vec{x} \cdot \begin{pmatrix} 2 \\ 3 \\ 4 \end{pmatrix} - \begin{pmatrix} 1 \\ 3 \\ 2 \end{pmatrix} \cdot \begin{pmatrix} 2 \\ 3 \\ 4 \end{pmatrix} = 0 \Rightarrow \vec{x} \cdot \begin{pmatrix} 2 \\ 3 \\ 4 \end{pmatrix} - 19 = 0 \Rightarrow \vec{x} \cdot \begin{pmatrix} 2 \\ 3 \\ 4 \end{pmatrix} = 19$

Nun ersetzen wir den Vektor $\vec{x}$ durch seine Spaltenkoordinatenform und multiplizieren aus:

▶ $\vec{x} \cdot \begin{pmatrix} 2 \\ 3 \\ 4 \end{pmatrix} = 19 \Rightarrow \begin{pmatrix} x \\ y \\ z \end{pmatrix} \cdot \begin{pmatrix} 2 \\ 3 \\ 4 \end{pmatrix} = 19 \Rightarrow 2x + 3y + 4z = 19$.

Wir halten folgende wichtige Beobachtung fest:

| | |
|---|---|
| Die Koeffizienten der linken Seite der Koordinatengleichung einer Ebene sind die Koordinaten eines Normalenvektors. | E: $ax + by + cz = d \Rightarrow \vec{n} = \begin{pmatrix} a \\ b \\ c \end{pmatrix}$ ist ein Normalenvektor von E. |

▶ **Beispiel: Koordinatengleichung → Normalengleichung**

Gesucht ist eine Normalengleichung der Ebene E: $2x + 3y - z = 6$.

**Lösung:**
Besonders leicht ist eine vereinfachte Normalengleichung zu bestimmen. Dazu stellen wir einfach die linke Seite der Koordinatengleichung als Skalarprodukt dar.

E: $2x + 3y - z = 6 \Rightarrow$ E: $\begin{pmatrix} x \\ y \\ z \end{pmatrix} \cdot \begin{pmatrix} 2 \\ 3 \\ -1 \end{pmatrix} = 6 \Rightarrow$ E: $\vec{x} \cdot \begin{pmatrix} 2 \\ 3 \\ -1 \end{pmatrix} = 6$

Eine weitere Möglichkeit: Wir entnehmen der Koordinatengleichung durch Einsetzen geeigneter Koordinaten einen Stützpunkt, z. B. A(3|0|0), sowie durch Ablesen der Koeffizienten der linken Seite einen Normalenvektor.

▶ Dann lautet eine Normalengleichung von E: $\left[\vec{x} - \begin{pmatrix} 3 \\ 0 \\ 0 \end{pmatrix}\right] \cdot \begin{pmatrix} 2 \\ 3 \\ -1 \end{pmatrix} = 0$.

# 1. Ebenengleichungen

Ein erster Vorteil der Koordinatenform besteht darin, dass sich die *Achsenabschnittspunkte* der Ebene aus der Koordinatenform einfacher bestimmen lassen, was wiederum die zeichnerische Darstellung der Ebene erheblich erleichtert.

> **Beispiel: Achsenabschnitte und Schrägbild**
> Gegeben sei die Ebene E mit der Koordinatengleichung E: $3x + 6y + 4z = 12$.
> Bestimmen Sie diejenigen Punkte, in welchen die Koordinatenachsen die Ebene durchstoßen, und zeichnen Sie mithilfe dieser Punkte ein Schrägbild der Ebene.

Lösung:
Der Achsenabschnittspunkt auf der x-Achse hat die Gestalt A(x|0|0).
Setzen wir in der Koordinatengleichung $y = 0$ und $z = 0$, so erhalten wir $3x = 12$, d. h. $x = 4$. Also ist A(4|0|0) der gesuchte Achsenabschnittspunkt auf der x-Achse.

Analog erhalten wir die beiden weiteren Achsenabschnittspunkte B(0|2|0) und C(0|0|3).

Tragen wir diese drei Punkte in ein Koordinatensystem ein, so können wir einen dreieckigen Ebenenausschnitt darstellen.

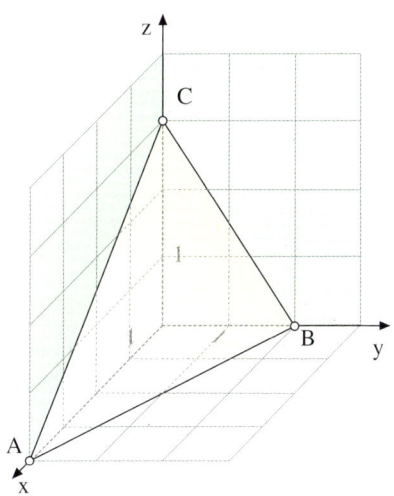

## Übung 11
a) Bestimmen Sie die Achsenabschnitte der Ebene E: $4x + 6y + 6z = 24$ und zeichnen Sie ein Schrägbild der Ebene.
b) Zeichnen Sie ein Schrägbild der Ebene E: $2x + 5y + 4z = 10$.
c) Welche Achsenabschnitte besitzt die Ebene E: $2x + 4z = 8$?
   Beschreiben Sie die Lage dieser Ebene im Koordinatensystem.

*Bemerkung: Fehlen in der Koordinatengleichung einer Ebene eine oder mehrere Variable, so nimmt die Ebene im Koordinatensystem eine besondere Lage ein.*

**Beispiel:** Die Ebene $E_1$: $2x + 3y = 6$ hat die Achsenabschnitte $x = 3$ ($y = 0$, $z = 0$) und $y = 2$ ($x = 0$, $z = 0$).
Sie hat keinen z-Achsenabschnitt, denn sie ist parallel zur z-Achse.

**Beispiel:** Die Ebene $E_2$: $2y = 6$ hat den y-Achsenabschnitt $y = 3$.
Sie hat keinen x-Achsenabschnitt und keinen z-Achsenabschnitt; sie ist nämlich parallel zur x-Achse und zur z-Achse, also zur x-z-Ebene.

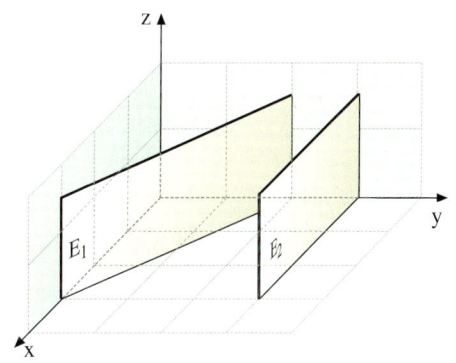

Man kann die Koordinatengleichung einer Ebene in der Regel so umformen, dass die Achsenabschnitte der Ebene direkt abgelesen werden können.

### Die Achsenabschnittsgleichung

Die rechts dargestellte Koordinatengleichung wird als Achsenabschnittsgleichung bezeichnet.
$A \neq 0$ ist der x-Achsenabschnitt,
$B \neq 0$ der y-Achsenabschnitt und
$C \neq 0$ der z-Achsenabschnitt von E.

$$E: \frac{x}{A} + \frac{y}{B} + \frac{z}{C} = 1$$

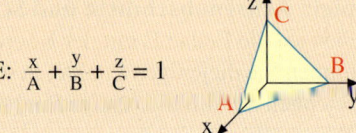

### Beispiel: Achsenabschnitte
Wie lauten die Achsenabschnitte der Ebene E: $4x + 2y = 12$?

Lösung:
E: $4x + 2y = 12 \quad |:12$

E: $\frac{x}{3} + \frac{y}{6} = 1$

x-Achsenabschnitt: $A = 3$
y-Achsenabschnitt: $B = 6$
z-Achsenabschnitt: Nicht vorhanden, da E parallel zur z-Achse

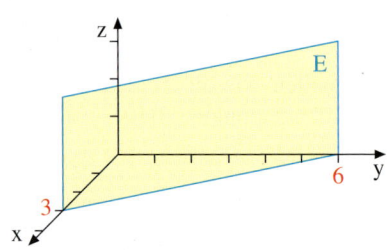

### Übung 12
Bestimmen Sie eine Koordinatengleichung der abgebildeten Ebene E.

a)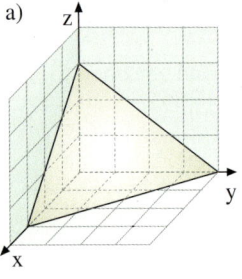

b)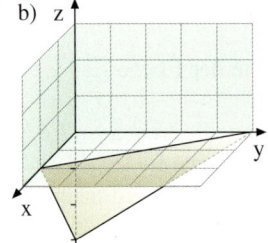

c)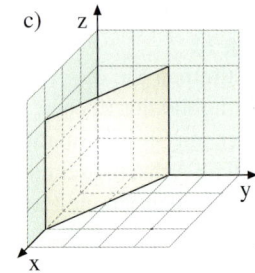

d)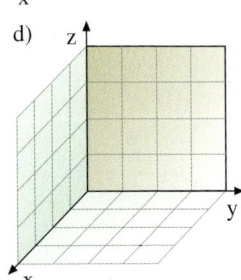

e)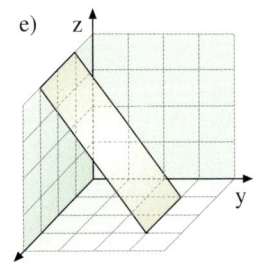

f)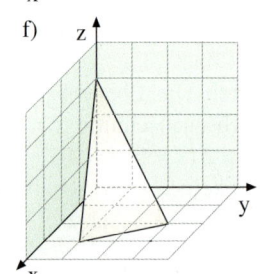

### Übung 13
Bestimmen Sie die Achsenabschnitte der Ebene E und zeichnen Sie ein Schrägbild der Ebene.
a) E: $2x + 4y + z = 4$
b) E: $-3x + 4y + 8z = 12$
c) E: $-2x + y - 2z = 4$
d) E: $2y + 3z = 6$
e) E: $4x = 8$
f) E: $z = 2$

# Übungen

**14.** Stellen Sie eine Gleichung der Ebene durch die Punkte A, B und C in Parameterform, in Normalenform und in Koordinatenform auf.
   a) A(1|2|−2), B(0|5|0), C(5|0|−2)
   b) A(2|1|1), B(4|2|2), C(3|3|4)

**15.** Bestimmen Sie eine Normalengleichung der Ebene E.
   a) E: $-4x + 5y + 3z = 12$
   b) E: $x + 2z = 4$
   c) E: $\vec{x} = \begin{pmatrix}1\\0\\0\end{pmatrix} + r\begin{pmatrix}2\\2\\-2\end{pmatrix} + s\begin{pmatrix}4\\1\\-10\end{pmatrix}$
   d) E: $\vec{x} = \begin{pmatrix}5\\2\\3\end{pmatrix} + r\begin{pmatrix}2\\3\\-2\end{pmatrix} + s\begin{pmatrix}1\\-1\\1\end{pmatrix}$

**16.** Stellen Sie eine Normalengleichung der beschriebenen Ebene E auf.
   a) E geht durch A(0|2|0), B(2|1|2), C(1|0|2).
   b) E hat die Koordinatengleichung E: $2x + y - 3z = 5$.
   c) E ist die x-y-Ebene.
   d) E ist die x-z-Ebene.
   e) E enthält die z-Achse, den Punkt P(1|1|0) und steht senkrecht auf der x-y-Ebene.

**17.** a) Bestimmen Sie die Achsenabschnittspunkte der Ebene E: $3x + 6y - 3z = 12$ und skizzieren Sie einen Ebenenausschnitt im Koordinatensystem.
   b) Welche Achsenabschnitte hat die Ebene E: $2x + 5y = 10$?
   Beschreiben Sie die Lage der Ebene im Koordinatensystem verbal und fertigen Sie anschließend ein Schrägbild an.
   c) Beschreiben Sie die Lage der Ebene E: $2z = 8$ im Koordinatensystem (mit Schrägbild).

**18.** Gesucht ist eine Koordinatengleichung der beschriebenen oder dargestellten Ebenen.
   a) Es handelt sich um die x-y-Ebene.
   b) Die Ebene hat die Achsenabschnitte $x = 4, y = 2, z = 6$.
   c) Die Ebene enthält den Punkt P(2|1|3) und ist zur y-z-Ebene parallel.
   d) Die Ebene geht durch den Punkt P(4|4|0) und ist parallel zur z-Achse. Ihr y-Achsenabschnitt beträgt $y = 12$.
   e) Die Ebene enthält die Punkte A(2|−1|5), B(−1|−3|9) und ist parallel zur z-Achse.

   f)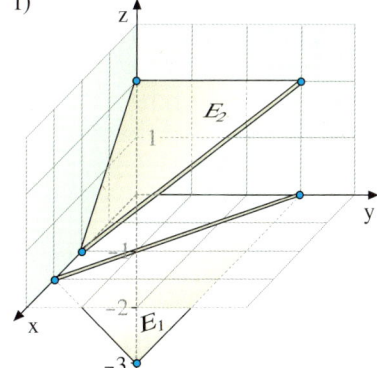

## 2. Lagebeziehungen

### A. Die Lage von Punkt und Ebene

Die Lagebeziehung eines Punktes P zu einer Ebene E wird wie die Lagebeziehung von Punkt und Gerade durch Einsetzen des Ortsvektors $\vec{p}$ des Punktes in die Ebenengleichung geklärt.

▶ **Beispiel: Punktprobe mit der Parameterform**

Liegen $P(2|-2|-1)$ oder $Q(2|1|1)$ in der Ebene E: $\vec{x} = \begin{pmatrix} 1 \\ 0 \\ -1 \end{pmatrix} + r \cdot \begin{pmatrix} 2 \\ -1 \\ 1 \end{pmatrix} + s \cdot \begin{pmatrix} 1 \\ 1 \\ 1 \end{pmatrix}$?

Lösung:
Der Ortsvektor des Punktes wird in die Ebenengleichung eingesetzt:

$\begin{pmatrix} 2 \\ -2 \\ -1 \end{pmatrix} = \begin{pmatrix} 1 \\ 0 \\ -1 \end{pmatrix} + r \cdot \begin{pmatrix} 2 \\ -1 \\ 1 \end{pmatrix} + s \cdot \begin{pmatrix} 1 \\ 1 \\ 1 \end{pmatrix}$  $\quad\Big|\quad$  $\begin{pmatrix} 2 \\ 1 \\ 1 \end{pmatrix} = \begin{pmatrix} 1 \\ 0 \\ -1 \end{pmatrix} + r \cdot \begin{pmatrix} 2 \\ -1 \\ 1 \end{pmatrix} + s \cdot \begin{pmatrix} 1 \\ 1 \\ 1 \end{pmatrix}$

Durch Aufspalten der Vektorgleichung in drei Koordinaten erhalten wir ein Gleichungssystem:

| | | | | | |
|---|---|---|---|---|---|
| I | $2r + s = 1$ | | I | $2r + s = 1$ | |
| II | $-r + s = -2$ | | II | $-r + s = 1$ | |
| III | $r + s = 0$ | | III | $r + s = 2$ | |

Das Gleichungssystem mit 3 Gleichungen in 2 Variablen wird auf Lösbarkeit untersucht.

I + 2 · II:  $\quad 3s = -3 \Rightarrow s = -1$  $\qquad$  I + 2 · II:  $\quad 3s = 3 \Rightarrow s = 1$
in I:  $\quad\quad 2r - 1 = 1 \Rightarrow r = 1$  $\qquad$  in I:  $\quad\quad 2r + 1 = 1 \Rightarrow r = 0$
Probe in III:  $\qquad$  Probe in III:
$\quad\quad 1 + (-1) = 0$ wahr $\Rightarrow$ lösbar  $\qquad$  $\quad\quad 0 + 1 = 2$ falsch $\Rightarrow$ unlösbar
▶ Folgerung: $P(2|-2|-1)$ liegt in E.  $\qquad$  Folgerung: $Q(2|1|1)$ liegt nicht in E.

Noch einfacher geht die Punktprobe mit der Koordinatenform oder mit der Normalenform.

▶ **Beispiel: Punktprobe mit der Koordinatenform**

Liegen $P(2|-2|-1)$ oder $Q(2|1|1)$ in E: $2x + y - 3z = 5$?

Lösung:
Der Punkt $P(2|-2|-1)$ liegt in E, da Einsetzen von $x = 2$, $y = -2$ und $z = -1$ in die Koordinatengleichung auf eine wahre Aussage führt:
▶ $2 \cdot 2 + (-2) - 3 \cdot (-1) = 5$, d.h. $5 = 5$.

Der Punkt $Q(2|1|1)$ liegt nicht in E, da Einsetzen der Koordinaten $x = 2$, $y = 1$ und $z = 1$ auf eine falsche Aussage führt, nämlich auf:
$2 \cdot 2 + 1 - 3 \cdot 1 = 5$, d.h. $2 = 5$.

## Beispiel: Punktprobe mit der Normalenform

Gegeben sei die Ebene E: $\left[\vec{x} - \begin{pmatrix} 1 \\ 3 \\ 2 \end{pmatrix}\right] \cdot \begin{pmatrix} 1 \\ 2 \\ 1 \end{pmatrix} = 0$.

a) Prüfen Sie, ob die Punkte A(1|4|0) und B(2|2|1) in der Ebene E liegen.
b) Für welchen Wert des Parameters t liegt der Punkt C(2|1|t) in der Ebene E?

**Lösung zu a:**
Wir setzen den Ortsvektor des Punktes A anstelle von $\vec{x}$ auf der linken Seite der Normalengleichung ein. Die linke Seite nimmt den Wert 0 an, wie die nebenstehende Rechnung zeigt. A liegt also in E.

$$\left[\begin{pmatrix} 1 \\ 4 \\ 0 \end{pmatrix} - \begin{pmatrix} 1 \\ 3 \\ 2 \end{pmatrix}\right] \cdot \begin{pmatrix} 1 \\ 2 \\ 1 \end{pmatrix} = \begin{pmatrix} 0 \\ 1 \\ -2 \end{pmatrix} \cdot \begin{pmatrix} 1 \\ 2 \\ 1 \end{pmatrix} = 0$$

$$\Rightarrow A \in E$$

Setzen wir dagegen den Ortsvektor von B ein, so nimmt die linke Seite den Wert $-2 \neq 0$ an. B liegt nicht in E.

$$\left[\begin{pmatrix} 2 \\ 2 \\ 1 \end{pmatrix} - \begin{pmatrix} 1 \\ 3 \\ 2 \end{pmatrix}\right] \cdot \begin{pmatrix} 1 \\ 2 \\ 1 \end{pmatrix} = \begin{pmatrix} 1 \\ -1 \\ -1 \end{pmatrix} \cdot \begin{pmatrix} 1 \\ 2 \\ 1 \end{pmatrix} = -2$$

$$\Rightarrow B \notin E$$

**Lösung zu b:**
Setzen wir den Ortsvektor von C in die linke Seite der Normalengleichung ein, so nimmt diese den Wert t − 5 an.
Für t = 5 wird dieser Term gleich 0, liegt also der Punkt C in dieser Ebene E.

$$\left[\begin{pmatrix} 2 \\ 1 \\ t \end{pmatrix} - \begin{pmatrix} 1 \\ 3 \\ 2 \end{pmatrix}\right] \cdot \begin{pmatrix} 1 \\ 2 \\ 1 \end{pmatrix} = \begin{pmatrix} 1 \\ -2 \\ t-2 \end{pmatrix} \cdot \begin{pmatrix} 1 \\ 2 \\ 1 \end{pmatrix} = t - 5$$

$$C \in E \Leftrightarrow t - 5 = 0 \Leftrightarrow t = 5$$

### Übung 1
Untersuchen Sie, ob die Punkte in der gegebenen Ebene liegen.

a) $E_1: \vec{x} = \begin{pmatrix} 1 \\ 3 \\ -2 \end{pmatrix} + r \cdot \begin{pmatrix} -1 \\ 2 \\ 4 \end{pmatrix} + s \cdot \begin{pmatrix} 1 \\ -3 \\ -1 \end{pmatrix}$; P(−2|10|7), Q(1|1|1)

b) $E_2: 2x - y + z = 4$; P(2|1|1), Q(1|0|1)

### Übung 2
Gegeben ist die Ebene E: $x - y + 2z = 5$.
a) Prüfen Sie, ob die Punkte A(4|3|2) und B(1|0|1) in E liegen.
b) Wie muss a gewählt werden, damit der Punkt P(3a|a + 1|2) in E liegt?
c) Kann der Punkt P(a|2a + 3|3 − 2a) in der Ebene E liegen?

### Übung 3
Gegeben ist die Ebene E: $\left[\vec{x} - \begin{pmatrix} 2 \\ 1 \\ 1 \end{pmatrix}\right] \cdot \begin{pmatrix} 1 \\ -1 \\ 2 \end{pmatrix} = 0$.

a) Prüfen Sie, ob die Punkte A(3|2|1), B(1|4|2) und C(−1|2|3) in E liegen.
b) Für welchen Wert des Parameters a liegen die Punkte D(a|a + 3|3) bzw. F(a|2a|3) in E?
c) Geben Sie eine Koordinatengleichung von E an.
d) Geben Sie eine Parametergleichung von E an.

Man kann mit der Punktprobe auch anspruchsvollere Aufgabenstellungen lösen, z. B. die Frage, ob ein Punkt in einem Teilbereich einer Ebene liegt. Dies geht mit der Parametergleichung.

> **Beispiel: Lage von Punkt und Dreieck**
> Die Punkte A(4|4|1), B(1|4|1) und C(0|0|5) bilden ein Dreieck im Raum.
> Untersuchen Sie, ob der Punkt P(1|2|3) im Dreieck ABC liegt oder nicht.

Lösung:
Wir stellen zunächst eine Gleichung der Ebene E auf, in der das Dreieck ABC liegt.
Nun prüfen wir mit der Punktprobe, ob der Punkt P in der Ebene E liegt, denn das ist notwendige Voraussetzung dafür, dass der Punkt im Dreieck ABC liegt.
Der Punkt liegt in der Ebene, da das Gleichungssystem lösbar ist mit den Parameterwerten $r = \frac{1}{3}$ und $s = \frac{1}{2}$.

Diese Zahlen zeigen auch, dass der Punkt
▶ P tatsächlich im Dreieck ABC liegt.

*Gleichung der Trägerebene E:*

$$E: \vec{x} = \overrightarrow{OA} + r \cdot \overrightarrow{AB} + s \cdot \overrightarrow{AC}$$

$$E: \vec{x} = \begin{pmatrix} 4 \\ 4 \\ 1 \end{pmatrix} + r \cdot \begin{pmatrix} -3 \\ 0 \\ 0 \end{pmatrix} + s \cdot \begin{pmatrix} -4 \\ -4 \\ 4 \end{pmatrix}$$

*Punktprobe:*
$1 = 4 - 3r - 4s$
$2 = 4 \quad\quad - 4s$
$3 = 1 \quad\quad + 4s$

*Lösung:* $s = \frac{1}{2}$, $r = \frac{1}{3}$

*Interpretation:*

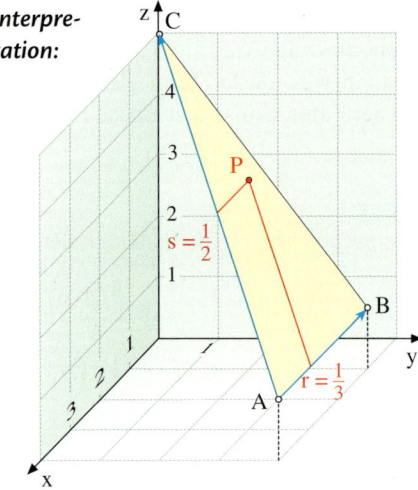

> **Lage Punkt/Dreieck**
> Ein Punkt P der Ebene
> $E: \vec{x} = \overrightarrow{OA} + r \cdot \overrightarrow{AB} + s \cdot \overrightarrow{AC}$
> liegt genau dann in dem durch die Vektoren $\overrightarrow{AB}$ und $\overrightarrow{AC}$ aufgespannten Dreieck, wenn die folgenden Bedingungen erfüllt sind:
> (1) $0 \leq r \leq 1$,
> (2) $0 \leq s \leq 1$,
> (3) $0 \leq r + s \leq 1$.

Die Zeichnung verdeutlicht diese Interpretation der Parameterwerte.

### Übung 4
Gegeben sind die Punkte A(6|3|1), B(6|9|1), C(0|3|3).
Prüfen Sie, ob die Punkte P(3|5|2), Q(3|7|2), R(4|5|1) im Dreieck ABC liegen.

### Übung 5
Ein Punkt P der Ebene $E: \vec{x} = \overrightarrow{OA} + r \cdot \overrightarrow{AB} + s \cdot \overrightarrow{AD}$ liegt genau dann in dem durch die Vektoren $\overrightarrow{AB}$ und $\overrightarrow{AD}$ aufgespannten Parallelogramm, wenn für seine Parameterwerte gilt: $0 \leq r \leq 1$ und $0 \leq s \leq 1$.
Gegeben sind die Punkte A(4|1|0), B(2|3|2), C(-1|3|4), D(1|1|2).
a) Zeigen Sie, dass ABCD ein Parallelogramm ist.
b) Prüfen Sie, ob die Punkte P(2|1,5|1,5) und Q(-2|4|5) im Parallelogramm ABCD liegen.

## B. Die Lage von Gerade und Ebene

Es gibt drei unterschiedliche gegenseitige Lagebeziehungen zwischen einer Geraden und einer Ebene:

(A) g und E schneiden sich im Punkt S,
(B) g verläuft echt parallel zu E,
(C) g liegt ganz in E.

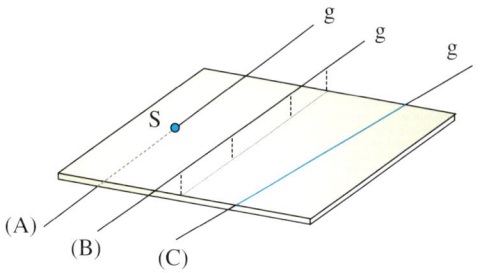

Die Überprüfung, welche Lagebeziehung im konkreten Fall vorliegt, gelingt am einfachsten, wenn man eine Parametergleichung der Geraden und eine Koordinatengleichung der Ebene verwendet.

▶ **Beispiel: Gerade und Ebene schneiden sich**

Gegeben sind die Gerade g: $\vec{x} = \begin{pmatrix} 2 \\ 4 \\ 2 \end{pmatrix} + r \cdot \begin{pmatrix} 0 \\ 2 \\ 1 \end{pmatrix}$ und die Ebene E: $x + 2y + 3z = 9$.

Zeigen Sie, dass g und E sich schneiden. Bestimmen Sie den Durchstoßpunkt S. Stellen Sie anschließend Ihre Ergebnisse in einem Schrägbild dar.

Lösung:
Der allgemeine Geradenpunkt hat die Koordinaten $x = 2$, $y = 4 + 2r$, $z = 2 + r$. Durch Einsetzen dieser Terme in die Koordinatengleichung der Ebene erhalten wir eine Bestimmungsgleichung für den Geradenparameter r, deren Auflösung den Wert $r = -1$ liefert.

1. Lageuntersuchung:

$$\begin{aligned} x + 2y + 3z &= 9 \\ 2 + 2(4 + 2r) + 3(2 + r) &= 9 \\ 7r + 16 &= 9 \\ 7r &= -7 \\ r &= -1 \end{aligned}$$

⇒ g schneidet E für $r = -1$.

Durch Rückeinsetzung von $r = -1$ in die Parametergleichung der Geraden g erhalten wir den Ortsvektor des Durchstoßpunktes S(2|2|1).

2. Durchstoßpunktberechnung:

$$\vec{x} = \begin{pmatrix} 2 \\ 4 \\ 2 \end{pmatrix} + (-1) \cdot \begin{pmatrix} 0 \\ 2 \\ 1 \end{pmatrix} = \begin{pmatrix} 2 \\ 2 \\ 1 \end{pmatrix}$$

⇒ Durchstoßpunkt S(2|2|1)

Um die Ergebnisse graphisch darzustellen, errechnen wir zunächst die drei Achsenabschnitte der Ebene aus der Koordinatengleichung von E. Wir erhalten dann $x = 9$, $y = 4{,}5$ und $z = 3$.

Die Gerade g legen wir durch zwei ihrer Punkte fest. Hierfür bieten sich der Stützpunkt A(2|4|2) (Parameterwert $r = 0$) und der Durchstoßpunkt S(2|2|1) (Parameterwert $r = -1$) an.

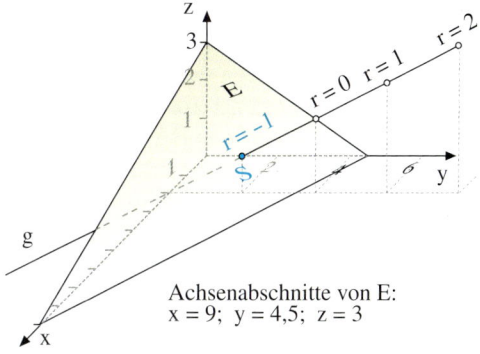

Achsenabschnitte von E:
$x = 9$; $y = 4{,}5$; $z = 3$

▶ **Beispiel: Gerade parallel zur Ebene/Gerade in der Ebene**

Gegeben sind die Geraden $g_1$: $\vec{x} = \begin{pmatrix} 2 \\ 3 \\ 1 \end{pmatrix} + r \cdot \begin{pmatrix} 1 \\ 1 \\ -1 \end{pmatrix}$, $g_2$: $\vec{x} = \begin{pmatrix} 2 \\ 2 \\ 1 \end{pmatrix} + r \cdot \begin{pmatrix} 1 \\ 1 \\ -1 \end{pmatrix}$ sowie die Ebene

E: $x + 2y + 3z = 9$. Untersuchen Sie die gegenseitige Lage von $g_1$ und $g_2$ zu E.

Lösung:

1. **Lage von $g_1$ zu E:**
   Koordinaten von $g_1$:
   $x = 2 + r$
   $y = 3 + r$
   $z = 1 - r$
   Einsetzen in die Gleichung von E:
   $\quad x \ + \ 2y \ + \ 3z \ = 9$
   $(2 + r) + 2(3 + r) + 3(1 - r) = 9$
   $\qquad\qquad\qquad\qquad 11 = 9$

2. **Interpretation:**
   Es gibt keinen Geradenpunkt, der die Punktprobe mit der Ebenengleichung erfüllt. g und E sind *echt parallel*.

1. **Lage von $g_2$ zu E:**
   Koordinaten von $g_2$:
   $x = 2 + r$
   $y = 2 + r$
   $z = 1 - r$
   Einsetzen in die Gleichung von E:
   $\quad x \ + \ 2y \ + \ 3z \ = 9$
   $(2 + r) + 2(2 + r) + 3(1 - r) = 9$
   $\qquad\qquad\qquad\qquad 9 = 9$

2. **Interpretation:**
   Jeder Geradenpunkt erfüllt die Punktprobe mit der Ebenengleichung. g liegt *ganz in E*.

Man kann zur Untersuchung der Lagebeziehung einer Geraden und einer Ebene auch eine Normalengleichung der Ebene statt der Koordinatengleichung verwenden. Wir zeigen dies exemplarisch.

▶ **Beispiel: Lagebeziehung Gerade/Ebene (Ebene in Normalenform)**

Welche gegenseitige Lage besitzen g: $\vec{x} = \begin{pmatrix} 1 \\ 2 \\ 2 \end{pmatrix} + r \begin{pmatrix} 2 \\ -1 \\ 1 \end{pmatrix}$ und E: $\left[\vec{x} - \begin{pmatrix} 2 \\ 3 \\ -2 \end{pmatrix}\right] \cdot \begin{pmatrix} 1 \\ -2 \\ 1 \end{pmatrix} = 0$?

Lösung:

g ist nicht parallel zu E, da der Richtungsvektor von g und der Normalenvektor von E ein von null verschiedenes Skalarprodukt besitzen.

Den Durchstoßpunkt von g und E bestimmen wir durch Einsetzen des allgemeinen Ortsvektors der Geraden g (rot markiert) in die Normalengleichung von E. Durch Ausrechnen des Skalarproduktes erhalten wir eine Bestimmungsgleichung für den Geradenparameter r, welche die Lösung $r = -1$ hat. Einsetzen dieses Parameterwertes in die Geradengleichung liefert den Durchstoßpunkt von g und E: $S(-1|3|1)$.

1. **Untersuchung auf Parallelität:**

$\begin{pmatrix} 2 \\ -1 \\ 1 \end{pmatrix} \cdot \begin{pmatrix} 1 \\ -2 \\ 1 \end{pmatrix} = 5 \neq 0 \quad \Rightarrow \quad g \not\parallel E$

2. **Berechnung des Durchstoßpunktes:**

$\left[\begin{pmatrix} 1 \\ 2 \\ 2 \end{pmatrix} + r \cdot \begin{pmatrix} 2 \\ -1 \\ 1 \end{pmatrix} - \begin{pmatrix} 2 \\ 3 \\ -2 \end{pmatrix}\right] \cdot \begin{pmatrix} 1 \\ -2 \\ 1 \end{pmatrix} = 0$

$\Rightarrow \begin{pmatrix} 2r - 1 \\ -r - 1 \\ r + 4 \end{pmatrix} \cdot \begin{pmatrix} 1 \\ -2 \\ 1 \end{pmatrix} = 0 \Rightarrow 5r + 5 = 0, r = -1$

$\vec{x} = \begin{pmatrix} 1 \\ 2 \\ 2 \end{pmatrix} + (-1) \cdot \begin{pmatrix} 2 \\ -1 \\ 1 \end{pmatrix} = \begin{pmatrix} -1 \\ 3 \\ 1 \end{pmatrix}$, $S(-1|3|1)$

## Übung 6
Die Gerade g durch die Punkte A und B schneidet die Ebene E.
Bestimmen Sie den Schnittpunkt S. Zeichnen Sie ein Schrägbild.
a) A(5|4|3), B(7|7|5)    b) A(0|0|0), B(4|6|4)    c) A(2|0|2), B(6|4|0)

E: $2x + 3y + 3z = 12$    E: $6x + 4y = 24$    E: $\vec{x} = \begin{pmatrix} 12 \\ 0 \\ 0 \end{pmatrix} + r \cdot \begin{pmatrix} -12 \\ 0 \\ 3 \end{pmatrix} + s \cdot \begin{pmatrix} -12 \\ 6 \\ 0 \end{pmatrix}$

## Übung 7
Untersuchen Sie die gegenseitige Lage der Geraden g und der Ebene E.

a) $g: \vec{x} = \begin{pmatrix} -1 \\ 0 \\ 0 \end{pmatrix} + r \cdot \begin{pmatrix} 2 \\ 6 \\ 2 \end{pmatrix}$    b) $g: \vec{x} = \begin{pmatrix} 0 \\ 3 \\ 2 \end{pmatrix} + r \cdot \begin{pmatrix} 1 \\ -2 \\ 2 \end{pmatrix}$    c) $g: \vec{x} = \begin{pmatrix} 1 \\ 2 \\ 0 \end{pmatrix} + r \cdot \begin{pmatrix} 2 \\ 1 \\ -2 \end{pmatrix}$

E: $2x + y + z = 4$    E: $4x + 4y + 2z = 8$    E: $2x + 2y + 3z = 6$

## Übung 8
Welche gegenseitige Lage besitzen g und $E_1$ bzw. g und $E_2$?

$g: \vec{x} = \begin{pmatrix} 1 \\ 2 \\ 2 \end{pmatrix} + r \begin{pmatrix} 2 \\ -1 \\ 1 \end{pmatrix}$, $E_1: \left[\vec{x} - \begin{pmatrix} 2 \\ 2 \\ 3 \end{pmatrix}\right] \cdot \begin{pmatrix} -1 \\ -1 \\ 1 \end{pmatrix} = 0$, $E_2: \left[\vec{x} - \begin{pmatrix} 2 \\ -3 \\ 2 \end{pmatrix}\right] \cdot \begin{pmatrix} 2 \\ 2 \\ -2 \end{pmatrix} = 0$

## Übung 9
Ein Würfel mit der Kantenlänge 6 liegt wie abgebildet im Koordinatensystem.
a) Wie lauten die Koordinaten der Punkte A bis H?
b) Bestimmen Sie eine Parametergleichung der Ebene $E_1$ durch die Punkte B, G und E.
c) Wo schneidet die Gerade g durch F und D das Dreieck EBG?
d) Schneidet die Gerade h durch C und H die Ebene $E_1$?

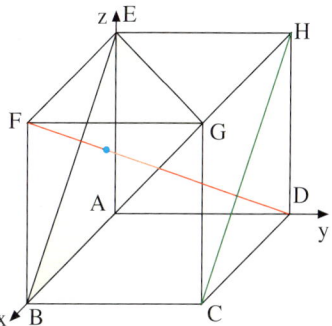

## Übung 10
Ein Edelstahlblock hat die Form eines quadratischen Pyramidenstumpfes. Die Seitenlänge der Grundfläche beträgt 8 cm, diejenige der Deckfläche beträgt 4 cm, die Höhe beträgt 8 cm.

Mit einem Laserstrahl, der auf der Strecke $\overline{PQ}$ mit P(−3,5|9,5|6) und Q(−6|16|8) erzeugt wird, durchbohrt man das Werkstück. Der Koordinatenursprung liegt im Mittelpunkt der Grundfläche.
a) Wo liegen Ein- und Austrittspunkt?
b) Wie lang ist der Bohrkanal?
c) Wo wird der Block getroffen, wenn der Laser längs der Strecke $\overline{PQ}$ mit P(1|9|5) und Q(−1|15|6) erzeugt wird?

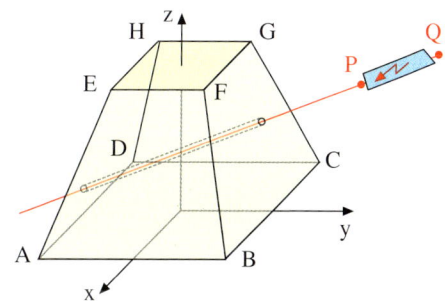

## C. Die relative Lage von Gerade und Dreieck

Manchmal wird man mit der Frage konfrontiert, ob eine Gerade einen fest umschriebenen Teil einer Ebene trifft, z. B. ein Dreieck. Bei dieser Fragestellung verwendet man für Gerade und Ebene die vektoriellen Parametergleichungen.

▶ **Beispiel: Sichtlinie**
Eine Pyramide hat die Ecken A(−8|2|0), B(−4|10|0) und C(−12|8|0). Ihre Spitze liegt bei S(−8|5|6). Ein Tafelberg hat die Spitze T(−12|14|4).
Kann man die Spitze T von der Beobachtungsplattform P(0|0|0) aus sehen?

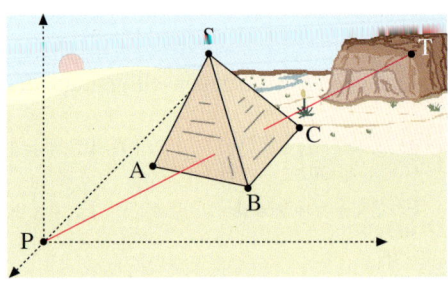

**Lösung:**
Die Frage ist, ob die Sichtlinie $\overline{PT}$ an der Pyramide vorbeigeht oder nicht.
Aus der Skizze oder aus einem Grundriss erkennen wir, dass sie die Pyramidenfläche ABS treffen könnte.

*Gleichung von $g_{PT}$:*

$$g_{PT}: \vec{x} = \begin{pmatrix} 0 \\ 0 \\ 0 \end{pmatrix} + r \begin{pmatrix} -12 \\ 14 \\ 4 \end{pmatrix}$$

Wir stellen die vektoriellen Parametergleichungen der Geraden $g_{TP}$ und der Dreiecksebene $E_{ABS}$ auf.

*Gleichung von $E_{ABS}$:*

$$E_{ABS}: \vec{x} = \begin{pmatrix} -8 \\ 2 \\ 0 \end{pmatrix} + s \begin{pmatrix} 4 \\ 8 \\ 0 \end{pmatrix} + t \begin{pmatrix} 0 \\ 3 \\ 6 \end{pmatrix}$$

Durch Gleichsetzen erhalten wir ein Gleichungssystem mit drei Variablen in drei Gleichungen.
Die Lösungen sind $r = \frac{1}{2}$, $s = \frac{1}{2}$ und $t = \frac{1}{3}$.

Gerade und Ebene schneiden sich im Punkt Q(−6|7|2).

Dieser liegt wegen $0 \le s \le 1$, $0 \le t \le 1$ und $0 \le s + t \le 1$ im Dreieck ABS (vgl. S. 230, Lage Punkt/Dreieck).
Daher kann von P aus die Spitze T des
▶ Tafelberges nicht gesehen werden.

*Schnittuntersuchung:*
I:  $-12r = -8 + 4s$
II: $14r = 2 + 8s + 3t$
III: $4r = 6t$
aus III: $t = \frac{2}{3}r$
in II: II': $14r = 2 + 8s + 2r$
$\qquad\qquad 12r = 2 + 8s$
in I: $-2 - 8s = -8 + 4s$
$\qquad\qquad \Rightarrow s = \frac{1}{2}$
in II': $\Rightarrow r = \frac{1}{2}$
in III: $\Rightarrow t = \frac{1}{2}$

Durchstoßpunkt Q(−6|7|2)

**Übung 11**
Trifft die Gerade g: $\vec{x} = \begin{pmatrix} 2 \\ 11 \\ -1 \end{pmatrix} + r \begin{pmatrix} 1 \\ -2 \\ 1 \end{pmatrix}$ das Dreieck mit den Ecken

a) A(2|1|−1), B(8|7|2), C(6|9|7), 
b) A(2|8|3), B(6|11|−2), C(2|6|5)?

## D. Exkurs: Parallelität, Orthogonalität und Spiegelung

Vorteile bringt die Verwendung einer Normalenform der Ebene, wenn man Parallelität und Orthogonalität untersucht.

Anhand von Richtungsvektoren und von Normalenvektoren lassen sich die besonderen Lagen der Parallelität und der Orthogonalität von Geraden und Ebenen leicht feststellen. Wir stellen zunächst in einer Übersicht die wichtigsten Kriterien zusammen.

*Parallele Geraden:*
Die Richtungsvektoren sind kollinear.
Die Überprüfung erfolgt durch *Hinsehen*.

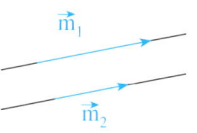

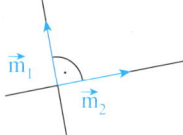

$\vec{m}_2 = r \cdot \vec{m}_1$    $\vec{m}_1 \cdot \vec{m}_2 = 0$

*Orthogonale Geraden:*
Die Richtungsvektoren sind orthogonal.
Die Überprüfung erfolgt mittels *Skalarprodukt*.

*Parallelität Gerade/Ebene:*
Der Richtungsvektor der Geraden und der Normalenvektor der Ebene sind orthogonal.

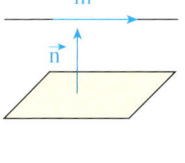

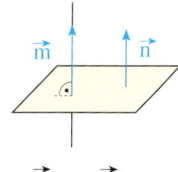

$\vec{n} \cdot \vec{m} = 0$    $\vec{m} = r \cdot \vec{n}$

*Orthogonalität Gerade/Ebene:*
Der Richtungsvektor der Geraden und der Normalenvektor der Ebene sind kollinear.

Ähnlich zur Geradenspiegelung in der Ebene lässt sich im Raum eine **Spiegelung an einer Ebene** definieren. Spiegelt man einen Punkt A an einer Ebene E, so gilt für den Spiegelpunkt A′, dass die Gerade durch A und A′ orthogonal zur Ebene E ist und dass der Schnittpunkt F dieser Geraden mit der Ebene E die Verbindungsstrecke $\overline{AA'}$ halbiert.

---

▶ **Beispiel: Gerade/Ebene (Lotgerade)**

Gegeben sind die Ebene E: $\left[\vec{x} - \begin{pmatrix} 1 \\ 1 \\ 2 \end{pmatrix}\right] \cdot \begin{pmatrix} 1 \\ 2 \\ 3 \end{pmatrix} = 0$ sowie der Punkt A(5|4|8).

a) Bestimmen Sie eine zu E orthogonale Gerade g, die den Punkt A enthält.
b) In welchem Punkt F schneidet g die Ebene E?
c) Der Punkt A wird an der Ebene E gespiegelt. Wie lauten die Koordinaten des Spiegelpunktes A′?

**Lösung:**

**zu a:** Als Stützpunkt der Geraden verwenden wir den Punkt A(5|4|8). Als Richtungsvektor $\vec{m}$ benötigen wir einen zum Normalenvektor $\vec{n}$ der Ebene kollinearen Vektor. Am einfachsten ist es, den Normalenvektor selbst als Richtungsvektor zu wählen, was auf die rechts dargestellte Geradengleichung führt. Die Gerade g wird als *Lotgerade* oder als *Lot* vom Punkt A auf die Ebene bezeichnet.

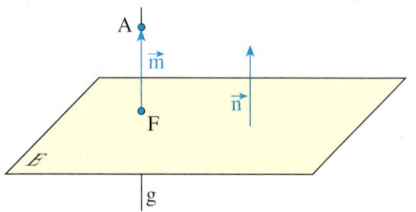

*Geradengleichung der Lotgeraden:*

$$g: \vec{x} = \begin{pmatrix}5\\4\\8\end{pmatrix} + r \cdot \begin{pmatrix}1\\2\\3\end{pmatrix}$$

**zu b:** Zur Schnittpunktberechnung setzen wir die rechte Seite der Geradengleichung für $\vec{x}$ in die Ebenengleichung ein. Durch Zusammenfassung von Vektoren und Ausmultiplizieren des Skalarproduktes erhält man r = −2 als Parameterwert des Schnittpunktes F.
Der Punkt F(3|0|2) heißt *Lotfußpunkt* des Lotes von A auf die Ebene E.

*Schnittpunkt von g und E (Lotfußpunkt):*

$$\left[\begin{pmatrix}5\\4\\8\end{pmatrix} + r\begin{pmatrix}1\\2\\3\end{pmatrix} - \begin{pmatrix}1\\1\\2\end{pmatrix}\right] \cdot \begin{pmatrix}1\\2\\3\end{pmatrix} = 0$$

$$\begin{pmatrix}4+r\\3+2r\\6+3r\end{pmatrix} \cdot \begin{pmatrix}1\\2\\3\end{pmatrix} = 0$$

$$28 + 14r = 0$$
$$r = -2 \Rightarrow F(3|0|2)$$

**zu c:** Da der Spiegelpunkt A′ auf der Lotgeraden g liegt und F die Strecke $\overline{AA'}$ halbiert, gilt für den Ortsvektor von A′ die rechts dargestellte Gleichung. Einsetzen der bereits errechneten Koordinaten liefert
▶ A′(1|−4|−4).

*Koordinaten des Spiegelpunktes A′:*

$$\vec{OA'} = \vec{OA} + 2 \cdot \vec{AF}$$

$$= \begin{pmatrix}5\\4\\8\end{pmatrix} + 2 \cdot \left[\begin{pmatrix}3\\0\\2\end{pmatrix} - \begin{pmatrix}5\\4\\8\end{pmatrix}\right] = \begin{pmatrix}1\\-4\\-4\end{pmatrix}$$

### Übung 12
Gegeben ist E: $\vec{x} = \begin{pmatrix}2\\2\\0\end{pmatrix} + r\begin{pmatrix}-1\\-1\\1\end{pmatrix} + s\begin{pmatrix}-2\\2\\1\end{pmatrix}$. Gesucht ist eine Gleichung der Geraden g, welche E im Stützpunkt der Ebene senkrecht schneidet.

### Übung 13
Gegeben sind die Ebene E: $\left[\vec{x} - \begin{pmatrix}2\\2\\1\end{pmatrix}\right] \cdot \begin{pmatrix}4\\-1\\-1\end{pmatrix} = 0$ sowie der Punkt A(5|−5|1).
a) Bestimmen Sie eine zu E orthogonale Gerade g, die den Punkt A enthält.
b) Bestimmen Sie den Schnittpunkt F der Geraden g mit der Ebene E.
c) A wird an der Ebene E gespiegelt. Wie lauten die Koordinaten des Spiegelpunktes A′?

### Übung 14
Der Punkt A(1|5|4) wurde durch Spiegelung an einer Ebene E auf den Punkt A′(3|2|1) abgebildet. Bestimmen Sie eine Gleichung der Ebene E.

## Übungen

**15.** Prüfen Sie, ob die Punkte P und Q auf der Ebene E liegen.

a) $E: \vec{x} = \begin{pmatrix} 1 \\ 1 \\ 2 \end{pmatrix} + r \begin{pmatrix} 1 \\ 1 \\ -1 \end{pmatrix} + s \begin{pmatrix} 2 \\ -1 \\ 1 \end{pmatrix}$; $P(1|4|-1)$, $Q(8|-1|4)$

b) $E: -4x + 2y + 2z = 8$; $P(2|1|5)$, $Q(-1|1|1)$

c) E: Ebene parallel zur z-Achse durch die Punkte $A(3|3|0)$ und $B(0|6|2)$; $P(4|2|4)$, $Q(0|7|3)$

d)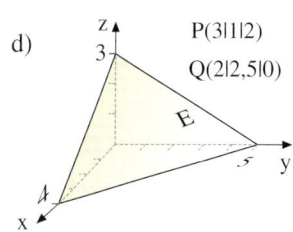
P(3|1|2)
Q(2|2,5|0)

**16.** Gegeben sind die Punkte $A(1|1|-1)$, $B(3|5|1)$, $C(5|5|7)$ und $D(-1|0|-6)$.

a) Stellen Sie eine Gleichung der Ebene E durch die Punkte A, B und C auf.

b) Zeigen Sie, dass der Punkt D in der Ebene E liegt.

c) Untersuchen Sie, ob der Punkt $F(5|6|6)$ im Dreieck ABC liegt.

**17.** Untersuchen Sie die gegenseitige Lage von g und E.

a) $g: \vec{x} = \begin{pmatrix} 10 \\ 4 \\ 8 \end{pmatrix} + r \begin{pmatrix} 3 \\ 2 \\ -1 \end{pmatrix}$

   $E: 5x - 2y + z = 10$

b) $g: \vec{x} = \begin{pmatrix} -1 \\ 2 \\ -6 \end{pmatrix} + r \begin{pmatrix} 2 \\ 2 \\ 3 \end{pmatrix}$

   $E: A(1|0|1)$, $B(3|1|1)$, $C(3|-1|3)$

c) g enthält $P(1|1|1)$ und $Q(5|3|-1)$, E geht durch $A(3|3|3)$, $B(3|0|-6)$, $C(0|-3|-6)$.

d) g ist parallel zur z-Achse und enthält $P(3|4|0)$, E hat die Achsenabschnitte $x = 3$, $y = 3$, $z = 9$.

e) $g: \vec{x} = \begin{pmatrix} 4 \\ 1 \\ 1 \end{pmatrix} + r \begin{pmatrix} 2 \\ 1 \\ -2 \end{pmatrix}$

   $E: 2x - 2y + z = 8$

f) $g: \vec{x} = \begin{pmatrix} 0 \\ -1 \\ 8 \end{pmatrix} + r \begin{pmatrix} 1 \\ 2 \\ -2 \end{pmatrix}$

   $E: 3x + 2z = 12$

g) $g: \vec{x} = \begin{pmatrix} -2 \\ 0 \\ 6 \end{pmatrix} + r \begin{pmatrix} -1 \\ 1 \\ 3 \end{pmatrix}$

   $E: 3x - 3y + 2z = 6$

h) $g: \vec{x} = \begin{pmatrix} 10 \\ 5 \\ 14 \end{pmatrix} + r \begin{pmatrix} 2 \\ 1 \\ 3 \end{pmatrix}$

   $E: y = 2$

i) $g: \vec{x} = \begin{pmatrix} 1 \\ 3 \\ 1 \end{pmatrix} + r \begin{pmatrix} 2 \\ 2 \\ -1 \end{pmatrix}$

   $E: x + 2z = 3$

j) $g: \vec{x} = r \begin{pmatrix} 1 \\ -1 \\ 0 \end{pmatrix}$

   $E: 5x - 3y - 4z = 4$

**18.** Vier Sterne $\alpha$, $\beta$, $\gamma$, $\delta$ begrenzen einen pyramidenförmigen Raumsektor. Sie haben die Koordinaten $\alpha(4|4|8)$, $\beta(0|20|0)$, $\gamma(-16|16|4)$ und $\delta(-8|12|12)$.

a) Liegen die Sterne $P(-4|6|6)$, $Q(-3|12|8)$, $R(-8|12|6)$ im Dreieck $\alpha\beta\gamma$?

b) Ein Komet fliegt nahezu geradlinig durch die Punkte $A(10|3|1)$ und $B(4|7|3)$. Wo dringt er in den Raumsektor ein? Wo verlässt er ihn?

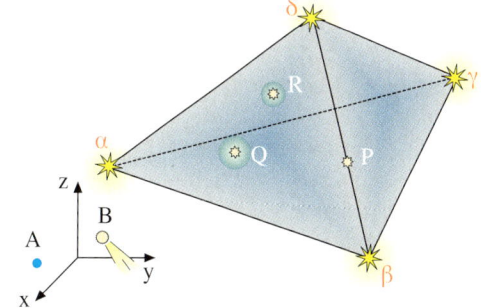

**19.** Prüfen Sie, ob die Gerade g das Parallelogramm ABCD schneidet.

a) $g: \vec{x} = \begin{pmatrix} 2 \\ 0 \\ 5 \end{pmatrix} + r \begin{pmatrix} 1 \\ 8 \\ -1 \end{pmatrix}$

A(0|0|0), B(6|0|0), C(6|4|2), D(0|4|2)

b) $g: \vec{x} = \begin{pmatrix} 1 \\ 1 \\ -1 \end{pmatrix} + r \begin{pmatrix} 2 \\ 1 \\ 1 \end{pmatrix}$

A(3|3|3), B(8|5|2), C(6|3|0), D(1|1|1)

**20.** Gegeben ist der Würfel ABCDEFGH mit der Seitenlänge 6. M sei der Mittelpunkt des Vierecks BCGF.
  a) In welchem Punkt S schneidet die Gerade g durch A und M das Dreieck BCE?
  b) In welchem Punkt T trifft die Parallele p zur Kante $\overline{AB}$ durch M das Dreieck BCE?
  c) Schneidet die Gerade h durch M und D das Dreieck?

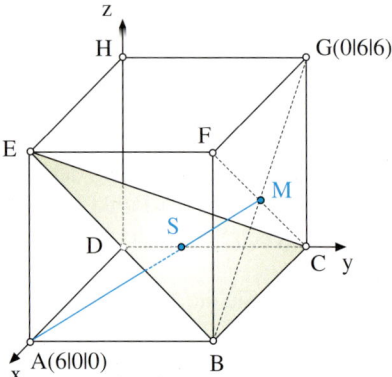

**21.** Gegeben ist die Pyramide mit den Ecken A(12|−3|−3), B(9|9|0), C(9|0|9) und der Spitze S(15|3|3).
  a) Bestimmen Sie die Kantenlängen.
  b) Zeigen Sie, dass sich die Kanten in der Spitze senkrecht treffen.
  c) Untersuchen Sie die Lage der Geraden g durch P(8|7|7) und Q(4|14|11) zur Pyramide. Welche Länge schneidet die Pyramide aus der Geraden g heraus?

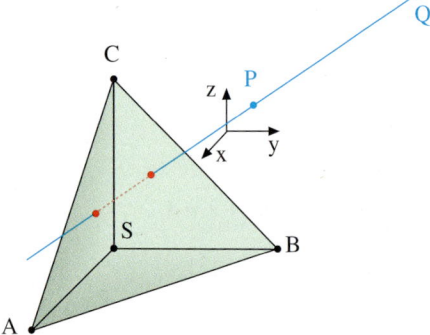

**22.** Gegeben ist das Polyeder ABCDEFGH mit den Ecken A(0|0|0), B(2|4|6), C(5|7|12), D(3|3|6), E(4|4|4), F(6|8|10), G(9|11|16), H(7|7|10).
  a) Zeigen Sie, dass das Polyeder ABCDEFGH ein Spat[1] ist.
  b) Liegen die Punkte P(6|7|10) und Q(4|3|6) im Spat?
  c) Bestimmen Sie den Schnittpunkt der Geraden durch A und G mit der Ebene durch B, F und H.

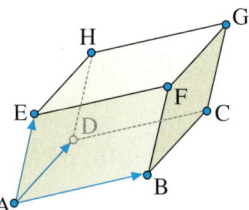

---

[1] Ein Spat ist ein von drei Vektoren aufgespanntes Polyeder. Alle Seiten sind zu den drei aufspannenden Vektoren parallel.

**23.** Untersuchen Sie die Gerade g und Ebene E auf Orthogonalität bzw. Parallelität.

a) $g: \vec{x} = \begin{pmatrix} 2 \\ 0 \\ 0 \end{pmatrix} + r \begin{pmatrix} 1 \\ -2 \\ 3 \end{pmatrix}$

$E: \left[\vec{x} - \begin{pmatrix} 0 \\ 4 \\ 0 \end{pmatrix}\right] \cdot \begin{pmatrix} -3 \\ 6 \\ 5 \end{pmatrix} = 0$

b) $g: \vec{x} = \begin{pmatrix} 5 \\ 1 \\ 6 \end{pmatrix} + r \begin{pmatrix} -2 \\ 1 \\ 3 \end{pmatrix}$

$E: 4x - 2y - 6z = -18$

c) $g: \vec{x} = \begin{pmatrix} -4 \\ -5 \\ 3 \end{pmatrix} + r \begin{pmatrix} 5 \\ 6 \\ -2 \end{pmatrix}$

$E: 4x - 3y + z = 5$

**24.** Bestimmen Sie eine Gleichung einer Geraden g, die zur Ebene E orthogonal ist und den Punkt A enthält. Berechnen Sie sodann den Schnittpunkt F von g und E (Lotfußpunkt). A wird an der Ebene E gespiegelt. Bestimmen Sie die Koordinaten des Spiegelpunktes A'.

a) $E: \vec{x} \cdot \begin{pmatrix} 3 \\ 1 \\ 4 \end{pmatrix} = 0$

A(3|2|−6)

b) $E: \left[\vec{x} - \begin{pmatrix} 1 \\ 1 \\ 3 \end{pmatrix}\right] \cdot \begin{pmatrix} 2 \\ -1 \\ 1 \end{pmatrix} = 0$

A(4|0|8)

c) $E: \vec{x} = \begin{pmatrix} 0 \\ 2 \\ 0 \end{pmatrix} + r \begin{pmatrix} 3 \\ -1 \\ 0 \end{pmatrix} + s \begin{pmatrix} 1 \\ 0 \\ 1 \end{pmatrix}$

A(3|7|−4)

**25.** Der Punkt A wurde durch Spiegelung an einer Ebene auf den Punkt A' abgebildet. Bestimmen Sie eine Gleichung der Ebene E.

a) A(1|0|3), A'(5|8|1)  b) A(2|1|−4), A'(3|3|0)  c) A(2|5|6), A'(0|3|1)

**26.** Gegeben sind eine Gerade g und zwei nicht auf g liegende Punkte A und B. Gesucht ist:

I. ein Geradenpunkt C derart, dass das Dreieck ABC bei C rechtwinklig ist,
II. eine Gerade h, welche auf dem Dreieck ABC senkrecht steht und C enthält.

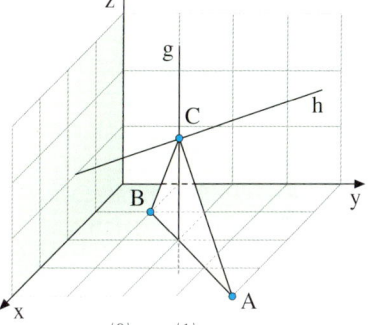

a) $g: \vec{x} = \begin{pmatrix} 2 \\ 2 \\ 0 \end{pmatrix} + r \begin{pmatrix} 0 \\ 0 \\ 2 \end{pmatrix}$; A(4|4|0), B(1|1|0)

b) $g: \vec{x} = \begin{pmatrix} 0 \\ 2 \\ 0 \end{pmatrix} + r \begin{pmatrix} 1 \\ 1 \\ 1 \end{pmatrix}$; A(1|2|1), B(−1|3|7)

**27.** Gegeben sind die Gerade $g: \vec{x} = \begin{pmatrix} 2 \\ 0 \\ 1 \end{pmatrix} + r \begin{pmatrix} 1 \\ -2 \\ -1 \end{pmatrix}$ und die Ebene $E: \left[\vec{x} - \begin{pmatrix} 1 \\ -2 \\ 1 \end{pmatrix}\right] \cdot \begin{pmatrix} 3 \\ 2 \\ -1 \end{pmatrix} = 0$.

a) Zeigen Sie, dass g echt parallel zu E verläuft.
b) Die Gerade g wird an der Ebene E gespiegelt. Bestimmen Sie eine Gleichung der gespiegelten Geraden g'.

**28.** Ein Flugzeug steuert auf die Cheops-Pyramide zu. Auf dem Radarschirm im Kontrollpunkt ist die Flugbahn durch die abgebildeten Punkte $F_1(56|-44|15)$ und $F_2(48|-36|14)$ erkennbar. Die Eckpunkte der Cheops-Pyramide sind ebenfalls auf dem Radarbild zu sehen. Kollidiert das Flugzeug bei gleichbleibendem Kurs mit der Cheops-Pyramide?
(Maßstab: 1 Einheit ≙ 10 m)

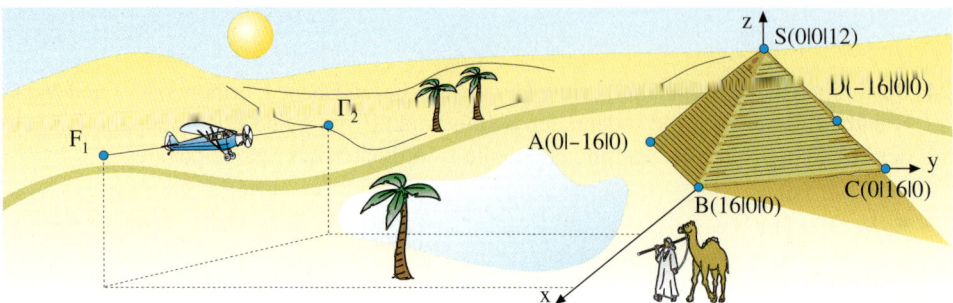

**29.** Ist die Bergspitze S von der Insel I bzw. vom Boot H aus zu sehen oder behindert die Pyramide die Sicht?
  a) Fertigen Sie zunächst einen Grundriss an (Aufsicht auf die x-y-Ebene).
  b) Entscheiden Sie anhand des Grundrisses, welche Pyramidenflächen die Sichtlinien unterbrechen könnten.
  c) Berechnen Sie, ob die Sichtlinien durch diese Fläche tatsächlich unterbrochen werden.

$A(100|-100|20)$, $B(20|140|20)$,
$C(-60|-20|-20)$, $D(0|0|80)$
$S(-70|-210|100)$, $H(210|-10|0)$, $I(130|230|0)$

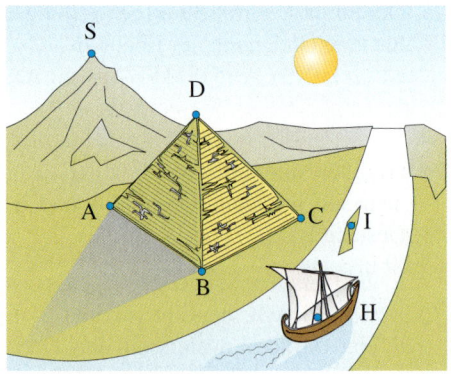

**30.** Gegeben ist das rechts abgebildete Haus (Maße in m).
Eine Antenne auf dem Haus hat die Eckpunkte $A(-2|2|5)$ und $B(-2|2|6)$. Fällt paralleles Licht in Richtung des Vektors $\vec{v} = \begin{pmatrix} 2 \\ 8 \\ -3 \end{pmatrix}$ auf die Antenne, so wirft diese einen Schatten auf die Dachfläche EFGH. Berechnen Sie den Schattenpunkt der Antennenspitze auf der Dachfläche EFGH sowie die Länge des Antennenschattens auf dem Dach.

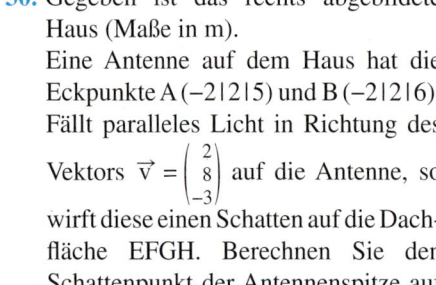
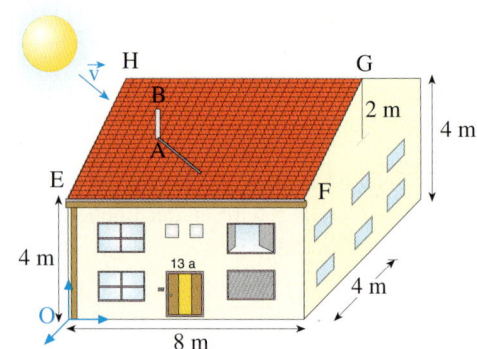

## E. Die Lage von zwei Ebenen

Zwei Ebenen E und F können folgende Lagen zueinander einnehmen: Sie können sich in einer Geraden g schneiden, echt parallel zueinander verlaufen oder identisch sein.

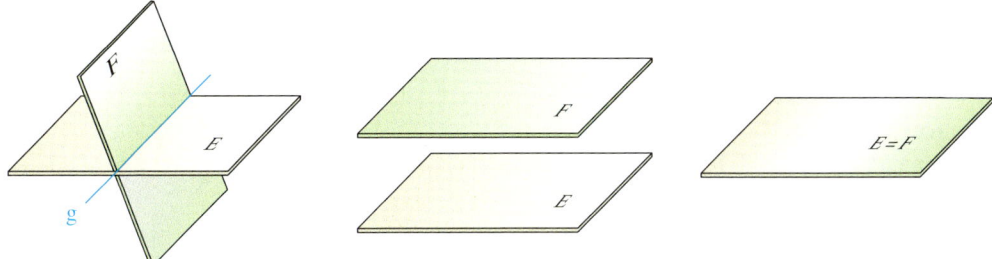

Besonders einfach lässt sich die gegenseitige Lage von Ebenen untersuchen, wenn eine der Ebenengleichungen in Koordinatenform und die andere in Parameterform vorliegt.

▶ **Beispiel: Koordinatenform/Parameterform**
Untersuchen Sie die gegenseitige Lage der Ebenen E und F. Bestimmen Sie ggf. eine Gleichung der Schnittgeraden.

$E: 4x + 3y + 6z = 36$

$F: \vec{x} = \begin{pmatrix} 0 \\ 0 \\ 3 \end{pmatrix} + r \begin{pmatrix} 3 \\ 2 \\ -1 \end{pmatrix} + s \begin{pmatrix} 3 \\ 0 \\ -1 \end{pmatrix}$

Lösung:
Wir setzen die Koordinaten der durch ihre Parametergleichung gegebenen Ebene F in die Koordinatengleichung der Ebene E ein.

*Koordinaten von F:*
$x = 3r + 3s$
$y = 2r$
$z = 3 - r - s$

Wir erhalten eine Gleichung mit den Parametern r und s. Diese Gleichung lösen wir nach einem Parameter auf, z. B. nach s.

*Einsetzen in die Koordinatengleichung:*
$4 \cdot (3r + 3s) + 3 \cdot 2r + 6 \cdot (3 - r - s) = 36$
$12r + 12s + 6r + 18 - 6r - 6s = 36$
$6s = 18 - 12r$
$s = 3 - 2r$

Das Ergebnis $s = 3 - 2r$ setzen wir in die Parameterform von F ein, die dann nur noch den Parameter r enthält.
Durch Ausmultiplizieren und Zusammenfassen ergibt sich eine Geradengleichung. Es handelt sich um die Gleichung der
▶ Schnittgeraden g der Ebenen E und F.

*Bestimmung der Schnittgeraden g:*
$g: \vec{x} = \begin{pmatrix} 0 \\ 0 \\ 3 \end{pmatrix} + r \begin{pmatrix} 3 \\ 2 \\ -1 \end{pmatrix} + (3 - 2r) \begin{pmatrix} 3 \\ 0 \\ -1 \end{pmatrix}$

$= \begin{pmatrix} 9 \\ 0 \\ 0 \end{pmatrix} + r \begin{pmatrix} -3 \\ 2 \\ 1 \end{pmatrix}$

### Übung 31
Die Ebenen E und F schneiden sich. Bestimmen Sie eine Gleichung der Schnittgeraden g. Stellen Sie eine der Ebenen erforderlichenfalls in Parameterform dar. Zeichnen Sie ein Schrägbild.

a) $E: \vec{x} = \begin{pmatrix} 2 \\ 0 \\ 0 \end{pmatrix} + r \begin{pmatrix} -1 \\ 0 \\ 3 \end{pmatrix} + s \begin{pmatrix} -1 \\ 4 \\ 0 \end{pmatrix}$
   $F: 2x + y + 2z = 8$

b) E durch A(0|0|0), B(1|2|2), C(−1|0|6)
   $F: x + y + z = 5$

c) $E: x + 2y + z = 4$
   $F: x + y + z = 2$

Echt parallele oder identische Ebenen erkennt man mit dem Berechnungsverfahren aus dem vorhergehenden Beispiel ebenfalls leicht.

> **Beispiel: Parallele und identische Ebenen**
> Untersuchen Sie die gegenseitige Lage der Ebene E: $2x + 2y + z = 6$ mit den Ebenen
> F: $\vec{x} = \begin{pmatrix} 1 \\ 1 \\ 8 \end{pmatrix} + r \begin{pmatrix} -3 \\ 1 \\ 4 \end{pmatrix} + s \begin{pmatrix} 1 \\ 1 \\ -4 \end{pmatrix}$ bzw. G: $\vec{x} = \begin{pmatrix} 2 \\ 4 \\ -6 \end{pmatrix} + r \begin{pmatrix} -3 \\ 2 \\ 2 \end{pmatrix} + s \begin{pmatrix} -1 \\ -2 \\ 6 \end{pmatrix}$.

**Lösung:**
Wir nehmen zunächst an, dass sich die Ebenen schneiden, und versuchen, die Schnittgerade zu bestimmen.

*Lage von E und F:*
Wir setzen wieder die Koordinaten von F in die Gleichung von E ein:

$2(1 - 3r + s) + 2(1 + r + s) + (8 + 4r - 4s) = 6$
$2 - 6r + 2s + 2 + 2r + 2s + 8 + 4r - 4s = 6$
$\qquad\qquad 12 = 6 \quad \textit{Widerspruch}$

Nach entsprechender Vereinfachung durch Klammerauflösung und Zusammenfassung ergibt sich ein Widerspruch. Kein Punkt von F erfüllt die Gleichung von E.
▶ Die Ebenen E und F sind echt **parallel**.

*Lage von E und G:*
Wir setzen auch hier die Koordinaten von G in die Gleichung von E ein:

$2(2 - 3r - s) + 2(4 + 2r - 2s) + (-6 + 2r + 6s) = 6$
$4 - 6r - 2s + 8 + 4r - 4s - 6 + 2r + 6s = 6$
$\qquad\qquad 6 = 6 \quad \textit{wahre Aussage}$

Auch hier fallen alle Parameter nach Vereinfachung heraus, und übrig bleibt eine wahre Aussage. Alle Punkte von G erfüllen die Gleichung von E.
Die Ebenen E und G sind daher **identisch**.

## Übung 32
Untersuchen Sie die gegenseitige Lage der Ebenen E: $3x + 6y + 4z = 36$ und F.

a) F: $\vec{x} = \begin{pmatrix} 2 \\ 0 \\ 3 \end{pmatrix} + r \begin{pmatrix} 0 \\ 2 \\ -3 \end{pmatrix} + s \begin{pmatrix} -2 \\ 3 \\ -3 \end{pmatrix}$

b) F: $\vec{x} = \begin{pmatrix} 8 \\ 0 \\ 3 \end{pmatrix} + r \begin{pmatrix} -2 \\ 3 \\ -3 \end{pmatrix} + s \begin{pmatrix} 8 \\ -2 \\ -3 \end{pmatrix}$

c) F geht durch A(4|4|0), B(0|4|3) und C(0|0|0).

d) F: $6x + 12y + 8z = 36$

e) F hat die Achsenabschnitte $x = 6$, $y = 12$ und $z = 9$.

## Übung 33
Welche der Ebenen F, G und H sind echt parallel bzw. identisch zur Ebene E?

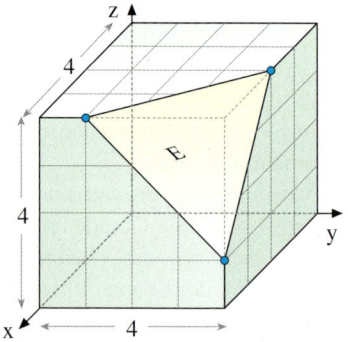

F: $\quad 2x - 6y + 5z = \phantom{-}0$
G: $-1{,}5x - \phantom{0}y - \phantom{0}z = -11$
H: $\quad 3x + 2y + 2z = \phantom{-}6$

## 2. Lagebeziehungen

Für eine Untersuchung zweier Ebenen auf Parallelität und Orthogonalität eignen sich besonders Koordinaten- bzw. Normalengleichungen.

**Parallele Ebenen:**
(1) Die Normalenvektoren sind kollinear.
(2) Der Normalenvektor einer Ebene ist orthogonal zu beiden Richtungsvektoren der anderen Ebene.

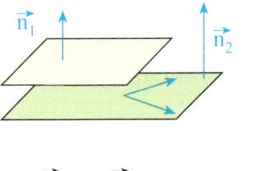
$\vec{n_2} = r \cdot \vec{n_1}$

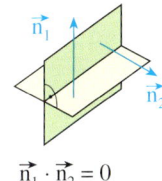
$\vec{n_1} \cdot \vec{n_2} = 0$

**Orthogonale Ebenen:**
Die Normalenvektoren sind orthogonal.

Die Untersuchung der gegenseitigen Lage von zwei Ebenen gestaltet sich relativ einfach, wenn eine Ebenengleichung in Koordinatenform und eine in Parameterform vorliegt.

▶ **Beispiel: Koordinatengleichung/Parametergleichung**
Gegeben seien die Ebenen $E_1$: $2x + y + 3z = 6$ und $E_2$: $\vec{x} = \begin{pmatrix}1\\2\\1\end{pmatrix} + r\begin{pmatrix}1\\-1\\0\end{pmatrix} + s\begin{pmatrix}0\\-2\\1\end{pmatrix}$.
Untersuchen Sie, welche Lage $E_1$ und $E_2$ relativ zueinander einnehmen.

**Lösung:**
Zwei Ebenen sind offenbar genau dann parallel, wenn der Normalenvektor einer der Ebenen orthogonal ist zu beiden Richtungsvektoren der zweiten Ebene.

Da dies in unserem Beispiel, wie die Überprüfung mithilfe des Skalarproduktes ergibt, nicht der Fall ist, schneiden sich $E_1$ und $E_2$.

Zur Bestimmung der Gleichung der Schnittgeraden setzen wir die allgemeinen Koordinaten $x = 1 + r$, $y = 2 - r - 2s$ und $z = 1 + s$ von $E_2$ in die Ebenengleichung von $E_1$ ein.
Die entstandene Gleichung lösen wir nach s auf und erhalten $s = -1 - r$.

Setzen wir diesen Zusammenhang nun in die Gleichung von $E_2$ ein, so ergibt sich die
▶ Gleichung der Schnittgeraden g von $E_1$ und $E_2$.

**1. Untersuchung auf Parallelität:**
$\begin{pmatrix}2\\1\\3\end{pmatrix} \cdot \begin{pmatrix}1\\-1\\0\end{pmatrix} = 1 \neq 0 \Rightarrow E_1 \not\parallel E_2$

**2. Bestimmung der Schnittgeraden:**
$2x + y + 3z = 6$
$2(1+r) + (2-r-2s) + 3(1+s) = 6$
$7 + r + s = 6$
$s = -1 - r$

$g: \vec{x} = \begin{pmatrix}1\\2\\1\end{pmatrix} + r \cdot \begin{pmatrix}1\\-1\\0\end{pmatrix} + (-1-r) \cdot \begin{pmatrix}0\\-2\\1\end{pmatrix}$

$= \begin{pmatrix}1\\2\\1\end{pmatrix} + r \cdot \begin{pmatrix}1\\-1\\0\end{pmatrix} + \begin{pmatrix}0\\2\\-1\end{pmatrix} + r \cdot \begin{pmatrix}0\\2\\-1\end{pmatrix}$

$g: \vec{x} = \begin{pmatrix}1\\4\\0\end{pmatrix} + r \cdot \begin{pmatrix}1\\1\\-1\end{pmatrix}$

### Übung 34
Untersuchen Sie die gegenseitige Lage von E und $E_1$ bzw. von E und $E_2$.

E: $x + 3y + 2z = 6$,  $E_1$: $\vec{x} = \begin{pmatrix} 2 \\ 2 \\ -2 \end{pmatrix} + r \begin{pmatrix} 4 \\ -2 \\ 1 \end{pmatrix} + s \begin{pmatrix} 0 \\ 2 \\ -3 \end{pmatrix}$,  $E_2$: $\vec{x} \cdot \begin{pmatrix} 2 \\ 6 \\ 4 \end{pmatrix} = 12$

### Übung 35
Bestimmen Sie eine Gleichung der Schnittgeraden g von $E_1$: $\left[\vec{x} - \begin{pmatrix} 2 \\ 1 \\ 1 \end{pmatrix}\right] \cdot \begin{pmatrix} 1 \\ -1 \\ 1 \end{pmatrix} = 0$ und $E_2$: $2x - y - 3z = 1$.

---

▶ **Beispiel: Orthogonale Ebenen**
Gegeben ist die Ebene $E_1$: $2x - y - z = -1$. Gesucht ist eine Ebene $E_2$, die den Punkt A(3|1|2) enthält und orthogonal zur Ebene $E_1$ ist. Bestimmen Sie die Schnittgerade g der beiden Ebenen.

**Lösung:**
Als Stützpunkt der Ebene $E_2$ verwenden wir den gegebenen Ebenenpunkt A(3|1|2). Der Normalenvektor $\vec{n}_2$ von $E_2$ ist orthogonal zum Normalenvektor $\vec{n}_1$ von $E_1$.

Wegen $\vec{n}_1 = \begin{pmatrix} 2 \\ -1 \\ -1 \end{pmatrix}$ können wir $\vec{n}_2 = \begin{pmatrix} 0 \\ 1 \\ -1 \end{pmatrix}$ wählen. Dann gilt $\vec{n}_1 \cdot \vec{n}_2 = 0$.

Nun können wir die rechts dargestellte Koordinatengleichung von $E_2$ aufstellen.

Zur Schnittgeradenbestimmung wandeln wir die Koordinatengleichung von $E_2$ in eine äquivalente Parametergleichung um.

Die allgemeinen Koordinaten der Parametergleichung von $E_2$ setzen wir in die Koordinatengleichung von $E_1$ ein. Durch Auflösen der entstandenen Gleichung erhalten wir die Beziehung $s = r - 2$. Setzen wir diese in die Parametergleichung von $E_2$
▶ ein, so ergibt sich die Gleichung von g.

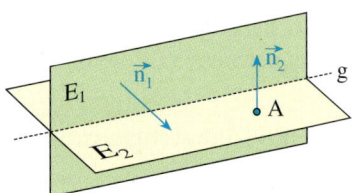

**Koordinatengleichung von $E_2$:**
$E_2$: $y - z = -1$

**Parametergleichung von $E_2$:**
$E_2$: $\vec{x} = \begin{pmatrix} 3 \\ 1 \\ 2 \end{pmatrix} + r \begin{pmatrix} 0 \\ 1 \\ 1 \end{pmatrix} + s \begin{pmatrix} 2 \\ 1 \\ 1 \end{pmatrix}$

**Schnittgeradenbestimmung:**
$$2x - y - z = -1$$
$$2(3 + 2s) - (1 + r + s) - (2 + r + s) = -1$$
$$3 + 2s - 2r = -1$$
$$s = r - 2$$

g: $\vec{x} = \begin{pmatrix} -1 \\ -1 \\ 0 \end{pmatrix} + r \begin{pmatrix} 2 \\ 2 \\ 2 \end{pmatrix}$

### Übung 36
Gegeben ist die Ebene $E_1$: $2x + y - 2z = -2$ sowie der Punkt A(−2|1|2). Gesucht ist eine Ebene $E_2$, die A enthält und orthogonal zu $E_1$ ist. Bestimmen Sie die Gleichung der Schnittgeraden g von $E_1$ und $E_2$.

## 2. Lagebeziehungen

### F. Spurgeraden von Ebenen

Schneidet eine Ebene E im dreidimensionalen Anschauungsraum eine der Koordinatenebenen, so bezeichnet man die Schnittgerade als *Spurgerade* von E.

Die in der Abbildung dargestellte Ebene hat drei Spurgeraden: $g_{xy}$, $g_{xz}$, $g_{yz}$.

Die Indizierung gibt jeweils an, in welcher Koordinatenebene die Spurgerade liegt.

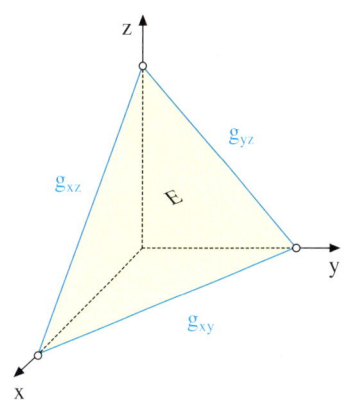

▶ **Beispiel:** Gegeben ist die Ebene E durch $A(5|-4|3)$, $B(10|8|-9)$ und $C(-5|12|-3)$.
Bestimmen Sie die Gleichung der Spurgeraden $g_{xy}$.

*Lösung:*
Wir bestimmen zunächst die Gleichung der Ebene E.

Die Spurgerade $g_{xy}$ besteht aus denjenigen Punkten von E, deren z-Komponente gleich null ist. Daher setzen wir in der Ebenengleichung $z = 0$.
Dies führt auf die Bedingung $s = \frac{1}{2} - 2r$.

Setzen wir diesen Zusammenhang in die Gleichung von E ein, so erhalten wir die einparametrige Geradengleichung der
▶ Spurgeraden $g_{xy}$.

*1. Gleichung der Ebene E:*

$$E: \begin{pmatrix}x\\y\\z\end{pmatrix} = \begin{pmatrix}5\\-4\\3\end{pmatrix} + r \cdot \begin{pmatrix}5\\12\\-12\end{pmatrix} + s \cdot \begin{pmatrix}-10\\16\\-6\end{pmatrix}$$

*2. Ansatz für $g_{xy}$: $z = 0$*

$0 = 3 - 12r - 6s$
$s = \frac{1}{2} - 2r$

*3. Einsetzen in die Gleichung von E:*

$g_{xy}: \vec{x} = \begin{pmatrix}5\\-4\\3\end{pmatrix} + r\begin{pmatrix}5\\12\\-12\end{pmatrix} + (\frac{1}{2} - 2r)\begin{pmatrix}-10\\16\\-6\end{pmatrix}$

$g_{xy}: \vec{x} = \begin{pmatrix}5\\-4\\3\end{pmatrix} + r\begin{pmatrix}5\\12\\-12\end{pmatrix} + \begin{pmatrix}-5\\8\\-3\end{pmatrix} + r\begin{pmatrix}20\\-32\\12\end{pmatrix}$

$g_{xy}: \vec{x} = \begin{pmatrix}0\\4\\0\end{pmatrix} + r\begin{pmatrix}25\\-20\\0\end{pmatrix}$

### Übung 37
a) Bestimmen Sie die Spurgeraden $g_{xz}$ und $g_{yz}$ der Ebene E aus dem obigen Beispiel.
b) Bestimmen Sie alle Spurgeraden von $E_1$ und $E_2$.

$E_1: \vec{x} = \begin{pmatrix}1\\2\\1\end{pmatrix} + r \cdot \begin{pmatrix}2\\-1\\1\end{pmatrix} + s \cdot \begin{pmatrix}1\\1\\-2\end{pmatrix}$, $E_2: 2x - y + 3z = 0$

c) Eine Ebene E besitze die Spurgeraden $g_{xy}: \vec{x} = \begin{pmatrix}1\\1\\0\end{pmatrix} + r \cdot \begin{pmatrix}1\\0\\0\end{pmatrix}$ und $g_{yz}: \vec{x} = \begin{pmatrix}0\\1\\-1\end{pmatrix} + s \cdot \begin{pmatrix}0\\0\\3\end{pmatrix}$.
Wie lautet die Gleichung von E? Zeigen Sie, dass E keine Spurgerade $g_{xz}$ besitzt.

## Übungen

**38.** Bestimmen Sie die Schnittgerade g der Ebenen $E_1$ und $E_2$.

a) $E_1: \vec{x} = \begin{pmatrix}1\\2\\0\end{pmatrix} + r\begin{pmatrix}1\\2\\-3\end{pmatrix} + s\begin{pmatrix}0\\-4\\3\end{pmatrix}$

$E_2: -6x + 4y + 3z = -12$

b) $E_1: \vec{x} = \begin{pmatrix}0\\1\\2\end{pmatrix} + r\begin{pmatrix}-1\\1\\2\end{pmatrix} + s\begin{pmatrix}1\\2\\-2\end{pmatrix}$

$E_2: 3x + y + z = 3$

c) $E_1: \vec{x} = \begin{pmatrix}0\\3\\0\end{pmatrix} + r\begin{pmatrix}1\\-3\\1\end{pmatrix} + s\begin{pmatrix}-3\\-1\\3\end{pmatrix}$

$E_2: x + 2y = 4$

d) $E_1: \vec{x} = \begin{pmatrix}3\\0\\0\end{pmatrix} + r\begin{pmatrix}-3\\0\\3\end{pmatrix} + s\begin{pmatrix}-3\\6\\0\end{pmatrix}$

$E_2: 2y + z = 6$

**39.** Gesucht ist die Schnittgerade g von $E_1$ und $E_2$.

a) $E_1: 2x + 6y + 3z = 12$
$E_2: 2x + 2y + 2z = 8$

b) $E_1: x + 2y + 4z = 8$
$E_2: 3x - 2y = 0$

c) $E_1: \vec{x} = \begin{pmatrix}1\\2\\2\end{pmatrix} + r\begin{pmatrix}1\\-1\\0\end{pmatrix} + s\begin{pmatrix}1\\0\\-1\end{pmatrix}$

$E_2: \vec{x} = \begin{pmatrix}3\\4\\-3\end{pmatrix} + u\begin{pmatrix}0\\-1\\0\end{pmatrix} + v\begin{pmatrix}-2\\-3\\3\end{pmatrix}$

d) $E_1: \vec{x} = \begin{pmatrix}4\\0\\0\end{pmatrix} + r\begin{pmatrix}0\\4\\0\end{pmatrix} + s\begin{pmatrix}-4\\0\\3\end{pmatrix}$

$E_2: \vec{x} = \begin{pmatrix}0\\0\\0\end{pmatrix} + u\begin{pmatrix}4\\4\\0\end{pmatrix} + v\begin{pmatrix}0\\0\\3\end{pmatrix}$

**40.** Auf dem abgebildeten Würfel sind zwei Ebenenausschnitte dargestellt. Zeigen Sie, dass die zugehörigen Ebenen sich schneiden. Geben Sie eine Gleichung der Schnittgeraden g an.

a)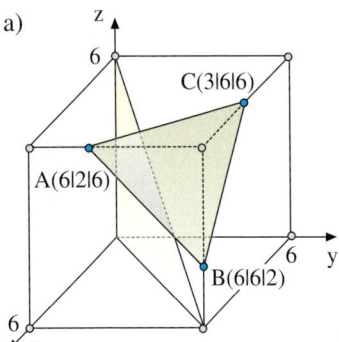

b)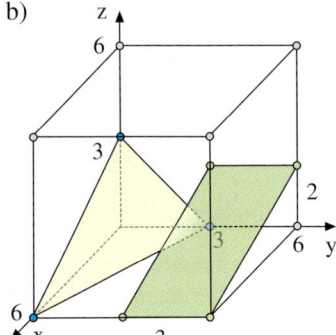

**41.** $E_1$ enthält die Geraden $g_1: \vec{x} = \begin{pmatrix}2\\0\\3\end{pmatrix} + r\begin{pmatrix}1\\-1\\3\end{pmatrix}$ und $g_2: \vec{x} = \begin{pmatrix}0\\2\\3\end{pmatrix} + s\begin{pmatrix}-1\\1\\3\end{pmatrix}$, die sich schneiden.

$E_2$ geht durch die Punkte A(2|2|0), B(0|4|6) und C(−3|7|0).

$E_3$ hat die Achsenabschnitte x = 4, y = 4 und z = 6.

a) Untersuchen Sie die gegenseitige Lage von $E_1$ und $E_2$ bzw. von $E_1$ und $E_3$.

b) Zeichnen Sie ein Schrägbild der drei Ebenen sowie der Schnittgeraden.

**42.** Untersuchen Sie, welche gegenseitige Lage die Ebenen $E_1$ und $E_2$ einnehmen.

a) $E_1:\ 2x + y + z = 6$ $\quad E_2:\ \vec{x} = \begin{pmatrix} -2 \\ -2 \\ 3 \end{pmatrix} + r \begin{pmatrix} 1 \\ 1 \\ 0 \end{pmatrix} + s \begin{pmatrix} 2 \\ 0 \\ -3 \end{pmatrix}$

b) $E_1:\ x - y + z = 2$ $\quad E_2:\ \vec{x} = \begin{pmatrix} 7 \\ 1 \\ -4 \end{pmatrix} + r \begin{pmatrix} 1 \\ 1 \\ 0 \end{pmatrix} + s \begin{pmatrix} 1 \\ 0 \\ -1 \end{pmatrix}$

c) $E_1:\ 2x - 5y - 5z = 8$ $\quad E_2:\ \vec{x} = \begin{pmatrix} 0 \\ -1 \\ -1 \end{pmatrix} + r \begin{pmatrix} 5 \\ 1 \\ 1 \end{pmatrix} + s \begin{pmatrix} 5 \\ 2 \\ 0 \end{pmatrix}$

d) $E_1:\ 4y + z = 4$
$\quad E_2:\ 3y + 2z = 6$

e) $E_1:\ x + 2y + 3z = 12$
$\quad E_2:\ 2x + 4y + 6z = 16$

f) $E_1:\ x - y - 2z = -2$
$\quad E_2:\ 2x - 2y - 4z = -4$

**43.** Bestimmen Sie die Gleichungen der Spurgeraden der Ebene E.

a) $E:\ \vec{x} = \begin{pmatrix} 3 \\ 0 \\ 2 \end{pmatrix} + r \begin{pmatrix} 3 \\ 4 \\ 2 \end{pmatrix} + s \begin{pmatrix} -3 \\ 0 \\ 1 \end{pmatrix}$

b) $E:\ \vec{x} = \begin{pmatrix} 4 \\ 3 \\ 2 \end{pmatrix} + r \begin{pmatrix} 2 \\ -1 \\ 1 \end{pmatrix} + s \begin{pmatrix} 1 \\ 2 \\ 2 \end{pmatrix}$

c) $E:\ -3x + 5y - z = 15$

d) $E:\ 3y - 2z = 12$

**44.** Eine Ebene E besitzt die Spurgeraden $g_1:\ \vec{x} = \begin{pmatrix} 1 \\ 1 \\ 0 \end{pmatrix} + r \cdot \begin{pmatrix} 2 \\ 1 \\ 0 \end{pmatrix}$ und $g_2:\ \vec{x} = \begin{pmatrix} 2 \\ 0 \\ 1 \end{pmatrix} + s \cdot \begin{pmatrix} 3 \\ 0 \\ 1 \end{pmatrix}$.

Bestimmen Sie eine Koordinatengleichung von E sowie die Gleichung der dritten Spurgeraden.

**45.** Die Abbildung zeigt Ausschnitte aus zwei Ebenen $E_1$ und $E_2$.
Bestimmen Sie die Gleichung der Schnittgeraden g.
Übertragen Sie die Abbildung in Ihr Heft und zeichnen Sie diejenige Teilstrecke der Schnittgeraden g in das Schrägbild ein, die auf dem abgebildeten Ausschnitt von $E_1$ liegt.

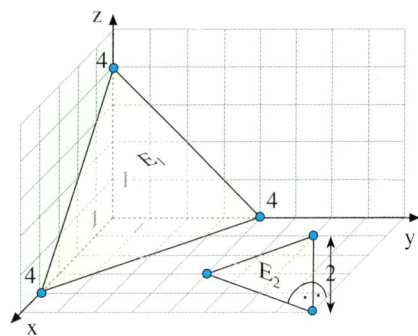

**46.** a) Welche gegenseitige Lagen können drei Ebenen zueinander einnehmen? Skizzieren Sie mindestens vier prinzipiell verschiedene Fälle.

b) Die drei Ebenen $E_1$, $E_2$, $E_3$ schneiden sich in einer Geraden g bzw. in einem Punkt S. Bestimmen Sie g bzw. S.

(1) $E_1:\ \vec{x} = \begin{pmatrix} 3 \\ 3 \\ 1 \end{pmatrix} + r \begin{pmatrix} -3 \\ -1 \\ 1 \end{pmatrix} + s \begin{pmatrix} 3 \\ 0 \\ -1 \end{pmatrix}$, $\quad E_2:\ \vec{x} = \begin{pmatrix} 6 \\ 0 \\ 0 \end{pmatrix} + u \begin{pmatrix} 0 \\ 6 \\ 1 \end{pmatrix} + v \begin{pmatrix} 6 \\ 0 \\ -1 \end{pmatrix}$, $\quad E_3:\ y - 3z = 0$

(2) $E_1:\ x + y + z = 4$, $\quad E_2:\ 3x + y + 3z = 6$, $\quad E_3:\ \vec{x} = \begin{pmatrix} 0 \\ 0 \\ 0 \end{pmatrix} + r \begin{pmatrix} 3 \\ 1 \\ 0 \end{pmatrix} + s \begin{pmatrix} 0 \\ 1 \\ 1 \end{pmatrix}$

**47.** Ein keilförmiges Kohleflöz hat nach oben und unten ebene Begrenzungsflächen E und E' zu den angrenzenden Gesteinsschichten. Bei drei Probebohrungen werden jeweils der Eintrittspunkt und der Austrittspunkt festgestellt: A(–20|30|–200), A'(–20|30|–236), B(120|180|–80), B'(120|180|–120), C(80|120|–120), C'(80|120|–160).

a) Wie lauten die Gleichungen der Begrenzungsebenen E und E'?
b) Wie lautet die Gleichung der Geraden g, in der das Kohleflöz endet?
c) Vom Punkt T(–200|200|0) wird ein Tunnel in Richtung des Vektors $\begin{pmatrix} 2 \\ -2 \\ -1 \end{pmatrix}$ vorangetrieben. Wo trifft er die Kohleschicht, wo verlässt er sie wieder, wie weit ist es vom Tunneleingang bis zur Kohleschicht?
d) Trifft eine senkrechte Bohrung, die im Punkt T(–100|450|0) beginnt, die Kohleschicht?

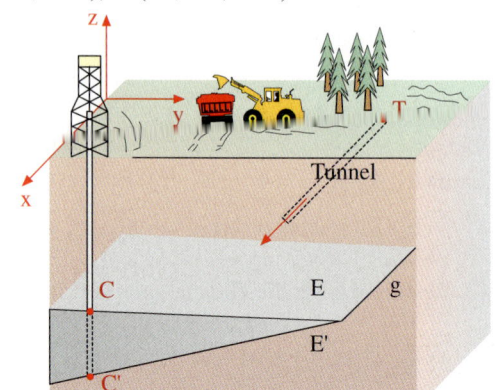

**48.** Finden Sie heraus, ob unter den Ebenen $E_1$, $E_2$ und $E_3$ Orthogonalitäten auftreten.

a) $E_1: \left[\vec{x} - \begin{pmatrix} 1 \\ 0 \\ 0 \end{pmatrix}\right] \cdot \begin{pmatrix} 1 \\ 4 \\ 2 \end{pmatrix} = 0$ $\quad E_2: \left[\vec{x} - \begin{pmatrix} 0 \\ 1 \\ 0 \end{pmatrix}\right] \cdot \begin{pmatrix} 4 \\ -1 \\ 0 \end{pmatrix} = 0$ $\quad E_3: \left[\vec{x} - \begin{pmatrix} 0 \\ 0 \\ 1 \end{pmatrix}\right] \cdot \begin{pmatrix} 8 \\ -3 \\ 2 \end{pmatrix} = 0$

b) $E_1: \left[\vec{x} - \begin{pmatrix} 0 \\ 1 \\ 2 \end{pmatrix}\right] \cdot \begin{pmatrix} -1 \\ 2 \\ -2 \end{pmatrix} = 0$ $\quad E_2: \vec{x} = \begin{pmatrix} 1 \\ 1 \\ 2 \end{pmatrix} + r\begin{pmatrix} 3 \\ 1 \\ 2 \end{pmatrix} + s\begin{pmatrix} 3 \\ 3 \\ 3 \end{pmatrix}$ $\quad E_3: 2x + 2y - 4z = 0$

**49.** Bestimmen Sie eine Normalengleichung der zu E parallelen Ebene F, die den Punkt A enthält.

a) $E: 2x - 3y + 2z = 12$, $A(1|2|4)$ $\qquad$ b) $E: \vec{x} = \begin{pmatrix} 1 \\ 2 \\ 0 \end{pmatrix} + r\begin{pmatrix} 0 \\ 2 \\ 3 \end{pmatrix} + s\begin{pmatrix} -3 \\ 4 \\ 6 \end{pmatrix}$, $A(-2|6|-2)$

**50.** Die Ebene E ist orthogonal zur x-y-Ebene und zur x-z-Ebene und enthält $A(1|2|3)$. Stellen Sie eine Koordinatengleichung von E auf.

**51.** Eine Ebene E ist orthogonal zur Ebene $F: 2x - 4z = 6$. Die Gleichung $g: \vec{x} = \begin{pmatrix} 3 \\ -1 \\ 0 \end{pmatrix} + r\begin{pmatrix} -4 \\ 3 \\ -2 \end{pmatrix}$ stellt die Schnittgerade von E und F dar. Stellen Sie eine Normalengleichung von E auf.

**52.** Gesucht ist derjenige Parameterwert a, für den die Ebenen $E_1$ und $E_a$ orthogonal sind.

a) $E_1: 2x - y + z = 6$
$\quad E_a: ax + 4y - 2z = 4$

b) $E_1: \vec{x} = \begin{pmatrix} 1 \\ 0 \\ 2 \end{pmatrix} + r\begin{pmatrix} 1 \\ 2 \\ 3 \end{pmatrix} + s\begin{pmatrix} 3 \\ 1 \\ -1 \end{pmatrix}$
$\quad E_a: x - ay + z = 3$

c) $E_1: \left[\vec{x} - \begin{pmatrix} 3 \\ 1 \\ 2 \end{pmatrix}\right] \cdot \begin{pmatrix} 1 \\ 1 \\ -1 \end{pmatrix} = 0$
$\quad E_a: ax + 2ay - 6z = 0$

## G. Exkurs: Ebenenscharen

Abschließend untersuchen wir *Ebenenscharen*. Hierbei kommt in der Ebenengleichung außer den Ebenenparametern noch mindestens eine weitere Variable vor. Zu jedem Variablenwert gehört dann eine Ebene der Schar. Im Folgenden betrachten wir nur einfache Ebenenscharen mit linearen Variablen.

▶ **Beispiel: Untersuchungen an einer Ebenenschar**
Gegeben ist die Ebenenschar $E_a$: $ax + 2y + (a-2)z = 4$, $a \in \mathbb{R}$.
a) Welche Ebene der Schar schneidet die x-Achse bei $x = 2$?
b) Welche Scharebene wird von der Geraden g: $\vec{x} = \begin{pmatrix} 4 \\ 5 \\ 3 \end{pmatrix} + r \cdot \begin{pmatrix} 2 \\ -1 \\ 3 \end{pmatrix}$ orthogonal geschnitten?

**Lösung zu a:**
Gesucht ist die Ebene der Schar, welche den Punkt P(2|0|0) enthält. Einsetzen der Punktkoordinaten in die Ebenengleichung ergibt, dass $E_2$ die x-Achse bei $x = 2$ schneidet.

P(2|0|0) in $E_a$ eingesetzt:
$2a = 4$
$a = 2$

**Lösung zu b:**
Die Gerade g liegt orthogonal zu einer Ebene der Schar, wenn ihr Spannvektor ein Vielfaches des Normalenvektors der Ebene $E_a$ ist.
Durch Koeffizientenvergleich erhalten wir ein Gleichungssystem, das für $a = -4$ lösbar ist.
$E_{-4}$ und die Gerade g schneiden sich orthogonal. Der Durchstoßpunkt ist S(2|6|0).

*Ansatz:* $\begin{pmatrix} a \\ 2 \\ a-2 \end{pmatrix} = k \cdot \begin{pmatrix} 2 \\ -1 \\ 3 \end{pmatrix}$

*Koeffizientenvergleich:*
I   $a = 2k$
II  $2 = -k \Rightarrow k = -2, a = -4$
III $a - 2 = 3k$

## Übung 53
Gegeben sei weiterhin die Ebenenschar $E_a$: $ax + 2y + (a-2)z = 4$.
a) Welche Ebene der Schar enthält den Punkt P(2|−4|2)?
b) Ermitteln Sie diejenige Scharebene, in der die Gerade g: $\vec{x} = \begin{pmatrix} 1 \\ 0 \\ 1 \end{pmatrix} + r \cdot \begin{pmatrix} -1 \\ 1 \\ 1 \end{pmatrix}$ liegt.
c) Bestimmen Sie alle Ebenen der Schar, welche zu einer Koordinatenachse parallel liegen.
d) Welche Ebene der Schar verläuft parallel zur Gerade g: $\vec{x} = \begin{pmatrix} 3 \\ 1 \\ 2 \end{pmatrix} + r \cdot \begin{pmatrix} 1 \\ 2 \\ 1 \end{pmatrix}$?
e) Bestimmen Sie die Schnittgerade g der Ebenen $E_0$ und $E_2$.
   Weisen Sie nach, dass diese Gerade g in allen Ebenen der Schar liegt.

> **Beispiel: Untersuchungen an einer Ebenenschar**
> Gegeben ist die Ebenenschar $E_a$: $2x + 2y + z = 2a + 4$, $a \in \mathbb{R}$.
> a) Welche Ebene der Schar enhält den Koordinatenursprung?
> b) $g_a$ sei die Schnittgerade einer Ebene $E_a$ mit der Ebene F: $x + y + z = 6$. Für welchen Wert von a liegt $g_a$ in der x-y-Ebene? Wie lautet in diesem Fall die Gleichung der Schnittgerade?

Lösung zu a:
Der Koordinatenursprung erfüllt die Ebenengleichung, wenn $2a + 4 = 0$ ist, d.h. $a = -2$.

$O(0|0|0)$ in $E_a$ eingesetzt:
$0 = 2a + 4$
$a = -2$

Lösung zu b:
Aus der Darstellung der Ebenen $E_a$ und F kann, wie nebenstehend dargestellt, für die z-Koordinate der Schnittgerade die Bedingung $z = 8 - 2a$ hergeleitet werden.
Daher ist für $a = 4$ die z-Koordinate der Schnittgerade gleich null.

I   $E_a$: $2x + 2y + z = 2a + 4$
II  F:    $x + y + z = 6$
2II–I              $z = 8 - 2a$

$z = 0$:   $0 = 8 - 2a$
           $a = 4$

Zur Bestimmung der Schnittgerade wird $z = 0$ und $a = 4$ in die Ebenengleichung von F eingesetzt und nach y aufgelöst.
Sei $x = r$ beliebig gewählt. Dann ergibt sich $y = 6 - r$ und damit die nebenstehende
> Gleichung der Schnittgerade.

*Bestimmung der Schnittgerade für $a = 4$:*
II          $x + y = 6$
$x = r, z = 0$   $y = 6 - r$

$g_4$: $\vec{x} = \begin{pmatrix} 0 \\ 6 \\ 0 \end{pmatrix} + r \cdot \begin{pmatrix} 1 \\ -1 \\ 0 \end{pmatrix}$

## Übung 54
Gegeben sei weiterhin die Ebenenschar $E_a$: $2x + 2y + z = 2a + 4$.
a) Welche Ebene der Schar enthält den Punkt $P(2|2|1)$?
   Welche Ebene der Schar enthält den Punkt $A(a|2a|-2)$?
b) Geben Sie zwei Ursprungsebenen an, die zueinander und zu allen Ebenen der Schar $E_a$ orthogonal sind.

## Übung 55
Gegeben sei die Ebenenschar $E_a$: $(a - 1)x + (4 - 2a)y + z = a + 1$.
a) Gehört die Ebene F: $4x - 4y + 2z = 8$ zur Schar $E_a$?
b) Welche Ebene der Schar enthält den Koordinatenursprung?
c) Welche Ebenen der Schar $E_a$ sind parallel zu einer Koordinatenachse?
d) Zu welcher Ebene der Schar $E_a$ verläuft die Gerade g: $\vec{x} = \begin{pmatrix} 1 \\ 2 \\ 0 \end{pmatrix} + r \cdot \begin{pmatrix} 1 \\ 1 \\ 1 \end{pmatrix}$ parallel?
e) Welche Ebene der Schar ist orthogonal zur Ursprungsgerade h: $\vec{x} = r \cdot \begin{pmatrix} -4 \\ 4 \\ -2 \end{pmatrix}$?

▶ **Beispiel: Ebenenbüschel**
Gegeben ist die Ebenenschar $E_a$: $x + (1-a)y + (a-3)z = 3$, $a \in \mathbb{R}$.
a) Untersuchen Sie, ob die Ebene F: $2x - 6y + 2z = 6$ zur Ebenenschar $E_a$ gehört.
b) Zeigen Sie, dass sich $E_0$ und $E_1$ schneiden. Bestimmen Sie die Gleichung der Schnittgeraden und zeigen Sie, dass diese Schnittgerade in allen Ebenen der Schar $E_a$ liegt.

**Lösung zu a:**
Die Ebene F gehört zur Ebenenschar $E_a$, wenn die beiden Koordinatengleichungen für einen speziellen Wert von a äquivalent sind. Das ist der Fall, wenn die Gleichung von F ein Vielfaches der Gleichung von $E_a$ ist oder umgekehrt. Dies führt auf den nebenstehenden Ansatz.

*Ansatz:* $F = b \cdot E_a$ $(a, b \in \mathbb{R})$

F: $bx + b(1-a)y + b(a-3)z = 3b$

F: $2x - 6y + 2z = 6$

Durch Koeffizientenvergleich der beiden Darstellungen von F erhalten wir ein Gleichungssystem, das die Lösungen $a = 4$ und $b = 2$ besitzt. Folglich gehört F zur Ebenenschar $E_a$ und ist mit der Ebene $E_4$ identisch.

*Koeffizientenvergleich:*
I   $b = 2$              $\Rightarrow b = 2$
II  $b(1-a) = -6$        $\Rightarrow a = 4$
III $b(a-3) = 2$         $\Rightarrow a = 4$
IV  $3b = 6$             $\Rightarrow b = 2$

**Lösung zu b:**
Wir untersuchen die Lagebeziehung der Ebenen $E_0$ und $E_1$ wie im Abschnitt D und formen $E_0$ zunächst um. Durch Einsetzen erkennen wir, dass sich die Ebenen $E_0$ und $E_1$ in einer Geraden g schneiden, deren Gleichung rechts angegeben ist.

$E_0$: $x + y - 3z = 3$  $(a = 0)$ bzw.

$E_0$: $\vec{x} = \begin{pmatrix} 3 \\ 0 \\ 0 \end{pmatrix} + t \begin{pmatrix} -3 \\ 3 \\ 0 \end{pmatrix} + s \begin{pmatrix} -3 \\ 0 \\ -1 \end{pmatrix}$

$E_1$: $x - 2z = 3$  $(a = 1)$

I–II: $3 - 3t - 3s + 2s = 3$ bzw. $-3t = s$

*Schnittgerade:* g: $\vec{x} = \begin{pmatrix} 3 \\ 0 \\ 0 \end{pmatrix} + r \begin{pmatrix} 2 \\ 1 \\ 1 \end{pmatrix}$

Nun muss noch nachgewiesen werden, dass diese Schnittgerade g in allen Ebenen der Schar $E_a$ (also unabhängig von a) enthalten ist. Hierzu setzen wir die Koordinaten von g in die Ebenengleichung von $E_a$ ein. Nach nebenstehender Rechnung erhalten wir eine wahre Aussage, unabhängig von a. Also liegt die Gerade g für alle reellen
▶ Werte von a in $E_a$.

*Nachweis, dass g in $E_a$ liegt:*
Koordinaten von g: $x = 3 + 2r$
                   $y = r$
                   $z = r$

*Einsetzen in die Gleichung von $E_a$:*
$3 + 2r + (1-a)r + (a-3)r = 3$
$3 + 2r + r - ar + ar - 3r = 3$
$3 = 3$

Da die Ebenen der Schar aus dem vorigen Beispiel eine gemeinsame Schnittgerade g haben, die man ihre *Trägergerade* nennt, handelt es sich um ein sog. *Ebenenbüschel*.

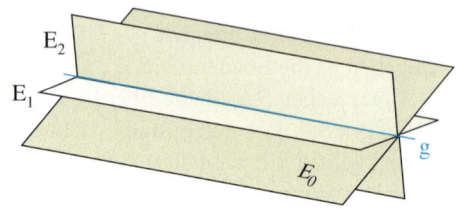

### Übung 56
Zeigen Sie, dass die folgenden Ebenenscharen $E_a$ ($a \in \mathbb{R}$) Ebenenbüschel bilden, d. h., dass alle Ebenen der Schar sich in einer Geraden schneiden. Bestimmen Sie auch eine Gleichung dieser gemeinsamen Trägergeraden. Geben Sie jeweils eine Ebene an, die ebenfalls die Trägergerade enthält, aber nicht zur Ebenenschar gehört.

a) $E_a$: $2ax + (4-a)y - 2z = 6$ 
b) $E_a$: $x + ay + (5-2a)z = 0$
c) $E_a$: $2ax + 2y + (2-a)z = 5a + 2$ 
d) $E_a$: $(3-2a)y + (a-2)z = a-1$

> **Beispiel: Schar paralleler Ebenen**
> Gegeben ist die Ebenenschar $E_a$: $(1-2a)x + (2a-1)y + (1-2a)z = 1$, $a \in \mathbb{R}$.
> a) Untersuchen Sie die Lagebeziehung der Ebenen $E_0$ und $E_1$ zueinander.
> b) Zeigen Sie, dass alle Ebenen der Schar parallel zueinander verlaufen.

**Lösung zu a:**
Der nebenstehende Ansatz führt auf ein unlösbares Gleichungssystem. Die Ebenen $E_0$ und $E_1$ sind also parallel zueinander.

$E_0$: $x - y + z = 1$
$E_1$: $-x + y - z = 1$
I + II   $0 = 2$ Widerspr. $\Rightarrow E_0 \| E_1$

**Lösung zu b:**
Analog untersuchen wir jetzt die Lagebeziehung zweier beliebiger verschiedener Ebenen $E_a$ und $E_b$ der gegebenen Schar (mit $a \neq b$). Auch hier führt das zugehörige Gleichungssystem auf einen Widerspruch, da wir von verschiedenen Ebenen der Schar ausgegangen sind. Somit liegen alle Scharebenen parallel zueinander.

$E_a$: $(1-2a)x + (2a-1)y + (1-2a)z = 1$
$E_b$: $(1-2b)x + (2b-1)y + (1-2b)z = 1$
                                   ($a \neq b$)

*Lösen des Gleichungssystems:*
III = I · (1 − 2b) − II · (1 − 2a):
$0 = 1 - 2b - (1 - 2a)$
$0 = -2b + 2a \Rightarrow a = b$
Widerspruch zur Voraussetzung $a \neq b$
$\Rightarrow E_a \| E_b$

Bei einer Schar paralleler Ebenen liegen die Ebenen der Schar wie aufeinander geschichtet.

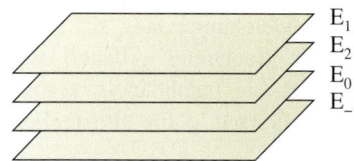

### Übung 57
a) Zeigen Sie, dass alle Ebenen der Schar $E_a$: $(2-a)x + (a-2)y + (4-2a)z = 12$ ($a \in \mathbb{R}$) parallel verlaufen.
b) Welche Ebene der Schar enthält den Punkt $Q(-1|3|-1)$?
c) Welche Ebene der Schar schneidet die x-Achse bei $x = 2$?

## Übungen

**58.** Gegeben ist die Ebenenschar $E_a$: $x + ay - (2a - 1)z = 4$ $(a \in \mathbb{R})$.
  a) Gehört die Ebene F: $-2x + 2y - 6z = -8$ zur Ebenenschar $E_a$?
  b) Welche Ebene der Schar enthält den Punkt $P(-2|1|1)$?
  c) Welche Ebene der Schar $E_a$ ist parallel zur z-Achse?
  d) Begründen Sie, dass die Ebenenschar $E_a$ keine Ursprungsgerade enthält.
  e) Zeigen Sie, dass alle Ebenen der Schar $E_a$ eine gemeinsame Gerade besitzen, und geben Sie deren Gleichung an.

**59.** Untersucht wird die Ebenenschar $E_a$: $2x + ay + 6z = 8 + 2a$.
  a) Welche Ebene der Schar enthält den Koordinatenursprung?
  b) Weisen Sie nach, dass die Gerade g: $\vec{x} = \begin{pmatrix} 1 \\ 2 \\ 1 \end{pmatrix} + r \cdot \begin{pmatrix} 3 \\ 0 \\ -1 \end{pmatrix}$ in allen Ebenen der Schar liegt.
  c) Welche Ebene der Schar wird von der Geraden h: $\vec{x} = \begin{pmatrix} 3 \\ 1 \\ 8 \end{pmatrix} + r \cdot \begin{pmatrix} -4 \\ 6 \\ -12 \end{pmatrix}$ orthogonal geschnitten? Ermitteln Sie auch den Schnittpunkt S.
  d) Welche Ebene schneidet die z-Achse bei $z = 3$?
  In welchen Punkten schneidet diese Ebene die x- bzw. die y-Achse?
  e) Zeigen Sie, dass die Ebenen $E_4$ und $E_{-10}$ sich orthogonal schneiden.
  Geben Sie zwei weitere Ebenen der Schar an, die sich ebenfalls orthogonal schneiden.

**60.** Gegeben ist die Ebenenschar $E_a$: $(a + 2)x + (2 - a)z = a + 1$ $(a \in \mathbb{R})$.
  a) Welche Ursprungsebene ist in der Schar $E_a$ enthalten?
  b) Welche Ebene der Schar $E_a$ schneidet die z-Achse bei $z = 5$?
  c) Welche Ebene der Schar $E_a$ enthält die Gerade g: $\vec{x} = \begin{pmatrix} -1 \\ 2 \\ 2 \end{pmatrix} + r \begin{pmatrix} 0 \\ 1 \\ 0 \end{pmatrix}$?
  d) Untersuchen Sie die Lage der Ebenen der Schar $E_a$ zueinander.

**61.** Gegeben ist die Ebenenschar $E_a$: $(a + 1)x + 2y + (3 - 2a)z = a + 2$, $a \in \mathbb{R}$.
  a) Bestimmen Sie die Durchstoßungspunkte der Ebene $E_1$ mit den drei Koordinatenachsen.
  b) Welche Scharebene enthält den Punkt $P(1|1|1)$?
  c) Welche Ebene der Schar $E_a$ enthält den Ursprung? Welche Ebene der Schar $E_a$ ist parallel zur z-Achse?
  d) Untersuchen Sie die relative Lage von $E_0$ und $E_1$ zueinander. Bestimmen Sie ggf. eine Gleichung der Schnittgeraden.
  e) Zeigen Sie, dass die Gerade h: $\vec{x} = \begin{pmatrix} 3 \\ -2 \\ 1 \end{pmatrix} + r \begin{pmatrix} 4 \\ -5 \\ 2 \end{pmatrix}$ in allen Ebenen der Schar $E_a$ liegt.
  f) Welche Ebene der Schar ist orthogonal zur Ursprungsgerade durch den Punkt $Q(1|4|-1)$?

## H. Zusammengesetzte Aufgaben

Die Übungen dienten bisher überwiegend der Festigung einzelner Techniken der Vektorgeometrie. Die Lösung der folgenden zusammengesetzten Aufgaben dagegen erfordert stets die Verwendung mehrerer Verfahren.

1. Gegeben sind die Gerade g: $\vec{x} = \begin{pmatrix} 14 \\ -1 \\ -1 \end{pmatrix} + r \begin{pmatrix} -8 \\ 2 \\ 1 \end{pmatrix}$ und die Ebene E durch die Punkte A(−2|5|2), B(2|3|0) und C(2|−1|2).
   a) Stellen Sie eine Parametergleichung und eine Koordinatengleichung der Ebene E auf.
   b) Prüfen Sie, ob der Punkt P(−2|3|1) auf der Geraden g oder auf der Ebene E liegt.
   c) Untersuchen Sie die gegenseitige Lage von g und E. Bestimmen Sie ggf. den Schnittpunkt S.
   d) Bestimmen Sie die Schnittpunkte Q und R der Geraden g mit der x-y-Ebene bzw. der y-z-Ebene.
   e) In welchen Punkten schneiden die Koordinatenachsen die Ebene E?
   f) Zeichnen Sie anhand der Ergebnisse aus c), d) und e) ein Schrägbild von g und E.

2. Gegeben seien die Punkte A(0|0|0), B(8|0|0), C(8|8|0), D(0|8|0) und S(4|4|8), die Eckpunkte einer quadratischen Pyramide mit der Grundfläche ABCD und der Spitze S sind.
   a) Zeichnen Sie in einem kartesischen Koordinatensystem ein Schrägbild der Pyramide.
   b) Eine Gerade g schneidet die z-Achse bei z = 12 und geht durch die Spitze S der Pyramide. Wo schneidet diese Gerade g die x-y-Ebene?
   c) Gegeben sei weiter die Ebene E: 2y + 5z = 24.
      Welche besondere Lage bezüglich der Koordinatenachsen hat diese Ebene E?
      Wo schneiden die Seitenkanten $\overline{AS}$, $\overline{BS}$, $\overline{CS}$ und $\overline{DS}$ der Pyramide die Ebene E?
      Zeichnen Sie die Schnittfläche der Ebene E mit der Pyramide in das Schrägbild ein und zeigen Sie, dass diese Schnittfläche ein Trapez ist.
   d) In welchem Punkt T durchdringt die Höhe h der Pyramide die Schnittfläche aus c)? Zeichnen Sie auch h und T in das Schrägbild ein.

3. Gegeben ist der abgebildete Würfel mit der Seitenlänge 4.
   a) In welchem Punkt S schneidet die Gerade g durch D und F die Ebene E durch die Punkte P, Q und R?
   b) Die Punkte P, Q, R und F bilden die Ecken einer Pyramide. Bestimmen Sie deren Volumen.
   c) In welchen Punkten durchstößt die Gerade h durch Q und R die Koordinatenebenen?
   d) Bestimmen Sie die Gleichung der Schnittgeraden k der Ebene E und der Ebene F durch B, D und H.
   e) Wo durchstößt die Gerade durch B und H die Ebene E?

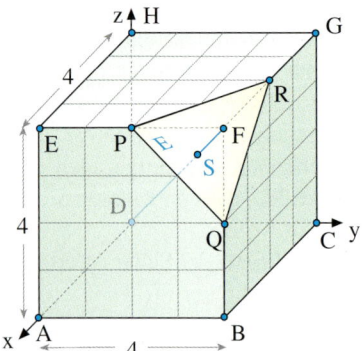

**4.** Gegeben sind die Geraden g: $\vec{x} = \begin{pmatrix} 1 \\ 2 \\ 3 \end{pmatrix} + r \begin{pmatrix} -1 \\ 0 \\ 2 \end{pmatrix}$ und h: $\vec{x} = \begin{pmatrix} 0 \\ 4 \\ 4 \end{pmatrix} + s \begin{pmatrix} 0 \\ -2 \\ 1 \end{pmatrix}$.

a) Zeigen Sie, dass g und h sich schneiden. Bestimmen Sie den Schnittpunkt S.
b) E sei diejenige Ebene, welche die Geraden g und h enthält.
   Stellen Sie eine Parametergleichung von E auf.
c) Bestimmen Sie eine Koordinatengleichung von E sowie die Achsenabschnittspunkte.
d) Eine Gerade k geht durch die Punkte P(4|0|3) und Q(0|3|a). Wie muss die Variable a gewählt werden, damit k echt parallel zu E verläuft?
e) Der Ursprung des Koordinatensystems und die drei Achsenabschnittspunkte der Ebene E sind Eckpunkte einer Pyramide. Bestimmen Sie das Volumen der Pyramide.
f) Fertigen Sie mithilfe der Achsenabschnitte von E eine Schrägbild der Pyramide aus e) an. Zeichnen Sie den Punkt P(1|2|2) ein. Liegt er im Innern der Pyramide?

**5.** Gegeben ist der abgebildete Würfel mit der Seitenlänge 4 in einem kartesischen Koordinatensystem. Das Dreieck BRP stellt einen Ausschnitt einer Ebene E dar. Das Dreieck MCR stellt einen Ausschnitt einer Ebene F dar.

a) Bestimmen Sie eine Parameter- und eine Koordinatengleichung von E.
b) Gesucht ist der Schnittpunkt S der Geraden g durch die Punkte D und Q mit der Ebene E.
   Welches Teilstück der Strecke $\overline{DQ}$ ist länger, $\overline{DS}$ oder $\overline{SQ}$?
c) Bestimmen Sie eine Gleichung der Schnittgeraden der Ebenen E und F.
d) Von U(0|0|6) geht ein Strahl aus, der auf V(1,5|6|0) zielt. Trifft der Strahl den Würfel? Trifft der Strahl das Dreieck BRP?

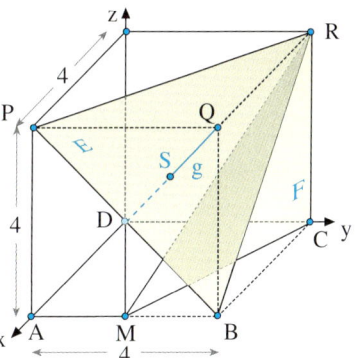

**6.** Durch die Punkte A(2|1|1), B(3|0|2) und $C_a$(a|−a|2), a ∈ ℝ, wird im kartesischen Koordinatensystem eine Schar von Ebenen $E_a$ definiert, die die Punkte A, B und $C_a$ enthalten.

a) Bestimmen Sie eine Parametergleichung und eine Koordinatengleichung der Ebenenschar $E_a$.
b) Gehört die Ebene F: $-x + 5y + 6z = 9$ zur Ebenenschar $E_a$?
c) Bestimmen Sie die Schnittgerade g der Ebenen $E_1$ und $E_4$. Weisen Sie nach, dass die Gerade g in allen Scharebenen enthalten ist.
d) Für welche Werte von a liegt die Gerade h: $\vec{x} = \begin{pmatrix} 1 \\ 0 \\ 4 \end{pmatrix} + r \begin{pmatrix} -1 \\ 1 \\ -1 \end{pmatrix}$ in der Ebene $E_a$?
e) Für welchen Wert von a ist das Dreieck $OAC_a$ rechtwinklig?
f) Berechnen Sie die Achsenabschnitte der Ebene $E_1$ sowie die Spurgeraden von $E_1$.

# Überblick

**Parametergleichung einer Ebene:**

$E: \vec{x} = \vec{a} + r \cdot \vec{u} + s \cdot \vec{v}$ $(r, s \in \mathbb{R})$

$\vec{a}$:  Spannvektor der Ebene
$\vec{u}, \vec{v}$: Spannvektoren der Ebene
r, s:  Ebenenparameter

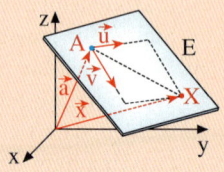

**Dreipunktegleichung einer Ebene:**

$E: \vec{x} = \vec{a} + r \cdot (\vec{b} - \vec{a}) + s \cdot (\vec{c} - \vec{a})$ $(r, s \in \mathbb{R})$

$\vec{a}, \vec{b}, \vec{c}$: Ortsvektoren von drei Ebenenpunkten A, B und C

**Normalengleichung einer Ebene:**

$E: (\vec{x} - \vec{a}) \cdot \vec{n} = 0$ $(\vec{n} \neq \vec{0})$

$\vec{a}$:  Stützvektor der Ebene
$\vec{n}$:  Normalenvektor der Ebene

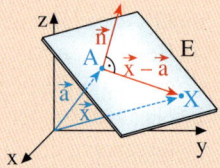

**Koordinatengleichung einer Ebene:**

$E: ax + by + cz = d$ $(a, b, c, d \in \mathbb{R}; a^2 + b^2 + c^2 > 0)$

$\begin{pmatrix} a \\ b \\ c \end{pmatrix}$ ist ein Normalenvektor von E.

**Achsenabschnittsgleichung einer Ebene:**

$E: \dfrac{x}{A} + \dfrac{y}{B} + \dfrac{z}{C} = 1$ $(A \neq 0, B \neq 0, C \neq 0)$

A, B und C sind die Achsenabschnitte von E.

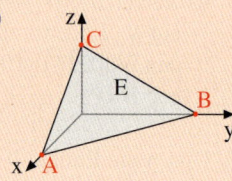

**Relative Lage von Punkt und Ebene:**

Ein Punkt P im Raum kann auf einer Ebene E liegen oder außerhalb der Ebene.
Zur Überprüfung verwendet man die **Punktprobe**, d. h., man setzt den Ortsvektor des Punktes oder seine Koordinaten in die Ebenengleichung ein.
Je nach verwendeter Ebenendarstellung ergibt sich eine Gleichung oder ein Gleichungssystem.
Lässt sich die Gleichung bzw. das Gleichungssystem lösen, so liegt der Punkt auf der Ebene, andernfalls nicht.

# Überblick

**Relative Lage von Punkt und Dreieck:**

Ein Punkt P liegt im Dreieck ABC, wenn er folgende Bedingungen erfüllt:
1. P liegt auf der Ebene E: $\vec{x} = \vec{a} + r \cdot (\vec{b} - \vec{a}) + s \cdot (\vec{c} - \vec{a})$.
2. Für seine Parameterwerte r und s gilt
   $0 \leq r \leq 1,\ 0 \leq s \leq 1,\ 0 \leq r + s \leq 1$.

**Relative Lage von Punkt und Parallelogramm:**

Ein Punkt P liegt im Parallelogramm ABCD, wenn er folgende Bedingungen erfüllt:
1. P liegt auf der Ebene E: $\vec{x} = \vec{a} + r \cdot (\vec{b} - \vec{a}) + s \cdot (\vec{d} - \vec{a})$.
2. Für seine Parameterwerte r und s gilt
   $0 \leq r \leq 1,\ 0 \leq s \leq 1$.

**Relative Lage von Gerade und Ebene:**

Ein Gerade g im Raum kann parallel zu einer Ebene E verlaufen, in der Ebene liegen oder sie in genau einem Punkt schneiden.

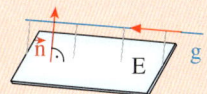

Parallelität erkennt man daran, dass der Richtungsvektor der Geraden und der Normalenvektor der Ebene orthogonal sind oder dass der Richtungsvektor der Geraden und die Richtungsvektoren der Ebene komplanar sind.

Die Gerade liegt in der Ebene, wenn sie parallel zur Ebene ist und zusätzlich ihr Stützpunkt in der Ebene liegt.

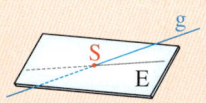

Den Schnittpunkt von g und E errechnet man am einfachsten, indem man die Ebene in Koordinatenform oder Normalenform darstellt und dann die allgemeinen Koordinaten der Geraden in die Gleichung der Ebene einsetzt (Punktprobe). (s. Seite 367)

**Relative Lage von zwei Ebenen:**

Zwei Ebenen $E_1$ und $E_2$ können echt parallel oder sogar identisch sein oder sich in einer Schnittgeraden g schneiden.

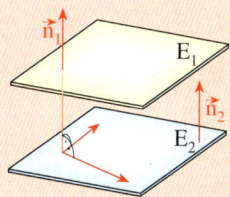

Parallelität erkennt man daran, dass die Normalenvektoren der beiden Ebenen kollinear sind oder dass der Normalenvektor der ersten Ebene orthogonal zu beiden Spannvektoren der zweiten Ebene ist.

Identische Ebenen sind daran zu erkennen, dass sie parallel sind und zusätzlich der Stützpunkt der ersten Ebene auch auf der zweiten Ebene liegt (Punktprobe).

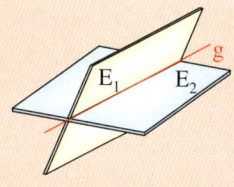

Die Schnittgerade zweier Ebenen errechnet man am einfachsten, indem man eine Ebene in Parameterform und die zweite Ebene in Koordinatenform oder Normalenform darstellt und dann die allgemeinen Koordinaten der ersten Ebene in die Gleichung der zweiten Ebene einsetzt. (s. Seite 241)

# 3-D-Darstellung von Ebenen

Im Abschnitt 2 wurden unter anderem die Lagebeziehungen von Gerade und Ebene, sowie von zwei Ebenen untersucht. Aus den Lösungseigenschaften der dabei entstandenen Gleichungssysteme kann man die Lagebeziehung der betrachteten geometrischen Objekte beurteilen. Eine anschauliche Vorstellung gewinnt man mithilfe von 3-D-Darstellungen durch Computerprogramme.

Das folgende Bild zeigt die 3-D-Darstellung einer Ebene und einer Geraden mit einem Computerprogramm, das als Medienelement im Internet verwendet werden kann. Dazu öffnet man die Internetseite http://www.cornelsen.de/webcodes/ und gibt dort den Webcode MBK041914-394-1 ein.

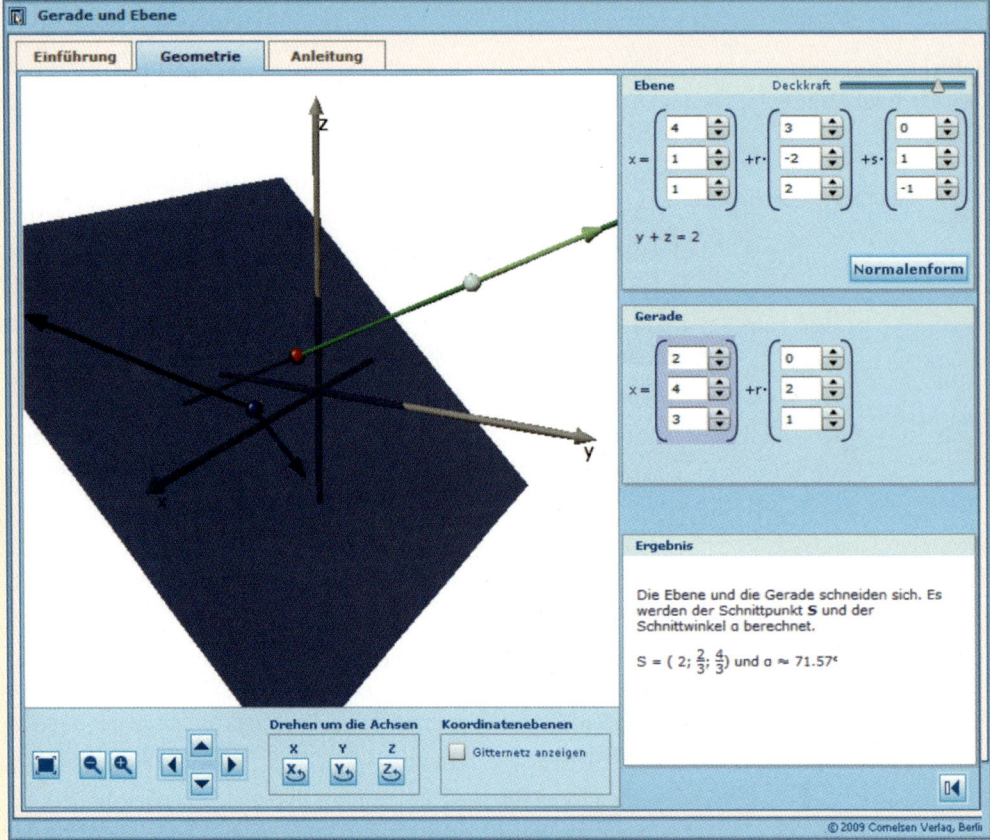

Das Programm gestattet die Eingabe der Geraden- und Ebenengleichung in Parameterform. Das Tool stellt die Objekte im räumlichen Koordinatensystem dar und gibt ihre Lagebeziehung aus. Schneiden sich Gerade und Ebene, so wird der Schnittpunkt S und der Schnittwinkel $\alpha$ ausgegeben. Verlaufen Ebene und Gerade parallel, wird der Abstand d berechnet und angezeigt. Die Darstellung kann verändert werden. Insbesondere lässt sich das Bild vergrößern und verkleinern, verschieben und drehen. Besonders die Drehung der z-Achse vermittelt einen anschaulichen Eindruck über die Lagebeziehung.

# Mathematische Streifzüge

Es gibt auch Computerprogramme, mit denen man die Lagebeziehung zwischen Gerade und Ebene und zwischen zwei Ebenen untersuchen kann.

Das folgende Bild zeigt die 3-D-Darstellung zweier sich schneidender Ebenen mit einem Computerprogramm, das man als Medienelement auf www.cornelsen.de/webcodes mit dem Webcode MBK041914-394-2 erreicht. Zwei Ebenen können in Parameterform eingegeben werden. Das Tool zeigt beide Ebenen und gibt ihre Lagebeziehung aus. Gegebenenfalls werden Abstand, Schnittgerade und Schnittwinkel angegeben.

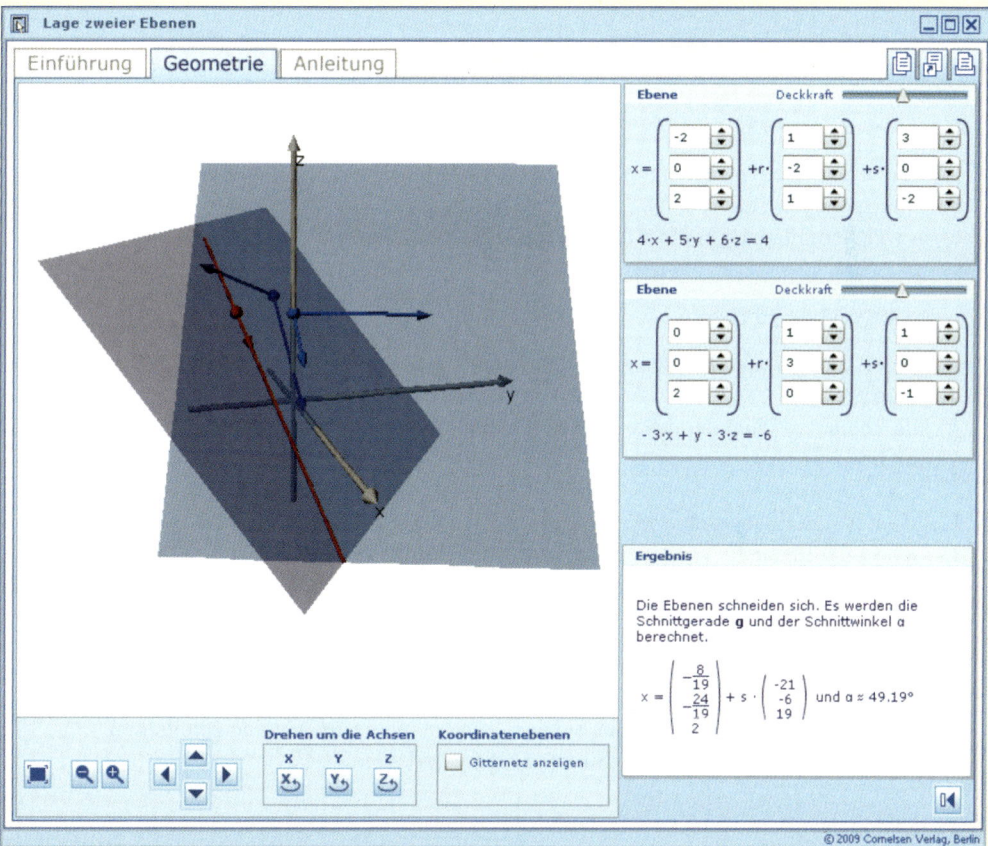

## Übungen

a) Bearbeiten Sie ausgewählte Beispiele und die Übungen zur Lagebeziehung Gerade-Ebene (Seite 231 ff.) mit dem auf Seite 258 vorgestellten Medienelement. Formen Sie vorher alle Ebenengleichungen in Parameterform um.

b) Bearbeiten Sie ausgewählte Beispiele und Übungen zur Lagebeziehung von zwei Ebenen (Seite 241 ff.) mit dem oben erwähnten Medienelement. Formen Sie vorher alle Ebenengleichungen in Parameterform um.

## Test

**Ebenen**

1. Gegeben sind die Punkte A(0|2|3), B(4|2|0) und C(2|3|0) der Ebene E.
   a) Stellen Sie eine Parameter- und eine Koordinatengleichung der Ebene E auf.
   b) Liegt der Punkt P(1|2|2,5) auf der Ebene E?
   c) Bestimmen Sie die Achsenabschnittspunkte der Ebene E und fertigen Sie eine Skizze der Ebene im Koordinatensystem an.

2. Gegeben sind die Ebene E: $\vec{x} = \begin{pmatrix} 3 \\ 2 \\ 0 \end{pmatrix} + r\begin{pmatrix} 0 \\ -2 \\ 2 \end{pmatrix} + s\begin{pmatrix} -3 \\ 0 \\ 2 \end{pmatrix}$ sowie die Gerade g: $\vec{x} = \begin{pmatrix} 3 \\ 2 \\ 1 \end{pmatrix} + t\begin{pmatrix} -3 \\ 2 \\ 0 \end{pmatrix}$.
   a) Stellen Sie eine Normalengleichung und eine Koordinatengleichung der Ebene E auf.
   b) Untersuchen Sie die relative Lage von E und g.
   c) In welchem Punkt schneidet die Gerade g die x-z-Ebene?

3. Gegeben sind die Ebenen $E_1$: $\vec{x} = \begin{pmatrix} 1 \\ 1 \\ 2 \end{pmatrix} + r\begin{pmatrix} -4 \\ 1 \\ 3 \end{pmatrix} + s\begin{pmatrix} 4 \\ 2 \\ -3 \end{pmatrix}$ und $E_2$: $x - 2y + z = 4$.
   a) Zeigen Sie, dass die Ebenen sich schneiden. Bestimmen Sie die Gleichung der Schnittgeraden g.
   b) Die Ebene $E_1$ schneidet die x-z-Ebene in einer Geraden h. Bestimmen Sie eine Gleichung von h.

4. Gegeben ist die Ebenenschar $E_a$: $(3 + a)x + 2y + az = 14$, $a \in \mathbb{R}$.
   a) Gehört die Ebene F: $x + y - 2z = 7$ zur Ebenenschar $E_a$?
   b) Welche Ebene der Schar $E_a$ ist parallel zur x-Achse? Welche Ebene der Schar $E_a$ geht durch den Punkt P(2|2|–1)?
   c) Zu welcher Ebene der Schar verläuft die Gerade k: $\vec{x} = \begin{pmatrix} 1 \\ 2 \\ 4 \end{pmatrix} + r \cdot \begin{pmatrix} 2 \\ 1 \\ -1 \end{pmatrix}$ parallel?
   d) Zeigen Sie, dass alle Ebenen der Schar $E_a$ eine gemeinsame Gerade g enthalten. Bestimmen Sie eine Gleichung dieser Trägergeraden g.
   e) Für welchen Wert von a sind $E_a$ und G: $\vec{x} = \begin{pmatrix} 3 \\ 1 \\ 0 \end{pmatrix} + r\begin{pmatrix} 2 \\ 0 \\ 1 \end{pmatrix} + s\begin{pmatrix} -2 \\ 3 \\ 2 \end{pmatrix}$ echt parallel?
   f) Untersuchen Sie die relative Lage von h: $\vec{x} = \begin{pmatrix} 3 \\ 12 \\ 7 \end{pmatrix} + t\begin{pmatrix} 2 \\ -4 \\ 2 \end{pmatrix}$ und $E_a$ in Abhängigkeit von a.

Lösungen: S. 346

# VI. Winkel und Abstände

# 1. Schnittwinkel

Im Anschluss an die Einführung des Skalarprodukts im 10. Schuljahr wurde die Kosinusformel zur Bestimmung des Winkels zwischen zwei Vektoren hergeleitet.
Hiervon ausgehend lassen sich vergleichbare Formeln für den Schnittwinkel zweier Geraden bzw. einer Geraden und einer Ebene bzw. zweier Ebenen entwickeln.

## A. Der Schnittwinkel von zwei Geraden

Der Schnittwinkel $\gamma$ von Geraden wurde bereits behandelt, wird aber hier zur Vervollständigung noch einmal kurz angesprochen. Er wird mit der rechts dargestellten Formel errechnet. Das Betragszeichen im Zähler sichert, dass der Winkel stets zwischen 0° und 90° liegt.

> **Schnittwinkel Gerade/Gerade**
>
> Schneiden sich zwei Geraden g und h mit den Spannvektoren $\vec{m_1}$ und $\vec{m_2}$, dann gilt für ihren Schnittwinkel $\gamma$:
>
> $$\cos\gamma = \frac{|\vec{m_1} \cdot \vec{m_2}|}{|\vec{m_1}| \cdot |\vec{m_2}|}.$$

### Übung 1
Errechnen Sie den Schnittpunkt und den Schnittwinkel der Geraden g und h.

$$g: \vec{x} = \begin{pmatrix} 0 \\ 0 \\ 1 \end{pmatrix} + r\begin{pmatrix} 1 \\ 2 \\ 2 \end{pmatrix}, \quad h: \vec{x} = \begin{pmatrix} 2 \\ 0 \\ 2 \end{pmatrix} + s\begin{pmatrix} -1 \\ 2 \\ 1 \end{pmatrix}$$

### Übung 2
Bestimmen Sie den Schnittwinkel $\gamma$ der rechts dargestellten Geraden g und h.

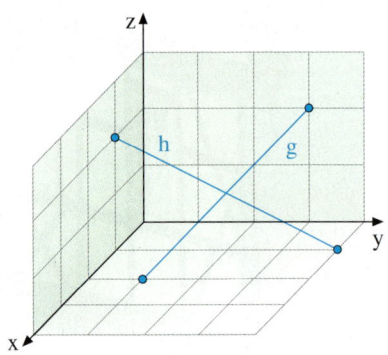

## B. Der Schnittwinkel von Gerade und Ebene

Unter dem Schnittwinkel $\gamma$ einer Geraden g und einer Ebene E versteht man den Winkel zwischen der Geraden g und der Geraden s, welche durch senkrechte Projektion der Geraden g auf die Ebene E entsteht. Er liegt zwischen 0° und 90°.

*Winkel zwischen g und E*

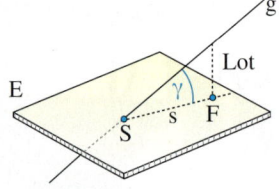

Man kann den Winkel $\gamma$ bestimmen, indem man zunächst die Gleichung der Projektionsgeraden s ermittelt und anschließend den Winkel zwischen g und s errechnet. Es geht aber noch einfacher, wenn man einen Normalenvektor der Ebene verwendet, wie im Folgenden dargestellt.

# 1. Schnittwinkel

Wir denken uns wie rechts abgebildet eine Hilfsebene H errichtet, die g enthält und senkrecht auf E steht. Sie schneidet E in der Geraden s.
Der Schnittwinkel $\gamma$ von g und E ist der Winkel zwischen g und s.
Der Winkel $90° - \gamma$ lässt sich mit der Kosinusformel als Winkel zwischen dem Richtungsvektor $\vec{m}$ von g und dem Normalenvektor $\vec{n}$ von E errechnen, da beide Vektoren ebenfalls in der Hilfsebene liegen und $\vec{n}$ senkrecht auf s steht:

$$\cos(90° - \gamma) = \frac{|\vec{m} \cdot \vec{n}|}{|\vec{m}| \cdot |\vec{n}|}.$$

Da $\cos(90° - \gamma) = \sin\gamma$ gilt, erhalten wir die rechts dargestellte Formel für den Schnittwinkel von Gerade und Ebene.

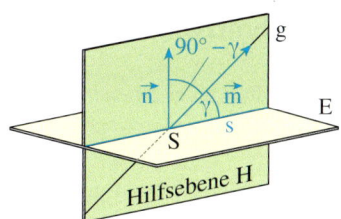

### Schnittwinkel Gerade/Ebene

Die Gerade g: $\vec{x} = \vec{a} + r \cdot \vec{m}$ schneidet die Ebene E: $(\vec{x} - \vec{a}) \cdot \vec{n} = 0$.
Dann gilt für den Schnittwinkel $\gamma$ von g und E die Formel

$$\sin\gamma = \frac{|\vec{m} \cdot \vec{n}|}{|\vec{m}| \cdot |\vec{n}|}.$$

▶ **Beispiel: Schnittwinkel Gerade/Ebene**

Die Gerade g durch $A(2|1|3)$ und $B(4|2|1)$ schneidet die Ebene E: $\left[\vec{x} - \begin{pmatrix}3\\5\\1\end{pmatrix}\right] \cdot \begin{pmatrix}3\\1\\2\end{pmatrix} = 0$.

Bestimmen Sie den Schnittpunkt S und den Schnittwinkel $\gamma$ von g und E.

Lösung:
Wir bestimmen zunächst eine Parametergleichung von g und berechnen den Schnittpunkt S von g und E durch Einsetzung des allgemeinen Vektors von g in die Gleichung von E.
Resultat: $S(4|2|1)$

*Parametergleichung von g:*

g: $\vec{x} = \begin{pmatrix}2\\1\\3\end{pmatrix} + r \cdot \begin{pmatrix}2\\1\\-2\end{pmatrix}$

*Schnittpunkt von g und E:* $S(4|2|1)$

Anschließend setzen wir den Richtungsvektor $\vec{m}$ von g und den Normalenvektor $\vec{n}$ von E in die Sinusformel für den Winkel zwischen Gerade und Ebene ein.
Wir erhalten $\sin\gamma \approx 0{,}2673$, woraus wir mithilfe des Taschenrechners das Resultat
▶ $\gamma \approx 15{,}50°$ erhalten.

*Schnittwinkel von g und E:*

$$\sin\gamma = \frac{|\vec{m} \cdot \vec{n}|}{|\vec{m}| \cdot |\vec{n}|} = \frac{\left|\begin{pmatrix}2\\1\\-2\end{pmatrix} \cdot \begin{pmatrix}3\\1\\2\end{pmatrix}\right|}{\left|\begin{pmatrix}2\\1\\-2\end{pmatrix}\right| \cdot \left|\begin{pmatrix}3\\1\\2\end{pmatrix}\right|} = \frac{3}{\sqrt{9} \cdot \sqrt{14}}$$

$\sin\gamma \approx 0{,}2673 \Rightarrow \gamma \approx 15{,}50°$

## Übung 3

Bestimmen Sie den Schnittwinkel der Geraden g durch die Punkte $A(1|0|-2)$ und $B(-2|3|1)$ mit der Ebene E.

a) E: $\left[\vec{x} - \begin{pmatrix}1\\0\\1\end{pmatrix}\right] \cdot \begin{pmatrix}3\\-2\\2\end{pmatrix} = 0$

b) E: $\vec{x} = \begin{pmatrix}1\\2\\1\end{pmatrix} + r \cdot \begin{pmatrix}1\\-1\\2\end{pmatrix} + s \cdot \begin{pmatrix}-7\\5\\1\end{pmatrix}$

c) E: x-y-Ebene

## C. Der Schnittwinkel von zwei Ebenen

Wir untersuchen zwei Ebenen $E_1$ und $E_2$, die sich in einer Geraden s schneiden.

Dann bilden zwei Geraden $g_1$ und $g_2$, die senkrecht auf s stehen und sich wie abgebildet schneiden, den Winkel $\gamma \leq 90°$.

Man bezeichnet diesen Winkel als *Schnittwinkel der Ebenen* $E_1$ und $E_2$.

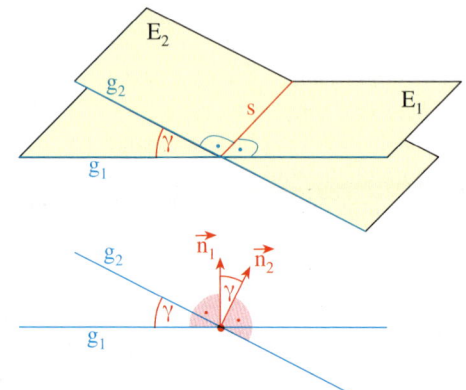

Die Normalenvektoren $\vec{n}_1$ und $\vec{n}_2$ der Ebenen $E_1$ und $E_2$ bilden miteinander exakt den gleichen Winkel, denn sie stehen jeweils senkrecht auf den Geraden $g_1$ und $g_2$, so dass sich der Winkel $\gamma$ überträgt.

Daher lässt sich der Schnittwinkel $\gamma$ zweier Ebenen nach der rechts aufgeführten Kosinusformel mithilfe der Normalenvektoren der beiden Ebenen berechnen.

**Schnittwinkel Ebene/Ebene**
Schneiden sich zwei Ebenen $E_1$ und $E_2$ mit den Normalenvektoren $\vec{n}_1$ und $\vec{n}_2$, so gilt für ihren Schnittwinkel $\gamma$:
$$\cos \gamma = \frac{|\vec{n}_1 \cdot \vec{n}_2|}{|\vec{n}_1| \cdot |\vec{n}_2|}.$$

▶ **Beispiel: Schnittwinkel Ebene/Ebene**
Die Ebenen $E_1$: $4x + 3y + 2z = 12$ und $E_2$: $\left[\vec{x} - \begin{pmatrix} 0 \\ 0 \\ 6 \end{pmatrix}\right] \cdot \begin{pmatrix} 0 \\ 3 \\ 2 \end{pmatrix} = 0$ schneiden sich.
Berechnen Sie den Schnittwinkel $\gamma$.

Lösung:
Wir bestimmen zunächst Normalenvektoren von $E_1$ und $E_2$.
Die Koeffizienten in der Koordinatengleichung von $E_1$ (4, 3 und 2) sind die Koordinaten eines Normalenvektors von $E_1$. Ein Normalenvektor von $E_2$ kann aus der gegebenen Normalenform ebenfalls direkt entnommen werden.

*Normalenvektoren:*
$$\vec{n}_1 = \begin{pmatrix} 4 \\ 3 \\ 2 \end{pmatrix}, \vec{n}_2 = \begin{pmatrix} 0 \\ 3 \\ 2 \end{pmatrix}$$

*Schnittwinkel:*
$$\cos \gamma = \frac{|\vec{n}_1 \cdot \vec{n}_2|}{|\vec{n}_1| \cdot |\vec{n}_2|} = \frac{\left|\begin{pmatrix} 4 \\ 3 \\ 2 \end{pmatrix} \cdot \begin{pmatrix} 0 \\ 3 \\ 2 \end{pmatrix}\right|}{\left|\begin{pmatrix} 4 \\ 3 \\ 2 \end{pmatrix}\right| \cdot \left|\begin{pmatrix} 0 \\ 3 \\ 2 \end{pmatrix}\right|} = \frac{13}{\sqrt{29} \cdot \sqrt{13}}$$

Mithilfe der Schnittwinkelformel erhalten
▶ wir $\cos \gamma \approx 0{,}6695$ und daher $\gamma \approx 47{,}97°$.

$\cos \gamma \approx 0{,}6695 \Rightarrow \gamma \approx 47{,}97°$

## Übung 4
Gesucht sind die Schnittgerade und der Schnittwinkel der Ebenen $E_1$: $x + 2y + 2z = 6$ und $E_2$: $x - y = 0$.

# 1. Schnittwinkel

## Übungen

**5.** Gegeben ist eine Pyramide mit der Grundfläche ABC, der Spitze S und der Höhe 3.
   a) Berechnen Sie den Winkel zwischen den Seitenkanten $\overline{AB}$ und $\overline{AS}$ sowie zwischen den Seitenkanten $\overline{AS}$ und $\overline{CS}$.
   b) Welche der drei aufsteigenden Pyramidenkanten ist am steilsten?
   c) Wie groß ist der Winkel zwischen der Höhe und der Seitenkante $\overline{AS}$?

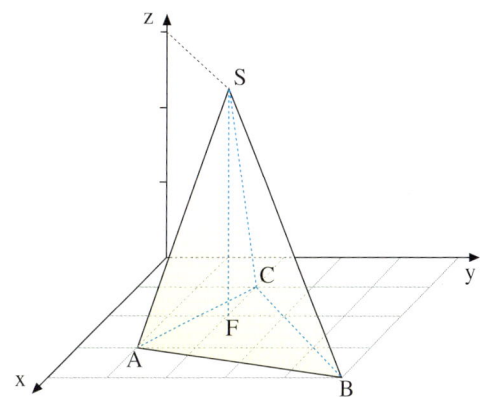

**6.** Zeigen Sie, dass die Raumgeraden g und h sich schneiden, und berechnen Sie den Schnittpunkt S und den Schnittwinkel γ.

a) $g: \vec{x} = \begin{pmatrix} 2 \\ 2 \\ 2 \end{pmatrix} + r \cdot \begin{pmatrix} 1 \\ 1 \\ -1 \end{pmatrix}$, $h: \vec{x} = \begin{pmatrix} 3 \\ 1 \\ 2 \end{pmatrix} + s \cdot \begin{pmatrix} 2 \\ 0 \\ -1 \end{pmatrix}$   b) $g: \vec{x} = \begin{pmatrix} 2 \\ 2 \\ 2 \end{pmatrix} + r \cdot \begin{pmatrix} 1 \\ 1 \\ 1 \end{pmatrix}$, $h: \vec{x} = \begin{pmatrix} 2 \\ 5 \\ 2 \end{pmatrix} + s \cdot \begin{pmatrix} 2 \\ -1 \\ 2 \end{pmatrix}$

c) $g: \vec{x} = \begin{pmatrix} 4 \\ 4 \\ 1 \end{pmatrix} + r \cdot \begin{pmatrix} 2 \\ 2 \\ -1 \end{pmatrix}$, $h: \vec{x} = \begin{pmatrix} 10 \\ 10 \\ 2 \end{pmatrix} + s \cdot \begin{pmatrix} 2 \\ 2 \\ 1 \end{pmatrix}$   d) g durch A(0|6|0), B(0|0|3)
   h durch C(4|2|0), D(2|2|1)

**7.** Die Gerade g schneidet die Ebene E. Berechnen Sie den Schnittpunkt S und den Schnittwinkel g:

a) $g: \vec{x} = \begin{pmatrix} 0 \\ 0 \\ 2 \end{pmatrix} + r \cdot \begin{pmatrix} 1 \\ 1 \\ 1 \end{pmatrix}$, $E: \left[\vec{x} - \begin{pmatrix} 2 \\ 0 \\ 3 \end{pmatrix}\right] \cdot \begin{pmatrix} 3 \\ 3 \\ 2 \end{pmatrix} = 0$

b) $g: \vec{x} = \begin{pmatrix} 0 \\ 2 \\ 4 \end{pmatrix} + r \cdot \begin{pmatrix} 1 \\ 1 \\ 2 \end{pmatrix}$, $E: -x + y + 2z = 6$

c) $g: \vec{x} = \begin{pmatrix} 2 \\ 2 \\ 1 \end{pmatrix} + r \cdot \begin{pmatrix} 1 \\ 1 \\ 1 \end{pmatrix}$, $E: \vec{x} = \begin{pmatrix} 1 \\ 0 \\ 2 \end{pmatrix} + s \begin{pmatrix} 2 \\ 0 \\ -4 \end{pmatrix} + t \begin{pmatrix} 0 \\ -1 \\ 2 \end{pmatrix}$

**8.** In welchen Punkten und unter welchen Winkeln durchdringt die Gerade g die angegebenen Koordinatenebenen? Fertigen Sie ein Schrägbild an.

a) $g: \vec{x} = \begin{pmatrix} 4 \\ 1 \\ 2 \end{pmatrix} + r \cdot \begin{pmatrix} 0 \\ 1 \\ -1 \end{pmatrix}$   b) $g: \vec{x} = \begin{pmatrix} 2 \\ 3 \\ 2 \end{pmatrix} + r \cdot \begin{pmatrix} -2 \\ 1 \\ 2 \end{pmatrix}$   c) $g: \vec{x} = \begin{pmatrix} 2 \\ 2 \\ 3 \end{pmatrix} + r \cdot \begin{pmatrix} -2 \\ 1 \\ -1 \end{pmatrix}$

E: x-y-Ebene         E: x-y-Ebene         E: x-z-Ebene
F: x-z-Ebene         F: y-z-Ebene         F: y-z-Ebene

9. Exakt in der Mitte der rechten Dachfläche der abgebildeten Halle tritt eine 12 m hohe Antenne aus, die durch einen Stahlstab fixiert wird, der 4 m unterhalb der Antennenspitze sowie in der Mitte am Dachfirst verschraubt ist.
   a) Welchen Winkel bildet die Antenne mit der Dachfläche?
   b) Welchen Winkel bildet der Stahlstab mit der Antenne bzw. mit der Dachfläche?

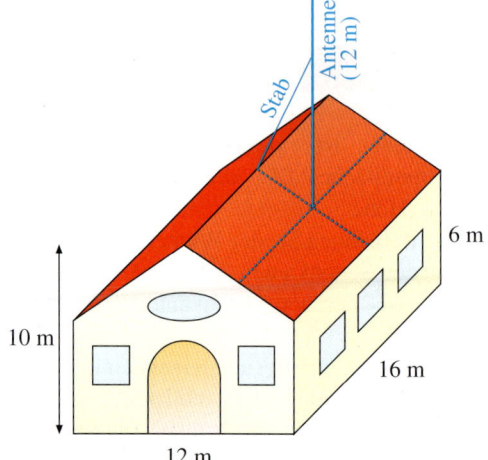

10. Unter welchen Winkeln schneiden die Koordinatenachsen die Ebene E?

    a) $E: \left[\vec{x} - \begin{pmatrix} 0 \\ 3 \\ 0 \end{pmatrix}\right] \cdot \begin{pmatrix} 3 \\ 2 \\ 2 \end{pmatrix} = 0$
    b) $E: 2x + y + 2z = 4$
    c) $E: \vec{x} = \begin{pmatrix} 2 \\ 3 \\ 0 \end{pmatrix} + r \begin{pmatrix} 1 \\ 3 \\ -4 \end{pmatrix} + s \begin{pmatrix} 2 \\ -6 \\ 8 \end{pmatrix}$

11. Die Ebenen $E_1$ und $E_2$ schneiden sich. Bestimmen Sie den Schnittwinkel $\gamma$.

    a) $E_1: \left[\vec{x} - \begin{pmatrix} 1 \\ 0 \\ 2 \end{pmatrix}\right] \cdot \begin{pmatrix} 2 \\ -3 \\ 2 \end{pmatrix} = 0$
    
    $E_2: \left[\vec{x} - \begin{pmatrix} 0 \\ -2 \\ 0 \end{pmatrix}\right] \cdot \begin{pmatrix} -2 \\ 1 \\ 0 \end{pmatrix} = 0$

    b) $E_1: 5x + y + z = 5$
    $E_2: -x + y + z = 5$

    c) $E_1: 2x - y + 3z = 6$
    $E_2: x - y - z = 3$

    d) $E_1: 2x + z = 1$
    $E_2: x - z = 0$

    e) $E_1: x + y = 3$
    $E_2: y = 1$

12. Berechnen Sie den Schnittwinkel $\gamma$ der Ebenen $E_1$ und $E_2$. Bestimmen Sie zunächst Normalenvektoren beider Ebenen.

    a) $E_1: \left[\vec{x} - \begin{pmatrix} 0 \\ 0 \\ 0 \end{pmatrix}\right] \cdot \begin{pmatrix} -2 \\ 3 \\ 6 \end{pmatrix} = 0$, $E_2: \vec{x} = \begin{pmatrix} 2 \\ 0 \\ 1 \end{pmatrix} + r \begin{pmatrix} 4 \\ 0 \\ -2 \end{pmatrix} + s \begin{pmatrix} 0 \\ -2 \\ 2 \end{pmatrix}$

    b) $E_1: 2x - 3y + 6z = 12$, $E_2: \vec{x} = \begin{pmatrix} 0 \\ -1 \\ 7 \end{pmatrix} + r \begin{pmatrix} -2 \\ -1 \\ 4 \end{pmatrix} + s \begin{pmatrix} 0 \\ -1 \\ 3 \end{pmatrix}$

    c) $E_1$: Ebene durch $A(4|2|0)$, $E_2$: y-z-Koordinatenebene
    $B(8|0|0)$, $C(4|0|0,5)$

13. Gegeben ist die Ebenenschar $E_a: \left[\vec{x} - \begin{pmatrix} 2a-1 \\ 0 \\ 0 \end{pmatrix}\right] \cdot \begin{pmatrix} 1 \\ a-1 \\ a+1 \end{pmatrix} = 0$ mit $a \in \mathbb{R}$.

    a) Zeigen Sie, dass sich die Ebenen $E_0$ und $E_1$ der gegebenen Schar schneiden. Bestimmen Sie die Schnittgerade g und den Schnittwinkel $\gamma$.
    b) Welche Ebene der Schar $E_a$ wird von der y-Achse unter einem Winkel von 45° geschnitten?

**14.** Das Dach eines Doppelhauses wird durch Teilflächen der vier Ebenen: $E_1$ (Hauptdach, sichtbar), $E_2$ (Hauptdach, nicht sichtbar), $E_3$ (Gaubendach, sichtbar), $E_4$ (Gaubendach, nicht sichtbar) beschrieben.

a) Ordnen Sie zunächst allen auf der Zeichnung erkennbaren Haus- und Dachecken Punkte zu und bestimmen Sie Parameter- und Normalengleichungen der Ebenen $E_1$ bis $E_3$.

b) Welchen Winkel bildet die Dachfläche $E_1$ mit dem Dachboden?

c) Welches Dach ist steiler, das Hauptdach oder das Gaubendach?

d) Welchen Winkel bilden $E_1$ und $E_2$ am First? Welchen Winkel bilden $E_1$ und $E_3$ in der Dachkehle?

e) Wie lautet die Gleichung der Kehlgeraden g von $E_1$ und $E_3$? Wie lang ist die Kehlstrecke? Unter welchem Winkel mündet die Kehlstrecke in die Regenrinne?

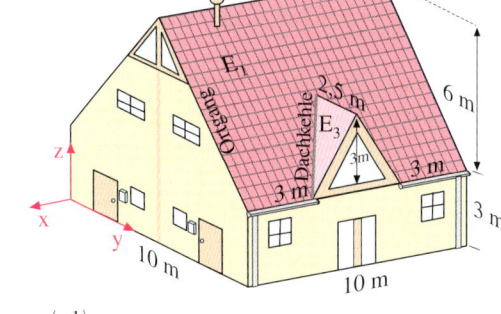

f) Sonnenlicht in Richtung des Vektors $\vec{v} = \begin{pmatrix} -1 \\ 1 \\ -2 \end{pmatrix}$ erzeugt einen Schatten des 1 m hohen Lüftungsrohres mit der Spitze $S(-2|6|8,8)$, dessen Abstand zum Dachfirst 1 m und zum Ortgang 2 m beträgt. Welchen Winkel bildet das Lüftungsrohr mit seinem Schatten?

**15.** Ein Prisma hat die Form einer geraden quadratischen Pyramide (Grundkantenlänge 10 cm, Höhe 20 cm). Der Höhenfußpunkt ist Koordinatenursprung. Im Punkt $L(0|-15|8)$ wird ein Strahl w weißen Lichtes erzeugt, der das Prisma im Punkt $U(0|-2,5|10)$ trifft. Das Licht wird dort in seine Spektralfarben aufgefächert. Der grüne Teilstrahl g wird in U gebrochen, verlässt das Prisma im Punkt $V(0|3|8)$, wird dort wieder gebrochen und trifft den Boden im Punkt $W(0|13|0)$.

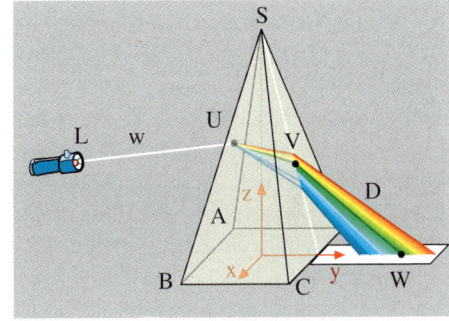

a) Unter welchem Winkel trifft der weiße Lichtstrahl w die Ebene ABS des Prismas?

b) Um welchen Winkel verändert der weiße Strahl w beim Übergang in den grünen Strahl g die Richtung? Welche weitere Richtungsveränderung erfährt der grüne Strahl beim Austritt aus dem Prisma?

c) Unter welchem Winkel schneidet der grüne Spektralstrahl g die Höhe der Pyramide?

d) In welchem Winkel zueinander stehen die Pyramidenseiten BCS und CDS?

**16.** Gegeben sind die Ebene E: $2x + y + 2z = 6$ und die Geradenschar $g_a$: $\vec{x} = \begin{pmatrix} 1 \\ 2 \\ 1 \end{pmatrix} + r \begin{pmatrix} 1 \\ -1 \\ a \end{pmatrix}$.

a) Unter welchem Winkel schneiden sich E und $g_2$?

b) Wie muss a gewählt werden, damit E und $g_a$ sich unter einem Winkel von 45° schneiden?

c) Für welchen Wert von a sind E und $g_a$ parallel bzw. orthogonal zueinander?

## 2. Abstandsberechnungen

Im Folgenden werden Verfahren zur Bestimmung von Abständen behandelt. Es geht dabei um den Abstand von Punkten, Ebenen und Geraden.

### A. Der Abstand Punkt/Ebene (Lotfußpunktverfahren)

> Unter dem Abstand eines Punktes P von einer Ebene E versteht man die Länge d der Lotstrecke $\overline{PF}$, die senkrecht auf der Ebene steht.
> Der Punkt F heißt *Lotfußpunkt*.

Zur Abstandsberechnung kann man das sogenannte *Lotfußpunktverfahren* verwenden. Dabei stellt man eine Lotgerade g auf, die senkrecht zur Ebene E steht und den Punkt P enthält. Man errechnet ihren Schnittpunkt F mit der Ebene E, den sogenannten Lotfußpunkt F. Der gesuchte Abstand d von Punkt und Ebene ergibt sich dann als Abstand der beiden Punkte P und F.

▶ **Beispiel: Lotfußpunktverfahren**
Gesucht ist der Abstand d des Punktes P(4|4|5) von der Ebene E: $x + y + 2z = 6$.

Lösung:
Wir bestimmen zunächst die Gleichung der Lotgeraden g. Als Stützpunkt verwenden wir den Punkt P und als Richtungsvektor dient der Normalenvektor von E, denn die Gerade g soll senkrecht zu E verlaufen. Die Koordinaten $x = 1$, $y = 1$, $z = 2$ des Normalenvektors können hier direkt aus der Koordinatenform von E abgelesen werden.

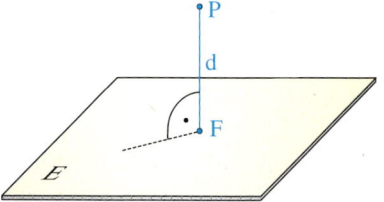

**1. Lotgerade g:** $g: \vec{x} = \begin{pmatrix} 4 \\ 4 \\ 5 \end{pmatrix} + r \begin{pmatrix} 1 \\ 1 \\ 2 \end{pmatrix}$

Nun wird durch Einsetzen der Koordinaten von g in die Gleichung von E der Schnittpunkt F berechnet.
Resultat: F(2|2|1)

**2. Schnittpunkt von g und E:**
$(4 + r) + (4 + r) + 2(5 + 2r) = 6$
$18 + 6r = 6$
$r = -2$, F(2|2|1)

Schließlich errechnen wir den Abstand der beiden Punkte P und F nach der wohlbekannten Abstandsformel.
Resultat: Der Punkt P und die Ebene E
▶ haben den Abstand $d = \sqrt{24} \approx 4{,}90$.

**3. Abstand von P und F:**

$d = |\overline{PF}| = \sqrt{(2-4)^2 + (2-4)^2 + (1-5)^2}$

$d = \sqrt{24} \approx 4{,}90$

### Übung 1
Bestimmen Sie den Abstand des Punktes P von der Ebene E.
a) E: $4x - 4y + 2z = 16$, P(5|−5|6)
b) E: $-4x + 5y + z = 10$, P(−3|7|5)

## B. Abstand Punkt/Ebene (Hesse'sche Normalenform)

Neben dem Lotfußpunktverfahren gibt es ein weiteres Verfahren zur Berechnung des Abstandes Punkt/Ebene, welches letztendlich schneller geht.
Dabei wird eine besondere Form der Ebenengleichung verwendet, die man nach dem deutschen Mathematiker *Ludwig Otto Hesse* (1811–1874) als *Hesse'sche Normalenform* bezeichnet.

Es handelt sich hierbei um eine Normalengleichung der Ebene, in der ein Normalenvektor $\vec{n}_0$ verwendet wird, der normiert ist, d.h. die Länge $|\vec{n}_0| = 1$ besitzt.
Man spricht von einem *Normaleneinheitsvektor*.

**Hesse'sche Normalenform**

E: $(\vec{x} - \vec{a}) \cdot \vec{n}_0 = 0$

$\vec{x}$: allg. Ortsvektor der Ebene
$\vec{a}$: Ortsvektor eines Ebenenpunktes
$\vec{n}_0$: Normalenvektor mit $|\vec{n}_0| = 1$

▶ **Beispiel: Hesse'sche Normalenform (HNF)**
Bestimmen Sie eine Hesse'sche Normalenform der Ebene E: $\left[\vec{x} - \begin{pmatrix}1\\0\\2\end{pmatrix}\right] \cdot \begin{pmatrix}1\\2\\3\end{pmatrix} = 0$.

**Lösung:**
Die Ebene ist schon in Normalenform gegeben. Wir müssen also lediglich ihren Normalenvektor $\vec{n}$ normieren.
Hierzu dividieren wir den Vektor $\vec{n}$ durch seinen Betrag $|\vec{n}| = \sqrt{14}$.
Wir erhalten den rechts aufgeführten Normaleneinheitsvektor $\vec{n}_0$.

Ersetzen wir nun in der gewöhnlichen Normalenform der Ebenengleichung den Vektor $\vec{n}$ durch $\vec{n}_0$, so erhalten wir die
▶ Hesse'sche Normalenform.

**Betrag des Normalenvektors:**

$\vec{n} = \begin{pmatrix}1\\2\\3\end{pmatrix} \Rightarrow |\vec{n}| = \sqrt{1^2 + 2^2 + 3^2} = \sqrt{14}$

**Normaleneinheitsvektor:**

$\vec{n}_0 = \dfrac{\vec{n}}{|\vec{n}|} = \begin{pmatrix}1/\sqrt{14}\\2/\sqrt{14}\\3/\sqrt{14}\end{pmatrix}$

**Hesse'sche Normalenform von E:**

E: $\left[\vec{x} - \begin{pmatrix}1\\0\\2\end{pmatrix}\right] \cdot \begin{pmatrix}1/\sqrt{14}\\2/\sqrt{14}\\3/\sqrt{14}\end{pmatrix} = 0$

### Übung 2
Bestimmen Sie eine Hesse'sche Normalenform der Ebene E.

a) E: $\left[\vec{x} - \begin{pmatrix}1\\0\\3\end{pmatrix}\right] \cdot \begin{pmatrix}1\\2\\2\end{pmatrix} = 0$  
b) E: $2x + y - z = 6$  
c) E: $\vec{x} = \begin{pmatrix}1\\4\\3\end{pmatrix} + r\begin{pmatrix}-3\\3\\4\end{pmatrix} + s\begin{pmatrix}12\\5\\1\end{pmatrix}$

Die Bedeutung der Hesse'schen Normalengleichung für Abstandsberechnungen ergibt sich aus folgender Tatsache:

Ersetzt man den allgemeinen Ortsvektor $\vec{x}$ auf der linken Seite einer Hesse'schen Normalengleichung der Ebene E durch den Ortsvektor $\vec{p}$ eines Punktes P, so erhält man, abgesehen vom Vorzeichen, den Abstand des Punktes P von der Ebene E.

> **Abstandsformel (Punkt/Ebene)**
>
> $E: (\vec{x} - \vec{a}) \cdot \vec{n}_0 = 0$ sei eine Hesse'sche Normalengleichung der Ebene E. Dann gilt für den Abstand d eines beliebigen Punktes P mit dem Ortsvektor $\vec{p}$ von der Ebene E:
>
> $$d = d(P, E) = |(\vec{p} - \vec{a}) \cdot \vec{n}_0|.$$

▶ **Beispiel: Abstand Punkt/Ebene**

Gesucht ist der Abstand des Punktes P(4|4|5) von der Ebene: $\left[\vec{x} - \begin{pmatrix} 2 \\ 2 \\ 1 \end{pmatrix}\right] \cdot \begin{pmatrix} 1 \\ 1 \\ 2 \end{pmatrix} = 0.$

**Lösung**

Wir stellen zunächst eine Hesse'sche Normalengleichung von E auf, indem wir einen Normaleneinheitsvektor errechnen.

*Hesse'sche Normalform von E:*

$$E: \left[\vec{x} - \begin{pmatrix} 2 \\ 2 \\ 1 \end{pmatrix}\right] \cdot \begin{pmatrix} 1/\sqrt{6} \\ 1/\sqrt{6} \\ 2/\sqrt{6} \end{pmatrix} = 0$$

Anschließend ersetzen wir im linksseitigen Term der Gleichung $\vec{x}$ durch den Ortsvektor von P(4|4|5).
Wir errechnen das sich ergebende Skalarprodukt und bilden hiervon den Betrag.
Das Resultat 4,90 ist der gesuchte Abstand
▶ von P und E.

*Abstand von P und E:*

$$d = \left\| \left[\begin{pmatrix} 4 \\ 4 \\ 5 \end{pmatrix} - \begin{pmatrix} 2 \\ 2 \\ 1 \end{pmatrix}\right] \cdot \begin{pmatrix} 1/\sqrt{6} \\ 1/\sqrt{6} \\ 2/\sqrt{6} \end{pmatrix} \right\|$$

$$= \left\| \begin{pmatrix} 2 \\ 2 \\ 4 \end{pmatrix} \cdot \begin{pmatrix} 1/\sqrt{6} \\ 1/\sqrt{6} \\ 2/\sqrt{6} \end{pmatrix} \right\| = \frac{12}{\sqrt{6}} \approx 4,90$$

*Begründung der Abstandsformel:*
P sei ein Punkt, der auf derjenigen Seite der Ebene E liegt, nach der $\vec{n}_0$ zeigt.
Dann gilt folgende Rechnung:

$(\vec{p} - \vec{a}) \cdot \vec{n}_0 = \overrightarrow{AP} \cdot \vec{n}_0 = (\overrightarrow{AF} + \overrightarrow{FP}) \cdot \vec{n}_0$

$= \overrightarrow{AF} \cdot \vec{n}_0 + \overrightarrow{FP} \cdot \vec{n}_0$

$= |\overrightarrow{AF}| \cdot |\vec{n}_0| \cdot \cos 90° + |\overrightarrow{FP}| \cdot |\vec{n}_0| \cdot \cos 0°$

$= |\overrightarrow{FP}| = d$

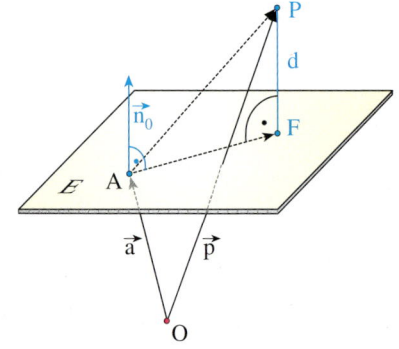

Liegt P auf der anderen Seite von E, so ergibt sich $(\vec{p} - \vec{a}) \cdot \vec{n}_0 = -d$.
Insgesamt: $d = |(\vec{p} - \vec{a}) \cdot \vec{n}_0|$.

## C. Anwendungen der Abstandsformel Punkt/Ebene

> **Beispiel: Höhe einer Pyramide**
>
> Welche Höhe hat die abgebildete Pyramide mit der Grundfläche ABC und der Spitze S?
> Welches Volumen hat die Pyramide?

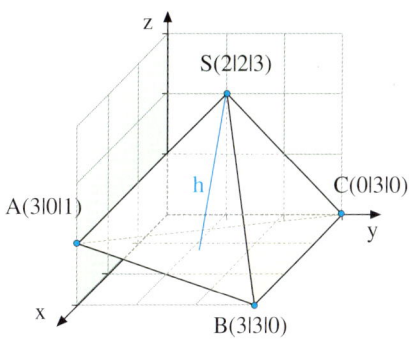

**Lösung:**
Die Höhe h ist der Abstand des Punktes S zu derjenigen Ebene E, welche A, B und C enthält.
Wir bestimmen zunächst eine Parametergleichung von E, wandeln diese in eine Normalengleichung um und stellen durch Normierung von $\vec{n}$ schließlich deren Hesse'sche Normalengleichung auf.

*Parametergleichung von E:*

$$E: \vec{x} = \begin{pmatrix} 3 \\ 0 \\ 1 \end{pmatrix} + r \begin{pmatrix} 0 \\ 3 \\ -1 \end{pmatrix} + s \begin{pmatrix} -3 \\ 3 \\ -1 \end{pmatrix}$$

*Hesse'sche Normalengleichung:*

$$E: \left[ \vec{x} - \begin{pmatrix} 3 \\ 0 \\ 1 \end{pmatrix} \right] \cdot \begin{pmatrix} 0 \\ 1/\sqrt{10} \\ 3/\sqrt{10} \end{pmatrix} = 0$$

Durch Einsetzung des Ortsvektors der Pyramidenspitze S in die linke Seite der Hesse'schen Normalengleichung errechnen wir den Abstand h von S und E.
Resultat: h ≈ 2,53 LE

*Abstand von S und E:*

$$h = \left\| \left[ \begin{pmatrix} 2 \\ 2 \\ 3 \end{pmatrix} - \begin{pmatrix} 3 \\ 0 \\ 1 \end{pmatrix} \right] \cdot \begin{pmatrix} 0 \\ 1/\sqrt{10} \\ 3/\sqrt{10} \end{pmatrix} \right\| = \frac{8}{\sqrt{10}} \approx 2{,}53$$

Zur Berechnung des Pyramidenvolumens benötigen wir den Flächeninhalt A des Grundflächendreiecks ABC. Wir wenden die Formel für den Flächeninhalt des Dreiecks an. Dabei können wir die Richtungsvektoren der Parametergleichung von E als aufspannende Vektoren des Dreiecks verwenden.
Der Flächeninhalt beträgt A ≈ 4,74 FE.

*Flächeninhalt von ABC:*

$$A = \tfrac{1}{2} \cdot \sqrt{\begin{pmatrix} 0 \\ 3 \\ -1 \end{pmatrix}^2 \cdot \begin{pmatrix} -3 \\ 3 \\ -1 \end{pmatrix}^2 - \left( \begin{pmatrix} 0 \\ 3 \\ -1 \end{pmatrix} \cdot \begin{pmatrix} -3 \\ 3 \\ -1 \end{pmatrix} \right)^2}$$

$$= \tfrac{1}{2} \cdot \sqrt{10 \cdot 19 - 10^2} = \tfrac{1}{2} \cdot \sqrt{90} \approx 4{,}74$$

*Volumen der Pyramide:*

$$V = \tfrac{1}{3} \cdot A \cdot h = \tfrac{1}{3} \cdot \tfrac{1}{2} \sqrt{90} \cdot \tfrac{8}{\sqrt{10}} = 4$$

> Das Volumen der Pyramide ist V = 4 VE.

### Übung 3

Von einem Würfel mit der Seitenlänge von 4 m wurde eine Ecke wie dargestellt abgeschnitten.

a) Welche Höhe hat die Pyramide über der Schnittfläche?
b) Wie groß ist das Restvolumen des Würfels?
c) In welchem Punkt schneidet die Würfeldiagonale das blaue Dreieck?

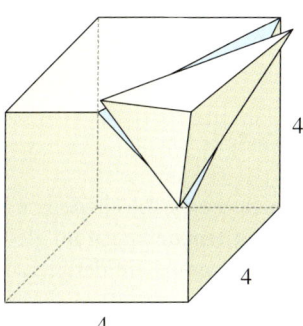

Eine Ebene teilt den dreidimensionalen Anschauungsraum in zwei Hälften. Da ein Normalenvektor der Ebene stets in einen der beiden *Halbräume* zeigt, kann man diese voneinander unterscheiden.

Dies ist der Grund dafür, dass man mithilfe der Abstandsformel Punkt/Ebene feststellen kann, ob zwei gegebene Punkte P und Q bezüglich einer Ebene E im gleichen oder in verschiedenen Halbräumen liegen.

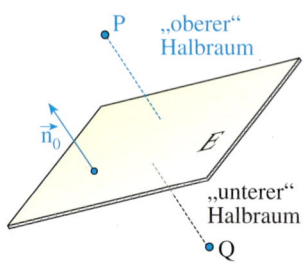

▸ **Beispiel: Halbräume**
Gegeben sind die Ebene E: $3x - 4y + 4z = 12$ sowie die Punkte P(0|0|1) und Q(3|−1|1). Bestimmen Sie die Abstände von P und Q zu E und stellen Sie fest, ob P und Q auf der „gleichen Seite" von E liegen. Welcher Punkt liegt näher an E?

**Lösung:**
Der Koordinatengleichung von E können wir durch Einsetzen ($x = 0$, $y = 0 \Rightarrow z = 3$) einen Punkt und anhand der Koeffizienten ($3x - 4y + 4z$) einen Normalenvektor entnehmen, woraus wir die Hesse'sche Normalengleichung erstellen.

**1. Hessesche Normalengleichung von E:**

$$E: \left[\vec{x} - \begin{pmatrix}0\\0\\3\end{pmatrix}\right] \cdot \begin{pmatrix}3/\sqrt{41}\\-4/\sqrt{41}\\4/\sqrt{41}\end{pmatrix} = 0$$

Nun setzen wir die Ortsvektoren der Punkte P und Q in die linke Seite der HNF ein, ohne allerdings deren Betrag zu bilden. Wir erhalten für P den Wert −1,25 und für Q den Wert 0,78.

**2. Abstandsberechnung:**

$$P: \left[\begin{pmatrix}0\\0\\1\end{pmatrix} - \begin{pmatrix}0\\0\\3\end{pmatrix}\right] \cdot \begin{pmatrix}3/\sqrt{41}\\-4/\sqrt{41}\\4/\sqrt{41}\end{pmatrix} = -\frac{8}{\sqrt{41}} \approx -1{,}25$$

$$Q: \left[\begin{pmatrix}3\\-1\\1\end{pmatrix} - \begin{pmatrix}0\\0\\3\end{pmatrix}\right] \cdot \begin{pmatrix}3/\sqrt{41}\\-4/\sqrt{41}\\4/\sqrt{41}\end{pmatrix} = \frac{5}{\sqrt{41}} \approx +0{,}78$$

Das bedeutet:
Q liegt wegen des positiven Vorzeichens in demjenigen Halbraum bezüglich E, in den der Normalenvektor zeigt, wenn sein Fußpunkt auf E angenommen wird.
P liegt wegen des negativen Vorzeichens im anderen Halbraum.
Die Abstände zu E sind 1,25 bzw. 0,78.
▸ Q liegt näher an E als P.

**3. Interpretation:**

P und Q liegen auf unterschiedlichen Seiten von E.
Abstand von P zu E: d(P, E) = 1,25
Abstand von Q zu E: d(Q, E) = 0,78
Q liegt näher an E als P.

**Übung 4**
Gegeben sind die Ebene E: $2x + y + z = 4$ sowie die Punkte P(0|1|2), Q(−1|2|5), R(1|1|1) und T(1|3|2).
a) Berechnen Sie die Abstände von P, Q, R und T zu E.
b) Welche der Punkte liegen im gleichen Halbraum bezüglich E?
c) Liegt der Ursprung auf der gleichen Seite der Ebene wie der Punkt P(0|1|2)?

## Übungen

**5.** Bestimmen Sie den Abstand des Punktes P zur Ebene E mithilfe des Lotfußpunktverfahrens.
a) E: $x + 2y + 2z = 10$, P(4|6|6)
b) E: $3x + 4y = 2$, P(9|0|2)
c) E: $2x - 3y - 6z = -4$, P(6|-1|-5)
d) E: $\vec{x} = \begin{pmatrix}0\\6\\6\end{pmatrix} + r\begin{pmatrix}1\\3\\2\end{pmatrix} + s\begin{pmatrix}0\\6\\4\end{pmatrix}$, P(2|7|-2)

**6.** Bestimmen Sie eine Hesse'sche Normalengleichung der Ebene E durch die Punkte A, B, C.
a) A(1|1|3)
   B(2|-1|5)
   C(0|1|5)
b) A(3|4|-1)
   B(6|2|1)
   C(0|5|-1)
c) A(7|3|2)
   B(11|1|2)
   C(9|1|3)

**7.** Stellen Sie zunächst eine Hesse'sche Normalengleichung der Ebene E auf. Berechnen Sie anschließend den Abstand von P und Q von der Ebene E mithilfe der Abstandsformel.

a) E: $6x + 3y + 2z = 22$
   P(7|5|7), Q(6|1|2)

b) E: $x - 2y + 2z = 8$
   P(7|1|6), Q(2|-4|8)

c) E: $2x + 3y + 6z = 12$
   P(4|3|5), Q(2|1|-6)

d) E: $\left[\vec{x} - \begin{pmatrix}6\\-2\\2\end{pmatrix}\right] \cdot \begin{pmatrix}3\\4\\0\end{pmatrix} = 0$ P(4|4|4)
   Q(4|-0,5|1)

e) E: $\vec{x} = \begin{pmatrix}2\\2\\0\end{pmatrix} + r\begin{pmatrix}3\\-2\\0\end{pmatrix} + s\begin{pmatrix}2\\2\\-15\end{pmatrix}$ P(7|11|5)
   Q(5|-7|1)

f) E: $\vec{x} = \begin{pmatrix}3\\2\\-2\end{pmatrix} + r\begin{pmatrix}1\\1\\0\end{pmatrix} + s\begin{pmatrix}12\\-5\\-6\end{pmatrix}$ P(17|5|12)
   Q(5|5|-24)

**8.** Gegeben ist die abgebildete Pyramide mit der Grundfläche ABCD und der Spitze S.
a) Welche Höhe hat die Pyramide?
b) Welches Volumen hat die Pyramide?
c) Bestimmen Sie den Fußpunkt F der Pyramidenhöhe.

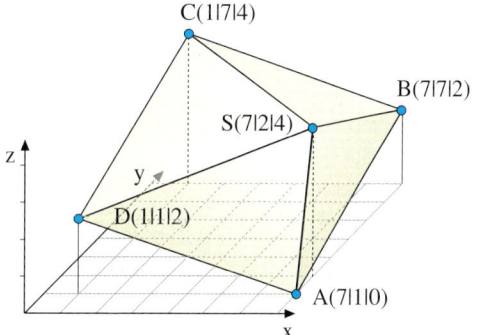

**9.** Gegeben sind die Ebene E sowie die Punkte P und Q.
Untersuchen Sie, ob P und Q im gleichen Halbraum bezüglich der Ebene E liegen.
Liegt einer der beiden Punkte P und Q im gleichen Halbraum wie der Ursprung?
a) E: $2x - 2y + z = 7$
   P(2|10|1), Q(4|4|3)
b) E: $6x - 2y + 3z = 12$
   P(-1|-2|6), Q(2|1|2)

## D. Abstand einer Geraden bzw. Ebene zu einer parallelen Ebene

Verläuft eine Ebene F parallel zur Ebene E, so kann man den Abstand d(F, E) errechnen, indem man den Abstand irgendeines Punktes der Ebene F zur Ebene E errechnet, z.B. mithilfe der Abstandsformel.
Völlig analog kann der Abstand d(g, E) einer Geraden g von einer parallelen Ebene E als Abstand irgendeines Geradenpunktes zur Ebene E gedeutet werden.

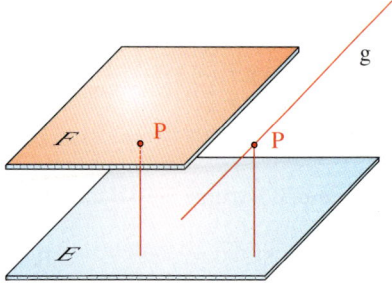

> **Beispiel: Abstand Gerade/Ebene**
> Bestimmen Sie den Abstand der Geraden g: $\vec{x} = \begin{pmatrix} 3 \\ 3 \\ 4 \end{pmatrix} + r \begin{pmatrix} -2 \\ -1 \\ 2 \end{pmatrix}$ von der Ebene
> E: x + 2y + 2z = 8.

**Lösung:**

Wir prüfen zunächst die Parallelität von der Geraden und der Ebene nach, indem wir das Skalarprodukt aus dem Richtungsvektor von g und dem Normalenvektor von E bilden. Es ist null.

*Parallelitätsprüfung:*

$\begin{pmatrix} -2 \\ -1 \\ 2 \end{pmatrix} \cdot \begin{pmatrix} 1 \\ 2 \\ 2 \end{pmatrix} = -2 - 2 + 4 = 0$

Anschließend stellen wir eine Hesse'sche Normalengleichung von E auf.

*Hesse'sche Normalengleichung:*

E: $\left[ \vec{x} - \begin{pmatrix} 0 \\ 0 \\ 4 \end{pmatrix} \right] \cdot \begin{pmatrix} 1/3 \\ 2/3 \\ 2/3 \end{pmatrix} = 0$

Durch Einsetzen des Stützvektors von g in die linke Seite der Hesse'schen Normalengleichung errechnen wir den Abstand von g und E: d = 3.

*Abstandsberechnung:*

$d = \left| \left[ \begin{pmatrix} 3 \\ 3 \\ 4 \end{pmatrix} - \begin{pmatrix} 0 \\ 0 \\ 4 \end{pmatrix} \right] \cdot \begin{pmatrix} 1/3 \\ 2/3 \\ 2/3 \end{pmatrix} \right| = 3$

## Übung 10

Berechnen Sie den Abstand von g und E bzw. von E und F. Weisen Sie zunächst die Parallelität nach.

a) g: $\vec{x} = \begin{pmatrix} 7 \\ -1 \\ 4 \end{pmatrix} + r \begin{pmatrix} 1 \\ 6 \\ 2 \end{pmatrix}$

   E: 6x − 2y + 3z = 7

b) g: $\vec{x} = \begin{pmatrix} 5 \\ 2 \\ 0 \end{pmatrix} + r \begin{pmatrix} -4 \\ 3 \\ 2 \end{pmatrix}$

   E: $\vec{x} = \begin{pmatrix} 0 \\ 0 \\ 5 \end{pmatrix} + s \begin{pmatrix} 1 \\ 1 \\ -4 \end{pmatrix} + t \begin{pmatrix} -1 \\ 0 \\ 2 \end{pmatrix}$

c) E:   4x + 2y − 4z =   16
   F: −2x −  y + 2z = −26

d) E: 12x −  5y + 13z = −204
   F:  6x − 2,5y + 6,5z =   67

## E. Abstand Punkt/Gerade

Der Abstand eines Punktes P von einer Geraden g ist die Länge der Lotstrecke $\overline{PF}$, die vom Punkt P auf die Gerade führt und senkrecht auf ihr steht. Dies gilt sowohl in der zweidimensionalen Anschauungsebene $\mathbb{R}^2$ als auch im dreidimensionalen Raum $\mathbb{R}^3$. Man verwendet folgende Strategien, um den Abstand zu bestimmen.

*Zweidimensionaler Fall*

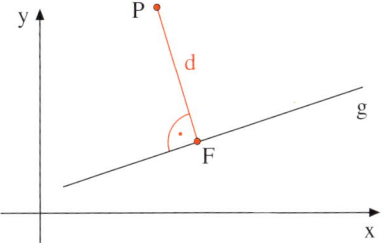

*Dreidimensionaler Fall*

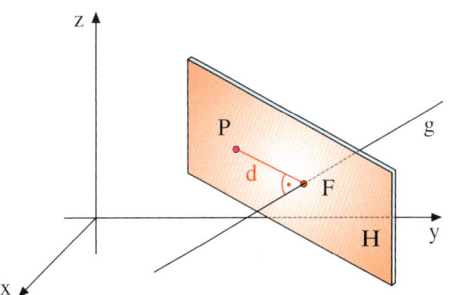

1. Im $\mathbb{R}^2$ besitzt jede Gerade eine Normalengleichung, analog zur Ebene im Raum. Man stellt diese Normalengleichung auf.

2. Man überführt die Normalengleichung in ihre Hesse'sche Normalenform.

3. Man setzt den Ortsvektor des Punktes in die linke Seite der Hesse'schen Normalengleichung ein. Der gesuchte Abstand d ist der Absolutbetrag des sich ergebenden Wertes.

1. Im $\mathbb{R}^3$ bestimmt man zunächst eine Normalengleichung derjenigen Hilfsebene H, die orthogonal auf g steht und den Punkt P enthält.

2. Man berechnet den Lotfußpunkt F als Schnittpunkt der Geraden g mit der Hilfsebene H.

3. Man bestimmt den gesuchten Abstand d als Länge des Lotvektors $\overrightarrow{PF}$.

▶ **Beispiel: Abstand Punkt/Gerade im $\mathbb{R}^2$**
Gesucht ist der Abstand des Punktes P(6|3) von der Geraden g: $\vec{x} = \binom{1}{3} + r \binom{1}{-2}$.

Lösung:
g besitzt den Richtungsvektor $\binom{1}{-2}$.
Folglich ist $\vec{n} = \binom{2}{1}$ ein Normalenvektor von g und $\vec{n}_0 = \binom{2/\sqrt{5}}{1/\sqrt{5}}$ ein Normaleneinheitsvektor.
Hiermit erstellen wir die rechts dargestellte Hesse'sche Normalengleichung von g, in deren linke Seite wir sodann den Ortsvektor von P(6|3) einsetzen, um d zu errechnen.

▶ Resultat: d ≈ 4,47

*1. Normalengleichung von g:*

g: $\left[\vec{x} - \binom{1}{3}\right] \cdot \binom{2}{1} = 0$

*2. Hesse'sche Normalengleichung von g:*

g: $\left[\vec{x} - \binom{1}{3}\right] \cdot \binom{2/\sqrt{5}}{1/\sqrt{5}} = 0$

*3. Abstandsberechnung:*

$d = \left|\left[\binom{6}{3} - \binom{1}{3}\right] \cdot \binom{2/\sqrt{5}}{1/\sqrt{5}}\right| = \frac{10}{\sqrt{5}} \approx 4{,}47$

## Beispiel: Abstand Punkt/Gerade im $\mathbb{R}^3$

Gesucht ist der Abstand des Punktes $P(-1|4|5)$ von der Geraden $g: \vec{x} = \begin{pmatrix} 1 \\ 2 \\ 2 \end{pmatrix} + r \begin{pmatrix} -1 \\ 3 \\ 2 \end{pmatrix}$.

**Lösung:**
Wir bestimmen zunächst eine Normalengleichung der Hilfsebene H, die senkrecht zu g ist und P enthält. Als Normalenvektor von H können wir den Spannvektor von g verwenden und als Stützvektor den Ortsvektor von P.

Der Lotfußpunkt F des Lotes von P auf g ist der Schnittpunkt von g und H. Diesen errechnen wir durch Einsetzen der rechten Seite der Geradengleichung für den allgemeinen Ortsvektor $\vec{x}$ in der Ebenengleichung.
Resultat: $F(0|5|4)$

Abschließend bestimmen wir den gesuchten Abstand d von P und g, indem wir die Länge der Lotstrecke $\overline{PF}$ bzw. des Lotvektors $\overrightarrow{PF}$ errechnen.
▶ Resultat: $d = |\overrightarrow{PF}| = \sqrt{3} \approx 1{,}73$

**1. Hilfsebene H:** $(H \perp g, P \in H)$

$H: \left[ \vec{x} - \begin{pmatrix} -1 \\ 4 \\ 5 \end{pmatrix} \right] \cdot \begin{pmatrix} -1 \\ 3 \\ 2 \end{pmatrix} = 0$

**2. Lotfußpunkt F:**

Schnittpunkt von g und H:

$\left[ \begin{pmatrix} 1 \\ 2 \\ 2 \end{pmatrix} + r \begin{pmatrix} -1 \\ 3 \\ 2 \end{pmatrix} - \begin{pmatrix} -1 \\ 4 \\ 5 \end{pmatrix} \right] \cdot \begin{pmatrix} -1 \\ 3 \\ 2 \end{pmatrix} = 0$

$-14 + 14r = 0$
$r = 1$
$\Rightarrow F(0|5|4)$

**3. Abstand von P und F:**

$d = |\overrightarrow{PF}| = \left| \begin{pmatrix} 0 \\ 5 \\ 4 \end{pmatrix} - \begin{pmatrix} -1 \\ 4 \\ 5 \end{pmatrix} \right| = \left| \begin{pmatrix} 1 \\ 1 \\ -1 \end{pmatrix} \right| = \sqrt{3}$

## Übung 11
Bestimmen Sie den Abstand des Punktes P von der Geraden g im $\mathbb{R}^2$.

a) $g: \vec{x} = \begin{pmatrix} 2 \\ 1 \end{pmatrix} + r \begin{pmatrix} 1 \\ 1 \end{pmatrix}$
   $P(6|-1)$

b) $g: \vec{x} = \begin{pmatrix} 0 \\ 3 \end{pmatrix} + r \begin{pmatrix} 2 \\ -1 \end{pmatrix}$
   $P(1|-2{,}5)$

c) $g: \vec{x} = \begin{pmatrix} 3 \\ 4 \end{pmatrix} + r \begin{pmatrix} 3 \\ -1 \end{pmatrix}$
   $P(0|0)$

## Übung 12
Gesucht ist der Abstand des Punktes P von der Geraden g im $\mathbb{R}^3$.

a) $g: \vec{x} = \begin{pmatrix} 4 \\ 0 \\ 1 \end{pmatrix} + r \begin{pmatrix} -1 \\ 1 \\ 1 \end{pmatrix}$

   $P(4|6|-2)$

b) g geht durch $A(4|2|1)$ und $B(0|6|3)$.
   $P(2|1|8)$

c) g geht durch $A(4|8|7)$ und $B(9|3|7)$.
   $P(0|0|0)$

## Übung 13
Betrachtet wird ein Würfel mit der Seitenlänge 9. Berechnen Sie den Abstand der Punkte E, H und C von der Geraden g.

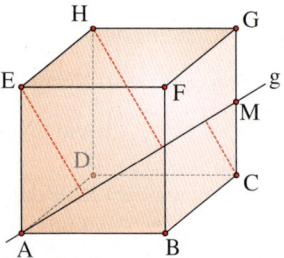

## F. Abstand paralleler Geraden

Die Aufgabe, den Abstand paralleler Geraden zu bestimmen, kann auf die vorherige Problematik des Abstands von Punkt und Gerade zurückgeführt werden.

Alle Punkte der Geraden h haben von der parallelen Gerade g den gleichen Abstand. Dieser Abstand kann berechnet werden, indem man den Abstand eines beliebigen Punktes der Geraden h – beispielsweise den Abstand ihres Stützpunktes P – von der Geraden g berechnet.

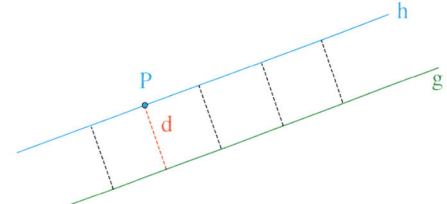

▶ **Beispiel: Abstand paralleler Geraden**
Kurz nach dem Start befindet sich Flugzeug Alpha in einem geradlinigen Steigflug durch die Punkte $A(-8|5|1)$ und $B(2|-1|2)$. Gleichzeitig befindet sich Flugzeug Beta im Landeanflug durch die Punkte $C(13|-5|5)$ und $D(-7|7|3)$. (Angaben in km)
Weisen Sie nach, dass die Flugbahnen beider Flugzeuge parallel verlaufen, und berechnen Sie den Abstand der Flugbahnen.

Lösung:
Die nebenstehende Gerade g beschreibt die Flugbahn von Flugzeug A, die Gerade h beschreibt die Flugbahn von Flugzeug B. Die Geraden g und h sind parallel, da die Spannvektoren linear abhängig sind. Wie man leicht sieht, ist der Kollinearitätsfaktor $-2$.

Zur Abstandsberechnung der beiden Geraden wird der Abstand des Punktes C von der Geraden g berechnet.

Die Hilfsebene H enthält den Punkt C und ist orthogonal zur Gerade g. Der Schnittpunkt F von g und H ist der Fußpunkt des Lotes von Punkt C auf die Gerade g. Der Abstand der Punkte C und F ist damit gleich dem Abstand der Geraden g und h.
▶ Er beträgt 3 km.

Gerade g: $\vec{x} = \begin{pmatrix} -8 \\ 5 \\ 1 \end{pmatrix} + r \cdot \begin{pmatrix} 10 \\ -6 \\ 1 \end{pmatrix}$

Gerade h: $\vec{x} = \begin{pmatrix} 13 \\ -5 \\ 5 \end{pmatrix} + s \cdot \begin{pmatrix} -20 \\ 12 \\ -2 \end{pmatrix}$

Hilfsebene H: $\left[ \vec{x} - \begin{pmatrix} 13 \\ -5 \\ 5 \end{pmatrix} \right] \cdot \begin{pmatrix} 10 \\ -6 \\ 1 \end{pmatrix} = 0$

H: $10x - 6y + z = 165$

Schnittpunkt von g und H:
$10(-8 + 10r) - 6(5 - 6r) + 1 + r = 165$
$137r - 109 = 165$
$r = 2$

Schnittpunkt: $F(12|-7|3)$

Abstand: $d = |\vec{CF}| = \sqrt{1 + 4 + 4} = 3$

### Übung 14
a) Zeigen Sie, dass die Gerade durch A und B parallel ist zur Geraden durch C und D.
   I:  $A(-1|6|4)$, $B(5|-2|4)$, $C(3|9|4)$, $D(9|1|4)$
   II: $A(0|0|6)$, $B(2|4|2)$, $C(3|-6|6)$, $D(7|2|-2)$
b) Zeigen Sie, dass das Viereck ABCD mit $A(5|0|0)$, $B(9|6|1)$, $C(7|7|3)$, $D(3|1|2)$ ein Parallelogramm ist, und berechnen Sie seinen Flächeninhalt.

## Übungen

**15.** Die Punkte A(8|1|0), B(5|5|2), C(2|4|3) und D(3|1|2) sind die Eckpunkte der Grundfläche eines Prismas ABCDEFGH. Weiterhin sei der Punkt E(10|2|2) der Deckfläche bekannt.
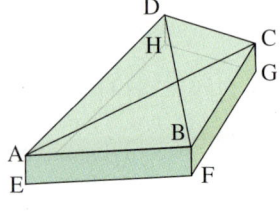
a) Bestimmen Sie die Eckpunkte F, G und H.
b) Weisen Sie nach, dass ABCD ein Drachenviereck ist.
c) Stellen Sie die Gleichung der Ebene T durch die Punkte A, C, H in Normalform auf.
d) Bestimmen Sie den Abstand des Punktes F zur Ebene T.
e) Berechnen Sie den Abstand von Grund- und Deckfläche des Prismas und das Volumen.

**16.** Die Punkte A(0|0|0), B(8|0|0), C(8|8|0) und D(0|8|0) sind die Eckpunkte der Grundfläche einer geraden quadratischen Pyramide ABCDS mit der Höhe h = 6. M ist der Mittelpunkt der Kante $\overline{CS}$, N der Mittelpunkt von $\overline{DS}$. Die Ebene E enthält die Punkte A, B, M, N.
a) Zeichnen Sie die Pyramide und die Ebene E im kartesischen Koordinatensystem.
b) Geben Sie eine Gleichung der Ebene E in Normalform an.
c) Prüfen Sie, ob alle Eckpunkte der Pyramide, die nicht in der Ebene E liegen, zu E den gleichen Abstand haben.
d) Zeigen Sie, dass das Viereck CDNM ein Trapez ist, und berechnen Sie dessen Flächeninhalt, indem Sie zunächst den Abstand der Geraden CD und MN bestimmen.
e) Unter welchem Winkel schneidet die Kante $\overline{CS}$ die Ebene E?

**17.** Die Punkte A(7|3|1), B(11|1|4) und C(8|5|3) sind die Eckpunkte der Grundfläche einer Pyramide mit der Spitze S(5|1|7).
a) Zeichnen Sie die Pyramide im kartesischen Koordinatensystem.
b) Die Grundfläche der Pyramide liegt in der Ebene E. Geben Sie eine Gleichung der Ebene E in Parameter- und in Normalform an.
c) Berechnen Sie die Höhe der Pyramide und den Fußpunkt F des Lotes von S auf E.
d) Welchen Abstand hat der Punkt C von der Seitenkante $\overline{BS}$?
e) Unter welchem Winkel schneidet die Kante $\overline{BS}$ die Ebene E?

**18.** A(3|4|6), B(7|8|8), D(7|2|2) und E(5|0|10) sind Eckpunkte des Würfels ABCDEFGH.
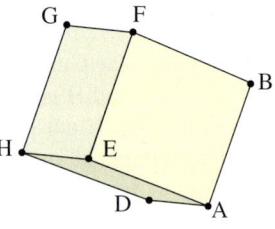
a) Bestimmen Sie die fehlenden Eckpunkte.
b) Die Ebene T enthalte die Punkte B, D und E. Stellen Sie eine Gleichung der Ebene T in Normalform auf und berechnen Sie den Abstand des Punktes A zur Ebene T.
c) Welchen Abstand hat der Punkt B zur Geraden durch die Punkte D und E?
d) Berechnen Sie das Volumen der Pyramide ABDE. Verwenden Sie die bisherigen Ergebnisse.

**19.** Bei der Entwicklung der KFZ-Einparkhilfe haben Bionikforscher das Ortungssystem der Fledermaus kopiert und entsprechende Sensoren in die hintere Stoßstange integriert. Die Sensoren sind so eingestellt, dass sie eine Abstandsunterschreitung von 0,3 m anzeigen.

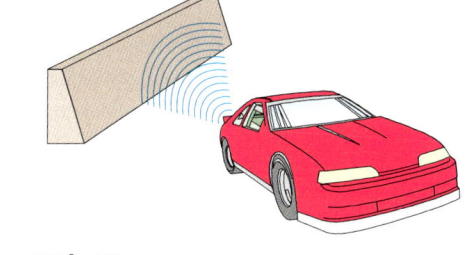

Ein Autofahrer fährt geradlinig rückwärts auf eine schräge Ebene zu, die durch $\left[\vec{x} - \begin{pmatrix} 10 \\ 0 \\ 10 \end{pmatrix}\right] \cdot \begin{pmatrix} 5 \\ 5 \\ 1 \end{pmatrix} = 0$ beschrieben wird.

a) Der der Ebene nächste Sensor befindet sich zunächst im Punkt P(6,2|6,2|0,3). Zeigen Sie, dass der Sensor noch keinen Alarm gegeben hat. Wenig später ist der Sensor im Punkt Q(6,1|6,1|0,3) angelangt. Ist inzwischen ein Alarm erfolgt?

b) An welchem Punkt R zwischen P und Q muss der Sensor Alarm geben?

**20.** Ein Motorboot bewegt sich in einem Gewässer mit ebenem, aber leicht ansteigendem Grund. P(0|0|−20), Q(50|50|−15) und R(0|50|−15) sind Punkte der Grundebene. Das Boot besitzt einen Echolotsensor in Höhe der Wasseroberfläche.

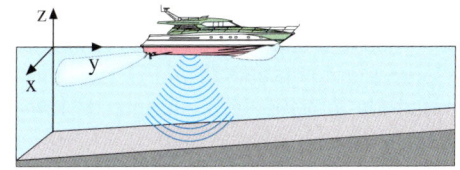

a) Erstellen Sie eine Normalengleichung der Grundebene.

b) Welcher Abstand zur Grundebene wird gemessen, wenn der Sensor sich im Punkt A(50|50|0) befindet? Etwas später sind Boot und Sensor im Punkt B(75|75|0) angelangt. Wie groß ist der Abstand hier? Wie tief ist das Wasser senkrecht unter dem Sensor?

c) Das Echolot berechnet aus den gespeicherten Daten den Abstand zum Grund voraus. Wo wird bei gleichbleibendem Kurs ein Abstand von nur noch 2 m erreicht, der aus Sicherheitsgründen mindestens erforderlich ist?

**21.** Ein Helikopter fliegt bei schlechter Sicht auf ein eben ansteigendes Bergmassiv zu, welches durch die Punkte P(0|5|0), Q(5|10|2), R(10|10|2) beschrieben wird. Der Helikopter durchfliegt die Punkte A(1|6|1) und B(2|7|1) (Angaben in km).

a) Erstellen Sie eine Ebenengleichung des Berghangs.

b) Bestimmen Sie den Abstand des Helikopters in A bzw. B zur Bergebene.

c) 100 m ist der erlaubte Mindestabstand. In welchem Punkt muss der Pilot spätestens auf Steigflug umstellen, um den Hang im Parallelflug zu überwinden? Wie lautet der neue Kurs?

## G. Abstand windschiefer Geraden

Der Abstand windschiefer Geraden g und h ist die kürzeste Entfernung, die zwischen einem Punkt von g und einem Punkt von h existiert.
Es ist leicht einzusehen, dass eine solche kürzeste Strecke zwischen g und h sowohl auf g als auch auf h senkrecht stehen muss. Es ist eine gemeinsame Lotstrecke von g und h.
Am einfachsten lässt sich die Länge dieser Strecke als Abstand zweier paralleler Ebenen G und H bestimmen, welche jeweils eine der Geraden g bzw. h enthalten.

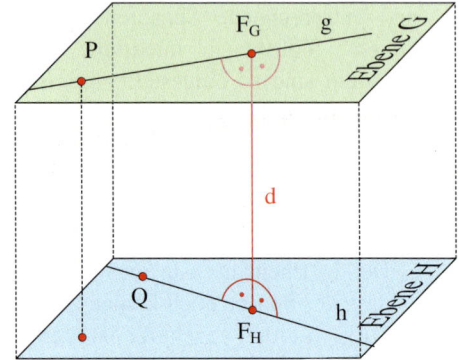

*Abstand windschiefer Geraden*

Folgende Überlegungen führen nun zu einer Abstandsformel für windschiefe Geraden.

Die Punkte P und Q seien Stützpunkte der Geraden g und h und $\vec{p}$ und $\vec{q}$ die Stützvektoren. $\vec{n}_0$ sei ein gemeinsamer *Normaleneinheitsvektor* von g und h, d.h., er ist orthogonal zu beiden Geraden und hat den Betrag 1.
Dann ist H: $(\vec{x} - \vec{q}) \cdot \vec{n}_0 = 0$ eine Hesse'sche Normalengleichung der Ebene H.
Der Term $d = |(\vec{p} - \vec{q}) \cdot \vec{n}_0|$ gibt folglich den Abstand des Punktes P von der Ebene H an und damit den Abstand von G zu H sowie den Abstand von g zu h.

> **Abstandsformel für windschiefe Geraden**
>
> g: $\vec{x} = \vec{p} + r \cdot \vec{m}_g$ und h: $\vec{x} = \vec{q} + s \cdot \vec{m}_h$ seien zwei windschiefe Geraden.
> $\vec{n}_0$ sei ein zu beiden Spannvektoren $\vec{m}_g$ und $\vec{m}_h$ orthogonaler Einheitsvektor.
> Dann besitzen g und h den Abstand
>
> $d = |(\vec{p} - \vec{q}) \cdot \vec{n}_0|$.

▶ **Beispiel: Abstand windschiefer Geraden**
Gegeben sind die windschiefen Geraden g: $\vec{x} = \begin{pmatrix} 2 \\ 2 \\ 3 \end{pmatrix} + r \begin{pmatrix} 1 \\ 2 \\ -2 \end{pmatrix}$ und h: $\vec{x} = \begin{pmatrix} 4 \\ 7 \\ 3 \end{pmatrix} + s \begin{pmatrix} -1 \\ 2 \\ 0 \end{pmatrix}$.
Berechnen Sie den Abstand von g und h.

Lösung:
Man kann leicht erkennen sowie durch Rechnung nachweisen, dass die Geraden weder parallel sind noch sich schneiden. Also sind sie windschief.

Wir bestimmen zunächst einen „Normalenvektor" $\vec{n}$, der auf beiden Spannvektoren senkrecht steht. Sein Skalarprodukt mit den Spannvektoren ist also jeweils null. Dies führt auf zwei Gleichungen mit drei Variablen.

**1. Bestimmung eines Normaleneinheitsvektors:**

$\vec{n} \cdot \vec{m}_g = 0, \qquad \vec{n} \cdot \vec{m}_h = 0$

$\begin{pmatrix} x \\ y \\ z \end{pmatrix} \cdot \begin{pmatrix} 1 \\ 2 \\ -2 \end{pmatrix} = 0, \qquad \begin{pmatrix} x \\ y \\ z \end{pmatrix} \cdot \begin{pmatrix} -1 \\ 2 \\ 0 \end{pmatrix} = 0$

## 2. Abstandsberechnungen

Wir wählen x = 2 frei und errechnen y = 1 und z = 2 durch Einsetzen.
Den sich ergebenden Normalenvektor $\vec{n}$ normieren wir, indem wir ihn durch seinen Betrag dividieren. Wir erhalten einen Normaleneinheitsvektor $\vec{n}_0$.

Zur Abstandsberechnung setzen wir nun $\vec{n}_0$ sowie die Stützvektoren $\vec{p}$ und $\vec{q}$ der beiden Geraden in die Abstandsformel $d = |(\vec{p} - \vec{q}) \cdot \vec{n}_0|$ ein.

▶ Resultat: d = 3

I   $x + 2y - 2z = 0$
II  $-x + 2y = 0$

z. B. $\vec{n} = \begin{pmatrix} 2 \\ 1 \\ 2 \end{pmatrix} \Rightarrow \vec{n}_0 = \frac{\vec{n}}{|\vec{n}|} = \begin{pmatrix} 2/3 \\ 1/3 \\ 2/3 \end{pmatrix}$

**2. Abstandsberechnung:**

$d = |(\vec{p} - \vec{q}) \cdot \vec{n}_0|$

$= \left| \left[ \begin{pmatrix} 2 \\ 2 \\ 3 \end{pmatrix} - \begin{pmatrix} 4 \\ 7 \\ 3 \end{pmatrix} \right] \cdot \begin{pmatrix} 2/3 \\ 1/3 \\ 2/3 \end{pmatrix} \right| = 3$

### Übung 23
Bestimmen Sie den Abstand der Geraden g: $\vec{x} = \begin{pmatrix} 9 \\ 3 \\ 8 \end{pmatrix} + r \begin{pmatrix} -6 \\ 2 \\ 1 \end{pmatrix}$ und h: $\vec{x} = \begin{pmatrix} 4 \\ 2 \\ 1 \end{pmatrix} + s \begin{pmatrix} 4 \\ 1 \\ -3 \end{pmatrix}$.

### Übung 24
Zeigen Sie, dass g und h windschief sind. Berechnen Sie sodann den Abstand von g und h.

a) g: $\vec{x} = \begin{pmatrix} 0 \\ 6 \\ 0 \end{pmatrix} + r \begin{pmatrix} -2 \\ 1 \\ 0 \end{pmatrix}$, h: $\vec{x} = \begin{pmatrix} 0 \\ 3 \\ 4 \end{pmatrix} + s \begin{pmatrix} 3 \\ 3 \\ -1 \end{pmatrix}$

b) g: $\vec{x} = \begin{pmatrix} 0 \\ 3 \\ 1 \end{pmatrix} + r \begin{pmatrix} -3 \\ -2 \\ 0 \end{pmatrix}$, h: $\vec{x} = \begin{pmatrix} 4 \\ 6 \\ 9 \end{pmatrix} + s \begin{pmatrix} -3 \\ 2 \\ -2 \end{pmatrix}$

### Übung 25
Über zwei Kupferrohre AB und CD, die sich windschief passieren, sollen wie abgebildet isolierende Schaumstoffumhüllungen geschoben werden.
Ist zwischen den Kupferrohren genügend Platz vorhanden, wenn die Isolationsrohre einen Außendurchmesser von 8 cm besitzen?

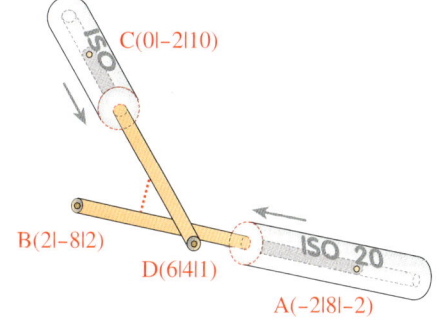

### Übung 26
Berechnen Sie für die abgebildete Pyramide
a) die eingezeichnete Seitenhöhe h,
b) den Abstand der Kanten AC und BS.

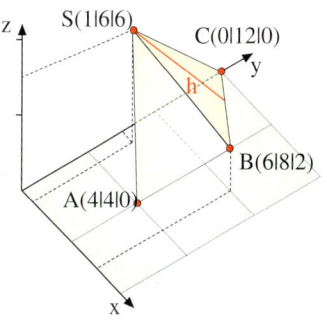

## Übungen

**27.** Die vordere Begrenzung einer 4,5 km dicken Schlechtwetterfront wird beschrieben durch die Ebene E:
$2x + 2y + z = 6$ (LE: 1 km).

a) Ein Flugzeug fliegt längs der Gerade

$g: \vec{x} = \begin{pmatrix} 3 \\ 1 \\ 1 \end{pmatrix} + s \begin{pmatrix} 1 \\ -2 \\ 2 \end{pmatrix}$. Weisen Sie

nach, dass seine Flugbahn parallel zur Schlechtwetterfront liegt. Berechnen Sie den Abstand der Flugbahn zur Schlechtwetterfront.

b) Ein Meteorologe befindet sich mit seinem Flugzeug im Punkt P(5|5|4). Er möchte zu Forschungszwecken die Schlechtwetterfront orthogonal durchfliegen. In welchem Punkt A tritt sein Flugzeug in die Schlechtwetterfront ein?

c) In welchem Punkt B verlässt das Flugzeug des Meteorologen die Schlechtwetterfront? Welche Ebene F beschreibt die hintere Begrenzung der Schlechtwetterfront?

d) Zeigen Sie, dass sich die Flugbahnen der beiden Flugzeuge nicht schneiden. Ermitteln Sie den Abstand der beiden Flugbahnen.

**28.** Ein Abhang wird beschrieben durch die Ebene E: $2x + 3y + 6z = 35$. Auf dem Abhang steht eine senkrechte Tanne, deren Spitze der Punkt S(5|7|26) ist. (LE: 1 m)

a) Wie hoch ist die Tanne?

b) In welchem Winkel steht die Tanne zum Hang?

c) Zur Sicherung der Tanne wird im Punkt Q(5|7|17) ein Sicherungsseil angebracht, dass am Abhang senkrecht zu diesem verankert werden soll. Ermitteln Sie den Punkt P der Verankerung.

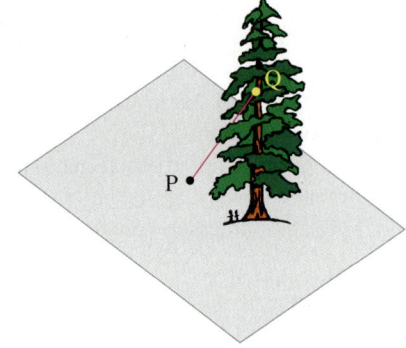

d) Auf dem Abhang soll in 30 m Höhe ein Wanderweg angelegt werden. Geben Sie die Gleichung der Geraden an, welche den Verlauf dieses Weges beschreibt.

e) Ein Blitz trifft die Tanne, worauf diese zerbricht. Ihre Spitze fällt auf den Abhang im Punkt A(1|−1|6). In welcher Höhe ist die Tanne abgeknickt?

# 3. Untersuchung geometrischer Objekte im Raum

## A. Würfel, Pyramiden und Quader

▶ **Beispiel: Ebenen und Geraden in einem Würfel**
Auf einem Würfel der Kantenlänge 6 liegen die Punkte P(6|0|4), Q(6|4|0) und R(0|2|6).

a) Ermitteln Sie die Gleichung der Ebene E durch die Punkte P, Q und R, die Gleichung der Geraden g durch die Punkte O(0|0|0) und G(6|6|6), sowie den Schnittpunkt S von E und g.

b) Bestimmen Sie die Größe des Winkels QPR und den Flächeninhalt des Dreiecks PQR.

c) Leiten Sie die Koordinatenform der Ebene E her und weisen Sie nach, dass die Gerade h: $\vec{x} = \begin{pmatrix} 3 \\ 3 \\ 3 \end{pmatrix} + t \cdot \begin{pmatrix} 3 \\ -1 \\ -1 \end{pmatrix}$ ganz in E liegt.

d) In welchem Punkt Y schneidet die Ebene E die y-Achse?

e) Bestimmen Sie den Abstand der Geraden QP und RY.

**Lösung zu a:**
Für die Ebene E wird der Punkt P als Stützpunkt gewählt. Die Vektoren $\overrightarrow{PQ}$ bzw. $\overrightarrow{PR}$ dienen als Richtungsvektoren.
Die Geradengleichung für g wird mithilfe der Zweipunkteform aufgestellt.

Gleichsetzen der rechten Seiten von Ebenen- und Geradengleichung liefert ein lineares Gleichungssystem, dessen Lösung am einfachsten mit einem DMW ermittelt wird.

Aus der Lösung r = s = t = 0,5 ergibt sich der Geradenparameterwert t = 0,5. Dieser liefert durch Einsetzen in die Gleichung von g den Schnittpunkt S(3|3|3) von E und g.

**Lösung zu b:**
Das Skalarprodukt der Richtungsvektoren $\overrightarrow{PQ}$ und $\overrightarrow{PR}$ ist gleich null.
▼ Die Vektoren sind daher orthogonal. Das Dreieck PQR ist rechtwinklig bei P.

*1. Gleichungen von E und g:*
E: $\vec{x} = \overrightarrow{OP} + r \cdot \overrightarrow{PQ} + s \cdot \overrightarrow{PR}$

$\vec{x} = \begin{pmatrix} 6 \\ 0 \\ 4 \end{pmatrix} + r \cdot \begin{pmatrix} 0 \\ 4 \\ -4 \end{pmatrix} + s \cdot \begin{pmatrix} -6 \\ 2 \\ 2 \end{pmatrix}$

g: $\vec{x} = t \cdot \begin{pmatrix} 6 \\ 6 \\ 6 \end{pmatrix}$

*2. Schnittpunkt von E und g:*

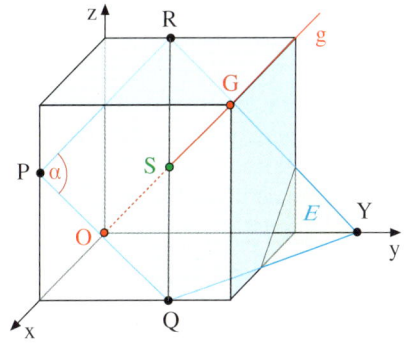

$\Rightarrow t = \frac{1}{2} \Rightarrow$ Schnittpunkt S(3|3|3)

*3. Rechtwinkligkeitsnachweis:*

$\overrightarrow{QP} \cdot \overrightarrow{QR} = \begin{pmatrix} 0 \\ 4 \\ -4 \end{pmatrix} \cdot \begin{pmatrix} -6 \\ 2 \\ 2 \end{pmatrix} = 0 + 8 - 8 = 0$

Der Flächeninhalt A eines rechtwinkligen Dreiecks kann stets elementargeometrisch mithilfe seiner beiden Kantenlängen ermittelt werden. Resultat: A ≈ 18,76

**Lösung zu c:**
Zunächst bestimmen wir einen Normalenvektor der Ebene E, der zu beiden Richtungsvektoren senkrecht steht.

Die Koeffizienten der linken Seite der Koordinatengleichung sind die Koordinaten des Normalenvektors.
Die rechte Seite der Koordinatengleichung erhalten wir durch Einsetzen des Punktes P in diese Gleichung.

Beim Einsetzen der Koordinaten von h in E ergibt sich eine Identität. Damit erfüllen alle Punkte der Gerade h die Gleichung von E, d. h. die Gerade h liegt in der Ebene E.

**Lösung zu d:**
Im Schnittpunkt der Ebene E mit der y-Achse gilt x = 0 und z = 0. Damit erhalten wir aus der Koordinatenform y = 8, d. h. Y(0|8|0).

**Lösung zu e:**
Zunächst stellen wir die Gleichungen der Geraden PQ und RY auf. An den Richtungsvektoren erkennen wir, dass die Geraden parallel verlaufen.

Weiter benötigen wir die Gleichung der Hilfsebene H, die den Punkt Y enthält und senkrecht zur Geraden PQ liegt. Also kann der Richtungsvektor der Geraden PQ als Normalenvektor von H verwendet werden.

Der Schnittpunkt von H mit der Geraden PQ ist der Punkt T(6|6|−2).

Der Abstand der Geraden PQ und RY ist gleich der Länge der Strecke $\overline{YT}$.
▶ Ergebnis: d ≈ 6,63.

**4. Flächeninhalt des Dreiecks PQR:**
$A = \frac{1}{2} \cdot |\overrightarrow{PQ}| \cdot |\overrightarrow{PR}| = \frac{1}{2} \cdot \sqrt{32} \cdot \sqrt{44} \approx 18{,}76$

**5. Normalenvektor der Ebene E:**
$\vec{n} \cdot \begin{pmatrix} 0 \\ -4 \\ 4 \end{pmatrix} = 0,\ \vec{n} \cdot \begin{pmatrix} -6 \\ 2 \\ 2 \end{pmatrix} = 0,\ \vec{n} = \begin{pmatrix} 2 \\ 3 \\ 3 \end{pmatrix}$

**6. Koordinatengleichung von E:**
E: 2x + 3y + 3z = d

Einsetzen des Punktes P: d = 24
E: 2x + 3y + 3z = 24

**7. Einsetzen von h in E:**
2(3 + 3t) + 3(3 − t) + 3(3 − t) = 24
6 + 6t + 9 − 3t + 9 − 3t = 24
24 = 24

**8. Schnittpunkt mit der y-Achse:**
x = 0, z = 0 ⇒ 3y = 24
y = 8 ⇒ Y(0|8|0)

**9. Geraden PQ und RY:**
$g_{PQ} = \begin{pmatrix} 6 \\ 0 \\ 4 \end{pmatrix} + r \begin{pmatrix} 0 \\ 4 \\ -4 \end{pmatrix},\ h_{RY}: \begin{pmatrix} 0 \\ 2 \\ 6 \end{pmatrix} + s \begin{pmatrix} 0 \\ 6 \\ -6 \end{pmatrix}$

**10. Hilfsebene H:**
$\left( \vec{x} - \begin{pmatrix} 0 \\ 8 \\ 0 \end{pmatrix} \right) \cdot \begin{pmatrix} 0 \\ 4 \\ -4 \end{pmatrix} = 0$

**11. Schnittpunkt von H mit $g_{PQ}$:**
$\left( \begin{pmatrix} 6 \\ 0 \\ 4 \end{pmatrix} + r \begin{pmatrix} 0 \\ 4 \\ -4 \end{pmatrix} - \begin{pmatrix} 0 \\ 8 \\ 0 \end{pmatrix} \right) \cdot \begin{pmatrix} 0 \\ 4 \\ -4 \end{pmatrix} = 0$
$4(4r − 8) − 4(4 − 4r) = 0 \Rightarrow r = 1{,}5;\ T(6|6|−2)$

**12. Abstand YT:**
$d = \sqrt{36 + 4 + 4} = \sqrt{44} \approx 6{,}63$

## 3. Untersuchung geometrischer Objekte im Raum

### Übung 1
Im rechts abgebildeten 6×4×5-Quader sind die Punkte R(6|0|2), S(6|4|4) und T(2|0|5) bekannt.
a) Bestimmen Sie eine Parameter- und eine Normalenform der Ebene E, welche die Punkte R, S und T enthält.
b) Wie groß ist der Winkel RST?
c) Wie groß ist der Abstand des Punktes B von der Ebene E?
d) Berechnen Sie den Abstand des Koordinatenursprungs O(0|0|0) zur Geraden RS.

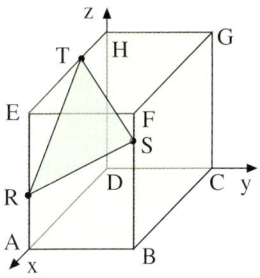

### ▶ Beispiel: Schräge Pyramide
Die Punkte A(8|0|0), B(8|8|0), C(0|8|0) und D(0|0|0) sind die Eckpunkte der Grundfläche einer quadratischen Pyramide, deren Spitze im Punkt S(2|2|6) liegt.
a) Geben Sie eine Gleichung der Ebene E, in der das Dreieck BCS liegt, in Parameter- und in Koordinatenform an.
b) Berechnen Sie die Größe des Winkels SBC.
c) Ein Lichtstrahl durch den Punkt P(−2|11|6) in Richtung $\vec{v} = \begin{pmatrix} 2 \\ -2 \\ -1 \end{pmatrix}$ trifft die Ebene E im Punkt T. Ermitteln Sie die Koordinaten von T. Liegt der Punkt T im Dreieck BCS?
d) Stellen Sie eine Gleichung der Ebene F durch die Punkte A, B und T auf. Ermitteln Sie eine Gleichung der Schnittgeraden der Ebenen E und F.

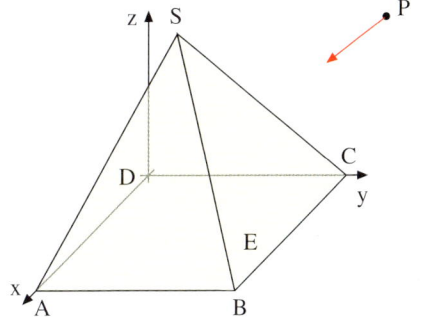

**Lösung zu a:**
Als Stützvektor wählen wir den Ortsvektor zum Punkt B und als Richtungsvektoren $\vec{BC}$ und $\vec{BS}$. Damit erhalten wir die nebenstehende Parameterform von E.
Einen Normalenvektor für E kann man direkt erkennen oder mit dem nebenstehenden LGS schnell berechnen.
Durch den Normalenvektor sind die Koeffizienten der linken Seite der Koordinatengleichung festgelegt.
Durch Einsetzen eines der drei bekannten Ebenenpunkte, z. B. A(8|8|0) ergibt sich ▼ der Wert 8 für die rechte Seite.

**1. Parametergleichung für E:**
$$E: \vec{x} = \begin{pmatrix} 8 \\ 8 \\ 0 \end{pmatrix} + r \begin{pmatrix} -8 \\ 0 \\ 0 \end{pmatrix} + s \begin{pmatrix} -6 \\ -6 \\ 6 \end{pmatrix}$$

**2. Koordinatengleichung für E:**
$\begin{pmatrix} -8 \\ 0 \\ 0 \end{pmatrix} \cdot \vec{n} = 0 \Rightarrow -8n_1 = 0 \Rightarrow n_1 = 0$

$\begin{pmatrix} -6 \\ -6 \\ 6 \end{pmatrix} \cdot \vec{n} = 0 \Rightarrow -6n_2 + 6n_3 = 0 \Rightarrow n_2 = n_3$

Mögliche Lösung: $n_1 = 0$, $n_2 = n_3 = 1$
Koordinatengleichung: E: $y + z = 8$

Lösung zu b:
Der Winkel bei B im Dreieck BCS wird mit der Kosinusformel berechnet.

**3. Winkel SBC:**
$$\cos\alpha = \frac{\vec{BC}\cdot\vec{BS}}{|\vec{BC}|\cdot|\vec{BS}|} = \frac{(-8)\cdot(-6)}{8\cdot 6\sqrt{3}} = \frac{1}{\sqrt{3}} \approx 0{,}577$$
$$\alpha \approx 54{,}7°$$

Lösung zu c:
Die Geradengleichung für g kann direkt aufgestellt werden, da ein Punkt und ihre Richtung bekannt sind.

**4. Gleichung von g:**
$$g:\ \vec{x} = \begin{pmatrix}-2\\11\\6\end{pmatrix} + t\cdot\begin{pmatrix}2\\-2\\-1\end{pmatrix}$$

Der Schnittpunkt von E und g wird ermittelt durch Einsetzen der Gleichung von g in die Koordinatenform von E.

**5. Schnittpunkt von E und g:**
$$(11 - 2t) + (6 - t) = 8$$
$$17 - 3t = 8$$
$$t = 3 \Rightarrow T(4|5|3)$$

Nun ist zu prüfen, ob der Punkt T im Dreieck BCS liegt. Dazu setzen wir die Koordinaten von T in die Parametergleichung für E ein. Die Gleichung wird erfüllt für $r = \frac{1}{8}$ und $s = 0{,}5$. Beide Werte liegen zwischen 0 und 1 und sind in Summe kleiner 1. Damit liegt T im Dreieck BCS.

**6. Nachweis: T liegt im Dreieck BCS:**
$$\begin{pmatrix}4\\5\\3\end{pmatrix} = \begin{pmatrix}8\\8\\0\end{pmatrix} + r\begin{pmatrix}-8\\0\\0\end{pmatrix} + s\begin{pmatrix}-6\\-6\\6\end{pmatrix}$$

z-Koordinate: $2 = 6s \Rightarrow s = 0{,}5$
x-Koordinate: $4 = 8 - 8r - 3 \Rightarrow r = \frac{1}{8}$

Lösung zu d:
Zunächst wird ein Normalenvektor der Ebene F bestimmt.
Mithilfe des Punktes A erhalten wir dann die Koordinatengleichung von F.

**7. Koordinatengleichung von F:**
$$\vec{u} = \begin{pmatrix}0\\8\\0\end{pmatrix},\ \vec{v} = \begin{pmatrix}-4\\5\\3\end{pmatrix} \Rightarrow \vec{n} = \begin{pmatrix}3\\0\\4\end{pmatrix}$$

Koordinatengleichung F: $3x + 4z = 24$

Die Schnittgerade h der Ebenen E und F ergibt sich am einfachsten aus der Überlegung, dass die Punkte B und T in beiden Ebenen liegen. h ist die Gerade BT.

**8. Schnittgerade h von E und F:**
$$h:\ \vec{x} = \begin{pmatrix}8\\8\\0\end{pmatrix} + t\cdot\begin{pmatrix}-4\\-3\\3\end{pmatrix}$$

### Übung 2

Die Ebene E schneidet die Koordinatenachsen in den Punkten A(12|0|0), B(0|6|0) und C(0|0|6).
a) Fertigen Sie ein Schrägbild der Ebene E an.
b) Geben Sie eine Parametergleichung und eine Normalengleichung für die Ebene E an.
c) Weisen Sie nach, dass der Punkt P(2|3|2) in der Ebene E liegt.
d) Wie groß ist der Winkel zwischen den Kanten AB und AC?
e) Wie lautet die Gleichung der Spurgeraden von E in der x-y-Ebene?
f) Punkt C der Ebene E wird verschoben nach $C_a(0|0|a)$. Wie muss a gewählt werden, damit der Abstand $|AC_a|$ gleich 13 ist?
g) Wie muss a gewählt werden, damit das Volumen der Pyramide $ABC_aO$ (O: Koordinatenursprung) gleich 36 ist?
h) Weisen Sie nach, dass die Gerade g: $\vec{x} = \begin{pmatrix}12\\-1\\-2\end{pmatrix} + t\cdot\begin{pmatrix}-2\\1\\1\end{pmatrix}$ für jede Wahl von $C_a$ einen Schnittpunkt mit der Ebene $ABC_a$ hat. Ermitteln Sie die Koordinaten des Schnittpunktes.

## Übungen

**3.** Die Punkte A(−4|−2|0), B(3|−2|0), C(3|3|0) und D(−4|3|0) sind die Eckpunkte der Grundfläche einer Pyramide, deren Spitze der Punkt S(0|0|6) ist.
   a) Zeichnen Sie ein Schrägbild der Pyramide.
   b) Weisen Sie nach, dass der Punkt P(1|1|4) auf der Kante CS liegt.
   Ergänzen Sie die Zeichnung um den Punkt P.
   c) Die Ebene E enthält die Kante AB sowie den Punkt P.
   Wie lautet die Ebenengleichung in Parameterform und in Koordinatenform?
   d) Ermitteln Sie den Schnittpunkt Q der Ebene E mit der Geraden DS.
   e) $M_1$ sei der Mittelpunkt der Strecke $\overline{AB}$. Begründen Sie, dass der Punkt $M_2$(−0,5|1|4) auf der Strecke $\overline{PQ}$ liegt. Weisen Sie nach, dass $\overline{M_1M_2}$ orthogonal zu $\overline{AB}$ liegt.
   f) Begründen Sie, dass das Viereck ABPQ ein Trapez ist. Ermitteln Sie den Flächeninhalt des Trapezes.

**4.** Die Punkte A(12|0|0), B(12|12|0), C(0|12|0) und D(0|0|0) sind die Eckpunkte der Grundfläche einer Pyramide mit der Ecke S(0|0|12) als Spitze. Die Ebene E enthält die Punkte F(6|0|6), G(0|6|6) und H(0|0|3).
   a) Zeichnen Sie ein Schrägbild der Pyramide sowie der Ebene E.
   b) Bestimmen Sie eine Gleichung der Ebene E.
   Ermitteln Sie eine Geradengleichung für die Gerade BS.
   c) In welchem Punkt I schneiden sich die Ebene E und die Gerade BS?
   d) Weisen Sie nach, dass FG und HI orthogonal zueinander liegen.
   Ermitteln Sie den Schnittpunkt T der Geraden FG und HI.
   Welchen Flächeninhalt hat das Viereck GHIF?
   e) Welchen Abstand hat der Punkt S von der Geraden FG?
   f) Die Gerade g schneidet die Grundfläche der Pyramide senkrecht in ihrem Mittelpunkt.
   Welcher Punkt der Geraden g hat von allen Eckpunkten der Pyramide den gleichen Abstand?

**5.** Die Punkte A(4|−4|4), B(4|4|4), C(0|4|4) und D(0|−4|4) bilden die Deckfläche eines Quaders, dessen Grundfläche in der x-y-Ebene liegt. Die Deckfläche des Quaders ist gleichzeitig die Grundfläche einer Pyramide mit der Spitze im Punkt S(2|0|10).
   a) Zeichnen Sie ein Schrägbild des Quaders mit der aufgesetzten Pyramide.
   b) $M_1$ sei der Mittelpunkt der Kante AS, $M_2$ der Mittelpunkt der Kante CS. Ermitteln Sie die Koordinaten von $M_1$ und $M_2$ und geben Sie eine Gleichung der Ebene $E_1$ an, welche die Punkte $M_1$, $M_2$ und B enthält.
   Zeichnen Sie die Ebene $E_1$ in das Schrägbild ein.
   c) Die Gerade g enthält die Pyramidenkante DS. In welchem Punkt schneiden sich $E_1$ und g?
   d) Die Ebene $E_2$ enthält die Punkte A, B und S. Wie lautet eine Ebenengleichung von $E_2$?
   Zeigen Sie, dass der Punkt P(3|1|7) in $E_2$ liegt.
   e) Weisen Sie nach, dass das Dreieck ABS gleichschenklig ist.
   Wie groß ist der Winkel α bei A im Dreieck ABS?
   Welchen Flächeninhalt hat das Dreieck ABS?

**6.** Betrachtet wird das rechts dargestellte Haus mit Walmdach.
  a) Ermitteln Sie die Koordinaten der fehlenden Eckpunkte des Hauses. (Maße in Metern)
  b) Geben Sie eine Gleichung der Ebene FGS an. Begründen Sie, dass die Dachfläche FGTS ein Trapez ist.
  c) Wie groß sind die Innenwinkel der dreieckigen Dachfläche EFS?
  d) Bestimmen Sie den Mittelpunkt M der Strecke EF. Weisen Sie nach, dass die Strecken EF und MS orthogonal sind. Welchen Flächeninhalt hat das Dreieck EFS?
  e) Der Schornstein des Hauses hat seinen Fußpunkt in P(3|7|0). Der Schornsteinfeger hat die Auflage gemacht, dass er die Dachfläche, die er durchbricht, um 2 m überragen muss. In welchem Punkt Q durchstößt er die Dachfläche FGST? Wie hoch muss der Schornstein sein?
  f) Wie lang ist der Schatten eines 9 m hohen Schornsteins, wenn ihn Sonnenlicht trifft, welches in Richtung des Vektors $\vec{v} = \begin{pmatrix} 5 \\ 0 \\ -6 \end{pmatrix}$ verläuft?

**7.** Die Punkte A(0|0|0), B(12|0|0), C(12|12|0) und D(0|12|0) sind die Eckpunkte der Grundfläche eines gläsernen Pyramidenstumpfes (s. Schemabild rechts).
Die Eckpunkte der Deckfläche sind E(2|2|3), F(10|2|3), G(10|10|3) und H(2|10|3).

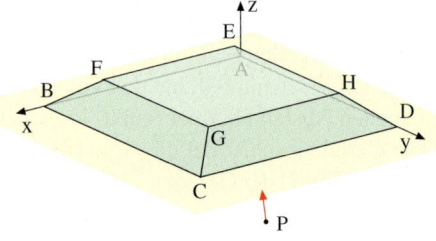

*Teil 1:*
  a) Ermitteln Sie die Koordinaten der Pyramidenspitze S, die den Stumpf zur Pyramide ergänzt.
  b) Bestimmen Sie eine Gleichung der Ebene CDH, in der die Seitenfläche CDHG des Pyramidenstumpfs liegt.
  c) Im Punkt P(14|20|0) steht ein Laser, der in Richtung des Vektors $\vec{v} = \begin{pmatrix} -3 \\ -3 \\ 0{,}5 \end{pmatrix}$ leuchtet. In welchem Punkt trifft der Laserstrahl die Ebene CDH?
  d) Begründen Sie, dass der Strahl den Pyramidenstumpf nicht über die Deckfläche verlässt.
  e) Welchen Inhalt hat die Seitenfläche CDHG?

*Teil 2:*
Im Mittelpunkt M(6|6|3) der Deckfläche wird ein 5 m hoher senkrechter Mast errichtet.
Sonnenlicht fällt in Richtung des Vektors $\vec{u} = \begin{pmatrix} 2 \\ 1 \\ -2 \end{pmatrix}$ auf den Pyramidenstumpf mit Mast.
  f) Gesucht ist der Schattenpunkt P der Mastspitze S(6|6|8) in der x-y-Ebene.
  g) Bestimmen Sie den Punkt Q des Mastes, dessen Schattenpunkt auf der Kante FG liegt.
  h) Weisen Sie nach, dass der Mast keinen Schatten auf der Fläche BCFG hinterlässt.
  i) Ermitteln Sie die Gesamtlänge des Mastschattens.

**8.** Der abgebildete Deich besitzt das Profil eines gleichschenkligen, symmetrischen Trapezes. Die Sohle ist 20 m und die Krone ist 4 m breit. Die Höhe beträgt 8 m.
Am Vorderhang des Deiches steht ein 16-m-Turm mit quadratischem Querschnitt (8 m × 8 m), der von einem 8 m hohen Dach in Form einer quadratischen Pyramide gekrönt wird.

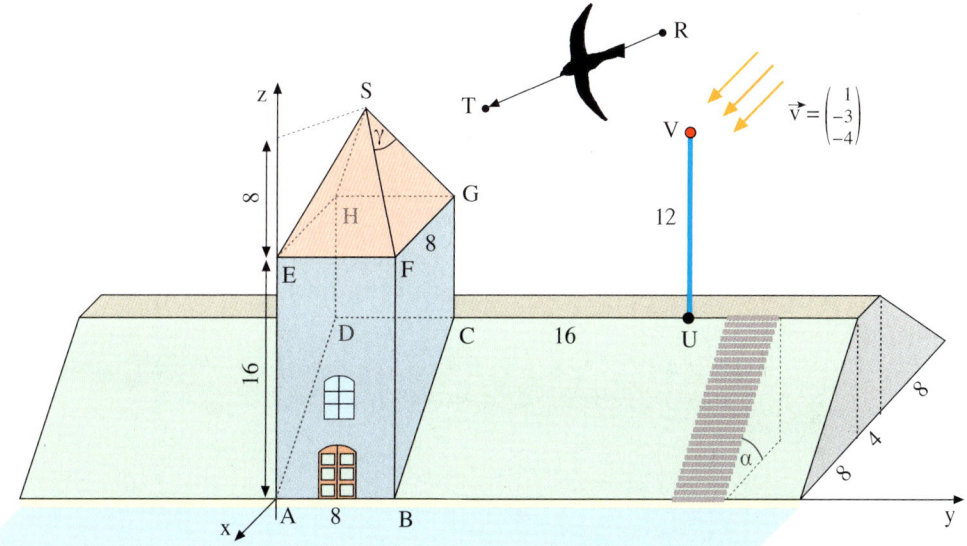

*Teil 1:*
a) Ermitteln Sie die Koordinaten der Turmecken A bis F. Wo liegt die Dachspitze S?
b) In welchem Winkel γ treffen sich die Dachbalken FS und GS bei S?
c) Wie viele Quadratmeter Ziegeln werden für das Eindecken des Daches benötigt?
d) Wie lautet die Gleichung der Ebene K, in der die vordere Hangfläche liegt?
e) Welche Steigung und welchen Steigungswinkel hat die Treppe, die auf die Krone führt?

*Teil 2:*
f) Welches Außenvolumen besitzt der sichtbare Teil des Turmes?
g) Wie groß ist das Volumen eines 100 m langen Deichabschnitts?
h) Wie viele Kubikmeter Putz werden benötigt, um die Seitenwand BCGF des Turmes mit einer 2 cm dicken Putzschicht zu versehen?
i) Sonnenlicht fällt in Richtung des eingezeichneten Vektors $\vec{v}$ ein. Wo trifft der Schatten der Mastspitze V auf den vorderen Deichhang? Wie lang ist der Schatten des Mastes?
j) Ein Mauersegler durchfliegt im geradlinigen Anflug kurz hintereinander die Positionen R(−13|17|25) und T(−9|9|23). Erreicht er sein Ziel, die Dachfläche GHS?

*Teil 3:*
k) Welchen Abstand hat der Punkt F von der Geraden ES?
l) Ermitteln Sie eine Koordinatengleichung der Ebene EFS.
m) Welchen Abstand hat der Punkt G von der Ebene EFS?

## B. Bewegte Objekte

Nun werden Aufgabenstellungen angesprochen, bei denen vektorgeometrische Methoden im Zusammenhang mit bewegten Objekten wie z. B. Flugbahnen zum Einsatz kommen.
Die folgenden drei Beispiele sprechen typische Problemstellungen an.

▶ **Beispiel: Steigflug**
Das Flugzeug F befindet sich im Steigflug, als es vom Kontrollturm T(−10|10|0) um 14.00 Uhr in A(8|8|4) und noch einmal um 14.02 Uhr in B(4|12|6) gesichtet wird. Später verschwindet es in der horizontalen Wolkenschicht, die in 9 km Höhe beginnt und in 10 km Höhe endet. Direkt beim Austritt aus der Wolkenschicht geht das Flugzeug vom Steigflug in den Horizontalflug über, ohne weitere Richtungsänderungen vorzunehmen (Angaben in km).
Es wird angenommen, dass die Ebene, in der gestartet wird, auf der Höhe null befindet.

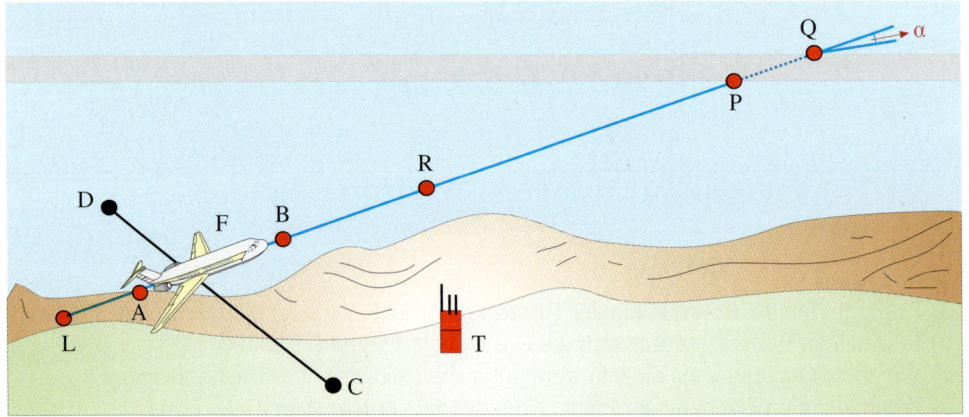

a) Bestimmen Sie eine Parametergleichung der Flugbahn f des Flugzeuges.
b) In welchem Punkt L ist das Flugzeug gestartet?
c) Berechnen Sie die Fluggeschwindigkeit in km/min und in km/h.
d) In welcher Positionen P und Q wird die Wolkendecke erreicht und wieder verlassen?
e) Wie groß ist der Korrekturwinkel α beim Einschwenken in den Horizontalflug?

**Lösung zu a:**
Die Geradengleichung von f erhalten wir mithilfe der Zweipunkteform.

*1. Gleichung von f*

$$f: \vec{x} = \begin{pmatrix} 8 \\ 8 \\ 4 \end{pmatrix} + r \begin{pmatrix} -4 \\ 4 \\ 2 \end{pmatrix}$$

**Lösung zu b:**
Das Flugzeug ist offensichtlich auf der Nullhöhe z = 0 gestartet. Wir setzen daher die z-Koordinate in der Geradengleichung von f gleich 0, d.h. 4 + 2r = 0. Daraus folgt r = −2, woraus sich der Startpunkt L(16|0|0) ergibt.

*2. Startpunkt*
z = 0
4 + 2r = 0
r = −2
S(16|0|0)

Lösung zu c:
Die Strecke von A nach B hat die Länge |AB| = 6 km. Diese Strecke wird in zwei Minuten zurückgelegt. Die Geschwindigkeit beträgt also 3 km/min, d. h. 180 km/h.

**3. Fluggeschwindigkeit**

$$|\overrightarrow{AB}| = \left|\begin{pmatrix}-4\\4\\2\end{pmatrix}\right| = \sqrt{36} = 6$$

$$v = \frac{s}{t} = \frac{6\,\text{km}}{2\,\text{min}} = 3\,\frac{\text{km}}{\text{min}} = 180\,\frac{\text{km}}{\text{h}}$$

Lösung zu d:
Die Wolkendecke wird erreicht in der Höhe z = 9. Setzen wir die z-Koordinate der Geradengleichung gleich 9, so erhalten wir den unteren Durchstoßungspunkt P(−2|18|9). Setzen wir sie gleich 10, so erhalten wir den oberen Durchstoßungspunkt Q(−4|20|10).

**4. Durchstoßung der Wolkendecke**

z = 9              z = 10
4 + 2r = 9         4 + 2r = 10
r = 2,5            r = 3
P(−2|18|9)         Q(−4|20|10)

Lösung zu e:
Die Korrekturwinkel α ist – wie die Abbildung zeigt, der Winkel zwischen dem ursprünglichen Richtungsvektor $\vec{m}_1$ und dem neuen Richtungsvektor $\vec{m}_2$, die sich nur in der z-Koordinate unterscheiden.
Wir berechnen α mit der Kosinusformel.
Resultat: α ≈ 19,47°.
Um diesen Winkel muss der Steigflug abgesenkt werden.

**5. Korrekturwinkel α**

$$\cos\alpha = \frac{\vec{m}_1 \cdot \vec{m}_2}{|\vec{m}_1| \cdot |\vec{m}_2|} = \frac{\begin{pmatrix}-4\\4\\2\end{pmatrix} \cdot \begin{pmatrix}-4\\4\\0\end{pmatrix}}{\left|\begin{pmatrix}-4\\4\\2\end{pmatrix}\right| \cdot \left|\begin{pmatrix}-4\\4\\0\end{pmatrix}\right|} = \frac{32}{\sqrt{36} \cdot \sqrt{32}} \approx 0{,}9428$$

$$\Rightarrow \alpha \approx \arccos 0{,}9428 \approx 19{,}47°$$

> **Beispiel: Minimaler Abstand**
> Wir untersuchen die Flugbewegung aus dem vorhergehenden Beispiel weiter. In welchem Punkt R seiner Flugbahn f kommt das Flugzeug dem Kontrollturm T(−10|10|0) am nächsten? Wie groß ist die minimale Entfernung?
>
> $f: \vec{x} = \begin{pmatrix}8\\8\\4\end{pmatrix} + r\begin{pmatrix}-4\\4\\2\end{pmatrix}$

Lösung zu f:
In der nebenstehenden Zeichnung ist das Lot von T auf die Fluggerade g als rote Strecke eingezeichnet.
Gesucht ist der Fußpunkt R des Lotes auf der Flugbahngeraden f. Wir wenden das Lotfußpunktverfahren zur Bestimmung des Abstandes Punkt/Gerade an.
Wir bestimmen die Gleichung einer Hilfsebene H, die den Punkt T enthält und senkrecht zu f steht. Sie hat also den Punkt T als Stützpunkt und wir können den Richtungsvektor $\vec{m}$ von f als Normalenvektor von H verwenden.
Die Gleichung von H in Koordinatenform lautet H: −4x + 4y + 2z = 80.

**1. Fußpunkt des Lotes von T auf f**

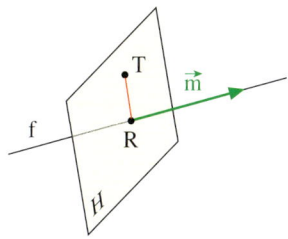

Bestimmung der Hilfsebene H:
H: $[\vec{x} - \vec{a}] \cdot \vec{n} = 0$

$$H: \left[\begin{pmatrix}x\\y\\z\end{pmatrix} - \begin{pmatrix}-10\\10\\0\end{pmatrix}\right] \cdot \begin{pmatrix}-4\\4\\2\end{pmatrix} = 0$$

H: −4x + 4y + 2z = 80

Nun bestimmen wir den gesuchten Lotfußpunkt R als Schnittpunkt von f und H, indem wir die Koordinaten von f in die Gleichung von H einsetzen.
Resultat: R = R(0|16|8).

Der Abstand von R und T wird nach der Abstandsformel für Punkte errechnet. Er beträgt ca. 14,14 km.

Schnittpunkt von H und f:
$-4(8-4r) + 4(8+4r) + 2(4+2r) = 80$
$8 + 36r = 80$
$r = 2$
$\Rightarrow R = R(0|16|8)$

**2. Abstand von T und R**
$d_{min} = |\overrightarrow{TR}| = \left\| \begin{pmatrix} 10 \\ 6 \\ 8 \end{pmatrix} \right\| = \sqrt{200} \approx 14{,}14 \text{ km}$

▶ **Beispiel: Auf Kollisionskurs?**
Im Bild auf Seite 290 ist die Flugbahn eines Hubschraubers H eingezeichnet.
Er startet um 13.59 Uhr in C(8|11|0) mit Kurs auf das Ziel D(8|2|12). Seine Geschwindigkeit beträgt durchschnittlich 150 km/h.
Kann es zu einer Kollision mit dem Flugzeug F kommen, das um 14.00 in A(8|8|4) erwartet wird und um 14.02 Punkt B(4|12|6) erreicht haben soll?

Lösung:
Wir bestimmen zunächst die Gleichungen der Flugbahnen f und h (siehe rechts).
Dann untersuchen wir, ob diese sich schneiden, indem wir die rechten Seiten der beiden Bahnen f und h gleichsetzen.
Wir erhalten so ein relativ einfaches lineares Gleichungssystem, das wir manuell oder mit einem DMW lösen.
Die Lösung r = 0 bzw. s = $\frac{1}{3}$ führt auf den Schnittpunkt S(8|8|4). Es gibt also einen theoretischen Kollisionspunkt. Es ist der Punkt A, an dem sich Flugzeug F um 14.00 Uhr befinden soll.

Ob tatsächlich Kollisionsgefahr besteht, hängt nun noch davon ab, wann der Hubschrauber H den Punkt S erreicht.
Seine Entfernung von S ist gleich der Länge $|\overrightarrow{CS}|$. Wir errechnen mit der Abstandsformel 5 km.

Da der Hubschrauber mit einer Geschwindigkeit von 150 km/h fliegt, d. h. mit exakt 2,5 km/min, benötigt er 2 Minuten bis zum Punkt S. Er kommt also um 14.01 Uhr dort an. Da Flugzeug F den Punkt S = A bereits um 14.00 Uhr erreicht hat, kommt es nicht
▶ zur Kollision.

**1. Schnittpunkt von f und h**
Gleichungen von f und h:

$f: \vec{x} = \begin{pmatrix} 8 \\ 8 \\ 4 \end{pmatrix} + r \begin{pmatrix} -4 \\ 4 \\ 2 \end{pmatrix}$; $h: \vec{x} = \begin{pmatrix} 8 \\ 11 \\ 0 \end{pmatrix} + s \begin{pmatrix} 0 \\ -9 \\ 12 \end{pmatrix}$

Schnittuntersuchung:
I:   $8 - 4r = 8$
II:  $8 + 4r = 11 - 9s$
III: $4 + 2r = \phantom{11 - 9}12s$

Aus I: $\quad r = 0$
In II: $\quad 8 = 11 - 9s \Rightarrow s = \frac{1}{3}$
Probe in III: $4 = 4$

$\Rightarrow$ Schnittpunkt S(8|8|4)

**2. Entfernung von C nach S**

$d = |\overrightarrow{CS}| = \left\| \begin{pmatrix} 0 \\ -3 \\ 4 \end{pmatrix} \right\| = \sqrt{25} = 5 \text{ km}$

**3. Flugzeit von C nach S**

$v = \frac{s}{t} \Rightarrow t = \frac{s}{v} = \frac{5 \text{ km}}{150 \text{ km/h}} = \frac{1}{30}\text{h} = 2 \text{ min}$

**9.** Ein Segelflieger bewegt sich auf geradliniger Bahn f im Sinkflug mit 2 km/min auf den Tafelberg mit dem Grat $\overline{PQ}$ zu.
Im Punkt S erreicht er eine senkrechte Ebene E, in der Auftrieb herrscht. Der Segelflieger nutzt diesen Auftrieb. Er schraubt sich beim Erreichen der Ebene E im Punkt S mit einer Steiggeschwindigkeit von 100 m/min zehn Minuten lang nach oben bis zum Punkt T, der exakt senkrecht über S liegt.
Dort verläßt er die Auftriebsebene E und fliegt mit 1 km/min in Richtung des neuen Zielpunktes Z (Koordinatenangaben in km).

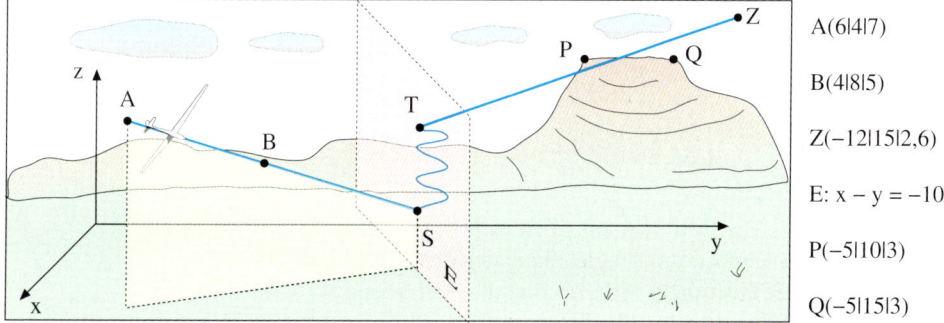

A(6|4|7)

B(4|8|5)

Z(−12|15|2,6)

E: x − y = −10

P(−5|10|3)

Q(−5|15|3)

a) Stellen Sie die Gleichung der Flugbahn f auf.
b) Wo liegen die Punkte S und T?
c) Wie lautet die Gleichung der Route h von T nach Z?
d) Gelingt es dem Flieger, den Tafelberg zu überfliegen?
e) Wie dicht kommt er an den Grat $\overline{PQ}$ heran?
f) Wie lange dauert das gesamte Flugmanöver?

**10.** Ein Flugzeug startet im Punkt A(0|0|0) und fliegt mit 324 km/h geradlinig in Richtung $\vec{v} = \begin{pmatrix} 84 \\ 30 \\ 12 \end{pmatrix}$.

Gleichzeitig befindet sich ein Heißluftballon im Punkt B(10 180|3400|1240). Es herrscht Windstille, so dass der Ballonfahrer seine Position exakt halten kann, um seinen Passagieren Gelegenheit zur Beobachtung der Landschaft zu geben (Alle Längenangaben in m).

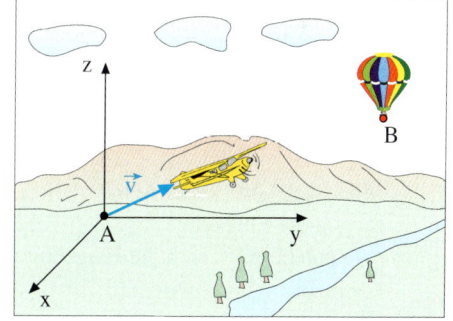

a) Rechnen Sie die Geschwindigkeit des Flugzeugs in m/s um.
b) Welche Bedeutung hat $|\vec{v}|$?
c) An welcher Flugposition F kommt das Flugzeug dem Ballon am nächsten? Wie groß ist der dann erreichte minimale Abstand $d_{min}$?
d) Wie lange nach dem Start wird der minimale Abstand aus b) erreicht?
e) Der Ballon driftet durch aufkommenden Wind in Richtung des Vektors $\vec{w} = \begin{pmatrix} -16 \\ -230 \\ 212 \end{pmatrix}$ ab. Besteht nun eine theoretische Kollisionsgefahr?

**11.** Auf einem Golfplatz gibt es einen Hang H mit der Gleichung H: $\vec{x} = \begin{pmatrix} 0 \\ 40 \\ 0 \end{pmatrix} + r\begin{pmatrix} 1 \\ 0 \\ 0 \end{pmatrix} + s\begin{pmatrix} 0 \\ 2 \\ 1 \end{pmatrix}$ und eine Hochebene E.
Ein Golfspieler schlägt im Punkt P(60|0|0) ab, um das Loch L(60|120|30) zu treffen.
Die Flugbahn des Balles wird durch die Funktion $z(y) = -\frac{1}{80}y^2 + \frac{5}{4}y$ beschrieben, wobei die Bahnebene parallel zur y-z-Ebene steht. Die x-Koordinate beträgt also konstant 60.

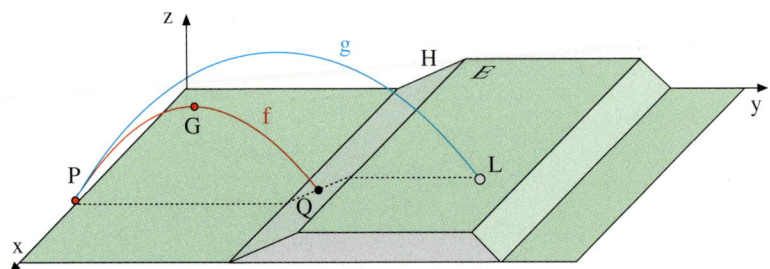

a) Zeigen Sie: Der Ball trifft das Loch nicht.
b) Wie lautet die Koordinatengleichung der Ebene E?
c) An welcher Position Q trifft der Ball die Hangebene H?
d) Welchen Winkel bilden Flugbahn und Hangebene im Moment des Aufschlags?
e) Wie lautet der Gipfelpunkt G der Bahnkurve?
f) Ein zweiter Schlag wird durch $z(y) = -\frac{1}{80}y^2 + ay$ beschrieben.

Wie muss a gewählt werden, damit das Loch L getroffen wird?
Unter welchem Winkel trifft er in das Loch?
In welcher Höhe überfliegt er die Schnittkante der beiden Ebenen H und E?

**12.** Flugzeug F fliegt geradlinig im Sekundentakt durch die Punkte
A(1200|1200|1200) und
B(1236|1260|1202), während Flugzeug G gleichzeitig ebenfalls geradlinig die Punkte C(1170|2650|1380) und D(1206|2686|1383) passiert (Ang. in m).
a) Mit welchen Geschwindigkeiten fliegen die Flugzeuge?
b) Wie nah könnten sich die Flugzeuge kommen?
c) Wo befinden sich die Flugzeuge nach einer Minute? Welchen Abstand haben sie dann?

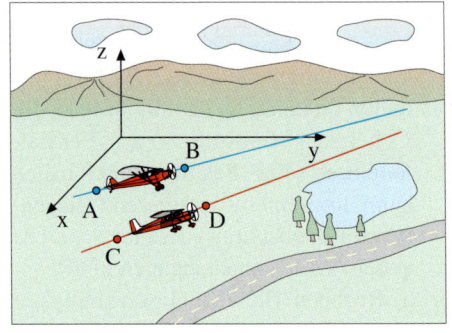

3. Untersuchung geometrischer Objekte im Raum

Die folgende Aufgabe steht stellvertretend für komplexe Anwendungssituationen in realen räumlichen Umgebungen und für Bewegungsaufgaben im Raum.

► **Beispiel: Fußball**
Bei einem Fußballspiel wird ein Freistoß gegeben. Es liegen folgende Daten vor:
Länge des Platzes 100 m, Breite 60 m.
Breite des Tores 7,2 m, Höhe 2,4 m.
Durchmesser des Balles 0,2 m.
Der Ball berührt den Boden beim Freistoß
– bezogen auf das eingezeichnete Koordinatensystem – im Punkt R (10|40|0).
a) Bestimmen Sie die Koordinaten der vier Eckpunkte A, B und P, Q des Tores.
b) Der Spieler, der den Freistoß ausführt, möchte exakt in den rechten oberen Eckwinkel des Tores treffen. Wie lautet die Gleichung der als geradlinig angenommenen Flugbahn g des Ballmittelpunktes S? Welche Flugbahn würde sich bei einem Schuss in die rechte untere Ecke bzw. in die linke untere Ecke ergeben?
c) Wie groß ist der Anstiegswinkel der Fluggeraden g gegenüber dem Boden?
d) Welche Zeit bleibt dem Tormann für seine Reaktion, wenn der Ball mit 30 m/s fliegt?
e) Wie groß ist die Teilstrecke der 16 m-Linie, welche die auf der 16 m-Linie aufgestellte Verteidigungsmauer abdecken muss, um das zu verhindern?

**Lösung zu a:**
Die rechte obere Eckfahne steht im Ursprung O(0|0|0). Die Mitte der Grundlinie und der Torlinie ist also bei M(30|0|0). Die unteren Eckpunkte A und B liegen 3,6 m weiter links bzw. rechts, die oberen Eckpunkte zusätzlich 2,4 m hoch.

**Lösung zu b:**
Der Ball berührt den Rasen im Punkt R(10|40|0). Er hat einen Durchmesser von 20 cm. Sein Mittelpunkt S befindet sich also 10 cm höher bei S(10|40|0,1). Sein Zielpunkt T liegt 10 cm links und 10 cm unterhalb der Torecke Q(26,4|0|2,4), d.h. es gilt T(26,5|0|2,3).
Mit Hilfe der Zweipunkteform ergibt sich nun die rechts dargestellte Flugbahn g.

Bei einem Schuss in die rechte untere Ecke müsste man als Zielpunkt U(26,5|0|0,1) verwenden. Dann ergibt sich die Gerade h. Bei einem Schuss in die linke untere Ecke
▼ V(33,5|0|0,1) ergibt sich die Gerade k.

*Punktkoordinaten:*
Ursprung O(0|0|0),
Grundlinienmitte: M(30|0|0)
Untere Torecken: A(33,6|0|0), B(26,4|0|0)
Obere Torecken: P(33,6|0|2,4), Q(26,4|0|2,4)

*Gleichung der Fluggeraden g des Balles:*
Startpunkt: S(10|30|0,1)
Zielpunkt: T(26,5|0|2,3)

Flugbahn: $g: \vec{x} = \begin{pmatrix} 10 \\ 30 \\ 0,1 \end{pmatrix} + r \cdot \begin{pmatrix} 16,5 \\ -30 \\ 2,2 \end{pmatrix}$

*Gleichung der Fluggeraden h und k:*
Start: S(10|30|0,1)  Ziel: U(26,5|0|0,1)

Flugbahn: $h: \vec{x} = \begin{pmatrix} 10 \\ 30 \\ 0,1 \end{pmatrix} + r \cdot \begin{pmatrix} 16,5 \\ -30 \\ 0 \end{pmatrix}$

Start: S(10|30|0,1)  Ziel: V(33,5|0|0,1)

Flugbahn: $k: \vec{x} = \begin{pmatrix} 10 \\ 30 \\ 0,1 \end{pmatrix} + r \cdot \begin{pmatrix} 23,3 \\ -30 \\ 0 \end{pmatrix}$

Lösung zu c:
Das Bild zeigt, dass der Anstiegswinkel α der Winkel zwischen den Vektoren $\overrightarrow{ST}$ und $\overrightarrow{SU}$ ist, wobei U(26,5|0|0,1) der Zielpunkt für einen Schuss in die untere rechte Ecke ist.
Wir verwenden die Kosinusformel:
$\cos \alpha = \dfrac{|\overrightarrow{ST} \cdot \overrightarrow{SU}|}{|\overrightarrow{ST}| \cdot |\overrightarrow{SU}|} \approx \dfrac{1172,25}{34,31 \cdot 34,24} \approx 0,9979$
$\Rightarrow \alpha = \arccos 0,9979 \approx 3,7°$

Lösung zu d:
Wir berechnen die Länge der Flugstrecke $\overline{ST}$ als Abstand der Punkte S und T.
Wir erhalten $|\overrightarrow{ST}| = 34{,}31$ m.

Eine Strecke von 34,31 m wird bei einer Geschwindigkeit von 30 m/s in ca. 1,14 s zurückgelegt. Nur diese kurze Zeitspanne bleibt dem Tormann für seine Reaktion.

Lösung zu e:
Wir berechnen die Punkte U' und V' der Geraden h und k aus Aufgabenteil b), welche die y-Koordinate 16 besitzen, also exakt über der 16m-Linie liegen.
Der Ansatz y = 16 liefert uns U'(17,7|16|0,1) und V'(20,97|16|0,1). Die x-Koordinaten von A und B haben den Abstand d = 3,27 m.
▶ Diese Länge muss abgedeckt werden.

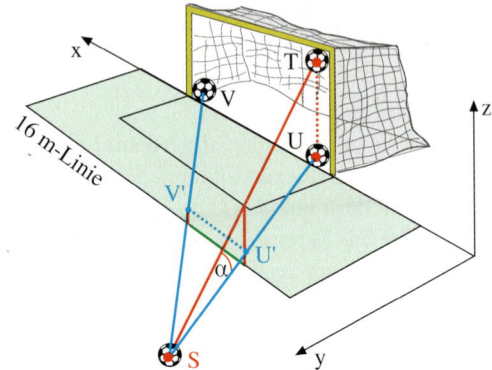

**Länge der Flugstrecke $\overline{ST}$:**
$|\overrightarrow{ST}| = \sqrt{(26{,}5-10)^2 + (0-30)^2 + (2{,}3-0{,}1)^2}$
$= \sqrt{1177{,}09} \approx 34{,}31$ m

**Dauer des Fluges:**
Flugdauer : t ≈ 34,31 m : 30 m/s ≈ 1,14 s

**Berechnung der Abwehrstrecke über der 16m-Linie**

| Ansatz für U': | Ansatz für V': |
|---|---|
| y = 0 (Gerade h) | y = 0 (Gerade k) |
| 30 − 30r = 16 | 30 − 30r = 16 |
| r = 7/15 | r = 7/15 |
| U'(17,7|16|0,1) | V'(20,97|16|0,1) |

Länge: d = 20,97 m − 17,7 m = 3,27 m

## Übung 13

Ein Luftschiff l startet auf dem Flughafen L(24|52|0) und wird kurz danach in P(20|42|2) geortet.
Ein Hubschrauber h bewegt sich etwa zur gleichen Tageszeit in geradlinigem Steigflug vom Fliegerhorst F(20|−8|0) in Richtung der Bergspitze S(−4|32|16).
Die Front einer Nebelwand wird durch die Ebene $E_{ABC}$ mit A(16|0|0), B(0|16|0), C(0|0|16) beschrieben

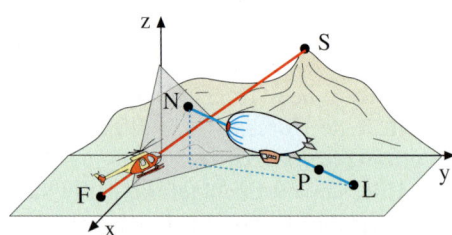

a) Gibt es eine mögliche Kollisionsposition T der Bahnen von Luftschiff und Hubschrauber? Wie groß ist der Schnittwinkel der Flugbahnen von l und h in dieser Position T?
b) Im weiteren Flugverlauf tritt das Luftschiff bei N in die Nebelwand ein. Bestimmen Sie N.
c) Fertigen Sie eine genaue Zeichnung der Objekte und Flugbahnen im Schrägbild an.

**14.** Die Bahnen zweier Flugzeuge werden als geradlinig angenommen, die Flugzeuge werden als Punkte angesehen. Das erste Flugzeug bewegt sich von $A(0|-50|20)$ nach $B(0|50|20)$. Das zweite Flugzeug nimmt den Kurs von Punkt $C(-14|46|32)$ auf Punkt $D(50|-18|0)$. Eine Einheit entspricht 1 km.

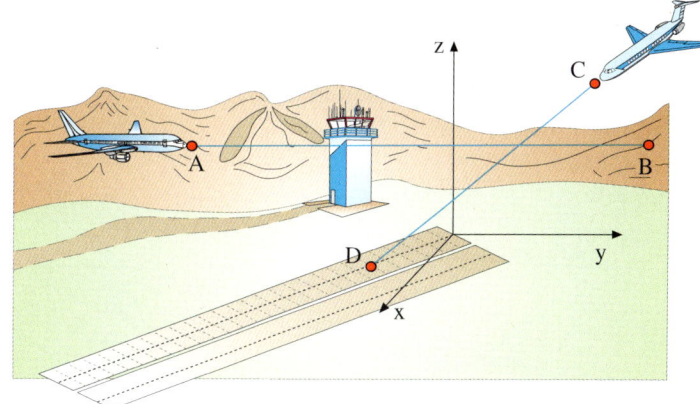

a) Untersuchen Sie, ob die beiden Flugzeuge bei gleichbleibenden Kursen zusammenstoßen könnten. (Die Geschwindigkeiten der Flugzeuge bleiben unberücksichtigt.)
b) Das 2. Flugzeug ändert nach der Hälfte der Strecke $\overline{CD}$, in dem Punkt M, seinen Kurs, da ein Nebel aufkommt. Das 2. Flugzeug fliegt nun von M aus über $T(0|25|20)$ nach D. Berechnen Sie die Länge des durch den neuen Kurs entstandenen Umweges.
c) Untersuchen Sie, ob die beiden Flugzeuge auf dem neuen Kurs zusammenstoßen könnten (ohne Berücksichtigung der Geschwindigkeiten).
d) Untersuchen Sie, ob es dem 2. Flugzeug gelungen ist, rechtzeitig vor der schmalen Nebelfront, die sich durch die Ebene $E: 2x - 2y - z = 20{,}8$ beschreiben lässt, seinen Kurs zu ändern.

**15.** Ein von der Flugüberwachung kontrollierter Luftraum wird von einer Ebene E begrenzt. Sie enthält die Punkte $A(0|500|0)$, $B(100|500|0)$ und $C(0|600|100)$ (alle Angaben in m). Die Erdoberfläche liegt in der x-y-Ebene.

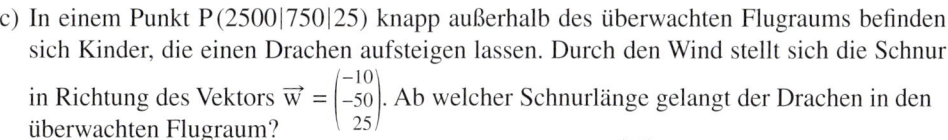

a) Bestimmen Sie eine Ebenengleichung von E in Normalenform.
b) Welchen Winkel schließt die Ebene E mit der Erdoberfläche ein?
c) In einem Punkt $P(2500|750|25)$ knapp außerhalb des überwachten Flugraums befinden sich Kinder, die einen Drachen aufsteigen lassen. Durch den Wind stellt sich die Schnur in Richtung des Vektors $\vec{w} = \begin{pmatrix} -10 \\ -50 \\ 25 \end{pmatrix}$. Ab welcher Schnurlänge gelangt der Drachen in den überwachten Flugraum?
d) Der Wind dreht, so dass sich die Schnur in Richtung $\vec{u} = \begin{pmatrix} 10 \\ 50 \\ z \end{pmatrix}$ stellt und mit der Erde einen Winkel von 45° bildet. Berechnen Sie zunächst den Wert des Parameters z. Bestimmen Sie dann den Winkel zwischen der alten und der neuen Lage der Drachenschnur.

16. Ein Flugzeug befindet sich im Landeanflug. Es bewegt sich auf einer geraden Flugbahn g durch die Punkte A(25|2|5) und B(15|7|3). Die Einflugschneise wird durch zwei Geraden $g_1$ und $g_2$ begrenzt, welche durch die Punkte C(10|4|2) und D(0|10|0) bzw. E(10|20|2) und F(0|14|0) gehen (Angabe in km).

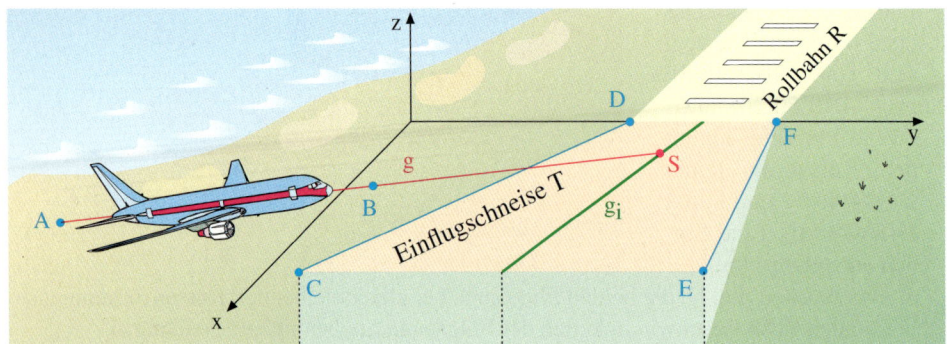

a) Bestimmen Sie die Gleichungen der beiden Begrenzungsgeraden $g_1$ und $g_2$. Zeigen Sie, dass diese eine Ebene T aufspannen. Wie lautet die Gleichung der Ebene T?
b) Welchen Winkel bildet die Ebene T (Einflugschneisenebene) mit der Rollbahnebene R, welche wie abgebildet in der x-y-Ebene liegt?
c) Wie lautet die Gleichung der Flugbahngeraden g des Flugzeugs?
d) Die in der Mitte der Einflugschneise verlaufende Gerade $g_i$ ist die ideale Linie für den Landeanflug. Wie lautet die Gleichung der Geraden $g_i$? Zeigen Sie, dass die Bahn g des Flugzeugs die Ideallinie $g_i$ schneidet. Wo liegt der Schnittpunkt S?
e) Berechnen Sie, um welchen Winkel der Pilot den Kurs in S korrigieren muss, um auf die Ideallinie $g_i$ einzuschwenken.
f) Das Flugzeug hat eine Geschwindigkeit von 500 $\frac{km}{h}$. Wie lange dauert der Landeanflug von Punkt A bis zum Aufsetzen am Beginn der Rollbahn?

17. Ein Hubschrauber fliegt einen geradlinigen horizontalen Kurs, der durch die Punkte A(7|2|0,1) und B(11|3|0,1) führt. Eine Einheit im Koordinatensystem sind 10 km.
a) Welchen Abstand hat der Hubschrauber im Punkt B von einer Gewitterfront, die durch die Ebene E: $x + 2y - 2z - 40,8 = 0$ im Koordinatensystem beschrieben wird?
b) In welchem Punkt P würde der Hubschrauber die Gewitterfront erreichen?
c) Weisen Sie nach, dass der Punkt Q(23|6|0,1) auf der Flugbahn des Hubschraubers liegt und von diesem vor Erreichen der Gewitterfront passiert wird.
d) Im Punkt Q ändert der Pilot den Kurs, indem er unter Beibehaltung seiner Horizontalrichtung in einen Steigflug übergeht, der ihn parallel zur Gewitterfront fliegen lässt. Geben Sie die Gerade an, welche die Bahn des Hubschraubers nach der Kurskorrektur beschreibt. Berechnen Sie den Winkel der Richtungsänderung.
e) Welchen Abstand zur Gewitterfront hat der Hubschrauber nach der Kursänderung?
f) Die Gewitterfront erstreckt sich bis in 4 km Höhe. In welchem Punkt kann der Hubschrauberpilot frühestens wieder in einen Horizontalflug übergehen, wenn er nicht in die Gewitterfront fliegen will?

# VI. Winkel und Abstände

## Überblick

**Schnittwinkel zweier Geraden:** Schneiden sich die beiden Geraden mit den Richtungsvektoren $\vec{m}_1$ und $\vec{m}_2$, so gilt für den Schnittwinkel $\gamma$ der Geraden:
$$\cos \gamma = \frac{|\vec{m}_1 \cdot \vec{m}_2|}{|\vec{m}_1| \cdot |\vec{m}_2|}$$

**Schnittwinkel von Gerade und Ebene:** Schneidet die Gerade mit dem Richtungsvektor $\vec{m}$ die Ebene mit dem Normalenvektor $\vec{n}$, so gilt für Schnittwinkel $\gamma$ von Gerade und Ebene:
$$\sin \gamma = \frac{|\vec{m} \cdot \vec{n}|}{|\vec{m}| \cdot |\vec{n}|} \quad \text{bzw.} \quad \cos(90° - \gamma) = \frac{|\vec{m} \cdot \vec{n}|}{|\vec{m}| \cdot |\vec{n}|}$$

**Schnittwinkel zweier Ebenen:** Schneiden sich die beiden Ebenen mit den Normalenvektoren $\vec{n}_1$ und $\vec{n}_2$, so gilt für den Schnittwinkel $\gamma$ der Ebenen:
$$\cos \gamma = \frac{|\vec{n}_1 \cdot \vec{n}_2|}{|\vec{n}_1| \cdot |\vec{n}_2|}$$

**Hess'sche Normalengleichung einer Ebene:** E: $(\vec{x} - \vec{a}) \cdot \vec{n}_0 = 0$

$\vec{x}$: allgemeiner Ortsvektor der Ebene E
a: Stützvektor der Ebene E
$\vec{n}_0$: Normalenvektor der Ebene E mit $|\vec{n}_0| = 1$

**Abstand Punkt-Ebene:** Der Punkt P mit dem Ortsvektor $\vec{p}$ hat von der Ebene E mit der Hesse'schen Normalenform E: $(\vec{x} - \vec{a}) \cdot \vec{n}_0 = 0$ den Abstand $d = |(\vec{p} - \vec{a}) \cdot \vec{n}_0|$.

**Abstand Gerade-Ebene und Ebene-Ebene:** Der Abstand einer Geraden g zu einer parallelen Ebene E ist gleich dem Abstand eines Punktes P der Geraden g (z. B. des Stützpunktes) zu der Ebene E. Er kann daher mit der Abstandsformel Punkt-Ebene berechnet werden.

Der Abstand einer Ebene $E_1$ zu einer parallelen Ebene $E_2$ ist gleich dem Abstand eines Punktes P der Ebene $E_1$ (z. B. des Stützpunktes) zu der Ebene $E_2$. Er kann daher mit der Abstandsformel Punkt-Ebene berechnet werden.

**Abstand Punkt-Gerade:** Der Abstand eines Punktes P zu einer Geraden g: $\vec{x} = \vec{a} + r \cdot \vec{m}$ wird mit einem operativen **Lotfußpunktverfahren** berechnet:
1. Man stellt die Gleichung einer Hilfsebene H auf, die orthogonal zu g ist und den Punkt P als Stützpunkt enthält:
   H: $(\vec{x} - \vec{p}) \cdot \vec{m} = 0$.
2. Man berechnet den Schnittpunkt F von g und H.
3. Man berechnet den gesuchten Abstand als Abstand von P und F.

**Abstand windschiefer Geraden:** Sind g: $\vec{x} = \vec{p} + r \cdot \vec{m}_g$ und h: $\vec{x} = \vec{q} + s \cdot \vec{m}_h$ windschiefe Geraden und $\vec{n}_0$ ein zu beiden Richtungsvektoren $\vec{m}_g$ und $\vec{m}_h$ orthogonaler Einheitsvektor, dann besitzen g und h den Abstand $d = |(\vec{p} - \vec{q}) \cdot \vec{n}_0|$.

# Werkzeug zur Raumgeometrie

Die Lagebeziehungen von Punkten, Geraden und Ebenen können mithilfe von 3-D-Geometriesoftware anschaulich gemacht werden. Darüber hinaus liefern solche Programme Schnittpunkte bzw. Schnittgeraden sowie Abstände und Winkel.

In den voranstehenden Kapiteln zu den Themen Vektoren, Geraden und Ebenen wurden in den Mathematischen Streifzügen Programme vorgestellt, mit denen man die speziellen Aufgabenstellungen des jeweiligen Themas bearbeiten kann. Es gibt verschiedene Computerprogramme, die als universelle Werkzeuge zur analytischen Geometrie des dreidimensionalen Raumes dienen. Damit können Punkte, Geraden und Ebenen graphisch dargestellt und Lagebeziehungen zwischen diesen Objekten untersucht werden. Zudem können mithilfe dieser Werkzeuge gegebenenfalls Schnittpunkte, Schnittgeraden und Schnittwinkel oder Abstände berechnet werden.

Die folgende Abbildung zeigt die Anwendung eines solchen Programms auf die Untersuchung der Lagebeziehung zweier Ebenen. Dieser Fall kann alternativ auch mit dem auf Seite 258 vorgestellten Medienelement bearbeitet werden. Dazu öffnet man die Internetseite www.cornelsen.de/webcodes und gibt dort den Webcode MBK041914-394-2 ein.

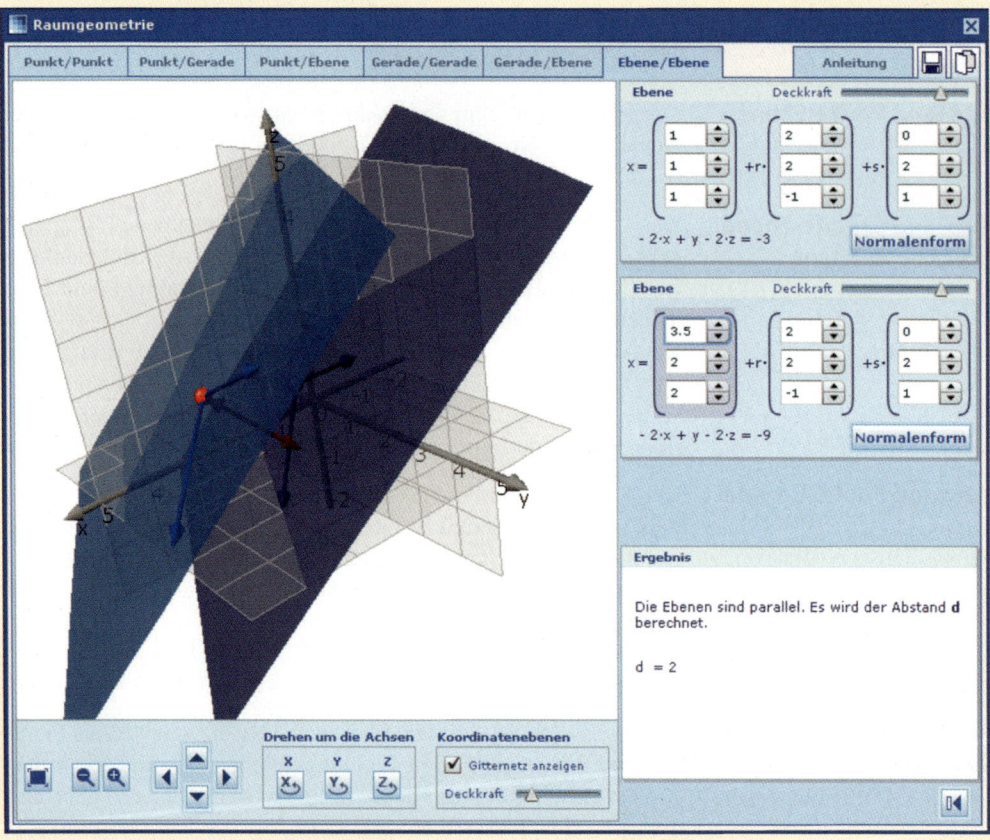

Im Folgenden wird ein Werkzeug bei einem der letzten in diesem Kapitel behandelten Probleme angewendet, bei dem es um den Abstand zweier windschiefer Geraden geht. Gegeben sind dabei die beiden zu untersuchenden Geraden

$$g: \vec{x} = \begin{pmatrix} 2 \\ 2 \\ 3 \end{pmatrix} + r \cdot \begin{pmatrix} 1 \\ 2 \\ -2 \end{pmatrix} \quad \text{und} \quad h: \vec{x} = \begin{pmatrix} 4 \\ 7 \\ 3 \end{pmatrix} + r \cdot \begin{pmatrix} -1 \\ 2 \\ 0 \end{pmatrix}.$$

Man erhält als Ergebnis, dass die Geraden windschief sind und den Abstand 3 haben.

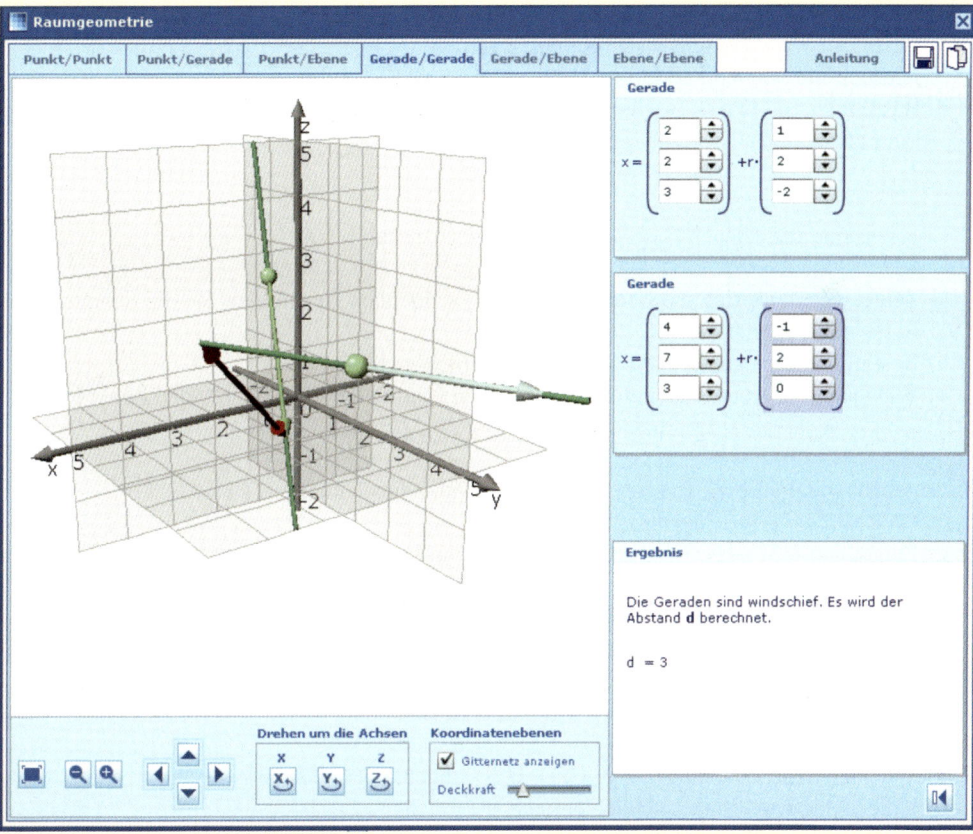

Diese Fragestellung kann auch mit dem auf Seite 215 präsentierten Medienelement bearbeitet werden. Dazu gibt man auf der Internetseite www.cornelsen.de/webcodes den Webcode MBK041914-326-2 ein.

### Übungen

Bearbeiten Sie ausgewählte Übungen zu Lagebeziehungen von Punkten, Geraden und Ebenen sowie zur Bestimmung von Schnittelementen sowie zu Schnittwinkel- und Abstandsberechnungen mithilfe eines beliebigen Geometrie-Werkzeuges.

Verwenden Sie das Werkzeug auch bei der Überprüfung Ihrer Lösungen von komplexen Aufgaben aus dem Kapitel V.

## Test

**Winkel und Abstände**

1. Gegeben sind in einem kartesischen Koordinatensystem die Punkte A(2|2|−1), B(0|3|1) und C(4|1|1). Die Ebene E enthält die Punkte A, B und C.
   a) Stellen Sie eine Hesse'sche Normalengleichung der Ebene E auf.
   b) Für welches $a \in \mathbb{R}$ liegt der Punkt P(−a|2a|1) in der Ebene E?
   c) Bestimmen Sie die Achsenschnittpunkte von E.
      Fertigen Sie ein Schrägbild von E an.
   d) Bestimmen Sie eine zu E orthogonale Gerade g, die den Punkt Q(4|6|3) enthält. In welchem Punkt F schneidet g die Ebene E?

2. Gegeben sind die Ebenen $E_1: \vec{x} = \begin{pmatrix} 1 \\ 1 \\ 2 \end{pmatrix} + r \begin{pmatrix} -4 \\ 1 \\ 3 \end{pmatrix} + s \begin{pmatrix} 4 \\ 2 \\ -3 \end{pmatrix}$ und $E_2: \vec{x} - 2y + z = 4$.

   a) Zeigen Sie, dass sich die Ebenen $E_1$ und $E_2$ schneiden. Bestimmen Sie die Schnittgerade sowie den Schnittwinkel.
   b) Bestimmen Sie den Abstand des Punktes P(6|3|7) von $E_1$.
   c) Wie lautet die Koordinatengleichung der zu $E_1$ parallelen Ebene durch den Punkt P?

3. Gegeben sind die Ebene $E: \left[\vec{x} - \begin{pmatrix} 4 \\ -3 \\ 2 \end{pmatrix}\right] \cdot \begin{pmatrix} 3 \\ -4 \\ 6 \end{pmatrix} = 0$ und die Gerade $g: \vec{x} = \begin{pmatrix} 8 \\ -6 \\ 2 \end{pmatrix} + r \begin{pmatrix} 2 \\ 3 \\ 2 \end{pmatrix}$.

   a) Zeigen Sie, dass sich g und E schneiden. Bestimmen Sie den Schnittpunkt sowie den Schnittwinkel.
   b) Bestimmen Sie den Abstand des Punktes P(9|6|0) von der Geraden g.
   c) Der Punkt P(9|6|0) wird an der Geraden g gespiegelt. Bestimmen Sie die Koordinaten des Spiegelpunktes P′.
   d) Bestimmen Sie den Abstand der windschiefen Geraden g und h: $\vec{x} = \begin{pmatrix} 3 \\ -5 \\ 8 \end{pmatrix} + s \begin{pmatrix} 0 \\ 3 \\ 1 \end{pmatrix}$.

4. a) Wie lauten die Eckpunkte A, B, C, D, E des abgebildeten Hauses?
   b) Unter welchem Winkel schneiden sich die Dachflächen am First?
   c) Wie hoch ragt der Schornstein aus der sichtbaren Dachfläche heraus? Höhe der Spitze S: 6 m.
   d) Wie lang ist der Schatten des Schornsteins, den das Sonnenlicht in Richtung des Vektors $\vec{v}$ auf dem Dach erzeugt?
   e) Wie hoch sind die Materialkosten für den Anstrich des dreieckigen Giebels, wenn ein Eimer Farbe für 4 m² Anstrich 30 Euro kostet?

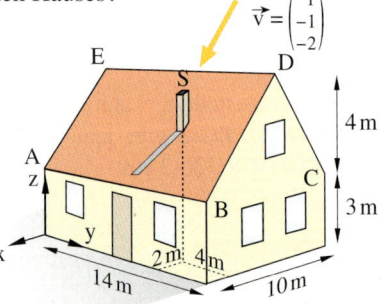

Lösungen: S. 347

# Aufgabenpraktikum II

# Aufgabenpraktikum II

## Lageuntersuchungen geometrischer Objekte

Eigenschaften geometrischer Objekte, wie Regelmäßigkeit oder Volumenmaßzahl sind durch die gegenseitige Lage sie begrenzender Punkte oder Flächenstücke bestimmt. Dem sicheren Beurteilen der gegenseitigen Lage dieser Objekte durch analytische Behandlung kommt dabei besondere Bedeutung zu. Dem soll in diesem Aufgabenpraktikum besonderes Augenmerk gewidmet werden.

Vorangestellt wird die Behandlung einer Grundaufgabe der analytischen Geometrie mit unterschiedlichen Sichtweisen. Sieht man vom formalen Einsetzen in bereitgestellte Formeln ab, so lassen sich Aufgaben oftmals auf verschiedene Art und Weisen lösen. Am Beispiel der Berechnung des Abstandes eines Punktes zu einer Geraden soll diesem Aspekt einführend Beachtung geschenkt werden. Beim Lösen von Aufgaben erweist sich ein daran angelehntes analoges Vorgehen nicht selten als sehr hilfreich.

Anhand des folgenden Beispiels werden unterschiedliche Strategien zum Lösen von Aufgaben in der analytischen Geometrie veranschaulicht.

> **Beispiel: Abstand eines Punktes von einer Geraden**
> Gegeben seien der Punkt $P(0|5|6)$ im Raum und die Gerade
> $g: \vec{x} = \begin{pmatrix} 2 \\ 0 \\ 1 \end{pmatrix} + \lambda \begin{pmatrix} -4 \\ 1 \\ 1 \end{pmatrix}; \lambda \in \mathbb{R}$.
> Berechnen Sie den Abstand des Punktes von der Geraden.

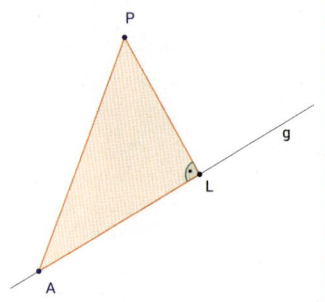

**Lösung:**

**Strategie 1: Besinnen auf naheliegende vektorielle Zusammenhänge**

**Verwenden eines Vektorzuges**

Vom Punkt P aus wird das Lot l auf die Gerade g gefällt, welches diese im Lotfußpunkt L schneidet. Die Längenmaßzahl des Lotabschnittes $\overrightarrow{PL}$ entspricht dem gesuchten Abstand und der Vektor $\overrightarrow{PL}$ ist Bestandteil des geschlossenen Vektorzuges.

Das Skalarprodukt des Richtungsvektors der Geraden und des Lotes ist auf Grund der Loteigenschaft gleich null.

Es kann $\mu_L = 1$ gesetzt werden und somit ergibt sich durch Ausmultiplizieren $18\lambda_L - 18 = 0$ und $\lambda_L = 1$.

Daher ist $L(-2|1|2)$ der gesuchte Lotfußpunkt und der zu bestimmende Abstand ergibt sich zu $|\overrightarrow{PL}| = \sqrt{36} = 6$.

*Vektorzug:*

$\overrightarrow{AP} + \overrightarrow{PL} - \lambda_L \vec{a}_g = \vec{0}, \lambda_L \in \mathbb{R}; \overrightarrow{PL} = \mu_L \begin{pmatrix} x_L \\ y_L \\ z_L \end{pmatrix}$

*Ersetzen:*

$\lambda_L \vec{a}_g = \lambda_L \begin{pmatrix} -4 \\ 1 \\ 1 \end{pmatrix}; \overrightarrow{AP} = \begin{pmatrix} -2 \\ 5 \\ 5 \end{pmatrix};$

$\lambda_L \begin{pmatrix} x_L \\ y_L \\ z_L \end{pmatrix} = \lambda_L \begin{pmatrix} -4 \\ 1 \\ 1 \end{pmatrix} - \begin{pmatrix} -2 \\ 5 \\ 5 \end{pmatrix}$

*Loteigenschaft ausnutzen:*

$\mu_L \cdot \begin{pmatrix} x_L \\ y_L \\ z_L \end{pmatrix} \cdot \begin{pmatrix} -4 \\ 1 \\ 1 \end{pmatrix} = 0$ mit

$\mu_L \left( \lambda_L \begin{pmatrix} -4 \\ 1 \\ 1 \end{pmatrix} - \begin{pmatrix} -2 \\ 5 \\ 5 \end{pmatrix} \right) \cdot \begin{pmatrix} -4 \\ 1 \\ 1 \end{pmatrix} = 0$

*Abstand berechnen:*

$d(P, g) = |\overrightarrow{PL}| = \sqrt{36} = 6$

### Verwenden einer Hilfsebene

Bei diesem Vorgehen wird die Abstandberechnung über den Umweg des Ermittelns eines Durchstoßpunktes einer Geraden durch eine Ebene geführt. Die Ebene enthält dabei den gegebenen Punkt P und ihr Normalenvektor ist gleich dem Richtungsvektor der Geraden. Somit steht die Gerade g senkrecht zur erzeugten Ebene $\varepsilon_P$ und der zu berechnende Abstand ist gleich dem Abstand des Durchstoßpunktes von g durch $\varepsilon_P$ zum Punkt P.

*Normalengleichung der Ebene:*
$\varepsilon_P: -4x + y + z - 11 = 0$.

*Koordinaten des Durchstoßpunktes:*
$\{D\} = \varepsilon_P \cap g$:
$-8 + 16\lambda + \lambda + 1 + \lambda - 11 = 0$
$\lambda = 1$ als Lösung ergibt $D(-2|1|2)$

*Abstand berechnen:*
$d(P, g) = |\overrightarrow{DP}| = 6$.

## Strategie 2: Besinnen auf planimetrische Zusammenhänge

### Trigonometrische Betrachtungen am rechtwinkligen Dreieck

Der Aufpunkt A der Geraden, der Lotfußpunkt L der Normalen zur Geraden g und der Punkt P bestimmen eindeutig ein rechtwinkliges Dreieck. Der zu berechnende Abstand ist Maßzahl der Strecke $\overline{PL}$ im Dreieck ALP. Der ihr gegenüberliegende Winkel $\sphericalangle LAP$ ist maßgleich zu dem vom Richtungsvektor der Geraden und dem Vektor $\overrightarrow{AP}$ eingeschlossenen Winkel. Mithin ließe sich der Abstand $d(P, g)$ aus dem Sinus des gegenüberliegenden Winkels $\sphericalangle LAP$ und der Längenmaßzahl der Hypotenuse $\overline{AP}$ berechnen.

*Im Dreieck ALP gilt:*
$\sphericalangle LAP = \sphericalangle(\overrightarrow{a_g}, \overrightarrow{AP}) =: \alpha$

*Winkelbeziehung ausnutzen:*
$\cos(\alpha) = \dfrac{\overrightarrow{a_g} \cdot \overrightarrow{AP}}{|\overrightarrow{a_g}| \cdot |\overrightarrow{AP}|} = \dfrac{1}{3}\sqrt{3}$

*Anwenden des trigonometrischen Pythagoras:*
$\sin^2 \alpha = 1 - \dfrac{1}{3} = \dfrac{2}{3}$ und damit $\sin \alpha = \dfrac{1}{3}\sqrt{6}$

*Abstand berechnen:*
$|\overrightarrow{PL}| = \sin \alpha \cdot |\overrightarrow{AP}| = \dfrac{1}{3}\sqrt{6} \cdot 3\sqrt{6} = 6$

### Flächenberechnungen am Parallelogramm

Die Vektoren $\overrightarrow{AP}$ und $\lambda \overrightarrow{a_g}$ spannen ein Parallelogramm auf. Für $\lambda = 1$ ergibt sich als beliebiger Punkt $B(-2|1|2)$ auf der Geraden g. Der gesuchte Abstand entspricht der Längenmaßzahl einer Höhe des von $\overrightarrow{AP}$ und $\overrightarrow{AB}$ aufgespannten Parallelogramms.

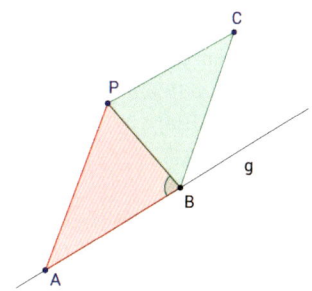

Die Maßzahl des Flächeninhaltes ist gleich dem Betrag des aus beiden Vektoren gebildeten Vektorkreuzproduktes.
Unter Verwendung der Flächeninhaltsformeln für Parallelogramme
A = a · h lässt sich die Höhenmaßzahl ermitteln.
Damit ergibt sich auch hier ein Abstand von 6 LE.

*Flächeninhalt berechnen:*
$\overrightarrow{AP} = |\overrightarrow{AP}| = 3\sqrt{2}$
$|\overrightarrow{AP} \times \overrightarrow{AB}| = \left|\begin{pmatrix}-2\\5\\5\end{pmatrix} \times \begin{pmatrix}-4\\1\\1\end{pmatrix}\right| = 18\sqrt{2}$

*Abstand berechnen:*
$18\sqrt{2} = |\overrightarrow{AB}| \cdot |\overrightarrow{BP}| = 3\sqrt{2} \cdot |\overrightarrow{BP}|$
damit folgt $|\overrightarrow{BP}| = 6$

### Strategie 3: Besinnen auf andere mathematische Inhalte

Für jedes Punktepaar $(P; Q_g)$ mit $Q_g \in g$ kann die Länge des durch beide Punkte jeweils eindeutig bestimmten Vektors berechnet werden. Der gesuchte Abstand ist die Länge des minimal erzeugbaren Vektors $\overrightarrow{PQ}_{min}$.
Da Abstände zweier voneinander verschiedener Punkte stets positiv sind, kann die Suche nach dem kleinsten unter allen Abständen über das Quadrat der Abstände geführt werden.

*Formel für beliebige Punkte $Q_g$:*
$d(P, Q_g)^2 = \sqrt{(2-4\lambda)^2 + 2(\lambda-5)^2}$

*Minimum bestimmen:*
$f(\lambda) := d(P, Q_g)^2$
$f'(\lambda) = -8(2-4\lambda) + 4(\lambda-5) = 0$
$\Leftrightarrow 36\lambda = 36 \Rightarrow \lambda = 1$
$f''(1) = 36 > 0 \Rightarrow$ Minimum

*Abstand berechnen:*
$\overrightarrow{PQ}_{min} = \begin{pmatrix}-2\\-4\\-4\end{pmatrix}$ also $|\overrightarrow{PQ}_{min}| = 6$

### Aufgaben:

Wählen Sie zur Lösung der nachfolgenden Aufgaben aus den oben beschriebenen Strategien eine jeweils „naheliegende" aus und begründen Sie die getroffene Auswahl kurz. Vergleichen Sie die Ergebnisse mit den zur Kontrolle angegebenen oder rechnen Sie auf einem anderen Wege noch einmal.

1. Gegeben seien die Punkte A(−5|−5), B(1|−2), C(3|4) und D(−3|1). Zeigen Sie, dass die gegebenen Punkte ein Parallelogramm eindeutig bestimmen und berechnen Sie die Maßzahl des Parallelogramms unter Bezug auf die Flächeninhaltsformel A = g · $h_g$ für Parallelogramme.
(30 FE)

2. Gegeben sei eine Gerade g durch $\vec{x} = \begin{pmatrix}10\\-5\\5\end{pmatrix} + \lambda\begin{pmatrix}-4\\10\\1\end{pmatrix}$; $\lambda \in \mathbb{R}$.
Berechnen Sie den Abstand des Koordinatenursprungs zur Geraden. (9,4 LE)

3. Berechnen Sie jeweils den Abstand des Punktes zur gegebenen Geraden.
   a) g: $\vec{x} = \begin{pmatrix}-3\\4\\-5\end{pmatrix} + \lambda\begin{pmatrix}2\\-1\\4\end{pmatrix}$; $\lambda \in \mathbb{R}$ und P(3|5|8) (4,1 LE)

   b) g: $\vec{x} = \begin{pmatrix}-4\\0\\5\end{pmatrix} + \lambda\begin{pmatrix}-2\\1\\1\end{pmatrix}$; $\lambda \in \mathbb{R}$ und P(−8|10|10) (7,3 LE)

4. Ein Flugobjekt bewegt sich geradlinig längs der durch P(4|4|3) und Q(2|8|3) beschriebenen Richtung. Kann das Flugobjekt von einer Radarstation in R(8|90|2) mit 70 km Reichweite erfasst werden, wenn die Flugrichtung beibehalten wird? (1 LE ≙ 1 km)  (ja; d = 42 km)

5. Berechnen Sie den Abstand der Geraden zueinander.

   a) $g_1: \vec{x} = \begin{pmatrix} 5 \\ 2 \\ -2 \end{pmatrix} + \lambda \begin{pmatrix} 3 \\ 1 \\ 3 \end{pmatrix}; \lambda \in \mathbb{R}$ und $g_2: \vec{x} = \begin{pmatrix} 5 \\ 3 \\ 4 \end{pmatrix} + \mu \begin{pmatrix} -3 \\ -1 \\ -3 \end{pmatrix}; \mu \in \mathbb{R}$  (4,2 LE)

   b) $g_1: \vec{x} = \begin{pmatrix} 1 \\ 6 \\ 4 \end{pmatrix} + \lambda \begin{pmatrix} 1 \\ 2 \\ 1 \end{pmatrix}; \lambda \in \mathbb{R}$ und $g_2: \vec{x} = \begin{pmatrix} 4 \\ -4 \\ 3 \end{pmatrix} + \mu \begin{pmatrix} -1 \\ 2 \\ 3 \end{pmatrix}; \mu \in \mathbb{R}$  (21,9 LE)

6. Die Lage eines geradlinig verlaufenden Holzbalkens sei durch die Punkte A(6|3|4) und E(8|1|6) beschrieben. Aus S(6|−1|4) soll ein Stützbalken möglichst geringer Länge eingezogen werden, um einem Durchhang des Balkens zu begegnen. Berechnen Sie sowohl die Länge des Balkens als auch die Koordinaten des Punktes, in dem beide Balken einander berühren (vom tatsächlichen Querschnitt der Balken soll abgesehen werden). (1 LE ≙ 1 dm)  (3,27 dm)

7. Gegeben sei ein Dreieck durch A(−2|1|3), B(4|7|0) und C(4|10|15). Berechnen Sie die Maßzahl des Flächeninhaltes des Dreiecks ohne Verwendung des Vektorkreuzproduktes.  (67,5 FE)

8. Gegeben sei eine Gerade durch $\vec{x} = \begin{pmatrix} 3 \\ 0 \\ 3 \end{pmatrix} + \lambda \begin{pmatrix} -2 \\ 2 \\ 1 \end{pmatrix}; \lambda \in \mathbb{R}$ und ein Punkt P(2|2|2).
   Ermitteln Sie sowohl den Abstand des Punktes P zur gegebenen Geraden als auch die Koordinaten jenes Geradenpunktes $P_g$, der minimalen Abstand zum Punkt P hat. Beschreiben Sie, in welcher Weise DMW zur Lösung genutzt werden könnten.  $\left(d(P, g) = 1{,}8 \text{ LE}, P_g\left(\frac{17}{9}, \frac{10}{9}, \frac{32}{9}\right)\right)$

9. Gegeben seien Geraden durch $\vec{x} = \begin{pmatrix} 10 \\ -5 \\ k \end{pmatrix} + \lambda \begin{pmatrix} -4 \\ 10 \\ 1 \end{pmatrix}; \lambda, k \in \mathbb{R}$ Für welches k wird der Abstand des Koordinatenursprungs zur Geraden minimal?
   a) Lösen Sie die Aufgabe näherungsweise unter Verwendung einer Geometriesoftware.
   b) Lösen Sie die Aufgabe exakt.  (k = −λ = −0,78)

10. $\vec{x} = \vec{p} + \lambda \vec{a}_g, \lambda \in \mathbb{R}$, ist die Parameterbeschreibung einer Geraden in der Ebene, $(\vec{x} - \vec{p}) \cdot \vec{n}_g = 0$ die entsprechende Beschreibung der Geraden in Normalform.
   a) Erläutern Sie die Aussage dieser Gleichung bezogen auf die durch $\vec{x} = \begin{pmatrix} 2 \\ -1 \end{pmatrix} + \lambda \begin{pmatrix} 1 \\ 5 \end{pmatrix}; \lambda \in \mathbb{R}$ gegebene Gerade.
   b) Interpretieren Sie die Gleichung $(\vec{x} - \vec{p}) \times \vec{a}_g = \vec{0}$ zunächst formal.
   c) Begründen Sie, dass es möglich ist, mit der Gleichung aus Auftrag b) die und nur die Punkte einer Geraden (im Raum) zu beschreiben, die $\vec{a}_g$ als Richtungsvektor und $\vec{p}$ als Ortsvektor ihres Aufpunktes hat.
   d) Wenden Sie die Erkenntnis aus Aufgabe c) auf die Gerade $\vec{x} = \begin{pmatrix} 2 \\ 3 \\ 4 \end{pmatrix} + \lambda \begin{pmatrix} 1 \\ 2 \\ 1 \end{pmatrix}; \lambda \in \mathbb{R}$ an und deuten Sie das Ergebnis geometrisch anschaulich.  $\left(\begin{matrix} y - 2z + 5 = 0 \\ z - x - 2 = 0 \\ 2x - y - 1 = 0 \end{matrix}\right)$

## A. Grundlegendes

### Aufgaben zu Geraden

11. Geben Sie die Gleichungen aller denkbaren Geraden an, die durch die gegebenen Punkte und Richtungsvektoren beschrieben werden können

    A (1|2|3), B (2|5|6), C (0|0|0) und $\vec{v}_1 = \begin{pmatrix} 2 \\ 2 \\ -1 \end{pmatrix}$, $\vec{v}_2 = \begin{pmatrix} 1 \\ 2 \\ 3 \end{pmatrix}$, $\vec{v}_3 = \begin{pmatrix} -2 \\ -4 \\ -6 \end{pmatrix}$.

12. Gegeben sei die durch $\vec{x} = \begin{pmatrix} 0 \\ 2 \\ 3 \end{pmatrix} + \lambda \begin{pmatrix} 2 \\ -1 \\ 1 \end{pmatrix}$; $\lambda \in \mathbb{R}$ beschriebene Gerade. Geben Sie die Koordinaten der zu $\lambda = 1$ (0; −1,5; 100; −0,1) gehörigen Geradenpunkte an.

13. Beschreiben Sie die besondere Lage der Geraden im Koordinatensystem ($\lambda \in \mathbb{R}$).

    a) $\vec{x} = \begin{pmatrix} 0 \\ 1 \\ 0 \end{pmatrix} + \lambda \begin{pmatrix} 0 \\ 4 \\ 0 \end{pmatrix}$ 
    b) $\vec{x} = \begin{pmatrix} 0 \\ 1 \\ 0 \end{pmatrix} + \lambda \begin{pmatrix} 0 \\ 0 \\ -2 \end{pmatrix}$ 
    c) $\vec{x} = \lambda \begin{pmatrix} 1 \\ 1 \\ 1 \end{pmatrix}$ 
    d) $\vec{x} = \lambda \begin{pmatrix} 0 \\ 0 \\ 1 \end{pmatrix}$

    e) $\vec{x} = \lambda \cdot \vec{a}$ 
    f) $\vec{x} = \overrightarrow{OA} + \lambda \begin{pmatrix} 1 \\ 0 \\ 0 \end{pmatrix}$ 
    g) $\vec{x} = \begin{pmatrix} 1 \\ 0 \\ 1 \end{pmatrix} + \lambda \begin{pmatrix} 1 \\ 0 \\ 1 \end{pmatrix}$

14. Gegeben seien die Gleichungen
    $\vec{x} = \begin{pmatrix} 2 \\ 1 \\ 0 \end{pmatrix} + r \begin{pmatrix} 6 \\ -6 \\ 4 \end{pmatrix}$; $r \in \mathbb{R}$ und $\vec{x} = \begin{pmatrix} -7 \\ 10 \\ -6 \end{pmatrix} + s \begin{pmatrix} -3 \\ 3 \\ -2 \end{pmatrix}$; $s \in \mathbb{R}$.

    a) Begründen Sie, dass beide Gleichungen ein und dieselbe Gerade beschreiben.
    b) Berechnen Sie für $\lambda = 2$ die Koordinaten des entsprechenden Geradenpunktes. Welchem Wert von μ entspricht dieser Punkt?
    c) Für welches λ muss für μ = −4 verwendet werden?

15. Gegeben seien die Punkte A (1|1|1) und B (−2|−2|−2).
    a) Geben Sie die zu den Punkten zugehörigen Ortsvektoren an.
    b) Der Ortsvektor zu einem Punkt C ergebe sich aus $\overrightarrow{OC} = \lambda \cdot \overrightarrow{OA} + \mu \cdot \overrightarrow{OB}$; μ, λ ∈ $\mathbb{R}$.
    Unter welcher Bedingung für λ und μ liegt der so bestimmte Punkt C auf der durch die Punkte A und B bestimmten Geraden?

16. Interpretieren Sie die durch $\vec{x} = \overrightarrow{OP} + \lambda_1 \vec{v}_1 + \lambda_2 \vec{v}_2$; $\lambda_i \in \mathbb{R}$ (i = 1, 2) beschriebene Punktmenge für
    a) $\lambda_1$ = konstant und $\lambda_2 \in \mathbb{R}$    ($\lambda_1$ = konstant und $\lambda_2 \in \mathbb{R}$ mit $\lambda_2 \geq 0$))
    b) $\lambda_1 \in \mathbb{R}$ und $\lambda_2$ = konstant
    c) $\lambda_1, \lambda_2 \in \mathbb{R}$ mit $\lambda_1 \vec{v}_1 + \lambda_2 \vec{v}_2$ und $(\lambda_1, \lambda_2) \neq (0,0)$.

17. Gegeben seien die Punkte A (1|2|4) und B (2|−1|3) sowie eine Schar von Geraden durch
    $\vec{x} = \begin{pmatrix} 1 \\ 1 \\ 1 \end{pmatrix} + r \begin{pmatrix} -2k \\ 9 \\ 3 \end{pmatrix}$, k, r ∈ $\mathbb{R}$.

    a) Beschreiben Sie die Lage der Schargeraden.
    b) Für welches k liegt die so bestimmte Gerade parallel zu der durch die Punkte A und B bestimmten Geraden?
    c) Für welches k sind beide Geraden windschief zueinander?

18. Die Punkte A(a − 1|−2|4) und B(a + 3|0|6) legen eine Schar von Geraden fest. Welche dieser Schargeraden schneiden die Koordinatenachsen? Geben Sie die Koordinaten der jeweiligen Schnittpunkte an.

19. Gegeben sei eine Schar von Geraden durch $\vec{x} = \begin{pmatrix} 16 \\ 4 \\ 11 \end{pmatrix} + r \begin{pmatrix} 2a \\ 2 \\ 6{,}5 - 3a \end{pmatrix}$; $a, r \in \mathbb{R}$.

    Bestimmen Sie den Wert für a so, dass die jeweilige Schargerade
    a) parallel zur xy-Ebene ist
    b) die yz-Ebene nicht schneidet
    c) den Ursprung enthält
    d) die z-Achse schneidet.
    Für den letzten Aufgabenteil sind die Schnittpunktkoordinaten anzugeben.

20. Gegeben sei eine Schar von Geraden durch $\vec{x} = \begin{pmatrix} 10 \\ 2 \\ 2 \end{pmatrix} + s \begin{pmatrix} 5 \\ a \\ -1 \end{pmatrix}$; $a, s \in \mathbb{R}$

    Bestimmen Sie den Wert für a so, dass die jeweilige Schargerade
    a) parallel zur xz-Ebene ist   b) den Ursprung enthält   c) durch $P(x_P|-4|5)$ geht.
    Für den letzten Aufgabenteil sind die Koordinaten von P vollständig anzugeben.

## Aufgaben zu Ebenen

21. Geben Sie sich zwei linear unabhängige Vektoren sowie einen Punkt $P(x_P|y_P|z_P)$ des Raumes vor und entwickeln Sie eine Parametergleichung der durch diese Objekte aufgespannten Ebene. Geben Sie die Koordinaten aller möglichen Ebenenpunkte an, die sich für Kombinationen der Parameterbelegungen 0 und 1 ergeben.

22. Untersuchen Sie, für welche Parameterbelegungen die Punkte A(1|4|6), B(5|−7|0) und C(14|2|7) in der durch $\vec{x} = \begin{pmatrix} -1 \\ -3 \\ 0 \end{pmatrix} + r \begin{pmatrix} 1 \\ 1 \\ 1 \end{pmatrix} + s \begin{pmatrix} -2 \\ 3 \\ 2 \end{pmatrix}$; $r, s \in \mathbb{R}$ beschriebenen Ebene liegen.

23. Gegeben seien drei Punkte A, B und C. Welche Parametergleichung beschreibt jeweils die durch diese Punkte bestimmte Ebene für
    a) A(2|1|3), B(2|−7|3), C(−1|0|5)   b) A(7|−1|5), B(−3|3|−11), C(2|1|−3)?

24. Geben Sie eine Parametergleichung der durch die gegebenen Objekte bestimmten Ebene an:
    a) P(2|0|−3), Q(0|0|0), R(−2|−4|5)   b) P(2|3|−4), g: $\vec{x} = \begin{pmatrix} 1 \\ 0 \\ 0 \end{pmatrix} + r \begin{pmatrix} 3 \\ -2 \\ 1 \end{pmatrix}$, $r \in \mathbb{R}$
    c) g: $\vec{x} = \begin{pmatrix} 1 \\ 0 \\ 0 \end{pmatrix} + r \begin{pmatrix} 4 \\ -2 \\ 3 \end{pmatrix}$, $r \in \mathbb{R}$   h: $\vec{x} = \begin{pmatrix} 1 \\ 0 \\ 0 \end{pmatrix} + s \begin{pmatrix} 2 \\ 2 \\ -2 \end{pmatrix}$, $s \in \mathbb{R}$
    d) g: $\vec{x} = \begin{pmatrix} 1 \\ 0 \\ 0 \end{pmatrix} + r \begin{pmatrix} 2 \\ -2 \\ 1 \end{pmatrix}$, $r \in \mathbb{R}$   h: $\vec{x} = \begin{pmatrix} 3 \\ 4 \\ 0 \end{pmatrix} + s \begin{pmatrix} 2 \\ -2 \\ 1 \end{pmatrix}$, $s \in \mathbb{R}$

25. Überführen Sie die Parametergleichungen der Ebenen aus Aufgabe 25 in parameterfreie Koordinatengleichungen.

**26.** Beschreiben Sie die (besondere) Lage der nachfolgend durch ihre Gleichungen beschriebenen Ebenen im Koordinatensystem:

a) $\vec{x} = \begin{pmatrix} 3 \\ 2 \\ -2 \end{pmatrix} + r \begin{pmatrix} 1 \\ 0 \\ 0 \end{pmatrix} + s \begin{pmatrix} 0 \\ 0 \\ 2 \end{pmatrix}$; $r, s \in \mathbb{R}$

b) $\vec{x} = \begin{pmatrix} 0 \\ 1 \\ -1 \end{pmatrix} + r \begin{pmatrix} 0 \\ 1 \\ 1 \end{pmatrix} + s \begin{pmatrix} 0 \\ -1 \\ 1 \end{pmatrix}$; $r, s \in \mathbb{R}$

c) $\vec{x} = \begin{pmatrix} 1 \\ 0 \\ 4 \end{pmatrix} + r \begin{pmatrix} 3 \\ 1 \\ 0 \end{pmatrix} + s \begin{pmatrix} 7 \\ -2 \\ 0 \end{pmatrix}$; $r, s \in \mathbb{R}$

d) $\vec{x} = r \begin{pmatrix} 3 \\ 2 \\ -1 \end{pmatrix} + s \begin{pmatrix} 1{,}5 \\ 1 \\ 0 \end{pmatrix}$; $r, s \in \mathbb{R}$

e) $x + 2y + 3z = 0$
f) $x + 2y = 0$
g) $y = 0$
h) $z = -3$
i) $y + 2z - 8 = 0$
k) $x \pm y = 0$.

**27.** Überführen Sie die in Koordinatenform gegebenen Ebenengleichungen in Parameter- bzw. Normalenform.
a) $x + 15y + 2z = 20$
b) $x + 15y + 2z - 20 = 0$
c) $-x + 2y - z - 8 = 0$
d) $-x + 2y - z = 0$

Berechnen Sie jeweils auch die Durchstoßpunkte der Koordinatenachsen durch die jeweilige Ebene.

**28.** Gegeben seien eine Ebene vermittels $2x - 3y + z + 5 = 0$ und die durch $P_1(1|0|0)$ und $P_2(2|-1|2)$ festgelegte Gerade g. Zu ermitteln ist die Gleichung des Bildes g″ das bei senkrechter Projektion von g in die gegebene Ebene entsteht.

## B. Vielfältiges und Komplexes

### Aufgaben zu Geraden und Ebenen

**29.** Die Gleichungen $\vec{x} = \begin{pmatrix} 2 \\ 1 \\ 0 \end{pmatrix} + r \cdot \begin{pmatrix} 6 \\ -6 \\ 4 \end{pmatrix}$, $r \in \mathbb{R}$ und $\vec{x} = \begin{pmatrix} -7 \\ 10 \\ -6 \end{pmatrix} + s \cdot \begin{pmatrix} -3 \\ 3 \\ -2 \end{pmatrix}$, $s \in \mathbb{R}$ beschreiben ein und dieselbe Gerade. Geben Sie eine Gleichung an, welche die Beziehung zwischen μ und λ für einen beliebigen Geradenpunkt allgemein beschreibt.

**30.** Stellen Sie eine Gleichung für die nachfolgend beschriebenen Geraden auf.
  a) Eine Gerade, die durch den IV. und VIII. Oktanden[1] geht und mit jeder Koordinatenachse denselben Winkel einschließt.
  b) Die Seitenhalbierenden im Dreieck ABC mit A(1|2|3), B(4|5|6) und C(−7|8|9).

**31.** Gegeben seien die Punkte A(6|−1|7), B(7|1|9), C(4|−5|3) und D(7|−4|6). Zeigen Sie, dass A, B und C kollinear gelegen sind und untersuchen Sie das gegenseitige Lageverhalten der durch diese drei Punkte bestimmten Geraden mit der Geraden g: $\vec{x} = \overrightarrow{OD} + \lambda \begin{pmatrix} 2 \\ -1 \\ 1 \end{pmatrix}$, $\lambda \in \mathbb{R}$.

Ermitteln Sie auf der Geraden durch A und B zwei weitere Punkte so, dass die Verbindungsgerade eines dieser beiden Punkte zum Punkt C jeweils parallel ist zur Verbindungsgerade der Punkte A bzw. B zum Punkt D.

---

[1] So wie ein Koordinatensystem die Ebene in vier Teile (Quadranten) teilt, teilt ein dreidimensionales Koordinatensystem den Raum in acht Teile (Oktanden). Punkte mit ausschließlich positiven Koordinaten liegen im ersten Oktanden.

**32.** Gegeben seien je zwei Geradenpaare durch ihre Gleichungen ($m_i \in \mathbb{R}$ (i = 1, 2, 3, 4)).

$g_1: \vec{x} = \begin{pmatrix} 2 \\ 0 \\ 1 \end{pmatrix} + m_1 \begin{pmatrix} 4 \\ 2 \\ 2{,}5 \end{pmatrix}$, $g_2: \vec{x} = \begin{pmatrix} -2 \\ 0 \\ 2 \end{pmatrix} + m_2 \begin{pmatrix} 2 \\ 1 \\ 0 \end{pmatrix}$, $g_3: \vec{x} = \begin{pmatrix} -6 \\ 0 \\ -3 \end{pmatrix} + m_3 \begin{pmatrix} 4 \\ 2 \\ 3 \end{pmatrix}$, $g_4: \vec{x} = \begin{pmatrix} -6 \\ 0 \\ 2 \end{pmatrix} + m_4 \begin{pmatrix} 4 \\ 2 \\ 3 \end{pmatrix}$

a) Zeichnen Sie die angegebenen Geraden in einem der Abbildung entsprechenden dreidimensionalen Koordinatensystem und beurteilen Sie deren gegenseitige Lage (zunächst allein anhand der Darstellung).

b) Wählen Sie für die Darstellung der Lageverhältnisse jeweils eine andere „günstigere", die Beurteilung der Lageverhältnisse erleichternde Lage für das Koordinatensystem, und stellen Sie in diesem Koordinatensystem jeweils die Geraden dar. Eine Geometriesoftware kann dabei hilfreich sein.

c) Geben Sie die Gleichungen jener Geraden $g_3'$ bzw. $g_4'$ an, die durch Drehung um 180° um $g_4$ bzw. Spiegelung von $g_4$ an $g_3$ entstehen.

**33.** Beschreiben Sie die Punktmenge, welche durch $\vec{x} = \begin{pmatrix} 2 \\ 5 \\ 1 \end{pmatrix} + r \begin{pmatrix} 2 \\ 1 \\ 1 \end{pmatrix} + s \begin{pmatrix} 0 \\ 5 \\ 3 \end{pmatrix}$; $r \in \mathbb{R}$, $s \in [-1; 1] \subset \mathbb{R}$, beschrieben wird.

**34.** Gegeben sei eine Schar von Geraden durch $\vec{x} = \begin{pmatrix} 0 \\ 5-5a \\ 0 \end{pmatrix} + r \begin{pmatrix} a-1 \\ 1-a \\ -1 \end{pmatrix}$; $a, r \in \mathbb{R}$

a) Welche dieser Geraden enthält den Punkt P(8|−18|−4)?

b) Gibt es Schargeraden, die parallel zum Vektor $\vec{v} = \begin{pmatrix} 1 \\ 1 \\ 1 \end{pmatrix}$ verlaufen bzw. parallel zu jener Geraden, deren Punkte gleiche Abstände zu den Koordinatenachsen haben?

c) Beschreiben Sie die geometrischen Örter[1] all jener Punkte, für die r = 2 ist, bzw. der Spurpunkte der Geradenschar in der xz-Ebene.

d) Zeigen Sie, dass irgend zwei Schargeraden stets windschief zueinander liegen.

**35.** Gegeben sei eine Schar von Geraden durch $\vec{x} = \begin{pmatrix} 2 \\ 0 \\ 2 \end{pmatrix} + s \begin{pmatrix} a-1 \\ 2a+2 \\ -a \end{pmatrix}$; $a, s \in \mathbb{R}$.

a) Zeigen Sie, dass alle Geraden der Schar komplanar gelegen sind und geben Sie eine Gleichung der bestimmten Ebene sowohl in Parameter- als auch Koordinatenform an.

b) Welche Ebenenpunkte kommen in der Geradenschar nicht vor?

**36.** Berechnen Sie den Abstand der Punkte $P_k(6-k|7|2+2k)$ von der durch $\vec{x} = \begin{pmatrix} 2 \\ 3 \\ 0 \end{pmatrix} + \lambda \begin{pmatrix} -1 \\ 0 \\ 2 \end{pmatrix}$, $\lambda \in \mathbb{R}$ gegebenen Geraden. Interpretieren Sie das erhaltene Ergebnis geometrisch anschaulich.

**37.** Eine Ebene $\varepsilon_1$ enthalte die Punkte A(2|1|−3), B(4|4|−1) und C(2|4|−2). Ermitteln Sie eine Gleichung der Ebene $e_1$.
Geben Sie die Gleichung einer zweiten Ebene $\varepsilon_2$ mit P(−1|6|−4) als Ebenenpunkt und parallel zur Ebene $\varepsilon_1$ an. Welche Koordinaten trägt der durch Spiegelung von P an $\varepsilon_1$ entstehende Punkt, welche Gleichung die durch Spiegelung von $\varepsilon_2$ an $\varepsilon_1$ entstehende Ebene? Eine Gerade g verlaufe durch die Punkte A(−11|−8|8) und B(−7|−1|−22). Die Gerade werde an einer im Abstand 18 parallel zu g gelegenen Ebene gespiegelt. Welche Gleichung beschreibt das Spiegelbild g*?

---

[1] Ein geometrischer Ort (Plural: *geometrische Örter*) ist eine Menge von Punkten, die eine bestimmte, gegebene Eigenschaft haben.

## Aufgaben zu Flächen und Körpern

**38.** Ein Quader ABCDEFGH liege mit seinem Eckpunkt D im Koordinatenursprung und im Übrigen für A(4|0|0) und G(4|8|4) vollständig im ersten Oktanden.
   a) Geben Sie die Koordinaten aller Eckpunkte des Quaders sowie der Mittelpunkte auf den Körperkanten an.
   b) Untersuchen Sie die gegenseitige Lage der nachfolgend beschriebenen Paare von Geraden:
      • die Geraden durch $M_{CG}$ und $M_{AE}$ sowie durch $M_{AB}$ und $M_{EH}$
      • Geraden durch $M_{CG}$ und $M_{AE}$ sowie durch $M_{GH}$ und $M_{BF}$
      • die Geraden durch $M_{AB}$ und $M_{EH}$ sowie durch $M_{GH}$ und $M_{CG}$
      • die Geraden durch H und $M_{BF}$ sowie durch $M_{GH}$ und $M_{AE}$
      • die Geraden durch H und $M_{BF}$ sowie durch $M_{CG}$ und $M_{AB}$
      Berechnen Sie ggf. die jeweiligen Schnittpunktkoordinaten.

**39.** Ersetzen Sie den Körper aus obiger Aufgabe durch
   a) einen durch die Punkte A(6|0|3), C(6|12|0) und H(−3|0|6) wohlbestimmten Spat[1], dessen Eckpunkt D im Koordinatenursprung liegt, und prüfen Sie zusätzlich zu den gleichen vorgegebenen Geradenpaaren auch jenes Paar von Geraden, die A mit $M_{GH}$ bzw. D mit $M_{EFGH}$ verbinden.
   b) eine vierseitige Pyramide mit der Spitze S(0|0|6) und dem Rechteck ABCD als Grundfläche mit A(6|−12|0), C(−3|0|0) sowie B(6|$y_B$|0) als Eckpunkten und prüfen Sie das Lageverhalten der Geradenpaare $CM_{AS}$ und $DM_{BS}$ sowie $DM_{AS}$ und $CM_{BS}$.

**40.** Ein regelmäßiger Tetraeder soll durch Angabe der Koordinaten seiner Eckpunkte in einem kartesischen Koordinatensystem beschrieben werden.
   a) Diskutieren Sie Lagemöglichkeiten für das einzuführende Koordinatensystem hinsichtlich ihrer Zweckmäßigkeit.
   b) Ein Würfel mit einer Kantenlänge von 4 LE stehe so im I. Quadranten auf der xy-Ebene, dass der Koordinatenursprung die Lage eines Eckpunktes des Würfels beschreibe und drei seiner Kanten auf den Koordinatenachsen liegen.
   c) Veranschaulichen Sie den Würfel in einem dreidimensionalen Koordinatensystem und begründen Sie, dass es in gegenüberliegenden Würfelflächen jeweils ein Paar senkrecht windschief kreuzende Flächendiagonalen gibt.
   d) Dem Würfel ist ein (bis auf Kongruenz) eindeutig bestimmtes (regelmäßiges) Tetraeder eingeschrieben, dessen Eckpunkte vier der Würfeleckpunkte bilden und dessen Körperkanten je zwei Paar der windschief gelegenen Diagonalen aus Aufgabe c) des Würfels sind. Ergänzen Sie die Darstellung im Koordinatensystem um diesen Körper, wenn der Koordinatenursprung ein Eckpunkt des Tetraeders ist. Begründen Sie mit Bezug auf Aufgabe a) den Vorzug dieser Lage des Koordinatensystems und geben Sie Koordinatengleichungen jener Ebenen an, in denen die Seiten des Tetraeders liegen.

---

[1] Unter einem Spat versteht man einen geometrischen Körper, der von sechs paarweise kongruenten in parallelen Ebenen liegenden Parallelogrammen begrenzt wird.

# VII. Bedingte Wahrscheinlichkeit

# 1. Verknüpfung von Ereignissen und deren Wahrscheinlichkeit

## A. Ereignisse und ihre Wahrscheinlichkeiten

Die Ergebnisse bzw. Elementarereignisse eines Zufallsexperimentes bilden in ihrer Gesamtheit den *Ergebnisraum* $\Omega$. Die Teilmengen von $\Omega$ bezeichnet man als *Ereignisse*. Die Wahrscheinlichkeit eines Ereignisses E wird aus den Wahrscheinlichkeiten der zu E gehörigen Ergebnisse nach folgendem Satz berechnet.

> **Wahrscheinlichkeit eines Ereignisses**
> Ein Zufallsexperiment besitze den Ergebnisraum $\Omega$.
> $E = \{e_1, \ldots, e_k\}$ sei ein beliebiges Ereignis. Dann gilt:
>
> Wahrscheinlichkeit von E:   $P(E) = P(e_1) + P(e_2) + \ldots + P(e_k)$
>
> Sonderfälle:   $P(E) = 0$, falls $E = \emptyset$ das unmögliche Ereignis ist.
> $P(E) = 1$, falls $E = \Omega$ das sichere Ereignis ist.

### Beispiel: Der einfache Würfelwurf
Beim einmaligen Würfelwurf mit einem fairen Würfel gilt $\Omega = \{1, 2, 3, 4, 5, 6\}$. Jedes der sechs gleichwertigen Ergebnisse hat die Wahrscheinlichkeit $\frac{1}{6}$. Das Ereignis E: „Es kommt eine Primzahl" kann durch $E = \{2, 3, 5\}$ beschrieben werden. Das Ereignis E hat also die Wahrscheinlichkeit $P(E) = \frac{3}{6} = \frac{1}{2} = 50\%$.

### Beispiel: Der doppelte Würfelwurf
Beim zweifachen Würfelwurf kann jedes Ergebnis als Zahlenpaar erfasst werden. Es gibt also 36 gleichwertige Zahlenpaare. Daher kann $\Omega = \{(1,1), (1,2), \ldots, (6,5), (6,6)\}$ als geeigneter Ergebnisraum verwendet werden. Das Ereignis E: „Es kommt ein Pasch" kann durch die Teilmenge $E = \{(1,1), (2,2), (3,3), (4,4), (5,5), (6,6)\}$ erfasst werden. Seine Wahrscheinlichkeit beträgt $P(E) = \frac{6}{36} = \frac{1}{6} = 16{,}67\%$.

### Übung 1
Wie groß ist die Wahrscheinlichkeit für das Ereignis A beim doppelten Würfelwurf?
a) A: Die Augensumme beträgt 10 oder weniger.
b) A: Die Augendifferenz beträgt genau 1.

### Übung 2
Ein Glücksrad mit 10 gleich großen Sektoren 0, ..., 9 wird einmal gedreht.
a) Aus welchen Gründen ist dies ein Zufallsexperiment?
b) Geben Sie einen geeigneten Ergebnisraum an.
c) Stellen Sie das Ereignis E: „Es kommt eine gerade Zahl" als Ergebnismenge dar.
d) Beschreiben Sie die Ereignisse
   $E_1 = \{1, 3, 5, 7, 9\}$, $F_2 = \{0, 3, 6, 9\}$ und $E_3 = \{2, 3, 5, 7\}$ verbal.

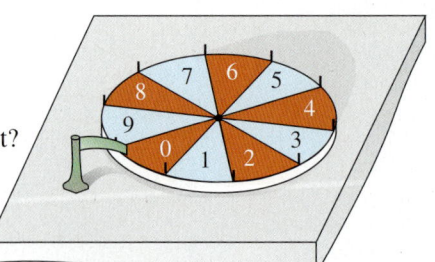

## 1. Verknüpfung von Ereignissen und deren Wahrscheinlichkeit

### B. Rechenregeln für Wahrscheinlichkeiten

Wir übertragen nun den Begriff der Wahrscheinlichkeit auf beliebige Ereignisse.
Es liegt nahe, als Wahrscheinlichkeit eines Ereignisses E die Summe der Wahrscheinlichkeiten der Elementarereignisse zu nehmen, aus denen sich E zusammensetzt.

> **Summenregel**
> Gegeben sei ein Zufallsexperiment mit dem Ergebnisraum $\Omega$. $E = \{e_1, e_2, ..., e_k\}$ sei ein beliebiges Ereignis. Dann gilt für die Wahrscheinlichkeit von E:
>
> $$P(E) = P(e_1) + P(e_2) + ... + P(e_k).$$
>
> Sonderfälle: $P(E) = 0$, falls $E = \emptyset$ (das unmögliche Ereignis) ist.
> $\qquad\qquad\;\;\,$ $P(E) = 1$, falls $E = \Omega$ (das sichere Ereignis) ist.

Zu zwei beliebigen Ereignissen $E_1$ und $E_2$ sind oft auch die *Vereinigung* $E_1 \cup E_2$ bzw. der *Schnitt* $E_1 \cap E_2$ zu betrachten. Ebenfalls wird neben einem Ereignis E auch das *Gegenereignis* $\overline{E}$ untersucht, das genau dann eintritt, wenn E nicht eintritt.

Die Erläuterungen dieser Ereignisse sind in der folgenden Tabelle zusammenfassend dargestellt.

| Symbol | Beschreibung | Mengenbild |
|---|---|---|
| $E_1 \cup E_2$ | tritt ein, wenn wenigstens eines der beiden Ereignisse $E_1$ **oder** $E_2$ eintritt | |
| $E_1 \cap E_2$ | tritt ein, wenn sowohl $E_1$ als auch $E_2$ eintritt ($E_1$ **und** $E_2$) | |
| $\overline{E} = \Omega \setminus E$ | tritt ein, wenn E **nicht** eintritt | |

Zwischen der Wahrscheinlichkeit eines Ereignisses E und der Wahrscheinlichkeit des Gegenereignisses $\overline{E}$ ($P(\overline{E})$) bezeichnet man auch als *Gegenwahrscheinlichkeit*) besteht ein wichtiger Zusammenhang.

> **Gegenwahrscheinlichkeit**
> Die Summe der Wahrscheinlichkeit eines Ereignisses $\qquad P(E) + P(\overline{E}) = 1$
> E und der des Gegenereignisses $\overline{E}$ ist gleich 1.

Betrachtet man beispielsweise beim einfachen Würfelwurf mit $\Omega = \{1, 2, 3, 4, 5, 6\}$ das Ereignis E: „Es fällt eine Primzahl", also $E = \{2, 3, 5\}$, dann ist $\overline{E} = \Omega \setminus E = \{1, 4, 6\}$ das Gegenereignis „Es fällt keine Primzahl". Damit gilt:

$P(E) = \frac{1}{2}, \quad P(\overline{E}) = \frac{1}{2}, \quad$ also $\quad P(E) + P(\overline{E}) = 1$.

## C. Laplace-Wahrscheinlichkeiten

Bei *Laplace-Experimenten* liegt als Wahrscheinlichkeitsverteilung eine sogenannte *Gleichverteilung* zugrunde, die jedem Ergebnis (Elementarereignis) exakt die gleiche Wahrscheinlichkeit zuordnet.

Besteht also bei einem Laplace-Experiment der Ergebnisraum $\Omega$ aus n Ergebnissen, so besitzt jedes einzelne Ergebnis die Wahrscheinlichkeit $\frac{1}{n}$. Für ein zusammengesetztes Ereignis $E = \{e_1, \ldots, e_k\}$ gilt dann $P(E) = k \cdot \frac{1}{n}$.

> **Formel von Laplace**
> Bei einem Laplace-Experiment sei $\Omega$ der Ergebnisraum. $\Omega$ besitze n Elemente. $E = \{e_1, \ldots, e_k\}$ sei ein beliebiges Ereignis. Dann gilt für dessen Wahrscheinlichkeit:
> $$P(E) = \frac{|E|}{|\Omega|} = \frac{k}{n}, \qquad P(E) = \frac{\text{Anzahl der für E günstigen Ergebnisse}}{\text{Anzahl aller möglichen Ergebnisse}}.$$

▶ **Beispiel:** Aus einer Urne mit elf Kugeln, die von 1 bis 11 nummeriert sind, wird eine Kugel gezogen. Mit welcher Wahrscheinlichkeit fällt eine Primzahl?

Lösung:
Alle Ergebnisse sind gleichwahrscheinlich. Für das Ereignis E: „Primzahl", d. h. $E = \{2, 3, 5, 7, 11\}$, sind fünf der elf möglichen Ergebnisse günstig.
▶ Daher gilt $P(E) = \frac{5}{11} \approx 0{,}45 = 45\,\%$.

### Übung 2
Eine Urne enthält 6 blaue, 4 rote und 3 gelbe Kugeln. Eine Kugel wird gezogen.
a) Mit welcher Wahrscheinlichkeit zieht man eine rote, bzw. eine blaue bzw. eine gelbe Kugel?
b) Durch Hinzufügen weiterer gelber Kugeln soll die Wahrscheinlichkeit für das Ziehen einer gelben Kugel auf $\frac{1}{3}$ erhöht werden. Wie viele gelbe Kugeln müssen hinzugefügt werden?
c) Bei einem Spiel zieht man gegen einen Einsatz von 2 € eine Kugel aus der Urne. Ist sie gelb, erhält man 5 €. Ist sie rot, erhält man 1 €. Ist sie blau, erhält man nichts. Lohnt das Spiel?
d) Aus der Urne werden nun nacheinander mit Zurücklegen zwei Kugeln gezogen. Wie groß ist die Wahrscheinlichkeit dafür, dass sich darunter wenigstens eine Kugel befindet, die entweder rot oder blau ist?

## 1. Verknüpfung von Ereignissen und deren Wahrscheinlichkeit

### D. Mehrstufige Zufallsversuche und Baumdiagramme

Ein *mehrstufiger Zufallsversuch* kann oft durch ein *Baumdiagramm* erfasst und veranschaulicht werden. Die Wahrscheinlichkeiten beliebiger Ereignisse lassen sich mit Hilfe der beiden Pfadregeln berechnen.

**Pfadregeln für Baumdiagramme**

Mehrstufige Zufallsversuche können durch Baumdiagramme dargestellt werden. Dabei stellt jeder Pfad ein Ergebnis e des Zufallsversuchs dar. Ein Ereignis E kann durch die zugehörigen Pfade erfasst werden. Es gelten folgende Regeln:

**1. Pfadregel:** Die Wahrscheinlichkeit eines Ergebnisses e ist gleich dem Produkt der Zweigwahrscheinlichkeiten des zugehörigen Pfades.

**2. Pfadregel:** Die Wahrscheinlichkeit eines Ereignisses E ist gleich der Summe der Wahrscheinlichkeiten der zugehörigen Pfade.

▶ **Beispiel:** In einer Urne liegen drei rote und zwei schwarze Kugeln. Es werden zwei Kugeln gezogen. Bestimmen Sie die Wahrscheinlichkeit für das Ereignis E: „beide Kugeln sind gleichfarbig"
a) beim Ziehen mit Zurücklegen,
b) beim Ziehen ohne Zurücklegen.

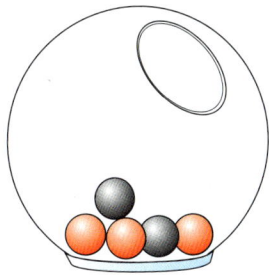

**Lösung:**

**Ziehen mit Zurücklegen**

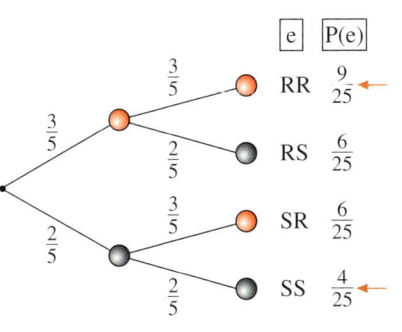

$P(E) = P(RR) + P(SS) = \frac{9}{25} + \frac{4}{25} = \frac{13}{25} = 0{,}52$

**Ziehen ohne Zurücklegen**

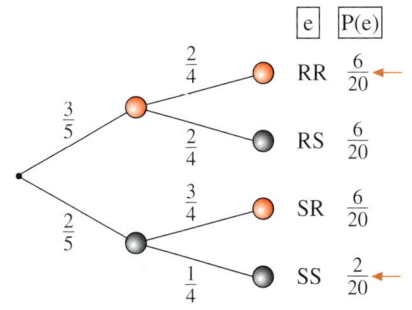

$P(E) = P(RR) + P(SS) = \frac{6}{20} + \frac{2}{20} = \frac{8}{20} = 0{,}40$

### Übung 3

Der Würfel mit dem rechts abgebildeten Netz wird dreimal geworfen. Mit welcher Wahrscheinlichkeit erhält man eine gerade Augensumme?

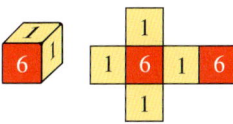

## Übungen

**4.** Ein Würfel mit dem abgebildeten Netz wird dreimal geworfen.
  a) Wie groß ist die Wahrscheinlichkeit für folgende Ereignisse:
    A: Es fallen mindestens zwei Einsen.
    B: Die Augensumme beträgt 5.
    C: Die Augensumme ist ungerade.
  b) Der dreifache Würfelwurf wird für ein Spiel genutzt. Ein Durchgang kostet 1 € Einsatz. Man gewinnt, wenn keine zwei gleichen Zahlen hintereinander fallen. Im Gewinnfall werden 4 € ausgezahlt. Ist das Spiel für den Spieler lukrativ?
  c) Wie müsste man die Auszahlung verändern, um das Spiel aus b) fair zu gestalten?

**5.** Der Lehrer würfelt die mündlichen Noten folgendermaßen aus:
Er wirft dreimal einen Spielwürfel. Die niedrigste Augenzahl verwendet er als Note.
  a) Wie groß ist die Wahrscheinlichkeit für die Note Eins?
  b) Wie groß ist die Wahrscheinlichkeit dafür, dass die Note schlechter als Vier ausfällt?

**6.** Kurt und Jakob ziehen aus einer Urne mit zwei weißen und drei roten Kugeln abwechselnd ohne Zurücklegen. Gewonnen hat derjenige, der zuerst eine weiße Kugeln gezogen hat. Kurt macht den ersten Zug. Wie groß sind die Gewinnchancen der beiden Spieler?

**7.** Sven und Björn üben das Elfmeterschießen, wobei Björn mit 60% Wahrscheinlichkeit ein Tor erzielt und Sven nur mit 40%. Sie vereinbaren einen Wettkampf. Die Elfmeter werden abwechselnd geschossen, wobei Sven beginnen darf und jeder insgesamt höchstens zweimal schießt. Es gewinnt derjenige, welcher den ersten Treffer erzielt.
  a) Berechnen Sie die Gewinnwahrscheinlichkeiten der beiden Spieler.
  b) Mit welcher Wahrscheinlichkeit geht das Spiel unentschieden aus?
  c) Würde Fabian anstelle von Sven spielen, so hätten beide Spieler die gleiche Gewinnchance. Welche Trefferwahrscheinlichkeit p hat Fabian?

**8.** In einer Urne befinden sich 10 Kugeln, 3 weiße, 2 rote und 5 schwarze. Es werden zwei Kugeln ohne Zurücklegen gezogen.
  a) Wie groß ist die Wahrscheinlichkeit, zwei Kugeln gleicher Farbe zu ziehen?
  b) Wie groß ist die Wahrscheinlichkeit, in drei Durchgängen mindestens einmal zwei gleichfarbige Kugeln zu ziehen?
  c) Es wird folgendes Spiel angeboten: Der Spieler zieht ohne Zurücklegen. Er muss entscheiden, ob er eine Kugel oder zwei Kugeln ziehen möchte. Für eine weiße Kugel erhält er einen Punkt, für eine rote Kugel dagegen fünf Punkte. Zieht er jedoch eine schwarze Kugel, ist das Spiel sofort beendet und die Punktzahl wird auf null zurückgesetzt. Welche Strategie sollte er verwenden?
    A: Er sollte eine Kugel ziehen.    B: Er sollte zwei Kugeln ziehen.

Bei mehrstufigen Zufallsversuchen wird die Ergebnismenge oft so umfangreich, dass ein Baumdiagramm viel zu groß würde. Dann verwendet man kombinatorische Abzählverfahren und sog. Urnenmodelle, um die gesuchten Wahrscheinlichkeiten zu berechnen. Im Folgenden sind die wichtigsten Abzählprinzipien und Urnenmodelle dargestellt.

## E. Produktregel für unabhängige Ergebnisse

**Produktregel für unabhängige Ergebnisse**
Betrachtet wird ein k-stufiger Zufallsversuch, dessen Stufen unabhängig voneinander sind. In der ersten Stufe des Versuchs seien $n_1$ verschiedene Ergebnisse möglich, in der zweiten Stufe seien es $n_2$ Ergebnisse, … und in der k-ten Stufe seien es $n_k$ Ergebnisse.
Dann hat der gesamte Zufallsversuch insgesamt $n_1 \cdot n_2 \cdot \ldots \cdot n_k$ Ergebnisse.

▶ **Beispiel: Automodelle**
Ein Autohersteller bietet für ein Modell fünf unterschiedliche Motorstärken (60, 65, 70, 90 und 110 kW), sechs verschiedene Farben (Rot, Blau, Weiß, Gelb, Schwarz, Metallicgrau) sowie 3 verschiedene Innenausstattungen an (Standard, Luxus, Sport). Unter wie vielen Modellvarianten kann der Käufer auswählen?

▶ Lösung: Es sind insgesamt $5 \cdot 6 \cdot 3 = 90$ Variationen möglich.

**Übung 9**
In einer Großstadt besteht das Kfz-Kennzeichen aus zwei Buchstaben, gefolgt von zwei Ziffern, gefolgt von einem weiteren Buchstaben. Wie viele Kennzeichen sind in der Stadt möglich?

## F. Geordnete Stichproben

**Geordnete Stichproben**
**Ziehen mit Zurücklegen unter Beachtung der Reihenfolge**

Aus einer Urne mit n unterscheidbaren Kugeln werden nacheinander k Kugeln *mit Zurücklegen* gezogen. Die Ergebnisse werden in der Reihenfolge des Ziehens notiert. Dann gilt für die Anzahl N der möglichen Anordnungen (k-Tupel) die Formel
$N = n^k$.

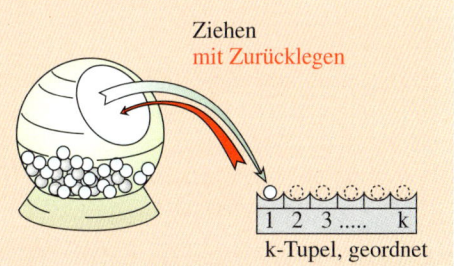

▶ **Beispiel: 13-Wette (Fußballtoto)**
Beim Fußballtoto muss man den Ausgang von 13 festgelegten Spielen vorhersagen. Dabei bedeutet 1 einen Sieg der Heimmannschaft, 0 ein Unentschieden und 2 einen Sieg der Gastmannschaft. Wie viele verschiedene Tippreihen sind möglich?

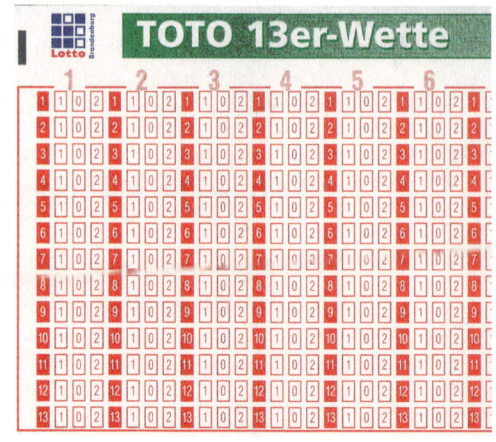

Lösung:
Man modelliert die Wette durch eine Urne, welche drei Kugeln mit den Nummern 0, 1 und 2 enthält. Man zieht eine Kugel, notiert das Ergebnis und legt die Kugel zurück. Das ganze wiederholt man 13-mal. Die Reihenfolge der Ergebnisse ist dabei wichtig. Nach obiger Formel gibt es $N = 3^{13}$ verschiedene
▶ Anordnungen (13-Tupel), d. h. 1 594 323 Tippreihen.

Im obigen Beispiel wurde das Modell der geordneten Stichprobe beim Ziehen mit Zurücklegen aus einer Urne angewandt. Im folgenden Beispiel wird ebenfalls eine geordnete Stichprobe entnommen, aber diesmal beim Ziehen ohne Zurücklegen.

### Geordnete Stichproben
### Ziehen ohne Zurücklegen unter Beachtung der Reihenfolge

Aus einer Urne mit n unterscheidbaren Kugeln werden nacheinander k Kugeln **ohne Zurücklegen** gezogen. Die Ergebnisse werden in der Reihenfolge des Ziehens notiert. Dann gilt für die Anzahl N der möglichen Anordnungen (k-Tupel) die Formel

$N = n \cdot (n - 1) \cdot \ldots \cdot (n - k + 1)$.

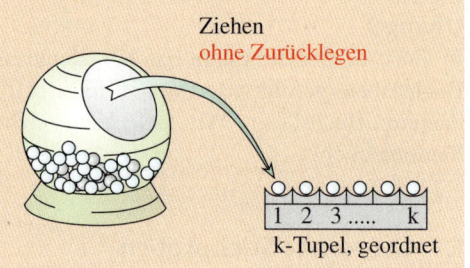

**Wichtiger Sonderfall:** k = n. Aus der Urne wird so lange gezogen, bis sie leer ist. Es gibt dann $N = n \cdot (n - 1) \cdot \ldots \cdot 3 \cdot 2 \cdot 1 = n!$ (n-Fakultät) mögliche Anordnungen.

▶ **Beispiel: Pferderennen**
Bei einem Pferderennen mit 12 Pferden gibt ein völlig ahnungsloser Zuschauer einen Tipp ab für die Plätze 1, 2 und 3.
Wie groß sind seine Chancen, die richtige Einlaufreihenfolge vorherzusagen?

Lösung:
Man zieht aus einer Urne mit 12 Kugeln, die den Pferden entsprechen, dreimal eine Kugel ohne Zurücklegen. Es gibt 12 · 11 · 10 = 1320 geordnete Stichproben. Die Chance des Zuschauers ist
▶ also kleiner als 1 Promille.

## G. Ungeordnete Stichproben

Zieht man mehrfach ohne Zurücklegen und achtet bei den Ergebnissen nicht auf die Reihenfolge, so kommt das folgende besonders wichtige Modell zum Einsatz.

### Ungeordnete Stichproben
### Ziehen ohne Zurücklegen ohne Beachtung der Reihenfolge

Wird aus einer Urne mit n unterscheidbaren Kugeln eine ungeordnete Teilmenge von k Kugeln entnommen, so ist die Anzahl der Möglichkeiten hierfür durch den Binomialkoeffizienten $\binom{n}{k}$ gegeben:

$$\binom{n}{k} = \frac{n!}{k! \cdot (n-k)!} = \frac{n \cdot (n-1) \cdot \ldots \cdot (n-k+1)}{k!}.$$

Taschenrechnerfolge: n [nCr] k [=]

▶ **Beispiel: Zahlenlotto 6 aus 49**
Wie viele verschiedene Tipps müsste man abgeben, um beim Zahlenlotto „6 aus 49" mit Sicherheit „6 Richtige" zu erzielen?

Lösung:
Aus der Menge von 49 unterscheidbaren, nummerierten Kugeln werden 6 Kugel entnommen, und zwar ohne Zurücklegen oder mit einem Griff, was im Endergebnis das Gleiche ist. Man wählt also aus einer 49-elementigen Menge eine 6-elementige Teilmenge aus. Hierfür gibt es folgende Anzahl von Möglichkeiten.

$$\binom{49}{6} = \frac{49!}{6! \cdot 43!} = \frac{49 \cdot 48 \cdot \ldots \cdot 1}{1 \cdot 2 \cdot \ldots \cdot 6 \cdot 1 \cdot 2 \cdot \ldots \cdot 43} = \frac{49 \cdot 48 \cdot 47 \cdot 46 \cdot 45 \cdot 44}{1 \cdot 2 \cdot 3 \cdot 4 \cdot 5 \cdot 6} = 13\,983\,816$$

Man kann diese Zahl auch mit dem Taschenrechner bestimmen, der eine Taste zur Berechnung
▶ des Binomialkoeffizienten $\binom{n}{k}$ besitzt. Man gibt hierfür ein: 49 [nCr] 6.

### Übung 10
a) Berechnen Sie die Binomialkoeffizienten $\binom{5}{3}, \binom{7}{6}, \binom{4}{4}, \binom{5}{0}, \binom{8}{3}, \binom{9}{2}, \binom{22}{11}, \binom{100}{20}$.
b) In einer Stadt gibt es 5000 Telefonanschlüsse. Wie viele Gesprächspaarungen gibt es?
c) Aus einer Klasse mit 25 Schülern sollen drei Schüler abgeordnet werden. Wie viele Gruppenzusammenstellungen sind möglich?
d) Aus einem Skatspiel werden vier Karten gezogen. Mit welcher Wahrscheinlichkeit handelt es sich um vier Asse?
e) Aus den 26 Buchstaben des Alphabets werden 5 zufällig ausgewählt. Wie groß ist die Wahrscheinlichkeit, dass kein Konsonant dabei ist?

## H. Lottomodell

Die Bestimmung von Tippwahrscheinlichkeiten beim Lottospiel kann als Modell für zahlreiche weitere Zufallsprozesse verwendet werden. Wir betrachten eine Musteraufgabe.

> **Beispiel:** Wie groß ist die Wahrscheinlichkeit, dass man beim Lotto „6 aus 49" mit einem abgegebenen Tipp genau vier Richtige erzielt?

Lösung:
Insgesamt sind $\binom{49}{6} = 13\,983\,816$ Tipps möglich. Um festzustellen, wie viele dieser Tipps günstig für das Ereignis E: „Vier Richtige" sind, verwenden wir folgende Grundidee:
Wir denken uns den Inhalt der Lottourne in zwei Gruppen von Zahlen unterteilt: in eine Gruppe von 6 roten Gewinnkugeln und ein Gruppe von 43 weißen Nieten.

Ein für E günstiger Tipp besteht aus vier roten und zwei weißen Kugeln.

Es gibt $\binom{6}{4} = 15$ Möglichkeiten, aus der Gruppe der 6 roten Kugeln 4 Kugeln auszuwählen.

Analog gibt es $\binom{43}{2} = 903$ Möglichkeiten, aus der Gruppe der 43 weißen Kugeln 2 Kugeln auszuwählen.

Folglich gibt es $\binom{6}{4} \cdot \binom{43}{2}$ Möglichkeiten, vier rote Kugeln mit zwei weißen Kugeln zu einem für E günstigen Tipp zu kombinieren.

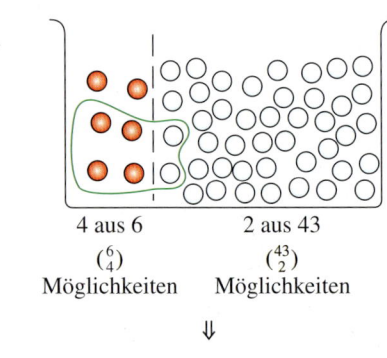

4 aus 6     2 aus 43
$\binom{6}{4}$         $\binom{43}{2}$
Möglichkeiten   Möglichkeiten

⇓

$$P(\text{„4 Richtige"}) = \frac{\binom{6}{4} \cdot \binom{43}{2}}{\binom{49}{6}}$$

$$= \frac{15 \cdot 903}{13\,983\,816} \approx 0{,}001$$

Dividieren wir diese Zahl durch die Anzahl aller Tipps, d. h. durch $\binom{49}{6}$, so erhalten wir die gesuchte Wahrscheinlichkeit.
▶ Sie beträgt ca. 0,001.

### Übung 11
a) Berechnen Sie die Wahrscheinlichkeit für genau drei Richtige im Lotto 6 aus 49.
b) Mit welcher Wahrscheinlichkeit erzielt man mindestens fünf Richtige?

### Übung 12
Eine Zehnerpackung Glühlampen enthält vier Lampen mit verminderter Leistung. Jemand kauft fünf Lampen. Mit welcher Wahrscheinlichkeit sind darunter
a) genau zwei defekte Lampen,
b) mindestens zwei defekte Lampen,
c) höchstens zwei defekte Lampen?

# 1. Verknüpfung von Ereignissen und deren Wahrscheinlichkeit

## I. Fächermodell

Beim Lottomodell wurde die Urne für die theoretische Erklärung in zwei Fächer aufgeteilt, mit den sechs Gewinnkugeln im ersten Fach und den 43 Nieten im zweiten Fach.
Vier Richtige kommen zustande, wenn aus dem ersten Fach vier Gewinnkugeln und aus dem zweiten Fach zwei Nieten gezogen werden.

**Das Lottomodell**

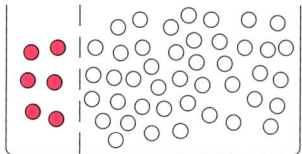

$$P(„4 \text{ Richtige}") = \frac{\binom{6}{4} \cdot \binom{43}{2}}{\binom{49}{6}}$$

Oft kommen bei einem solchen Zufallsversuch mehr als zwei Ausprägungen vor. Dann benötigt man auch mehr Fächer.

▶ **Beispiel: Fächermodell**
Eine Grundschulklasse besteht aus 8 Jungen und 16 Mädchen sowie 4 Lehrern. Aus dieser Menge sollen 7 Personen zur Vorbereitung eines Jahrgangsfestes zufällig gezogen werden. Mit welcher Wahrscheinlichkeit werden genau ein Lehrer, zwei Jungen und vier Mädchen gezogen?

Lösung:
Wir arbeiten nun zur Erklärung mit einer Urne, die drei Fächer besitzt. Das erste für die 4 Lehrer, das zweite für die 8 Jungen und das dritte für die 16 Mädchen.
Nun sollen 7 der insgesamt 28 Personen gezogen werden, davon einer aus der Vierergruppe der Lehrer, 2 aus der Achtergruppe der Jungen und 4 aus der Sechzehnergruppe der Mädchen, wofür es $\binom{4}{1} \cdot \binom{8}{2} \cdot \binom{16}{4}$ Möglichkeiten gibt, die der Gesamtzahl von $\binom{28}{7}$ Möglichkeiten, 7 aus 28 zu ziehen, gegenüberstehen.
Wir erhalten als Resultat eine Wahr-
▶ scheinlichkeit von ca. 17,22 %.

**Das Fächermodell***

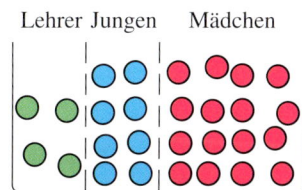

Fach 1  Fach 2  Fach 3

P(1 Lehrer, 2 Jungen, 4 Mädchen)
$$= \frac{\binom{4}{1} \cdot \binom{8}{2} \cdot \binom{16}{4}}{\binom{28}{7}}$$
$$= \frac{4 \cdot 28 \cdot 1820}{1\,184\,040} \approx 0{,}1722$$
$$\approx 17{,}22\,\%$$

## Übung 13
Wie groß ist beim Lotto die Wahrscheinlichkeit für fünf Richtige mit Zusatzzahl?
Hierfür werden 6 Zahlen angekreuzt. Es gibt 6 Gewinnkugeln, 42 Nieten und 1 Zusatzzahl.

## Übung 14
In der Gerätekammer des Fußballvereins liegen 50 Bälle, von denen 30 richtig, 15 zu fest und 5 zu locker aufgepumpt sind. Für das Training werden 10 Bälle zufällig entnommen.
Wie groß ist die Wahrscheinlichkeit, dass A: genau 6 den richtigen, 3 einen zu hohen Druck haben, einer aber zu schlaff ist? B: genau 5 richtig und 5 zu schwach gefüllt sind?

---
* Dieses Urnenfächermodell stimmt nicht mit dem sogenannten Kugelfächermodell überein.

## Übungen

**13.** Ein Banktresor ist durch eine vierstellige Geheimzahl geschützt. Als Ziffern sind jeweils 0 bis 9 erlaubt.
a) Wie wahrscheinlich sind folgende Ereignisse?
   A: Alle Ziffern der Geheimzahl sind ungerade.
   B: Die Geheimzahl enthält nur die Ziffern 8 und 9.
   C: Die Geheimzahl ist spiegelsymmetrisch (z. B. 2772).
b) Tim sagt: Mit über 50 % Wahrscheinlichkeit hat die Geheimzahl mindestens zwei gleiche Ziffern. Hat er recht?
c) Wie wahrscheinlich ist das folgende Ereignis:
   D: Das Quadrat der Geheimzahl ist eine siebenstellige Zahl, die mit zwei Einsen beginnt und auf eins endet?

**14.** Sechs Vampire tanzen in den Morgen. Im Saal stehen fünf Tische. Beim ersten Sonnenstrahl flüchten sie unter die Tische. Derjenige Vampir, der keinen Tisch findet, scheidet aus. In der nächsten Nacht wird das Spiel mit fünf Vampiren und vier Tischen fortgesetzt, danach mit vier Vampiren usw.
Wie wahrscheinlich sind die folgenden Ereignisse?
A: Gwyn bleibt in der fünften Nacht als Letzte übrig.
B: Avidan scheidet als Erste aus, Destiny als Zweite.
C: Die drei männlichen Vampire scheiden zuerst aus.

**15.** Hans, Angelika, Johann, Lisa, Kurt, Hanna, Evelyn und Karsten wollen ins Kino gehen. Es gibt aber nur noch vier Eintrittskarten, die ausgelost werden.
a) Wie wahrscheinlich sind die folgenden Ereignisse?
   A: Es werden zwei Jungen und zwei Mädchen ausgewählt.
   B: Es werden vier Jungen ausgewählt.
   C: Kurt und Lisa werden ausgewählt.
b) Das Kino hat 10 Reihen zu jeweils 10 Plätzen. Mit welcher Wahrscheinlichkeit sitzen Hans und Angelika (die je eine Karte erhalten haben) direkt nebeneinander?

**16.** Auf dem Sommerfest wird das Lottospiel „4 aus 7" angeboten. Man kreuzt vier der sieben Felder des Lottoscheins an. Später werden vier Gewinnzahlen gezogen.
a) Wie groß ist die Wahrscheinlichkeit der Ereignisse?
   A: Man erzielt den Hauptgewinn, d. h. vier Richtige.
   B: Man erzielt mindestens zwei Richtige.
b) Ein Tipp kostet 2 €. Man erhält für zwei Richtige eine Auszahlung von 0,50 €, für drei Richtige 1 € und für vier Richtige 20 €. Lohnt das Spiel für den Spieler?

# 2. Bedingte Wahrscheinlichkeiten und Unabhängigkeit

## A. Begriff der bedingten Wahrscheinlichkeit

Die Wahrscheinlichkeit eines Ereignisses kann durch *Informationen* beeinflusst werden. Wir betrachten als Beispiel einen Würfelwurf.

> **Beispiel:** Ein Würfel mit dem abgebildeten Netz wurde verdeckt geworfen. Betrachtet wird die Wahrscheinlichkeit für die Augenzahl 5. Wie groß ist diese Wahrscheinlichkeit? Wie hoch ist die Wahrscheinlichkeit, wenn man zusätzlich die Information erhält, dass eine grüne Fläche oben liegt?

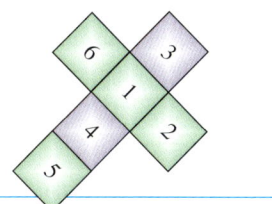

Lösung:
Die Wahrscheinlichkeit für die Augenzahl Fünf beträgt zunächst $\frac{1}{6}$, da es sechs gleichwahrscheinliche Ergebnisse 1, 2, 3, 4, 5, 6 gibt.
Hat man jedoch die Vorinformation, dass eine grüne Fläche gefallen ist, so kommen nur noch die Ergebnisse 1, 2, 5 und 6 in Frage, und man erhält unter dieser Bedingung die Wahrscheinlichkeit $\frac{1}{4}$ für die Augenzahl Fünf.

Man spricht in diesem Zusammenhang von einer *bedingten Wahrscheinlichkeit*.

Man verwendet hierfür die symbolische Schreibweise $P_B(A)$.
(gelesen: Die Wahrscheinlichkeit von A unter der Bedingung B).

Bedingte Wahrscheinlichkeiten können durch zweistufige Baumdiagramme veranschaulicht werden. Rechts ist der Zusammenhang dargestellt. In der zweiten Stufe des Baumdiagramms treten vier bedingte Wahrscheinlichkeiten auf.

*Bedingte Wahrscheinlichkeiten beim Würfelwurf*

A: „Es fällt eine Fünf"
B: „Es fällt eine grüne Fläche"

$P(A) = \frac{1}{6}$       $P_B(A) = \frac{1}{4}$

totale Wahr-         bedingte Wahrscheinlichkeit       scheinlichkeit

*Bedingte Wahrscheinlichkeiten im Baumdiagramm*

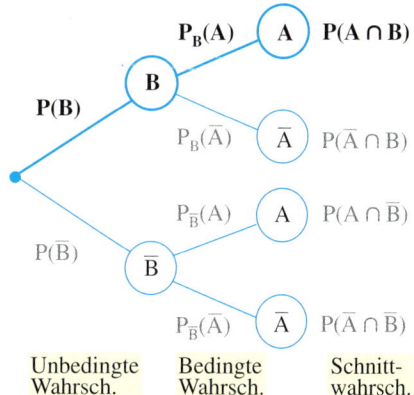

Beispielsweise gibt es für das Eintreten von A zwei bedingte Wahrscheinlichkeiten:
$P_B(A)$: Wahrscheinlichkeit, dass A eintritt, unter der Bedingung, dass B eingetreten ist.
$P_{\overline{B}}(A)$: Wahrscheinlichkeit, dass A eintritt, unter der Bedingung, dass $\overline{B}$ eingetreten ist.

Die bedingte Wahrscheinlichkeit wird wie folgt definiert:

**Definition:**
**Bedingte Wahrscheinlichkeit**

$$P_B(A) = \frac{P(A \cap B)}{P(B)}, P(B) > 0$$

**Satz: Multiplikationssatz**
Für zwei Ereignisse A und B mit $P(B) > 0$ gilt:

$$P(A \cap B) = P(B) \cdot P_B(A).$$

Zur Lösung von Aufgaben wird meistens der Multiplikationssatz herangezogen, weil er die Schnittwahrscheinlichkeit $P(A \cap B)$ auf die einfacher zu bestimmenden Wahrscheinlichkeiten $P(B)$ und $P_B(A)$ zurückführt.

▶ **Beispiel:** Aus einem Kartenspiel werden zwei Karten nacheinander gezogen. Wie groß ist die Wahrscheinlichkeit dafür, dass
a) beide Karten Buben sind,
b) beide Karten keine Buben sind?

**Lösung:**
Gesucht sind die Schnittwahrscheinlichkeiten $P(B_1 \cap B_2)$ und $P(\overline{B}_1 \cap \overline{B}_2)$, wobei $B_1$ und $B_2$ rechts aufgeführt sind.

4 der 32 Karten sind Buben. Daher gilt $P(B_1) = \frac{4}{32}$ und $P(\overline{B}_1) = \frac{28}{32}$.
Auch die bedingten Wahrscheinlichkeiten $P_{B_1}(B_2) = \frac{3}{31}$ und $P_{\overline{B}_1}(B_2) = \frac{4}{31}$ sind leicht zu bestimmen. Hieraus ergeben sich auch noch die bedingten Wahrscheinlichkeiten $P_{B_1}(\overline{B}_2) = \frac{28}{31}$ und $P_{\overline{B}_1}(\overline{B}_2) = \frac{27}{31}$ als Gegenwahrscheinlichkeit.

Nun wird der Multiplikationssatz angewendet.

▶ Alternativ kann man die Aufgabe mithilfe des abgebildeten Baumdiagramms lösen.

$B_1$: „Die 1. Karte ist ein Bube"
$B_2$: „Die 2. Karte ist ein Bube"

**Anwendung des Multiplikationssatzes:**

$P(B_1 \cap B_2) = P(B_1) \cdot P_{B_1}(B_2) = \frac{4}{32} \cdot \frac{3}{31}$
$\approx 0{,}012 = 1{,}2\,\%$

$P(\overline{B}_1 \cap \overline{B}_2) = P(\overline{B}_1) \cdot P_{\overline{B}_1}(\overline{B}_2) = \frac{28}{32} \cdot \frac{27}{31}$
$\approx 0{,}762 = 76{,}2\,\%$

**Alternativ: Lösung mit Baumdiagramm:**

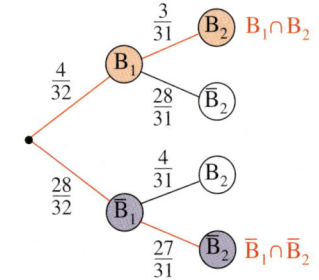

## Übung 1
Otto hat fünf Schlüssel in seiner Hosentasche. Er zieht blindlings einen nach dem anderen, um in seine Wohnung zu gelangen. Wie groß ist die Wahrscheinlichkeit dafür, dass er den richtigen Schlüssel beim zweiten Griff (beim dritten Griff) zieht?

## Übungen

**2.** Eine Urne enthält 5 rote und 4 schwarze Kugeln. Es werden zwei Kugeln nacheinander ohne Zurücklegen gezogen. Wie groß ist die Wahrscheinlichkeit dafür,
a) dass die zweite gezogene Kugel rot ist, wenn die erste Kugel bereits rot war,
b) dass die zweite gezogene Kugel rot ist, wenn die erste Kugel schwarz war,
c) dass beide gezogenen Kugeln rot sind?

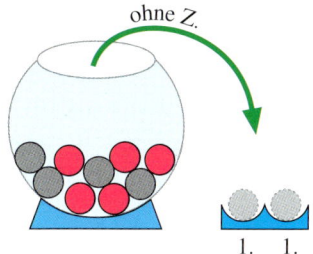

**3.** Die sensible Fußballmannschaft 1. FC Bosserode muss in 4 von 10 Fällen zuerst ein Gegentor hinnehmen. Tritt dieser Fall ein, wird das Spiel mit 80% Wahrscheinlichkeit verloren. Im anderen Fall werden 7 von 10 Spielen gewonnen. Es fällt mindestens ein Tor.
a) Max setzt vor dem Spiel 40 € darauf, dass Bosserode das erste Tor schießt und das Spiel gewinnt. Moritz setzt 50 € dagegen. Wer hat die bessere Gewinnerwartung?
b) Max setzt vor dem Spiel 10 € darauf, dass Bosserode weder das erste Tor schießt noch gewinnt. Moritz setzt 30 € dagegen. Wer hat die bessere Gewinnerwartung?

**4.** Bei einem Skatspiel erhält jeder der drei Spieler 10 der Karten, während die restlichen beiden Karten in den Skat gelegt werden.
a) Felix hat genau 2 Buben und 8 weitere Karten auf der Hand und hofft, dass genau ein weiterer Bube im Skat liegt. Welche Wahrscheinlichkeit besteht hierfür?
b) Die Buben von Felix sind Herz- und Karo-Bube. Mit welcher Wahrscheinlichkeit liegt
$b_1$) genau 1 Bube, $b_2$) nur der Kreuz-Bube im Skat?

**5.** Eine Urne enthält schwarze und rote Kugeln. Nachdem eine Kugel aus der Urne gezogen und ihre Farbe festgestellt wurde, wird sie in die Urne zurückgelegt. Danach werden die Kugeln der anderen Farbe verdoppelt und es wird erneut eine Kugel gezogen.
a) Mit welcher Wahrscheinlichkeit ist die erste Kugel rot und die zweite Kugel schwarz? Unter welcher Bedingung ist diese Wahrscheinlichkeit gleich $\frac{1}{3}$?
b) Mit welcher Wahrscheinlichkeit sind beide Kugeln rot?
Unter welcher Bedingung ist diese Wahrscheinlichkeit gleich 0,1?

**6.** An einem Tanzwettbewerb nehmen genau 5 Paare teil. Die Paare werden durch Auslosung neu zusammengewürfelt. Wie groß ist die Wahrscheinlichkeit dafür, dass
a) alle 5 Paare wieder zusammengeführt werden,
b) genau 1 Paar, genau 2 Paare, genau 3 Paare, genau 4 Paare zusammengeführt werden,
c) kein Paar zusammengeführt wird?

7. Auf einem Straßenfest wird folgendes Kartenspiel angeboten: Der Spielleiter präsentiert 3 Karten, beidseitig gefärbt, die erste Karte auf beiden Seiten schwarz, die zweite Karte auf beiden Seiten rot, die dritte Karte auf der einen Seite rot und auf der anderen Seite schwarz. Diese Karten werden in eine leere Kiste gelegt und man darf blindlings eine Karte daraus ziehen, von der alle jedoch nur die Oberseite sehen. Sie zeigt Rot.

Der Spielleiter wettet nun 10 € darauf, dass die unsichtbare Unterseite dieselbe Farbe wie die Oberseite hat. Sollte man bei dieser Wette 10 € dagegen halten?

8. Eine Schachtel enthält 15 Pralinen, davon 3 mit Marzipanfüllung. Peter nimmt zwei Pralinen. Mit welcher Wahrscheinlichkeit erwischt er zwei Marzipanpralinen?

9. Eine Packung mit 50 elektrischen Sicherungen wird vom Käufer einem Test unterzogen. Er entnimmt der Packung zufällig nacheinander ohne Zurücklegen zwei Sicherungen und prüft sie auf ihre Funktionsfähigkeit. Sind beide einwandfrei, so wird die Packung angenommen, ansonsten wird sie zurückgewiesen.
Mit welcher Wahrscheinlichkeit wird eine Packung angenommen, obwohl sie 10 defekte Sicherungen enthält?

10. Eine Urne enthält 3 rote und 3 schwarze Kugeln. Eine Kugel wird aus der Urne genommen und die Farbe festgestellt. Die Kugel wird zurückgelegt und die Anzahl der Kugeln der gezogenen Farbe ver-n-facht. Anschließend wird wieder eine Kugel gezogen.
Für welches n ist die Wahrscheinlichkeit für
a) 2 verschiedenfarbige Kugeln größer als 25%,
b) 2 gleichfarbige Kugeln größer als 90%?

### Knobelaufgabe

*Bei einem Würfelspiel erhält der Spieler 5 identische sechsflächige Würfel. Beim ersten Wurf würfelt er mit allen fünf Würfeln, beim zweiten mit vier, beim dritten mit drei und beim vierten mit zwei Würfeln.*
*Zeigen bei einem Wurf zwei der Würfel die gleiche Augenzahl, hat der Spieler verloren. Sind alle Augenzahlen jedoch verschieden, wird daraus die Summe gebildet. Der Spieler gewinnt, wenn er jeweils die gleiche Summe würfelt.*

*Über die Würfel ist Folgendes bekannt:*
*1. Alle sechs Augenzahlen sind positive ganze Zahlen.*
*2. Alle sechs Augenzahlen sind verschieden.*
*3. Die höchste Augenzahl ist 10.*
*4. Die Augenzahlsumme eines Würfels ist gerade.*
*5. Es ist möglich zu gewinnen.*
*Wie lauten die 6 Augenzahlen der identischen Würfel?*

## 2. Bedingte Wahrscheinlichkeiten und Unabhängigkeit

### B. Unabhängige Ereignisse

Durch das Eintreten eines bestimmten Ereignisses B kann sich die Wahrscheinlichkeit für das Eintreten eines weiteren Ereignisses A ändern. Ist das der Fall, so werden A und B als *abhängige Ereignisse* bezeichnet. Ändert sich die Wahrscheinlichkeit von A durch das Eintreten von B jedoch nicht, so heißen A und B *unabhängige Ereignisse*. Die exakte Definition lautet:

**Definition:**
**Stochastische Unabhängigkeit**
A und B seien zwei Ereignisse mit $P(A) \neq 0$ und $P(B) \neq 0$.
A und B heißen dann stochastisch unabhängig, wenn gilt:
$$P_B(A) = P(A)$$

**Satz:**
Gleichwertige Bedingungen für stochastische Unabhängigkeit sind:
(1) $P_B(A) = P(A)$
(2) $P_A(B) = P(B)$
(3) $P(A \cap B) = P(A) \cdot P(B)$

▶ **Beispiel:** Ein Würfel wird zweimal geworfen. $A_n$ sei das Ereignis, dass die Augensumme n erzielt wird. B sei das Ereignis, dass im ersten Wurf eine Primzahl fällt. Zeigen Sie, dass $A_5$ und B unabhängig sind, während $A_8$ und B abhängig sind.

**Lösung:**
Der Ergebnisraum $\Omega = \{(1;1), ..., (6;6)\}$ hat 36 Elemente, von welchen 4 für $A_5$ und 5 für $A_8$ günstig sind.
Also gilt: $P(A_5) = \frac{4}{36}$ und $P(A_8) = \frac{5}{36}$.
Setzen wir voraus, dass B eingetreten ist, so schrumpft der Ergebnisraum auf den gelb markierten Bereich, also auf 18 Zahlenpaare, von denen zwei für $A_5$ bzw. drei für $A_8$ günstig sind.
Also gilt: $P_B(A_5) = \frac{2}{18}$ und $P_B(A_8) = \frac{3}{18}$.
Die Wahrscheinlichkeit von $A_5$ wird also durch das Eintreten von B nicht beeinflusst. $A_5$ und B sind unabhängig.
Die Wahrscheinlichkeit von $A_8$ dagegen hängt vom Eintreten des Ereignisses B ab.
▶ $A_8$ und B sind abhängige Ereignisse.

$\Omega = \{(1;1), (1;2), ..., (6;5), (6;6)\}$
$A_5 = \{(1;4), (2;3), (3;2), (4;1)\}$
$A_8 = \{(2;6), (3;5), (4;4), (5;3), (6;2)\}$

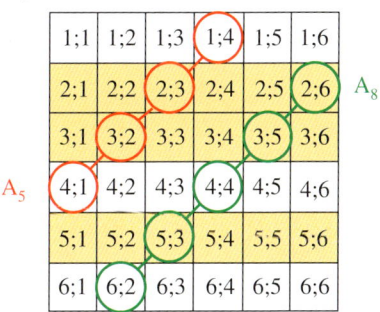

$P(A_5) = \frac{4}{36}$; $P_B(A_5) = \frac{2}{18} = \frac{4}{36}$

$P(A_8) = \frac{5}{36}$; $P_B(A_8) = \frac{3}{18} = \frac{6}{36}$

### Übung 11
Aus einer Urne mit 6 roten und 4 schwarzen Kugeln werden zwei Kugeln gezogen.
A: Schwarze Kugel im 1. Zug
B: Schwarze Kugel im 2. Zug
Sind A und B stochastisch nunabhängig?
a) Ziehen mit   b) ohne Zurücklegen

### Übung 12
Zeigen Sie, dass A und B stochastisch unabhängig sind, wenn gilt:
$$P(A \cap B) = P(A) \cdot P(B).$$

Für die Praxis besonders interessant ist die Auswertung empirisch gewonnenen statistischen Datenmaterials unter dem Gesichtspunkt der Unabhängigkeit von Ereignissen.

▶ **Beispiel:** Eine Schule wird von 1036 Schülern besucht, 560 Jungen und 476 Mädchen. 125 Jungen und 105 Mädchen tragen eine Brille. Lässt sich ein mathematischer Zusammenhang zwischen dem Sehvermögen der Kinder und ihrem Geschlecht erkennen?

Lösung:
Wir können $P(B)$ und $P_M(B)$ näherungsweise bestimmen, indem wir aus den gegebenen statistischen Daten die entsprechenden relativen Häufigkeiten errechnen.
Wir stellen fest, dass die Wahrscheinlichkeit für das Tragen einer Brille nicht vom
▶ Geschlecht abhängt.

B: „Kind trägt eine Brille"
M: „Kind ist ein Mädchen"

$P(B) = \frac{230}{1036} \approx 0{,}222 = 22{,}2\,\%$

$P_M(B) = \frac{105}{476} \approx 0{,}221 = 22{,}1\,\%$

▶ **Beispiel:** Eine Umfrage unter den Eltern der Schüler aus dem letzten Beispiel ergibt, dass bei 213 Kindern beide Elternteile Brillenträger sind. In 70 dieser Fälle trägt das Kind ebenfalls eine Brille. Ist das Sehvermögen der Kinder von dem der Eltern stochastisch abhängig?

Lösung:
Unter den Kindern mit brillentragenden Eltern ist die relative Häufigkeit für das Tragen einer Brille deutlich erhöht.
Das Sehvermögen der Kinder ist sehr wahrscheinlich vom Sehvermögen der Eltern
▶ abhängig.

B: „Kind trägt eine Brille"
E: „Beide Elternteile tragen eine Brille"

$P(B) = \frac{230}{1036} \approx 0{,}222 = 22{,}2\,\%$

$P_E(B) = \frac{70}{213} \approx 0{,}329 = 32{,}9\,\%$

## Übung 13
Prüfen Sie die Ereignisse A und B auf stochastische Unabhängigkeit.
a) Ein Würfel wird zweimal geworfen. A sei das Ereignis, dass im zweiten Wurf eine 1 fällt. B sei das Ereignis, dass die Augensumme 5 beträgt.
b) Ein Würfel wird zweimal geworfen. A: „Augensumme 6", B: „Gleiche Augenzahl in beiden Würfen".
c) Aus einer Urne mit 4 weißen und 6 schwarzen Kugeln werden 2 Kugeln mit Zurücklegen gezogen. A: „Im zweiten Zug wird eine weiße Kugel gezogen", B: „Im ersten Zug wird eine weiße Kugel gezogen".
d) Das Experiment aus Aufgabenteil c wird wiederholt, wobei jedoch ohne Zurücklegen gezogen wird.

## Übung 14
In einer großen Ferienanlage wohnen 738 Familien. 462 Familien sind mit dem PKW angereist, die restlichen mit dem Zug. Von den 396 Familien mit zwei oder mehr Kindern reisten 121 mit dem Zug. Ist das zur Anreise benutzte Verkehrsmittel von der Kinderzahl abhängig?

## Übungen

**15.** Prüfen Sie beim zweimaligen Würfelwurf die Ereignisse A und B auf stochastische Unabhängigkeit.
a) A: Im ersten Wurf kommt eine Sechs.   B: Im zweiten Wurf kommt keine 6.
b) A: Im ersten Wurf kommt Eins.   B: Die Augensumme der Würfe ist gerade.
c) A: Gerade Augenzahl im ersten Wurf.   B: In beiden Würfen gleiche Augenzahl.

**16.** Ein Würfel wird einmal geworfen. Betrachtet werden die beiden folgenden Ereignisse:
A: Die Augenzahl ist gerade   B: Die Augenzahl ist durch 3 teilbar
Sind die beiden Ereignisse stochastisch unabhängig?

**17.** Die 10 Kugeln in einer Urne sind mit den Nummern 1, ..., 10 versehen. Es werden nacheinander zwei Kugeln mit Zurücklegen gezogen. Untersuchen Sie jeweils zwei der Ereignisse auf stochastische Unabhängigkeit:
A: „Es kommen zwei gleiche Nummern",   B: „Im ersten Zug kommt die Nummer 10",
C: „Die Nummernsumme ist kleiner als 8".

**18.** Es soll geklärt werden, ob die Regenwahrscheinlichkeit für morgen davon abhängt, ob es heute regnet oder nicht. Dazu werden das Wetter an 100 Tagen und am jeweiligen Folgetag erfasst. Die Tafel rechts enthält die Ergebnisse.
Sind H und M stochastisch unabhängig?

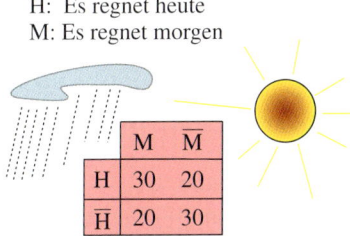

H: Es regnet heute
M: Es regnet morgen

|   | M | $\overline{M}$ |
|---|---|---|
| H | 30 | 20 |
| $\overline{H}$ | 20 | 30 |

**19.** Der englische Naturforscher Sir Francis Galton (1822–1911) untersuchte den Zusammenhang zwischen der Augenfarbe von 1000 Vätern und je einem ihrer Söhne. Die Ergebnisse sind in einer Tafel dargestellt. Dabei sei V das Ereignis „Vater ist helläugig", S das Ereignis „Sohn ist helläugig". Untersuchen Sie V und S auf Unabhängigkeit.

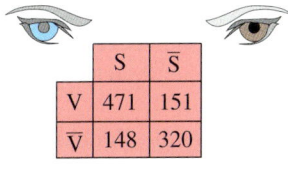

V: Vater blauäugig
S: Sohn blauäugig

|   | S | $\overline{S}$ |
|---|---|---|
| V | 471 | 151 |
| $\overline{V}$ | 148 | 320 |

**20.** In einer empirischen Untersuchung wird geprüft, ob ein Zusammenhang zwischen blonden Haaren und blauen Augen bzw. blonden Haaren und dem Geschlecht besteht. Von 842 untersuchten Personen hatten 314 blonde Haare. Unter den 268 Blauäugigen waren 121 Blonde. 116 von 310 Mädchen waren blond. Überprüfen Sie die untersuchten Zusammenhänge rechnerisch.

## 3. Vierfeldertafeln

In der statistischen Praxis werden häufig sog. Vierfeldertafeln anstelle von Baumdiagrammen eingesetzt. Sie sind übersichtlicher in der Darstellung und einfach in der Handhabung.

Eine Vierfeldertafel ist eine zusammenfassende Darstellung zweier Merkmale mit jeweils zwei Ausprägungen (A, $\overline{A}$, B, $\overline{B}$).

|  | B | $\overline{B}$ |  |
|---|---|---|---|
| A | $|A \cap B|$ | $|A \cap \overline{B}|$ | $|A|$ |
| $\overline{A}$ | $|\overline{A} \cap B|$ | $|\overline{A} \cap \overline{B}|$ | $|\overline{A}|$ |
|  | $|B|$ | $|\overline{B}|$ | Summe |

In die Tafel werden in der Regel die absoluten Häufigkeiten oder die Wahrscheinlichkeiten der vier möglichen Kombinationsereignisse $A \cap B$, $A \cap \overline{B}$, $\overline{A} \cap B$ und $\overline{A} \cap \overline{B}$ eingetragen.

In die fünf Randfelder werden die Zeilen- und Spaltensummen eingetragen, d.h. $|A|$, $|\overline{A}|$, $|B|$, $|\overline{B}|$ und die Gesamtsumme.
Mithilfe dieser Eintragungen können gesuchte Wahrscheinlichkeiten bestimmt werden, z.B. die Randwahrscheinlichkeit P(A) oder $P_B(A)$, d.h. die Wahrscheinlichkeit für A, wenn B bereits eingetreten ist.

*Berechnung einer Randwahrscheinlichkeit:*

$$P(A) = \frac{|A|}{\text{Summe}}$$

*Berechnung einer bedingten Wahrscheinlichkeit:*

$$P_B(A) = \frac{|A \cap B|}{|B|}$$

▶ **Beispiel: Oktoberfest**
Im Festzelt feiern 140 Touristen, die eine Lederhose tragen, sowie 60 Touristen in normaler Kleidung. Hinzu kommen 10 Münchner mit Lederhose und 40 Münchner in Alltagskleidung.
Durch die Hitze wird eine Person ohnmächtig. Sie trägt eine Lederhose. Mit welcher Wahrscheinlichkeit ist es ein Tourist?

Lösung:
Wir tragen die vier bekannten absoluten Häufigkeiten in die Vierfeldertafel ein (rote Felder).
Dann bilden wir die Zeilensummen, die Spaltensummen und schließlich die Gesamtsumme (gelbe Felder).

Gesucht ist die bedingte Wahrscheinlichkeit $P_L(T)$. Diese erhalten wir, indem wir die Anzahl der Personen im Schnittereignis $T \cap L$ durch die Anzahl aller Lederhosenträger teilen.
Resultat: Die ohnmächtige Person ist zu
▶ 93,33 % ein Tourist.

**Bezeichnungen:**
T: Tourist   $\overline{T}$: Münchner
L: Lederhose   $\overline{L}$: keine Lederhose

*Vierfeldertafel:*

|  | L | $\overline{L}$ |  |
|---|---|---|---|
| T | 140 | 60 | 200 |
| $\overline{T}$ | 10 | 40 | 50 |
|  | 150 | 100 | 250 |

*Berechnung der Wahrscheinlichkeit $P_L(T)$:*

$$P_L(T) = \frac{|T \cap L|}{|L|} = \frac{140}{150} \approx 93{,}3\,\%$$

# 3. Vierfeldertafeln

▶ **Beispiel: Alarmanlage**
In einer gefährlichen Stadt werden 500 Häuser mit dem neuen Modell einer Alarmanlage ausgerüstet. In der ersten Nacht ergibt sich die rechts dargestellte Statistik.
A: Alarm, $\bar{A}$: kein Alarm
E: Einbruch, $\bar{E}$: kein Einbruch

|  | E | $\bar{E}$ |  |
|---|---|---|---|
| A | 3 | 9 | 12 |
| $\bar{A}$ | 1 | 487 | 488 |
|  | 4 | 496 | 500 |

a) Mit welcher Wahrscheinlichkeit gibt die Anlage bei einem Einbruch Alarm?
b) Mit welcher Wahrscheinlichkeit wird ein Fehlalarm ausgelöst?
c) Mit welcher Zahl von Einbruchsversuchen muss ein Hausbesitzer im Jahr rechnen?

Lösung zu a):
Gesucht ist die bedingte Wahrscheinlichkeit $P_E(A)$.
Da es bei 4 Einbrüchen 3-mal Alarm gab, beträgt diese Wahrscheinlichkeit 75%.

*Korrekter Alarm:*
$P_E(A) = \frac{|A \cap E|}{|E|} = \frac{3}{4} \approx 75\%$

Lösung zu b):
Nun ist die bedingte Wahrscheinlichkeit $P_{\bar{E}}(A)$ gesucht.
Da in 496 Häusern kein Einbruch stattfand, aber dennoch 9-mal Alarm geschlagen wurde, beträgt das Risiko für einen Fehlalarm knapp 2%.

*Fehlalarm:*
$P_{\bar{E}}(A) = \frac{|A \cap \bar{E}|}{|\bar{E}|} = \frac{9}{496} \approx 1{,}81\%$

Lösung zu c):
Die Wahrscheinlichkeit eines Einbruchs liegt für ein einzelnes Haus bei 0,8% pro Nacht. Im Jahr muss also mit ca. 3 Einbruchsversuchen gerechnet werden, eine
▶ wahrlich gefährliche Gegend.

*Einbruchswahrscheinlichkeit pro Nacht:*
$P(E) = \frac{4}{500} = 0{,}8\%$

*Erwartete Einbrüche pro Jahr und Haus:*
$n = 365 \cdot 0{,}008 = 2{,}92$ Einbrüche

## Übung 1
Ein neuer Lügendetektor wird einer gründlichen Testserie unterzogen.
Die Vierfeldertafel zeigt die Ergebnisse von 1200 Testläufen.
A: Detektor schlägt an
L: Person hat gelogen

|  | L | $\bar{L}$ |  |
|---|---|---|---|
| A | 300 | 400 | 700 |
| $\bar{A}$ | 150 | 350 | 500 |
|  | 450 | 750 | 1200 |

a) Mit welcher Wahrscheinlichkeit bewertet der Detektor eine Lüge richtig?
b) Mit welcher Wahrscheinlichkeit wird eine wahre Antwort korrekt eingestuft?
c) Wie wahrscheinlich sind falsch-positive bzw. falsch-negative Ergebnisse?
d) Wie viele Fehler sind bei einer Person zu erwarten, der 50 Fragen gestellt werden, von denen sie 20 wahrheitsgemäß und 30 falsch beantwortet?

**Exkurs: Vierfeldertafel in der Medizin**

Häufige Verwendung finden Vierfeldertafeln im Rahmen medizinischer Studien, insbesondere bei sog. Interventionsstudien und auch zur Überprüfung von Diagnoseverfahren.

▶ **Beispiel: Interventionsstudie\***
In einer Studie wurde das Schmerzmittel Diclofenac bei Zahnschmerzen getestet. Eine Patientengruppe erhielt Diclofenac, eine Kontrollgruppe erhielt nur ein Placebo (Scheinmedikament).
Es wurde überprüft, ob die Zahnschmerzen reduziert wurden.
Die Ergebnisse wurden in einer Vierfeldertafel protokolliert.
Vergleichen Sie die Erfolgswahrscheinlichkeiten der beiden Therapien.

|  | Starke Reduktion der Schmerzen | | |
|---|---|---|---|
|  | ja | nein |  |
| Diclofenac | 32 | 89 | 121 |
| Placebo | 8 | 55 | 63 |
|  | 40 | 144 | 184 |

Lösung:
Wir suchen die Wahrscheinlichkeit für Schmerzreduktion (R) unter der Bedingung, dass Diclofenac (D) bzw. dass Placebo (P) eingesetzt wurden.
Sie betragen 26,9 % bzw. 12,7 %.
Die Wahrscheinlichkeit für einen Behandlungserfolg wird durch die Interventionstherapie mit Diclofenac gegenüber der Placebotherapie verdoppelt. ▶

D: Diclofenac     P: Placebo
R: Reduktion (ja)     $\overline{R}$: keine Red. (nein)

$$P_P(R) = \frac{|R \cap P|}{|P|} = \frac{8}{63} \approx 12,7\%$$

$$P_D(R) = \frac{|R \cap D|}{|D|} = \frac{32}{121} \approx 26,9\%$$

▶ **Beispiel: Diagnosestudie\***
Ein Labortest wird zur Diagnose einer Erkrankung verwendet. In einer Studie wird untersucht, wie zuverlässig eine gesunde oder erkrankte Person mit dem Testverfahren richtig eingestuft wird.
Die Vierfeldertafel zeigt die Ergebnisse der Studie.

|  | Tatsächlicher Zustand | | |
|---|---|---|---|
|  | krank | gesund |  |
| Test positiv | 172 | 5 | 177 |
| Test negativ | 385 | 5160 | 5545 |
|  | 557 | 5165 | 5722 |

Lösung:
Die richtige Einstufung eines Gesunden bezeichnet man als Spezifität.
Sie beträgt $P_{\overline{K}}(\overline{T}) \approx 99,9\%$.
Die richtige Einstufung eines Kranken bezeichnet man als Sensitivität.
Sie beträgt $P_K(T) \approx 36,9\%$.
Kranke werden also weniger zuverlässig richtig erkannt. ▶

T: Test positiv     $\overline{T}$: Test negativ
K: krank     $\overline{K}$: gesund

*Spezifität: Richtiges Erg. bei Gesunden*
$$P_{\overline{K}}(\overline{T}) = \frac{|\overline{T} \cap \overline{K}|}{|\overline{K}|} = \frac{5160}{5165} \approx 99,9\%$$

*Sensitivität: Richtiges Erg. bei Kranken*
$$P_K(T) = \frac{|T \cap K|}{|K|} = \frac{172}{557} \approx 30,9\%$$

\* Quelle: Deutsche Zahnärztliche Zeitschrift 59, 2004, 8

## 3. Vierfeldertafeln

### Übungen

**2.** Ein neues Medikament gegen Akne wird an einer Gruppe von 200 Personen ausprobiert. Eine Vergleichsgruppe von 80 Personen erhält ein Placebo.
Bei 50 Personen der Interventionsgruppe wirkt das Medikament. In der Placebogruppe heilt die Krankheit bei 10 Personen ab.
(M: Medikament, P: Placebo, H: Heilung, $\bar{H}$: keine Heilung)

|   | H | $\bar{H}$ |     |
|---|---|---|-----|
| M | 50 |   | 200 |
| P | 10 |   | 80  |
|   |   |   |     |

a) Vervollständigen Sie die Vierfeldertafel.
b) Vergleichen Sie die Erfolgswahrscheinlichkeit der Interventionsgruppe mit der Erfolgswahrscheinlichkeit der Placebogruppe.
c) Bei Jakob heilt die Krankheit ab. Mit welcher Wahrscheinlichkeit hat er dennoch nur das Scheinmedikament erhalten?

**3.** In einer Reisegruppe mit 30 Personen sprechen 16 Französisch. 60 % der Teilnehmer sind weiblich. 6 Mädchen sprechen Französisch.
a) Stellen Sie eine Vierfeldertafel auf.
b) Wie viele Jungen sprechen Französisch?
c) Eines der Mädchen wird zur Sprecherin der Gruppe gewählt. Mit welcher Wahrscheinlichkeit spricht sie Französisch?

**4.** An einer Safari nehmen 200 Personen teil. 60 % der Teilnehmer sind Touristen, der Rest besteht aus Einheimischen. 10 Einheimische haben keine Wasservorräte, 30 Touristen haben einen Wasservorrat.
a) Stellen Sie eine Vierfeldertafel auf.
b) Einer der Touristen verirrt sich in der Wüste. Mit welcher Wahrscheinlichkeit hat er keinen Wasservorrat und muss verdursten?
c) Eine Person bekommt kurz nach dem Aufbruch Angst. In einem Dorf kauft sie sich doch noch Wasser. Mit welcher Wahrscheinlichkeit handelt es sich um einen Einheimischen?

**5.** Eine Großfamilie besteht aus Erwachsenen und Kindern. 200 Erwachsene und 100 Kinder spielen ein Instrument. Insgesamt 80 Kinder spielen kein Instrument. Die Wahrscheinlichkeit, dass ein zufällig ausgewählter Erwachsener ein Instrument spielt, beträgt 20 %.
a) Aus wie vielen Personen besteht die Familie? Wie viele Kinder und wie viele Erwachsene gehören zur Familie?
b) Auf dem Fest spielt ein zufällig ausgewähltes Familienmitglied die Eröffnungsmelodie. Mit welcher Wahrscheinlichkeit handelt es sich um ein Kind?

**6.** Von 1000 zufällig ausgewählten Personen einer Bevölkerung sind 420 männlich und 580 weiblich. 60 der ausgesuchten Personen sind farbenblind, darunter 40 männliche.
a) Mit welcher Wahrscheinlichkeit ist eine weibliche Person farbenblind?
b) Eine Person ist nicht farbenblind. Mit welcher Wahrscheinlichkeit ist sie männlich?

> **Überblick**

**Das empirische Gesetz der großen Zahlen:**
Die relative Häufigkeit eines Ereignisses stabilisiert sich mit steigender Anzahl an Versuchen um einen festen Wert.

**Wahrscheinlichkeit:**
Gegeben sei ein Zufallsexperiment mit dem Ergebnisraum $\Omega = \{e_1, ..., e_m\}$.
Eine Zuordnung P, die jedem Elementarereignis $\{e_i\}$ genau eine reelle Zahl $P(e_i)$ zuordnet, heißt Wahrscheinlichkeitsverteilung, wenn die beiden folgenden Bedingungen gelten:
  I. $P(e_i) \geq 0$ für $1 \leq i \leq m$
  II. $P(e_1) + ... + P(e_m) = 1$
Die Zahl $P(e_i)$ heißt dann Wahrscheinlichkeit des Elementarereignisses $\{e_i\}$.

**Laplace-Experiment:**
Ein Zufallsexperiment, bei dem alle Elementarereignisse gleich wahrscheinlich sind, heißt auch Laplace-Experiment.

**Laplace-Regel:**
Bei einem Laplace-Experiment sei $\Omega = \{e_1, ..., e_m\}$ der Ergebnisraum und $E = \{e_{i_1}, ..., e_{i_k}\}$ ein beliebiges Ereignis. Dann gilt für die Wahrscheinlichkeit dieses Ereignisses:

$P(E) = \frac{|E|}{|\Omega|} = \frac{k}{m}$ $\quad$ $P(E) = \frac{\text{Anzahl der für E günstigen Ergebnisse}}{\text{Anzahl aller möglichen Ergebnisse}}$

**Mehrstufiger Zufallsversuch:**
Ein mehrstufiger Zufallsversuch setzt sich aus mehreren, hintereinander ausgeführten, einstufigen Versuchen zusammen.

**Pfadregeln für Baumdiagramme:**
I. Die Wahrscheinlichkeit eines Ergebnisses ist gleich dem Produkt aller Zweigwahrscheinlichkeiten längs des zugehörigen Pfades (Pfadwahrscheinlichkeit).
II. Die Wahrscheinlichkeit eines Ereignisses ist gleich der Summe der zugehörigen Pfadwahrscheinlichkeiten.

**Produktregel:**
Ein Zufallsversuch werde in k Stufen durchgeführt. In der ersten Stufe gebe es $n_1$, in der zweiten Stufe $n_2$ ... und in der k-ten Stufe $n_k$ mögliche Ergebnisse. Dann hat der Zufallsversuch insgesamt $n_1 \cdot n_2 \cdot ... \cdot n_k$ mögliche Ergebnisse.

**Kombinatorische Abzählprinzipien:**
Anzahl der Möglichkeiten bei k Ziehungen aus n Elementen (z. B. Kugeln)
Ziehen mit Zurücklegen unter Berücksichtigung der Reihenfolge: $\quad n^k$
Ziehen ohne Zurücklegen unter Berücksichtigung der Reihenfolge: $n \cdot (n-1) \cdot ... \cdot (n-k+1)$
(Sonderfall: k = n, d.h. alle Elemente werden gezogen: $\quad n!$

Ziehen ohne Zurücklegen ohne Berücksichtigung der Reihenfolge: $\binom{n}{k}$

# VII. Bedingte Wahrscheinlichkeit

**Das Lottomodell**
Beim Lottomodell hat man eine Urne mit insgesamt N Kugeln, davon A Gewinnkugeln und B Verlustkugeln (N = A + B).

Man zieht ohne Zurücklegen n Kugeln und sucht die Wahrscheinlichkeit dafür, dass sich darunter genau k Gewinnkugeln befinden.

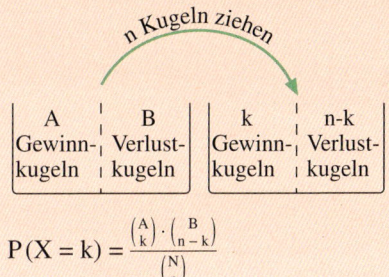

$$P(X = k) = \frac{\binom{A}{k} \cdot \binom{B}{n-k}}{\binom{N}{n}}$$

**Bedingte Wahrscheinlichkeit:** Für die Wahrscheinlichkeit, dass das Ereignis A eintritt unter der Bedingung, dass das Ereignis B bereits eingetreten ist, gilt: $P_B(A) = \frac{P(A \cap B)}{P(B)}$, $P(B) > 0$

**Multiplikationssatz:** $P(A \cap B) = P(B) \cdot P_B(A)$, $P(B) > 0$

**Vierfeldertafel:**

|   | B | $\bar{B}$ |   |
|---|---|---|---|
| A | $|A \cap B|$ | $|A \cap \bar{B}|$ | $|A|$ |
| $\bar{A}$ | $|\bar{A} \cap B|$ | $|\bar{A} \cap \bar{B}|$ | $|\bar{A}|$ |
|   | $|B|$ | $|\bar{B}|$ | Summe |

Zunächst werden die gegebenen Daten eingetragen.
Alle anderen können durch summative Ergänzungen der Zeilen und Spalten errechnet werden.
*Berechnung einer Randwahrscheinlichkeit:*
$P(A) = \frac{|A|}{\text{Summe}}$
*Berechnung einer bedingten Wahrscheinlichkeit:*
$P_B(A) = \frac{|A \cap B|}{|B|}$

# Das Ziegenproblem

Dass schon einfache Wahrscheinlichkeitsprobleme zu großen Diskussionen führen können, zeigt das berühmte Ziegenproblem.

Bei der Quizshow „Let's make a deal"

In der amerikanischen Quizshow „Let's make a deal" wurde u. a. folgendes Gewinnspiel gespielt: Hinter drei geschlossenen Türen stehen ein Luxusauto und zwei Ziegen. Der Kandidat wählt eine der Türen aus. Der Quizmaster Monty Hall öffnet eine der beiden anderen Türen, und zwar stets eine, hinter der eine Ziege steht. Nun wird der Kandidat gefragt, ob er bei seiner ursprünglichen Türwahl bleibt oder ob er zu der zweiten verbleibenden Tür wechseln möchte. Kann er seine Gewinnchancen erhöhen, wenn er die Tür wechselt?

Im Sommer 1991 beschäftigte alle Welt dieses Problem, nachdem Marilyn vos Savant, die angeblich klügste Frau der Welt (mit einem IQ von 228 nach dem Guinness Buch der Rekorde), in ihrer Kolumne „Ask Marilyn" in der amerikanischen Illustrierten „Parade" auf eine Anfrage von Craig Whitaker geantwortet hatte:

> „Yes, you should switch. The first door has a $\frac{1}{3}$ chance of winning, but the second door has a $\frac{2}{3}$ chance …"

Marilyn vos Savant

Das Ziegenproblem

Marilyn erhielt daraufhin ca. 10000 Leserbriefe zum Teil mit großen Beschimpfungen. Robert Sachs, Mathematik-Professor an der George-Mason-Universität in Fairfax, schrieb:

> „You blew it! Let me explain: If one door is shown to be a loser, that information changes the probability of either remaining choice – neither of which has any reason to be more likely – to $\frac{1}{2}$. As a professional mathematician, I am very concerned with the general public's lack of mathematical skills. Please help by confessing your error and, in the future, being more careful."

Wer hat recht?

Das Magazin **DER SPIEGEL** widmete sich im Heft Nr. 34 (45. Jg.) vom 19. August 1991 in dem Artikel „Schönheit des Denkens" (Untertitel: Eine Knacknuß aus der Wahrscheinlichkeitsrechnung entzweit die US-Nation: Wer hat recht im Streit um das „Drei-Türen-Problem"?) der Auseinandersetzung um das Ziegenproblem. Auch in der Wochenzeitung **DIE ZEIT** erschienen damals zwei Artikel des Wissenschaftsjournalisten Gero von Randow, der 2004 zu dem Thema sogar ein Buch veröffentlichte (Das Ziegenproblem: Denken in Wahrscheinlichkeiten. Rowohlt). Im gleichen Jahr brachte **DIE ZEIT** in Nr. 48 einen weiteren Artikel zum „Rätsel der drei Türen".

## Spiel

Spielen Sie dieses Gewinnspiel mit Ihrem Tischnachbarn 60-mal, indem Ihr Partner (der Quizmaster) sich jeweils willkürlich das Auto hinter einer der drei Türen versteckt denkt. Nach Ihrer Türwahl öffnet er eine Tür, hinter der eine Ziege steht.

a) Gehen Sie nach der Strategie 1 vor: Bleiben Sie immer bei der ursprünglichen Wahl der Tür. Notieren Sie, wie oft Sie bei den 60 Spielen das Auto gewonnen hätten.
b) Gehen Sie nun in einem 2. Durchgang nach der Strategie 2 vor: Wechseln Sie immer die Tür. Welche Strategie ist günstiger? Versuchen Sie eine Begründung zu finden.

**Spielvariation:**
Das Spiel wird verändert. Sie haben jetzt 100 Türen zur Auswahl. Hinter einer Tür steht ein Auto, hinter den 99 anderen Türen jeweils eine Ziege. Nach Ihrer Türwahl öffnet der Quizmaster 98 Türen, hinter denen jeweils eine Ziege steht. Überlegen Sie, ob Ihre Gewinnchance steigt, wenn Sie nun die Tür wechseln.

## Test

**Bedingte Wahrscheinlichkeit**

1. Bei einem Schulfest soll ein Fußballspiel Schüler gegen Lehrer veranstaltet werden. Für die Schülermannschaft stehen 4 Schüler aus Klasse 10, 6 Schüler aus Klasse 11 und 5 Schüler aus Klasse 12 zur Verfügung.
   a) Wie viele Möglichkeiten gibt es, aus diesen Schülern 11 Spieler auszuwählen?
   b) Unter den aufgestellten Schülern sind 2 Torhüter, 8 Spieler für Mittelfeld und Verteidigung sowie 5 Stürmer. Die Schülerelf will das Spiel mit 3 Stürmern beginnen. Wie viele Möglichkeiten für die Auswahl der Startelf gibt es nun?
   c) Zum Einlaufen stellen sich die Schüler der ausgewählten Startmannschaft in einer Reihe auf. Wie üblich steht an der Spitze der Mannschaftskapitän und an zweiter Stelle der Torwart. Wie viele Möglichkeiten zur Aufstellung haben die restlichen Spieler?

2. In einer Umfrage werden 453 Personen nach ihrer Schulbildung (Abitur: Ja/Nein) sowie nach ihrer beruflichen Zufriedenheit (Zufrieden: Ja/Nein) befragt. Die Ergebnisse sind in der abgebildeten Vierfeldertafel dargestellt. Mit welcher Wahrscheinlichkeit wird ein Abiturient in seinem Beruf zufrieden sein? Beantworten Sie die gleiche Frage für einen Nichtabiturienten.

|  | zufrieden (Z) | unzufrieden ($\overline{Z}$) |
|---|---|---|
| Abitur (A) | 64 | 44 |
| kein Abitur ($\overline{A}$) | 185 | 160 |

3. Bei der Herstellung hochwertiger elektronischer Bauteile beträgt der Anteil defekter Teile 20 %. Um zu vermeiden, dass zu viele defekte Bauteile in den Handel gelangen, wird vor dem Versand eine Kontrolle durchgeführt, bei der 95 % der defekten Teile ausgesondert werden. Die einwandfreien Teile kommen alle in den Handel. Ein Kunde kauft ein Bauteil. Mit welcher Wahrscheinlichkeit ist es defekt?

4. In einer empirischen Untersuchung wird geprüft, ob ein Zusammenhang zwischen der Häufigkeit der Blutgruppe und der Häufigkeit des Geschlechts besteht. Von 1850 (900 w, 950 m) untersuchten Personen hatten 738 die Blutgruppe A. Von diesen Personen waren 359 weiblich. Sind die Merkmale Geschlecht und Blutgruppe stochastisch unabhängig?

5. Urne $U_1$ enthält 7 rote und 3 weiße Kugeln. Urne $U_2$ enthält 1 rote und 4 weiße Kugeln.
   a) Jemand wählt blind eine Urne aus und zieht eine Kugel. Mit welcher Wahrscheinlichkeit zieht er eine rote Kugel?
   b) Mit welcher Wahrscheinlichkeit stammt diese dann aus $U_1$?

Lösungen: S. 348

# Testlösungen

### Testlösungen zum Kapitel I (Seite 48)

1. $\lim\limits_{x \to \infty} \frac{1-2x}{x+2} = -2$, $\lim\limits_{x \to -\infty} \frac{1-2x}{x+2} = -2$

2. $\lim\limits_{x \to 4} \frac{2x^2 - 32}{x-4} = \lim\limits_{x \to 4} \frac{2(x-4)(x+4)}{x-4} = \lim\limits_{x \to 4} 2(x+4) = 16$

3. $\lim\limits_{x \to \infty} \frac{1+x-x^2}{1-x+x^2} = -1$, $\lim\limits_{x \to \infty} \frac{2x+1}{x^2} = 0$, $\lim\limits_{x \to \infty} \frac{2x+1}{2+4x} = \frac{1}{2}$, $\lim\limits_{x \to \infty} \frac{x^2+1}{x+2} = \infty$

4. a)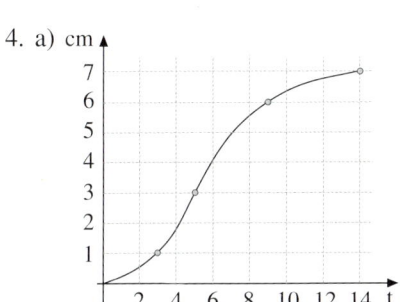

   b) mittlere Änderungsrate
   $\overline{v} = \frac{7-0}{14-0} = \frac{1}{2}$ cm/Tag

   c) $I_1$: $\overline{h} = \frac{1-0}{3-0} = \frac{1}{3}$ cm/Tag

   $I_2$: $\overline{h} = \frac{3-1}{5-3} = 1$ cm/Tag

   $I_3$: $\overline{h} = \frac{6-3}{9-3} = \frac{3}{4}$ cm/Tag

   $I_4$: $\overline{h} = \frac{7-6}{14-9} = \frac{1}{5}$ cm/Tag

   Im zweiten Intervall vom 3. bis zum 5. Tag wächst die Blume am schnellsten.

5. a) $\lim\limits_{h \to 0} \frac{\frac{3}{2}(1+h) - \frac{1}{2}(1+h)^2 - \frac{3}{2} + \frac{1}{2}}{h} = \lim\limits_{h \to 0} \frac{\frac{3}{2}h - h - \frac{1}{2}h^2}{h} = \lim\limits_{h \to 0} \left(\frac{3}{2} - 1 - \frac{1}{2}h\right) = \frac{1}{2}$   b) $t(x) = \frac{1}{2}x + \frac{1}{2}$

6. a) $\frac{f(2) - f(0)}{2 - 0} = \frac{2 - 0}{2 - 0} = 1$

   c) $f'(2) = \lim\limits_{x \to 2} \frac{f(x) - f(2)}{x - 2}$

   $= \lim\limits_{x \to 2} \frac{1}{2} \cdot \frac{x^2 - 4}{x - 2}$

   $= \lim\limits_{x \to 2} \frac{1}{2} \cdot \frac{(x-2)(x+2)}{x-2}$

   $= \lim\limits_{x \to 2} \frac{1}{2} \cdot (x+2)$

   $= 2$

   b)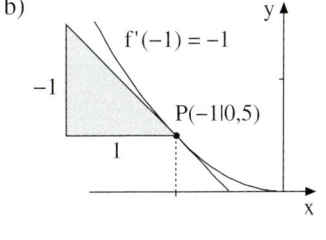
   $f'(-1) = -1$
   $P(-1|0{,}5)$

7. a)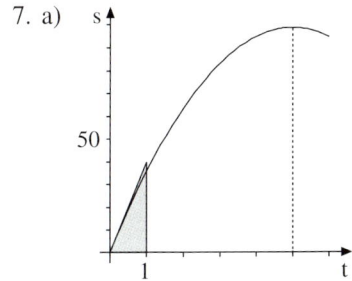

   b) Der Zeichnung kann man entnehmen, dass bei $t = 5$ eine waagerechte Tangente von S vorliegt, d. h. $s'(5) = v(5) = 0$. Das Auto steht nach 5 Sekunden.

   c) $\overline{v} = \frac{s(5) - s(0)}{5 - 0} = \frac{100 - 0}{5} = 20$ m/s
   $= 72$ km/h

   d) Steigungsdreieck bei $x = 0$ anlegen:
   $v = 40$ m/s

## Testlösungen zum Kapitel II (Seite 76)

1. a) $f'(x) = 12x^3 - 2x^2 + \pi$      b) $f'(a) = 5a^4$
   c) $f'(x) = n \cdot ax^{n-1} - (n-2) \cdot x^{n-3}$      d) $f'(x) = 2x \cdot (1 - x^2) - 2x^3$
   e) $f'(m) = 24 \cdot (4m - 3)^5$      f) $f'(x) = -\frac{1}{1-x}$
   g) $g'(x) = \ln(a) \cdot a^x \cdot (x^2 - 3) + 2xa^x$      h) $h'(x) = \frac{1}{2}e^{ax+2}$
   i) $A'(a) = \frac{h}{2}$

2. a) Es wurde jeweils der Faktor 4 (innere Ableitung) vergessen. Korrektes Ergebnis:
   $f'(x) = 12(4x + 5)^2 = 12(16x^2 + 40x + 25) = 192x^2 + 480x + 300$
   b) Erster Ausdruck richtig, darunter lautet der zweite Summand korrekt $\frac{x}{2x+1}$.

3. a) $F(x) = 2x^2 + C$      b) $F(x) = \ln(|x|) + C$
   c) $F(x) = \frac{1}{3} \cdot e^{3x} + C$      d) $F(x) = \frac{1}{4}x^4 + e^x + C$

4. a) Nullstellen von $f'$ bei $x_{01} = -2$ und $x_{02} = 0$.
   b) $f'(-3) \approx 3$, $f'(-1) \approx -1$ und $f'(1) \approx 3$
   c) Es kann sich bei $f'$ um eine verschobene Parabel mit $f'(x) = (x + 1)^2 - 1$ handeln. Begründung: zwei Nullstellen, symmetrisch zur vertikalen Geraden bei $x = -1$, negativ für $-2 < x < 0$ und sonst positiv oder gleich Null.

5. Sind $f$ und $g$ differenzierbar und $g(x) = a$, $a \in \mathbb{R}$, so gilt nach der Produktregel:
   $(a \cdot f(x))' = (g(x) \cdot f(x))' = \underbrace{g'(x)}_{a'=0} \cdot f(x) + g(x) \cdot f'(x) = 0 \cdot f(x) + a \cdot f'(x) = a \cdot f'(x)$.

6. a) $f'(x) = 3 \cdot 2^x(1 + x \cdot \ln(2))$:
   $f'(-3) \approx -0{,}404791$;    $f'(-2) \approx -0{,}289721$;
   $f'(-1{,}5) = -0{,}04213$;    $f'(-1) \approx -0{,}460279$;
   $f'(0) = 3$;    $f'(0{,}18) = 3{,}82269$
   b) und c) individuelle Lösungen

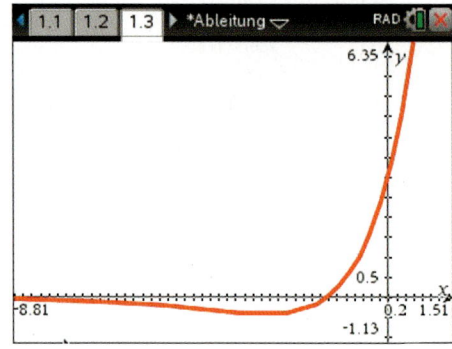

## Testlösungen zum Kapitel II (Seite 96)

1. a) $f'(x) = -3x^2 + 6x = 0$ gilt für $x = 0$ und $x = 2$
   $f'(x) < 0$ gilt für $x < 0$ und für $x > 2$, dort ist f streng monoton fallend
   $f'(x) > 0$ gilt für $0 < x < 2$, dort ist f streng monoton steigend

   b) $f''(x) = -6x + 6 = 0$ gilt für $x = 1$
   $f''(x) > 0$ gilt für $x < 1$, dort ist f linksgekrümmt
   $f''(x) < 0$ gilt für $x > 1$, dort ist f rechtsgekrümmt

2. a) $f'(x) = 0$ ist notwendig für einen Hochpunkt
   $f'(x) = 0$ und $f''(x) < 0$ ist hinreichend für einen Hochpunkt

3. a) Der Term von f enthält gerade und ungerade Exponenten, d.h. keine Standardsymmetrie.
   Nullstellen: $x = 0$ und $x = 3$
   Extrema: $f'(x) = \frac{3}{2}x^2 - 6x + \frac{9}{2} = 0$, $x = 1$, $x = 3$
   $f''(x) = 3x - 6$, $f''(1) = -3 < 0 \Rightarrow H(1|2)$
   $f''(3) = 3 > 0 \Rightarrow T(3|0)$
   Wendepunkt: $f''(x) = 0$ gilt für $x = 2$, $f'''(x) = 3 > 0$, $W(2|1)$

   b) $f'(0) = 4{,}5$, $\alpha \approx 77{,}5$

4. a) $H(-2|-2)$, $T(2|2)$

   b) $f'(x) = 0{,}5 - \frac{2}{x^2}$, $f'(1) = -1{,}5$
   $t(x) = -1{,}5x + 4$
   Schnittpunkte mit den Achsen:
   $X\left(\frac{8}{3}\big|0\right)$, $Y(0|4)$

5. b) $d'(t) = -\frac{6}{5}t^2 + 12t = 0$, $t = 0$, $t = 10$, $d''(t) = -\frac{12}{5}t + 12$
   $d''(t) = 12 > 0$, $d''(10) = -12 < 0 \Rightarrow H(10|400)$

   c) im Wendepunkt:
   $d''(t) = 0$ gilt für $t = 5$
   Für $t = 5$ ändert sich die Durchflussmenge am stärksten.

   d) $d(t) = 250$: $t^3 - 15t^2 + 125 = 0$ hat die
   Näherungslösungen 3,26 und 14,40.
   Der Alarm dauert ca. 11,14 min und beginnt ca. 3,26 min
   nach Beginn der Zeitrechnung.

**Testlösungen zum Kapitel III (Seite 176)**

1. a) $x \cdot y = 225$, $y = \frac{225}{x}$, $S = x + y$, $S(x) = x + \frac{225}{x}$
   $S'(x) = 1 - \frac{225}{x^2} = 0$, $x = 15$, $y = 15$ $\left(S''(x) = \frac{450}{x^3}, \ S''(15) = \frac{4}{30} > 0\right)$

2. $K = 0{,}5\,x \cdot 40 + 0{,}5\,x \cdot 20 + 0{,}5\,h \cdot 20 = 30$
   $30 = 30x + 10h$, $h = 3 - 3x$
   $V(x) = 0{,}25\,x \cdot h = 0{,}75(x - x^2)$, $V'(x) = 0{,}75(1 - 2x) = 0$
   $x = 0{,}5$, $h = 1{,}5$ $(V''(x) = -1{,}5 < 0)$

3. $A(x) = 2x \cdot f(x) = 8x - \frac{8}{3}x^3$
   $A'(x) = 8 - 8x^2 = 0$, $x = 1$ $(A''(x) = -16x, \ A''(1) = -16 < 0)$
   Resultat: $P\left(1 \big| \frac{8}{3}\right)$

4. a) $f(x) = ax^2 + bx + c$, $f'(x) = 2ax + b$
   $f(10) = 7{,}5$: $7{,}5 = 100a + 10b + c$, $f(0) = 0$, $c = 0$
   $f'(10) = 0{,}5$: $0{,}5 = 20a + b$, $5 = 5b$, $b = 1$, $a = -0{,}025$

   b) $f(x) = -0{,}025\,x^2 + x$, $f(x) = 0$: $x = 0$ und $x = 40$
   Der Bogen ist 40 m breit.
   In der Mitte gilt: $f(20) = 10$, also ist er 10 m hoch.

   c) $f'(x) = -0{,}05\,x + 1$, $f'(0) = 1$, also $\alpha = 45°$.

5. a) $f(x) = ax^3 + bx^2 + cx + d$, $f'(x) = 3ax^2 + 2bx + c$, $f''(x) = 6ax + 2b$
   $f(1) = 6$: $6 = a + b + c + d$
   $f'(1) = 0$: $0 = 3a + 2b + c$
   $f''(4) = 0$: $0 = 24a + 2b$
   $f(-1) = 2$: $2 = -a + b - c + d$, $4 = 2a + 2c$, $4 = -4a - 4b$, $a = \frac{1}{11}$
   $f(x) = \frac{1}{11}x^3 - \frac{12}{11}x^2 + \frac{21}{11}x + \frac{56}{11}$

   b) $f(4) = \frac{12}{11}$, $f'(4) = -\frac{27}{11}$
   $t(x) = -\frac{27}{11}(x - 4) + \frac{12}{11} = -\frac{27}{11}x + \frac{120}{11}$

## Testlösungen zum Kapitel IV (Seite 216)

1. a) $g: \vec{x} = \begin{pmatrix} 3 \\ 0 \\ 1 \end{pmatrix} + r \begin{pmatrix} -3 \\ 6 \\ 3 \end{pmatrix}$

   b) $\begin{pmatrix} 1 \\ 4 \\ 3 \end{pmatrix} = \begin{pmatrix} 3 \\ 0 \\ 1 \end{pmatrix} + r \begin{pmatrix} -3 \\ 6 \\ 3 \end{pmatrix}$ gilt für $r = \frac{2}{3}$. Wegen $0 < r < 1$ liegt P auf der Strecke $\overline{AB}$.

2. a) $g = h$: $r = \frac{1}{3}$, $s = -2$, $S(3|4|4)$
   
   c) $g$: $S_{xy}(-1|-4|0)$, $S_{xz}(1|0|2)$, $S_{yz}(0|-2|1)$
      $h$: $S_{xy}(7|8|0)$, $S_{xz}(-1|0|8)$, $S_{yz}(0|1|7)$

   b)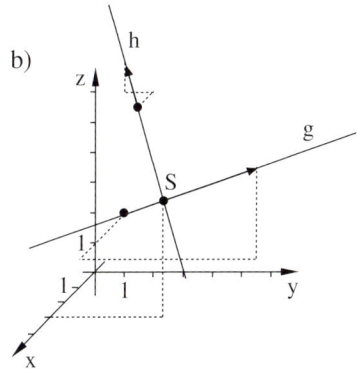

3. a) Alle Geraden der Schar haben denselben Stützpunkt $A(0|0|2)$. Ihre Richtungsvektoren drehen sich um A und spannen dabei eine Ebene auf. Die Endpunkte der Richtungsvektoren für $r = 1$ liegen auf der Geraden
   
   $k: \vec{x} = \begin{pmatrix} 0 \\ 2 \\ 2 \end{pmatrix} + a \begin{pmatrix} 1 \\ 0 \\ 2 \end{pmatrix}$.
   
   b) $g_6$ enthält $P(3|1|8)$ $(r = 0,5)$.
   c) $g_a$ ist für kein a parallel zu h.
   d) Schnittpunkt $S(-5|-1|-8)$ für $a = 10$.

   zu 3.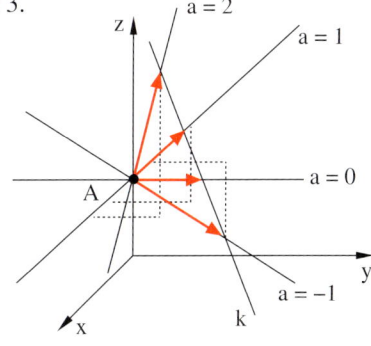

4. a) $g: \vec{x} = \begin{pmatrix} 4 \\ 0 \\ 6 \end{pmatrix} + r \begin{pmatrix} 1 \\ 3 \\ -1,5 \end{pmatrix}$, $z = 0 \Rightarrow r = 4$
   
   $P(8|12|0)$, der Anflug dauert 4 min.
   
   b) aus a) $4 + r = 6$ ergibt $r = 2$, $y = 6$ und $z = 3$
      Mittelpunkt bei 2,9; Rand bei 2,92
      d. h. 80 m Sicherheitsabstand nach unten
   
   c) $h: \vec{x} = \begin{pmatrix} 12 \\ 0 \\ 0 \end{pmatrix} + s \begin{pmatrix} -14 \\ 14 \\ 7 \end{pmatrix}$; $h = g : r = 2$, $s = 3/7$; Kollisionskurs mit $S(6|6|3)$
   
   Der Flieger ist nach 2 min bei S, der Hubschrauber nach $5 \cdot \frac{3}{7} = \frac{15}{7} = 2\frac{1}{7}$ min, also $\frac{1}{7}$ min später, also keine Kollision.

## Testlösungen zum Kapitel V (Seite 260)

1. a) $E: \vec{x} = \begin{pmatrix} 0 \\ 2 \\ 3 \end{pmatrix} + r \begin{pmatrix} 4 \\ 0 \\ -3 \end{pmatrix} + s \begin{pmatrix} 2 \\ 1 \\ -3 \end{pmatrix}$, $\left(\vec{x} - \begin{pmatrix} 0 \\ 2 \\ 3 \end{pmatrix}\right) \cdot \begin{pmatrix} 3 \\ 6 \\ 4 \end{pmatrix} = 0$, $3x + 6y + 4z = 24$

   b) $P \notin E$

   c) $X(8|0|0), Y(0|4|0), Z(0|0|6)$

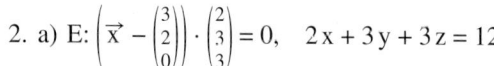

2. a) $E: \left(\vec{x} - \begin{pmatrix} 3 \\ 2 \\ 0 \end{pmatrix}\right) \cdot \begin{pmatrix} 2 \\ 3 \\ 3 \end{pmatrix} = 0$, $2x + 3y + 3z = 12$

   b) $\begin{pmatrix} -3 \\ 2 \\ 0 \end{pmatrix} \cdot \begin{pmatrix} 2 \\ 3 \\ 3 \end{pmatrix} = 0 \Rightarrow g \parallel E, P(3|2|1) \notin E \Rightarrow$ g liegt nicht in E, g ist echt parallel zu E.

   c) $y = 0: 2 + 2t = 0, t = -1, S(6|0|1)$

3. a) $\vec{n} = \begin{pmatrix} 1 \\ -2 \\ 1 \end{pmatrix}, \begin{pmatrix} 1 \\ -2 \\ 1 \end{pmatrix} \cdot \begin{pmatrix} -4 \\ 1 \\ 3 \end{pmatrix} = -3 \neq 0 \Rightarrow E_1$ nicht parallel zu $E_2$

   $1 - 4r + 4s - 2 - 2r - 4s + 2 + 3r - 3s = 4, r = -1 - s$,

   $\vec{x} = \begin{pmatrix} 5 \\ 0 \\ -1 \end{pmatrix} + s \begin{pmatrix} 8 \\ 1 \\ -6 \end{pmatrix}$

   b) $y = 0: 1 + r + 2s = 0, r = -1 - 2s, g_{xz}: \vec{x} = \begin{pmatrix} 5 \\ 0 \\ -1 \end{pmatrix} + s \begin{pmatrix} 12 \\ 0 \\ -9 \end{pmatrix}$

4. a) Ansatz: und Koeffizientenvergleich liefert einen Widerspruch, $F \notin E_a$

   b) $E_a$ parallel zur x-Achse: $3 + a = 0, a = -3, E_{-3}: 2y - 3z = 14$ ist parallel zur x-Achse
      Punktprobe: $a = 4, E_4: 7x + 2y + 4z = 14$ enthält den Punkt P

   c) $\begin{pmatrix} 2 \\ 1 \\ -1 \end{pmatrix} \cdot \begin{pmatrix} 3+a \\ 2 \\ a \end{pmatrix} = 8 + a = 0$, d.h. $E_{-8}: -5x + 2y - 8z = 14$ verläuft parallel zu g.

   d) $E_0 \cap E_1: g: \vec{x} = \begin{pmatrix} 0 \\ 7 \\ 0 \end{pmatrix} + r \begin{pmatrix} 2 \\ -3 \\ -2 \end{pmatrix}$, $E_a \cap g: 14 = 14$, g liegt in $E_a$ für alle a

   e) $(3 + a)(3 + 2r - 2s) + 2(1 + 3s) + a(r + 2s) = 14, r(a + 2) = 1 - a$
      Für $a = -2$ folgt $0 = 3$, ein Widerspruch, $E_{-2}$ und G verlaufen also parallel.

   f) Einsetzen der Koordinaten von h in die Koordinatengleichung von $E_a$ liefert
      $t(4a - 2) = -19 - 10a$, für $a = 0{,}5$ erhält man $0 = -24$, Widerspruch, $h \parallel$ zu $E_{0{,}5}$
      Für $a \neq 0{,}5$ schneidet h die Ebene $E_a$ in genau einem Punkt $\left(t = \dfrac{-19 - 10a}{4a - 2}\right)$.

## Testlösungen zum Kapitel VI (Seite 302)

1. a) $E: \vec{x} = \begin{pmatrix} 2 \\ 2 \\ -1 \end{pmatrix} + r\begin{pmatrix} -2 \\ 1 \\ 2 \end{pmatrix} + s\begin{pmatrix} 2 \\ -1 \\ 2 \end{pmatrix}$, $E: \frac{1}{\sqrt{5}}\left(\vec{x} - \begin{pmatrix} 2 \\ 2 \\ -1 \end{pmatrix}\right) \cdot \begin{pmatrix} 1 \\ 2 \\ 0 \end{pmatrix} = 0$

   b) P in E einsetzen liefert a = 2.

   c) $E: x + 2y = 6$; $X(6|0|0)$, $Y(0|3|0)$, kein Schnittpunkt mit z-Achse, E parallel zur z-Achse.

   d) $g: \vec{x} = \begin{pmatrix} 4 \\ 6 \\ 3 \end{pmatrix} + r\begin{pmatrix} 1 \\ 2 \\ 0 \end{pmatrix}$, $g \cap E: r = -2$, $F(2|2|3)$

2. a) $E_1 \cap E_2: (1 - 4r + 4s) - 2(1 + r + 2s) + (2 + 3r - 3s) = 4$, $s = -1 - r$

   Schnittgerade $g: \vec{x} = \begin{pmatrix} -3 \\ -1 \\ 5 \end{pmatrix} + r\begin{pmatrix} -8 \\ -1 \\ 6 \end{pmatrix}$

   Schnittwinkel: $\vec{n}_1 = \begin{pmatrix} 3 \\ 0 \\ 4 \end{pmatrix}$, $\vec{n}_2 = \begin{pmatrix} 1 \\ -2 \\ 1 \end{pmatrix}$, $\cos\gamma = \frac{\left|\begin{pmatrix} 3 \\ 0 \\ 4 \end{pmatrix} \cdot \begin{pmatrix} 1 \\ -2 \\ 1 \end{pmatrix}\right|}{\sqrt{25 \cdot 6}} = \frac{7}{\sqrt{150}}$, $\gamma \approx 55{,}14°$

   b) $E_1: \left(\vec{x} - \begin{pmatrix} 1 \\ 1 \\ 2 \end{pmatrix}\right) \cdot \begin{pmatrix} 3/5 \\ 0 \\ 4/5 \end{pmatrix} = 0$, $d = \left|\left(\begin{pmatrix} 6 \\ 3 \\ 7 \end{pmatrix} - \begin{pmatrix} 1 \\ 1 \\ 2 \end{pmatrix}\right) \cdot \begin{pmatrix} 3/5 \\ 0 \\ 4/5 \end{pmatrix}\right| = 7$

   c) $F: \left(\vec{x} - \begin{pmatrix} 6 \\ 3 \\ 7 \end{pmatrix}\right) \cdot \begin{pmatrix} 3 \\ 0 \\ 4 \end{pmatrix} = 0$, $3x + 4z = 46$

3. a) $g \cap E: r = -4$, $S(0|-18|-6)$, $\sin\gamma = \frac{\left|\begin{pmatrix} 2 \\ 3 \\ 2 \end{pmatrix} \cdot \begin{pmatrix} 3 \\ -4 \\ 6 \end{pmatrix}\right|}{\sqrt{17 \cdot 61}} = \frac{6}{\sqrt{17 \cdot 61}}$, $\gamma \approx 10{,}74°$

   b) $H \perp g$, $P \in H: \left(\vec{x} - \begin{pmatrix} 9 \\ 6 \\ 0 \end{pmatrix}\right) \cdot \begin{pmatrix} 2 \\ 3 \\ 2 \end{pmatrix} = 0$, $H \cap g: r = 2$, $F(12|0|6)$, $d = \left|\begin{pmatrix} 12 \\ 0 \\ 6 \end{pmatrix} - \begin{pmatrix} 9 \\ 6 \\ 0 \end{pmatrix}\right| = \sqrt{81} = 9$

   c) P′ liegt auf der Lotgeraden durch P und F und hat zum Punkt F ebenfalls den Abstand 9 (vgl. b). Daher gilt: $\overrightarrow{OP'} = \overrightarrow{OP} + 2 \cdot \overrightarrow{PF} = \begin{pmatrix} 9 \\ 6 \\ 0 \end{pmatrix} + 2 \cdot \begin{pmatrix} 3 \\ -6 \\ 6 \end{pmatrix} = \begin{pmatrix} 15 \\ -6 \\ 12 \end{pmatrix}$, $P'(15|-6|12)$

   d) Gleichsetzen der Terme von g und h liefert einen Widerspruch, die Richtungsvektoren sind nicht kollinear, also sind g und h windschief.
   $\vec{n} = \begin{pmatrix} 3 \\ 2 \\ -6 \end{pmatrix}$, $\vec{n}_0 = \frac{1}{7}\begin{pmatrix} 3 \\ 2 \\ -6 \end{pmatrix}$, $d = |(\vec{p} - \vec{q}) \cdot \vec{n}_0| = \left|\left(\begin{pmatrix} 8 \\ -6 \\ 2 \end{pmatrix} - \begin{pmatrix} 3 \\ -5 \\ 8 \end{pmatrix}\right) \cdot \begin{pmatrix} 3 \\ 2 \\ -6 \end{pmatrix} \cdot \frac{1}{7}\right| = 7$

4. a) $A(0|0|3)$, $B(0|14|3)$, $C(-10|14|3)$, $D(-5|14|7)$, $E(-5|0|7)$

   b) $\overrightarrow{BD} = \begin{pmatrix} -5 \\ 0 \\ 4 \end{pmatrix}$, $\overrightarrow{CD} = \begin{pmatrix} 5 \\ 0 \\ 4 \end{pmatrix}$, $\cos\gamma = \frac{-9}{41} \approx -0{,}22$, $\gamma \approx 102{,}7°$

   c) $E_{ABD}: \vec{x} = \begin{pmatrix} 0 \\ 0 \\ 3 \end{pmatrix} + r\begin{pmatrix} 0 \\ 14 \\ 0 \end{pmatrix} + s\begin{pmatrix} -5 \\ 0 \\ 4 \end{pmatrix}$, $g_S: \vec{x} = \begin{pmatrix} -2 \\ 10 \\ 0 \end{pmatrix} + t\begin{pmatrix} 0 \\ 0 \\ 1 \end{pmatrix}$
   
   E = g liefert $r = \frac{5}{7}$, $s = 0{,}4$, $t = 4{,}6$, $T(-2|10|4{,}6)$, Er ragt 1,6 m heraus.

   d) Lichtgerade durch s: $h: \vec{x} = \begin{pmatrix} -2 \\ 10 \\ 6 \end{pmatrix} + t\begin{pmatrix} 1 \\ -1 \\ -2 \end{pmatrix}$
   
   Schnittpunkt mit $E_{ABD}$: $s = \frac{1}{6}$, $t = \frac{7}{6}$, $r = \frac{53}{6 \cdot 53}$, $P\left(-\frac{5}{6}\Big|\frac{53}{6}\Big|\frac{22}{6}\right)$, $l \approx \sqrt{3{,}59} \approx 1{,}90\,m$

   e) $A = 30 + 20 = 50$, $K = 13 \cdot 30 = 390$ Euro

**Testlösungen zum Kapitel VII (Seite 340)**

1. a) $N = \binom{15}{11} = 1365$ Möglichkeiten für eine 11er Auswahl aus 15 Schülern

   b) $N = \binom{2}{1} \cdot \binom{5}{3} \cdot \binom{8}{7} = 160$ Möglichkeiten

   c) Es gibt noch $9! = 362\,880$ Möglichkeiten.

2. $P_A(Z) = \frac{64}{108} \approx 59{,}3\,\%$, $P_{\overline{A}}(Z) = \frac{185}{345} \approx 53{,}6\,\%$

3. A: Bauteil ist defekt, $P(A) = 0{,}2$
   K: Bauteil wird in der Kontrolle ausgesondert
   H: Bauteil kommt in den Handel, $P(H) = 0{,}81$
   gesuchte Wahrscheinlichkeit: $\frac{1}{81} \approx 0{,}012$

   |   | A | $\overline{A}$ |   |
   |---|---|---|---|
   | K | $0{,}2 \cdot 0{,}95 = 0{,}19$ | 0 | 0,19 |
   | $\overline{K}$ | $0{,}2 \cdot 0{,}05 = 0{,}01$ | 0,8 | $1 - 0{,}19 = 0{,}81$ |
   |   | 0,2 | 0,8 | 1 |

4. $P_A(W) = \frac{P(A \cap W)}{P(A)} = \frac{359}{738} \approx 0{,}486$, $P(W) = \frac{900}{1850} \approx 0{,}486$,

   Geht man davon aus, dass der Anteil der weiblichen Personen etwa 50 % beträgt, so ist kein wesentlicher Unterschied festzustellen. Die Blutgruppe ist also nicht vom Geschlecht abhängig.

5. $P(R) = 0{,}5 \cdot 0{,}7 + 0{,}5 \cdot 0{,}2 = 0{,}45$

   $P(U_1 \cap R) = 0{,}5 \cdot 0{,}7 = 0{,}35$

   $P_R(U_1) = \frac{0{,}35}{0{,}45} \approx 0{,}78 = 78\,\%$

# Stichwortverzeichnis

**A**bleitung 38 ff.
– der natürlichen Exponentialfunktion 67
– der natürlichen Logarithmusfunktion 72 f.
– der Normalparabel 43
– der Quadratwurzelfunktion 57
– einer Funktion an einer Stelle 38
– einer zusammengesetzten Funktion 44
– mit der h-Methode 44
– trigonometrischer Funktionen 74 f.
– von Exponentialfunktionen 71
– von Polynomen 52
– von Potenzfunktionen mit nicht-natürlichen Exponenten 56
Ableitungsfunktion 41 ff.
Ableitungsregeln 50 ff.
absolute Extrema 151
Abstand 268 ff.
– Gerade-Ebene 274
– paralleler Ebenen 274
– paralleler Geraden 277
– Punkt-Ebene 268 ff.
– Punkt-Gerade 275 f., 304
– windschiefer Geraden 280
– zweier Punkte 211
Abstandsformel 270
Achsenabschnitte einer Ebene 225 f.
Achsenabschnittsgleichung einer Ebene 226
Achsenabschnittsgleichung einer Geraden 188
allgemeine Kettenregel 62
Änderungsraten 20 ff.
Approximation 28, 40
Asymptote 10
äußere Funktion 60

**B**aumdiagramm 317
bedingte Wahrscheinlichkeit 325 ff.
begrenztes exponentielles Wachstum 162
Berechnung der lokalen Änderungsrate 29
Bestimmung von Funktionsgleichungen 132 ff.
Betrag eines Vektors 212

bewegte Objekte 290 ff.
Binomialkoeffizient 321
Bisektionsverfahren 46

**D**ifferentialquotient 37
Differenzenquotient 21, 37
differenzierbar 38 ff.
Differenzierbarkeit 38
differenzieren 38 ff., 54
Dreipunktegleichung einer Ebene 219
dritte Ableitung 80

**E**benen 218 ff.
Ebenenbüschel 251 f.
Ebenengleichungen 218 ff.
Ebenenscharen 249 ff.
elementare Ableitungsregeln 50 ff.
Ereignis 314
Ergebnis 314
Ergebnisraum 314
Euler'sche Zahl e 67
Exponentialfunktionen 65 ff., 110 ff.
Extremalprobleme 142 ff.
Extrempunkte 83 ff.

**F**ächermodell 323
Faktorregel 52
fallend 77
Formel von Laplace 316
Funktionenscharen 121 ff.
Funktionsgleichung einer Geraden 188
Funktionsgrenzwert 10 ff.
Funktionsuntersuchungen bei realen Prozessen 170 ff.

**g**anzrationale Funktionen 107 ff.
Gegenereignis 315
Gegenwahrscheinlichkeit 315
geometrische Nebenbedingungen 148 f.
geometrische Objekte im Raum 283 ff.
geordnete Stichprobe 319 f.
Geraden 188 ff.
Geradenparameter 189 ff.
Geradenschar 202
Gleichverteilung 316
graphische Bestimmung der Ableitungsfunktion 41 f.

graphische Monotonieuntersuchung 77
graphische Steigungsbestimmung 34 f.
graphisches Differenzieren 65
Grenzwert einer Funktionen 10 ff.
Grenzwertbestimmung 10 ff.
– durch Testeinsetzung 10, 12
– mit der h-Methode 13
– mittels Termvereinfachung 11 f.
Grenzwertsätze für Funktionen 14

**H**albräume 272
Hauptbedingung 142
Hesse'sche Normalenform (HNF) 269
hinreichendes Kriterium für lokale Extrema 85
hinreichendes Kriterium für Wendepunkte 88
höhere Ableitungen 80

**i**nnere Funktion 60
integrieren 54
Intervallhalbierungsverfahren 46

**K**ettenregel 60 f.
Knick 40
konstante Änderungsrate 22
Konstantenregel 51
Koordinaten im Raum 211
Koordinatengleichung einer Ebene 224
Koordinatengleichung einer Geraden 188
Kosinusregel 74
Kriterien für lokale Extrema 84 ff.
Kriterien für Wendepunkte 88 f.
Krümmung und zweite Ableitung 81 ff.
Krümmungskriterium 82
Krümmungsverhalten 81 ff.
Kurvenschar 121

**L**agebeziehungen 194 ff., 228 ff.
– Ebene-Ebene 241
– Gerade-Dreieck 234

– Gerade-Ebene 231
– Gerade-Gerade 195 ff.
– Punkt-Dreieck 230
– Punkt-Ebenen 228
– Punkt-Gerade 194
– Punkt-Strecke 194
Laplace-Experiment 316
Laplace-Wahrscheinlichkeit 316
lineare Approximation 28, 40
lineare Kettenregel 61
Linkskrümmung 81 f.
logarithmus naturalis 70
logistisches Wachstumsmodell 168 f.
lokale Änderungsrate 28 ff.
lokale Extremalpunkte 84, 106
Lösungsprinzip für Extremalprobleme 153
Lot, Lotgerade 235
Lotfußpunkt 236
Lotfußpunktverfahren 268
Lottomodell 322

**m**athematisch Modellieren 178
mathematische Streifzüge 46, 93, 104, 214, 258, 436, 338
mehrstufiger Zufallsversuch 317
Methoden zur Bestimmung von Funktionsgrenzwerten 10 ff.
mittlere Änderungsrate 20 ff.
mittlere Geschwindigkeit 24
mittlere Steigung einer Kurve 23
Modellierungsprobleme 136 ff., 164 ff., 170 ff., 178 ff.
Momentangeschwindigkeit 30
monoton steigend/fallend 77
Monotonie und erste Ableitung 77
Monotoniekriterium 78
Multiplikationssatz 326

**N**achdifferenzieren 61
Näherungsverfahren zur Lösung von Gleichungen 46 f., 98ff, 104 f.
natürliche Exponentialfunktion 67 ff.
natürliche Logarithmusfunktion 70
Nebenbedingung 142
Newton'sches Abkühlungsgesetz 164

Newton-Verfahren 98 ff.
nicht differenzierbare Funktionen 40
Normale und Tangente 115 f.
Normaleneinheitsvektor 269
Normalenform der Ebenengleichung/Normalengleichung einer Ebene 221
notwendiges Kriterium für lokale Extrema 84
notwendiges Kriterium für Wendepunkte 88
Nullstellen 106

**o**rthogonale Ebenen 244
Orthogonalität 235
Ortskurven 123
Ortsvektor 212

**p**arallele Geraden 196
Parallelenschar 202
Parallelität 235
Parametergleichung einer Ebene 218
Parametergleichung einer Geraden 189
Pfadregeln 317
Potenzregel 50, 56 f.
praktische Anwendung des Newton-Verfahrens 99 f.
Produktregel der Differentialrechnung 58 f.
Produktregel für einen k-stufigen Zufallsversuch 319
Punktprobe 228 f.
Punktrichtungsgleichung einer Ebene 218
Punktrichtungsgleichung einer Geraden 189, 191

**Q**uadratwurzelregel 57
quadrieren der Zielfunktion 151 f.
Quotientenregel 63

**R**andwahrscheinlichkeit 332
Randwerte 150 f.
Rechnen mit Vektoren 211 f.
rechnerische Bestimmung der Ableitungsfunktion 43 f.
rechnerisches Differenzieren 66
Rechtskrümmung 81 f.
regula falsi 105
Rekonstruktionsaufgaben 132 ff.
Richtungsvektor 189 f.

**S**char paralleler Ebenen 252
Schar paralleler Geraden 202
Scharen von Exponentialfunktionen 128
Scharparameter 121
schneidende Geraden 196
Schnitt von Ereignissen 315
Schnittwinkel 262 ff.
– Ebene-Ebene 264 f.
– Gerade-Ebene 262 f.
– Gerade-Gerade 262
Sekante 36
Sinusregel 74
Spannvektor 218
Spiegelung 235
Sprung 40
Sprungstelle 13
Spurgeraden 245
Spurpunkte einer Geraden 204 ff.
Stammfunktion 54
Steckbriefaufgaben 132 ff.
steigend 77
Steigung einer Kurve in einem Punkt 34, 36 ff.
Steigungsberechnungen 38 ff.
Steigungsdreieck 34
Stetigkeit von Funktionen 18
stochastisch unabhängig 329
streng monoton steigend/ fallend 77
Stützvektor 189 f.
Summenregel der Differentialrechnung 51
Summenregel für Wahrscheinlichkeiten 315
Symmetrie 106

**T**angensregel 75
Tangente 29, 36
– und Normale 115 f.
Trägergerade 252

**U**mkehrung des Ableitens 54
Umrechnung von Ebenengleichungen 222 ff.
unabhängige Ereignisse 329
unbegrenztes Wachstum 158
unbestimmter Ausdruck 37
ungeordnete Stichprobe 321
ungestörter Zerfall 158
unstetig 18
Untersuchung geometrischer Objekte im Raum 283 ff.
Untersuchung von Funktionen 106 ff.
Urne 317

**V**ektoren als Pfeilklassen 211
vektorielle Parametergleichung einer Ebene 218
vektorielle Parametergleichung einer Geraden 189 ff.
vereinfachte Normalengleichung 221
vereinfachtes Newton-Verfahren 104
Vereinigung von Ereignissen 315
Verkettung von Funktionen 60

Vierfeldertafeln 228 ff.
vierte Ableitung 80
Vorzeichenwechselkriterim 86, 89

**W**achstumsmodell von Verhulst 168
Wahrscheinlichkeit 314
wechselnde Änderungsrate 22
Wendepunkte 81, 83, 88 ff., 106
windschiefe Geraden 197
Wurzelregel 57

**z**eichnerische Bestimmung der Ableitungsfunktion 41 f.
zeichnerische Steigungs- bestimmung 34 f.
Ziegenproblem 338
Ziehen mit/ohne Zurücklegen 319 ff.
Zielfunktion 152
Zielgröße 142
Zufallsexperiment 314
Zweipunktegleichung 189, 192
zweite Ableitung 80

## Bildnachweis

**Titelfoto** picture alliance / ZB; **9** Shutterstock / Oleg Senkov; **11** Fotolia/Scanrail; **17** Your Photo Today/BSIP; **20** picture-alliance/ dpa; **24** picture-alliance/landov; **25** OKAPIA/David Northcott; **26-1** Glow images; **26-2** Glow images/imagebroker; **27-1** Fotolia/struve; **27-2** laif/Markus Kirchgessner; **30** shutterstock/Michael Wiggenhauser; **31** Glow images/imagebroker; **32-1** shutterstock/Josemaria Toscano; **32-2** Glow Images/Superstock RM; **33-1** shutterstock / Esteban De Armas; **33-2** picture-alliance/dpa; **33-3** picture-alliance/dpa; **34** picture-alliance/Sodapix AG; **49** Image Source / Robert Harding; **67** ullstein bild/Lebrecht Music & Arts; **68** akg-images; **90** Shutterstock / Pincasso; **92** Shutterstock / iko; **93** Fotolia / Kara; **97** Shutterstock / Boris17; **98** akg-images / De Agostini Picture Lib.; **101, 102** Agentur LPM, Berlin/Henrik Pohl; **107-1** Shutterstock / bikeriderlondon; **107-2** mauritius images / Alamy; **109-1** Shutterstock / Ammit Jack; **109-2** Shutterstock / Sergey Uryadnikov; **111** Shutterstock / GoodMood Photo; **118** Fotolia / lucadp; **119** Shutterstock / Samot; **139** Fotolia / Romolo Tavini; **141-1** Fotolia / Martina Berg; **141-2** Fotolia / selitbul; **146-1** Shutterstock/Artisticco; **146-2** Fotolia/PRUSSIA ART; **148** Shutterstock / Alex Mischenko; **154** Fotolia / RG-timeline; **159** Shutterstock / Aleksandar Mijatovic; **160-1** Shutterstock / deformer; **160-2** Shutterstock / Krom1975; **163** Fotolia / Christian Schwier; **164** akg-images / De Agostini Picture Lib.; **165** Shutterstock / Andriy Solovyov; **166-1** Shutterstock / viphotos; **166-2** Shutterstock / kochanowski; **166-3** Fotolia / Christian Schwier; **167-1** Shutterstock / Teri Virbickis; **167-2** Shutterstock / nattanan726; **169-1** Shutterstock / dangdumrong; **169-2** picture alliance / dpa; **171** Shutterstock / wellphoto; **172-1** Fotolia / Gina Sanders; **172-2** Shutterstock / zentilia; **173** Shutterstock / Elenarts; **174** Shutterstock/mezzotint; **177** Fotolia / Karina Baumgart; **187** Shutterstock / Pecold; **210** Shutterstock / southmind; **217** Fotolia / dina; **261** Shutterstock / ArTono; **269** Deutsches Museum, München; **282** Fotolia / MundM; **303** Fotolia / ArTo; **313** Shutterstock / twoandonebuilding; **316** akg-images; **318** Shutterstock / timquo; **319** Shutterstock / Keith Bell; **320** Fotolia / jentz5262 84419024; **321** Fotolia/ by-studio #17933516; **324-1** Shutterstock / muumuu; **324-2** ClipDealer / lirch; **326** Jürgen Wolff, Wildau; **335** Fotolia / Eco View; **338-1** Photo courtesy LET'S MAKE A DEAL ®, Beverly Hills, California, USA; **338-2** picture-alliance/dpa/Berg